Leupold u.a.

Mathematik – ein Studienbuch für Ingenieure
Band 2

Federführung: Prof. Dr. Wilhelm Leupold

Autoren: Prof. Dr. Manfred Andrié
Prof. Dr. Gerhard Große
Prof. Dr. Wilhelm Leupold
Dr. Heinz Nickel

Mathematik –

ein Studienbuch für Ingenieure

Band 2:

Reihen – Differentialgleichungen – Analysis für mehrere Variable – Stochastik

2., aktualisierte Auflage

mit 243 Bildern, 250 Beispielen
und 274 Aufgaben mit Lösungen

Fachbuchverlag Leipzig
im Carl Hanser Verlag

2006

Autoren

Prof. Dr. Manfred Andrié (Abschnitt 9)
Prof. Dr. Gerhard Große (Abschnitt 12)
Prof. Dr. Wilhelm Leupold (Abschnitte 7 und 8)
Dr. Heinz Nickel (Abschnitte 10, 11 und 13)

Bibliografische Information Der Deutschen Bibliothek

Die Deutsche Bibliothek verzeichnet diese Publikation in der Deutschen Nationalbibliografie; detaillierte bibliografische Daten sind im Internet über http://dnb.ddb.de abrufbar.

ISBN-10: 3-446-22916-7
ISBN-13: 978-3-446-22916-7

Fachbuchverlag Leipzig im Carl Hanser Verlag

http://www.fachbuch-leipzig.hanser.de
Lektorat: Christine Fritzsch
Herstellung: Renate Roßbach
Druck und Binden: Westermann Druck Zwickau GmbH

Printed in Germany

Vorwort

Das zweibändige Lehrbuch der Mathematik wendet sich vor allem an Ingenieurstudenten von Fachhochschulen und Technischen Universitäten und enthält die für die mathematische Grundausbildung erforderlichen Stoffgebiete.
Es werden die Theorien, Gesetze, Methoden und Verfahren vermittelt, die ein rationelles und effektives Arbeiten in den technischen, naturwissenschaftlichen und betriebswirtschaftlichen Studiengängen ermöglichen.
Gestützt auf langjährige Erfahrungen bei der Ausbildung von Diplomingenieuren haben die Autoren die wissenschaftliche Behandlung des Stoffes mit einer ausgeprägt anschaulichen Darstellung verbunden. Wichtige Definitionen und Sätze sind eingerahmt. Die große Zahl von durchgerechneten Beispielen dient zum besseren Verständnis und soll zu sicheren Rechenfertigkeiten führen. Die 400 Aufgaben, deren Lösungen sich am Ende des Buches befinden, erlauben ein intensives Üben; auch zum Selbststudium und zur Prüfungsvorbereitung ist das Buch bestens geeignet.
Verfasser und Verlag hoffen, mit diesem Lehrbuch den Studenten eine wertvolle Studienhilfe bereitzustellen.
Die Autoren danken für die freundliche Aufnahme des Buches sowie für viele Anregungen und Vorschläge, die als Korrekturen in der 2. Auflage berücksichtigt wurden. Hinweise und Erfahrungen, besonders auch aus dem Kreis der Studenten, nehmen die Autoren weiterhin gern entgegen.

Verfasser und Verlag

Inhaltsübersicht zu Band 1

Inhaltsverzeichnis

7 Unendliche Reihen

7.1 Reihen mit konstanten Gliedern

7.1.1 Definitionen

Eine **unendliche reelle Zahlenfolge**

$$\{u_n\} : \ u_1, \ u_2, \ u_3, \ \ldots, \ u_n, \ \ldots$$

wurde in Abschn. 5.1.1.1 als eine Funktion definiert, die natürlichen Zahlen $n \in \mathbb{N}^*$ reelle Zahlen aus $\mathbb{R}$ zuordnet. $u_1, \ u_2, \ u_3, \ \ldots$ sind die *Glieder der Folge*, u_n ist das *allgemeine Glied der Folge.*
Bildet man die *Partialsummen*

$$\begin{aligned} s_1 &= u_1 \\ s_2 &= u_1 + u_2 \\ &\vdots \\ s_n &= u_1 + u_2 + \ldots + u_n \\ &\vdots \end{aligned}$$

so bilden diese erneut eine Folge, die Partialsummenfolge $\{s_n\}$.

Definition

Die Summe der Glieder einer unendlichen Zahlenfolge $\{u_n\}$

$$\sum_{n=1}^{\infty} u_n = u_1 + u_2 + \ldots + u_n + \ldots$$

heißt **unendliche Reihe** mit

$$s_n = \sum_{k=1}^{n} u_k \quad \text{als } n\text{-te } \textit{Partialsumme} \quad (k, \ n \in \mathbb{N}^*).$$

Konvergiert die Folge der Partialsummen gegen den Grenzwert

$$s = \lim_{n \to \infty} s_n = \lim_{n \to \infty} \sum_{k=1}^{n} u_k, \tag{7.1}$$

so heißt die unendliche Reihe **konvergent** und s die **Summe** der unendlichen Reihe.

Eine nicht konvergente unendliche Reihe heißt **divergent**, und zwar

bestimmt divergent, wenn $\lim\limits_{n \to \infty} s_n = \pm\infty$

unbestimmt divergent, wenn sie weder konvergent noch bestimmt divergent ist.

Unendliche Reihen mit abwechselnd positiven und negativen Gliedern heißen **alternierend**, für sie gilt $u_n \cdot u_{n+1} < 0$.

Beispiel 7.1

Die unendliche Reihe

$$\sum_{k=1}^{\infty} \frac{1}{2^{k-1}} = 1 + \frac{1}{2} + \frac{1}{4} + \cdots + \frac{1}{2^{n-1}} + \cdots$$

hat als geometrische Reihe mit $u_1 = 1$, $q = \frac{1}{2}$ und $s_n = \sum\limits_{k=1}^{n} u_1 q^{k-1} = u_1 \frac{1-q^n}{1-q}$

die Summe (vgl. Gl. (5.11))

$$s = \lim_{n \to \infty} s_n = \lim_{n \to \infty} 1 \cdot \frac{1 - \left(\frac{1}{2}\right)^n}{1 - \frac{1}{2}} = 1 \cdot \frac{1-0}{1-\frac{1}{2}} = 2$$

Beispiel 7.2

a) Die unendliche Reihe

$2 + 1 + 4 + 3 + 6 + 5 + \ldots$

ist bestimmt divergent mit $\lim\limits_{n \to \infty} s_n = +\infty$.

Beweis:

Es ist $\lim\limits_{n \to \infty} s_n = \lim\limits_{n \to \infty} \sum\limits_{k=1}^{n} \left(k + (-1)^{k-1}\right) = \lim\limits_{n \to \infty} \sum\limits_{k=1}^{n} (k \pm 1) = +\infty$.

b) Auch die alternierende unendliche Reihe

$-2 + 1 - 4 + 3 - 6 + 5 - + \ldots$

ist bestimmt divergent mit $\lim\limits_{n \to \infty} s_n = -\infty$.

Beweis:

Faßt man jeweils zwei Glieder zusammen, so entsteht die Reihe

$-1 - 1 - 1 - 1 - \ldots$

Für diese gilt mit $n^* = 2n$ $\lim\limits_{n^* \to \infty} s_{n^*} = \lim\limits_{n^* \to \infty} (n^* \cdot (-1)) = -\infty$

Beispiel 7.3

Die alternierende unendliche Reihe

$$\sum_{k=1}^{\infty} (-1)^k \cdot 2 = -2 + 2 - 2 + 2 - + \ldots$$

ist unbestimmt divergent. Bei ungeradzahligem n ($n = 2k - 1$) ist $s_n = -2$, bei geradzahligem n ($n = 2k$) ist $s_n = 0$. Da die Reihe nicht *einem* Grenzwert zustrebt, ist sie nicht konvergent, aber auch nicht bestimmt divergent.

7.1.2 Konvergenzkriterien

Für die Anwendung unendlicher Reihen ist die Aussage über deren Konvergenz oder Divergenz von großer Bedeutung. Für viele Reihen ist es leider nicht möglich, über den Grenzwert $\lim\limits_{n\to\infty} s_n = s$ die Summe der Reihe zu ermitteln und damit die Konvergenz der Reihe nachzuweisen. Ein Mittel zum Feststellen von Konvergenz bzw. Divergenz stellen die **Konvergenzkriterien** dar.

Notwendige Konvergenzbedingung

Soll eine Reihe $\sum\limits_{n=1}^{\infty} u_n$ konvergieren, so müssen die Reihenglieder u_n eine Nullfolge bilden:

$$\lim_{n\to\infty} u_n = 0. \tag{7.2}$$

Wird diese Bedingung nicht erfüllt, so ist die Reihe sicher *nicht konvergent*. Die Bedingung $\lim\limits_{n\to\infty} u_n = 0$ ist für die Konvergenz zwar *notwendig*, aber nicht *hinreichend.*

Beispiel 7.4

Für die harmonische Reihe

$$1 + \frac{1}{2} + \frac{1}{3} + \frac{1}{4} + \frac{1}{5} + \frac{1}{6} + \frac{1}{7} + \frac{1}{8} + \cdots \tag{I}$$

läßt sich zeigen, daß die Bedingung $\lim\limits_{n\to\infty} u_n = 0$ nicht hinreichend ist. Die Reihe erfüllt zwar die notwendige Konvergenzbedingung, da

$$\lim_{n\to\infty} u_n = \lim_{n\to\infty} \frac{1}{n} = 0\,,$$

trotzdem ist die harmonische Reihe *bestimmt divergent.*
Zum Beweis vergleicht man sie mit der Reihe

$$1 + \frac{1}{2} + \frac{1}{4} + \frac{1}{4} + \frac{1}{8} + \frac{1}{8} + \frac{1}{8} + \frac{1}{8} + \cdots \tag{II}$$

Schreibt man diese in der Form $1 + \frac{1}{2} + \left(\frac{1}{4} + \frac{1}{4}\right) + \left(\frac{1}{8} + \frac{1}{8} + \frac{1}{8} + \frac{1}{8}\right) + \cdots$, so ist $s_1 = 1$, $s_2 = \frac{3}{2}$, $s_3 = \frac{4}{2}$, $s_4 = \frac{5}{2}, \ldots$, $s_k = \frac{k+1}{2}, \ldots$ (mit $k = 2^{n-1}$) und

$$\lim_{k\to\infty} s_k = \lim_{k\to\infty} \frac{k+1}{2} = \infty\,,$$

d. h., die Reihe (II) ist bestimmt divergent.
Da aber die Glieder der Reihe (I) stets gleich oder größer als die der Reihe (II) sind, ist auch die harmonische Reihe selbst bestimmt divergent.

Beispiel 7.5

Die Konvergenz der unendlichen Reihe

$$\sum_{n=1}^{\infty} u_n = \frac{1}{1\cdot 2} + \frac{1}{2\cdot 3} + \frac{1}{3\cdot 4} + \ldots + \frac{1}{n\cdot(n+1)} + \ldots$$

soll nachgewiesen werden.

Lösung:

Da $\frac{1}{n\cdot(n+1)} = \frac{1}{n} - \frac{1}{n+1}$ ist, kann die Reihe auch in der Form

$$\sum_{n=1}^{\infty} u_n = \left(\frac{1}{1} - \frac{1}{2}\right) + \left(\frac{1}{2} - \frac{1}{3}\right) + \left(\frac{1}{3} - \frac{1}{4}\right) + \ldots + \left(\frac{1}{n} - \frac{1}{n+1}\right) + \ldots$$

geschrieben werden. Für diese gilt:

$$s_1 = 1 - \frac{1}{2} = \frac{1}{2}, \quad s_2 = 1 - \frac{1}{3} = \frac{2}{3}, \quad s_3 = 1 - \frac{1}{4} = \frac{3}{4}, \ldots$$

allgemein $s_n = 1 - \frac{1}{n+1} = \frac{n}{n+1}$.
Folglich ist

$$s = \lim_{n\to\infty} s_n = \lim_{n\to\infty}\left(1 - \frac{1}{n+1}\right) = 1$$

und damit die Konvergenz der Reihe bewiesen.

Bei alternierenden Reihen ist das Feststellen der Konvergenz relativ einfach, für diese gilt das

hinreichende Konvergenzkriterium für alternierende Reihen von Leibniz

Eine alternierende Reihe

$$u_1 - u_2 + u_3 - u_4 + u_5 - u_6 + - \cdots \qquad \text{mit } u_n > 0$$

ist konvergent, wenn ihre Glieder von einem bestimten Glied ab eine monoton fallende Nullfolge bilden, d. h. wenn

$$u_{n+1} < u_n \qquad \text{und} \qquad \lim_{n\to\infty} u_n = 0 \qquad \text{ist.} \qquad (7.3)$$

Wird eine alternierende Reihe mit dem Glied u_n abgebrochen, so ist der Abstand der Summe s_n vom Grenzwert s kleiner als der Betrag des ersten weggelassenen Gliedes u_{n+1}:

$$|s - s_n| < |u_{n+1}|$$

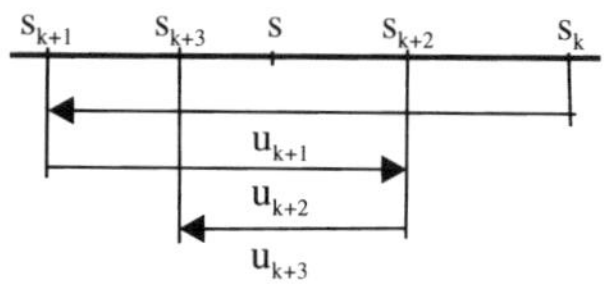

Bild 7.1

Beweis:

Stellt man (Bild 7.1) auf der Zahlengeraden die Teilsummen ab einem Glied u_k ($k \in \mathbb{N}^*$) dar, so werden im folgenden immer größere Glieder addiert als darauffolgend subtrahiert bzw. größere Glieder subtrahiert als darauffolgend addiert. Die von den Teilsummen begrenzten abgeschlossenen Intervalle $[s_{k+1}, s_k]$, $[s_{k+1}, s_{k+2}]$, $[s_{k+3}, s_{k+2}]$, ... ergeben eine Intervallschachtelung. Die Intervallängen u_{k+1}, u_{k+2}, u_{k+3}, ... bilden eine monoton fallende Nullfolge. Im Inneren der Intervalle ergibt sich ein Häufungspunkt s, der Summenwert der alternierenden Reihe. Es existiert also der Grenzwert $\lim\limits_{n\to\infty} s_n = s$, die alternierende Reihe ist konvergent. Die Bedingung (7.3) ist somit für alternierende Reihen hinreichend.

Beispiel 7.6

a) Die alternierende Reihe

$$1 - \frac{1}{2} + \frac{1}{3} - \frac{1}{4} + \frac{1}{5} - \frac{1}{6} + - \ldots$$

erfüllt die Bedingungen (7.3), denn es ist sowohl

$$u_{n+1} < u_n\colon \quad \frac{1}{n+1} < \frac{1}{n}, \text{ als auch}$$

$$\lim_{n\to\infty} u_n = 0\colon \quad \lim_{n\to\infty} \frac{1}{n} = 0.$$

Sie ist also konvergent.
Als Partialsummen erhält man

$s_1 = 1$	$s_2 = 0,5$	$s_3 = 0,8\bar{3}$
$s_4 = 0,58\bar{3}$	$s_5 = 0,78\bar{3}$	$s_6 = 0,61\bar{6}$
⋮	⋮	⋮
$s_{19} = 0,718771$	$s_{20} = 0,668771$	...

Bricht man die Reihe nach dem 19. Glied ab, so ist

$$|s - s_n| < |u_{n+1}| = |u_{20}| = 0,05.$$

Im Abschnitt 7.2.3 wird gezeigt werden, daß die Reihe gegen den Summenwert $s = \ln 2 = 0,693147\ldots$ konvergiert. Wegen der langsamen Konvergenz benötigt man eine sehr große Zahl der Glieder, um s mit einer guten Annäherung zu berechnen. Damit z. B. $|s - s_n| < 10^{-4}$ wird, ist die Summierung von $10^4 - 1 = 9999$ Gliedern notwendig!

b) Die alternierende Leibnizsche Reihe

$$1 - \frac{1}{3} + \frac{1}{5} - \frac{1}{7} + \frac{1}{9} - \frac{1}{11} + - \ldots \text{ ist ebenfalls konvergent gemäß (7.3).}$$

Als Partialsummen erhält man

$s_1 = 1$	$s_2 = 0,\bar{6}$	$s_3 = 0,8\bar{6}$
$s_4 = 0,723810$	$s_5 = 0,834921$	$\ldots$
$s_{19} = 0,798547$	$s_{20} = 0,772906$	$\ldots$

Bei Abbrechen der Reihe nach dem 19. Glied wird

$$|s - s_n| < |u_{n+1}| = |u_{20}| = \frac{1}{39} = 0,025641\ldots$$

Trotz der etwas schnelleren Konvergenz als bei der Reihe a) sind für eine hinreichend genaue Berechnung noch sehr viele Glieder zu summieren. In Abschn. 7.2 wird gezeigt werden, daß die Reihe gegen den Summenwert $s = \frac{\pi}{4} = 0,785398\ldots$ konvergiert.

Zur Untersuchung von Reihen mit nur positiven Gliedern auf Konvergenz bzw. Divergenz dienen die folgenden *Vergleichskriterien.* Bei diesen wird die zu untersuchende Reihe $\sum\limits_{n=1}^{\infty} u_n$ mit einer anderen als konvergent oder divergent bekannten Reihe $\sum\limits_{n=1}^{\infty} v_n$ verglichen.

Majorantenkriterium

$\sum\limits_{n=1}^{\infty} v_n = v_1 + v_2 + \ldots + v_n + \ldots$ sei eine konvergente Reihe mit nur positiven Gliedern. Wenn für alle Glieder einer Reihe mit nur positiven Gliedern

$\sum\limits_{n=1}^{\infty} u_n = u_1 + u_2 + \ldots + u_n + \ldots$ von einem bestimmten Glied ab ständig gilt

$$u_n \leq v_n, \tag{7.4}$$

so konvergiert auch $\sum\limits_{n=1}^{\infty} u_n$.

$\sum\limits_{n=1}^{\infty} v_n$ heißt eine **konvergente Majorante** von $\sum\limits_{n=1}^{\infty} u_n$.

Das Majorantenkriterium ist hinreichend für die Konvergenz, aber nicht notwendig, d. h., wenn es nicht erfüllt ist, kann die Reihe $\sum u_n$ trotzdem konvergent sein.

Minorantenkriterium

$\sum_{n=1}^{\infty} v_n = v_1 + v_2 + \ldots + v_n + \ldots$ sei eine divergente Reihe mit nur positiven Gliedern. Wenn für alle Glieder einer Reihe mit nur positiven Gliedern $\sum_{n=1}^{\infty} u_n = u_1 + u_2 + \ldots + u_n + \ldots$ von einem bestimmten Glied ab ständig gilt

$$u_n \geq v_n, \tag{7.5}$$

so divergiert auch $\sum_{n=1}^{\infty} u_n$.

$\sum_{n=1}^{\infty} v_n$ heißt eine **divergente Minorante** von $\sum_{n=1}^{\infty} u_n$.

Auch dieses Kriterium ist hinreichend, aber nicht notwendig. Das Minorantenkriterium wurde bereits im Beispiel 7.4 zum Nachweis der Divergenz der harmonischen Reihe herangezogen, indem der Vergleich mit der (bestimmt) divergenten Minorante

$$\begin{aligned}\sum_{n=1}^{\infty} v_n &= 1 + \frac{1}{2} + \left(\frac{1}{4} + \frac{1}{4}\right) + \left(\frac{1}{8} + \frac{1}{8} + \frac{1}{8} + \frac{1}{8}\right) + \ldots \\ &= 1 + \frac{1}{2} + \qquad \frac{1}{2} \qquad + \qquad\qquad \frac{1}{2} \qquad\qquad + \ldots\end{aligned}$$

erfolgte.

Beispiel 7.7

Die *hyperharmonische Reihe*

$$\sum_{n=1}^{\infty} u_n = \frac{1}{1^2} + \frac{1}{2^2} + \frac{1}{3^2} + \ldots + \frac{1}{n^2} + \ldots \tag{I}$$

soll auf Konvergenz untersucht werden.

Lösung:

Im Beispiel 7.5 wurde die Konvergenz der Reihe

$$\sum_{n=1}^{\infty} \frac{1}{n(n+1)} = \frac{1}{1 \cdot 2} + \frac{1}{2 \cdot 3} + \frac{1}{3 \cdot 4} + \ldots = 1$$

bewiesen. Addiert man noch ein Glied $\frac{1}{1^2}$, so wird

$$\sum v_n = \frac{1}{1^2} + \frac{1}{1 \cdot 2} + \frac{1}{2 \cdot 3} + \frac{1}{3 \cdot 4} + \ldots = 2.$$

Diese Reihe ist eine konvergente Majorante der hyperharmonischen Reihe (I). Da ab dem 2. Glied stets $u_n < v_n$ gilt, ist auch die hyperharmonische Reihe konvergent, und es ist $\sum_{n=1}^{\infty} \frac{1}{n^2} < 2$.

Für eine unendliche Reihe $\sum_{n=1}^{\infty} u_n$, deren Glieder *beliebige Vorzeichen* besitzen, kann eine Aussage über ihre Konvergenz gemacht werden, indem man die zugehörige Betragsreihe

$$\sum_{n=1}^{\infty} |u_n| = |u_1| + |u_2| + \ldots + |u_n| + \ldots$$

auf Konvergenz untersucht.

Definition

Eine konvergente Reihe $\sum_{n=1}^{\infty} u_n$ mit Gliedern beliebigen Vorzeichens heißt **absolut konvergent**, wenn die Reihe der absoluten Beträge der Glieder $\sum_{n=1}^{\infty} |u_n|$ konvergiert, sie heißt

bedingt konvergent, wenn die Betragsreihe $\sum_{n=1}^{\infty} |u_n|$ divergiert. (7.6)

Satz

Aus der Konvergenz der Betragsreihe $\sum |u_n|$ folgt die Konvergenz der Reihe $\sum u_n$, es folgt jedoch nicht aus der Konvergenz der Reihe $\sum u_n$ umgekehrt die Konvergenz der Betragsreihe $\sum |u_n|$. (7.7)

Ein Beispiel dafür, daß aus der Konvergenz einer Reihe $\sum u_n$ nicht die Konvergenz der Betragsreihe folgt, ist die Reihe des Beispiels 7.6 a), verglichen mit der harmonischen Reihe, Beispiel 7.4, die als Betragsreihe der Reihe 7.6 a) angesehen werden kann. Da die harmonische Reihe (bestimmt) divergent ist, ist die Reihe des Beisp. 7.6 a) eine bedingt konvergente Reihe.

Die für endliche Summen geltenden Rechenregeln ohne weiteres auf unendliche Reihen zu übertragen, ist nicht statthaft. Bei endlichen Summen ändert z. B. die Vertauschung der Summanden den Summenwert nicht. Am Beispiel der Reihe

$$s = 1 - \frac{1}{2} + \frac{1}{3} - \frac{1}{4} + \frac{1}{5} - \frac{1}{6} + \frac{1}{7} - \frac{1}{8} + - \ldots \qquad \text{(II)}$$

kann gezeigt werden, daß eine Umordnung der Glieder den Summenwert ändern kann. Schreibt man die Reihe (II) in den Formen

$$\begin{aligned} s &= \left(1-\frac{1}{2}\right)+\left(\frac{1}{3}-\frac{1}{4}\right)+\left(\frac{1}{5}-\frac{1}{6}\right)+\left(\frac{1}{7}-\frac{1}{8}\right)+\dots \\ &= \quad u_1 \quad + \quad u_2 \quad + \quad u_3 \quad + \quad u_4 \quad + \dots \end{aligned} \tag{III}$$

und

$$\begin{aligned} s &= \left(1-\frac{1}{2}+\frac{1}{3}-\frac{1}{4}\right)+\left(\frac{1}{5}-\frac{1}{6}+\frac{1}{7}-\frac{1}{8}\right)+\dots \\ &= \qquad v_1 \qquad + \qquad v_2 \qquad + \dots \end{aligned} \tag{IV}$$

dann ist

$$\sum_{n=1}^{\infty}\left(\frac{1}{2}u_n+v_n\right)=\frac{3}{2}s=\left(1+\frac{1}{3}-\frac{1}{2}\right)+\left(\frac{1}{5}+\frac{1}{7}-\frac{1}{4}\right)+\dots \tag{V}$$

Läßt man in Reihe (V) die Klammern weg, so erhält man die Reihe

$$\frac{3}{2}s=1+\frac{1}{3}-\frac{1}{2}+\frac{1}{5}+\frac{1}{7}-\frac{1}{4}+-\dots$$

die zwar konvergent ist, aber nicht wie Reihe (II), aus der sie durch Umordnen gebildet werden kann, den Summenwert s sondern $\frac{3}{2}s$ hat. Allgemein gilt für das Rechnen mit unendlichen Reihen:

1. Durch Umformen einer *bedingt konvergenten Reihe* $s=\sum u_n$ können sowohl divergente Reihen $\sum u'_n$ als auch konvergente Reihen mit von s verschiedenen Summenwerten $s'=\sum u'_n$ entstehen. (7.8)
2. Durch beliebiges Umformen einer ***absolut konvergenten Reihe*** $s=\sum u_n$ entsteht wieder eine absolut konvergente Reihe $\sum u'_n$ mit dem *gleichen Summenwert* s. (7.9)

Absolut konvergente Reihen verhalten sich auch beim Multiplizieren wie endliche Summen. Es gilt der

Satz

Sind $s=\sum u_n$ und $t=\sum v_n$ zwei absolut konvergente Reihen, so ist auch die Reihe $p=\sum u_n\cdot v_n$ absolut konvergent und der Summenwert ist $p=s\cdot t$. (7.10)

Für die absolute Konvergenz einer unendlichen Reihe $\sum\limits_{n=1}^{\infty}u_n$ existieren zwei hinreichende, aber nicht notwendige Kriterien.

Quotientenkriterium von d'Alembert[1]

Hinreichend für die absolute Konvergenz einer Reihe $\sum u_n$ ist die Existenz einer Zahl $q \in (0,1)$ derart, daß von einem bestimmten Glied ab gilt

$$\left|\frac{u_{n+1}}{u_n}\right| \leq q < 1 \tag{7.11}$$

Im Falle $\left|\frac{u_{n+1}}{u_n}\right| \geq 1$ divergiert die Reihe.
Existiert ein Grenzwert g der Quotientenbeträge, so ist für

$$g = \lim_{n\to\infty} \left|\frac{u_{n+1}}{u_n}\right| \begin{cases} < 1 & \text{die Reihe absolut konvergent} \\ > 1 & \text{die Reihe divergent} \\ = 1 & \text{keine Entscheidung getroffen} \end{cases}$$

Wurzelkriterium von Cauchy[2]

Hinreichend für die absolute Konvergenz einer Reihe $\sum u_n$ ist die Existenz einer Zahl $q \in (0,1)$ derart, daß von einem bestimmten Glied ab gilt

$$\sqrt[n]{|u_n|} \leq q < 1 \tag{7.12}$$

Im Falle $\sqrt[n]{|u_n|} \geq q$ divergiert die Reihe.
Existiert ein Grenzwert $g = \lim\limits_{n\to\infty} \sqrt[n]{|u_n|}$, so ist für

$$g = \lim_{n\to\infty} \sqrt[n]{|u_n|} \begin{cases} < 1 & \text{die Reihe absolut konvergent} \\ > 1 & \text{die Reihe divergent} \\ = 1 & \text{keine Entscheidung getroffen} \end{cases}$$

Beweis für das Wurzelkriterium:

Aus $\sqrt[n]{|u_n|} \leq q$ folgt $|u_n| \leq q^n$ mit $q < 1$.
Das heißt, daß von einem bestimmten Glied an die Glieder u_n kleiner sind als die Glieder q^n einer geometrischen Reihe $\sum q^n$, die für $q < 1$ konvergent ist. Somit ist auch die Reihe $\sum u_n$ konvergent.
Der Beweis für das Quotientenkriterium kann ebenfalls mit der geometrischen Reihe als Majorante erbracht werden.
Die beiden Kriterien (7.11) und (7.12) sind nicht gleichwertig. Das Wurzelkriterium ist schärfer als das Quotientenkriterium, d. h., es trägt weiter, es ist aber meist schwieriger bei seiner Anwendung.

---

[1] JEAN-BAPTISTE D'ALEMBERT (1717 bis 1783), franz. Mathematiker, Naturwissenschaftler und Philosoph

[2] AUGUSTIN-LOUIS CAUCHY (1789 bis 1857), franz. Mathematiker

Beispiel 7.8

Die Reihe $\sum_{n=0}^{\infty} \frac{1}{n!} = 1 + \frac{1}{1} + \frac{1}{2} + \frac{1}{6} + \frac{1}{24} + \ldots + \frac{1}{n!} + \ldots$ (mit $0! = 1$) soll auf Konvergenz untersucht werden.

Lösung:

Es ist $|u_n| = \frac{1}{n!}$, $|u_{n+1}| = \frac{1}{(n+1)!}$

Damit wird

$$\lim_{n\to\infty} \left|\frac{u_{n+1}}{u_n}\right| = \lim_{n\to\infty} \frac{n!}{(n+1)!} = \lim_{n\to\infty} \frac{1}{n+1} = 0$$

Die Reihe ist absolut konvergent.

In Abschn. 7.2.3 wird gezeigt, daß $s = \sum_{n=0}^{\infty} \frac{1}{n!} = \mathrm{e} = 2,71828\ldots$ ist.

Beispiel 7.9

Die Konvergenz der Reihe

$$\sum_{n=1}^{\infty} u_n = \frac{1}{2} + \frac{3}{4} + \frac{1}{8} + \frac{3}{16} + \ldots + \frac{2+(-1)^n}{2^n} + \ldots$$

ist nachzuweisen.

Lösung:

Das Quotientenkriterium liefert

$$\left|\frac{u_{n+1}}{u_n}\right| = \left|\frac{2+(-1)^{n+1}}{2^{n+1}} \cdot \frac{2^n}{2+(-1)^n}\right| = \left|\frac{1}{2} \cdot \frac{2-(-1)^n}{2+(-1)^n}\right|$$

Für gerades n wird $\lim_{n\to\infty} \left|\frac{1}{2} \cdot \frac{2-(-1)^n}{2+(-1)^n}\right| = \frac{1}{6}$,

für ungerades n $\quad \lim_{n\to\infty} \left|\frac{1}{2} \cdot \frac{2-(-1)^n}{2+(-1)^n}\right| = \frac{3}{2}$.

Das Quotientenkriterium führt somit nicht zum Ziel.
Mittels des Wurzelkriteriums ergibt sich

$$\lim_{n\to\infty} \sqrt[n]{|u_n|} = \lim_{n\to\infty} \sqrt[n]{\frac{2+(-1)^n}{2^n}} = \frac{\lim_{n\to\infty} \sqrt[n]{2+(-1)^n}}{2}$$

Für gerades n hat der Radikand den Wert 3, für ungerades den Wert 1.
Da für $a > 0$, vgl. (5.23), $\lim_{n\to\infty} \sqrt[n]{a} = 1$, wird

$$\lim_{n\to\infty} \sqrt[n]{|u_n|} = \frac{1}{2}.$$

Die Reihe ist somit absolut konvergent.

Im vorangegangenen wurden sowohl notwendige Konvergenzkriterien als auch hinreichende vorgestellt. Es ist zu beachten, daß mit Hilfe *notwendiger* Konvergenzkriterien definitiv nur die *Divergenz* nicht aber die *Konvergenz* einer Reihe festgestellt werden kann.

Zur Feststellung der *Konvergenz* sind *hinreichende* Konvergenzkriterien anzuwenden. Es existieren zwar auch Konvergenzkriterien, die *notwendig* und *hinreichend* zugleich sind, die aber – mit Ausnahme des Kriteriums für alternierende Reihen – meistens schwierig zu handhaben sind. Auf ihre Darstellung wurde deshalb verzichtet.

Bei der Untersuchung und Anwendung unendlicher Reihen können die folgenden drei Sätze hilfreich sein, die ohne Beweis angeführt werden.

Satz

Durch Hinzufügen, Weglassen oder Ändern von endlich vielen Gliedern einer unendlichen Reihe $\sum_{n=1}^{\infty} u_n$ wird die Konvergenz oder Divergenz der Reihe nicht geändert. Konvergenz und Divergenz sind *infinitäre Eigenschaften* unendlicher Reihen. (7.13)

Satz

Zwei konvergente unendliche Reihen dürfen gliedweise addiert oder subtrahiert werden.

$$\text{Aus } s = \sum_{n=1}^{\infty} u_n \quad \text{und} \quad s' = \sum_{n=1}^{\infty} u'_n$$

$$\text{folgt } \sum_{n=1}^{\infty} (u_n + u'_n) = s + s' \tag{7.14}$$

$$\text{und } \sum_{n=1}^{\infty} (u_n - u'_n) = s - s'$$

Satz

Eine konvergente unendliche Reihe darf man gliedweise mit einer Konstanten $k \in \mathbb{R}$ multiplizieren.

$$\text{Aus} \quad s = \sum_{n=1}^{\infty} u_n \quad \text{folgt} \quad \sum_{n=1}^{\infty} k \cdot u_n = k \cdot s \tag{7.15}$$

7.1.3 Restglied

Die Konvergenzkriterien ermöglichen zwar, das Konvergenzverhalten einer unendlichen Reihe zu untersuchen, die Summe $s = \sum_{n=1}^{\infty} u_n$ läßt sich aber nur mittels des Grenzwertes $\lim\limits_{n \to \infty} s_n = s$ bestimmen.
Eine numerische Bestimmung von s mit beliebiger Genauigkeit kann durch Summieren der für diese Genauigkeit erforderlichen Anzahl n der Glieder erfolgen: $s \approx s_n$.

Definition

Der beim Abbrechen einer unendlichen Reihe nach dem n-ten Glied entstehende Fehler

$$R_n = s - s_n \tag{7.16}$$

heißt **Restglied**.

Es ist $\sum_{n=1}^{\infty} u_n = \underbrace{u_1 + u_2 + \ldots + u_n}_{s_n} + \underbrace{u_{n+1} + u_{n+2} + \ldots}_{R_n} = s$

Aus der Definition (7.1) für die Konvergenz einer unendlichen Reihe: $s = \lim\limits_{n \to \infty} s_n$ und aus (7.16) folgt

$$\lim_{n \to \infty} R_n = \lim_{n \to \infty} (s - s_n) = s - \lim_{n \to \infty} s_n = s - s = 0$$

und damit die

notwendige und hinreichende Konvergenzbedingung

Eine unendliche Reihe $\sum_{n=1}^{\infty} u_n$ ist konvergent, wenn gilt

$$\lim_{n \to \infty} R_n = 0 \tag{7.17}$$

Beispiel 7.10

Die unendliche Reihe des Beispiels 7.5

$$\begin{aligned}\sum_{n=1}^{\infty} u_n &= \frac{1}{1 \cdot 2} + \frac{1}{2 \cdot 3} + \frac{1}{3 \cdot 4} + \ldots + \frac{1}{n(n+1)} + \ldots \\ &= \left(\frac{1}{1} - \frac{1}{2}\right) + \left(\frac{1}{2} - \frac{1}{3}\right) + \left(\frac{1}{3} - \frac{1}{4}\right) + \ldots + \left(\frac{1}{n} - \frac{1}{n+1}\right) + \ldots\end{aligned}$$

ergab $s = 1$ und als n-te Teilsumme $s_n = 1 - \frac{1}{n+1}$.
Für das Restglied

$R_n = s - s_n = 1 - \left(1 - \frac{1}{n+1}\right) = \frac{1}{n+1}$ folgt

$$\lim_{n\to\infty} R_n = \lim_{n\to\infty} \frac{1}{n+1} = 0,$$

womit die Konvergenz der Reihe mittels des Restgliedes nachgewiesen ist.

Die Aussage über die Genauigkeit der Näherung für s durch s_n erfordert die Berechnung des Restgliedes R_n, die i. allg. schwierig und oft nicht möglich ist, wenn dasselbe für die Berechnung von $s = \lim\limits_{n\to\infty} s_n$ gilt.
Eine Abschätzung der Größe des Restgliedes ist für *alternierende Reihen* leicht möglich. Hier gilt der

Satz

> Das Restglied einer konvergenten alternierenden Reihe $u_1 - u_2 + u_3 - u_4 + - \ldots$, deren Glieder eine monoton fallende Nullfolge bilden, ist dem Betrag nach kleiner als das erste weggelassene Glied und hat das Vorzeichen des ersten weggelassenen Gliedes:
>
> $$|R_n| < u_{n+1} \qquad \text{und} \qquad \operatorname{sign} R_n = (-1)^n \tag{7.18}$$

Beispiel 7.11

Von EULER[1] stammt die für die Berechnung von π einsetzbare Reihe

$$\left(\frac{1}{2}+\frac{1}{3}\right) - \frac{1}{3}\left(\frac{1}{2^3}+\frac{1}{3^3}\right) + \frac{1}{5}\left(\frac{1}{2^5}+\frac{1}{3^5}\right) - + \ldots = \frac{\pi}{4}.$$

Wieviele Glieder sind erforderlich, um π auf 4 Dezimalstellen genau zu berechnen?

Lösung:

Es ist $u_n = \dfrac{1}{2n-1}\left(\dfrac{1}{2^{2n-1}} + \dfrac{1}{3^{2n-1}}\right)$

Für die geforderte Genauigkeit muß der Fehler kleiner $5 \cdot 10^{-5}$

und damit $\quad |R_n| < \dfrac{1}{4} \cdot 5 \cdot 10^{-5} = 1,25 \cdot 10^{-5}$

bzw. $\quad u_{n+1} \le 1,25 \cdot 10^{-5} = 0,0000125 \quad$ sein.

Es ist $\quad u_6 = 0,0000449$

$\quad u_7 = 0,0000094 \; < 1,25 \cdot 10^{-5}$

Um π auf 4 Dezimalstellen genau zu berechnen, sind somit 6 Glieder der Reihe zu berücksichtigen, d. h., es ist s_6 zu ermitteln.
$s_6 = 0,7853904 \Rightarrow \pi \approx 3,1415616$ gegenüber $\pi = 3,1415926\ldots$

Restgliedabschätzungen sind bei den in Abschn. 7.2 behandelten Potenzreihen von Bedeutung. Für Potenzreihen existieren auch analytische Ausdrücke für das Restglied, so daß Restgliedabschätzungen dort prinzipiell möglich sind.

Aufgaben 7.1 bis 7.3

[1] LEONHARD EULER (1707 bis 1783), bedeutender schweiz. Mathematiker, Physiker und Astronom

7.2 Potenzreihen

7.2.1 Definition, Konvergenzbereich

In Abschn. 7.1 wurden *Reihen mit konstanten Gliedern* betrachtet. Die Glieder einer Reihe können aber auch Variable, z. B. x, t usw., oder Funktionen von Variablen sein.

Definition

Reihen, deren Glieder Funktionen einer Variablen sind, heißen **Funktionenreihen**. (7.19)

Für Anwendungen besonders wichtig sind die in diesem Abschnitt betrachteten *Potenzreihen* und die *Fourier-Reihen* des Abschnittes 7.3.

Definition

Eine Reihe

$$\sum_{n=0}^{\infty} a_n x^n = a_0 + a_1 x + a_2 x^2 + \ldots + a_n x^n + \ldots \qquad (7.20)$$

mit den konstanten Koeffizienten $a_n \in \mathbb{R}$ heißt **Potenzreihe**.

Die Teilsummen einer Potenzreihe sind *ganzrationale Funktionen*, z. B. ist $s_n(x) = a_0 + a_1 x + \ldots a_n x^n$ eine ganzrationale Funktion n-ten Grades.

Es erweist sich bei Potenzreihen meist als zweckmäßig, den Index $n \in \mathbb{N}$ mit $n = 0$ beginnen zu lassen.

Durch Einsetzen von speziellen Werten der Variablen in einer Potenzreihe, z. B. $x = x_0$, ergeben sich wiederum Reihen mit konstanten Gliedern.

Die Sätze und Konvergenzkriterien des Abschnittes 7.1 gelten prinzipiell auch für Potenzreihen. Wichtig für die Anwendungen ist, für welches Intervall die unendliche Reihe konvergent ist und deshalb z. B. mit beliebiger, festlegbarer Genauigkeit durch ein Polynom n-ten Grades approximiert werden kann.

Es läßt sich beweisen, daß dieser Konvergenzbereich symmetrisch zum Nullpunkt ist, man kennzeichnet ihn deshalb durch den **Konvergenzradius r**, für den gilt

$$-r < x < r \qquad \text{bzw.} \qquad |x| < r.$$

Er kann mittels des Quotienten- und/oder des Wurzelkriteriums bestimmt werden, vgl. (7.11) und (7.12).

Satz

Der Konvergenzradius einer Potenzreihe $\sum_{n=0}^{\infty} a_n x^n$ kann aus

$$r = \lim_{n\to\infty} \left|\frac{a_n}{a_{n+1}}\right| \qquad \text{oder/und} \qquad (7.21a)$$

$$r = \frac{1}{\lim\limits_{n\to\infty} \sqrt[n]{|a_n|}} \qquad \text{bestimmt werden.} \qquad (7.21b)$$

Die Potenzreihe ist für
$|x| < r$ konvergent,
$|x| > r$ divergent,
$|x| = r$ konvergent oder divergent, d. h., ihr Verhalten ist unbestimmt.

Beweis für Formel (7.21a):

Die Konvergenzbedingung (7.11) ergibt für eine Potenzreihe gemäß (7.20)

$$\lim_{n\to\infty} \left|\frac{u_{n+1}}{u_n}\right| = \lim_{n\to\infty} \left|\frac{a_{n+1}x^{n+1}}{a_n x^n}\right| = \lim_{n\to\infty} \left|\frac{a_{n+1}}{a_n}\right| \cdot |x| < 1$$

Hieraus folgt

$$|x| < \frac{1}{\lim\limits_{n\to\infty} \left|\frac{a_{n+1}}{a_n}\right|} = \lim_{n\to\infty} \left|\frac{a_n}{a_{n+1}}\right| = r$$

und damit

$$|x| < r \qquad \text{mit} \qquad r = \lim_{n\to\infty} \left|\frac{a_n}{a_{n+1}}\right|$$

Der Beweis für Formel (7.21b) kann analog geführt werden.

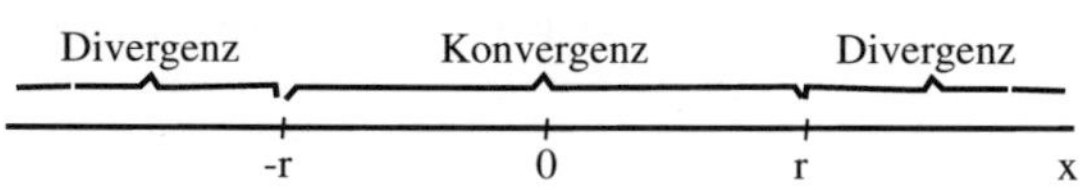

Bild 7.2

Die Aussage des obenstehenden Satzes wird in Bild 7.2 veranschaulicht. Ist $r = \infty$, dann konvergiert die Potenzreihe für jeden Wert von x, sie heißt dann *beständig konvergent.* Dieser Fall ist bei Anwendungen von Potenzreihen besonders günstig. Ist $r = 0$, so konvergiert die Potenzreihe nur für $x = 0$.

In selteneren Fällen können sich bei Anwendung von (7.21a) und (7.21b) in Abhängigkeit von n unterschiedliche Werte für r ergeben. Mit Hilfe des *Größtwertes* S (*Supremum*, abgekürzt: sup) und des *Kleinstwertes* I (*Infimum*, abgekürzt: inf) läßt sich dann der Konvergenzradius r wie folgt bestimmen:

$$\frac{1}{S} \leq r \leq \frac{1}{I} \qquad (7.21c)$$

$$\text{mit} \quad S = \lim_{n\to\infty} \sup \left|\frac{a_{n+1}}{a_n}\right|, \qquad I = \lim_{n\to\infty} \inf \left|\frac{a_{n+1}}{a_n}\right| \qquad (7.21d)$$

$$\text{bzw.} \quad S = \lim_{n\to\infty} \sup \sqrt[n]{|a_n|}, \qquad I = \lim_{n\to\infty} \inf \sqrt[n]{|a_n|} \qquad (7.21e)$$

Beispielsweise wird für die Potenzreihe (vgl. auch Beisp. 7.9)

$$\sum_{n=1}^{\infty} \frac{2+(-1)^n}{2^{n-1}} x^n = x + \frac{3}{2}x^2 + \frac{1}{4}x^3 + \frac{3}{8}x^4 + \ldots$$

$$\sup \left|\frac{a_{n+1}}{a_n}\right| = \frac{3}{2}, \qquad \inf \left|\frac{a_{n+1}}{a_n}\right| = \frac{1}{6}, \qquad \text{d. h. nach (7.21c) ist } \frac{2}{3} \leq r \leq 6;$$

$$\sup \sqrt[n]{|a_n|} = \frac{1}{2}\sqrt[n]{6}, \qquad \inf \sqrt[n]{|a_n|} = \frac{1}{2}\sqrt[n]{2}, \qquad \text{d. h. } r = 2.$$

Beispiel 7.12

Für folgende Potenzreihen soll der Konvergenzradius bestimmt werden:

a) $\displaystyle\sum_{n=0}^{\infty} \frac{x^n}{n!} = 1 + \frac{x}{1!} + \frac{x^2}{2!} + \frac{x^3}{3!} + \ldots$

b) $\displaystyle\sum_{n=1}^{\infty} (-1)^{n-1} \frac{x^n}{n} = x - \frac{x^2}{2} + \frac{x^3}{3} - \frac{x^4}{4} + - \ldots$

Lösung:

a) $\displaystyle r = \lim_{n\to\infty} \left|\frac{(n+1)!}{n!}\right| = \lim_{n\to\infty} (n+1) = \infty$

Die Reihe konvergiert für jeden Wert von x.

b) $\displaystyle r = \lim_{n\to\infty} \left|\frac{n+1}{n}\right| = \lim_{n\to\infty} \left|1 + \frac{1}{n}\right| = 1$

Die Reihe konvergiert für $|x| < 1$.
Für $x = -1$ ist die Reihe *bestimmt divergent* (vgl. Beisp. 7.4), für $x = +1$ *konvergent* (vgl. Beisp. 7.6).

Bei Potenzreihen ist auch das Restglied eine Funktion von x.

Setz man $\displaystyle\sum_{n=0}^{\infty} a_n x^n = f(x)$, so folgt aus (7.16)

$$R_n(x) = f(x) - s_n(x) \qquad (7.22)$$

und aus (7.17) und (7.21)

$$\lim_{n\to\infty} R_n(x) = 0 \qquad \text{für } x \in (-r, r) \qquad (7.23)$$

7.2.2 Taylorsche Formeln, Taylor-Reihen[1]

Der Mittelwertsatz der Differentialrechnung (vgl. Band 1 (5.78))

$$\frac{f(b)-f(a)}{b-a}=f'(x_i)$$

besagt, daß es bei einer im Intervall (a,b) stetigen und differenzierbaren Funktion f immer wenigstens eine Stelle $x_i \in (a,b)$ gibt, wo die Tangente parallel zur Sekante verläuft, d. h. der Anstieg der Tangente $f'(x_i)$ gleich dem der Sekante $\dfrac{f(b)-f(a)}{b-a}$ ist.

Den Mittelwertsatz kann man auch mit $a=x_0$, $b=x_0+h$, $b-a=h$ in der Form

$$f(x_0+h)=f(x_0)+hf'(x_0+\Theta_1 h) \tag{I}$$

schreiben, wobei für $\Theta_1 \in (0,1)$ gilt.

Vorausgesetzt, daß im Intervall (x_0, x_0+h) auch die höheren Ableitungen existieren, folgt aus (I) durch wiederholtes Differenzieren

$$\begin{aligned}
f'(x_0+\Theta_1 h) &= f'(x_0)+\Theta_1 hf''(x_0+\Theta_2 h)\\
f''(x_0+\Theta_2 h) &= f''(x_0)+\Theta_2 hf'''(x_0+\Theta_3 h)\\
f'''(x_0+\Theta_3 h) &= f'''(x_0)+\Theta_3 hf^{(4)}(x_0+\Theta_4 h)\\
\vdots \qquad & \qquad \vdots \qquad\qquad \vdots
\end{aligned}$$

Setzt man in den rechten Seiten der Gleichungen jeweils den Wert aus der folgenden Gleichung ein, so erhält man

$$\begin{aligned}
f(x_0+h) &= f(x_0)+hf'(x_0+\Theta_1 h)\\
&= f(x_0)+hf'(x_0)+\Theta_1 h^2 f''(x_0+\Theta_2 h)\\
&= f(x_0)+hf'(x_0)+\Theta_1 h^2 f''(x_0)+\Theta_1\Theta_2 h^2 f'''(x_0+\Theta_3 h)\\
&= f(x_0)+hf'(x_0)+\Theta_1 h^2 f''(x_0)+\Theta_1\Theta_2 h^2 f'''(x_0)\\
&\qquad +\Theta_1\Theta_2\Theta_3 f^{(4)}(x_0+\Theta_4 h)\\
&= \ldots
\end{aligned}$$

Es läßt sich beweisen (auf den umfangreichen Beweis soll hier verzichtet werden), daß man alle Koeffizienten Θ_i der Entwicklung festlegen darf, wenn man nur das letzte Θ_i in der Funktionsklammer unbestimmt läßt. Man erhält dann die

[1] BROOK TAYLOR (1685 bis 1731), engl. Mathematiker

Taylorsche Formel

$$f(x_0+h) = \underbrace{f(x_0) + hf'(x_0) + \frac{h^2}{2!}f''(x_0) + \cdots + \frac{h^n}{n!}f^{(n)}(x_0)}_{s_n(x)} + \underbrace{\frac{h^{n+1}}{(n+1)!}f^{(n+1)}(x_0+\Theta h)}_{R_n} \quad \text{mit } \Theta \in (0,1). \tag{7.24a}$$

$\frac{h^{n+1}}{(n+1)!}f^{(n+1)}(x_0+\Theta h)$ ist die **Lagrangesche[1] Form des Restgliedes R_n**.

Setzt man für die Entwicklungsstelle $x_0 = 0$, dann wird sowohl $h = x$ als auch $x_0 + h = x$. Man erhält die auch als *MacLaurinsche[2] Formel* bezeichnete

zweite Form der Taylorschen Formel

$$f(x) = f(0) + \frac{f'(0)}{1!}x + \frac{f''(0)}{2!}x^2 + \cdots + \frac{f^{(n)}(0)}{n!}x^n + R_n$$
$$\text{mit} \quad R_n = \frac{f^{(n+1)}(\Theta x)}{(n+1)!}x^{n+1} \quad \text{und} \quad \Theta \in (0,1). \tag{7.24b}$$

Ersetzt man in (7.24a) $x_0 + h$ durch x, so wird $h = x - x_0$, und es folgt als

dritte Form der Taylorschen Formel

$$f(x) = f(x_0) + \frac{x-x_0}{1!}f'(x_0) + \frac{(x-x_0)^2}{2!}f''(x_0) + \cdots + \frac{(x-x_0)^n}{n!}f^{(n)}(x_0) + R_n \tag{7.24c}$$
$$\text{mit} \quad R_n = \frac{(x-x_0)^{n+1}}{(n+1)!}f^{(n+1)}(x_0 + \Theta(x-x_0)) \quad \text{und} \quad \Theta \in (0,1).$$

Beispiel 7.13

Es soll $\ln 1{,}5$ mittels der ersten Form der Taylorschen Formel mit $x_0 = 1$ als Entwicklungsstelle unter Verwendung der ersten vier Glieder berechnet und mit Hilfe des Restgliedes der Fehler abgeschätzt werden.

[1] JOSEPH-LOUIS LAGRANGE (1736 bis 1813), franz. Mathematiker

[2] COLIN MAC LAURIN (1698 bis 1746), schott. Mathematiker und Naturphilosoph

Lösung:
Aus (7.24a) folgt mit $\ln(x_0 + h) = \ln(1 + 0,5)$ und wegen

$$f(x) = \ln(x),\quad f'(x) = \frac{1}{x},\quad f''(x) = -\frac{1}{x^2},\quad f'''(x) = \frac{2}{x^3},\ldots$$
$$f(1) = 0,\quad f'(1) = 1,\quad f''(1) = -1,\quad f'''(1) = 2,\ldots$$

$$\begin{aligned}\ln(x_0 + h) &= \ln x_0 + h\frac{1}{x_0} - \frac{h^2}{2!}\cdot\frac{1}{x_0^2} + \frac{h^3}{3!}\cdot\frac{2}{x_0^3} + R_3(x)\\ &= \ln 1 + 0,5\cdot 1 - \frac{0,25}{2}\cdot 1 + \frac{0,125}{6}\cdot 2 + R_3(x)\\ &= 0 + 0,5 - 0,125 + 0,041\bar{6} + R_3(x) = 0,41\bar{6} + R_3(x)\end{aligned}$$

mit $R_3(x) = \dfrac{h^4}{4!}f^{(4)}(x_0 + \Theta h) = \dfrac{0,5^4}{24}\cdot\dfrac{(-6)}{(1 + \Theta\cdot 0,5)^4}$

Für das Restglied $R_3(x)$ erhält man für $\Theta = 0 : -0,015625$, für $\Theta = 1 : -0,003086$, und damit als Einschließung für $\ln 1,5 : 0,40104 < \ln 1,5 < 0,41358$.
Der genaue Wert ist $\ln 1,5 = 0,405465\ldots$

Für Funktionenreihen $F(x)$, zu denen die Potenzreihen gehören, soll neben den bereits eingeführten Begriffen über Konvergenz noch der der *gleichmäßigen Konvergenz* definiert werden.

Definition

Eine Funktionenreihe $F(x) = \sum\limits_{k=0}^{\infty} f_k(x)$ mit der n-ten Partialsumme $F_n(x) = \sum\limits_{k=0}^{n} f_k(x)$ heißt in einem Intervall I *gleichmäßig konvergent*, wenn es zu jedem vorgegebenen $\varepsilon > 0$ eine nur von ε und nicht von $x \in I$ abhängige natürliche Zahl N gibt, so daß gilt

$$|F_n(x) - F(x)| < \varepsilon, \qquad \text{wenn } n \geq N \text{ ist.} \tag{7.25a}$$

Das Feststellen der gleichmäßigen Konvergenz einer Funktionenreihe ermöglicht der

Satz von Weierstrass[1] (hinreichendes Konvergenzkriterium)

Eine Funktionenreihe $F(x) = \sum\limits_{k=0}^{\infty} f_k(x)$ ist in einem Intervall I gleichmäßig konvergent, wenn die Reihe aus den absoluten Beträgen ihrer Glieder eine konvergente Zahlenreihe $\sum\limits_{k=0}^{\infty} u_k$ als Majorante hat, d. h. wenn gilt:

$$|f_k(x)| \leq u_k \qquad \text{für alle } x \in I. \tag{7.25b}$$

[1] Karl Weierstrass (1815 bis 1893), deutscher Mathematiker

Bei Potenzreihen entspricht dem Intervall I der Konvergenzbereich. Es gilt der

Satz

> Eine Potenzreihe ist in jedem abgeschlossenen Intervall, das im Inneren des Konvergenzbereiches $-r < x < r$ liegt, gleichmäßig konvergent. (7.26)

Aus diesem Satz folgt zusammen mit (7.18), daß Potenzreihen in jedem abgeschlossenen Intervall im Inneren ihres Konvergenzbereiches stetige Funktionen $f(x) = \sum_{n=0}^{\infty} a_n x^n$ sind und die Taylorschen Formeln (7.24) es ermöglichen, eine Funktion einer Variablen x in eine Potenzreihe zu entwickeln, die die Funktion $f(x)$ beliebig genau approximiert, wenn $|x| < r$.

Aus (7.24) folgen für Werte von x, die innerhalb des Konvergenzbereiches liegen, die

Taylor-Reihen

1. Form:

$$f(x_0 + h) = f(x_0) + hf'(x_0) + \frac{h^2}{2!}f''(x_0) + \frac{h^3}{3!}f'''(x_0) + \cdots \qquad (7.27a)$$

für $x \in (x_0 - r, x_0 + r)$

2. oder MacLaurinsche Form:

$$f(x) = f(0) + \frac{f'(0)}{1!}x + \frac{f''(0)}{2!}x^2 + \frac{f'''(0)}{3!}x^3 + \cdots \quad \text{für } x \in (-r, r) \qquad (7.27b)$$

3. Form:

$$\begin{aligned} f(x) = f(x_0) &+ \frac{x - x_0}{1!}f'(x_0) + \frac{(x - x_0)^2}{2!}f''(x_0) \\ &+ \frac{(x - x_0)^3}{3!}f'''(x_0) + \cdots \qquad \text{für } x \in (x_0 - r, x_0 + r) \end{aligned} \qquad (7.27c)$$

Die Entwicklung von Funktionen in Taylor-Reihen wird u.a. verwendet

- zur Approximation von Funktionen durch ganzrationale Funktionen
- zur Berechnung spezieller Funktionswerte mit Abschätzung des Fehlers
- zum Aufstellen von Näherungsformeln und zur Berechnung von Näherungswerten
- zum angenäherten Berechnen der Lösungen von nicht rationalen Gleichungen
- zur angenäherten Berechnung bestimmter Integrale.

Aber auch für andere Aufgaben wie z. B. zur Linearisierung von Funktionen, zum Bestimmen der Kennzeichen eines Maximums, zum Berechnen uneigentlicher Grenzwerte usw. werden die Taylorschen Formeln verwendet.

Für die Anwendung der Taylorreihen benötigt man noch den

Satz

Eine Potenzreihe darf im Inneren ihres Konvergenzbereiches beliebig oft differenziert oder integriert werden. Der Konvergenzradius der durch gliedweises Differenzieren bzw. Integrieren entstandenen Reihe ist der der ursprünglichen Reihe. (7.28)

7.2.3 Entwicklung von Funktionen in Potenzreihen

Die Taylorreihen ermöglichen, eine Funktion $f: y = f(x)$, $x \in \mathbb{R}$, innerhalb ihres Konvergenzbereiches $x \in (-r, r)$, in dem sie stetig und beliebig oft differenzierbar ist, in eine Potenzreihe zu entwickeln, d. h. durch eine ganzrationale Funktion zu approximieren. Besonders einfach gestaltet sich das für die Entwicklungsstelle $x_0 = 0$ mittels der Maclaurinschen Form.

Reihe der Exponentialfunktion $f(x) = \mathrm{e}^x$

Für die Exponentialfunktion $f(x) = \mathrm{e}^x$ sind die Ableitungen

$$f'(x) = f''(x) = \ldots = f^{(n)}(x) = \ldots = \mathrm{e}^x$$

und für $x_0 = 0$

$$f(0) = f'(0) = f''(0) = \ldots = f^{(n)}(0) = \ldots = 1$$

Damit ergibt sich aus (7.27b) die

Exponentialreihe

$$\mathrm{e}^x = 1 + \frac{x}{1!} + \frac{x^2}{2!} + \frac{x^3}{3!} + \ldots = \sum_{n=0}^{\infty} \frac{x^n}{n!} \qquad |x| < \infty \qquad (7.29)$$

Der Konvergenzradius $r = \infty$ wurde bereits in Beisp. 7.12a bestimmt.

Beispiel 7.14

Es soll der Wert der transzendenten Zahl e auf 5 Dezimalstellen genau berechnet werden.

Lösung:

Aus der Potenzreihe (7.29) folgt mit $x = 1$

$$\mathrm{e} = 1 + \frac{1}{1!} + \frac{1}{2!} + \frac{1}{3!} + \ldots$$

Für eine Genauigkeit von 5 Dezimalstellen muß das Restglied nach (7.24b)

$$R_n(x) = \frac{f^{(n+1)}(\Theta x)}{(n+1)!} x^{n+1} = \frac{\mathrm{e}^{\Theta x}}{(n+1)!} x^{n+1} < 5 \cdot 10^{-6}$$

sein. Für $x = 1$ und $\Theta = 1$ ergibt sich bei Abbruch der Reihe nach dem 10. Glied ($n = 9$) mit $(n+1)! = 10! = 3628800$ daraus

$\mathrm{e} \approx 2,718281526$ mit $R_9(x) = 0,75 \cdot 10^{-6}$ gegenüber
$\mathrm{e} = 2,718281828$ als genauen Wert.

(Für $n = 8$ wäre $R_8(x) = 7,5 \cdot 10^{-6}$ gewesen.)

Reihen der Sinusfunktion $f(x) = \sin x$ *und der Cosinusfunktion* $f(x) = \cos x$

Für die Sinusfunktion ist

$$f'(x) = \cos x, \quad f''(x) = -\sin x, \quad f'''(x) = -\cos x, \quad \ldots \qquad \text{und}$$
$$f(0) = 0, \quad f'(0) = 1, \quad f''(0) = 0, \quad f'''(0) = -1, \quad \ldots$$

Aus (7.27b) folgt damit die

Sinusreihe

$$\sin x = x - \frac{x^3}{3!} + \frac{x^5}{5!} - + \ldots = \sum_{n=0}^{\infty} (-1)^n \frac{x^{2n+1}}{(2n+1)!} \qquad |x| < \infty \quad (7.30)$$

Die beständige Konvergenz der Sinusreihe ($|x| < \infty$) kann leicht mit dem Quotientenkriterium nachgewiesen werden.
Durch Differenzieren der Sinusreihe folgt nach Satz (7.28) die

Cosinusreihe

$$\cos x = 1 - \frac{x^2}{2!} + \frac{x^4}{4!} - + \ldots = \sum_{n=0}^{\infty} (-1)^n \frac{x^{2n}}{(2n)!} \qquad |x| < \infty \qquad (7.31)$$

Die rechten Seiten von (7.30) und (7.31) spiegeln wider, daß die Sinusfunktion eine ungerade Funktion ist (die Potenzreihe enthält nur ungeradzahlige Potenzen von x), die Cosinusfunktion eine gerade Funktion (nur geradzahlige Potenzen von x).
Nach Herleiten der Sinus- und Cosinusreihe kann jetzt auch die Richtigkeit der in Band 1 (2.13) angeführten *Eulerschen Formel* bewiesen werden, auf der u.a. die Darstellung komplexer Zahlen in der Exponentialform beruht.
Läßt man für die Exponentialfunktion imaginäre Exponenten $\mathrm{j}x$ ($\mathrm{j}^2 = -1$) zu, so wird

$$\begin{aligned}
\mathrm{e}^{\mathrm{j}x} &= 1 + \frac{\mathrm{j}x}{1!} + \frac{(\mathrm{j}x)^2}{2!} + \frac{(\mathrm{j}x)^3}{3!} + \frac{(\mathrm{j}x)^4}{4!} + \frac{(\mathrm{j}x)^5}{5!} + \ldots \\
&= 1 + \mathrm{j}x - \frac{x^2}{2!} - \mathrm{j}\frac{x^3}{3!} + \frac{x^4}{4!} + \mathrm{j}\frac{x^5}{5!} - + \ldots \\
&= \left(1 - \frac{x^2}{2!} + \frac{x^4}{4!} - + \ldots\right) + \mathrm{j}\left(x - \frac{x^3}{3!} + \frac{x^5}{5!} - + \ldots\right)
\end{aligned}$$

Die beiden in Klammern stehenden Terme stellen die Reihen für $\cos x$ und $\sin x$ dar. Setzt man diese beiden Funktionen an die Stellen der Klammern, so ergibt sich die

Eulersche Formel

$$e^{jx} = \cos x + j \sin x \qquad |x| < \infty \tag{7.32}$$

Am Beispiel der Sinusreihe (7.30) soll die **Approximation von Funktionen** durch ganzrationale Funktionen als Partialsummen von Potenzreihen betrachtet werden.
Aus der Sinusreihe ergeben sich die Partialsummen

$$s_1 : \ y = x; \qquad s_2 : \ y = x - \frac{x^3}{6}; \qquad s_3 : \ y = x - \frac{x^3}{6} + \frac{x^5}{120},$$

deren Graphen in Bild 7.3 dargestellt sind.

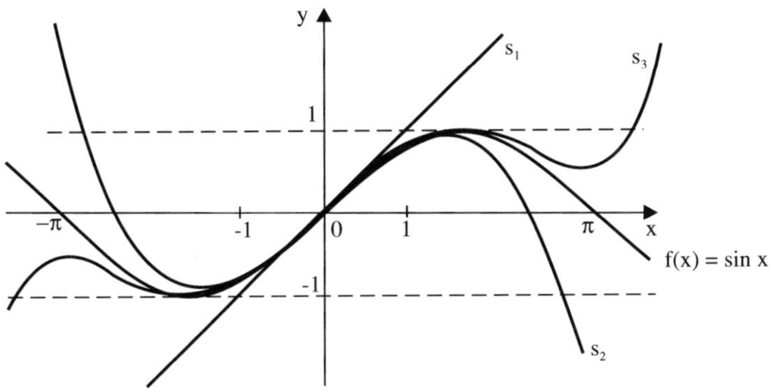

Bild 7.3

Die Näherungskurven 1., 3. und 5. Grades schmiegen sich immer enger an die Kurve $y = \sin x$ an, je näher sie zur Entwicklungsstelle $x = 0$ sind. Die **Approximationsfunktionen** der Taylor-Reihen können auch als Näherungsformeln verwendet werden. Tabelle 7.1 gibt für die Näherung der Sinusfunktion durch eine ganzrationale Funktion 1. bzw. 3. Grades die für x zulässigen Intervalle bei einem Fehler von 0,1 % bzw. 1 % an.

Tabelle 7.1

Näherungsformel	zulässiges Intervall bei Fehler von 0,1 %	zulässiges Intervall bei Fehler von 1 %
$\sin x = x$	$\lvert x\rvert \leq 0{,}077 = 4{,}4°$	$\lvert x\rvert \leq 0{,}244 = 14{,}0°$
$\sin x = x - \frac{x^3}{3!}$	$\lvert x\rvert \leq 0{,}576 = 33{,}0°$	$\lvert x\rvert \leq 1{,}008 = 57{,}8°$

Reihen für die Hyperbelsinusfunktion $f(x) = \sinh x$ und die Hyperbelcosinusfunktion $f(x) = \cosh x$

Es ist (vgl. Band 1 (5.67)) $y = \sinh x = \frac{1}{2}(\mathrm{e}^x - \mathrm{e}^{-x})$ und $y = \cosh x = \frac{1}{2}(\mathrm{e}^x + \mathrm{e}^{-x})$ mit $x \in \mathbb{R}$.
Da Potenzreihen innerhalb des Konvergenzbereiches gliedweise addiert oder subtrahiert werden dürfen, folgt aus

$$\mathrm{e}^x = 1 + \frac{x}{1!} + \frac{x^2}{2!} + \frac{x^3}{3!} + \ldots \qquad \text{und}$$

$$\mathrm{e}^{-x} = 1 - \frac{x}{1!} + \frac{x^2}{2!} - \frac{x^3}{3!} + - \ldots \qquad \text{die}$$

Hyperbelsinusreihe

$$\sinh x = x + \frac{x^3}{3!} + \frac{x^5}{5!} + \frac{x^7}{7!} + \ldots \qquad |x| < \infty \qquad (7.33)$$

Hyperbelcosinusreihe

$$\cosh x = 1 + \frac{x^2}{2!} + \frac{x^4}{4!} + \frac{x^6}{6!} + \ldots \qquad |x| < \infty \qquad (7.34)$$

Reihen für $f(x) = \ln(1 + x)$ und $f(x) = \ln x$

Da $\ln x$ für reelle x nur für $x > 0$ definiert ist, kann z. B. $f(x) = \ln(1 + x)$ in eine Taylor-Reihe nach (7.27b) entwickelt werden. $f(x) = \ln(1 + x)$ besitzt die Ableitung $f'(x) = \frac{1}{1+x}$.
Der Bruch $\frac{1}{1+x}$ kann durch Partialdivision in eine Potenzreihe entwickelt werden:

$$\frac{1}{1+x} = 1 - x + x^2 - x^3 + - \ldots$$

Daraus erhält man durch Integration die

Reihe für ln $(1 + x)$

$$\ln(1 + x) = x - \frac{x^2}{2} + \frac{x^3}{3} - \frac{x^4}{4} + - \ldots \qquad \text{mit } -1 < x \leq 1 \qquad (7.35)$$

Die Integrationskonstante hat wegen $\ln 1 = 0$ den Wert 0. Der Konvergenzbereich $|x| < 1$ wurde bereits in Beispiel 7.12b ermittelt. Für $x = 1$ ergibt sich die bereits in Beispiel 7.6 als konvergent nachgewiesene (der harmonischen Reihe ähnliche) Reihe

$$\ln 2 = 1 - \frac{1}{2} + \frac{1}{3} - \frac{1}{4} + - \ldots = 0,693147\ldots$$

Die Reihe (7.35) hat den Nachteil, daß mit ihr nur die Logarithmen im Intervall $x \in (0,2]$ direkt berechnet werden können. Auch konvergiert die Reihe relativ langsam.

Aus (7.35) folgt

$$\ln(1-x) = -x - \frac{x^2}{2} - \frac{x^3}{3} - \frac{x^4}{4} - \ldots \qquad \text{mit } |x| < 1$$

und nach Subtraktion dieser Reihe von Reihe (7.35), wobei die Variable vorübergehend mit z bezeichnet werden soll:

$$\ln(1+z) - \ln(1-z) = \ln\frac{1+z}{1-z} = 2\left(z + \frac{z^3}{3} + \frac{z^5}{5} + \ldots\right) \qquad \text{mit } |z| < 1.$$

Setzt man noch $\frac{1+z}{1-z} = x$, woraus $z = \frac{x-1}{x+1}$ folgt, erhält man die schneller konvergierende und für das praktische Rechnen geeignetere

Reihe für ln x

$$\ln x = 2\left[\frac{x-1}{x+1} + \frac{1}{3}\left(\frac{x-1}{x+1}\right)^3 + \frac{1}{5}\left(\frac{x-1}{x+1}\right)^5 + \ldots\right] \qquad x > 0 \qquad (7.36)$$

Der angegebene Konvergenzbereich ergibt sich aus der Substitution $x = \frac{1+z}{1-z}$ durch Einsetzen von $|z| < 1$.

Binomische Reihe für $f(x) = (1+x)^m$

Mit $f(x) = (1+x)^m$, $f'(x) = m(1+x)^{m-1}$, $f''(x) = m(m-1)(1+x)^{m-2}$, $f'''(x) = m(m-1)(m-2)(1+x)^{m-3}$, …und $f(0) = 1$, $f'(0) = m$, $f''(0) = m(m-1)$, $f'''(0) = m(m-1)(m-2)$, …folgt aus (7.27b) die

binomische Reihe

$$(1+x)^m = 1 + mx + \binom{m}{2}x^2 + \binom{m}{3}x^3 + \ldots = \sum_{n=0}^{\infty}\binom{m}{n}x^n \qquad (7.37)$$

mit $m \in \mathbb{R}$, $|x| < 1$

Der Konvergenzbereich $|x| < 1$ folgt aus

$$r = \lim_{n\to\infty} \left|\frac{a_n}{a_{n+1}}\right| = \lim_{n\to\infty} \left|\frac{\binom{m}{n}}{\binom{m}{n+1}}\right| = \lim_{n\to\infty} \left|\frac{n+1}{m-n}\right| = \lim_{n\to\infty} \left|\frac{1-\frac{1}{n}}{\frac{m}{n}-1}\right| = 1$$

Für $m \in \mathbb{N}^*$ werden alle Binomialkoeffizienten $\binom{m}{n}$ für $n > m$ gleich Null, die Reihe bricht ab, die (unendliche) binomische Reihe geht in den binomischen Satz (vgl. Band 1 (1.31)) über.

Die besondere Bedeutung der binomischen Reihe besteht darin, daß viele Näherungsformeln auf sie zurückgehen. In Tabelle 7.2 sind einige mit Angabe des zulässigen Intervalls bei vorgegebener Fehlerschranke angeführt.

Tabelle 7.2

Näherungsformel	zulässiges Intervall bei Fehler von 0,1 %	zulässiges Intervall bei Fehler von 1 %
$\frac{1}{1+x} = 1 - x$	$-0,03 < x < 0,03$	$-0,10 < x < 0,10$
$\sqrt{1+x} = 1 + \frac{x}{2}$	$-0,08 < x < 0,10$	$-0,24 < x < 0,32$
$\frac{1}{\sqrt{1+x}} = 1 - \frac{x}{2}$	$-0,04 < x < 0,06$	$-0,15 < x < 0,17$

Reihen der Arcusfunktionen

Wegen $\frac{\mathrm{d}\arcsin x}{\mathrm{d}x} = \frac{1}{\sqrt{1-x^2}}$ (vgl. Band 1 (5.59)) kann zunächst $\frac{1}{\sqrt{1-x^2}} = (1-x^2)^{-\frac{1}{2}}$ in eine binomische Reihe entwickelt und daraus durch Integrieren die Reihe für $\arcsin x$ ermittelt werden. Nach (7.37) gilt

$$\frac{1}{\sqrt{1-x^2}} = 1 + \frac{1}{2}x^2 + \frac{3}{8}x^4 + \frac{5}{16}x^6 + \ldots \qquad \text{mit } |x| < 1.$$

Durch Integrieren beider Seiten erhält man die

Arcussinusreihe

$$\arcsin x = x + \frac{1}{2}\frac{x^3}{3} + \frac{1\cdot 3}{2\cdot 4}\frac{x^5}{5} + \frac{1\cdot 3\cdot 5}{2\cdot 4\cdot 6}\frac{x^7}{7} + \ldots \qquad |x| < 1 \qquad (7.38)$$

Wegen $\arcsin x + \arccos x = \frac{\pi}{2}$ (vgl. Band 1 Abschn. 1.4.2.4) gilt für die

Arcuscosinusreihe

$$\arccos x = \frac{\pi}{2} - x - \frac{1}{2}\frac{x^3}{3} - \frac{1 \cdot 3}{2 \cdot 4}\frac{x^5}{5} - \frac{1 \cdot 3 \cdot 5}{2 \cdot 4 \cdot 6}\frac{x^7}{7} - \dots \qquad |x| < 1 \quad (7.39)$$

Da $\frac{\mathrm{d} \arctan x}{\mathrm{d}x} = \frac{1}{1+x^2}$ und $\frac{1}{1+x^2} = 1 - x^2 + x^4 - x^6 + - \dots$ (Partialdivision), erhält man durch Integrieren die

Arcustangensreihe

$$\arctan x = x - \frac{x^3}{3} + \frac{x^5}{5} - \frac{x^7}{7} + - \dots \qquad -1 < x \leq 1 \qquad (7.40)$$

Für $x = 1$ ergibt sich die konvergente Reihe des Beispiels 7.6b.
Wegen $\arctan x + \operatorname{arccot} x = \frac{\pi}{2}$ folgt für die

Arcuscotangensreihe

$$\operatorname{arccot} x = \frac{\pi}{2} - x + \frac{x^3}{3} - \frac{x^5}{5} + \frac{x^7}{7} - + \dots \qquad -1 < x \leq 1 \qquad (7.41)$$

Die Arcustangensreihe kann zur Berechnung des Wertes von π verwendet werden, denn für $x = 1$ wird

$$\arctan 1 = \frac{\pi}{4} = 1 - \frac{1}{3} + \frac{1}{5} - \frac{1}{7} + - \dots$$

Da diese Reihe nur sehr langsam konvergiert, wurden schneller konvergierende Reihen aufgestellt. Eine davon bringt das folgende Beispiel.

Beispiel 7.15

Mit Hilfe des Additionstheorems der Arcustangensfunktion $\arctan x + \arctan y = \arctan \frac{x+y}{1-xy}$ mit $|x| < 1$ und $|y| < 1$ soll $\arctan 1 = \frac{\pi}{4}$ berechnet werden.

Lösung:

Setzt man $\frac{x+y}{1-xy} = 1$, so ist $y = \frac{1-x}{1+x}$.
Zu $x = \frac{1}{2}$ gehört dann $y = \frac{1}{3}$, und es folgt $\arctan 1 = \frac{\pi}{4} = \arctan \frac{1}{2} + \arctan \frac{1}{3}$

$$\frac{\pi}{4} = \left(\frac{1}{2} - \frac{1}{3}\left(\frac{1}{2}\right)^3 + \frac{1}{5}\left(\frac{1}{2}\right)^5 - + \dots\right) + \left(\frac{1}{3} - \frac{1}{3}\left(\frac{1}{3}\right)^3 + \frac{1}{5}\left(\frac{1}{3}\right)^5 - + \dots\right) \qquad \text{(I)}$$

Gliedweises Addieren auf der rechten Seite ergibt die Reihe des Beispiels 7.11:

$$\frac{\pi}{4} = \left(\frac{1}{2} + \frac{1}{3}\right) - \frac{1}{3}\left(\frac{1}{2^3} + \frac{1}{3^3}\right) + \frac{1}{5}\left(\frac{1}{2^5} + \frac{1}{3^5}\right) - + \ldots$$

Bereits 6 Glieder dieser Reihe liefern den Wert von π auf 4 Dezimalstellen genau (vgl. Beisp. 7.11).

Eine weitere Verbesserung der Konvergenz erzielt man, wenn man in (I) den ersten Term der rechten Gleichungsseite, der $\arctan\frac{1}{2}$ darstellt, ersetzt.

Aus $\dfrac{x+y}{1-xy} = \dfrac{1}{2}$ folgt mit $x = \dfrac{1}{3}$ der Wert $y = \dfrac{1}{7}$. Aus (I) wird dann

$$\frac{\pi}{4} = 2\arctan\frac{1}{3} + \arctan\frac{1}{7} = \left(\frac{2}{3} + \frac{1}{7}\right) - \frac{1}{3}\left(\frac{2}{3^3} - \frac{1}{7^3}\right) + \frac{1}{5}\left(\frac{2}{3^5} + \frac{1}{7^5}\right) - + \ldots$$

(vgl. Aufg. 7.12).

7.2.4 Integration nach Reihenentwicklung

Viele Funktionen lassen sich nicht geschlossen (mit den in Band 1, Abschn. 6 dargestellten Verfahren) integrieren. Da ganzrationale Funktionen – und solche stellen Potenzreihen bei Auswertung einer begrenzten Anzahl von Gliedern letztlich dar – stets integrierbar sind, können die bestimmten Integrale vieler Funktionen nach Entwicklung in eine Potenzreihe berechnet werden. Die Voraussetzungen dafür nennt der

Satz

Für eine stetige Funktion $f(x)$, die im Intervall $[a, b]$ beliebig oft stetig differenzierbar ist und in eine Potenzreihe entwickelt werden kann, ist

$$\int_a^b f(x)\,\mathrm{d}x = \sum_{n=0}^{\infty} a_n \int_a^b x^n\,\mathrm{d}x,$$

wenn die Integrationsgrenzen innerhalb des Konvergenzbereiches liegen.
D.h., der Wert des Integrals kann nach gliedweiser Integration der Potenzreihe berechnet werden, wenn $[a, b] \subset (-r, r)$. (7.42)

Integration algebraisch-irrationaler Funktionen

Bei algebraisch-irrationalen Funktionen, vgl. Band 1, Abschn. 1.3.2.3, wird bekanntlich auf die Variable x außer den vier Grundoperationen noch die Operation des Radizierens angewendet. Oft lassen sich die bestimmten Integrale algebraisch-irrationaler Funktionen nach dem Entwickeln in eine Binomialreihe berechnen.

Beispiel 7.16

$$\int_0^a \sqrt{1+x^3}\,\mathrm{d}x \qquad \text{mit} \qquad |a| \le |x| < 1$$

Lösung:

Nach (7.37) ist

$$\sqrt{1+x^3} = \left(1+x^3\right)^{\frac{1}{2}} = \frac{1}{2}x^3 - \frac{1}{8}x^6 + \frac{1}{16}x^9 - + \ldots$$

Daraus folgt

$$\begin{aligned}\int\limits_0^a \sqrt{1+x^3}\,\mathrm{d}x &= \int\limits_0^a \left(1 + \frac{1}{2}x^3 - \frac{1}{8}x^6 + \frac{1}{16}x^9 - + \ldots\right)\mathrm{d}x \\ &= \left(x + \frac{x^4}{8} - \frac{x^7}{56} + \frac{x^{10}}{160} - + \ldots\right)\Bigg|_0^a \\ &= a + \frac{a^4}{8} - \frac{a^7}{56} + \frac{a^{10}}{160} - + \ldots \qquad \text{für } |a| < 1\end{aligned}$$

Ist z. B. $a = 0,5$, so genügen bereits 3 Glieder, um das Integral auf 4 Dezimalstellen genau zu berechnen. Es wird

$$\int\limits_0^{0,5} \sqrt{1+x^3}\,\mathrm{d}x = 0,5 + 0,00781 - 0,00014 \approx 0,5077$$

Der Fehler ist bei alternierenden Reihen kleiner als der Wert des ersten weggelassenen Gliedes, in diesem Fall $< \dfrac{0,5^{10}}{160} = 6,1 \cdot 10^{-6}$.

Integration transzendenter Funktionen

Nach Entwickeln der transzendenten Funktionen in Potenzreihen entstehen oft Funktionen, die gemäß Satz (7.42) integrierbar sind. Die Werte der bestimmten Integrale können daraus berechnet werden.

Beispiel 7.17

$\displaystyle\int\limits_0^{0,2} \mathrm{e}^x \arctan x\,\mathrm{d}x$ soll auf 3 Dezimalstellen genau berechnet werden.

Lösung:

Mittels der Potenzreihen für e^x und $\arctan x$ erhält man nach gliedweisem Multiplizieren

$$\begin{aligned}\int\limits_0^{0,2} \mathrm{e}^x \arctan x\,\mathrm{d}x &= \int\limits_0^{0,2} \left(x + x^2 + \frac{x^3}{6} - \frac{x^4}{6} + \frac{3}{40}x^5 + \cdots\right)\mathrm{d}x \\ &= \left(\frac{x^2}{2} + \frac{x^3}{3} + \frac{x^4}{24} - \frac{x^5}{30} + \frac{x^6}{80} + \cdots\right)\Bigg|_0^{0,2} \\ &= 0,02 + 0,002\overline{6} + 0,0000\overline{6} - 0,000010\overline{6} \approx 0,02272\end{aligned}$$

Da bereits das dritte Glied sehr klein ist ($\approx 7 \cdot 10^{-5}$), können dieses und die folgenden Glieder vernachlässigt werden.

Elliptische Integrale

Zu den Integralen, die nicht durch elementare Funktionen ausgedrückt werden können, gehören Integrale der Form

$$\int \left(R(x),\ \sqrt{a_3x^3 + a_2x^2 + a_1x + a_0}\right) \mathrm{d}x \qquad \text{und}$$

$$\int \left(R(x),\ \sqrt{a_4x^4 + a_3x^3 + a_2x^2 + a_1x + a_0}\right) \mathrm{d}x,$$

worin $R(x)$ eine rationale Funktion von x darstellt. Diese lassen sich auf *elliptische Integrale* z. B.

erster Gattung $\displaystyle\int \frac{\mathrm{d}t}{\sqrt{1 - k^2 \sin^2 t}}$, *zweiter Gattung* $\displaystyle\int \sqrt{1 - k^2 \sin^2 t}\, \mathrm{d}t$

zurückführen.

Beispiel 7.18

Es soll die Bogenlänge einer Ellipse mit den Halbachsen a und b mit $a > b$ berechnet werden.

Lösung:

Die Parameterdarstellung der Ellipse lautet

$x = a\cos t,\ y = b\sin t \qquad$ mit $t \in [0, 2\pi)$.

Die Bogenlänge ist nach (11.12)

$$s = \int_0^{2\pi} \sqrt{a^2\cos^2 t + b^2 \sin^2 t}\, \mathrm{d}t = a \int_0^{2\pi} \sqrt{\cos^2 t + \frac{b^2}{a^2}\sin^2 t}\, \mathrm{d}t$$

Bei Integration für einen Ellipsenquadranten wird

$$s = 4a \int_0^{\frac{\pi}{2}} \sqrt{\cos^2 t + \frac{b^2}{a^2}\sin^2 t}\, \mathrm{d}t$$

Die numerische Exzentrizität ist $\varepsilon = \dfrac{\mathrm{e}}{a} = \dfrac{\sqrt{a^2 - b^2}}{a}$, und damit

$$\varepsilon^2 = 1 - \frac{b^2}{a^2}, \qquad \frac{b^2}{a^2} = 1 - \varepsilon^2.$$

Damit wird

$$s = 4a \int_0^{\frac{\pi}{2}} \sqrt{\cos^2 t + (1 - \varepsilon^2)\sin^2 t}\, \mathrm{d}t = 4a \int_0^{\frac{\pi}{2}} \sqrt{1 - \varepsilon^2 \sin^2 t}\, \mathrm{d}t,$$

d. h. ein elliptisches Integral zweiter Gattung.

Durch Entwickeln des Wurzelterms in eine Binomialreihe erhält man

$$s = 4a \int_0^{\frac{\pi}{2}} \left(1 - \frac{1}{2}\varepsilon^2 \sin^2 t - \frac{1}{8}\varepsilon^4 \sin^4 t - \frac{1}{16}\varepsilon^6 \sin^6 t - \frac{5}{128}\varepsilon^8 \sin^8 t - \ldots\right) dt$$

Mit $\int_0^{\frac{\pi}{2}} \sin^2 \mathrm{d}t = \frac{1}{2} \cdot \frac{\pi}{2}$, $\int_0^{\frac{\pi}{2}} \sin^4 t \,\mathrm{d}t = \frac{1 \cdot 3}{2 \cdot 4} \cdot \frac{\pi}{2}$, $\int_0^{\frac{\pi}{2}} \sin^6 t \,\mathrm{d}t = \frac{1 \cdot 3 \cdot 5}{2 \cdot 4 \cdot 6} \cdot \frac{\pi}{2}$, ... ergibt sich

$$s = 4a \left(\frac{\pi}{2} - \frac{1}{2}\varepsilon^2 \frac{1}{2}\frac{\pi}{2} - \frac{1}{8}\varepsilon^4 \frac{1 \cdot 3}{2 \cdot 4}\frac{\pi}{2} - \frac{1}{16}\varepsilon^6 \frac{1 \cdot 3 \cdot 5}{2 \cdot 4 \cdot 6}\frac{\pi}{2} - \frac{5}{128}\varepsilon^8 \frac{1 \cdot 3 \cdot 5 \cdot 7}{2 \cdot 4 \cdot 6 \cdot 8}\frac{\pi}{2} - \ldots\right)$$

$$= 2\pi a \left(1 - \frac{1}{4}\varepsilon^2 - \frac{3}{64}\varepsilon^4 - \frac{5}{256}\varepsilon^6 - \frac{175}{16384}\varepsilon^8 - \ldots\right)$$

Mit $a = 50$ cm, $b = 40$ cm und damit $\varepsilon = 0,6$ z. B. erhält man für den Ellipsenumfang

$$U = s\Big|_0^{2\pi} = 100 \text{ cm} \cdot (1 - 0,09 - 0,006075 - 0,000911 - 0,000179 - \ldots)$$

$$U = 283,6 \text{ cm}$$

Integralsinus

Zu den Integralen, die nicht geschlossen integrierbar sind, sich aber für spezielle Werte der Integrationsgrenzen durch eine Reihenentwicklung berechnen lassen, gehören die Funktionen

Integralsinus	$\mathrm{Si}(x) = \int_0^x \frac{\sin t}{t}\, dt$	Integrallogarithmus	$\mathrm{li}(x) = \int_0^x \frac{dt}{\ln t}$
Integralcosinus	$\mathrm{Ci}(x) = \int_x^\infty \frac{\cos t}{t}\, dt$	Exponentialintegral	$\mathrm{Ei}(x) = \int_{-\infty}^x \frac{\mathrm{e}^t}{t}\, dt$

Beispiel 7.19

Für den Integralsinus erhält man durch Reihenentwicklung des Integranden

$$\int_0^x \frac{\sin t}{t}\, \mathrm{d}t = \int_0^x \left(1 - \frac{t^2}{3!} + \frac{t^4}{5!} - \frac{t^6}{7!} + - \ldots\right) \mathrm{d}t = x - \frac{x^3}{3 \cdot 3!} + \frac{x^5}{5 \cdot 5!} - \frac{x^7}{7 \cdot 7!} + - \ldots$$

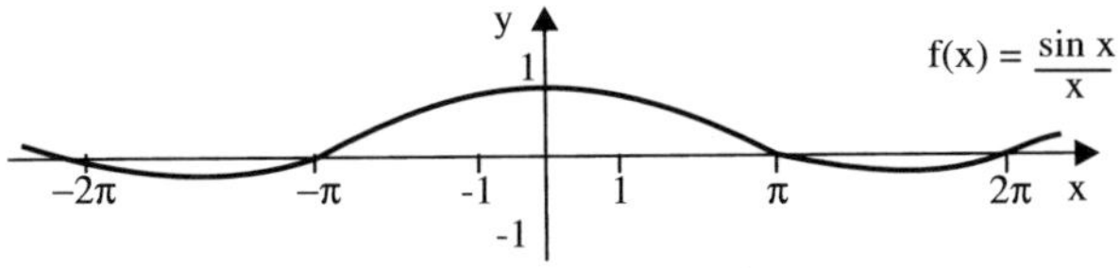

Bild 7.4

Den Graphen der Kurve $\frac{\sin x}{x} = f(x)$ zeigt Bild 7.4. In Band 1 (5.28) wurde gezeigt, daß $\lim\limits_{x \to 0} \frac{\sin x}{x} = 1$.

Um die Fläche zu berechnen, die von den Koordinatenachsen und der Kurve $f(x) = \dfrac{\sin x}{x}$ im Intervall $x \in [0, \pi)$ eingeschlossen wird, müssen in der Reihe

$$\int_0^\pi \frac{\sin x}{x}\,\mathrm{d}x = \left(x - \frac{x^3}{3 \cdot 3!} + \frac{x^5}{5 \cdot 5!} - \frac{x^7}{7 \cdot 7!} + \frac{x^9}{9 \cdot 9!} - \frac{x^{11}}{11 \cdot 11!} + - \ldots \right)\Bigg|_0^\pi$$

relativ viele Glieder berücksichtigt werden. Es ist

$$\int_0^\pi \frac{\sin x}{x}\,\mathrm{d}x = 3,14159 - 1,72257 + 0,51003 - 0,08561 + 0,00913 - 0,00067 + 0,00004$$

Mit einer Genauigkeit von drei Dezimalstellen ergibt sich der Flächeninhalt

$$A = \int_0^\pi \frac{\sin x}{x}\,\mathrm{d}x = 1,852$$

Ohne Beweis sei angeführt: $\lim\limits_{x \to \infty} \mathrm{Si}(x) = \displaystyle\int_0^\infty \frac{\sin x}{x}\,\mathrm{d}x = \frac{\pi}{2}$

Gaußsches Integral

In der Wahrscheinlichkeitsrechnung spielt die Dichtefunktion der Normalverteilung

$$\varphi\left(x,\ \mu,\ \sigma^2\right) = \frac{1}{\sqrt{2\pi\sigma^2}}\,\mathrm{e}^{-\frac{(x-\mu)^2}{2\sigma^2}}$$

mit Erwartungswert μ und Streuung oder Varianz σ^2 eine wichtige Rolle. Ihr Graph ist die *Gaußsche*[1] *Glockenkurve.*
Die Verteilungsfunktion der Gaußverteilung

$$\Phi(x) = \int_{-\infty}^{x} \frac{1}{\sqrt{2\pi\sigma^2}}\,\mathrm{e}^{-\frac{(t-\mu)^2}{2\sigma^2}}\,\mathrm{d}t$$

wird *Gaußsches Integral* oder *Fehlerintegral* genannt und durch die Fläche unter der Gaußschen Glockenkurve dargestellt.
Für $\mu = 0$ und $\sigma^2 = 0,5$ erhält die Dichtefunktion die einfachere Form

$$\varphi(x) = \frac{1}{\sqrt{\pi}}\,\mathrm{e}^{-x^2}$$

[1] Carl Friedrich Gauss (1777 bis 1855), bedeutender deutscher Mathematiker, Physiker, Astronom und Geodät

Beispiel 7.20

Es soll $F(x) = \int\limits_{-x}^{x} \frac{1}{\sqrt{\pi}} \mathrm{e}^{-t^2}\, \mathrm{d}t$

a) für $x = 1$,
b) für $x = 2$
berechnet werden.

Die Funktion $\varphi(x)$ ist in Bild 7.5 dargestellt. Die interessierenden Ordinaten sind $\varphi(0) = 0{,}564$, $\varphi(1) = 0{,}208$, $\varphi(2) = 0{,}010$.

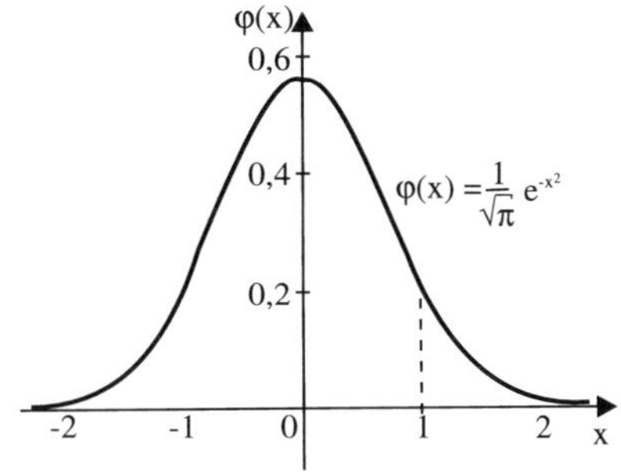

Bild 7.5

Lösung:

Für die Integration wird $f(x) = \mathrm{e}^{-t^2}$ in eine Potenzreihe entwickelt. Da $f(x)$ gerade ist, kann die Berechnung auf das Intervall $[0, x]$ reduziert werden.

$$F(x) = \frac{2}{\sqrt{\pi}} \int\limits_0^x \mathrm{e}^{-t^2}\, \mathrm{d}t = \frac{2}{\sqrt{\pi}} \int\limits_0^x \left(1 - \frac{t^2}{1!} + \frac{t^4}{2!} - \frac{t^6}{3!} + - \ldots\right) \mathrm{d}t$$

$$= \frac{2}{\sqrt{\pi}} \left(x - \frac{x^3}{1! \cdot 3} + \frac{x^5}{2! \cdot 5} - \frac{x^7}{3! \cdot 7} + - \ldots\right)$$

a) Für $x = 1$ wird der Wert der ersten 6 bzw. 8 Glieder in der Klammer $s_6(1) = 0{,}74673$ bzw. $s_8(1) = 0{,}74682$.
Da die Reihe alternierend ist, ist der Betrag des Fehlers kleiner als das erste weggelassene Glied: $R_8 < 1{,}5 \cdot 10^{-6}$ (vgl. (7.18)).
Damit wird $F(1) = \frac{2}{\sqrt{\pi}} \cdot 0{,}74682 = 0{,}8427$

b) Für $x = 2$ erhält man mittels der ersten 16 Glieder $s_{16}(2) = 0{,}88207$ mit $R_{16} = 0{,}73 \cdot 10^{-6}$ und
$$F(2) = \frac{2}{\sqrt{\pi}} \int\limits_0^2 \mathrm{e}^{-t^2}\, \mathrm{d}t = 0{,}9953$$

Für $x = \pm 2$ verläuft die Glockenkurve bereits dicht an der x-Achse. Es ist $\lim\limits_{x \to \infty} F(x) = 1$, d. h., die Potenzreihe in der Klammer hat die Summe $s = \lim\limits_{n \to \infty} s_n = \frac{\sqrt{\pi}}{2} = 0{,}8862\ldots$

7.2.5 Anwendungen von Potenzreihen

Aufstellen von Näherungsformeln

Potenzreihen werden u. a. zum Aufstellen von Näherungsformeln angewendet. So ergeben sich z. B. für Potenzen von Binomen mit gebrochenen Exponenten viele Näherungsformeln, die in Formelsammlungen enthalten sind, einige wurden bereits in Abschn. 7.2.3 aufgeführt. Bei anderen Problemen kann man sich Näherungsformeln mittels Potenzreihen selbst entwickeln, wie in den folgenden Beispielen gezeigt wird.

Beispiel 7.21

Näherungsformel für die Fläche A eines Kreissegments als Funktion des Zentriwinkels α (Bild 7.6).

Lösung:

Es ergibt sich $A_{\text{Segment}} = A_{\text{Sektor}} - A_{\text{Dreieck}}$

$$A_{\text{Sektor}} = \frac{r^2 \cdot \alpha}{2}, \qquad A_{\text{Dreieck}} = \frac{r^2 \cdot \sin\alpha}{2}$$

Damit wird die Fläche des Segments

$$A = \frac{r^2 \cdot \alpha}{2} - \frac{r^2 \sin\alpha}{2} = \frac{r^2}{2}(\alpha - \sin\alpha)$$

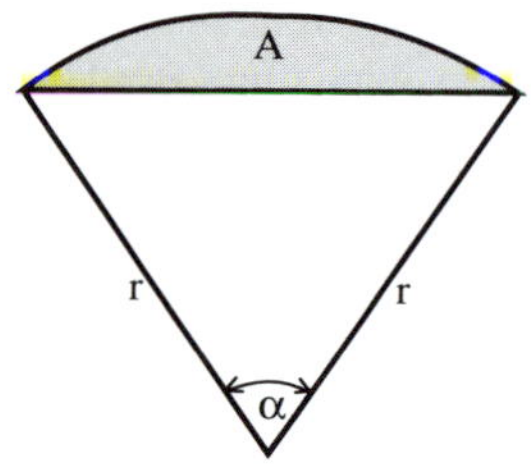

Bild 7.6

Ersetzt man $\sin\alpha$ durch die Potenzreihe, so wird

$$A = \frac{r^2}{2}\left[\alpha - \left(\alpha - \frac{\alpha^3}{3!} + \frac{\alpha^5}{5!} - \frac{\alpha^7}{7!} + - \ldots\right)\right]$$
$$= \frac{r^2}{12}\left(\alpha^3 - \frac{\alpha^5}{20} + \frac{\alpha^7}{840} - \frac{\alpha^9}{60480} + - \ldots\right)$$

Bei Beschränkung auf die ersten beiden Glieder ergibt sich die Näherungsformel

$$A \approx \frac{r^2}{12}\left(\alpha^3 - \frac{\alpha^5}{20}\right)$$

Zahlenbeispiel: $r = 60$ cm, $\alpha = 30° = \dfrac{\pi}{6}$

$$A = 300 \text{ cm}^2 \left[\left(\frac{\pi}{6}\right)^3 - \frac{1}{20}\left(\frac{\pi}{6}\right)^5\right] = 300 \text{ cm}^2(0{,}14355 - 0{,}00197) = 42{,}5 \text{ cm}^2$$

Beispiel 7.22

Bei der Härtebestimmung von Werkstoffen nach Brinell wird eine Stahlkugel vom Durchmesser D (in mm) mit einer Kraft F (in N) in die ebene Fläche eines Probestückes gepreßt. Ist d (in mm) der Durchmesser des Eindruckkreises, so wird die Härte H (in N/mm^2) nach der Formel

$$H = \frac{2F}{\pi D\left(D - \sqrt{D^2 - d^2}\right)}$$

berechnet, wobei $0{,}2 \leq \dfrac{d}{D} \leq 0{,}5$ sein soll.

Schreibt man $\sqrt{D^2 - d^2} = D\sqrt{1 - \left(\dfrac{d}{D}\right)^2}$ und entwickelt den Wurzelausdruck in eine Potenzreihe, so erhält man nach einigen Umformungen

$$H = \frac{2F}{\pi D\left[D - D\left(1 - \frac{1}{2}\left(\frac{d}{D}\right)^2 - \frac{1}{8}\left(\frac{d}{D}\right)^4 - \frac{1}{16}\left(\frac{d}{D}\right)^6 - \ldots\right)\right]}$$

$$= \frac{4F}{\pi d^2\left(1 + \frac{1}{4}\left(\frac{d}{D}\right)^2 + \frac{1}{8}\left(\frac{d}{D}\right)^4 + \frac{1}{16}\left(\frac{d}{D}\right)^6\right) + \ldots}$$

Verwendet man die Näherung $\frac{1}{1+x} \approx 1 - x + x^2$, so wird

$$H = \frac{4F}{\pi d^2}\left[1 - \frac{1}{4}\left(\frac{d}{D}\right)^2 - \frac{1}{16}\left(\frac{d}{D}\right)^4\right]$$

Für den größten zulässigen Wert von $\frac{d}{D} = 0,5$ hat das 3. Glied den Wert $0,004$, d. h., bei Verwendung der ersten zwei Glieder der Reihe wird der Fehler $< 1\,\%$.

Linearisierung von Funktionen mittels Tangente

In der Praxis treten oft nichtlineare Funktionen auf, die in der Umgebung eines Arbeitspunktes durch eine lineare Funktion ersetzt werden sollen.

Beispiel 7.23

Ein Stellventil habe die in Bild 7.7 dargestellte Übertragungskennlinie. Es ist die Ausgangsgröße Durchfluß x_a eine Funktion der Eingangsgröße Ventilhub x_e. In der Umgebung des Arbeitspunktes $(x_{e0};\ x_{a0})$ soll die Ventilgleichung $x_a = f(x_e)$ mittels Reihenentwicklung linearisiert werden.

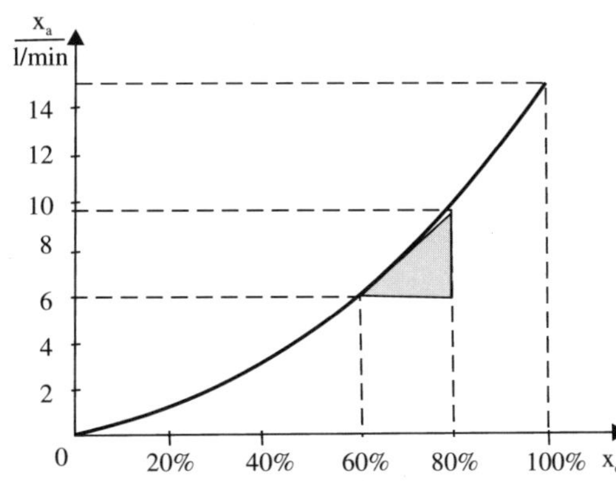

Bild 7.7

Lösung:

Durch Entwicklung in die Taylor-Reihe (7.27c) erhält man

$$x_a = x_{a0} + \left.\frac{\mathrm{d}x_a}{\mathrm{d}x_e}\right|_{x_{e0}} (x_e - x_{e0}) + \frac{1}{2}\left.\frac{\mathrm{d}^2 x_a}{\mathrm{d}x_e^2}\right|_{x_{e0}} (x_e - x_{e0})^2 + \ldots$$

Beschränkt man sich auf zwei Glieder, so wird

$$x_a = x_{a0} + K\,(x_e - x_{e0})\,, \qquad \textit{wobei} \qquad K = \left.\frac{\mathrm{d}x_a}{\mathrm{d}x_e}\right|_{x_{e0}}$$

aus einem Stützdreieck der Übertragungskurve im Arbeitspunkt gewonnen werden kann. Im Beispiel des Bildes 7.7 ist $K = \frac{3,6\ \mathrm{l/min}}{20\ \%}$.

Damit lautet die linearisierte Übertragungsfunktion in der Umgebung des Arbeitspunktes

$$x_a = f(x_e) = 6 \text{ l/min} + \frac{3,6 \text{ l/min}}{20 \text{ \%}}(x_e - 60 \text{ \%}) \tag{I}$$

$$= 0,18 \text{ l/min} \frac{x_e}{\%} - 4,8 \text{ l/min} \tag{II}$$

Mit $\Delta x_a = x_a - x_{a0}$ und $\Delta x_e = x_e - x_{e0}$ ergibt sich aus (I) für die Umgebung des Arbeitspunktes $(x_{e0};\ x_{a0})$ die Beziehung

$$\Delta x_a = 0,18 \text{ l/min} \frac{\Delta x_e}{\%}$$

Bei Verwendung der linearisierten Funktion ist der auftretende Fehler $\approx \left.\frac{1}{2}\frac{\mathrm{d}^2 x_a}{\mathrm{d}x_e^2}\right|_{x_{e0}} (x_e - x_{e0})^2$.

Linearisierung von Differentialgleichungen

Auch Differentialgleichungen können ggf. mittels Potenzreihenentwicklung linearisiert werden, wie das folgende Beispiel zeigt.

Beispiel 7.24

Bei der Durchbiegung eines auf zwei Stützen gelagerten Balkens mit konstantem Querschnitt erfolgt auf der Balkenunterseite eine Längung der Faser, auf der Oberseite eine Verkürzung (Bild 7.8). Eine dazwischenliegende Schicht, die neutrale Faser, behält ihre ursprüngliche Länge. Deren Krümmung k an der Stelle x ist (vgl. (11.14)) $k = \frac{y''}{(1+y'^2)^{\frac{3}{2}}}$.

Für das Biegemoment des Balkens gilt $M(x) = kEI$ (E Elastizitätsmodul, I Trägheitsmoment des Querschnitts).

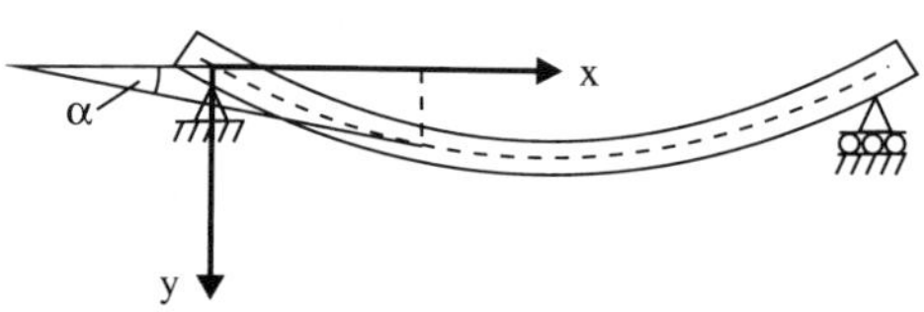

Bild 7.8

In praxisrelevanten Fällen ist der Winkel α der Durchbiegung an der Stelle x sehr klein, so daß man mit $y' = \tan\alpha$ nach Reihenentwicklung erhält

$$k = y''\left[1 + y'^2\right]^{-\frac{3}{2}} = y''\left[1 - \frac{3}{2}y'^2 + \frac{15}{8}y'^4 - + \ldots\right]$$

Die (nichtlineare) Differentialgleichung der elastischen Linie lautet

$$y'' + \frac{M(x)}{EI}\left(1 + y'^2\right)^{\frac{3}{2}} = 0.$$

Bei schwach gekrümmtem Balken ($y' \ll 1$) setzt man in 1. Näherung (Abbruch der Potenzreihe nach dem 1. Glied) $k = y''$ und erhält die meist verwendete linearisierte

Form der *Differentialgleichung der elastischen Linie*

$$y'' = -\frac{M(x)}{EI}$$

Die Vorzeichen ergeben sich aus der Überlegung, daß bei positivem Moment M beim zugrunde gelegten Koordinatensystem $y'' < 0$ sein muß.

Angenäherte Lösung von Gleichungen

Beispiel 7.25

Die transzendente Gleichung

$$\sin 2x + \tan x + x^3 + x^2 - \frac{7}{2}x + \frac{1}{18} = 0$$

soll auf 2 Dezimalstellen genau für $x \in (0, 0,5)$ gelöst werden.

Lösung:

Ersetzt man die Funktionen $\sin 2x$ und $\tan x$ durch Potenzreihen, so ergibt sich

$$2x - \frac{(2x)^3}{3!} + \frac{(2x)^5}{5!} - + \ldots + x + \frac{x^3}{3} + \frac{2}{15}x^5 + \ldots + x^3 + x^2 - \frac{7}{2}x + \frac{1}{18} = 0$$

Da die Glieder mit x^5 für den größtmöglichen Wert von x Werte $< 0,01$ annehmen, ergibt sich nach ihrem Weglassen die quadratische Gleichung

$$x^2 - \frac{1}{2}x + \frac{1}{18} = 0$$

mit den Lösungen innerhalb des vorgegebenen Bereiches

$$x_1 = \frac{1}{3}, \qquad x_2 = \frac{1}{6}$$

Aufgaben 7.4 bis 7.24

7.3 Fourier-Reihen

7.3.1 Definition, Konvergenz

Von den Funktionenreihen sind wegen ihrer Anwendungen in den Naturwissenschaften und in der Technik die unendlichen *trigonometrischen Reihen* oder *Fourier-Reihen*[1] von besonderer Bedeutung.

Definition

Eine periodische Funktion F der Variablen $x \in \mathbb{R}$ mit der Periode p kann nach Fourier innerhalb eines Intervalls der Länge p in eine trigonometrische Reihe entwickelt werden, wenn sie innerhalb des Intervalls – mindestens stückweise – stetig ist. Diese Reihe heißt **Fourier-Reihe**:

$$F(x) = \sum_{k=0}^{\infty} (a_k \cos(k\omega x) + b_k \sin(k\omega x)) \tag{7.43}$$

$$= a_0 + a_1 \cos(\omega x) + a_2 \cos(2\omega x) + a_3 \cos(3\omega x) + \ldots$$

$$+ b_1 \sin(\omega x) + b_2 \sin(2\omega x) + b_3 \sin(3\omega x) + \ldots$$

mit $k \in \mathbb{N}$ und der Kreisfrequenz $\omega = \dfrac{2\pi}{p}$.

a_k, b_k heißen die Fourierkoeffizienten der Fourier-Reihe.

Die n-te Partialsumme der Fourier-Reihe $s_n(x) = \sum_{k=0}^{n} (a_k \cos(k\omega x) + b_k \sin(k\omega x))$ wird als **Fourier-Polynom n-ten Grades** bezeichnet. Die beiden trigonometrischen Funktionen $\sin x$ und $\cos x$ sind bekanntlich periodische Funktionen mit der Periode $p = 2\pi$, die Funktionen $\sin(\omega x)$ und $\cos(\omega x)$ z. B. sind periodisch mit der Periode $p = \dfrac{2\pi}{\omega}$. In Bild 7.9 ist eine periodische Funktion mit der Periode p und einer Sprungstelle an der Stelle x^* dargestellt. Wie man erkennt, ist eine periodische Funktion durch ihre Funktionswerte im Intervall $[a, a + p]$ bestimmt. In den Anwendungen wird oft das Intervall $[0, p]$ oder $\left[-\dfrac{p}{2}, \dfrac{p}{2}\right]$ genommen.

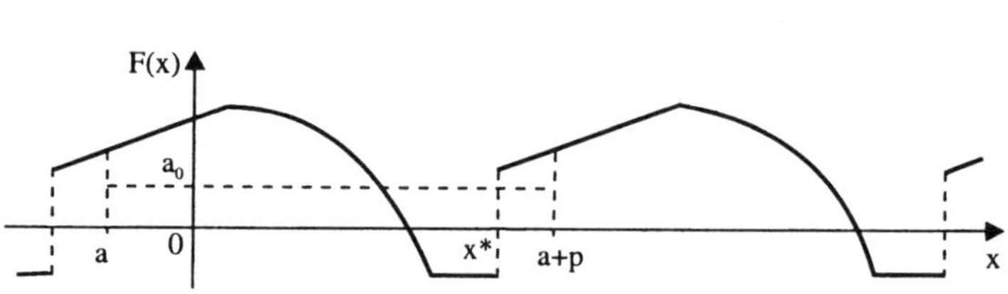

Bild 7.9

[1] Jean-Baptiste-Joseph de Fourier (1768 bis 1830), franz. Mathematiker und Physiker

Für das Entwickeln einer periodischen Funktion in eine Fourier-Reihe müssen die Fourierkoeffizienten a_k und b_k so bestimmt werden, daß die Fourier-Reihe konvergiert und der Grenzwert der Partialsummenfolge gleich der zu entwickelnden Funktion wird: $\lim\limits_{n\to\infty} s_n(x) = F(x)$. Hinreichend für die Konvergenz einer Fourier-Reihe ist die

Dirichletsche[1] Bedingung

Ist eine periodische Funktion F mit der Periode p in $[a, a+p)$ stückweise stetig und kann das Intervall $(a, a+p)$ in endlich viele Teilintervalle zerlegt werden, in deren Inneren $F(x)$ stetig und monoton ist, so konvergiert die Fourier-Reihe gleichmäßig für jede Stetigkeitsstelle x gegen $F(x)$.
An jeder Unstetigkeitsstelle (Sprungstelle) x^* konvergiert die Fourier-Reihe punktweise gegen $F(x^*) = \frac{1}{2}\left(\lim\limits_{x\to x^*-0} F(x) + \lim\limits_{x\to x^*+0} F(x)\right)$, d. h. an der Unstetigkeitsstelle konvergiert die Fourier-Reihe gegen den Wert des arithmetischen Mittels aus dem links- und rechtseitigen Grenzwert der Funktion F.
(7.44)

7.3.2 Bestimmen der Fourierkoeffizienten

Für eine gute Annäherung einer periodischen Funktion $F(x)$, die die Dirichletsche Bedingung erfüllt, durch ein Fourier-Polynom $s_n(x)$, werden die Fourierkoeffizienten so bestimmt, daß der *mittlere quadratische Fehler*

$$\delta_n = \int\limits_a^{a+p} [F(x) - s_n(x)]^2 \, dx$$

minimal wird.

Zur Bestimmung

- von a_0 wird (7.43) über eine Periode (z. B. von 0 bis p) bestimmt integriert. Alle Glieder außer dem mit a_0 werden gleich Null $\Rightarrow a_0$;
- der a_k ($k \in \mathbb{N}^*$) wird (7.43) mit $\cos(k\omega x)$ multipliziert und anschließend über eine Periode bestimmt integriert. Alle Glieder außer dem mit dem Koeffizienten a_k werden gleich Null $\Rightarrow a_k$;
- der b_k ($k \in \mathbb{N}^*$) wird (7.43) mit $\sin(k\omega x)$ multipliziert und anschließend über eine Periode bestimmt integriert. Alle Glieder außer dem mit dem Koeffizienten b_k werden gleich Null $\Rightarrow b_k$.

Auf die Berechnung selbst soll hier verzichtet werden. Es ergeben sich die

[1] Peter Gustav Lejeune Dirichlet (1805 bis 1859), deutscher Mathematiker

Fourierkoeffizienten

$$\left.\begin{aligned} a_k &= \frac{2}{p}\int\limits_a^{a+p} F(x)\cos(k\omega x)\,\mathrm{d}x \\ b_k &= \frac{2}{p}\int\limits_a^{a+p} F(x)\sin(k\omega x)\,\mathrm{d}x \end{aligned}\right\}\ \text{für } k \in \mathbb{N}^* \qquad (7.45)$$

$$a_0 = \frac{1}{p}\int\limits_a^{a+p} F(x)\,\mathrm{d}x$$

Das konstante Glied a_0 stellt (vgl. Bild 7.9) den **Mittelwert** von $F(x)$ im Intervall $[a, a+p]$ dar, bei sinusförmigen Vorgängen in den technischen Anwendungen ist es der **Gleichanteil**.

Die Integrationsgrenzen in (7.45) können bei der Integration über eine Periode so gewählt werden, daß die Berechnung möglichst einfach wird, z. B. von 0 bis p oder von $-\frac{p}{2}$ bis $\frac{p}{2}$.

7.3.3 Entwickeln periodischer Funktionen in Fourier-Reihen

Das Entwickeln einer periodischen Funktion in eine Fourier-Reihe wird auch als **harmonische Analyse** oder **Fourier-Analyse** bezeichnet. Im folgenden sollen Funktionen mit der Periode $p = 2\pi$ zugrundegelegt werden, sie werden mit $f(x)$ bezeichnet; es wird $\omega = \frac{2\pi}{p} = 1$.

Die Formeln (7.45) für die Fourierkoeffizienten werden damit zu

$$a_0 = \frac{1}{2\pi}\int\limits_0^{2\pi} f(x)\,\mathrm{d}x$$

$$\left.\begin{aligned} a_k &= \frac{1}{\pi}\int\limits_0^{2\pi} f(x)\cos(kx)\,\mathrm{d}x \\ b_k &= \frac{1}{\pi}\int\limits_0^{2\pi} f(x)\sin(kx)\,\mathrm{d}x \end{aligned}\right\}\ \text{für } k \in \mathbb{N}^* \qquad (7.45\text{a})$$

Auch hier können die Grenzen z. B. von $-\pi$ bis π eingesetzt werden.

Beispiel 7.26

Die Funktion $f(x) = \dfrac{A}{2\pi}x$ für $0 \leq x < 2\pi$ mit der Periode 2π (Bild 7.10a) soll in eine Fourier-Reihe entwickelt werden.

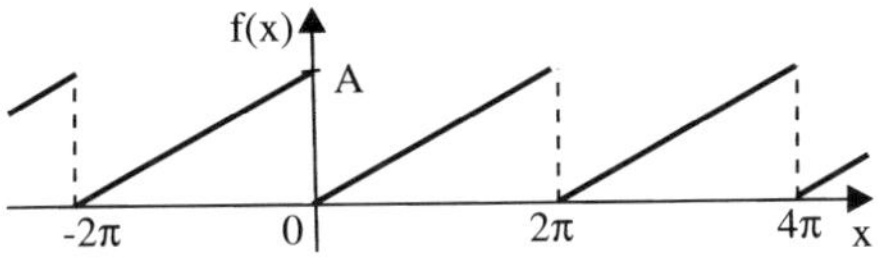

Bild 7.10a

Lösung:

Nach (7.45a) ergeben sich die Fourierkoeffizienten zu

$$a_0 = \frac{1}{2\pi}\int_0^{2\pi} \frac{A}{2\pi}x \, \mathrm{d}x = \frac{A}{4\pi^2}\int_0^{2\pi} x \, \mathrm{d}x = \frac{A}{4\pi^2}\left.\frac{x^2}{2}\right|_0^{2\pi} = \frac{A}{2}$$

Dieser Wert als Mittelwert über eine Periode ergibt sich auch aus Bild 7.10a.

$$a_k = \frac{A}{2\pi^2}\int_0^{2\pi} x\cos(kx)\,\mathrm{d}x = \frac{A}{2\pi^2}\left.\left(\frac{x}{k}\sin(kx) + \frac{1}{k^2}\cos(kx)\right)\right|_0^{2\pi}$$

$$= \frac{A}{2\pi^2}\left[\left(0 + \frac{1}{k^2}\right) - \left(0 + \frac{1}{k^2}\right)\right] = 0$$

$$b_k = \frac{A}{2\pi^2}\int_0^{2\pi} x\sin(kx)\,\mathrm{d}x = \frac{A}{2\pi^2}\left.\left(\frac{1}{k^2}\sin(kx) - \frac{x}{k}\cos(kx)\right)\right|_0^{2\pi}$$

$$= \frac{A}{2\pi^2}\left[\left(0 - \frac{2\pi}{k}\right) - (0 - 0)\right] = -\frac{A}{k\pi}$$

Für $k = 1, 2, 3, \ldots$ ergeben sich: $b_1 = -\dfrac{A}{\pi}$, $b_2 = -\dfrac{A}{2\pi}$, $b_3 = -\dfrac{A}{3\pi}$, ...

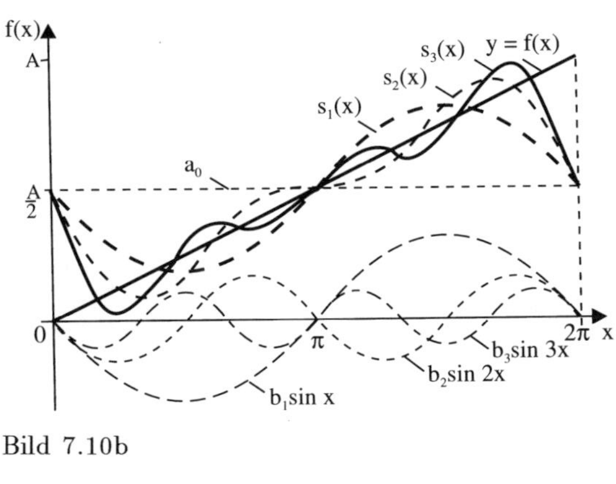

Bild 7.10b

Damit wird

$$f(x) = A\left[\frac{1}{2} - \frac{1}{\pi}\left(\sin x + \frac{\sin 2x}{2} + \frac{\sin 3x}{3} + \ldots\right)\right] = \frac{A}{\pi}\left(\frac{\pi}{2} - \sum_{k=1}^{\infty} \frac{\sin(kx)}{k}\right)$$

In Bild 7.10b sind neben $f(x)$ die Graphen der Glieder a_0, $b_1 \sin x$, $b_2 \sin 2x$, $b_3 \sin 3x$ und der Fourier-Polynome $s_1(x)$, $s_2(x)$, $s_3(x)$ gezeichnet. Die immer bessere Approximation von $f(x)$ durch $s_n(x)$ mit steigendem Wert von x ist deutlich zu erkennen.

7.3.4 Fourier-Analyse symmetrischer Funktionen

Die Berechnung der Fourierkoeffizienten nach Formel (7.45) bzw. (7.45a) kann sich z.T. wesentlich vereinfachen, wenn die in eine Fourier-Reihe zu entwickelnde Funktion $F(x)$ bzw. $f(x)$ bestimmte Symmetrie- oder andere die Fourierkoeffizienten beeinflussende Eigenschaften aufweist. Im folgenden wird dies für die Funktion $f(x)$ und somit für Formel (7.45a) untersucht.

1. $f(x)$ ist eine *gerade Funktion*: $f(x) = f(-x)$, d. h., der Graph der Funktion liegt innerhalb einer Periode axialsymmetrisch zur y-Achse (Bild 7.11a). Dann ist stets

$$b_k = \frac{1}{\pi}\int_0^{2\pi} f(x)\sin(kx)\,\mathrm{d}x = 0 \qquad (k \in \mathbb{N}^*)$$

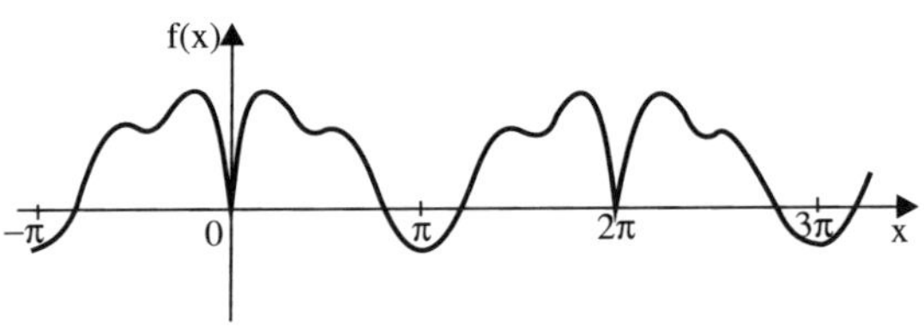

Bild 7.11a

2. $f(x)$ ist eine *ungerade Funktion*: $f(x) = -f(-x)$, d. h., der Graph der Funktion verläuft innerhalb einer Periode zentralsymmetrisch zum Ursprung (Bild 7.11b). Dann ist stets

$$a_k = \frac{1}{\pi}\int_0^{2\pi} f(x)\cos(kx)\,\mathrm{d}x = 0 \qquad (k \in \mathbb{N}^*)$$

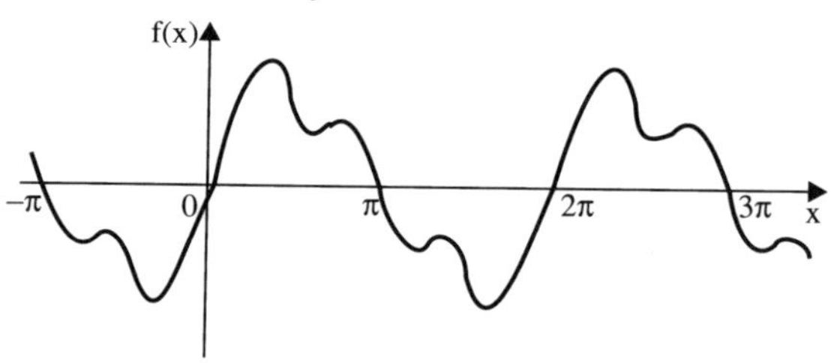

Bild 7.11b

3. Der Graph der Funktion $f(x)$ schließt innerhalb einer Periode oberhalb und unterhalb der x-Achse gleich große Flächen ein (Bild 7.11c). Dann ist stets

$$a_0 = \frac{1}{2\pi} \int\limits_0^{2\pi} f(x)\,\mathrm{d}x = 0$$

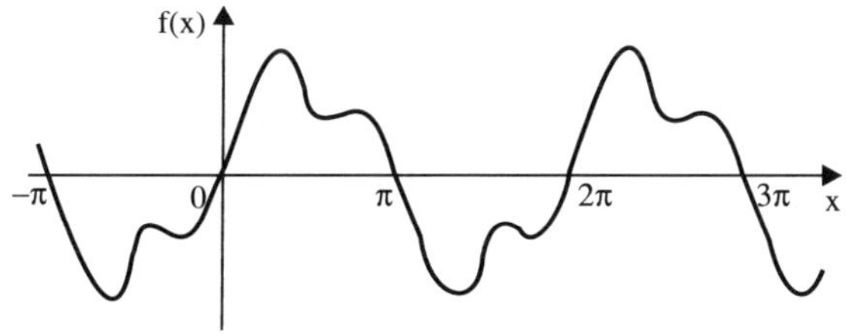

Bild 7.11c

Diese Aussagen lassen sich auch so formulieren:

- gerade Funktionen werden – außer einem durch a_0 berücksichtigten Gleichanteil – nur durch Glieder mit der geraden Cosinusfunktion $a_k \cos(kx)$ dargestellt,
- ungerade Funktionen werden nur durch Glieder mit der ungeraden Sinusfunktion $b_k \sin(kx)$ dargestellt. Der Gleichanteil verschwindet bei ungeraden Funktionen: $a_0 = 0$.

Wegen der Symmetrieeigenschaften kann außerdem die Integration auf das halbe Integrationsintervall – berücksichtigt durch einen Faktor 2 vor dem Integralzeichen – reduziert werden. Man erhält für

gerade Funktionen

$$a_0 = \frac{1}{\pi} \int\limits_0^{\pi} f(x)\,\mathrm{d}x$$

$$\left.\begin{aligned} a_k &= \frac{2}{\pi} \int\limits_0^{\pi} f(x)\cos(kx)\,\mathrm{d}x \\ b_k &= 0 \end{aligned}\right\} \text{ für } k \in \mathbb{N}^* \tag{7.45b}$$

ungerade Funktionen

$$a_0 = 0$$

$$\left.\begin{aligned} a_k &= 0 \\ b_k &= \frac{2}{\pi} \int\limits_0^{\pi} f(x)\sin(kx)\,\mathrm{d}x \end{aligned}\right\} \text{ für } k \in \mathbb{N}^* \tag{7.45c}$$

Wie man leicht erkennt, werden auch bei Funktionen, die sich durch eine Verschiebung in Richtung der y-Achse in eine ungerade Funktion überführen lassen, die $a_k = 0$ $(k \in \mathbb{N}^*)$, es ist aber $a_0 \neq 0$.

Beispiel 7.27

Die Funktion $f(x) = x^2$ soll für $-\pi \leq x \leq \pi$ in eine Fourier-Reihe entwickelt werden (Bild 7.12).

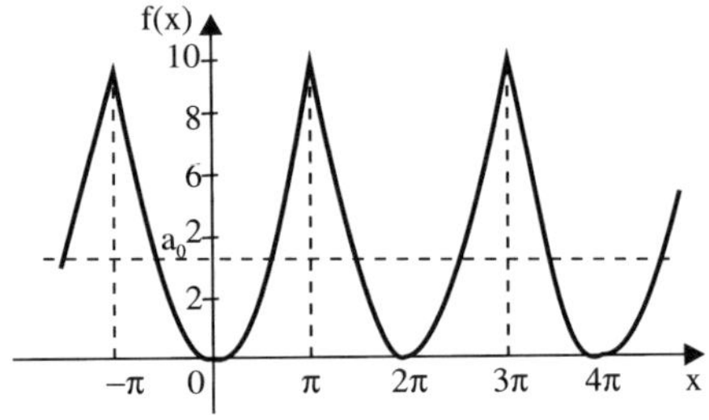

Bild 7.12

Lösung:

$f(x)$ ist eine gerade Funktion, also sind alle $b_k = 0$. Die mittlere Ordinate (der Mittelwert) innerhalb einer Periode ist

$$a_0 = \frac{1}{\pi} \int_0^{\pi} x^2 \, \mathrm{d}x = \frac{1}{\pi} \left. \frac{x^3}{3} \right|_0^{\pi} = \frac{\pi^2}{3}$$

Für die Koeffizienten a_k erhält man mit Hilfe einer Integraltafel oder durch zweimalige partielle Integration

$$a_k = \frac{2}{\pi} \int_0^{\pi} x^2 \cos(kx) \, \mathrm{d}x = \frac{2}{\pi} \left[\frac{2x}{k^2} \cos(kx) + \left(\frac{x^2}{k} - \frac{2}{k^3} \right) \sin(kx) \right] \Bigg|_0^{\pi}$$

$$a_k = \frac{2}{\pi} \cdot \frac{2\pi}{k^2} (-1)^k = (-1)^k \cdot \frac{4}{k^2}$$

Damit ergibt sich die Fourier-Reihe

$$f(x) = \frac{\pi^2}{3} - 4 \left(\frac{\cos x}{1^2} - \frac{\cos 2x}{2^2} + \frac{\cos 3x}{3^2} - + \ldots \right) = \frac{\pi^2}{3} + 4 \sum_{k=1}^{\infty} (-1)^k \frac{\cos(kx)}{k^2}$$

Für die in der Klammer stehende Reihe – und damit für die Fourier-Reihe insgesamt – läßt sich die gleichmäßige Konvergenz beweisen.
Wegen $|\cos(kx)| \leq 1$ ergibt sich als Majorante gemäß dem Satz von Weierstrass (7.25b) zur Reihe der absoluten Beträge die in Beispiel 7.7 als konvergent nachgewiesene hyperharmonische Reihe

$$s = \frac{1}{1^2} + \frac{1}{2^2} + \frac{1}{3^2} + \ldots$$

Somit ist auch die Fourier-Reihe für die Funktion $f(x)$ gleichmäßig konvergent.

Beispiel 7.28

Die Funktion $f(x)$ der im Bild 7.13 dargestellten Trapezkurve soll in eine Fourier-Reihe entwickelt werden. Die Trapezkurve kennzeichnet die in elektrischen Maschinen meist anzutreffende Feldverteilung (Polschuhkurve).

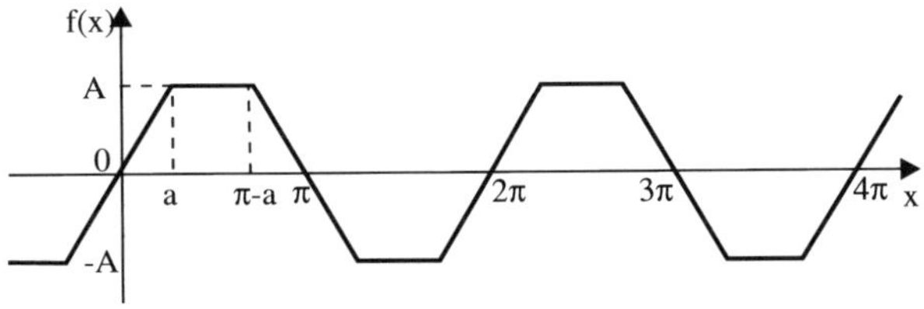

Bild 7.13

Lösung:

$$f(x) = \begin{cases} \frac{A}{a}x & \text{für} \quad -a \le x \le a \\ A & \text{für} \quad a \le x \le (\pi - a) \\ -\frac{A}{a}x & \text{für} \quad (\pi - a) \le x \le (\pi + a) \\ -A & \text{für} \quad (\pi + a) \le x \le (2\pi - a) \end{cases}$$

Da $f(x)$ eine ungerade Funktion ist, folgt

$a_0 = 0, \qquad a_k = 0 \qquad (k \in \mathbb{N}^*)$

Für das Bestimmen der b_k muß das Integrationsintervall $[0, 2\pi]$ in drei Teilintervalle zerlegt werden:

$$\begin{aligned} b_n &= \frac{2}{\pi}\left[\frac{A}{a}\int\limits_0^a x\sin(kx)\,\mathrm{d}x + A\int\limits_a^{\pi-a}\sin(kx)\,\mathrm{d}x - \frac{A}{a}\int\limits_{\pi-a}^{\pi}(x-\pi)\sin(kx)\,\mathrm{d}x\right] \\ &= \frac{2}{\pi}\left[\frac{A}{a}\left(-\frac{x}{k}\cos(kx) + \frac{1}{k^2}\sin(kx)\right)\Big|_0^a - \frac{A}{a}\cos(kx)\Big|_a^{\pi-a}\right. \\ &\quad \left. -\frac{A}{a}\left(-\frac{x-\pi}{k}\cos(kx) + \frac{1}{k^2}\sin(kx)\right)\Big|_{\pi-a}^{\pi}\right] \\ &= \frac{2}{\pi}\left[-\frac{A}{k}\cos(ka) + \frac{A}{ak^2}\sin(ka) - \frac{A}{k}\cos k(\pi-a) + \frac{A}{a}\cos(ka)\right. \\ &\quad \left. +\frac{A}{k}\cos k(\pi-a) + \frac{A}{ak^2}\sin k(\pi-a)\right] \\ &= \frac{2A}{ak^2\pi}\left[\sin(ka) + \sin k(\pi-a)\right] \end{aligned}$$

Für ungeradzahliges k ist $\sin(ka) = \sin k(\pi - a) = \sin(k\pi - ka)$,
für geradzahliges k ist $\sin(ka) = -\sin k(\pi - a) = -\sin(k\pi - ka)$

Somit wird

$$b_k = \begin{cases} 0 & \text{für } k \text{ gerade} \\ \frac{4A}{ak^2\pi}\sin(ka) & \text{für } k \text{ ungerade} \end{cases}$$

Die Fourier-Reihe der Trapezkurve lautet

$$f(x) = \frac{4A}{a}\left(\frac{\sin a}{1^2}\sin x + \frac{\sin 3a}{3^2}\sin 3x + \frac{\sin 5a}{5^2}\sin 5x + \ldots\right)$$

Da sowohl das Dreieck als auch das Rechteck als Sonderfälle des Trapezes aufgefaßt werden können, lassen sich aus dem Ergebnis des Beispiels 7.27 die Fourier-Reihen von gleichliegender Dreieck- und Rechteckkurve herleiten.

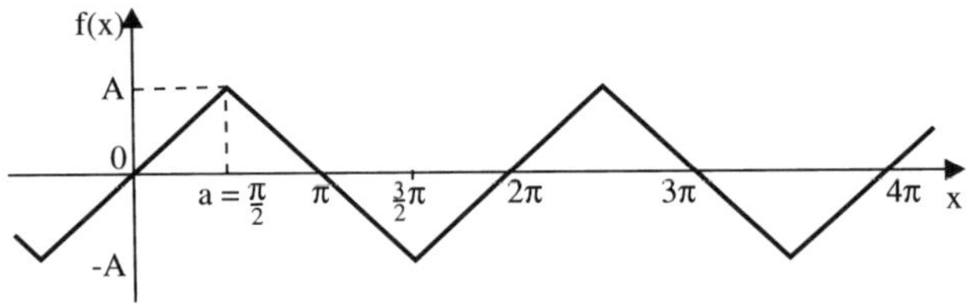

Bild 7.14

Für die **Dreieckkurve** (Bild 7.14) wird $a = \dfrac{\pi}{2}$ und

$$f(x) = \frac{8A}{2}\left(\sin x - \frac{\sin 3x}{3^2} + \frac{\sin 5x}{5^2} - + \dots\right),$$

Für die Rechteckkurve (Bild 7.15) ist $a = 0$. Für die entstehenden unbestimmten Ausdrücke der Form $\dfrac{\sin 0}{0} = \dfrac{0}{0}$ kann man mittels der Regel von DE L' HOSPITAL (vgl. Band 1 (5.80)) berechnen

$$\lim_{a\to 0} \frac{\sin(ka)}{a} = \lim_{a\to 0} \frac{k\cos(ka)}{1} = k$$

Damit wird für die

Rechteckkurve

$$f(x) = \frac{4A}{\pi}\left(\sin x + \frac{\sin 3x}{3} + \frac{\sin 5x}{5} + \dots\right)$$

Die Symmetrie, die zu Vereinfachungen bei der Koeffizientenberechnung führt, kann oft durch eine Verschiebung des Koordinatensystems erreicht werden. Auf die Vereinfachungen, die sich durch eine Verschiebung von $f(x)$ in y-Richtung ergeben, wurde bereits hingewiesen. Nun sollen Verschiebungen in Richtung der x-Achse betrachtet werden.

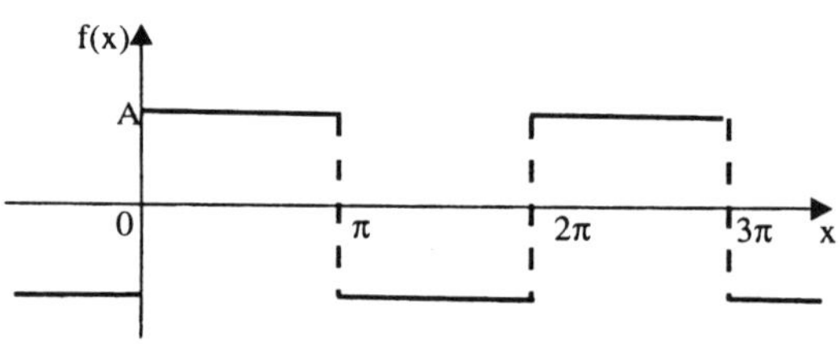

Bild 7.15

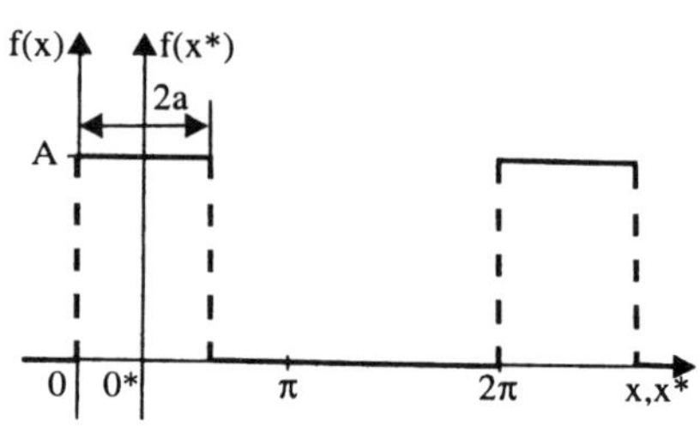

Bild 7.16

Bild 7.16 zeigt eine sogen. Rechteckimpulsfolge mit der Amplitude A und der Impulsbreite $2a$. Verlegt man den Ursprung nach 0^*, d. h. in die Mitte des Impulses, so entsteht die gerade Funktion $f(x^*)$, die im Intervall $-\pi \le x^* \le \pi$ definiert ist durch

$$f(x^*) = \begin{cases} 0 & \text{für} \quad -\pi \le x^* < -a \quad \text{und} \quad a < x^* \le \pi \\ A & \text{für} \quad -a \le x^* \le a \end{cases}$$

Für die gerade Funktion $f(x^*)$ sind nur die Koeffizienten der Cosinusglieder zu berechnen, da für alle b_k mit $k \in \mathbb{N}^*$ gilt: $b_k = 0$. Der Gleichanteil a_0 ist für $f(x)$ und $f(x^*)$ gleich, nämlich

$$a_0 = \frac{1}{\pi} \int_0^a A \, \mathrm{d}x = \frac{A}{\pi} x \Big|_0^a = \frac{A \cdot a}{\pi}$$

Die Koeffizienten der Cosinusglieder von $f(x^*)$ sind

$$\begin{aligned} a_k &= \frac{2}{\pi} \int_0^a f(x^*) \cos(kx^*) \, \mathrm{d}x^* = \frac{2}{\pi} \int_0^a A \cos(kx^*) \, \mathrm{d}x^* \\ &= \frac{2A}{\pi} \left(\frac{1}{k} \sin(kx^*) \right) \Big|_0^a = \frac{2A}{\pi} \frac{\sin(ka)}{k} \end{aligned}$$

Damit wird

$$\begin{aligned} f(x^*) &= \frac{Aa}{\pi} + \frac{2A}{\pi} \left[\frac{\sin a}{1} \cos x^* + \frac{\sin 2a}{2} \cos 2x^* + \frac{\sin 3a}{3} \cos 3x^* + \dots \right] \\ &= \frac{2A}{\pi} \left[\frac{a}{2} + \frac{\sin a}{1} \cos x^* + \frac{\sin 2a}{2} \cos 2x^* + \frac{\sin 3a}{3} \cos 3x^* + \dots \right] \end{aligned}$$

Aus der Beziehung (vgl. Band 1 (1.55))

$$\cos(kx^*) = \cos(kx - ka) = \cos(ka)\cos(kx) + \sin(ka)\sin(kx),$$

worin $\cos(ka)$ und $\sin(ka)$ Konstanten sind, ergibt sich für die

Rechteckimpulsfolge

$$\begin{aligned} f(x) = \frac{Aa}{\pi} + \frac{2A}{\pi} \Bigg(& \frac{\sin a \cos a}{1} \cos x + \frac{\sin 2a \cos 2a}{2} \cos 2x + \dots \\ & + \frac{\sin^2 a}{1} \sin x + \frac{\sin^2 2a}{2} \sin 2x + \dots \Bigg) \end{aligned}$$

Für $a = \dfrac{\pi}{2}$ ist

$$\sin(ka) = \begin{cases} 0 & \text{für } k \text{ gerade} \\ (-1)^{\frac{k-1}{2}} & \text{für } k \text{ ungerade} \end{cases}$$

$$\cos(ka) = \begin{cases} 0 & \text{für } k \text{ ungerade} \\ (-1)^{\frac{k}{2}} & \text{für } k \text{ gerade} \end{cases}$$

Damit werden die Koeffizienten der Cosinusglieder und alle ungeradzahligen Koeffizienten der Sinusglieder zu Null und man erhält

$$f(x) = \frac{A}{2} + \frac{2A}{\pi}\left(\sin x - \frac{1}{3}\sin 3x + \frac{1}{5}\sin 5x - + \ldots\right) \qquad \text{(I)}$$

Dieses Ergebnis ist in Übereinstimmung mit der weiter vorn angegebenen Fourier-Reihe der Rechteckkurve, wobei die Amplitude mit $\frac{A}{2}$ der Fourier-Reihe (I) anzusetzen ist und wegen der Verschiebung in y-Richtung dort das Gleichglied $a_0 = 0$ war.

7.3.5 Fourier-Reihen mit der Periode $T = \frac{2\pi}{\omega}$

In vielen Anwendungen z. B. der Physik, Nachrichtentechnik, Elektrotechnik usw. ist die unabhängige Variable der in eine Fourier-Reihe zu entwickelnden Funktion f die Zeit t. Die Periodendauer wird dann mit T (in s) bezeichnet und es gilt $\omega = \frac{2\pi}{T}$ mit ω in s^{-1}.

Die Formeln (7.45) nehmen für die Berechnung der **Fourierkoeffizienten einer Funktion $f(t)$ mit beliebiger Periode T** die Gestalt an:

$$\left.\begin{aligned} a_k &= \frac{2}{T}\int_0^T f(t)\cos(k\omega t)\,\mathrm{d}t \\ b_k &= \frac{2}{T}\int_0^T f(t)\sin(k\omega t)\,\mathrm{d}t \end{aligned}\right\} \text{für } k \in \mathbb{N}^*$$

$$a_0 = \frac{1}{T}\int_0^T f(t)\,\mathrm{d}t \qquad (7.45\mathrm{d})$$

Auch hier kann die Integration über eine Periodendauer von jedem beliebigen Wert an erfolgen, z. B. von t_0 bis $t_0 + T$ oder von $-\frac{T}{2}$ bis $\frac{T}{2}$.

Für gerade Funktionen $f(t) = f(-t)$ gilt:

$$a_k = \frac{4}{T}\int_0^{\frac{T}{2}} f(t)\cos(k\omega t)\,\mathrm{d}t; \qquad b_k = 0$$

$$a_0 = \frac{2}{T}\int_0^{\frac{T}{2}} f(t)\,\mathrm{d}t$$

für ungerade Funktionen $f(t) = -f(-t)$:

$$a_k = 0; \qquad b_k = \frac{4}{T} \int_0^{\frac{T}{2}} f(t) \sin(k\omega t)\, \mathrm{d}t$$

$$a_0 = 0$$

Beispiel 7.29

Für die Einweggleichrichtung eines sinusförmigen Wechselstromes $i = f(t) = \hat{I} \sin \omega t$ (Bild 7.17) ist die Fourier-Reihe anzugeben.

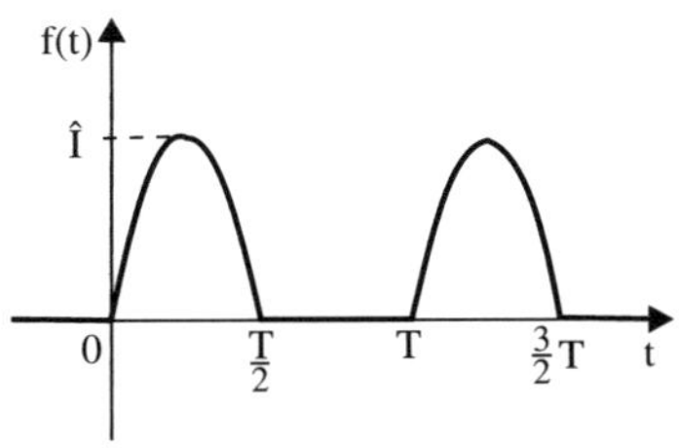

Bild 7.17

Lösung:

Es ist

$$f(t) = \begin{cases} \hat{I} \sin \omega t & \text{für } 0 \le t \le \frac{T}{2} \\ 0 & \text{für } \frac{T}{2} \le t \le T \end{cases}$$

Da $f(x)$ weder gerade noch ungerade ist, sind alle Fourierkoeffizienten zu berechnen.

$$a_0 = \frac{1}{T} \int_0^{\frac{T}{2}} \hat{I} \sin \omega t \, \mathrm{d}t + \int_{\frac{T}{2}}^{T} 0 \cdot \mathrm{d}t = \frac{\hat{I}}{T} \left(-\frac{1}{\omega} \cos \omega t \right) \Big|_0^{\frac{T}{2}}$$

$$a_0 = -\frac{\hat{I}}{\omega T} \left(\cos \frac{\omega T}{2} - \cos 0 \right) = \frac{\hat{I}}{\pi} \qquad (\text{weil } \omega T = 2\pi)$$

$$a_k = \frac{2}{T} \int_0^{\frac{T}{2}} \hat{I} \sin \omega t \cos(k\omega t) \, \mathrm{d}t$$

Das unbestimmte Integral kann aus einer Integraltafel entnommen werden. Es wird

$$a_k = \begin{cases} \frac{2\hat{I}}{T} \left[-\frac{1}{2\omega} \left(\frac{\cos(k+1)\omega t}{\omega(k+1)} - \frac{\cos(k-1)\omega t}{\omega(k-1)} \right) \right] \Big|_0^{\frac{T}{2}} & \text{für } k \neq 1 \\ \frac{2\hat{I}}{T} \left(-\frac{1}{4\omega} \cos 2\omega t \right) \Big|_0^{\frac{T}{2}} = -\frac{\hat{I}}{2\omega T} (\cos \omega T - \cos 0) = 0 & \text{für } k = 1 \end{cases}$$

Das noch auszuwertende Integral für $k \neq 1$ ergibt nach einigen Zwischenrechnungen

$$a_k = -\frac{\hat{I}}{2\pi}\left(\frac{\cos(k+1)\pi - 1}{k+1} - \frac{\cos(k-1)\pi - 1}{k-1}\right) \qquad \text{für } k \neq 1$$

Für ungeradzahlige Werte von k wird $a_k = 0$, für geradzahlige k folgt

$$a_k = -\frac{\hat{I}}{2\pi}\left(\frac{-2}{k+1} - \frac{-2}{k-1}\right) = -\frac{2\hat{I}}{\pi(k-1)(k+1)} \qquad (k = 2, 4, 6, \ldots)$$

Der Rechengang für b_k lautet

$$b_k = \frac{2}{T}\int\limits_0^{\frac{T}{2}} \hat{I}\sin\omega t \sin(k\omega t)\,\mathrm{d}t$$

$$= \begin{cases} \dfrac{2\hat{I}}{T}\cdot\dfrac{1}{2\omega}\left[\dfrac{\sin(k-1)\omega t}{k-1} - \dfrac{\sin(k+1)\omega t}{k+1}\right]\Bigg|_0^{\frac{T}{2}} & \text{für } k \neq 1 \\ \dfrac{2\hat{I}}{T}\cdot\dfrac{1}{2\omega}\left[\omega t - \sin\omega t\cos(k\omega t)\right]\Big|_0^{\frac{T}{2}} & \text{für } k = 1 \end{cases}$$

Die Auswertung ergibt, daß alle b_k für $k \neq 1$ gleich Null sind, für $k = 1$ folgt

$$b_1 = \frac{2\hat{I}}{T}\cdot\frac{1}{2\omega}\cdot\frac{\omega T}{2} = \frac{\hat{I}}{2}$$

Die Fourier-Reihe der Einweggleichrichtung eines sinusförmigen Wechselstromes lautet

$$f(t) = \frac{2\hat{I}}{\pi}\left(\frac{1}{2} + \frac{\pi}{4}\sin\omega t - \frac{\cos 2\omega t}{1\cdot 3} - \frac{\cos 4\omega t}{3\cdot 5} - \frac{\cos 6\omega t}{5\cdot 7} - \ldots\right)$$

Beispiel 7.30

Für die Gleichrichtung eines 3-Phasen-Drehstromes (Bild 7.18) ist die Fourier-Reihe $f(t)$ aufzustellen.

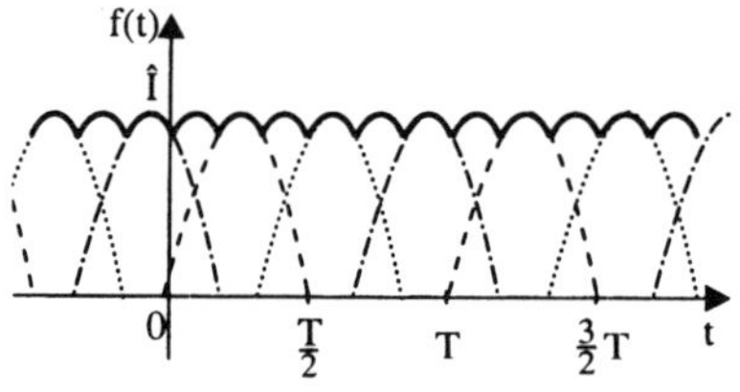

Bild 7.18

Lösung:

1. Phase (gestrichelte Linie)

$$f_1(t) = \begin{cases} \hat{I}\sin\omega t & \text{für} \quad 0 \le t \le \frac{T}{2} \\ 0 & \text{für} \quad \frac{T}{2} \le t \le T \end{cases}$$

2. Phase (punktierte Linie)

$$f_2(t) = \begin{cases} 0 & \text{für} \quad 0 \le t \le \frac{T}{3} \\ \hat{I}\sin\omega\left(t - \frac{T}{3}\right) & \text{für} \quad \frac{T}{3} \le t \le \frac{5}{6}T \\ 0 & \text{für} \quad \frac{5}{6}T \le t \le T \end{cases}$$

3. Phase (strich-punktierte Linie)

$$f_3(t) = \begin{cases} \hat{I}\sin\omega\left(t - \frac{2T}{3}\right) & \text{für} \quad 0 \le t \le \frac{T}{6} \\ 0 & \text{für} \quad \frac{T}{6} \le t \le \frac{2}{3}T \\ \hat{I}\sin\omega\left(t - \frac{2T}{3}\right) & \text{für} \quad \frac{2}{3}T \le t \le T \end{cases}$$

$f_1(t)$ ist bereits aus Beispiel 7.29 bekannt. $f_2(t)$ und $f_3(t)$ ergeben sich aus $f_1(t)$ durch eine Verschiebung in Richtung der t-Achse (Phasenverschiebung) nach rechts um $\frac{T}{3}$ bzw. $\frac{2T}{3}$.

Durch Addition aller 3 Phasen ergibt sich $f(t)$ (stark gezeichnete Linie in Bild 7.18):

$$\begin{aligned} f(t) &= f_1(t) + f_2(t) + f_3(t) \\ &= \frac{\hat{I}}{\pi} + \frac{\hat{I}}{2}\sin\omega t - \frac{2\hat{I}}{\pi}\left(\frac{\cos 2\omega t}{1\cdot 3} + \frac{\cos 4\omega t}{3\cdot 5} + \frac{\cos 6\omega t}{5\cdot 7} + \ldots\right) \\ &\quad + \frac{\hat{I}}{\pi} + \frac{\hat{I}}{2}\sin\omega\left(t - \frac{T}{3}\right) \\ &\quad - \frac{2\hat{I}}{\pi}\left(\frac{\cos 2\omega\left(t - \frac{T}{3}\right)}{1\cdot 3} + \frac{\cos 4\omega\left(t - \frac{T}{3}\right)}{3\cdot 5} + \frac{\cos 6\omega\left(t - \frac{T}{3}\right)}{5\cdot 7} + \ldots\right) \\ &\quad + \frac{\hat{I}}{\pi} + \frac{\hat{I}}{2}\sin\omega\left(t - \frac{2T}{3}\right) \\ &\quad - \frac{2\hat{I}}{\pi}\left(\frac{\cos 2\omega\left(t - \frac{2T}{3}\right)}{1\cdot 3} + \frac{\cos 4\omega\left(t - \frac{2T}{3}\right)}{3\cdot 5} + \frac{\cos 6\omega\left(t - \frac{2T}{3}\right)}{5\cdot 7} + \ldots\right) \end{aligned}$$

Unter Verwendung des Additionstheorems für $\sin x + \sin y$, vgl. Band 1 (1.61), erhält man für die Summe der drei Sinusglieder den Wert Null, mittels des Additionstheorems für $\cos x + \cos y$, vgl. Band 1 (1.63), wird

$$f(t) = \frac{3\hat{I}}{\pi} - \frac{6\hat{I}}{\pi}\left(\frac{\cos 6\omega t}{5\cdot 7} + \frac{\cos 12\omega t}{11\cdot 13} + \frac{\cos 18\omega t}{17\cdot 19} + \ldots\right)$$

In Formelsammlungen der Mathematik findet man die Fourier-Reihen der wichtigsten Kurvenformen. Weitere Fälle ergeben sich durch Weglassen des Gleichanteils a_0, was einer Verschiebung der Kurve um a_0 in negativer y-Richtung entspricht, oder durch Addition von a_0 (Verschiebung der Kurve um a_0 in positiver y-Richtung).

Aus diesen Fourier-Reihen und den bisher gerechneten Beispielen kann man erkennen:

- weist $f(x)$ Unstetigkeiten (Sprungstellen) auf, so sind

$$a_k,\ b_k \sim \frac{1}{k},$$

- weist $f(x)$ Ecken, aber keine Unstetigkeiten auf, so sind

$$a_k,\ b_k \sim \frac{1}{k^2},$$

- weist $f(x)$ weder Ecken noch Unstetigkeiten auf und ist $f^{(r)}(x)$ die Ableitung niedrigster Ordnung, bei der Unstetigkeiten auftreten, so sind

$$a_k,\ b_k \sim \frac{1}{k^{r+1}},$$

  d. h., da frühestens $f''(x)$ unstetig werden kann, muß mindestens

$$a_k,\ b_k \sim \frac{1}{k^3}$$

  sein.

Dieser Sachverhalt kann zur Kontrolle bei der Berechnung der Fourierkoeffizienten verwendet werden.

7.3.6 Spektralform der Fourier-Reihe, Amplituden- und Phasenspektrum

Bei einer Fourier-Reihe lassen sich die Sinus- und Cosinusglieder mit gleicher Frequenz $k\omega$ zusammenfassen. Die Periode soll – wie in Abschn. 7.3.5 – T sein.

Setzt man

$$a_k = A_k \sin\varphi_k \qquad \text{und} \qquad b_k = A_k \cos\varphi_k,$$

was ohne Einschränkung der Allgemeingültigkeit zulässig ist, dann wird

$$\begin{aligned} f(t) &= \sum_{k=0}^{\infty} (a_k \cos(k\omega t) + b_k \sin(k\omega t)) \\ &= \sum_{k=0}^{\infty} A_k (\sin\varphi_k \cdot \cos(k\omega t) + \cos\varphi_k \cdot \sin(k\omega t)) \end{aligned}$$

Daraus folgt nach Anwendung eines Additionstheorems, vgl. Band 1 (1.52), die

Spektralform der Fourier-Reihe

$$f(t) = \sum_{k=0}^{\infty} A_k \sin(k\omega t + \varphi_k) \tag{7.46}$$

mit $A_k = \sqrt{a_k^2 + b_k^2} \geq 0$ und $\varphi_k = \arctan \frac{a_k}{b_k}$, $0 \leq \varphi_k < 2\pi$

Setzt man $A_0 \sin \varphi_0 = a_0$, so ergibt sich

$$f(t) = a_0 + A_1 \sin(\omega t + \varphi_1) + A_2 \sin(2\omega t + \varphi_2) + A_3 \sin(3\omega t + \varphi_3) + \ldots$$

$A_1, A_2, A_3, \ldots$ stellen die **Amplituden** (maximale Auslenkung), $\varphi_1, \varphi_2, \varphi_3, \ldots$ die **Phasenlagen** (Nullphasenwinkel), oft auch kurz nur *Phasen* genannt, der einzelnen Teilschwingungen dar.

Das Glied mit der größten Periode $A_1 \sin(\omega t + \varphi_1)$ wird als **Grundschwingung** oder **1. Harmonische** bezeichnet, die weiteren Glieder als *2., 3., Harmonische,* insgesamt als **höhere Harmonische** oder als Oberwellen. Da die Fourier-Reihe somit eine *harmonische Schwingungsreihe* ist, wird die Entwicklung einer Funktion in eine Fourier-Reihe auch als **harmonische Analyse** bezeichnet.

Für $b_k = 0$ kann φ_k nicht aus der Beziehung $\tan \varphi_k = \frac{a_k}{b_k}$ berechnet werden. Es ist aber $A_k = a_k$ und damit $\sin \varphi_k = 1$. Daraus folgt $\varphi_k = \frac{\pi}{2}$. (Das gleiche Ergebnis liefert auch $\cos \varphi_k = 0$.)

Beispiel 7.31

Die Fourier-Reihe der Einweggleichrichtung eines sinusförmigen Wechselstromes aus Beispiel 7.29 soll in der Spektralform dargestellt werden.

Lösung:

Da $b_2 = b_4 = b_6 = \ldots = 0$, wird $\varphi_2 = \varphi_4 = \varphi_6 = \ldots = \frac{\pi}{2}$. Da $A_k \geq 0$ gelten soll, wird $-\sin\alpha = \sin(\alpha + \pi)$ gesetzt. Die Spektralform der Fourier-Reihe der Einweggleichrichtung lautet somit

$$a(t) = \frac{\hat{I}}{\pi} + \frac{\hat{I}}{2} \sin \omega t + \frac{2\hat{I}}{3\pi} \sin\left(2\omega t + \frac{3}{2}\pi\right) + \frac{2\hat{I}}{15\pi} \sin\left(4\omega t + \frac{3}{2}\pi\right) + \frac{2\hat{I}}{35\pi} \sin\left(6\omega t + \frac{3}{2}\pi\right) + \ldots$$

Nach (7.46) stellt eine Fourier-Reihe in der Spektralform – neben dem Gleichanteil a_0 – eine Summe von Sinusschwingungen dar. Für die Wertung der Beiträge der einzelnen Harmonischen an der Gesamtschwingung sind deren Amplituden und Phasenlagen von Interesse. In zwei Linienspektren werden sie deshalb in Abhängigkeit von der Frequenz (die nur diskrete Werte annehmen kann) als **Amplitudenspektrum** und **Phasenspektrum** dargestellt.

Oft wird nur das Amplitudenspektrum angegeben, da in vielen praktischen Fällen nur dieses interessiert. In manchen Darstellungen findet man die phasenverschobene Sinusfunktion der Formel (7.46) in der Form $\sin k(\omega t + \varphi')$ mit $\varphi' = \frac{\varphi}{k}$ angegeben und auch das Phasenspektrum für φ'. Die Bilder 7.19a und 7.19b zeigen das Amplituden- und das Phasenspektrum für das Beispiel 7.30, Bild 7.19c das Phasenspektrum für φ'.

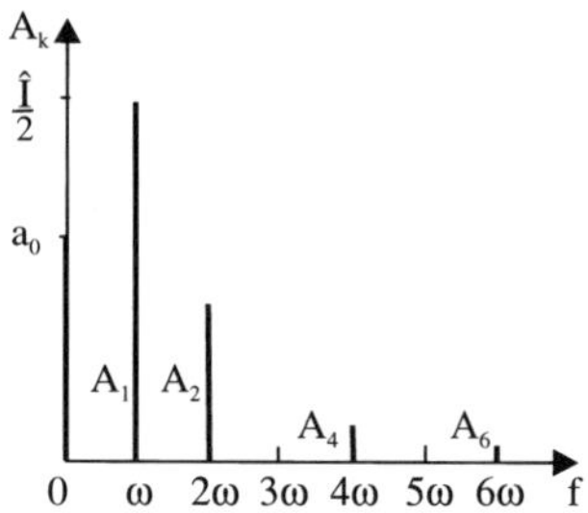

Bild 7.19a

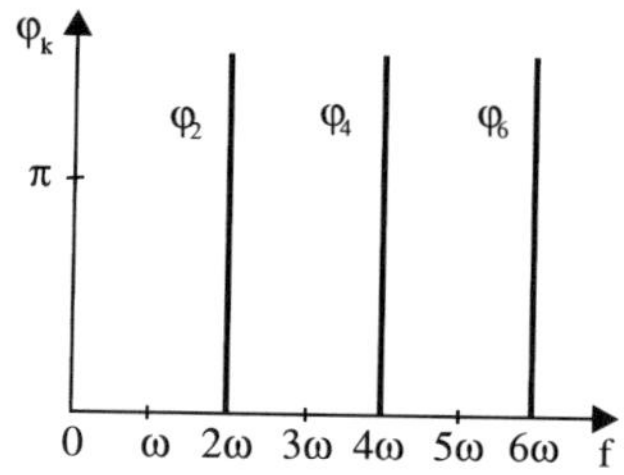

Bild 7.19b

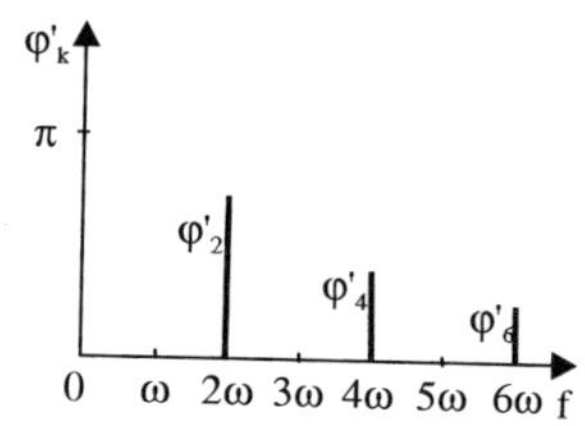

Bild 7.19c

Beispiel 7.32

Für den Dreieckimpuls des Bildes 7.20 soll für $a = \frac{\pi}{2}$, $A = \pi$, $T = 2\pi$ die Entwicklung in die Spektralform der Fourier-Reihe erfolgen und das Amplituden- und das Phasenspektrum (für φ') angegeben werden.

Lösung:

Es ist

$$f(t) = \begin{cases} -2t + \pi & \text{für} \quad 0 \le t \le \frac{\pi}{2} \\ 0 & \text{für} \quad \frac{\pi}{2} \le t \le \frac{3}{2}\pi \\ 2t - 3\pi & \text{für} \quad \frac{3}{2}\pi \le t \le 2\pi \end{cases}$$

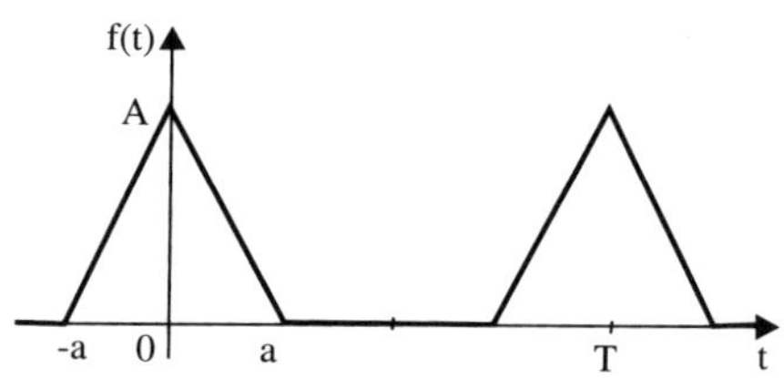

Bild 7.20

Da $f(t)$ eine gerade Funktion ist, gilt

$b_k = 0$

$$a_0 = \frac{1}{\pi} \int_0^{\frac{\pi}{2}} (-2t + \pi)\,\mathrm{d}t = \frac{1}{\pi} \left(-t^2 + \pi t\right)\Big|_0^{\frac{\pi}{2}} = \frac{\pi}{4}$$

Wegen $T = 2\pi$, $\omega = 1$ vereinfacht sich die Berechnung der a_k.

$$a_k = \frac{2}{\pi} \int_0^{\frac{\pi}{2}} (-2t + \pi) \cos kt\,\mathrm{d}t = \frac{2}{\pi} \left[(-2)\left(\frac{\cos kt}{k^2} + \frac{t \sin kt}{k}\right) + \pi \frac{\sin kt}{k}\right]\Big|_0^{\frac{\pi}{2}}$$

$$= \frac{2}{\pi} \left[(-2)\frac{\cos k\frac{\pi}{2}}{k^2} + \frac{2}{k^2}\right] = \frac{4}{\pi} \frac{1 - \cos k\frac{\pi}{2}}{k^2}$$

Für $k = 1, 3, 5, \ldots$ wird

$$\cos k\frac{\pi}{2} = 0 \text{ und } a_1 = \frac{4}{\pi \cdot 1^2},\ a_3 = \frac{4}{\pi \cdot 3^2},\ a_5 = \frac{4}{\pi \cdot 5^2}, \ldots$$

für $k = 2, 6, 10, \ldots$ wird

$$\cos k\frac{\pi}{2} = -1 \text{ und } a_2 = \frac{4 \cdot 2}{\pi \cdot 2^2},\ a_6 = \frac{4 \cdot 2}{\pi \cdot 6^2},\ a_{10} = \frac{4 \cdot 2}{\pi \cdot 10^2}, \ldots$$

für $k = 4, 8, 12, \ldots$ wird $\cos k\frac{\pi}{2} = 1$ und $a_4 = a_8 = a_{12} = \ldots = 0$

Es ergibt sich

$$f(t) = \frac{\pi}{4} + \frac{4}{\pi}\left(\frac{\cos t}{1^2} + \frac{2\cos 2t}{2^2} + \frac{\cos 3t}{3^2} + \frac{\cos 5t}{5^2} + \frac{2\cos 6t}{6^2} + \ldots\right)$$

und mit $A_k = a_k$, $\sin\varphi_k = 1$, $\varphi_k = \frac{\pi}{2}$, $\varphi_k' = \frac{\varphi_k}{k}$ in der Spektralform

$$f(t) = \frac{\pi}{4} + \frac{4}{\pi}\left(\frac{\sin\left(t + \frac{\pi}{2}\right)}{1^2} + \frac{2\sin 2\left(t + \frac{\pi}{4}\right)}{2^2} + \frac{\sin 3\left(t + \frac{\pi}{6}\right)}{3^2} + \right.$$
$$\left. + \frac{\sin 5\left(t + \frac{\pi}{10}\right)}{5^2} + \frac{2\sin 6\left(t + \frac{\pi}{12}\right)}{6^2} + \ldots\right)$$

Bild 7.21a und b zeigen das Amplituden- und das Phasenspektrum.

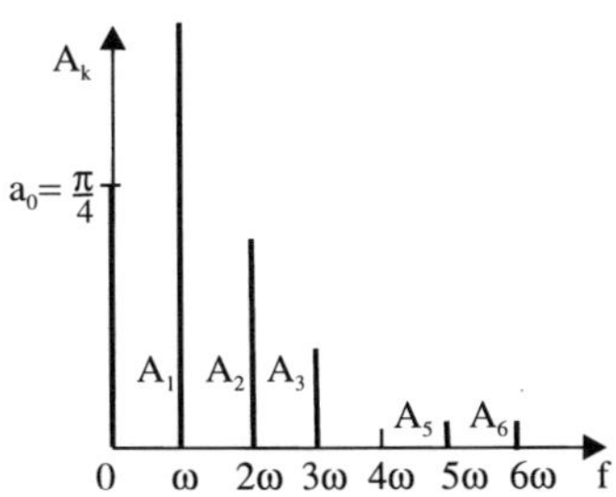

Bild 7.21a

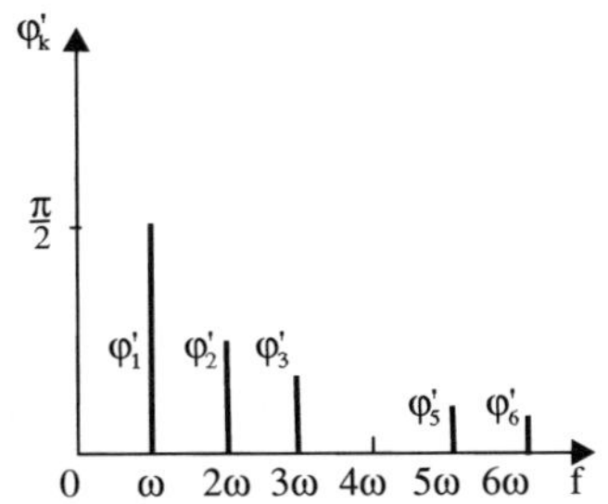

Bild 7.21b

7.3.7 Komplexe Form der Fourier-Reihe

Nach (7.32) ist

$$e^{jx} = \cos x + j\sin x \qquad \text{für } |x| < \infty$$

und damit

$$e^{-jx} = \cos x - j\sin x$$

Daraus folgt

$$\cos x = \frac{1}{2}\left(\mathrm{e}^{\mathrm{j}x} + \mathrm{e}^{-\mathrm{j}x}\right) \tag{Ia}$$

$$\sin x = -\frac{\mathrm{j}}{2}\left(\mathrm{e}^{\mathrm{j}x} - \mathrm{e}^{-\mathrm{j}x}\right) \tag{Ib}$$

Setzt man (Ia) und (Ib) in die Fourier-Reihe einer Funktion $f(x)$

$$f(x) = a_0 + \sum_{k=1}^{\infty} (a_k \cos x + b_k \sin x) \tag{II}$$

ein, so erhält man

$$f(x) = a_0 + \sum_{k=1}^{\infty} \left(\frac{a_k - \mathrm{j}b_k}{2}\,\mathrm{e}^{\mathrm{j}kx} + \frac{a_k + \mathrm{j}b_k}{2}\,\mathrm{e}^{-\mathrm{j}kx} \right) \tag{III}$$

Wegen $\cos(-kx) = \cos(kx)$ und $\sin(-kx) = -\sin(kx)$ ist

$$a_k = a_{-k} \qquad \text{und} \qquad b_k = -b_{-k}$$

Für das 2. Glied in der Klammer von (III) gilt somit

$$\sum_{k=1}^{\infty} \frac{a_k + \mathrm{j}b_k}{2}\,\mathrm{e}^{-\mathrm{j}kx} = \sum_{k=-1}^{-\infty} \frac{a_k - \mathrm{j}b_k}{2}\,\mathrm{e}^{\mathrm{j}kx} \tag{IV}$$

Dieses in (III) eingesetzt, ergibt

$$f(x) = a_0 + \sum_{k=1}^{\infty} \frac{a_k - \mathrm{j}b_k}{2}\,\mathrm{e}^{\mathrm{j}kx} + \sum_{k=-1}^{-\infty} \frac{a_k - \mathrm{j}b_k}{2}\,\mathrm{e}^{\mathrm{j}kx} \tag{V}$$

Mit $a_0 = c_0$, $\frac{a_k - \mathrm{j}b_k}{2} = c_k$ erhält man aus (V) die

komplexe Form der Fourier-Reihe

$$f(x) = \sum_{k=-\infty}^{\infty} c_k\,\mathrm{e}^{\mathrm{j}kx} \qquad (k \in \mathbb{Z}) \tag{7.47}$$

Für eine periodische Funktion $f(x)$ mit der Periode 2π sind die

komplexen Fourierkoeffizienten

$$c_k = \frac{1}{2\pi} \int_{-\frac{T}{2}}^{\frac{T}{2}} f(x)\,\mathrm{e}^{-\mathrm{j}kx}\,\mathrm{d}x \qquad (k \in \mathbb{Z}) \tag{7.48}$$

Die Integration kann auch über das Intervall $[0, 2\pi]$, allgemein über $[a, a+p]$ erfolgen.

Aus (7.47) und (7.48) folgt für eine periodische Funktion $f(t)$ mit $p = T = \dfrac{2\pi}{\omega}$

$$f(t) = \sum_{k=-\infty}^{\infty} c_k\,\mathrm{e}^{\mathrm{j}k\omega t} \qquad (k \in \mathbb{Z}) \tag{7.47a}$$

$$c_k = \frac{1}{T}\int_{-\frac{T}{2}}^{\frac{T}{2}} f(t)\,\mathrm{e}^{-\mathrm{j}k\omega t}\,\mathrm{d}t \qquad (k \in \mathbb{Z}) \tag{7.48a}$$

Als Integrationsintervall kann auch $[0, T]$ oder allgemein $[a, a+T]$ gewählt werden.

Die Umwandlung von Fourier-Reihen aus einer Form in eine andere geschieht durch **Umrechnung der Fourierkoeffizienten**. Durch Vergleich der Koeffizienten in den Darstellungsformen erhält man

$$\begin{aligned}
&\text{für } n = 0 \quad c_0 = a_0\\
&\text{für } n \neq 0 \quad c_k = \frac{1}{2}(a_k - \mathrm{j}b_k) = C_k\,\mathrm{e}^{\mathrm{j}\varphi_{C_k}}\\
&\qquad \text{mit} \quad 2C_k = \sqrt{a_k^2 + b_k^2} = A_k\\
&\qquad \text{und} \quad \tan\varphi_{C_k} = -\frac{b_k}{a_k} = -\frac{1}{\tan\varphi_k} = -\cot\varphi_k\\
&\qquad \text{d. h.} \quad \varphi_{C_k} = \varphi_k - \frac{\pi}{2}
\end{aligned} \tag{7.49}$$

(Bezüglich A_k und φ_k vgl. (7.46))

Gl. (7.48a) liefert zusammen mit (7.49) das Amplitudenspektrum von $f(t)$, das sich jetzt (für diskrete Werte von k) von $k = -\infty$ bis $k = \infty$ erstreckt. Das Spektrum der C_k ist wegen (7.49) symmetrisch zur Ordinatenachse; in der Praxis zeichnet man deshalb das Spektrum meist nur für positive Werte von ω.

Wegen $b_k = -b_{-k}$ und damit $\varphi_{C_k} = -\varphi_{C_{-k}}$ liegen die Linien des Spektrums für $\omega < 0$ zentralsymmetrisch zu denen für $\omega > 0$, d. h., auch hier kann man sich – unter Beachtung der Symmetrie – auf die Darstellung des Spektrums für $\omega > 0$ beschränken.

Die Bilder 7.22a und b zeigen die vollständigen Linienspektren für beliebige, angenommene Werte von C_k und φ_{C_k}.

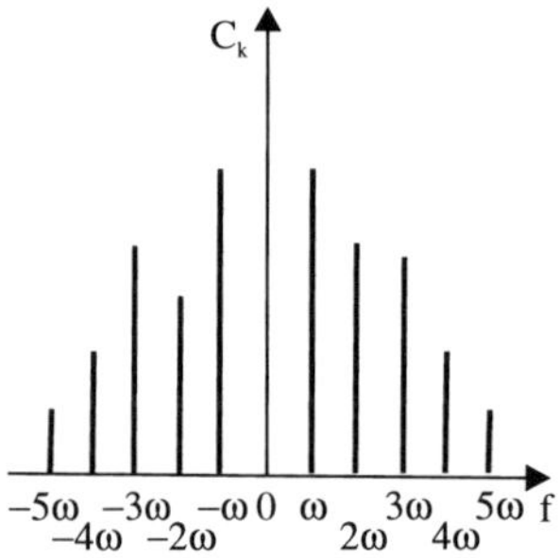

Bild 7.22a

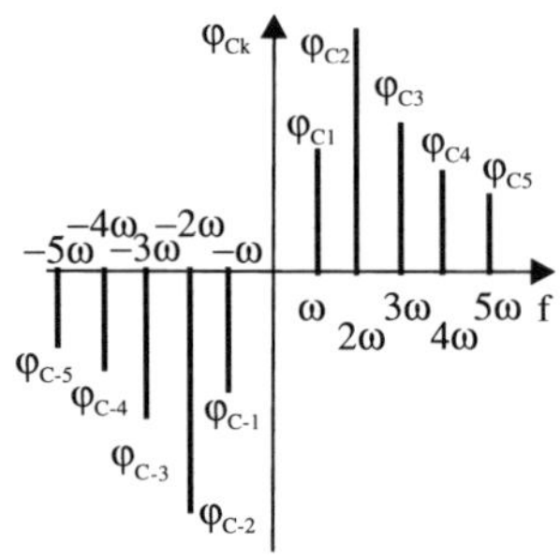

Bild 7.22b

Beispiel 7.33

Die Funktion $f(x) = \frac{A}{2}x$ für $0 \leq x < 2\pi$ mit der Periode 2π (Sägezahnkurve) des Beispiels 7.26 soll in eine komplexe Fourier-Reihe entwickelt und diese in die Form des Ergebnisses des Beispiels 7.26 umgewandelt werden.

Lösung:

Nach (7.48) ist

$$c_k = \frac{1}{2\pi}\int_0^{2\pi} \frac{A}{2\pi}x\,\mathrm{e}^{-\mathrm{j}kx}\,\mathrm{d}x = \frac{A}{4\pi^2}\int_0^{2\pi} x\,\mathrm{e}^{-\mathrm{j}kx}\,\mathrm{d}x$$

Für $k = 0$: $\quad c_0 = \frac{A}{4\pi^2}\int_0^{2\pi} x\,\mathrm{d}x = \frac{A}{4\pi^2}\cdot\left.\frac{x^2}{2}\right|_0^{2\pi} = \frac{A}{2}$

für $k \neq 0$: $\quad c_k = \frac{A}{4\pi^2}\int_0^{2\pi} x\,\mathrm{e}^{-\mathrm{j}kx}\,\mathrm{d}x = \frac{A}{4\pi^2}\left.\left(\frac{\mathrm{e}^{-\mathrm{j}kx}}{k^2} - \frac{x\,\mathrm{e}^{-\mathrm{j}kx}}{\mathrm{j}k}\right)\right|_0^{2\pi}$

$$= \frac{A}{4\pi^2}\left(\frac{\mathrm{e}^{-\mathrm{j}k2\pi}-1}{k^2} - \frac{2\pi\mathrm{e}^{-\mathrm{j}k2\pi}}{\mathrm{j}k}\right)$$

Wegen $\mathrm{e}^{-\mathrm{j}k2\pi} = 1$ und $-\frac{1}{\mathrm{j}} = \mathrm{j} = \mathrm{e}^{\mathrm{j}\frac{\pi}{2}}$ folgt für $k \neq 0$:

$$c_k = \mathrm{j}\frac{A}{2\pi k} = \frac{A}{2\pi k}\mathrm{e}^{\mathrm{j}\frac{\pi}{2}}$$

Die komplexe Form der Fourier-Reihe ist

$$f(x) = c_0 + \frac{A}{2\pi}\sum_{k=-\infty}^{\infty}\frac{1}{k}\,\mathrm{e}^{\mathrm{j}(kx+\frac{\pi}{2})} \qquad (k \neq 0)$$

Daraus ergibt sich mit

$$a_0 = c_0 = \frac{A}{2},\ A_k = 2\,C_k = \frac{A}{k\pi},\ \varphi_k = \varphi_{C_k} + \frac{\pi}{2} = \pi$$

$$f(x) = \frac{A}{2} + \frac{A}{\pi} \sum_{k=1}^{\infty} \frac{\sin(kx + \pi)}{k}$$

und wegen $\sin(kx + \pi) = -\sin(kx)$

$$f(x) = \frac{A}{\pi} \left(\frac{\pi}{2} - \sum_{k=1}^{\infty} \frac{\sin(kx)}{k} \right)$$

Das ist das Ergebnis des Beispiels 7.26.

7.3.8 Numerische harmonische Analyse

Ist die unbestimmte Integration zur Berechnung der Fourierkoeffizienten mittels der Formeln (7.45) nicht möglich oder ist die zu entwickelnde Funktion $f(x)$ nur durch diskrete Punkte gegeben, so kann die harmonische Analyse durch eine numerische Integration erfolgen, die auf der Integration von Rechtecken (Rechteckformel) beruht.

Im folgenden wird eine periodische Funktion $f(x)$ mit der Periode 2π zugrunde gelegt, die im Intervall $[0, 2\pi]$ durch N äquidistante Stützstellen y_0, y_1, y_2, ..., y_{N-1} gegeben ist. Wegen der Perioditât ist $y_N = y_0$.

Dann ergibt sich für die **Fourierkoeffizienten**

$$a_0 = \frac{1}{N} \int_{i=0}^{N-1} y_i$$

$$\left.\begin{aligned} a_k &= \frac{2}{N} \int_{i=0}^{N-1} y_i \cos(kx_i) \\ b_k &= \frac{2}{N} \int_{i=0}^{N-1} y_i \sin(kx_i) \end{aligned}\right\} \text{für } k \in \mathbb{N}^* \qquad (7.50)$$

Wenn die in eine Fourier-Reihe zu entwickelnde Funktion f an der Stelle x^* eine Unstetigkeit (Sprungstelle) aufweist, legt man hierhin eine Stützstelle und nimmt als Ordinate den Mittelwert der beiden Funktionswerte. Zweckmäßig ist es, für N eine durch 4 teilbare Zahl zu wählen: $N = 4q$.

Bei dem im folgenden erläuterten Verfahren von Runge[1] zur numerischen harmonischen Analyse werden 12 äquidistante Stützstellen im Intervall $[0, 2\pi)$ verwendet, d. h. $N = 12$, $q = 3$. Der numerischen Berechnung liegt dann die Wertetabelle zugrunde:

[1] Carl David Tolmé Runge (1856 bis 1927), deutscher Mathematiker

x_i	0	$\frac{\pi}{6}$	$\frac{\pi}{3}$	$\frac{\pi}{2}$	$\frac{2}{3}\pi$	$\frac{5}{6}\pi$	π	$\frac{7}{6}\pi$	$\frac{4}{3}\pi$	$\frac{3}{2}\pi$	$\frac{5}{3}\pi$	$\frac{11}{6}\pi$	2π
y_i	y_0	y_1	y_2	y_3	y_4	y_5	y_6	y_7	y_8	y_9	y_{10}	y_{11}	y_0

Aus den 12 Wertepaaren lassen sich 12 Bestimmungsgleichungen aufstellen, aus denen 12 Fourierkoeffizienten berechnet werden können. Damit kann eine *Näherungsfunktion* $\varphi(x) \approx f(x)$ aufgestellt werden:

$$\begin{aligned}\varphi(x) = a_0 &+ a_1 \cos x + a_2 \cos 2x + a_3 \cos 3x + a_4 \cos 4x + a_5 \cos 5x + a_6 \cos 6x \\ &+ b_1 \sin x + b_2 \sin 2x + b_3 \sin 3x + b_4 \sin 4x + b_5 \sin 5x \end{aligned} \tag{7.51}$$

Da die Abstände der Stützstellen $\frac{\pi}{6}$ sind, ergeben sich für die Funktionswerte $\cos kx$ und $\sin kx$ einfache Werte, nämlich $0, \pm 1, \pm\frac{1}{2}, \pm\frac{1}{2}\sqrt{3}$. Setzt man noch $\frac{1}{2} = B$ und $\frac{1}{2}\sqrt{3} = C$, so lauten die 12 Gleichungen

$$\begin{aligned}
y_0 &= a_0 + a_1 + a_2 + a_3 + a_4 + a_5 + a_6 \\
y_1 &= a_0 + Ca_1 + Ba_2 - Ba_4 - Ca_5 - a_6 + Bb_1 + Cb_2 + b_3 + Cb_4 + Bb_5 \\
y_2 &= a_0 + Ba_1 - Ba_2 - a_3 - Ba_4 + Ba_5 + a_6 + Cb_1 + Cb_2 - Cb_4 - Cb_5 \\
y_3 &= a_0 - a_2 + a_4 - a_6 + b_1 - b_3 + b_5 \\
y_4 &= a_0 - Ba_1 - Ba_2 + a_3 - Ba_4 - Ba_5 + a_6 + Cb_1 - Cb_2 + Cb_4 - Cb_5 \\
y_5 &= a_0 - Ca_1 + Ba_2 - Ba_4 + Ca_5 - a_6 + Bb_1 - Cb_2 + b_3 - Cb_4 + Bb_5 \\
y_6 &= a_0 - a_1 + a_2 - a_3 + a_4 - a_5 + a_6 \\
y_7 &= a_0 - Ca_1 + Ba_2 - Ba_4 + Ca_5 - a_6 - Bb_1 + Cb_2 - b_3 + Cb_4 - Bb_5 \\
y_8 &= a_0 - Ba_1 - Ba_2 + a_3 - Ba_4 - Ba_5 + a_6 - Cb_1 + Cb_2 - Cb_4 + Cb_5 \\
y_9 &= a_0 - a_2 + a_4 - a_6 - b_1 + b_3 - b_5 \\
y_{10} &= a_0 + Ba_1 - Ba_2 - a_3 - Ba_4 + Ba_5 + a_6 - Cb_1 - Cb_2 + Cb_4 + Cb_5 \\
y_{11} &= a_0 + Ca_1 + Ba_2 - Ba_4 - Ca_5 - a_6 - Bb_1 - Cb_2 - b_3 - Cb_4 - Bb_5
\end{aligned}$$

Zur Berechnung der a_k und b_k ist das Gleichungssystem zu lösen. Durch Addieren aller 12 Gleichungen erhält man z. B.

$$\begin{aligned}12a_0 &= y_0 + y_1 + y_2 + y_3 + y_4 + y_5 + y_6 + y_7 + y_8 + y_9 + y_{10} + y_{11} \\ &= y_0 + (y_1 + y_{11}) + (y_2 + y_{10}) + (y_3 + y_9) + (y_4 + y_8) + (y_5 + y_7) + y_6,\end{aligned}$$

durch Multiplizieren jeder Gleichung mit dem jeweiligen Koeffizienten von a_1 und anschließendes Addieren der 12 Gleichungen

$$\begin{aligned}6a_1 &= y_0 + Cy_1 + By_2 - By_4 - Cy_5 - y_6 - Cy_7 - By_8 + By_{10} + Cy_{11} \\ &= y_0 + C(y_1 + y_{11}) + B(y_2 + y_{10}) - B(y_4 + y_8) - C(y_5 + y_7) - y_6.\end{aligned}$$

In gleicher Weise kann für die übrigen Koeffizienten $a_2 \ldots a_6$, $b_1 \ldots b_5$ verfahren werden.

Wie zu erkennen ist, treten bestimmte Summen und Differenzen der y_i immer wieder auf, so daß die Berechnungen in einem mehrstufigen Schema erfolgen können.

	y_0	y_1	y_2	y_3	y_4	y_5	y_6
	0	y_{11}	y_{10}	y_9	y_8	y_7	0
Summen der y-Werte	s_0	s_1	s_2	s_3	s_4	s_5	s_6
Differenzen der y-Werte	×	d_1	d_2	d_3	d_4	d_5	×

(7.52a)

	s_0	s_1	s_2	s_3	
	s_6	s_5	s_4	0	
Summen der s-Werte	σ_0	σ_1	σ_2	σ_3	für a_k, k gerade
Differenzen der s-Werte	δ_0	δ_1	δ_2	×	für a_k, k ungerade

(7.52b)

	×	d_1	d_2	d_3	
	×	d_5	d_4	0	
Summen der d-Werte	×	σ'_1	σ'_2	σ'_3	für b_k, k ungerade
Differenzen der d-Werte	×	δ'_1	δ'_2	×	für a_k, k gerade

(7.52c)

Aus den Werten für σ, δ, σ' und δ' ergeben sich die Werte der **Fourierkoeffizienten** *der numerischen harmonischen Analyse*

$$\begin{aligned}
a_0 &:= \frac{1}{12}\left[(\sigma_0+\sigma_2)+(\sigma_1+\sigma_3)\right] & & \\
a_6 &:= \frac{1}{12}\left[(\sigma_0+\sigma_2)-(\sigma_1+\sigma_3)\right] & b_1 &:= \frac{1}{6}\left[(B\sigma'_1+\sigma'_3)+C\sigma'_2\right] \\
a_2 &:= \frac{1}{6}\left[(\sigma_0-\sigma_3)+B(\sigma_1-\sigma_2)\right] & b_5 &:= \frac{1}{6}\left[(B\sigma'_1+\sigma'_3)-C\sigma'_2\right] \\
a_4 &:= \frac{1}{6}\left[(\sigma_0+\sigma_3)-B(\sigma_1+\sigma_2)\right] & b_3 &:= \frac{1}{6}(\sigma'_1-\sigma'_3) \\
a_3 &:= \frac{1}{6}(\delta_0-\delta_2) & b_2 &:= \frac{1}{6}C(\delta'_1+\delta'_2) \\
a_1 &:= \frac{1}{6}\left[(\delta_0+B\delta_2)+C\delta_1\right] & b_4 &:= \frac{1}{6}C(\delta'_1-\delta'_2) \\
a_5 &:= \frac{1}{6}\left[(\delta_0+B\delta_2)-C\delta_1\right] & &\text{mit } B=\frac{1}{2},\ C=\frac{1}{2}\sqrt{3}
\end{aligned} \tag{7.53}$$

Zur Kontrolle können benutzt werden:

$$\begin{aligned}
&a_0+a_1+a_2+a_3+a_4+a_5+a_6 &&\Longrightarrow y_0\\
&b_1+b_5+2b_3+2C\,(b_2+b_4) &&\Longrightarrow d_1
\end{aligned}$$

Der gesamte Rechenweg kann mittels Computer realisiert werden, wobei die $y_0 \ldots y_{11}$ die Eingabedaten, die $a_0 \ldots a_6$, $b_1 \ldots b_5$ die Ausgabedaten darstellen und der Lösungsalgorithmus die Berechnungen nach (7.52a, b, c) und (7.53) umfaßt.

Beispiel 7.34

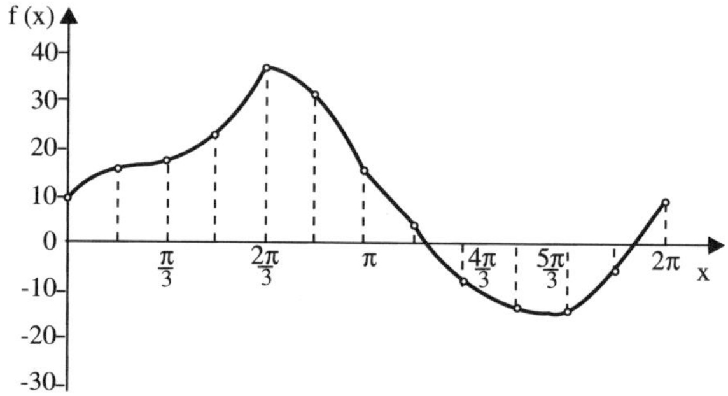

Bild 7.23

Der Graph (Bild 7.23) einer periodischen Funktion $f(x)$ mit der Periode 2 liefert für 12 äquidistante Stützstellen die folgenden Wertepaare:

x_i	0	$\frac{\pi}{6}$	$\frac{\pi}{3}$	$\frac{\pi}{2}$	$\frac{2}{3}\pi$	$\frac{5}{6}\pi$	π	$\frac{7}{6}\pi$	$\frac{4}{3}\pi$	$\frac{3}{2}\pi$	$\frac{5}{3}\pi$	$\frac{11}{6}\pi$	(2π)
y_i	9,3	15,0	17,4	23,0	37,0	31,0	15,3	4,0	−8,0	−13,2	−14,2	−6,0	(9,3)

Die Fourier-Reihe ist anzugeben.

Lösung:

Mittels des Schemas von Runge (7.52a, b, c) werden die Werte für σ, δ, σ' und δ' ermittelt:

$y_0 \dots y_6$	9,3	15,0	17,4	23,0	37,0	31,0	15,3
$y_{11} \dots y_7$	0	−6,0	−14,2	−13,2	−8,0	4,0	0
$s_0 \dots s_6$	9,3	9,0	3,2	9,8	29,0	35,0	15,3
$d_1 \dots d_5$	×	21,0	31,6	36,2	45,0	27,0	×

$s_0 \dots s_3$	9,3	9,0	3,2	9,8
$s_6 \dots s_4$	15,3	35,0	29,0	0
$\sigma_0 \dots \sigma_3$	24,6	44,0	32,2	9,8
$\delta_0 \dots \delta_2$	−6,0	−26,0	−25,8	×

$d_1 \dots d_3$	×	21,0	31,6	36,2
$d_5,\ d_4$	×	27,0	45,0	0
$\sigma'_1 \dots \sigma'_3$	×	48,0	76,6	36,2
$\sigma'_1,\ \sigma'_2$	×	−6,0	−13,4	×

Hieraus werden mit den Gleichungen (7.53) die $a_0 \dots a_6$, $b_1 \dots b_5$ berechnet:

$a_0 = 9,22$ $a_6 = 0,25$ $a_2 = 3,45$ $a_4 = -0,62$ $a_3 = 3,30$ $a_1 = -6,90$
$a_5 = 0,60$
$b_1 = 21,09$ $b_5 = -1,02$ $b_3 = 1,97$ $b_2 = -2,80$ $b_4 = 1,07$

Da auch die beiden Kontrollgleichungen Übereinstimmung zeigen, heißt die Fourier-Reihe

$$f(x) \approx \varphi(x) = 9,22 - 6,90\cos x + 3,45\cos 2x + 3,30\cos 3x - 0,62\cos 4x + 0,60\cos 5x + 0,25\cos 6x + 21,09\sin x - 2,80\sin 2x + 1,97\sin 3x + 1,07\sin 4x - 1,02\sin 5x$$

Aufgaben 7.25 bis 7.32

7.4 Aufgaben

7.1 Für die folgenden unendlichen Reihen sind jeweils die ersten vier Glieder sowie die zugehörigen Partialsummen anzugeben.

a) $\sum\limits_{k=1}^{\infty} \frac{1}{3^k}$ b) $\sum\limits_{k=1}^{\infty} k^2$ c) $\sum\limits_{k=1}^{\infty} \frac{(-1)^{k-1}}{k^2}$

d) $\sum\limits_{k=1}^{\infty} \frac{0,2^k}{k!}$ e) $\sum\limits_{k=1}^{\infty} \frac{(-1)^{k+1} 2^{2k-1}}{(2k-1)!}$ f) $\sum\limits_{k=1}^{\infty} \frac{2+(-1)^k}{2^{k-1}}$

7.2 Die Seite a eines Quadrates ist Diagonale eines zweiten Quadrates, dessen Seite die Diagonale eines dritten Quadrates usf.

a) Wie lautet die Folge der Quadratseiten?

b) Wie groß ist die Summe aller Quadratseiten?

c) Wie lautet die Folge der Quadratflächen?

d) Wie groß ist die Summe aller Quadratflächen?

7.3 Für die konvergenten Reihen

a) $\sum\limits_{n=1}^{\infty} \frac{(-1)^{n-1}}{(n-1)!}$ b) $\sum\limits_{n=1}^{\infty} \frac{(-1)^{n-1} \cdot 0,2^n}{n}$

sind die Teilsummen a) s_7, b) s_4 zu berechnen und die Zahl der gesicherten Dezimalstellen anzugeben.

7.4 Die folgenden Potenzreihen sind auf Konvergenz zu untersuchen.

a) $\sum\limits_{n=1}^{\infty} \frac{x^n}{2^n}$ b) $\sum\limits_{n=1}^{\infty} \frac{x^n}{\sqrt{n}}$ c) $\sum\limits_{n=1}^{\infty} \frac{x^n}{n(n+1)}$ d) $\sum\limits_{n=1}^{\infty} \frac{x^n}{n^{n+1}}$

7.5 Der Konvergenzbereich der folgenden Potenzreihen ist zu bestimmen.

a) $\sum\limits_{n=0}^{\infty} x^n$ b) $\sum\limits_{n=1}^{\infty} \frac{x^n}{n^n}$ c) $\sum\limits_{n=1}^{\infty} n!x^n$

7.6 Die folgenden Funktionen sind an der Stelle $x = x_0$ in eine Taylor-Reihe zu entwickeln.

a) $f(x) = \mathrm{e}^{\frac{x}{a}}, \quad x_0 = a$ b) $f(x) = x\,\mathrm{e}^{-x}, \quad x_0 = 1$

c) $f(x) = \frac{\mathrm{e}^x}{x}, \quad x_0 = 2$

7.7 Welche Genauigkeit wird bei der Berechnung von $\mathrm{e}^{0,5}$ mittels der Exponentialreihe erreicht, wenn diese bis zum Glied 5. Ordnung verwendet wird?

7.8 $f(x) = \sqrt{1+2x}$ ist in eine Potenzreihe zu entwickeln, der Konvergenzbereich ist anzugeben.

7.9 Für die folgenden Funktionen sind Näherungsformeln mit 2 Gliedern anzugeben.

a) $f(x) = \dfrac{1}{1-x}$ b) $f(x) = \sqrt[3]{1-x^2}$ c) $f(x) = \dfrac{1}{\sqrt{1-x}^3}$

7.10 Die Funktion $f(x) = a^x$ $(a > 0)$ soll in eine Potenzreihe entwickelt werden; der Konvergenzbereich ist zu ermitteln.

7.11 Die Funktion $f(x) = \mathrm{e}^{ax}$ ist in eine Potenzreihe zu entwickeln.

7.12 Der Wert von $\pi = 3,1415926\ldots$ soll mittels der Beziehung

$$\frac{\pi}{4} = 2\arctan\frac{1}{3} + \arctan\frac{1}{7}$$

(vgl. Beisp. 7.15) auf 5 Dezimalstellen genau berechnet werden. Wieviele Glieder der beiden Arcustangensreihen müssen berücksichtigt werden?

7.13 In einem rechtwinkligen Dreieck sind a und b die Katheten; es ist $b \ll a$. Für die Berechnung der Hypotenuse c soll eine Näherungsformel der Form $c \approx a + \delta$ entwickelt werden.

7.14 Die folgenden Funktionen sind an der Stelle $x_0 = 0$ in Potenzreihen zu entwickeln und für diese jeweils die ersten vier Glieder anzugeben.

a) $f(x) = (1+\mathrm{e}^x)^2$ b) $f(x) = \sin^2 x$ c) $f(x) = \dfrac{1}{\sqrt[3]{1+x}}$

d) $f(x) = \ln\dfrac{1}{\sqrt{1+x}}$ e) $f(t) = \ln(1+\mathrm{e}^{at})$

7.15 Für die folgenden Funktionen sind Näherungsformeln mit 2 Gliedern anzugeben. Für welche Werte von x wird eine Genauigkeit auf drei Dezimalstellen erreicht?

a) $f(x) = \sqrt{1+x^2}$ b) $f(x) = \dfrac{1}{\sqrt{1+x^2}}$ c) $f(x) = \dfrac{1}{\sqrt[3]{1+x}}$

d) $f(x) = \sqrt[3]{1+x}$ e) $f(x) = \dfrac{1}{\sqrt[3]{1+x^2}}$ f) $f(x) = \dfrac{1}{(1+x)^3}$

7.16 Die folgenden bestimmten Integrale sind nach Reihenentwicklung des Integranden zu berechnen.

a) $\displaystyle\int_0^{0,6} x^2\,\mathrm{e}^{-x^2}\,\mathrm{d}x$ (3 Dezimalst.) b) $\displaystyle\int_0^{0,3} \frac{1}{\sqrt{1+x^3}}\,\mathrm{d}x$ (5 Dezimalst.)

c) $\displaystyle\int_0^{0,5} \sqrt[3]{1+x^2}\,\mathrm{d}x$ (3 Dezimalst.)

7.17 Das elliptische Integral 1. Gattung

$$I = \int_0^{\frac{\pi}{2}} \frac{\mathrm{d}x}{\sqrt{1-\frac{1}{4}\sin^2 x}}$$ soll berechnet werden.

7.18 $\int\limits_1^x \frac{\cos t}{t}\,dt$ soll nach Reihenentwicklung berechnet werden.

7.19 Die Funktion $f(x) = \frac{\ln(1+x)}{1+x}$ soll an der Stelle $x = 0$ in eine Potenzreihe bis zum Glied mit x^3 entwickelt werden.

7.20 Für $\frac{x^2}{1-\cos x}$ soll eine Näherungsformel entwickelt werden, bei deren Anwendung der Fehler für $|x| \leq \frac{1}{2}$ kleiner 1 ‰ ist.

7.21 Zu einem Kreisbogen b sind der Radius r und die Sehne s gegeben (Bild 7.24). Es soll eine Näherungsformel zur Berechnung der Pfeilhöhe p angegeben werden.

7.22 Für die Differenz D zwischen der Länge b eines Kreisbogens und der zugehörigen Sehne s bei gegebenem Radius r und gegebener Bogenlänge (Bild 7.24) soll eine Näherungsformel aufgestellt werden.

Für $r = 20$ m, $b = 6$ m ist der Fehler abzuschätzen.

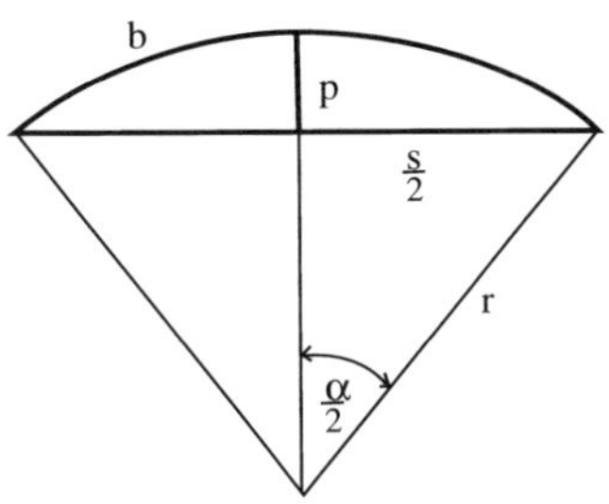

Bild 7.24

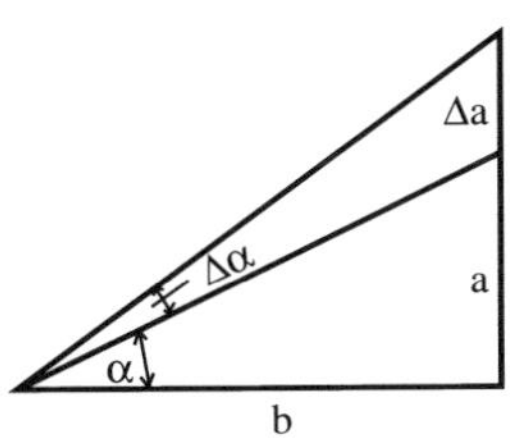

Bild 7.25

7.23 In einem rechtwinkligen Dreieck mit den Katheten a und b soll a um die variable Strecke Δa verändert werden (Bild 7.25). Der Winkel $\alpha' = \alpha + \Delta\alpha$ soll genähert als lineare Funktion von Δa angegeben werden.

7.24 Der Kolbenweg x eines Kurbeltriebes (Bild 7.26) ist (vom äußeren Totpunkt ab gerechnet)

$$x = r(1 - \cos\alpha) + l(1 - \cos\beta).$$

Es soll eine Näherungsformel für x in Abhängigkeit von α mit $\lambda = \frac{r}{l}$ als Schubstangenverhältnis (z. B. bei Dampflokomotiven $\lambda \leq 0,2$) entwickelt werden.

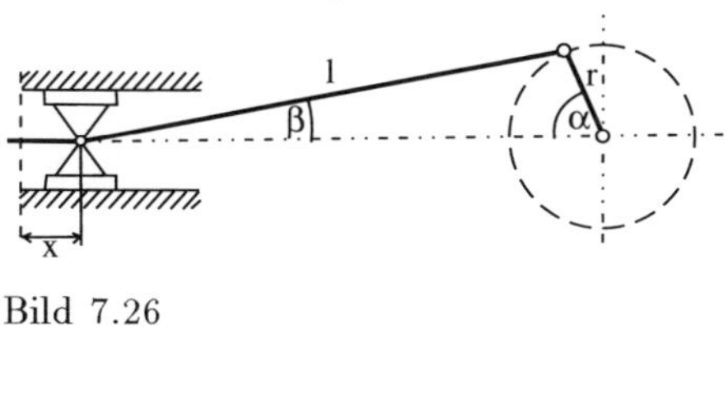

Bild 7.26

7.25 Die folgenden Funktionen mit der Periode 2π sind in Fourier-Reihen zu entwickeln.

a) $f(x) = \begin{cases} \dfrac{\pi}{4} & \text{für } 0 \leq x \leq \pi \\ -\dfrac{\pi}{4} & \text{für } \pi \leq x \leq 2\pi \end{cases}$

b) $f(x) = |x|$ für $-\pi \leq x \leq \pi$ c) $f(x) = x \cdot \cos x$ für $-\pi \leq x \leq \pi$

7.26 Die in Bild 7.27 dargestellte Funktion ist in eine Fourier-Reihe zu entwickeln.

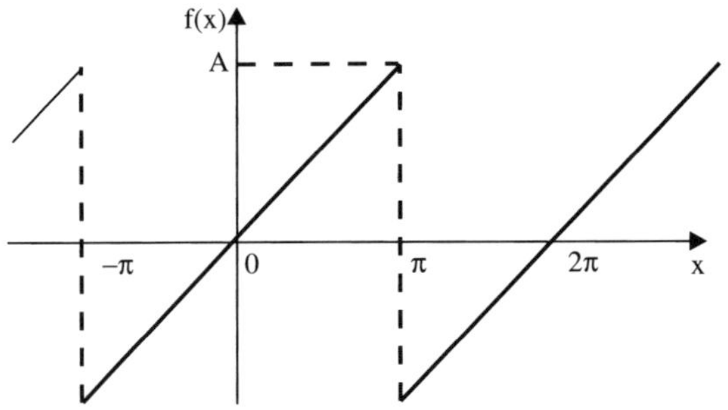

Bild 7.27

7.27 Die Funktion $f(x)$ des Bildes 7.28 soll in eine Fourier-Reihe entwickelt werden. Die ersten 5 Glieder sind anzugeben.

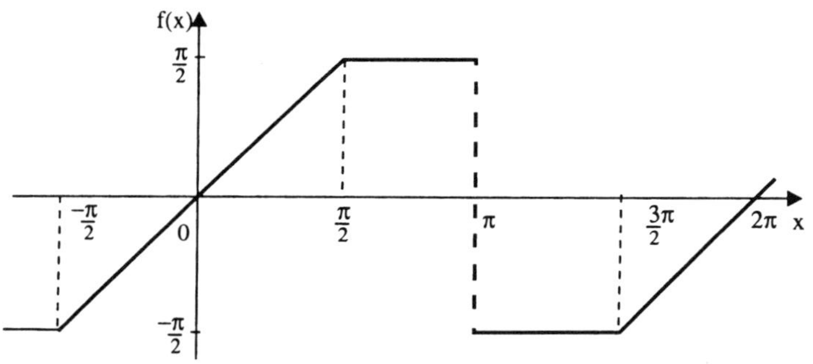

Bild 7.28

7.28 Für die Zweiweggleichrichtung eines sinusförmigen Wechselstromes $i = f(t) = \hat{I} \sin \omega t$ ist die Fourier-Reihe anzugeben.

7.29 Für eine Rechteckimpulsfolge $f(t)$, die der geraden Funktion $f^*(x)$ des Bildes 7.16 mit $x^* \equiv \omega t$ entspricht, soll das Amplitudenspektrum bis $f = 6\omega$ ermittelt werden. Es soll $a = 0,2\pi$ sein.

7.30 Für die periodischen Ausgleichsvorgänge nach Bild 7.29

$$f(t) = A\,\mathrm{e}^{-t} \qquad \text{mit } t \in [0, 2\pi],\ T = 2\pi$$

soll die Fourier-Reihe bestimmt werden. Das Amplituden-Spektrum bis $f = 5\omega$ ist anzugeben.

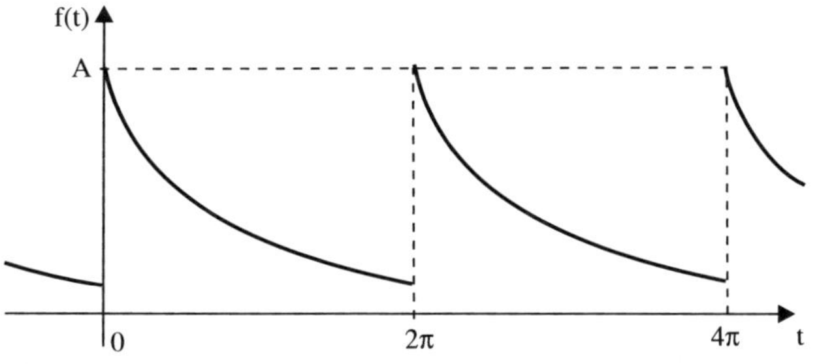

Bild 7.29

7.31 Für die periodische Funktion $f(x) = A\,\mathrm{e}^{-x}$ mit $x \in [0, 2\pi]$ und der Periode 2π sollen die komplexen Fourierkoeffizienten c_k bestimmt werden.

7.32 Die Näherungsfunktion $\varphi(x)$ für die folgende tabellarisch gegebene Funktion $y = f(x)$ mit der Periode 2π ist aufzustellen.

x_i	0	$\frac{\pi}{6}$	$\frac{\pi}{3}$	$\frac{\pi}{2}$	$\frac{2}{3}\pi$	$\frac{5}{6}\pi$	π	$\frac{7}{6}\pi$	$\frac{4}{3}\pi$	$\frac{3}{2}\pi$	$\frac{5}{3}\pi$	$\frac{11}{6}\pi$	2π
y_i	38, 2	12, 0	4, 2	14, 4	4, 1	−18, 6	−23, 3	−27, 1	−24, 2	8, 1	32, 3	38, 4	38, 2

7.33 Die im Beispiel 7.34 ermittelte Fourier-Reihe (vgl. Lösung) soll in die Spektralform überführt werden. (Damit können Amplituden- und Phasenspektrum angegeben werden.)

8 Differentialgleichungen

8.1 Grundbegriffe, Aufstellen von Differentialgleichungen

8.1.1 Definition der Differentialgleichung

In Naturwissenschaft und Technik treten oft Probleme auf, deren mathematische Behandlung das Lösen von Differentialgleichungen erfordert. Einige grundlegende Begriffe, das Aufstellen und das allgemeine Vorgehen beim Lösen von Differentialgleichungen sollen am Beispiel eines senkrecht nach oben geworfenen Körpers veranschaulicht werden. Auf den Körper wirkt, wenn man von anderen Kräften wie Luftwiderstand usw. absieht, die Anziehungskraft der Erde und bewirkt eine der Wurfrichtung entgegengesetzt gerichtete Beschleunigung. Es gilt die *Beschleunigungs-Zeit-Funktion*

$$f_1\colon\ a = f_1(t) = -g \tag{I}$$

Wegen $a = \dfrac{\mathrm{d}v}{\mathrm{d}t}$ wird

$$\begin{aligned}\frac{\mathrm{d}v}{\mathrm{d}t} &= -g\\ \mathrm{d}v &= -g\,\mathrm{d}t\end{aligned}$$

Die unbestimmte Integration beider Seiten der Gleichung

$$\int \mathrm{d}v = \int -g\,\mathrm{d}t$$

liefert die *Geschwindigkeits-Zeit-Funktion*

$$f_2\colon\ v = f_2(t) = -gt + C_1 \qquad C_1 \in \mathbb{R} \tag{II}$$

(Die durch die unbestimmte Integration auf beiden Seiten sich ergebenden Integrationskonstanten können zu einer Konstanten C_1 auf einer Seite der Gleichung – hier der rechten – zusammengefaßt werden.)

In gleicher Weise erhält man wegen $v = \dfrac{\mathrm{d}s}{\mathrm{d}t}$ aus

$$\begin{aligned}\frac{\mathrm{d}s}{\mathrm{d}t} &= -gt + C_1\\ \mathrm{d}s &= (-gt + C_1)\,\mathrm{d}t\\ \int \mathrm{d}s &= \int (-gt + C_1)\,\mathrm{d}t\end{aligned}$$

die *Weg-Zeit-Funktion*

$$f_3\colon\ s = f_3(t) = -\frac{g}{2}t^2 + C_1 t + C_2 \qquad C_1, C_2 \in \mathbb{R} \tag{III}$$

Wegen $a = \frac{\mathrm{d}v}{\mathrm{d}t} = \frac{\mathrm{d}^2 s}{\mathrm{d}t^2}$ kann man (I) auch in der Form schreiben

$$\frac{\mathrm{d}^2 s}{\mathrm{d}t^2} + g = 0 \tag{IV}$$

Gleichung (IV) nennt man eine gewöhnliche Differentialgleichung, da sie eine Ableitung (hier die zweite) einer Funktion nach einer unabhängigen Variablen (hier t) enthält. Allgemein gilt die

Definition

Eine **gewöhnliche Differentialgleichung** ist eine Gleichung zum Bestimmen einer Funktion $y = f(x)$, die mindestens eine Ableitung der unabhängigen Variablen nach x enthält.
Ihre **Ordnung** ist gleich der Ordnung n der höchsten in der Differentialgleichung auftretenden Ableitung $y^{(n)}$ der abhängigen Variablen. Eine gewöhnliche Differentialgleichung n-ter Ordnung hat die

implizite Form: $F(x, y, y', \ldots, y^{(n)}) = 0;$
explizite Form: $y^{(n)} = \varphi(x, y, y', \ldots, y^{(n-1)}).$ (8.1)

Demnach stellt Gl. (IV) eine gewöhnliche Differentialgleichung 2. Ordnung dar. Treten in einer Funktion mehrere unabhängige Variable und mindestens eine (partielle) Ableitung der Funktion nach einer der unabhängigen Variablen auf, so heißt die Differentialgleichung eine *partielle Differentialgleichung.* Im folgenden werden ausschließlich gewöhnliche Differentialgleichungen behandelt. Dabei soll für „Differentialgleichung“ die Abkürzung Dgl. (Mehrzahl Dgln.) verwendet werden.

Das Lösen der Dgl. 2. Ordnung (IV) erforderte zweimaliges Integrieren, weshalb in der Lösung (III) zwei Integrationskonstanten C_1 und C_2 auftreten, die auch als (Integrations-) **Parameter** bezeichnet werden. Die Richtigkeit der Lösung (III) kann man durch Ableiten von (III) und Einsetzen des Wertes der 2. Ableitung in (IV) nachprüfen.

Definition

Die **allgemeine Lösung** einer Dgl. ist die Menge aller Funktionen, die zusammen mit ihren Ableitungen die Dgl. im Definitionsbereich erfüllen. (8.2)

Satz

Die allgemeine Lösung einer Dgl. n-ter Ordnung enthält genau n Parameter. (8.3)

In der Praxis gelten für das durch eine Dgl. dargestellte Problem oft spezielle Bedingungen, aus denen sich für die Parameter $C_1, C_2, \ldots$ bestimmte Werte errechnen lassen. Diese spezielle Lösung der Dgl. heißt **partikuläre Lösung** oder auch **partikuläres Integral**.
Sind bei einer Dgl. z. B. für einen Wert x_0 die Werte $y(x_0), y'(x_0), \ldots, y^{(n-1)}(x_0)$ vorgegeben, so spricht man von einem **Anfangswertproblem (AWP)** und nennt $y(x_0), y'(x_0), \ldots, y^{(n-1)}(x_0)$ die **Anfangsbedingungen**, aus denen die Werte von $C_1, C_2, \ldots$ berechnet werden können.
Sind z. B. für den senkrechten Wurf nach oben für $t_0 = 0$ die Geschwindigkeit mit v_0 (Anfangsgeschwindigkeit) und der bis dahin zurückgelegte Weg mit s_0 (Anfangsposition) gegeben, d. h. die Anfangsbedingungen

$$t = 0 \begin{cases} v = v_0 \\ s = s_0 \end{cases}$$

so folgt aus (II)

$$v_0 = C_1$$

und aus (III)

$$s_0 = C_2.$$

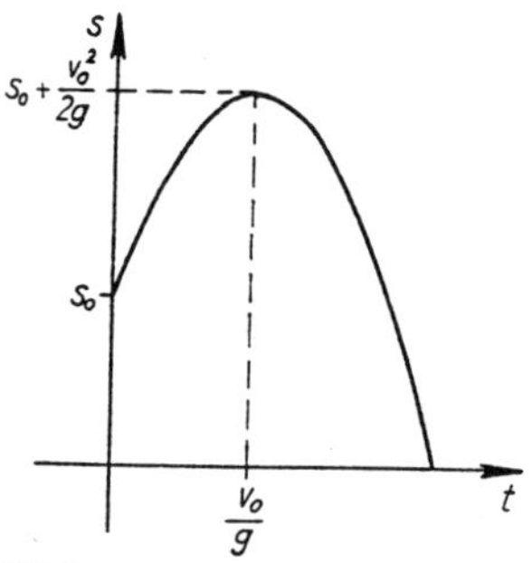

Bild 8.1

Die **partikuläre Lösung** der Dgl. (IV) für die gegebenen Anfangsbedingungen ist

$$s = f(t) = s_0 + v_0 t - \frac{g}{2} t^2 \qquad \text{(V)}$$

Bild 8.1 zeigt die Lösungskurve. Die Koordinaten des Scheitelpunktes können als die des Extrempunktes von $f(t)$ berechnet werden:

$$t_E = \frac{v_0}{g}, \qquad s_E = s_0 + \frac{v_0^2}{2g}$$

Satz

> Der Graph der allgemeinen Lösung einer Dgl. n-ter Ordnung ist eine n-parametrige Kurvenschar.
> Einer partikulären Lösung entspricht eine Kurve dieser Kurvenschar, sie wird als (partikuläre) Lösungskurve oder Integralkurve bezeichnet. (8.4)

Beispiel 8.1

Gesucht ist die Gleichung $y = f(x)$ der Menge aller Kurven, deren Subtangente die konstante Länge l besitzt. Es sind einige Kurven der Kurvenschar zu zeichnen, darunter die durch den Punkt $(0; 1/2)$ verlaufende. Die Richtigkeit der errechneten Gleichung ist zu überprüfen.

Lösung:

Für die Subtangente (Projektion des Tangentenabschnitts zwischen Berührungspunkt und Schnittpunkt mit der Abszissenachse auf die Abszissenachse) gilt (Bild 8.2)

$$\tan \tau = y' = \frac{\mathrm{d}y}{\mathrm{d}x} = \frac{y}{l}.$$

Das ist eine Dgl. 1. Ordnung mit x als unabhängiger und y als abhängiger Variable. Trennt man die beiden Variablen bzw. ihre Differentiale

$$\frac{\mathrm{d}y}{y} = \frac{\mathrm{d}x}{l},$$

so erhält man durch Integrieren

$$\ln |y| = \frac{x}{l} + C$$

und daraus

$$y = \pm\, \mathrm{e}^{\frac{x}{l}+C} = \pm\, \mathrm{e}^{C} \cdot \mathrm{e}^{\frac{x}{l}}.$$

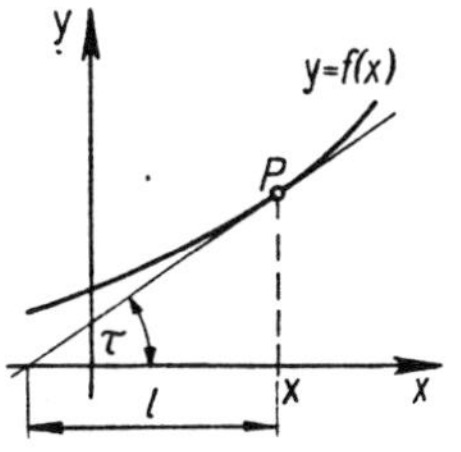

Bild 8.2

Mit $\pm\, \mathrm{e}^{C}$ als Parameter lautet die allgemeine Lösung der Dgl.

$$\underline{\underline{y = K\,\mathrm{e}^{\frac{x}{l}}.}}$$

Die Menge aller Kurven, deren Subtangente die konstante Länge l hat, ist eine einparametrige Schar von Exponentialkurven. Die Werte der Anfangsbedingung $x = 0$, $y = 1/2$ in die allgemeine Lösung eingesetzt, ergibt

$$\frac{1}{2} = K \cdot \mathrm{e}^{0}$$

$$K = \frac{1}{2}.$$

Damit erhält man als partikuläre Lösung

$$\underline{\underline{y = \frac{1}{2}\,\mathrm{e}^{\frac{x}{l}}.}}$$

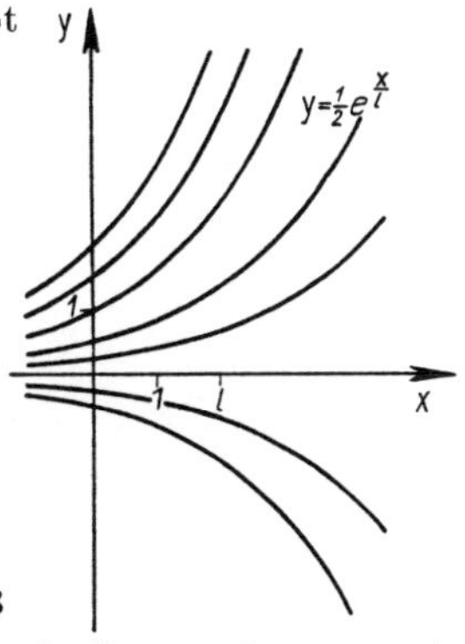

Bild 8.3

Bild 8.3 zeigt die zu dieser partikulären Lösung gehörende Lösungskurve sowie einige weitere Kurven der Lösungsmenge. Die Probe für die ermittelte allgemeine Lösung

$$y = K\,\mathrm{e}^{\frac{x}{l}}$$

führt man durch, indem man diese differenziert

$$\frac{\mathrm{d}y}{\mathrm{d}x} = \frac{K}{l}\,\mathrm{e}^{\frac{x}{l}}$$

und die als Funktionswert und Wert der 1. Ableitung erhaltenen Terme in die Dgl. einsetzt. Man erhält eine identische Gleichung. $y = K\,e^{\frac{x}{T}}$ ist somit die allgemeine Lösung der aufgestellten Dgl. (Da die Richtigkeit der Lösung für einen beliebigen Parameterwert K nachgewiesen wurde, erübrigt sich eine Nachprüfung der partikulären Lösung mit $K = 1/2$.)

Beispiel 8.2

Ein Stromkreis mit einer Gleichurspannung E, einer Induktivität L und einem Gesamtwiderstand R (Bild 8.4) wird zur Zeit $t = 0$ geschlossen.

a) Wie heißt die Dgl. des Einschaltvorganges?

b) Es ist zu prüfen, ob $I = \frac{E}{R} + K\,e^{-\frac{R}{L}t}$ (K Parameter) die allgemeine Lösung der aufgestellten Dgl. ist.

c) Wie heißt die partikuläre Lösung, die der Anfangsbedingung des Einschaltvorganges genügt?

Lösung:

a) Im geschlossenen Stromkreis muß die Summe der Spannungsabfälle gleich der vorhandenen Urspannung sein:

$$u_R + u_L = E$$

Mit $u_R = I \cdot R$ und $u_L = L \cdot \frac{dI}{dt}$ erhält man eine Dgl. 1. Ordnung zur Beschreibung des Zeitverhaltens des Stromes:

$$IR + L\frac{dI}{dt} = E$$

bzw.

$$\underline{\underline{\frac{L}{R}\frac{dI}{dt} + I = \frac{E}{R}.}}$$

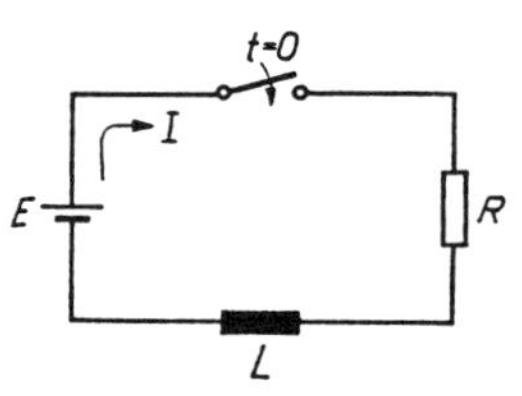

Bild 8.4

b) Aus

$$I = \frac{E}{R} + K\,e^{-\frac{R}{L}t}$$

erhält man durch Differenzieren

$$\frac{dI}{dt} = -K\frac{R}{L}\,e^{-\frac{R}{L}t}.$$

Die Terme für I und $\frac{dI}{dt}$ in die aufgestellte Dgl. eingesetzt, ergibt

$$\frac{L}{R}\left(-K\frac{R}{L}\,e^{-\frac{R}{L}t}\right) + \frac{E}{R} + K\,e^{-\frac{R}{L}t} = \frac{E}{R},$$

d. i. eine identische Gleichung. Da die Lösung sowohl einen willkürlichen Parameter enthält als auch die Dgl. erfüllt, ist sie die allgemeine Lösung der Dgl.

c) Da zur Zeit $t = 0$ der Stromkreis erst geschlossen wird, muß bis dahin $I = 0$ gelten; denn die Stromstärke in einer Induktivität kann sich nicht sprunghaft ändern. Diese Anfangsbedingung in

$$I = \frac{E}{R} + K\,\mathrm{e}^{-\frac{R}{L}t}$$

eingesetzt, ermöglicht das Bestimmen des der Anfangsbedingung entsprechenden speziellen Wertes von K:

$$0 = \frac{E}{R} + K\,\mathrm{e}^0$$

$$K = -\frac{E}{R}.$$

Somit lautet die partikuläre Lösung

$$I = \frac{E}{R} - \frac{E}{R}\mathrm{e}^{-\frac{R}{L}t}$$

$$I = \frac{E}{R}\left(1 - \mathrm{e}^{-\frac{R}{L}t}\right).$$

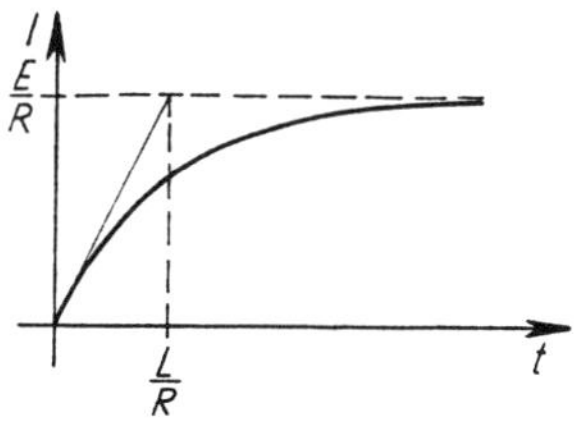

Bild 8.5

Den Verlauf der Stromstärke in Abhängigkeit von der Zeit zeigt Bild 8.5.

Als mögliches Einteilungsprinzip wurde bereits die Ordnung der Dgl. genannt (Def. (8.1)). Treten in $F(x, y, y', \ldots, y^{(n)}) = 0$ nur ganzzahlige Potenzen von y und den Ableitungen $y', \ldots, y^{(n)}$ auf, so kann man von einem Grad der Dgl. sprechen, der sich aus dem höchsten Grad von y und seinen Ableitungen ergibt. Besondere Bedeutung für die Praxis besitzen lineare Dgln. (Dgln. 1. Grades),

a) da sehr oft in Naturwissenschaft und Technik lineare Zusammenhänge zwischen dem Funktionswert y und den Werten der Ableitungen $y', \ldots, y^{(n)}$ bestehen,
b) weil für lineare Dgln. spezielle, relativ einfache Lösungsverfahren existieren, z. B. numerische, graphische, mittels Simulation und Computer.

Aus dem letztgenannten Grund werden oft nichtlineare Dgln. linearisiert, d. h., die Beschreibung des Problems durch eine nichtlineare Dgl. wird entweder für den gesamten Definitionsbereich oder innerhalb einzelner Intervalle durch eine in Näherung gültige lineare Dgl. ersetzt.

Eine **lineare Dgl. n-ter Ordnung** hat die allgemeine Form

$$g_n(x)y^{(n)} + g_{n-1}(x)y^{(n-1)} + \ldots + g_1(x)y' + g_0(x)y = S(x) \qquad (8.5)$$

$g_i(x)$ Funktionen der unabhängigen Variablen x

8.1.2 Aufstellen von Differentialgleichungen

Im Beispiel 8.2 (Abschn. 8.1.1) wurde die Dgl. eines technischen Vorgangs, eines Schaltvorgangs, ermittelt. Das Aufstellen einer Dgl. ist ein wichtiger Teil der mathematischen Erfassung und Lösung eines naturwissenschaftlichen oder technischen Problems. Es soll deshalb anhand einiger Beispiele gezeigt werden. Sehr oft ermöglicht das Zurückgreifen auf bestimmte Grundgesetze den Ansatz.

Beispiel 8.3

Beim freien Fall eines Körpers von der Masse m ist der Luftwiderstand bei geringer Geschwindigkeit dieser selbst proportional, bei höheren Geschwindigkeiten dem Quadrat der Geschwindigkeit, bei sehr großen Geschwindigkeiten einer höheren als der 2. Potenz. Es soll die Dgl. des freien Falls mit Luftwiderstand bei Annahme eines quadratischen Widerstandsgesetzes mit der Geschwindigkeit als abhängiger Variable aufgestellt werden.

Lösung:

Das Grundgesetz der Dynamik lautet

$$F = ma.$$

Die beschleunigende Kraft F setzt sich zusammen aus der gleichgerichteten Gravitationskraft F_{G} und der entgegengesetzt gerichteten Kraft des Luftwiderstandes F_{L}:

$$F = F_{\mathrm{G}} - F_{\mathrm{L}},$$

wobei $F_{\mathrm{G}} = mg$ und $F_{\mathrm{L}} = cv^2$ ist (c Proportionalitätsfaktor).
Also wird

$$ma = mg - cv^2$$

$$m\frac{\mathrm{d}v}{\mathrm{d}t} = mg - cv^2.$$

Die Dgl. lautet

$$\frac{m}{c}\frac{\mathrm{d}v}{\mathrm{d}t} + v^2 = \frac{mg}{c}. \qquad \text{(I)}$$

Beispiel 8.4

An einem RC-Glied (Bild 8.6) soll eingangsseitig eine zeitlich veränderliche Quellspannung $u_q(t)$ (im Bild $e(t)$) anliegen. Die Abhängigkeit der Ausgangsspannung u von der Zeit ist durch eine Dgl. anzugeben.

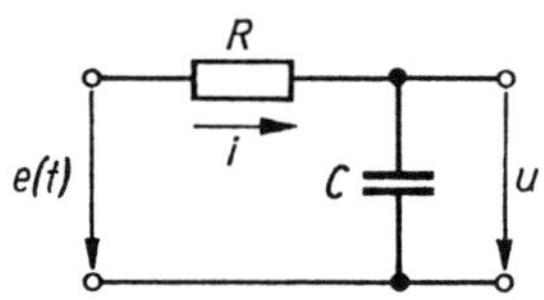

Bild 8.6

Lösung:

Nach dem 2. Kirchhoffschen Satz („In einer Masche ist die Summe aller Urspannungen gleich der Summe aller Spannungsabfälle.“) gilt

$$u_q(t) = u_R + u_C,$$

wobei $u_R = iR$ und $u_C = u$ ist.

Für einen idealen Kondensator gilt die Strom-Spannungs-Beziehung $i = C\frac{\mathrm{d}u}{\mathrm{d}t}$. Damit erhält man

$$u_q(t) = iR + u = C\frac{\mathrm{d}u}{\mathrm{d}t}R + u.$$

Das Übertragungsverhalten des Vierpols wird also durch eine Dgl. 1. Ordnung beschrieben:

$$\underline{\underline{RC\frac{\mathrm{d}u}{\mathrm{d}t} + u = u_q(t).}} \qquad \text{(II)}$$

Dgln. der Technik, in denen die Zeit als unabhängige Variable auftritt, werden im allgemeinen so geschrieben, daß die abhängige Variable den Koeffizienten eins hat (insbesondere dann, wenn die abhängige Variable linear auftritt). Dann ist aus der Dgl. auch das statische Verhalten zu erkennen. Wenn im Beispiel 8.4 die Ausgangsspannung des RC-Gliedes (nach längerer Zeit) in einen stationären Zustand übergeht (z. B. für $u_q(t) = U_q = \text{const.}$), müssen die 1. Ableitung dieser Größe nach der Zeit und auch alle höheren Ableitungen zu Null geworden sein, und man entnimmt aus der Dgl.: $[u]_{t\to\infty} = U_q$.

Anhand des Beispiels 8.4 soll erläutert werden, warum für viele Betrachtungen die Dgl. nicht nur wichtiger, sondern in ihrer Aussagekraft auch umfassender als ihre Lösung ist. Die im Beispiel 8.4 aufgestellte Dgl. beschreibt das Übertragungsverhalten des elektrischen Baugliedes für jede beliebige Form der Eingangsgröße (Quellspannung) $u_q(t)$. Es könnte also $u_q(t)$ sowohl eine Gleichspannung U sein (die im Zeitpunkt $t = 0$ zugeschaltet wird) als auch eine zeitlich veränderliche Spannung, z. B. $U \sin \omega t$ oder $U \cdot t$. Eine Lösung der Dgl. in der Form $u = f(t)$ kann aber stets nur für eine bestimmte Form der Eingangsgröße angegeben werden. Zwar interessiert bei praktischen Problemen oft nur die für eine spezielle Eingangsgröße ermittelte partikuläre Lösung, diese gilt aber auch nur für den Spezialfall.

Beispiel 8.5

Es soll die Dgl. der elastischen Linie eines auf zwei Stützen gelagerten Balkens bei Einwirkung eines positiven Momentes M aufgestellt werden.

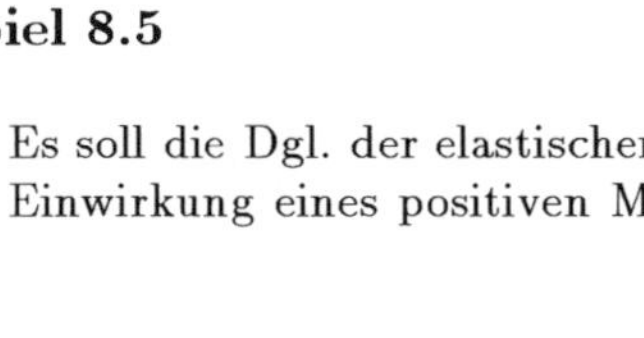

Bild 8.7a

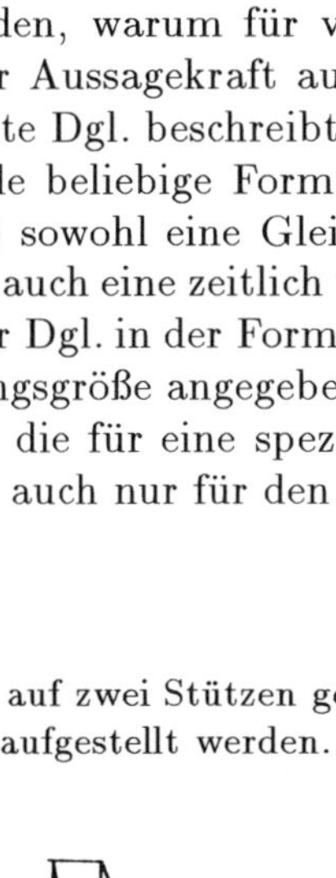

Bild 8.7b

Lösung:

Wird ein Balken von konstantem Querschnitt durch ein positives Moment auf Biegung beansprucht (Bild 8.7a), so wirken auf der Balkenunterseite Zugspannungen, verbunden mit einer Längung der Faser, auf der Oberseite Druckspannungen, verbunden mit einer Verkürzung der Faser. Eine bestimmte, dazwischenliegende Schicht, die neutrale Faser, behält ihre ursprüngliche Länge bei.
Für ein Balkenelement von der ursprünglichen Länge Δx (Bild 8.7b) kann man die Proportion

$$\Delta x : \varrho = \Delta l : a$$

aufstellen (ϱ Krümmungsradius der neutralen Faser, Δl Längung der Faser im Abstand a von der neutralen Faser).
Hieraus folgt

$$\Delta l = \frac{a \cdot \Delta x}{\varrho}.$$

Nach dem Hookeschen Gesetz ist aber auch

$$\Delta l = \varepsilon \cdot \Delta x = \frac{\sigma}{E} \cdot \Delta x$$

(ε Dehnung, σ Normalspannung, E Elastizitätsmodul), so daß man erhält

$$\frac{a \cdot \Delta x}{\varrho} = \frac{\sigma}{E} \cdot \Delta x$$

$$\varrho = \frac{E \cdot a}{\sigma}.$$

Setzt man hierin den Wert für σ aus der Biegespannungsformel

$$\sigma = \frac{M}{I} a$$

ein (I Flächenträgheitsmoment des Querschnitts, bezogen auf die neutrale Faser), so wird

$$\varrho = \frac{E \cdot I}{M}.$$

Für den Krümmungsradius ϱ gilt

$$\varrho = \frac{1}{|k|} = \left| \frac{(1 + y'^2)^{\frac{3}{2}}}{y''} \right|$$

(k Krümmung, vgl. (11.14))
In dem zugrunde gelegten Koordinatensystem (Bild 8.7a) muß bei einem positiven Moment $y'' < 0$ sein, also kann man setzen

$$\varrho = \frac{EI}{M} = -\frac{(1 + y'^2)^{\frac{3}{2}}}{y''}.$$

Diese Dgl. 2. Ordnung ist die Dgl. der elastischen Linie

$$\underline{\underline{y'' + \frac{M}{EI}(1 + y'^2)^{\frac{3}{2}} = 0.}} \qquad \text{(III)}$$

Da die Durchbiegung des Balkens in den meisten praktischen Fällen sehr klein gegenüber der Balkenlänge ist, ist y', das als Tangenswert des Neigungswinkels gedeutet werden kann, sehr klein, und y'^2 kann gegenüber 1 vernachlässigt werden. Die Dgl. der elastischen Linie nimmt dann die wesentlich einfacher zu lösende Form

$$y'' = -\frac{M}{EI} \qquad \text{(IV)}$$

an. Aus dieser kann für den jeweiligen Belastungsfall durch einmaliges Integrieren der Neigungswinkel der elastischen Linie, nach zweimaligem Integrieren die Durchbiegung y im Abstand x vom Auflager berechnet werden.

Beispiel 8.6

Eine Masse m ist an einer elastischen Feder (deren Masse gegenüber m vernachlässigbar sei) aufgehängt (Bild 8.8). Die Dgl. für die Bewegung der Masse nach einmaligem Auslenken aus der Ruhelage ist aufzustellen.

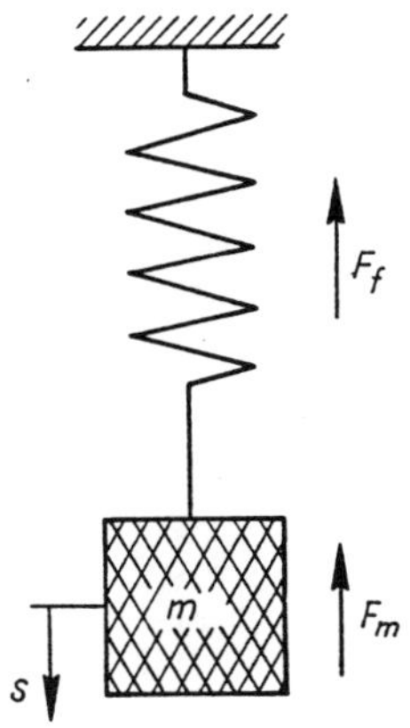

Bild 8.8

Lösung:

Bei einer Abwärts- oder Aufwärtsbewegung der Masse unterhalb der Ruhelage ist die Federkraft F_f nach oben gerichtet und proportional der Auslenkung

$$F_f = -k\,s \qquad (k \text{ Federkonstante}).$$

Die der Bewegung entgegengesetzte Massenträgheitskraft ist

$$F_m = -m\,a = -m\frac{\mathrm{d}^2 s}{\mathrm{d}t^2}.$$

Werden Reibungskräft vernachlässigt, so liefert die Bedingung für das Gleichgewicht der Kräfte

$$m\frac{\mathrm{d}^2 s}{\mathrm{d}t^2} + k\,s = 0$$

$$\frac{\mathrm{d}^2 s}{\mathrm{d}t^2} + \frac{k}{m}\,s = 0.$$

Das ist eine Dgl. 2. Ordnung, die eine ungedämpfte freie Schwingung beschreibt. Die Eigenfrequenz der ungedämpften Schwingung ist $\sqrt{\frac{k}{m}} = \omega_0$. Damit erhält man die Dgl. in der Form

$$\frac{d^2 s}{dt^2} + \omega_0^2 s = 0. \qquad \text{(V)}$$

Beispiel 8.7

Mittels des Impulssatzes soll die Dgl. der Raketenbewegung aufgestellt werden.

Lösung:

Der Impulssatz besagt: Die Änderung des Impulses ist gleich der von außen einwirkenden Kraft:

$$\frac{d}{dt}(m \cdot v) = F$$

Nimmt man zunächst als Näherung an, daß die Wirkung der äußeren Kräfte vernachlässigt werden kann, so ist $F = 0$. Zwischen zwei Zeitpunkten t und $t + \Delta t$ muß also die Größe des Impulses erhalten bleiben. Ist m die Masse und v die Geschwindigkeit der Rakete zur Zeit t, dann fliegt zur Zeit $t + \Delta t$ die infolge Treibstoffverbrauches kleinere Masse $m - \Delta m$ mit der vergrößerten Geschwindigkeit $v + \Delta v$ weiter. Die in der Zeit Δt ausgestoßenen Antriebsgase mit der Masse Δm besitzen eine Relativgeschwindigkeit v_a gegenüber der Rakete. v_a ist der Geschwindigkeit v entgegengesetzt gerichtet, Δm besitzt folglich die Geschwindigkeit $v - v_a$ (Bild 8.9).

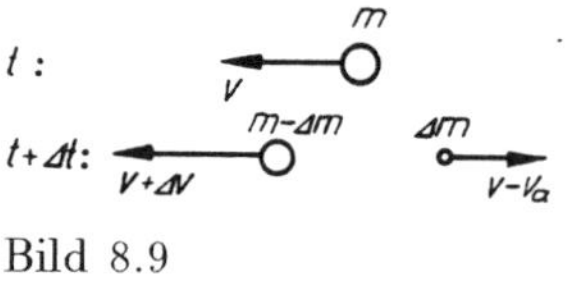

Bild 8.9

Es gilt also

$$\begin{aligned} m \cdot v &= (m - \Delta m)(v + \Delta v) + \Delta m(v - v_a) \\ &= m \cdot v - v \cdot \Delta m + m \cdot \Delta v - \Delta m \cdot \Delta v + v \cdot \Delta m - v_a \cdot \Delta m \\ \Delta m \cdot \Delta v &= m \cdot \Delta v - v_a \cdot \Delta m. \end{aligned}$$

Dividiert man durch Δt und bildet den Grenzwert für $\Delta t \to 0$, so erhält man hieraus

$$0 = m\frac{dv}{dt} - v_a\frac{dm}{dt}.$$

Dies ist die Dgl. der (idealen) Raketenbewegung

$$m\frac{dv}{dt} - v_a\frac{dm}{dt} = 0. \qquad \text{(VI)}$$

Sollen die äußeren Kräfte nicht außer acht gelassen werden, so sind noch der Luftwiderstand und die Anziehungskraft der Erde zu berücksichtigen:

$F = F_\mathrm{L} + F_\mathrm{G}$

mit $F_\mathrm{L} = \frac{\varrho}{2} v^2 c_w A_\mathrm{max}$ (ϱ Dichte der Luft, c_w ein geschwindigkeits- und formabhängiger Beiwert, A_max größte Querschnittsfläche der Rakete)
und $F_\mathrm{G} = -mg \sin\alpha$ (α Schußwinkel). Weiterhin müßte bei großen Geschwindigkeiten auf der linken Seite der Gleichung die relativistische Massenänderung $v\frac{\mathrm{d}m_\mathrm{T}}{\mathrm{d}t}$ mit in Rechnung gesetzt werden, so daß die Dgl. der Raketenbewegung genauer lautet:

$$m\frac{\mathrm{d}v}{\mathrm{d}t} + v\frac{\mathrm{d}m_r}{\mathrm{d}t} - v_\mathrm{a}\frac{\mathrm{d}m}{\mathrm{d}t} = \frac{\varrho}{2} v^2 c_w A_\mathrm{max} - mg\sin\alpha.$$

Die bisher behandelten Beispiele von Dgln. zeigen bereits eine Vielfalt des Ansatzes, der in vielen Fällen durch Verwenden verschiedener, für das jeweils vorliegende Problem gültiger technisch-physikalischer Gesetzmäßigkeiten gefunden werden kann. Einige Gesetze werden recht oft für das Aufstellen einer Dgl. verwendet, so z. B.

das Grundgesetz der Dynamik	$F = ma$
der Impulssatz	$\frac{\mathrm{d}}{\mathrm{d}t}(mv) = F$
die Gleichgewichtsbedingung für die Momente	$\sum M = 0$
der Energiesatz	$\sum W_\mathrm{zu} = \sum W_\mathrm{ab}$
der 2. Kirchhoffsche Satz	$\sum u = \sum e$

oder auch die Tatsache, daß die zeitliche Änderung eines Zustandes dem jeweils erreichten Zustand proportional ist (z. B. im Gesetz des organischen Wachstums).

8.1.3 Differentialgleichung einer Kurvenschar

Wie in 8.1.1 festgestellt wurde, kann die Lösung einer Dgl. n-ter Ordnung als n-parametrige Kurvenschar dargestellt werden. Wegen der größeren Allgemeingültigkeit der Aussage durch die Dgl. selbst kann es erforderlich sein, die zu einer n-parametrigen Kurvenschar gehörende Dgl. n-ter Ordnung zu bestimmen. Um n Parameter zu ersetzen, werden $n + 1$ Gleichungen benötigt. Eine Gleichung ist durch die Kurvengleichung selbst bereits gegeben, die n Gleichungen bekommt man durch n-maliges Differenzieren der Kurvengleichung.

Satz

> Zu jeder durch eine n-mal differenzierbare Funktion dargestellten n-parametrigen Kurvenschar gibt es eine Dgl. n-ter Ordnung, wenn die Elimination der n Parameter aus den $n + 1$ Gleichungen durchführbar ist. (8.6)

Beispiel 8.8

Die Dgl. der durch die Gleichung

$$y = f(t) = y_0 + K + C\,\mathrm{e}^{-\frac{t}{T}} \qquad (t \geq 0)$$

(y_0, K, T Konstanten, C Parameter) dargestellten Kurvenschar ist aufzustellen.

Lösung:

Durch Differenzieren erhält man

$$y' = \frac{\mathrm{d}y}{\mathrm{d}t} = -\frac{C}{T}\mathrm{e}^{-\frac{t}{T}}$$

Also ist

$$y = y_0 + K - Ty'$$

oder

$$\underline{\underline{Ty' + y = y_0 + K}}$$

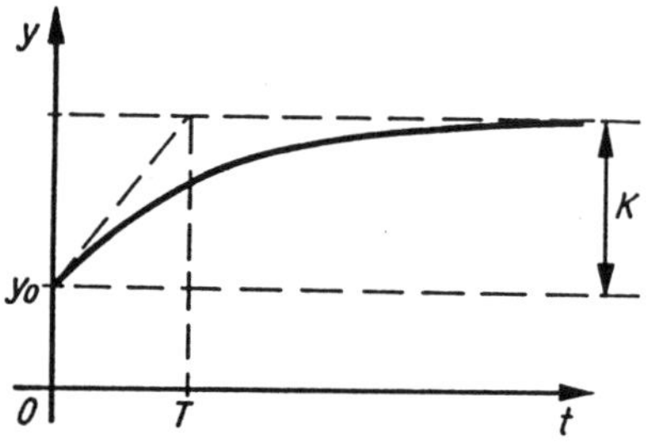

Bild 8.10

K bestimmt (Bild 8.10 zeigt die Kurve mit der Anfangsbedingung $t = 0$, $y = y_0$)
- in Verbindung mit T den Anfangsanstieg der Kurven: $t = 0 \rightarrow y' = \dfrac{K}{T}$
- sowie in Verbindung mit y_0 deren Asymptote: $t \rightarrow \infty \rightarrow y = y_0 + K$

Beispiel 8.9

Gesucht ist die Dgl. der harmonischen Schwingung

$$s = A\sin(\omega t + \varphi)$$

(ω Konstante, A und φ Parameter).

Lösung:

Die Gleichung beschreibt eine zweiparametrige Schar sinusförmiger Kurven mit A als Amplitude und φ als Phasenwinkel (der dem Ursprung nächstgelegene Anfangspunkt einer Sinuswelle hat den Abszissenwert $t = -\varphi/\omega$).
Die Differentiation ergibt

$$\frac{\mathrm{d}s}{\mathrm{d}t} = \omega A\cos(\omega t + \varphi)$$

$$\frac{\mathrm{d}^2 s}{\mathrm{d}t^2} = -\omega^2 A\sin(\omega t + \varphi).$$

Somit wird wegen

$$s = A\sin(\omega t + \varphi)$$

$$\frac{\mathrm{d}^2 s}{\mathrm{d}t^2} = -\omega^2 s$$

oder

$$\underline{\underline{\frac{\mathrm{d}^2 s}{\mathrm{d}t^2} + \omega^2 s = 0.}}$$

Die Dgl. der harmonischen Schwingung ist eine lineare Dgl. 2. Ordnung.

Beispiel 8.10

Wie heißt die Dgl. aller Kurven, die alle Geraden durch den Ursprung rechtwinklig schneiden?

Lösung:

Die Menge aller Geraden durch den Ursprung wird durch die Gleichung

$y = mx$

beschrieben. Es ist also

$y' = m$ und damit

$y = y'x \qquad (x \neq 0)$

die Dgl. dieser Geraden.
Da $y' = y/x$ als Tangenswert des Richtungswinkels der Ursprungsgeraden gedeutet werden kann, muß für die in allen Punkten $(x; y)$ senkrecht dazu verlaufenden Kurven der Tangenswert des Richtungswinkels

$$y' = -\frac{x}{y} \qquad (y \neq 0)$$

sein.

$\underline{\underline{y'y + x = 0}}$ mit $x \neq 0,\ y \neq 0$

ist die Dgl. der Kurvenschar, die alle Ursprungsgeraden rechtwinklig schneiden.

8.2 Differentialgleichungen 1. Ordnung

8.2.1 Geometrische Deutung, Existenz und Eindeutigkeit der Lösungen

In einer Dgl. 1. Ordnung tritt mindestens einmal der Wert der abgeleiteten Funktion $y' = f'(x)$ einer Funktion f auf, die zwischen einer unabhängigen Variablen x und einer abhängigen Variablen y besteht. Weiterhin können x und y selbst noch vorkommen.
Aus der Def. (8.1) ergibt sich für die *Dgl. 1. Ordnung* die

implizite Form:	$F(x, y, y') = 0$	(8.7a)
explizite Form:	$y' = \varphi(x, y)$	(8.7b)

Lösung, Integral oder *Integralkurve* der Dgl. (8.7) heißt jede differenzierbare Funktion $y = f(x)$, die die Dgl. erfüllt, d. h. für die $f'(x) = \varphi(x, f(x))$ gilt. Ist φ im Bereich $B(x, y)$ stetig, so hat dort jede Lösung $y = f(x)$ stetige Ableitungen.
Der Dgl. (8.7b) kann man eine anschauliche geometrische Deutung geben. Jedem Wertepaar $x; y$ des Definitionsbereiches der Funktion φ entspricht genau ein Punkt der x, y-Ebene. Durch die Funktion φ ist jedem dieser Punkte eine Steigung $y' = \varphi(x, y)$ mit einem Winkel $\alpha = \arctan y'$ zugeordnet (Bild 8.11). Ein Wertetripel $(x; y; y')$ bestimmt demnach ein *Linienelement,* die Gesamtheit aller Linienelemente

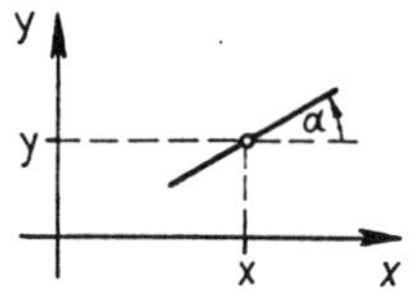

Bild 8.11

ergibt ein *Richtungsfeld* in der x, y-Ebene. Alle Kurven, die in jedem Punkt die Richtung des Linienelementes haben, erfüllen die Dgl., sind Integralkurven der Dgl. Unter der Voraussetzung der Stetigkeit von $\varphi(x, y)$ in einem Bereich B gilt der

Existenzsatz von Peano[1]

Durch jeden Punkt $P(\xi, \eta)$ des Bereiches B gibt es mindestens eine Integralkurve, die nach beiden Seiten bis an den Rand des Bereiches B fortgesetzt werden kann. (8.8)

Durch einen Punkt $P(\xi, \eta)$ von B können auch mehrere Integralkurven gehen. Es gibt sicher *nur eine Integralkurve*, wenn die Funktion φ im Bereich B *stetige partielle Ableitungen 1. Ordnung* hat.

Beispiel 8.11

Welche Kurven beschreibt die Lösungsmenge der Dgl. $y' = x$?

Lösung:

Die Dgl. besagt, daß in jedem Punkt des Richtungsfeldes die Steigung des Linienelementes gleich dem Abszissenwert dieses Punktes sein muß. Zeichnet man z. B. die Linienelemente nur für Punkte mit ganzzahligen Koordinaten, so erhält man ein Richtungsfeld wie in Bild 8.12. Die zu diesem Richtungsfeld gehörenden Kurven sind quadratische Parabeln mit der Gleichung

$$y = x^2/2 + C.$$

8.2.2 Isoklinenverfahren

In Bild 8.12 ist für alle Linienelemente mit gleichem Abszissenwert der Richtungswinkel der gleiche. Die Parallelen zur y-Achse sind also Linien, in deren sämtlichen Punkten die Linienelemente dieselbe Richtung besitzen. Solche Linien heißen *Isoklinen*.

Mittels der Isoklinen kann man sich – unter Vermeidung des oft recht mühsamen punktweisen Zeichnens – das Bild des Richtungsfeldes verschaffen. Da für eine Isokline

$$y' = c \qquad (c = \text{const.})$$

gilt, muß sich zu einer expliziten Dgl. 1. Ordnung immer eine *Isoklinengleichung*

[1] Guiseppe Peano (1858 bis 1932), ital. Mathematiker

$$\varphi(x, y) = c$$

bilden lassen.

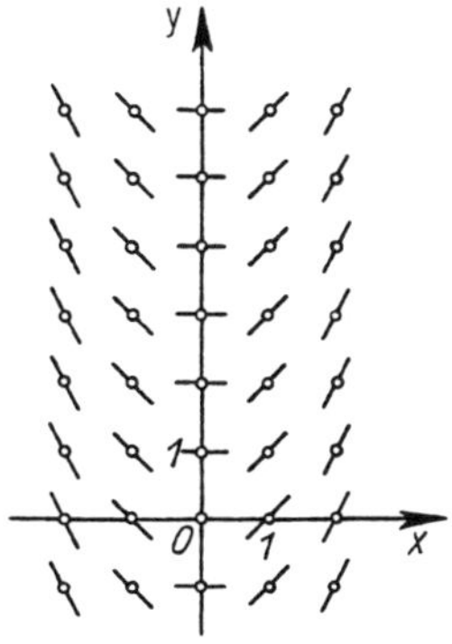

Bild 8.12

Setzt man in der Isoklinengleichung für c verschiedene Werte ein und zeichnet die durch diese Gleichungen dargestellten Kurven, so erhält man Isoklinen. Diese ergeben ein Bild des Richtungsfeldes, in das man mit guter Annäherung Lösungskurven der Dgl. einzeichnen kann.

Beispiel 8.12

Das Richtungsfeld der Dgl. $y' = -y/x$ $(x \neq 0)$ ist durch Isoklinen zu zeichnen und die der Anfangsbedingung $x = 1$, $y = 1$ genügende Lösung graphisch zu ermitteln.

Lösung:

Zur Dgl. $y' = -y/x$ erhält man als Isoklinengleichung $-y/x = c$. Löst man diese nach y auf,

$$y = -cx,$$

so erkennt man, daß die Isoklinen Geraden durch den Ursprung mit der Steigung $-c$ sind. In Bild 8.13 sind die Isoklinen für $c = -2, -1, -1/2, 0, 1/2, 1, 2$ (die Isokline für $c = 0$ ist die x-Achse) sowie die durch den Punkt $(1; 1)$ gehende Lösungskurve gezeichnet (es ist, wie später noch anhand der rechnerischen Lösung nachgewiesen werden wird, ein Ast der gleichseitigen Hyperbel mit der Gleichung $y = 1/x$).

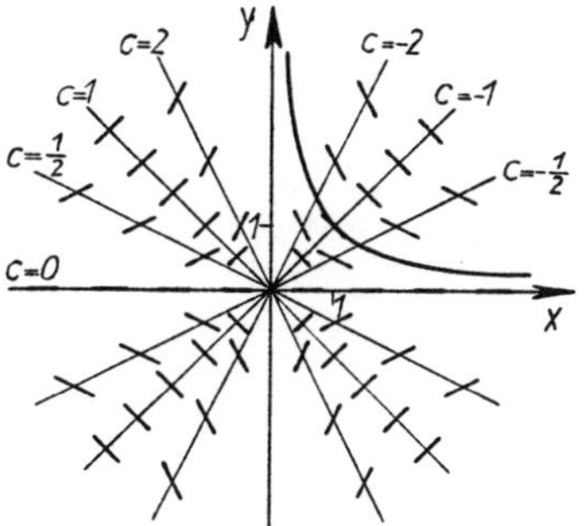

Bild 8.13

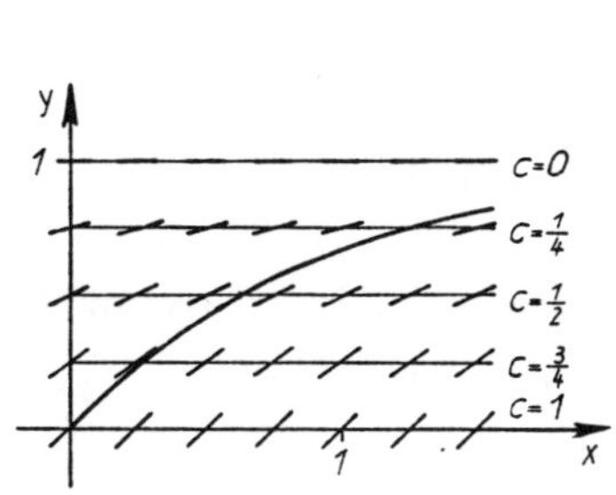

Bild 8.14

Beispiel 8.13

Mit Hilfe des Richtungsfeldes der Dgl. $y' = 1 - y$ (wobei $x \geq 0$, $0 \leq y \leq 1$ sein soll) ist die vom Koordinatenursprung ausgehende Lösungskurve zu ermitteln.

Lösung:

Die Isoklinengleichung der gegebenen Dgl. lautet

$y = 1 - c$.

Für $c = 0, 1/4, 1/2, 3/4$ und 1 erhält man die Gleichungen von Parallelen zur x-Achse in den Abständen $1, 3/4, 1/2, 1/4$ und 0. Bild 8.14 zeigt die Isoklinen für die ausgewählten Werte von c sowie die vom Ursprung ausgehende Lösungskurve. Man erkennt diese als Kurve der Gleichung

$y = 1 - \mathrm{e}^{-x}$.

Das Isoklinenverfahren stellt ein gut anwendbares graphisches Lösungsverfahren für Dgln. 1. Ordnung dar. Als besondere Vorteile sind anzusehen:

a) Es ermöglicht, sich relativ schnell einen Überblick über den Verlauf der Kurven der Lösungen und damit über die Lösungen der Dgl. selbst zu verschaffen;

b) partikuläre Lösungen, die z. B. durch eine Anfangsbedingung bestimmt sind, können mit recht guter Genauigkeit ermittelt werden.

8.2.3 Differentialgleichungen 1. Ordnung mit trennbaren Variablen

Kann in der expliziten Dgl. 1. Ordnung $y' = \varphi(x, y)$ die rechte Seite $\varphi(x, y)$ als Produkt zweier Terme $g(x)$ und $h(y)$ geschrieben werden, die jeweils nur eine der beiden Variablen enthalten, so entsteht die häufig vorkommende Form einer **Differentialgleichung 1. Ordnung mit trennbaren Variablen**

$$\boxed{y' = g(x) \cdot h(y)} \tag{8.9}$$

Zum Lösen der Dgl. schreibt man y' als Quotienten der Differentiale

$$\frac{\mathrm{d}y}{\mathrm{d}x} = g(x)h(y),$$

trennt die Variablen

$$\frac{\mathrm{d}y}{h(y)} = g(x)\,\mathrm{d}x$$

und integriert beide Seiten (vgl. Beispiel 8.1)

$$\int \frac{\mathrm{d}y}{h(y)} = \int g(x)\,\mathrm{d}x.$$

Die Berechnung der Integrale auf beiden Seiten liefert die Lösung der Dgl.

Beispiel 8.14

Die Dgl. $y'y + x = 0$ $(y \neq 0)$ soll gelöst werden (vgl. Beispiel 8.10)

Lösung:

Explizite Form

$$\frac{\mathrm{d}y}{\mathrm{d}x} = -\frac{x}{y}.$$

Trennen der Variablen

$$y\,\mathrm{d}y = -x\,\mathrm{d}x.$$

Integrieren

$$\frac{y^2}{2} = -\frac{x^2}{2} + C$$

$$\frac{x^2}{2} + \frac{y^2}{2} = C.$$

Mit $r = \sqrt{2C}$ wird

$$\underline{\underline{x^2 + y^2 = r^2}}.$$

Dies ist die Gleichung von Kreisen, deren Mittelpunkt im Ursprung liegt.

Beispiel 8.15

Man löse die Dgl. $ay' + y = b$ $(a \neq 0,\ y \neq b)$.

Lösung:

Explizite Form

$$\frac{\mathrm{d}y}{\mathrm{d}x} = \frac{b-y}{a}$$

Trennen der Variablen

$$\frac{\mathrm{d}y}{y-b} = -\frac{\mathrm{d}x}{a}$$

Integrieren

$$\ln|y-b| = -\frac{x}{a} + C$$

$$y - b = \pm\,\mathrm{e}^{-\frac{x}{a}+C} = \pm\,\mathrm{e}^{C}\cdot\mathrm{e}^{-\frac{x}{a}}$$

$$\underline{\underline{y = b + K\,\mathrm{e}^{-\frac{x}{a}}}} \qquad \text{mit} \qquad \pm\,\mathrm{e}^{C} = K$$

In diesem Beispiel ergab sich nach dem Integrieren der linken Seite der Logarithmus eines Terms. Ist dies auf mindestens einer der beiden Seiten der Fall, dann setzt man zweckmäßig die Integrationskonstante gleich in der Form des Logarithmus einer Konstanten an. Dies ist ohne Einschränkung der Lösungsmenge möglich, denn C soll eine reelle Zahl sein, und jede reelle Zahl kann als Logarithmus einer positiven Zahl dargestellt werden.

Im Beispiel 8.15 würde sich ergeben

$$
\begin{aligned}
\ln|y-b| &= -\frac{x}{a}+\ln|K| \\
\ln\left|\frac{y-b}{K}\right| &= -\frac{x}{a} \\
\frac{y-b}{K} &= \mathrm{e}^{-\frac{x}{a}} \\
y &= b+K\,\mathrm{e}^{-\frac{x}{a}}.
\end{aligned}
$$

Mit dieser Dgl. können auch die Dgln.

$$
\begin{aligned}
\frac{L}{R}\frac{\mathrm{d}I}{\mathrm{d}t}+I &= \frac{E}{R} && \text{(vgl. Beisp. 8.2)} \\
Ty'+y &= y_0+K && \text{(vgl. Beisp. 8.8)} \\
y' &= 1-y && \text{(vgl. Beisp. 8.13)}
\end{aligned}
$$

als allgemein gelöst betrachtet werden.

Beispiel 8.16

Man bestimme die partikuläre Lösung der Dgl. des freien Falles mit Luftwiderstand (vgl. Beisp. 8.3)

$$\frac{m}{c}\frac{\mathrm{d}v}{\mathrm{d}t}+v^2=\frac{mg}{c}$$

für die Anfangsbedingung $t=0,\ v=0$.

Lösung:

Explizite Form

$$\frac{\mathrm{d}v}{\mathrm{d}t}=g-\frac{c}{m}v^2.$$

Trennen der Variablen

$$\frac{\mathrm{d}v}{g-\frac{c}{m}v^2}=\mathrm{d}t \qquad \left(v\neq\sqrt{\frac{mg}{c}},\ \text{vgl. weiter unten}\right).$$

Die Integration der linken Seite geht auf das Grundintegral

$$\int\frac{\mathrm{d}x}{1-x^2}=\operatorname{artanh}x+C$$

zurückzuführen. Man erhält durch Integrieren

$$\sqrt{\frac{m}{cg}}\operatorname{artanh}\sqrt{\frac{c}{mg}}v=t+C.$$

Die Anfangsbedingung $t=0,\ v=0$ liefert für die Integrationskonstante $C=0$. Damit wird die partikuläre Lösung

$$v=\sqrt{\frac{mg}{c}}\tanh\sqrt{\frac{cg}{m}}t$$

oder auch $\left(\text{mit } \sqrt{\frac{cg}{m}} = k\right)$

$$\underline{\underline{v = \sqrt{\frac{mg}{c}} \frac{e^{kt} - e^{-kt}}{e^{kt} + e^{-kt}}.}}$$

Wie man erkennt, nähert sich v nach langer Zeit einer konstanten Geschwindigkeit

$$v|_{t\to\infty} = \sqrt{\frac{mg}{c}}.$$

Beispiel 8.17

Aus der Dgl. der (idealen) Raketenbewegung (vgl. Beisp. 8.7) soll v in Abhängigkeit von m unter Berücksichtigung der Anfangsbedingung $t = 0$, $m = m_0$, $v = 0$ berechnet werden.
Welche Geschwindigkeit v_B bei Brennschluß ($t = t_B$) ergibt sich für eine Rakete, die eine Masse von 12960 kg mit einem Treib- und Betriebsstoffanteil von 8930 kg besitzt? Die Ausströmgeschwindigkeit der Gase während der Brenndauer von 71 s wird mit $v_a = -1950$ m/s als konstant angenommen.

Lösung:

Die Dgl. der Raketenbewegung lautet

$$m\frac{dv}{dt} - v_a\frac{dm}{dt} = 0.$$

Setzt man voraus, es bestehe nicht nur eine eindeutige Zuordnung der Werte von m und v zu den Werten von t, sondern auch der Werte von v zu den Werten von m, so kann man die Dgl. als Dgl. mit m und v als Variablen schreiben

$$m\,dv = v_a\,dm.$$

Trennen der Variablen

$$dv = v_a\frac{dm}{m}.$$

Integrieren

$$v = v_a \ln m + C.$$

Die Anfangsbedingung $m = m_0$, $v = 0$ liefert

$$C = -v_a \ln m_0.$$

Also ist

$$v = -v_a(\ln m_0 - \ln m)$$

$$\underline{\underline{v = -v_a \ln \frac{m_0}{m}}}$$

die partikuläre Lösung der Dgl. Hieraus erhält man durch Einsetzen von $m_0 = 12960$ kg, $m_{t=t_B} = (12960 - 8930)$ kg $= 4030$ kg und $v_a = -1950$ m/s die Brennschlußgeschwindigkeit

$$\underline{\underline{v_B = 2280 \text{ m/s}.}}$$

Dieser Wert liegt über der tatsächlich erreichten Brennschlußgeschwindigkeit, da der Einfluß der Schwerkraft und des Luftwiderstandes (vgl. die am Ende von Beisp. 8.7 angegebene Dgl.), die eine Verminderung der Geschwindigkeit um ca. 3 % und ca. 19 % bei der Rakete mit den gegebenen Kenngrößen bewirken, vernachlässigt wurde. Der Einfluß der relativistischen Massenänderung kann vernachlässigt werden, da v_{B} sehr klein gegenüber der Lichtgeschwindigkeit ist. Die von der Rakete erreichte Brennschlußgeschwindigkeit betrug $v_{\mathrm{B}} = 1780$ m/s.

8.2.4 Durch Substitution lösbare Differentialgleichungen 1. Ordnung. Ähnlichkeitsdifferentialgleichung.

Eine explizite Dgl. 1.Ordnung $y' = \varphi(x, y)$, in der die Variablen x und y nur in der Verbindung 1.: $\frac{y}{x}$ $(x \neq 0)$ oder 2.: $ax + by + c$ auftreten, kann durch Substitution auf eine Dgl. 1. Ordnung mit trennbaren Variablen zurückgeführt werden.

1. $$\boxed{y' = \psi\left(\frac{y}{x}\right)} \qquad (8.10)$$ **2.** $$\boxed{y' = \psi(ax + by + c)} \qquad (8.11)$$

Substitution:

$$u = \frac{y}{x} \qquad\qquad u = ax + by + c$$

Daraus folgt

$$y = ux \qquad (\mathrm{I}) \qquad\qquad y = \frac{1}{b}(u - ax - c) \qquad (\mathrm{II})$$

und nach Differentiation nach x

$$\frac{\mathrm{d}y}{\mathrm{d}x} = \frac{\mathrm{d}u}{\mathrm{d}x}x + u \qquad\qquad \frac{\mathrm{d}y}{\mathrm{d}x} = \frac{1}{b}\left(\frac{\mathrm{d}u}{\mathrm{d}x} - a\right)$$

Damit wird (8.10) bzw. (8.11) zu

$$\frac{\mathrm{d}u}{\mathrm{d}x}x + u = \psi(u) \qquad\qquad \frac{1}{b}\left(\frac{\mathrm{d}u}{\mathrm{d}x} - a\right) = \psi(u)$$

$$\boxed{\frac{\mathrm{d}u}{\mathrm{d}x} = \frac{1}{x}\left[\psi(u) - u\right]} \qquad (8.10\mathrm{a}) \qquad\qquad \boxed{\frac{\mathrm{d}u}{\mathrm{d}x} = b\psi(u) + a} \qquad (8.11\mathrm{a})$$

In den Dgln. (8.10a) und (8.11a) können die Variablen x und u getrennt und somit u berechnet werden. y erhält man durch die Rücksubstitution (I) bzw. (II).

Die Dgln. (8.10) und (8.11) sind spezielle Formen eines allgemeineren Typs von Dgln., der

Ähnlichkeitsdifferentialgleichung

3. $$y' = \left(\frac{ax + by + c}{\alpha x + \beta y + \gamma}\right) \tag{8.12}$$

die auch als *gleichgradige Differentialgleichung* bezeichnet wird. Für diese Dgl. gibt es zwei verschiedene Lösungswege, je nachdem, ob die Determinante

$$D = \begin{vmatrix} a & b \\ \alpha & \beta \end{vmatrix}$$

gleich oder verschieden von Null ist.

a) $D = 0$ (aber $b^2 + \beta^2 \neq 0$, da sonst $b = \beta = 0$ wäre und damit bereits eine Dgl. mit trennbaren Variablen vorläge).

Die Determinante kann nur den Wert Null haben, wenn die Elemente der Zeilen einander proportional sind. Man kann also $\alpha = \lambda a$ und $\beta = \lambda b$ setzen, und es wird

$$\frac{ax + by + c}{\alpha x + \beta y + \gamma} = \frac{ax + by + c}{\lambda(ax + by + c) + \gamma - \lambda c}.$$

Substituiert man

$$u = ax + by + c,$$

so erhält man wegen

$$\frac{\mathrm{d}u}{\mathrm{d}x} = a + b\frac{\mathrm{d}y}{\mathrm{d}x}$$

die Dgl. mit trennbaren Variablen

$$\frac{\mathrm{d}u}{\mathrm{d}x} = a + b \cdot \psi\left(\frac{u}{\lambda u + \gamma - \lambda c}\right) \tag{8.12a}$$

b) $D \neq 0$

Dann ist das Gleichungssystem

$$ax + by + c = 0$$

$$\alpha x + \beta y + \gamma = 0$$

eindeutig lösbar. Die Lösungen seien x_0 und y_0.

Führt man neue Variable ξ und η durch

$$x = x_0 + \xi, \qquad y = y_0 + \eta$$

ein, so wird wegen

$$\mathrm{d}x = \mathrm{d}\xi, \qquad \mathrm{d}y = \mathrm{d}\eta$$

$$y' = \frac{\mathrm{d}y}{\mathrm{d}x} = \frac{\mathrm{d}\eta}{\mathrm{d}\xi} = \psi\left(\frac{ax_0 + by_0 + c + a\xi + b\eta}{\alpha x_0 + \beta y_0 + \gamma + \alpha\xi + \beta\eta}\right) = \psi\left(\frac{a\xi + b\eta}{\alpha\xi + \beta\eta}\right)$$

$$\boxed{\frac{\mathrm{d}\eta}{\mathrm{d}\xi} = \psi\left(\frac{a + b\frac{\eta}{\xi}}{\alpha + \beta\frac{\eta}{\xi}}\right)} \tag{8.12b}$$

Das ist eine Dgl. vom Typ $y' = \psi\left(\frac{y}{x}\right)$, die nach dem unter 1. erläuterten Verfahren gelöst werden kann. Aus η erhält man mit $y = y_0 + \eta$ und $x = x_0 + \xi$ die Lösung der vorgelegten Dgl.

Beispiel 8.18

$$y' = \frac{x - y}{x} \qquad (x \neq 0).$$

Lösung:

Die Dgl. kann in der Form

$$y' = 1 - \frac{y}{x}$$

geschrieben werden. Die Substitution

$$u = \frac{y}{x}$$

und

$$y' = \frac{\mathrm{d}u}{\mathrm{d}x}x + u$$

liefert die Dgl. mit trennbaren Variablen

$$\frac{\mathrm{d}u}{\mathrm{d}x}x + u = 1 - u.$$

Explizite Form

$$\frac{\mathrm{d}u}{\mathrm{d}x} = \frac{1 - 2u}{x}.$$

Trennen der Variablen

$$\frac{\mathrm{d}u}{2u - 1} = -\frac{\mathrm{d}x}{x} \qquad \left(u \neq \frac{1}{2}\right).$$

Integrieren

$$\begin{aligned} \frac{1}{2}\ln|2u - 1| &= -\ln|x| + \ln|C| \\ \ln|2u - 1| &= 2\ln\left|\frac{C}{x}\right| \\ 2u - 1 &= \pm\left(\frac{C}{x}\right)^2. \end{aligned}$$

Mit $\pm C^2 = K$ wird

$$\underline{\underline{y = \frac{1}{2}\left(x + \frac{K}{x}\right).}}$$

Beispiel 8.19

Die partikuläre Lösung der Dgl. $y' = (x + y - 1)^2$ ($|x| < \pi/2$) für die Anfangsbedingung $x = 0$, $y = 1$ ist zu bestimmen.

Lösung:

Substitution

$$u = x + y - 1$$
$$y = u - x + 1$$

$$\frac{\mathrm{d}y}{\mathrm{d}x} = \frac{\mathrm{d}u}{\mathrm{d}x} - 1.$$

Dgl. für u

$$\frac{\mathrm{d}u}{\mathrm{d}x} - 1 = u^2.$$

Explizite Form

$$\frac{\mathrm{d}u}{\mathrm{d}x} = 1 + u^2.$$

Trennen der Variablen

$$\frac{\mathrm{d}u}{1 + u^2} = \mathrm{d}x.$$

Integrieren

$$\arctan \quad u = x + C$$
$$u = \tan(x + C).$$

Rücksubstitution

$$x + y - 1 = \tan(x + C).$$

Anfangsbedingung

$$x = 0, \qquad y = 1$$
$$1 - 1 = \tan C; \qquad C = 0.$$

Partikuläre Lösung der Dgl.

$$\underline{\underline{y = 1 - x + \tan x.}}$$

Beispiel 8.20

$$y' = \frac{x - 2y + 1}{2x - 4y - 1}.$$

Lösung:

Es ist

$$D = \begin{vmatrix} 1 & -2 \\ 2 & -4 \end{vmatrix} = 0$$

Substitution

$u = x - 2y + 1; \qquad y' = \dfrac{x - 2y + 1}{2x - 4y - 1} = \dfrac{u}{2u - 3}.$

$\dfrac{\mathrm{d}u}{\mathrm{d}x} = 1 - 2\dfrac{\mathrm{d}y}{\mathrm{d}x} = 1 - 2\dfrac{u}{2u - 3}.$

Explizite Form

$\dfrac{\mathrm{d}u}{\mathrm{d}x} = -\dfrac{3}{2u - 3}.$

Trennen der Variablen

$(2u - 3)\,\mathrm{d}u = -3\,\mathrm{d}x.$

Integrieren

$u^2 - 3u = -3x + C$

$(x - 2y + 1)^2 - 3(x - 2y + 1) + 3x - C = 0.$

Lösung

$\underline{\underline{x^2 + 4y^2 - 4xy + 2x + 2y + K = 0}} \qquad (K = -2 - C).$

Die Probe kann durch implizites Differenzieren und Auflösen der Gleichung nach y' durchgeführt werden.

8.2.5 Lineare Differentialgleichungen 1. Ordnung

Eine lineare Dgl. 1. Ordnung besitzt die Form (vgl. (8.5))

$$g_1(x)y' + g_0(x)y = S(x) \qquad [g_1(x) \neq 0]$$

Dividiert man durch $g_1(x)$, so erhält man mit $\dfrac{g_0(x)}{g_1(x)} = g(x)$, $\dfrac{S(x)}{g_1(x)} = s(x)$ die Normalform der **inhomogenen linearen Dgl. 1. Ordnung**

$$\boxed{y' + g(x)y = s(x)} \tag{8.13}$$

Im Falle $s(x) \equiv 0$ liegt die **homogene lineare Dgl. 1. Ordnung** vor

$$\boxed{y' + g(x)y = 0} \tag{8.14}$$

Die homogene lineare Dgl. 1. Ordnung kann nach Trennen der Variablen gelöst werden.

$$\begin{aligned}
\frac{\mathrm{d}y}{\mathrm{d}x} &= -g(x)y \\
\frac{\mathrm{d}y}{y} &= -g(x)\,\mathrm{d}x \\
\ln|y| &= -\int g(x)\,\mathrm{d}x + \ln|K|
\end{aligned}$$

Damit wird die allgemeine Lösung der homogenen linearen Dgl. 1. Ordnung

$$\boxed{y_\mathrm{h} = K \cdot \mathrm{e}^{-\int g(x)\mathrm{d}x}} \tag{8.14a}$$

(Die allgemeine Lösung der homogenen Dgl. soll von der der inhomogenen Dgl. durch den Index h unterschieden werden, deshalb y_h.)
Die inhomogene lineare Dgl. 1. Ordnung besitzt im Gegensatz zur homogenen Dgl. ein Glied $s(x)$, das nur die Variable x enthält. Dieser Term $s(x)$ wird auch als Störfunktion bezeichnet. Der französische Mathematiker LAGRANGE[1] hatte die Idee, die Integrationskonstante K in der allgemeinen Lösung der homogenen Dgl. durch einen Term mit der Variablen x zu ersetzen und diesen Term $K(x)$ so zu bestimmen, daß $y = K(x)\,\mathrm{e}^{-\int g(x)\mathrm{d}x}$ Lösung der inhomogenen Dgl. wird. Weil bei diesem Verfahren die Integrationskonstante durch einen Term mit einer Variablen ersetzt wird, spricht man von der **Variation der Konstanten**. Aus (8.14a) wird also

$$y = K(x)\,\mathrm{e}^{-\int g(x)\mathrm{d}x}.$$

Differenziert

$$\frac{\mathrm{d}y}{\mathrm{d}x} = K'(x)\,\mathrm{e}^{-\int g(x)\mathrm{d}x} - K(x)g(x)\,\mathrm{e}^{-\int g(x)\mathrm{d}x}$$

Einsetzen in (8.13) ergibt

$$K'(x)\,\mathrm{e}^{-\int g(x)\mathrm{d}x} - K(x)g(x)\,\mathrm{e}^{-\int g(x)\mathrm{d}x} + g(x)K(x)\,\mathrm{e}^{-\int g(x)\mathrm{d}x} = s(x)$$
$$K'(x)\,\mathrm{e}^{-\int g(x)\mathrm{d}x} = s(x)$$
$$K'(x) = s(x)\,\mathrm{e}^{\int g(x)\mathrm{d}x}$$

Durch Integrieren erhält man

$$K(x) = \int s(x)\,\mathrm{e}^{-\int g(x)\mathrm{d}x}\,\mathrm{d}x + C.$$

Damit ist der Term $K(x)$ bestimmt. Setzt man ihn in den Ansatz

$$y = K(x)\,\mathrm{e}^{-\int g(x)\mathrm{d}x}$$

ein, so erhält man mit

$$\boxed{y = \mathrm{e}^{-\int g(x)\mathrm{d}x}\left[\int s(x)\,\mathrm{e}^{\int g(x)\mathrm{d}x}\,\mathrm{d}x + C\right]} \tag{8.13a}$$

die allgemeine Lösung der inhomogenen Dgl., denn (8.13a) ist Lösung der inhomogenen Dgl. und enthält auch eine willkürliche Konstante. Zum Lösen der inhomogenen linearen Dgl. 1. Ordnung sind also zwei Schritte mit insgesamt zwei

[1] JOSEPH-LOUIS LAGRANGE (1736 bis 1813), franz. Mathematiker

Integrationen erforderlich:
1. Lösen der homogenen Dgl. durch Trennen der Variablen;
2. Lösen der inhomogenen Dgl. durch Variation der Konstanten.

Schreibt man die rechte Seite von (8.13a) als Summe, so ist bemerkenswert, daß der 2. Summand $C\,\mathrm{e}^{-\int g(x)\,\mathrm{d}x}$ die allgemeine Lösung der zugehörigen homogenen Dgl., der 1. Summand $\mathrm{e}^{-\int g(x)\,\mathrm{d}x} \int s(x)\,\mathrm{e}^{\int g(x)\mathrm{d}x}\,\mathrm{d}x$ eine partikuläre Lösung der inhomogenen Dgl. (für $C = 0$) darstellt.

Was hier für die lineare Dgl. 1. Ordnung festgestellt wurde, gilt auch für die lineare Dgl. n-ter Ordnung.

Satz

Die allgemeine Lösung einer linearen Dgl. n-ter Ordnung setzt sich aus einer partikulären Lösung der Dgl. und der allgemeinen Lösung der zugehörigen homogenen Dgl. zusammen:

$$y = y_\mathrm{h} + y_\mathrm{p} \tag{8.15}$$

Bei Dgln., die einen technischen Sachverhalt darstellen, kennt man evtl. eine oder mehrere partikuläre Lösungen der Dgl. Dann kann, wie im folgenden nachgewiesen wird, ein Teil des Lösungsganges, nämlich das sonst erforderliche Integrieren, eingespart werden.

Mit $y_1 = f_1(x)$ liege eine *partikuläre Lösung* der *homogenen* linearen Dgl. 1. Ordnung vor, d. h., es sei

$$\frac{\mathrm{d}y_1}{\mathrm{d}x} + g(x)y_1 = 0$$

Dann ist auch $Cy_1 = Cf_1(x)$, worin C eine Konstante ist, Lösung dieser Dgl.; denn es ist (da $\frac{\mathrm{d}Cy_1}{\mathrm{d}x} = C\frac{\mathrm{d}y_1}{\mathrm{d}x}$)

$$C\frac{\mathrm{d}y_1}{\mathrm{d}x} + g(x)Cy_1 = C\left(\frac{\mathrm{d}y_1}{\mathrm{d}x} + g(x)y_1\right) = 0$$

Weil $Cy_1 = Cf_1(x)$ Lösung der Dgl. ist und eine willkürliche Konstante (einen Parameter) enthält, muß es die allgemeine Lösung der homogenen Dgl. sein. Es gilt der

Satz

Ist von einer homogenen linearen Dgl. 1. Ordnung eine partikuläre Lösung $y_1 = f_1(x)$ bekannt, so erhält man aus dieser die allgemeine Lösung der homogenen Dgl. durch Multiplizieren mit einer Konstanten: $y_\mathrm{h} = Cy_1$. (8.16)

Ist y_p eine *partikuläre Lösung* der *inhomogenen* linearen Dgl. 1. Ordnung, so kann nach Einführen einer von x abhängigen Variablen u die allgemeine Lösung der inhomogenen Dgl. mittels des Lösungsansatzes

$$y = y_\mathrm{p} + u$$

berechnet werden. Es ist

$$\frac{\mathrm{d}y}{\mathrm{d}x} = \frac{\mathrm{d}y_\mathrm{p}}{\mathrm{d}x} + \frac{\mathrm{d}u}{\mathrm{d}x}$$

Nach Einsetzen in (8.13) erhält man

$$\frac{\mathrm{d}y_\mathrm{p}}{\mathrm{d}x} + \frac{\mathrm{d}u}{\mathrm{d}x} + g(x)y_\mathrm{p} + g(x)u = s(x)$$

Da vorausgesetzt wurde, daß y_p partikuläre Lösung ist, muß

$$\frac{\mathrm{d}y_\mathrm{p}}{\mathrm{d}x} + g(x)y_\mathrm{p} = s(x)$$

sein. Damit vereinfacht sich die Dgl. zu

$$\frac{\mathrm{d}u}{\mathrm{d}x} + g(x)u = 0$$

Das ist eine Dgl. mit trennbaren Variablen, aus der u bestimmt werden kann. Es gilt der

Satz

> Ist von einer inhomogenen linearen Dgl. 1. Ordnung eine partikuläre Lösung y_p bekannt, so genügt nach Einführen einer neuen Variablen u eine Integration, um die allgemeine Lösung zu erhalten: $y = y_\mathrm{p} + u$. (8.17)

Sind *zwei partikuläre Lösungen* y_{p_1} und y_{p_2} einer *inhomogenen* linearen Dgl. 1. Ordnung bekannt, so dient zum Bestimmen der allgemeinen Lösung der

Satz

> Aus zwei partikulären Lösungen $y_{\mathrm{p}1}$ und $y_{\mathrm{p}2}$ einer inhomogenen linearen Dgl. 1. Ordnung kann die allgemeine Lösung ohne Integrationen bestimmt werden: $y = y_{\mathrm{p}1} + C(y_{\mathrm{p}2} - y_{\mathrm{p}1})$. (8.18)

Beweis:

Es muß gelten

$$\frac{\mathrm{d}y_{\mathrm{p}1}}{\mathrm{d}x} + g(x)y_{\mathrm{p}1} = s(x) \qquad \text{und}$$

$$\frac{\mathrm{d}y_{\mathrm{p}2}}{\mathrm{d}x} + g(x)y_{\mathrm{p}2} = s(x)$$

Subtrahieren der ersten von der zweiten Gleichung ergibt

$$\frac{\mathrm{d}(y_{\mathrm{p}2} - y_{\mathrm{p}1})}{\mathrm{d}x} + g(x)(y_{\mathrm{p}2} - y_{\mathrm{p}1}) = 0$$

$y_{\mathrm{p}2} - y_{\mathrm{p}1}$ ist demnach eine partikuläre Lösung der zugehörigen homogenen Dgl. Nach (8.16) ist dann die allgemeine Lösung der homogenen Dgl.:

$$y_\mathrm{h} = C(y_{\mathrm{p}2} - y_{\mathrm{p}1})$$

Nach Satz (8.15) folgt letztlich

$$y = y_{\mathrm{p1}} + y_{\mathrm{h}} = y_{\mathrm{p1}} + C(y_{\mathrm{p2}} - y_{\mathrm{p1}}),$$

was zu beweisen war.

Beispiel 8.21

$$y' + \frac{y}{x} = \sin x \qquad (x \neq 0)$$

Lösung:

Homogene Dgl.

$$y' + \frac{y}{x} = 0.$$

Trennen der Variablen

$$\frac{\mathrm{d}y}{y} = -\frac{\mathrm{d}x}{x} \qquad (y \neq 0).$$

Integrieren

$$\ln|y| = -\ln|x| + \ln|K|.$$

Allgemeine Lösung der homogenen Dgl.

$$y_{\mathrm{h}} = \frac{K}{x}.$$

Variation der Konstanten

$$\begin{aligned} y &= \frac{K(x)}{x} \\ y' &= \frac{K'(x)x - K(x)}{x^2}. \end{aligned}$$

Einsetzen in die Dgl.

$$\frac{K'(x)x - K(x)}{x^2} + \frac{K(x)}{x^2} = \sin x$$

$$\frac{K'(x)}{x} = \sin x.$$

Trennen der Variablen

$$\mathrm{d}K(x) = x \sin x \,\mathrm{d}x.$$

Integrieren

$$K(x) = \sin x - x\cos x + C.$$

Allgemeine Lösung der inhomogenen Dgl.

$$y = \frac{\sin x - x\cos x + C}{x}$$

$$\underline{\underline{y = \frac{C + \sin x}{x} - \cos x.}}$$

Beispiel 8.22

Ein Stromkreis mit dem ohmschen Widerstand R, der Induktivität L und der Wechselspannungsquelle $e(t) = \hat{e}\sin\omega t$ wird zur Zeit $t = 0$ geschlossen (Bild 8.15). Wie ist der zeitliche Verlauf des Stromes?

Lösung:

Der 2. Kirchhoffsche Satz ermöglicht den Ansatz der Dgl.:

$$u_R + u_L = e$$

$$Ri + L\frac{\mathrm{d}i}{\mathrm{d}t} = \hat{e}\sin\omega t.$$

Dgl. des Stromkreises

$$\frac{\mathrm{d}i}{\mathrm{d}t} + \frac{R}{L}i = \frac{\hat{e}}{L}\sin\omega t.$$

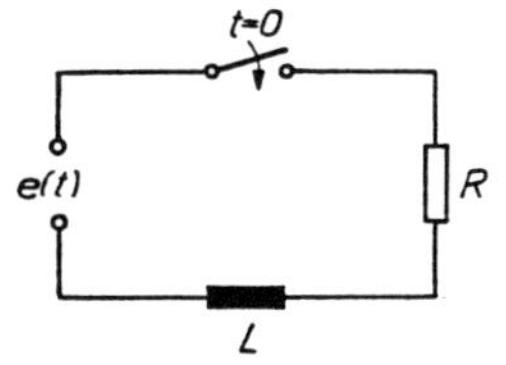

Bild 8.15

Homogene Dgl.

$$\frac{\mathrm{d}i}{\mathrm{d}t} + \frac{R}{L}i = 0.$$

Trennen der Variablen

$$\frac{\mathrm{d}i}{i} = -\frac{R}{L}\,\mathrm{d}t.$$

Integrieren

$$\ln|i| = -\frac{R}{L}t + \ln|K|.$$

Allgemeine Lösung der homogenen Dgl.

$$\underline{\underline{i_\mathrm{h} = K\,\mathrm{e}^{-\frac{R}{L}t}.}}$$

Lösungsansatz durch Variation der Konstanten

$$i = K(t)\,\mathrm{e}^{-\frac{R}{L}t},$$

$$\frac{\mathrm{d}i}{\mathrm{d}t} = K'(t)\,\mathrm{e}^{-\frac{R}{L}t} - K(t)\frac{R}{L}\mathrm{e}^{-\frac{R}{L}t}.$$

Einsetzen in die Dgl.

$$K'(t)\,\mathrm{e}^{-\frac{R}{L}t} - K(t)\frac{R}{L}\mathrm{e}^{-\frac{R}{L}t} + \frac{R}{L}K(t)\,\mathrm{e}^{-\frac{R}{L}t} = \frac{\hat{e}}{L}\sin\omega t.$$

Trennen der Variablen

$$\mathrm{d}K(t) = \frac{\hat{e}}{L}\,\mathrm{e}^{\frac{R}{L}t}\sin\omega t\,\mathrm{d}t.$$

Integrieren

$$K(t) = \frac{\hat{e}}{L}\,\frac{\mathrm{e}^{\frac{R}{L}t}}{\left(\frac{R}{L}\right)^2 + \omega^2}\left(\frac{R}{L}\sin\omega t - \omega\cos\omega t\right) + C.$$

Allgemeine Lösung der inhomogenen Dgl.

$$i = \frac{\hat{e}}{R^2 + \omega^2 L^2}(R \sin \omega t - \omega L \cos \omega t) + C\, \mathrm{e}^{-\frac{R}{L}t}.$$

Für den Einschaltvorgang gilt die Anfangsbedingung $t = 0$, $i = 0$.
Aus

$$0 = \frac{\hat{e}}{R^2 + \omega^2 L^2}(0 - \omega L) + C\, \mathrm{e}^0$$

läßt sich für C der Wert

$$C = \frac{\hat{e}\omega L}{R^2 + \omega^2 L^2}$$

errechnen. Damit wird die partikuläre Lösung zu

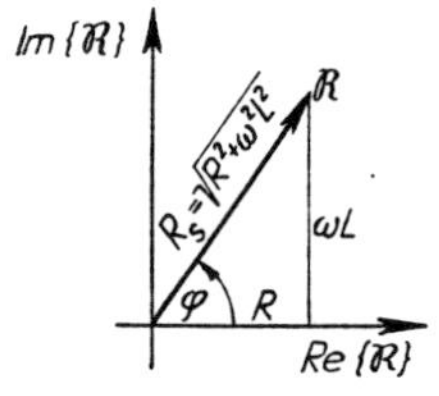

Bild 8.16

$$i_{\mathrm{p}} = \frac{\hat{e}}{R^2 + \omega^2 L^2}\left(\omega L\, \mathrm{e}^{-\frac{R}{L}t} + R \sin \omega t - \omega L \cos \omega t\right).$$

In einem Wechselstromkreis bestehen zwischen Wirk-, Blind- und Scheinwiderstand die in Bild 8.16 dargestellten Beziehungen ($\varphi = \arctan \frac{\omega L}{R}$ Phasenwinkel, R_{S} Scheinwiderstand).
Ersetzt man außerdem den Quotienten $\frac{L}{R}$, der die Dimension einer Zeit hat, durch die Zeitkonstante $\tau = \frac{L}{R}$, so kann wegen

$$\sin \varphi = \frac{\omega L}{\sqrt{R^2 + \omega^2 L^2}}, \qquad \cos \varphi = \frac{R}{\sqrt{R^2 + \omega^2 L^2}}, \qquad R_{\mathrm{S}} = \sqrt{R^2 + \omega^2 L^2}$$

die partikuläre Lösung in der Form

$$i_{\mathrm{p}} = \frac{\hat{e}}{R_{\mathrm{S}}}\left(\sin \varphi\, \mathrm{e}^{-\frac{t}{\tau}} + \cos \varphi \sin \omega t - \sin \varphi \cos \omega t\right)$$

geschrieben werden. Faßt man noch die beiden letzten Summanden in der Klammer mittels eines Additionstheorems zusammen, so wird

$$i_{\mathrm{p}} = \frac{\hat{e}}{R_{\mathrm{S}}}\left[\sin \varphi\, \mathrm{e}^{-\frac{t}{\tau}} + \sin(\omega t - \varphi)\right].$$

Für $t \to \infty$ geht der erste Summand der rechten Seite gegen Null. Dieser Anteil des Stromes wird deshalb auch als *flüchtiger Anteil*

$$i_{\mathrm{fl}} = \frac{\hat{e}}{R_{\mathrm{S}}} \sin \varphi\, \mathrm{e}^{-\frac{t}{\tau}}$$

bezeichnet. Der Anteil

$$i_{\mathrm{st}} = \frac{\hat{e}}{R_{\mathrm{S}}} \sin(\omega t - \varphi)$$

heißt der *stationäre Anteil*. Er beschreibt den Stromverlauf nach Abklingen des

Einschaltvorganges. Bild 8.17 zeigt den Verlauf von i, i_{fl} und i_{st}.

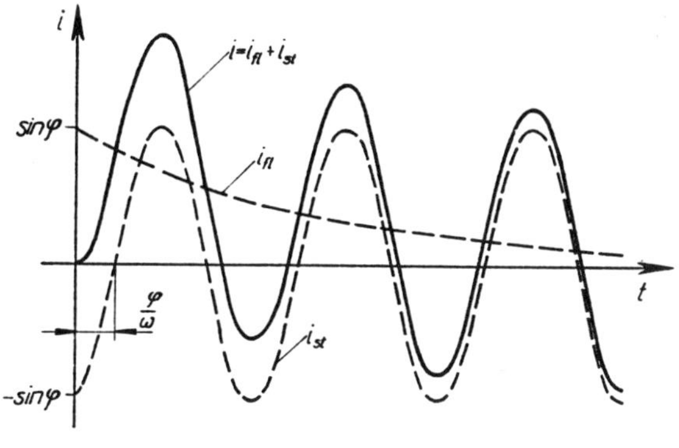

Bild 8.17

Aufgaben 8.1 bis 8.40

8.2.6 Spezielle Differentialgleichungen 1. Ordnung

8.2.6.1 Bernoullische Differentialgleichung

Die explizite Differentialgleichung 1. Ordnung

$$\boxed{y' = p(x)y + q(x)y^n \qquad n \in \mathbb{R}\backslash\{1\};\ p(x), q(x) \text{ stetig}} \tag{8.19}$$

heißt **Bernoullische**[1] **Differentialgleichung**. Sie kann durch Substitution auf eine lineare Dgl. 1. Ordnung zurückgeführt werden. Sie wird zunächst durch y^n dividiert:

$$\frac{y'}{y^n} = p(x)y^{1-n} + q(x) \tag{I}$$

Substitution:

$$z = y^{1-n}$$

$$z' = (1-n)y^{-n}y' = (1-n)\frac{y'}{y^n}$$

Eingesetzt in (I) ergibt sich die lineare inhomogene Dgl. 1. Ordnung

$$z' = (1-n)p(x)z + (1-n)q(x)$$

Aus deren Lösung gemäß Abschn. 8.2.5 erhält man die Lösung der Bernoullischen Dgl. zu

$$y = z^{\frac{1}{1-n}}$$

[1] Jacob Bernoulli (1655 bis 1705), bedeutender schweiz. Mathematiker

Beispiel 8.23

$$y' = xy - x\sqrt{y}$$

Lösung:

Es ist $p(x) = -x$, $q(x) = x$, $n = \frac{1}{2}$ $(y > 0)$

Division durch $y^{\frac{1}{2}}$

$$\frac{y'}{y^{\frac{1}{2}}} = xy^{\frac{1}{2}} - x$$

Substitution $z = y^{\frac{1}{2}}$, $z' = \frac{1}{2}\frac{y'}{y^{1/2}}$:

$$z' = \frac{x}{2}(z-1)$$

$$\frac{\mathrm{d}z}{z-1} = \frac{x}{2}\,\mathrm{d}x$$

$$z = K\,\mathrm{e}^{\frac{x^2}{4}} + 1$$

Wegen $y = z^2$ lautet die allgemeine Lösung der Dgl.

$$\underline{\underline{y = \left(K\,\mathrm{e}^{\frac{x^2}{4}} + 1\right)^2}}$$

8.2.6.2 Riccatische Differentialgleichung

Die explizite Differentialgleichung 1. Ordnung

$$\boxed{y' = p(x)y + q(x)y^2 + r(x)} \tag{8.20}$$

wird **Riccatische**[1] **Differentialgleichung** genannt. Ist eine partikuläre Lösung y_1 dieser Dgl. bekannt, dann kann sie durch einen Lösungsansatz mit dieser partikulären Lösung auf eine lineare Dgl. 1. Ordnung zurückgeführt werden.
Da Gl. (8.20) durch y_1 erfüllt wird, gilt:

$$y_1' = p(x)y_1 + q(x)y_1^2 + r(x) \tag{I}$$

(I) von (8.20) subtrahiert:

$$y' - y_1' = p(x)(y - y_1) + q(x)(y^2 - y_1^2) \tag{II}$$

Lösungsansatz für die allgemeine Lösung der Dgl.:

$$z(x) = \frac{1}{y - y_1}, \qquad y = y_1 + \frac{1}{z}, \qquad y' = y_1' - \frac{z'}{z^2}$$

[1] Jakobo Riccati (1676 bis 1734), ital. Mathematiker

Eingesetzt in (II):

$$-\frac{z'}{z^2} = p(x) \cdot \frac{1}{z} + q(x) \left(\frac{2y_1}{z} + \frac{1}{z^2} \right)$$

Multiplikation mit $(-z^2)$ ergibt die gemäß Abschn. 8.2.5 lösbare lineare Dgl. 1. Ordnung

$$z' + (p(x) + 2q(x)y_1)\, z = -q(x)$$

Aus deren Lösung z erhält man als allgemeine Lösung der Riccatischen Dgl.

$$y = \frac{1}{z} + y_1$$

Beispiel 8.24

$$y' = y^2 - (2x+1)y + 1 + x + x^2$$

Lösung:

Es ist $p(x) = -(2x+1)$, $q(x) = 1$, $r(x) = 1 + x + x^2$
Als partikuläre Lösung wird erkannt:

$$y_1 = x$$

Die inhomogene lineare Dgl. 1. Ordnung mit der Variablen z lautet:

$$z' - z = -1$$

Lösung der homogenen Dgl.:

$$z_{\mathrm{h}} = K\,\mathrm{e}^x$$

Variation der Konstanten liefert:

$$K(x) = \mathrm{e}^{-x} + C$$

Allgemeine Lösung der inhomogenen Dgl. für z:

$$z = 1 + C\,\mathrm{e}^x$$

Allgemeine Lösung der inhomogenen Dgl. für y:

$$\underline{\underline{y = \frac{1}{1 + C\,\mathrm{e}^x} + x}}$$

8.2.6.3 Exakte Differentialgleichung. Integrierender Faktor.

Die implizite Differentialgleichung 1. Ordnung

$$\boxed{P(x,y)\,\mathrm{d}x + Q(x,y)\,\mathrm{d}y = 0} \qquad (8.21)$$

bzw.

$$P(x,y) + Q(x,y)y' = 0 \tag{8.21a}$$

wird **exakte Differentialgleichung** genannt, wenn die linke Seite von (8.21) das totale Differential (vgl. Abschn. 10.1.3) einer Funktion $\Phi(x,y)$ ist:

$$\boxed{P(x,y)\,\mathrm{d}x + Q(x,y)\,\mathrm{d}y \equiv \mathrm{d}\Phi(x,y)} \tag{8.21b}$$

Das ist der Fall, wenn $P(x,y)$ und $Q(x,y)$ und ihre ersten partiellen Ableitungen in einem einfach zusammenhängenden Gebiet stetig sind und $\dfrac{\partial P}{\partial y} = \dfrac{\partial Q}{\partial x}$ ist.

$$\boxed{\Phi(x,y) = C} \tag{8.22}$$

ist dann die allgemeine Lösung der exakten Differentialgleichung und ergibt sich als Integral eines totalen (oder vollständigen) Differentials wegunabhängig gemäß Abschn. 10.3.7 aus

$$\boxed{\Phi(x,y) = \int\limits_{x_0}^{x} P(x,y)\,\mathrm{d}x + \int\limits_{y_0}^{y} Q(x_0,y)\,\mathrm{d}y \qquad x_0, y_0 \text{ beliebig}} \tag{8.22a}$$

Ist der Term der linken Seite der Dgl. (8.21) kein vollständiges Differential, so kann dieser durch Multiplikation mit einer Funktion $\mu(x,y)$, die als **integrierender Faktor** bezeichnet wird, zu einem vollständigen Differential gestaltet werden:

$$\mu(x,y)P(x,y)\,\mathrm{d}x + \mu(x,y)Q(x,y)\,\mathrm{d}y \tag{I}$$

Dann gilt wieder:

$$\frac{\partial(\mu \cdot P)}{\partial y} = \frac{\partial(\mu \cdot Q)}{\partial x}$$

$$\frac{\partial \mu}{\partial y}P + \frac{\partial P}{\partial y}\mu = \frac{\partial \mu}{\partial x}Q + \frac{\partial Q}{\partial x}\mu$$

$$\frac{1}{\mu}\frac{\partial \mu}{\partial x}Q - \frac{1}{\mu}\frac{\partial \mu}{\partial y}P = \frac{\partial P}{\partial y} - \frac{\partial Q}{\partial x}$$

$$\frac{\partial \ln \mu}{\partial x}Q - \frac{\partial \ln \mu}{\partial y}P = \frac{\partial P}{\partial y} - \frac{\partial Q}{\partial x}$$

Für diese Dgl. muß wenigstens eine partikuläre Lösung als integrierender Faktor μ ermittelt werden. Dann kann (I) zu einem vollständigen Differential gemacht und die zugehörige Dgl. wie oben dargestellt gelöst werden.

Ist μ nur von y bzw. nur von x abhängig, so kann eine partikuläre Lösung aus der gewöhnlichen Dgl.

$$\frac{\mathrm{d}\ln \mu}{\mathrm{d}x} = \frac{1}{Q}\left(\frac{\partial P}{\partial y} - \frac{\partial Q}{\partial x}\right) \qquad \text{bzw.} \tag{II}$$

$$\frac{\mathrm{d}\ln \mu}{\mathrm{d}y} = -\frac{1}{P}\left(\frac{\partial P}{\partial y} - \frac{\partial Q}{\partial x}\right) \tag{III}$$

bestimmt werden, wenn auch die rechte Seite von (II) bzw. (III) nur von x bzw. nur von y abhängt.

Beispiel 8.25

Die Dgl. $y\,\mathrm{d}x + (y + x)\,\mathrm{d}y = 0$ ist zu lösen.

Lösung:

Es ist $P = y$, $Q = y + x$ und $\dfrac{\partial P}{\partial y} = 1 = \dfrac{\partial Q}{\partial x}$, d. h., $y\,\mathrm{d}x + (y + x)\,\mathrm{d}y$ ist ein vollständiges Differential. Nach (8.22a) ergibt sich

$$\Phi(x, y) = \int\limits_{x_0}^{x} y\,\mathrm{d}x + \int\limits_{y_0}^{y} (y + x_0)\,\mathrm{d}y = xy\Big|_{x_0}^{x} + \left(\frac{y^2}{2} + x_0 y\right)\Bigg|_{y_0}^{y}$$

Für $x_0 = 0$, $y_0 = 0$ wird

$$\Phi(x, y) = xy + \frac{y^2}{2}$$

Damit lautet die allgemeine Lösung der Dgl.

$$xy + \frac{y^2}{2} = C \qquad \text{oder}$$

$$\underline{\underline{y = -x \pm \sqrt{x^2 + K}}} \qquad \text{mit } K = 2C$$

Beispiel 8.26

Die Dgl. $y\,\mathrm{d}x + (2x^2 y - x)\,\mathrm{d}y = 0$ ist zu lösen.

Lösung:

Es ist $P = y$, $Q = 2x^2 y - x$, $\dfrac{\partial P}{\partial y} = 1$ und $\dfrac{\partial Q}{\partial x} = 4xy - 1$, d. h. $\dfrac{\partial P}{\partial y} \neq \dfrac{\partial Q}{\partial x}$. Da $y\,\mathrm{d}x + (2x^2 y - x)\,\mathrm{d}x$ kein vollständiges Differential ist, muß ein integrierender Faktor bestimmt werden. Verwendet man dafür Gl. (II), dann wird $\dfrac{1}{Q}\left(\dfrac{\partial P}{\partial y} - \dfrac{\partial Q}{\partial x}\right)$ eine nur noch von x abhängige Funktion.

$$\frac{\mathrm{d}\ln\mu}{\mathrm{d}x} = \frac{1}{x(2xy - 1)}(1 - 4xy + 1) = -\frac{2}{x}$$

$$\ln\mu = \ln\frac{1}{x^2}$$

Ein integrierender Faktor ist

$$\mu = \frac{1}{x^2}$$

Die Dgl. mit $\mu = \dfrac{1}{x^2}$ multipliziert:

$$\frac{y}{x^2}\,\mathrm{d}x + \left(2y - \frac{1}{x}\right)\mathrm{d}y = 0$$

$$\Phi(x,y) = \int_{x_0}^{x} \frac{y}{x^2}\,\mathrm{d}x + \int_{y_0}^{y} \left(2y - \frac{1}{x_0}\right)\mathrm{d}y$$

$$= -\frac{y}{x} + \frac{y}{x_0} + y^2 - \frac{y}{x_0} - y_0^2 + \frac{y_0}{x_0}$$

Für beliebiges x_0, y_0 ($x_0 \neq 0$) lautet die allgemeine Lösung der Dgl.

$$\underline{\underline{y^2 - \frac{y}{x} = C}}$$

8.2.7 Angenäherte Lösungen von Differentialgleichungen 1. Ordnung

8.2.7.1 Potenzreihenansatz

Das Anfangswertproblem einer Dgl. 1. Ordnung $F(x,y,y') = 0$ bzw. $y' = \varphi(x,y)$ mit der Anfangsbedingung $y(x_0) = y_0$ kann näherungsweise gelöst werden, indem man für $y(x)$ eine Potenzreihe mit unbestimmten Koeffizienten ansetzt:

$$y(x) = a_0 + a_1(x - x_0) + a_2(x - x_0)^2 + a_3(x - x_0)^3 + \ldots \tag{I}$$

Bildet man die Ableitung

$$y'(x) = a_1 + 2a_2(x - x_0) + 3a_3(x - x_0)^2 + \ldots, \tag{Ia}$$

ersetzt y und y' in der Dgl. durch die rechten Seiten von (I) und (Ia) und berücksichtigt die Anfangsbedingung

$$y(x_0) = y_0 = a_0,$$

so können die weiteren Koeffizienten $a_1, a_2, a_3, \ldots$ aus der entstandenen Gleichung durch **Koeffizientenvergleich** bestimmt werden. Die nach Einsetzen der Werte der Koeffizienten in (I) sich ergebende Potenzreihe $y(x)$ stellt eine Näherungslösung des Anfangswertproblems – bei Abbruch der Reihe nach dem k-ten Glied – im Intervall $I = (x_0 - r, x_0 + r)$ mit r als Konvergenzradius dar.
Der Rechenaufwand verringert sich, wenn $x_0 = 0$ und damit $y_0 = y(0)$ ist.
Ein zweiter Weg verwendet für den Potenzreihenansatz die Taylor-Reihe (7.24c):

$$y(x) = y(x_0) + \frac{x - x_0}{1!}y'(x_0) + \frac{(x - x_0)^2}{2!}y''(x_0) + \ldots \tag{II}$$

Aus der Dgl. $y' = \varphi(x,y)$ und ihren Ableitungen

$$y'' = \varphi_x + \varphi_y y',$$
$$y''' = \varphi_{xx} + 2\varphi_{xy}y' + \varphi_{yy}y'^2 + \varphi_y y'', \ldots$$

ergeben sich durch Einsetzen der Anfangsbedingung $y'(x_0)$, $y''(x_0)$, $y'''(x_0)$, ...
Durch Einsetzen dieser Werte in (II) erhält man eine Näherungslösung der Dgl. für

die gegebene Anfangsbedingung. Ist $x_0 = 0$ und damit $y_0 = y(0)$, so verwendet man die Maclaurinsche Form der Taylor-Reihe (7.24b)

$$y(x) = y(0) + \frac{y'(0)}{1!}x + \frac{y''(0)}{2!}x^2 + \ldots$$

und verringert damit i.allg. den Rechenaufwand.
Der Aufwand zur Berechnung der Koeffizienten a_i beim ersten Weg oder der Werte der Ableitungen für die Anfangsbedingung beim zweiten Weg steigt meist mit wachsender Anzahl der Glieder der Potenzreihe stark an. Der Potenzreihenansatz als Lösungsmethode für Dgln. ist deshalb hauptsächlich für Werte von x in der näheren Umgebung der Entwicklungsstelle x_0 zu empfehlen, weil dann eine höhere Genauigkeit der Näherungslösung mit wenigen Reihengliedern erreicht wird.

Beispiel 8.27

Die Dgl. $y' = \sin x + y$ mit der Anfangsbedingung $y(0) = 0$ soll durch Potenzreihenansatz gelöst werden.

Lösung:

1. Weg:

Lösungsansatz:

$$y = a_0 + a_1x + a_2x^2 + a_3x^3 + \ldots$$

$$y' = a_1 + 2a_2x + 3a_3x^2 + \ldots$$

Weiterhin wird die Reihe der Sinusfunktion benötigt:

$$\sin x = x - \frac{x^3}{3!} + \frac{x^5}{5!} - + \ldots$$

Einsetzen in die Dgl. ergibt

$$a_1 + 2a_2x + 3a_3x^2 + 4a_4x^3 + 5a_5x^4 + 6a_6x^5 + \cdots$$
$$= a_0 + (1 + a_1)x + a_2x^2 + \left(a_3 - \frac{1}{3!}\right)x^3 + a_4x^4 + \left(a_5 + \frac{1}{5!}\right)x^5 + \cdots$$

Wegen $y(0) = 0$ ist $a_0 = 0$. Der Koeffizientenvergleich liefert:

$$a_1 = a_0 = 0$$

$$a_2 = \frac{1}{2}(1 + a_1) = \frac{1}{2} = \frac{1}{2!}$$

$$a_3 = \frac{1}{3}a_2 = \frac{1}{6} = \frac{1}{3!}$$

$$a_4 = \frac{1}{4}\left(a_3 - \frac{1}{3!}\right) = 0$$

$$a_5 = \frac{1}{5}a_4 = 0$$

$$a_6 = \frac{1}{6}\left(a_5 + \frac{1}{5!}\right) = \frac{1}{720} = \frac{1}{6!} \qquad \text{usw.}$$

Die Näherungslösung für die gegebene Anfangsbedingung lautet

$$\underline{\underline{y = \frac{1}{2}x^2 + \frac{1}{6}x^3 + \frac{1}{720}x^6 + \ldots}}$$

2. Weg

Wegen $x_0 = 0$ wird die Taylor-Reihe (7.24b) für den Ansatz benutzt:

$$y(x) = y(0) + \frac{y'(0)}{1!}x + \frac{y''(0)}{2!}x^2 + \frac{y'''(0)}{3!}x^3 + \ldots$$

$$\begin{array}{llll} \text{Aus } y' & = \sin x + y & \text{folgt} & y'(0) = 0 \\ y'' & = \cos x + y' & & y''(0) = 1 \\ y''' & = -\sin x + y'' & & y'''(0) = 1 \\ y^{(4)} & = -\cos x + y''' & & y^{(4)}(0) = 0 \\ y^{(5)} & = \sin x + y^{(4)} & & y^{(5)}(0) = 0 \\ y^{(6)} & = \cos x + y^{(5)} & & y^{(6)}(0) = 1 \text{ usw.} \end{array}$$

Mit der Anfangsbedingung $y(0) = 0$ folgt für die angesetzte Reihe in Übereinstimmung mit dem Ergebnis des 1. Weges

$$\underline{\underline{y(x) = \frac{1}{2!}x^2 + \frac{1}{3!}x^3 + \frac{1}{6!}x^6 + \ldots}}$$

Das Lösungsverfahren des Potenzreihenansatzes ist auch auf Dgln. n-ter Ordnung

$$F(x, y, y', \ldots, y^{(n)}) = 0 \qquad \text{bzw.} \qquad y^{(n)} = \varphi(x, y, y', \ldots, y^{(n-1)})$$

anwendbar, wenn die Anfangsbedingungen $y(x_0) = y_0, y'(x_0) = y'_0$, $y^{(n-1)}(x_0) = y_0^{(n-1)}$ vorliegen.

Beim 1. Weg sind jetzt die Ableitungen

$$\begin{aligned} y'(x) &= a_1 + 2a_2(x - x_0) + 3a_3(x - x_0)^2 + 4a_4(x - x_0)^3 + \ldots \\ y''(x) &= 2a_2 + 6a_3(x - x_0) + 12a_4(x - x_0)^2 + \ldots \\ &\vdots \\ y^{(n)}(x) &= \ldots \end{aligned}$$

zu bilden und zusammen mit

$$y(x) = a_0 + a_1(x - x_0) + a_2(x - x_0)^2 + a_3(x - x_0)^3 + \ldots$$

und ggf. den Potenzreihen weiterer noch auftretender Funktionen in die Dgl. n-ter Ordnung einzusetzen. Anschließend sind wieder die a_i durch Koeffizientenvergleich zu bestimmen. Nach deren Einsetzen in $y(x)$ erhält man die Lösung der Dgl. für die gegebenen Anfangsbedingungen.

Beim 2. Weg bildet man wieder die Ableitungen $y', y'', \ldots$, ermittelt hieraus $y'(x_0)$, $y''(x_0), \ldots$ und setzt diese in die verwendete Taylor-Reihe ein.

8.2.7.2 Numerische Lösung von Differentialgleichungen 1. Ordnung (Runge-Kutta-Verfahren)

Für eine explizite Dgl. 1. Ordnung $y' = f(x, y)$ mit f stetig und beschränkt und der Anfangsbedingung $y(x_0) = y_0$ können die Funktionswerte $y(x)$ durch ein von RUNGE und KUTTA[1] stammendes numerisches Verfahren in Näherung ermittelt werden. Es handelt sich hierbei um ein Einzelschrittverfahren, d. h., ausgehend von x_0, y_0 wird unter Verwendung von $y' = f(x, y)$ mit der Schrittweite h für $x_1 = x_0+h$ ein Funktionswert $y(x_1) = y_1$ bestimmt (Bild 8.18), dann für $x_2 = x_1+h$ der Funktionswert $y(x_2) = y_2$ usf. Die Schrittweite h darf von Schritt zu Schritt geändert werden.

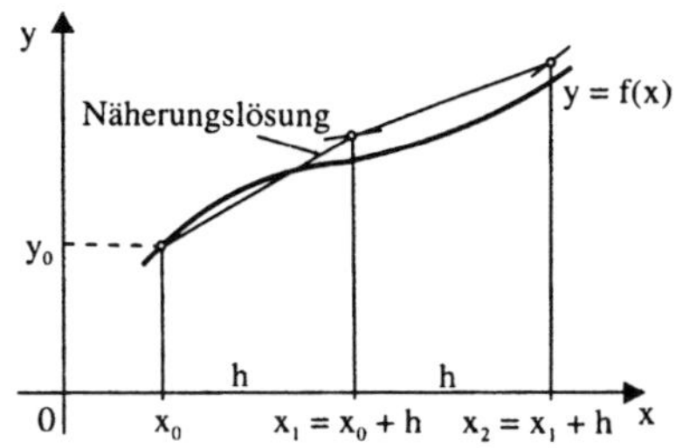

Bild 8.18

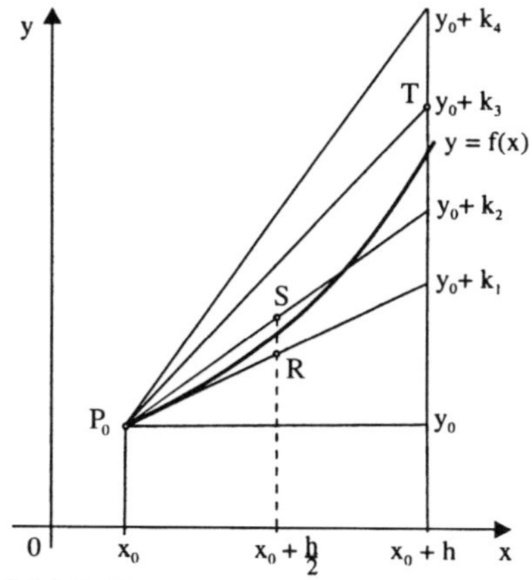

Bild 8.19

Das Intervall $[x_0, x_0 + h]$ wird beim Runge-Kutta-Verfahren in 2 Teilintervalle unterteilt (Bild 8.19). Durch die Steigung in P_0 ergibt sich für $x_0 + h$ ein Zuwachs k_1, mittels der Steigung im Punkt R ein Zuwachs k_2 und anschließend für die verbesserte Ordinate $y_0 + k_2/2$ in S ein Zuwachs k_3 (Punkt T). Die Steigung in T bestimmt den Zuwachs k_4.

$$\boxed{\begin{aligned} k_1 &:= h \cdot f(x_0, y_0) \\ k_2 &:= h \cdot f\left(x_0 + \frac{h}{2}, y_0 + \frac{k_1}{2}\right) \\ k_3 &:= h \cdot f\left(x_0 + \frac{h}{2}, y_0 + \frac{k_2}{2}\right) \\ k_4 &:= h \cdot f(x_0 + h, y_0 + k_3) \end{aligned}} \tag{8.23a}$$

Da i. allg. die Zuwächse k_2 und k_3 in der Intervallmitte besser dem wahren Zuwachs entsprechen, setzt man für den mittleren Zuwachs der Lösungsfunktion $k = {}^1\!/_6\,(k_1 + 2k_2 + 2k_3 + k_4)$.

[1] CARL DAVID TOLMÉ RUNGE (1856 bis 1927), Professor für angewandte Mathematik in Göttingen; MARTIN WILHELM KUTTA (1867 bis 1944), Professor der Mathematik in Stuttgart.

Es ergibt sich dann der Funktionswert $y(x_1) = y_1$

$$\boxed{y_1 = y_0 + \frac{1}{6}(k_1 + 2k_2 + 2k_3 + k_4) \qquad \text{für } x_1 = x_0 + h} \tag{8.23b}$$

Ist y' nur von x abhängig, d. h. $y' = f(x)$, geht (8.23b) in die Simpsonsche Formel (vgl. Band 1, (6.36)) über.

Zum Fehler des Runge-Kutta-Verfahrens kann gesagt werden:

- wenn man $y(x)$ durch eine Taylor-Reihe in der Form (7.24a) approximiert, besteht Übereinstimmung bis zum Glied mit h^4;
- der Fehler des Runge-Kutta-Verfahrens ist von der Größenordnung h^5;
- eine Abschätzung des Fehlers kann erfolgen, indem man zum einen mit der Schrittweite h den Wert von $y(x_1) = y_1 = y_1(h)$ und daraus $y(x_2) = y_2 = y_2(h)$ und zum anderen mit der doppelten Schrittweite $2h$ den Wert $y(x_2) = y_2(2h)$ berechnet. Dann ist der Fehler bei der Rechnung mit der Schrittweite h

$$R_2(h) \approx \frac{1}{15}\left[y_2(h) - y_2(2h)\right] \tag{8.23c}$$

- zur Wahl der Schrittweite h können die Werte k_1 k_2 und k_3 herangezogen werden. Als Faustregel gilt, daß der Unterschied zwischen k_2 und k_3 i.allg. nur einige Prozent des Unterschiedes von k_1 und k_2 betragen sollte, anderenfalls wäre eine kleinere Schrittweite h zu wählen:

$$|k_2 - k_3| \ll |k_1 - k_2| \tag{8.23d}$$

Die erforderlichen Rechnungen werden mittels eines Rechenschemas oder mit einem darauf basierenden Computerprogramm durchgeführt. Das Rechenschema für eine Dgl. 1. Ordnung hat folgende Gestalt:

x	y	$k_i = h \cdot f(x,y)$
x_0	y_0	k_1
$x_0 + h/2$	$y_0 + k_1/2$	k_2
$x_0 + h/2$	$y_0 + k_2/2$	k_3
$x_0 + h$	$y_0 + k_3$	k_4
$x_1 = x_0 + h$	$y_1 = y_0 + \frac{1}{6}(k_1 + 2k_2 + 2k_3 + k_4)$	

(8.23e)

Das Verfahren von Runge-Kutta ist prinzipiell auf explizite Dgln. n-ter Ordnung anwendbar. Bezüglich der in Abhängigkeit von der Ordnung der Dgl. zu verwendenden Rechenschemata sei auf die Fachliteratur[1] bzw. auf die entsprechende Computer-Software verwiesen.

[1] z. B. *Collatz, L.*: Numerische Behandlung von Differentialgleichungen, Springer-Verlag Berlin/...
Zurmühl, R.: Praktische Mathematik für Ingenieure und Physiker, Springer-Verlag Berlin/...

Beispiel 8.28

Für die Dgl. des Beisp. 8.27 $y' = \sin x + y$ mit der Anfangsbedingung $y(0) = 0$ ist $y(0,5)$ zu bestimmen.

Lösung:

Schrittweite $h = 0,5$ (Bestimmung von $y(0,5)$ in einem Schritt)

x	y	$k_i = h \cdot f(x, y)$
0	0	0
0,25	0	0,12370198
0,25	0,06185099	0,15462747
0,5	0,15462747	0,31702651
$x_1 = 0,5$	$y_1 = 0,14561424$	

Da $\left|\frac{k_2 - k_3}{k_1 - k_2}\right| \approx 25$ %, wird zur Verbesserung des Ergebnisses die Schrittweite halbiert und $y(0,5)$ in zwei Schritten berechnet:
Schrittweite $h = 0,25$ (Bestimmung von $y(0,5)$ in zwei Schritten)

x	y	$k_i = h \cdot f(x, y)$
0	0	0
0,125	0	0,03116868
0,125	0,01558434	0,03506477
0,25	0,03506477	0,07061718
$x_1 = 0,25$	$y_1 = 0,03384735$	

x	y	$k_i = h \cdot f(x, y)$
0,25	0,03384735	0,07031283
0,375	0,06900376	0,10881907
0,375	0,08825688	0,11363235
0,5	0,14747970	0,15672631
$x_1 = 0,5$	$\underline{\underline{y_2 = 0,14583768}}$	

Bei beiden Schritten ist die Bedingung (8.23d) nicht streng erfüllt, denn es ist $\left|\frac{k_2 - k_3}{k_1 - k_2}\right| \approx 12,5$ % bei beiden Einzelschritten.
Da $y(0,5)$ sowohl mit der Schrittweite $h = 0,25$ als auch mit der doppelten Schrittweite $2h = 0,5$ ermittelt wurde, kann der Fehler besser mit Formel (8.23c) abgschätzt werden. Es ist $R_2(h) \approx 1,5 \cdot 10^{-5}$, d. h., die Berechnung in zwei Schritten ist bereits sehr genau.
Die Dgl. $y' = \sin x + y$ kann auch wie in Abschn. 8.2.5 beschrieben gelöst und für die Anfangsbedingung $y(0) = 0$ der Wert $y(0,5)$ berechnet werden. Es ist $y(0,5) = 0,14585659$, ein Wert, mit dem der nach dem Runge-Kutta-Verfahren ermittelte in vier Dezimalstellen übereinstimmt.

Aufgaben 8.41 bis 8.47

8.3 Differentialgleichungen 2. und höherer Ordnung

8.3.1 Auf Differentialgleichungen 1. Ordnung zurückführbare Differentialgleichungen 2. Ordnung

Die implizite Dgl. 2. Ordnung besitzt die allgemeine Form

$$\boxed{F(x, y, y', y'') = 0} \tag{8.24}$$

die explizite Dgl. 2. Ordnung lautet

$$\boxed{y'' = \varphi(x, y, y')} \tag{8.25}$$

Im folgenden sollen diejenigen expliziten Dgln. 2. Ordnung behandelt werden, die sich auf Dgln. 1. Ordnung zurückführen lassen.

$\boldsymbol{y'' = \varphi(x)}$

Dieser Typ ist durch zweimaliges Integrieren lösbar (vgl. 8.1.1, Weg-Zeit-Gesetz für den Wurf senkrecht nach oben).

Beispiel 8.29

Wie heißt die Gleichung der elastischen Linie eines Trägers auf zwei Stützen (Länge l), der mit einer konstanten Streckenlast q belastet ist (Bild 8.20)?

Lösung:

Die Dgl. der elastischen Linie lautet (vgl. Beisp. 8.5)

$$y'' = -\frac{M}{EI}.$$

Das Moment M im Abstand x errechnet sich aus der Gleichgewichtsbedingung für die Momente zu

$$M = \frac{q}{2}(lx - x^2).$$

Es ist also

$$y'' = -\frac{q}{2EI}(lx - x^2).$$

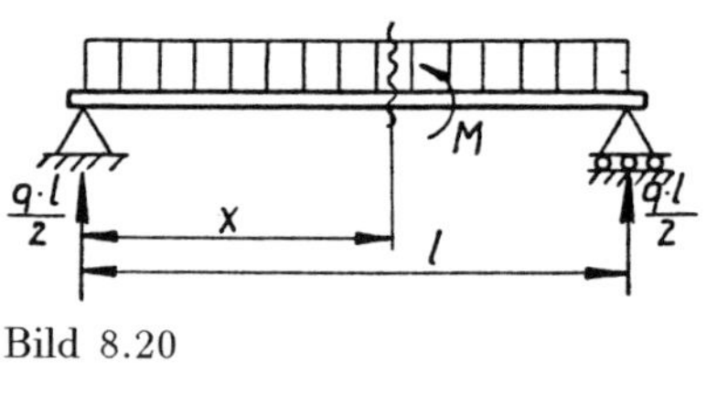

Bild 8.20

Zweimaliges Integrieren

$$y' = -\frac{q}{2EI}\left(l\frac{x^2}{2} - \frac{x^3}{3}\right) + C_1$$

$$y = -\frac{q}{2EI}\left(l\frac{x^3}{6} - \frac{x^4}{12}\right) + C_1 x + C_2$$

An den Stellen $x = 0$ und $x = l$ muß $y = 0$ sein. Die beiden Bedingungen für das Belegen von C_1 und C_2 sind diesmal für zwei verschiedene Werte der unabhängigen

Variablen vorgegeben. Man spricht in diesem Falle von *Randbedingungen.*

$x = 0,\ y = 0$ liefert $C_2 = 0,$

$x = l,\ y = 0$ liefert $C_1 = \dfrac{q}{24EI} l^3.$

Die Gleichung der elastischen Linie für den vorliegenden Belastungsfall lautet

$$\underline{\underline{y = \frac{q}{24EI}(l^3 x - 2lx^3 + x^4).}}$$

$y'' = \varphi(y)$

Man multipliziert beide Seiten mit $2y'$

$$2y'y'' = 2\varphi(y)y',$$

denn dann kann auf der linken Seite $2y'y'' = \dfrac{\mathrm{d}(y'^2)}{\mathrm{d}x}$ gesetzt werden.

Aus

$$\frac{\mathrm{d}(y'^2)}{\mathrm{d}x} = 2\varphi(y)\frac{\mathrm{d}y}{\mathrm{d}x}$$
$$\mathrm{d}(y'^2) = 2\varphi(y)\,\mathrm{d}y$$

erhält man

$$y'^2 = 2\int \varphi(y)\,\mathrm{d}y + C_1$$
$$y' = \pm\sqrt{2\int \varphi(y)\,\mathrm{d}y + C_1}.$$

Damit ist die Dgl. 2. Ordnung auf eine Dgl. 1. Ordnung mit trennbaren Variablen zurückgeführt worden.

Beispiel 8.30

$y'' = 2\,\mathrm{e}^y$; Anfangsbedingungen: $x = 0$: $y = 0,\ y' = -2.$

Lösung:

$$y'' = 2\,\mathrm{e}^y$$
$$2y'y'' = 4\,\mathrm{e}^y y'$$
$$\mathrm{d}(y'^2) = 4\,\mathrm{e}^y\,\mathrm{d}y$$
$$y'^2 = 4\,\mathrm{e}^y + C_1.$$

$y = 0,\ y' = -2$:

$$C_1 = 0$$
$$y' = \pm 2\sqrt{\mathrm{e}^y}.$$

Wegen $y'|_{x=0} = -2$ scheidet das positive Vorzeichen auf der rechten Seite aus.

$$y' = -2\,\mathrm{e}^{\frac{y}{2}}$$

Trennen der Variablen

$$e^{-\frac{y}{2}}\,dy = -2\,dx.$$

Integrieren

$$-2\,e^{-\frac{y}{2}} = -2x + C_2.$$

$x = 0,\ y = 0$:

$$C_2 = -2$$
$$e^{-\frac{y}{2}} = 1 + x$$
$$-\frac{y}{2} = \ln(1+x)$$
$$y = -2\ln(1+x)$$
$$\underline{\underline{y = -\ln(1+x)^2.}}$$

Beispiel 8.31

Schwingt in einer Ebene an einem Faden von der Länge l eine Masse m (die Masse des Fadens soll vernachlässigt werden), so spricht man von einem mathematischen Pendel. Es soll die Schwingungsdauer des mathematischen Pendels berechnet werden.

Lösung:

Zur Zeit t sei der Auslenkwinkel α (Bild 8.21).

Die Trägheitskraft tangential zur Bahn ist $ml\dfrac{d^2\alpha}{dt^2} = ml\ddot{\alpha}$ (im folgenden sollen die Ableitungen nach der Zeit in der von NEWTON stammenden Schreibweise mit darübergesetzten Punkten dargestellt werden), sie wirkt im Abstand l vom Aufhängepunkt. Die Schwerkraft mg greift an einem Hebelarm $l\sin\alpha$ an. Die Momentengleichung bezüglich des Aufhängepunktes liefert die Dgl. der Pendelbewegung

$$ml^2\ddot{\alpha} + mgl\sin\alpha = 0.$$

Vereinfacht

$$\ddot{\alpha} + \frac{g}{l}\sin\alpha = 0.$$

Mit $2\dot{\alpha}$ multipliziert

$$2\dot{\alpha}\ddot{\alpha} = -2\frac{g}{l}\dot{\alpha}\sin\alpha.$$

Integriert

$$\dot{\alpha}^2 = 2\frac{g}{l}\cos\alpha + C_1.$$

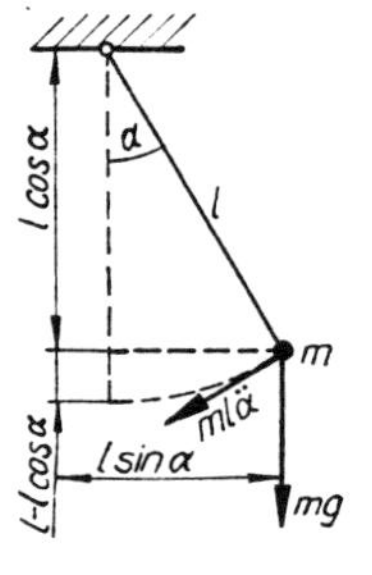

Bild 8.21

Bei der größten Auslenkung ist $\alpha = \alpha_{\max}$ und $\dot{\alpha} = 0$. Dies ergibt

$$C_1 = -2\frac{g}{l}\cos\alpha_{\max}.$$

$$\dot{\alpha} = \pm\sqrt{\frac{2g}{l}(\cos\alpha - \cos\alpha_{\max})}.$$

Betrachtet man nur den Ausschlag an einer Seite, so kann eines der beiden Vorzeichen weggelassen werden. Den Radikanden formt man unter Verwendung der Beziehung $\cos x = 1 - 2\sin^2\frac{x}{2}$ um.

$$\dot{\alpha} = 2\sqrt{\frac{g}{l}\left(\sin^2\frac{\alpha_{\max}}{2} - \sin^2\frac{\alpha}{2}\right)}.$$

Trennen der Variablen

$$\mathrm{d}t = \frac{\mathrm{d}\alpha}{2\sqrt{\frac{g}{l}\left(\sin^2\frac{\alpha_{\max}}{2} - \sin^2\frac{\alpha}{2}\right)}}.$$

Die Integration führt auf ein elliptisches Integral, das durch Reihenentwicklung (vgl. Aufg. 7.17) gelöst werden kann, auf dessen Berechnung jedoch hier verzichtet werden soll. Für die Zeitdauer einer vollen Schwingung erhält man

$$T = 2\pi\sqrt{\frac{l}{g}}\left(1 + \frac{1}{4}\sin^2\frac{\alpha_{\max}}{2} + \frac{9}{64}\sin^4\frac{\alpha_{\max}}{2} + \ldots\right).$$

Der aus der Physik bekannte Wert für die Periodendauer ist ein Näherungswert, der sich durch Abbrechen der Reihe nach dem 1. Glied ergibt.
Die vollständige Berechnung soll unter der Voraussetzung kleiner Ausschlagwinkel α durchgeführt werden. Für kleine Winkel α gilt $\sin\alpha \approx \alpha$. Die Dgl. der Pendelbewegung vereinfacht sich damit zu

$$\ddot{\alpha} = -\frac{g}{l}\alpha$$

(damit ist die ursprünglich nichtlineare Dgl. linearisiert worden).

$$2\dot{\alpha}\ddot{\alpha} = -2\frac{g}{l}\alpha\dot{\alpha}$$

$$\dot{\alpha}^2 = -\frac{g}{l}\alpha^2 + C_1.$$

Für die Anfangsbedingung $\alpha = \alpha_{\max}$, $\dot{\alpha} = 0$ wird

$$C_1 = \frac{g}{l}\alpha_{\max}^2$$

$$\dot{\alpha}^2 = \frac{g}{l}(\alpha_{\max}^2 - \alpha^2).$$

Trennen der Variablen

$$\mathrm{d}t = \sqrt{\frac{l}{g}}\frac{\mathrm{d}\alpha}{\sqrt{\alpha_{\max}^2 - \alpha^2}}$$

$$t = \sqrt{\frac{l}{g}}\arcsin\frac{\alpha}{\alpha_{\max}} + C_2.$$

$t = 0,\ \alpha = 0$ liefert

$C_2 = 0$

$$t = \sqrt{\frac{l}{g}} \arcsin \frac{\alpha}{\alpha_{\max}}.$$

Bewegt sich das Pendel aus der Vertikallage bis zur größten Auslenkung, so wird $\alpha = \alpha_{\max}$ und $t = T/4$.

$$\frac{T}{4} = \sqrt{\frac{l}{g}} \arcsin 1 = \sqrt{\frac{l}{g}} \frac{\pi}{2}$$

$$\underline{\underline{T = 2\pi\sqrt{\frac{l}{g}}.}}$$

Bei Differentialgleichungen der Physik und Technik (wie z. B. im Beisp. 8.31) treten außer den bereits bekannten Anfangswertaufgaben auch sogen. **Randwertaufgaben** und im Zusammenhang mit diesen **Eigenwertaufgaben** auf. Die neuen Begriffe sollen an einem Beispiel erklärt werden.

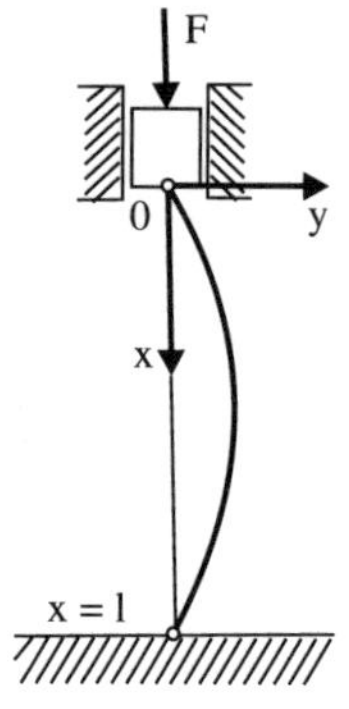

Bild 8.22

Ein Stab sei an seinen beiden Enden gelenkig gelagert, auf ihn wirke in Richtung der Stabachse eine Kraft F (Bild 8.22). Der Gleichgewichtsfall, in dem der Stab gerade bleibt, ist labil. Übersteigt nämlich die Kraft F eine bestimmte Größe, so wird er, wie in Bild 8.22 dargestellt, ausgelenkt (x- und y-Achse liegen in der Ebene der Hauptträgheitsachsen der Querschnitte). Die Auslenkung des Stabes soll klein sein gegenüber seiner Länge: $y \ll l$.

Für diesen Fall gilt (vgl. Beisp. 8.5) für die Durchbiegung des Stabes die Dgl. der elastischen Linie

$$y'' = -\frac{M}{EI} \qquad \left.\begin{array}{ll} M & = F \cdot y(x) \text{ Biegemoment} \\ E & \text{Elastizitätsmodul} \\ I & \text{Flächenträgheitsmoment} \end{array}\right\} \text{an der Stelle } x$$

oder

$$y'' = -\frac{F}{\alpha(x)} y \tag{I}$$

mit $\alpha = EI$ als Biegefestigkeit an der Stelle x.

Bei konstanter Kraft F, homogenem Material (E = const.) und gleichbleibendem Querschnitt (I = const.) ist auch α konstant, und (I) nimmt die Form an

$$\alpha y'' = -Fy. \tag{II}$$

Das ist eine Dgl. vom Typ $y'' = \varphi(y)$.
Zum Bestimmen der partikulären Lösung werden die Bedingungen

$$y(0) = 0 \qquad \text{und} \qquad y(l) = 0 \tag{III}$$

verwendet. Diese werden als *Randbedingungen* bezeichnet. Es gilt die

Definition

Eine Differentialgleichung n-ter Ordnung, für deren Lösung zusätzliche Bedingungen, sogen. **Randbedingungen**, für Werte der Funktion oder ihrer $n-1$ Ableitungen an wenigstens zwei verschiedenen Stellen x_1 und x_2 des Definitionsbereiches vorgegeben sind, heißt **Randwertaufgabe** (*Randwertproblem*). (8.26)

Die allgemeine Lösung der Dgl.

$$y'' = -\frac{F}{\alpha} y \tag{IV}$$

lautet (vgl. auch Beisp. 8.37c)

$$y = C_1 \cos\sqrt{\frac{F}{\alpha}}x + C_2 \sin\sqrt{\frac{F}{\alpha}}x$$

Die Randbedingungen ergeben:

$$y(0) = 0: \qquad 0 = C_1 \cdot 1 + 0$$
$$C_1 = 0$$
$$y(l) = 0: \qquad 0 = C_2 \sin\sqrt{\frac{F}{\alpha}}l$$

Diese Gleichung wird erfüllt durch
- $F = 0$, d. h., der Stab wäre unbelastet. Dies steht im Widerspruch zur Problemstellung.
- $C_2 = 0$. Dann wäre auch $y(x) = 0$ und es gäbe keine Ausbiegung. Diese triviale Lösung scheidet aus.
- $\sqrt{\frac{F}{\alpha}}l = n\pi$. Dann ist

  $$F_n = \frac{\alpha\pi^2}{l^2}n^2 \qquad \text{mit } n \in \mathbb{N}^*$$

  und die Lösung der Dgl. (IV) mit den Randbedingungen (III) lautet

  $$y(x) = A_n \sin\sqrt{\frac{F_n}{\alpha}}x = A_n \sin\frac{n\pi}{l}x \qquad A_n \text{ Parameter, } n \in \mathbb{N}$$

Die Werte $\frac{F}{\alpha}$, für die die Dgl. (IV) nicht verschwindende, sogen. *nichttriviale* Lösungen besitzt, nennt man **Eigenwerte** der jetzt als **Eigenwertaufgabe** bezeichneten *Randwertaufgabe.* Die zu jedem der Eigenwerte gehörende Lösungsfunktion der Dgl. heißt **Eigenfunktion**. Sie ist bis auf einen Parameter (hier z. B. A_n) festgelegt. Beim an beiden Enden gelenkig gelagerten Stab ergibt sich für $n = 1$ die kleinste Last $F_n \neq 0$, bei deren Überschreiten der Stab ausgebogen wird. Diese Kraft wird als *Eulersche Knicklast* bezeichnet:

$$\underline{\underline{F_1 = \frac{\alpha\pi^2}{l^2} = \frac{\pi^2 EI}{l^2}}}$$

Beispiel 8.32

Ein Stab der Länge $l = 400$ cm aus Stahl ($E = 21,0 \cdot 10^4$ N mm^{-2}) mit kreisförmigem Querschnitt ($r = 2$ cm) sei senkrecht eingespannt. Im Mittelpunkt der freien Endfläche wirkt eine Kraft F senkrecht nach unten (Bild 8.23). Gesucht ist die Kraft F_n, bei deren Überschreiten der Stab ausgelenkt wird.

Lösung:

Für die Auslenkung gilt die Dgl. der elastischen Linie

$$y'' = -\frac{M}{EI}$$

mit $M = Fy$ und $I = \frac{\pi}{4}r^4$.

Die Randbedingungen sind $y(0) = 0$, $y'(l) = 0$. Mit $\alpha = EI = \text{const.}$ folgt aus

$$y'' = -\frac{F}{\alpha}y$$

die allgemeine Lösung

$$y = C_1 \cos\sqrt{\frac{F}{\alpha}}x + C_2 \sin\sqrt{\frac{F}{\alpha}}x$$

Die Randbedingung $y(0) = 0$ liefert

$$C_1 = 0$$

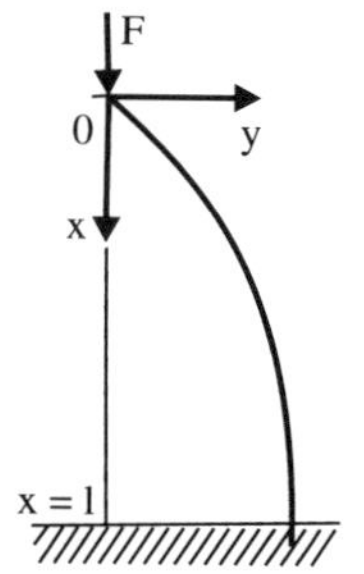

Bild 8.23

Damit wird nach Differenzieren

$$y' = C_2\sqrt{\frac{F}{\alpha}} \cos\sqrt{\frac{F}{\alpha}}x$$

und für die zweite Randbedingung

$$0 = C_2\sqrt{\frac{F}{\alpha}} \cos\sqrt{\frac{F}{\alpha}}l \qquad C_2, F, \alpha \neq 0$$

Daraus folgt

$$\sqrt{\frac{F}{\alpha}}l = \frac{\pi}{2} + n\pi, \qquad n \in \mathbb{Z}, \text{ und}$$

$$F_n = \frac{\alpha\pi^2(2n+1)^2}{4l^2} \qquad n \in \mathbb{N}$$

Die Knicklast ergibt sich für $n = 0$:

$$F_0 = \frac{\pi^2 EI}{4l^2}$$

Mit den gegebenen Werten wird

$$\underline{\underline{F_0 = 4069,6 \text{ N}}}$$

$y'' = \varphi(y'),\quad y'' = \varphi(x;y'),\quad y'' = \varphi(y;y')$

In allen drei vorliegenden Fällen ist es möglich, die Dgl. mittels der Substitution

$$\begin{aligned} y' &= \frac{\mathrm{d}y}{\mathrm{d}x} = u \\ y'' &= \frac{\mathrm{d}u}{\mathrm{d}x} \end{aligned}$$

auf eine Dgl. 1. Ordnung zurückzuführen. Aus dieser wird zunächst u errechnet, anschließend durch eine zweite Integration y.

$y'' = \varphi(y')$

Die Substitution ergibt

$$\frac{\mathrm{d}u}{\mathrm{d}x} = \varphi(u)$$

d. h. eine Dgl. 1. Ordnung mit trennbaren Variablen.

$y'' = \varphi(x;y')$

Durch die Substitution entsteht die Dgl. 1. Ordnung

$$\frac{\mathrm{d}u}{\mathrm{d}x} = \varphi(x,u).$$

$y'' = \varphi(y;y')$

Kann vorausgesetzt werden, daß die 1. Ableitung der Lösung verschieden von Null ist, dann ist $y = f(x)$ eigentlich monoton, und es ist erlaubt, die Substitution

$$\begin{aligned} y' &= \frac{\mathrm{d}y}{\mathrm{d}x} = u \qquad \text{und} \\ y'' &= \frac{\mathrm{d}u}{\mathrm{d}x} = \frac{\mathrm{d}u}{\mathrm{d}y}\cdot\frac{\mathrm{d}y}{\mathrm{d}x} = \frac{\mathrm{d}u}{\mathrm{d}y}u \end{aligned}$$

vorzunehmen. Damit wird aus der Dgl. $y'' = \varphi(y;y')$

$$\frac{\mathrm{d}u}{\mathrm{d}y}u = \varphi(y;u).$$

Dies ist eine Dgl. 1. Ordnung mit u als abhängiger und y als unabhängiger Variable, die auch in der Form

$$\frac{\mathrm{d}u}{\mathrm{d}y} = \psi(y; u)$$

geschrieben werden kann.

Beispiel 8.33

$y'' - y' = \mathrm{e}^x$

Lösung:

Mit $y' = u$, $y'' = \dfrac{\mathrm{d}u}{\mathrm{d}x}$ wird die Dgl. zu

$$\frac{\mathrm{d}u}{\mathrm{d}x} - u = \mathrm{e}^x,$$

einer inhomogenen linearen Dgl. 1. Ordnung. Homogene Dgl.

$$\frac{\mathrm{d}u}{\mathrm{d}x} - u = 0.$$

Trennen der Variablen

$$\frac{\mathrm{d}u}{u} = \mathrm{d}x.$$

Integrieren

$$\ln|u| = x + \ln|K|.$$

Lösung der homogenen Dgl.

$$u_{\mathrm{h}} = K\,\mathrm{e}^x.$$

Variation der Konstanten

$$\begin{aligned} u &= K(x)\,\mathrm{e}^x \\ \frac{\mathrm{d}u}{\mathrm{d}x} &= K'(x)\,\mathrm{e}^x + K(x)\,\mathrm{e}^x. \end{aligned}$$

Einsetzen in die Dgl. ergibt

$$\begin{aligned} K'(x)\,\mathrm{e}^x &= \mathrm{e}^x \\ K'(x) &= 1 \\ K(x) &= x + C_1 \\ u &= (C_1 + x)\,\mathrm{e}^x. \end{aligned}$$

Rücksubstitution

$$\frac{\mathrm{d}y}{\mathrm{d}x} = (C_1 + x)\,\mathrm{e}^x.$$

Integrieren

$$y = C_1\,\mathrm{e}^x + x\,\mathrm{e}^x - \mathrm{e}^x + C_2 = \mathrm{e}^x(x - 1 + C_1) + C_2.$$

Allgemeine Lösung der inhomogenen Dgl.

$$\underline{\underline{y = \mathrm{e}^x(x + C_3) + C_2}}.$$

Beispiel 8.34

Für ein zwischen zwei Punkten P_1 und P_2 ausgespanntes Seil, das nur seinem Eigengewicht als Belastung unterworfen ist und keine Biegesteifigkeit aufweist, gilt die Dgl.

$$H\frac{\mathrm{d}^2 y}{\mathrm{d}x^2} = q\sqrt{1+\left(\frac{\mathrm{d}y}{\mathrm{d}x}\right)^2}$$

(H Horizontalkomponente der Seilzugkraft, q Seilgewicht je Längeneinheit). Die vorgenannten Bedingungen sind bei einer Kette annähernd erfüllt, weshalb die Dgl. auch *Dgl. der Kettenlinie* heißt. Wie hängt der Ordinatenwert vom jeweiligen Abszissenwert x ab?

Lösung:

Es liegt eine Dgl. vom Typ $y'' = \varphi(y')$ vor. Setzt man $y' = u$ sowie $\frac{q}{H} = a$, so wird die Dgl. zu

$$\frac{\mathrm{d}u}{\mathrm{d}x} = a\sqrt{1+u^2}.$$

Trennen der Variablen

$$\frac{\mathrm{d}u}{\sqrt{1+u^2}} = a\,\mathrm{d}x.$$

Integrieren

$$\operatorname{arsinh} u = ax + C_1$$
$$u = \sinh(ax + C_1).$$

Nochmaliges Integrieren liefert als Lösung der Dgl.

$$\underline{\underline{y = \frac{1}{a}\cosh(ax + C_1) + C_2.}}$$

Die Integrationskonstanten können durch Anfangs- oder Randbedingungen bestimmt werden. Als Randbedingungen könnten z. B. die Koordinaten der Aufhängepunkte gegeben sein.

Aufgaben 8.48 bis 8.52

8.3.2 Lineare Differentialgleichungen 2. Ordnung mit konstanten Koeffizienten

8.3.2.1 Einführen eines linearen Differentialoperators

Eine lineare Dgl. n-ter Ordnung hat die allgemeine Form (8.5)

$$g_n(x)y^{(n)} + g_{n-1}(x)y^{(n-1)} + \ldots + g_1(x)y' + g_0(x)y = S(x)$$

Im folgenden sollen ausschließlich solche Dgln. behandelt werden, in denen alle $g_i(x)$ konstante reelle Zahlen sind. Dividiert man die vorstehende Dgl. noch durch den Koeffizienten der höchsten Ableitung, so erhält man mit $\frac{g_i}{g_n} = a_i$, $\frac{S(x)}{g_n} = s(x)$ als Normalform einer linearen Dgl. n-ter Ordnung mit konstanten Koeffizienten

$$y^{(n)} + a_{n-1}y^{(n-1)} + \ldots + a_1 y' + a_0 y = s(x), \qquad a_i \in \mathbb{R} \tag{8.27}$$

Im Falle $s(x) \equiv 0$ heißt die Dgl. homogen, für $s(x) \neq 0$ inhomogen. *Lösung* oder *Integral* der Dgl. (8.27) wird jede n-mal differenzierbare Funktion $y = f(x)$ genannt, welche die Dgl. erfüllt.
Für die Existenz und Eindeutigkeit der Lösungen von Dgln. n-ter Ordnung gilt der von Peano (vgl. (8.8)) stammende

Satz

Ist die Funktion $y^{(n)} = \varphi(x, y, y', \ldots, y^{(n-1)})$ im Bereich $B(x, y, y', \ldots, y^{(n-1)})$ stetig, so gibt es für jeden Punkt in dem Bereich B *mindestens eine* n-mal stetig differenzierbare Lösung, die die Anfangsbedingungen $y(x_0) = y_0$, $y'(x_0) = y'_0, \ldots, y^{(n-1)}(x_0) = y_0^{(n-1)}$ erfüllt.
Es gibt *genau eine* n-mal stetig differenzierbare Lösung $y = f(x)$ des Anfangswertproblems, wenn die Funktion $\varphi(x, y, y', \ldots, y^{(n-1)})$ stetig in x und stetig partiell differenzierbar nach $y, y', \ldots, y^{(n-1)}$ ist. (8.28)

Zum Bilden der linken Seite von (8.27) werden folgende Operationen angewendet:
a) n-maliges Ableiten einer Funktion $y = f(x)$ und Bestimmen der Funktionswerte $y, y', \ldots, y^{(n)}$;
b) Multiplizieren mit den Koeffizienten a_i $(i = 0, 1, \ldots, n-1)$;
c) Addieren der Produkte.
Das Ergebnis der Anwendung dieser Operationen auf eine Funktion $y = f(x)$ soll durch einen Operator L_n bezeichnet werden, d. h., es wird vereinbart

$$L_n[y] \equiv y^{(n)} + a_{n-1}y^{(n-1)} + \ldots + a_1 y' + a_0 y \tag{8.29}$$

L_n heißt **linearer Differentialoperator**, $L_n[y]$ ein *linearer Differentialterm*.
Der lineare Differentialoperator besitzt folgende Eigenschaften:
1. Sind y_1 und y_2 die Funktionswerte zweier beliebiger, im betrachteten Intervall stetiger und n-mal differenzierbarer Funktionen $y_1 = f_1(x)$ und $y_2 = f_2(x)$, so ist

$$L_n[y_1 + y_2] = L_n[y_1] + L_n[y_2] \tag{8.29a}$$

Gemäß der Definition des Operators muß nämlich gelten

$$\begin{aligned} L_n[y_1 + y_2] &= (y_1 + y_2)^{(n)} + a_{n-1}(y_1 + y_2)^{(n-1)} + \ldots \\ &\quad + a_1(y_1 + y_2)' + a_0(y_1 + y_2) \\ &= y_1^{(n)} + a_{n-1}y_1^{(n-1)} + \ldots + a_1 y_1' + a_0 y_1 \\ &\quad + y_2^{(n)} + a_{n-1}y_2^{(n-1)} + \ldots + a_1 y_2' + a_0 y_2 \\ &= L_n[y_1] + L_n[y_2]. \end{aligned}$$

Wie durch vollständige Induktion bewiesen werden kann, gilt die Beziehung (8.29a) für beliebig viele Summanden.

2. Ist y_1 der Funktionswert einer beliebigen, im betrachteten Intervall stetigen und n-mal differenzierbaren Funktion $y_1 = f_1(x)$ und C eine Konstante, so ist

$$\boxed{L_n[Cy_1] = CL_n[y_1]} \tag{8.29b}$$

denn es gilt

$$L_n[Cy_1] = Cy_1^{(n)} + Ca_{n-1}y_1^{(n-1)} + \ldots + Ca_1y_1' + Ca_0y_1 = CL_n[y_1].$$

Mit Hilfe der Relationen (8.29a) und (8.29b) ist es nunmehr möglich, die Richtigkeit folgender für das Lösen von linearen Dgln. wichtigen Sätze zu beweisen:

Satz

Sind $y_1 = f_1(x)$ und $y_2 = f_2(x)$ Lösungen einer homogenen linearen Dgl., so ist auch $y_1 + y_2 = f_1(x) + f_2(x)$ eine Lösung. (8.30)

Beweis: Sind $y_1 = f_1(x)$ und $y_2 = f_2(x)$ Lösungen der Dgl. $L_n[y] = 0$, so ist $L_n[y_1] = 0$ und $L_n[y_2] = 0$. Wegen Gl. (8.29a) wird dann aber auch $L_n[y_1 + y_2] = L_n[y_1] + L_n[y_2] = 0$.

Satz

Ist $y_1 = f_1(x)$ Lösung einer homogenen linearen Dgl., so ist auch $Cy_1 = Cf_1(x)$ eine Lösung. (8.31)

Beweis: Nach Gl. (8.29b) ist $L_n[Cy_1] = CL_n[y_1]$. Da $y_1 = f_1(x)$ Lösung sein soll, muß $L_n[y_1] = 0$ und damit auch $L_n[Cy_1] = 0$ gelten.

Aus den vorstehenden beiden Sätzen folgt der

Satz

Liegen mit $y_1 = f_1(x)$, $y_2 = f_2(x), \ldots, y_n = f_n(x)$ n wesentliche[1], voneinander nicht abhängige[2] Lösungen einer homogenen linearen Dgl. n-ter Ordnung vor, so kann mit $y = C_1y_1 + C_2y_2 + C_3y_3 + \ldots + C_ny_n$ die allgemeine Lösung angegeben werden. (8.32)

$y = C_1y_1 + C_2y_2 + \ldots + C_ny_n$ ist nämlich nach der Aussage der obenstehenden beiden Sätze Lösung der Dgl.; da diese Lösung n Konstanten enthält, ist es die allgemeine Lösung.

[1] Wie leicht nachzuprüfen ist, hat jede homogene lineare Dgl. die triviale Lösung $y = 0$. Diese soll nicht als wesentliche Lösung gelten.

[2] Sind z. B. $y_1 = 1$ und $y_2 = \sin^2 x$ Lösungen einer Dgl., so ist $y_3 = \cos 2x$ keine unabhängige Lösung, da sie wegen $\cos 2x = 2\sin^2 x - 1$ eine Linearkombination der beiden erstgenannten Lösungen darstellt.

Satz

> Ist eine komplexwertige Funktion der reellen Variablen x in der Form
> $y = f(x) = u(x) + \mathrm{j}v(x)$
> Lösung einer homogenen linearen Dgl., so sind auch $y_1 = u(x)$ und $y_2 = v(x)$
> Lösungen der Dgl. (8.33)

Beweis: Ist $y = f(x)$ Lösung der Dgl., so muß $L_n[y] = L_n[u(x) + \mathrm{j}v(x)] = 0$ sein. Wegen (8.29a) gilt dann auch $L_n[u(x) + \mathrm{j}v(x)] = L_n[u(x)] + \mathrm{j}L_n[v(x)] = 0$. Diese Gleichung wird aber nur durch $L_n[u(x)] = 0$ und zugleich $L_n[v(x)] = 0$ erfüllt, d. h., wenn $y_1 = u(x)$ und $y_2 = v(x)$ Lösungen der Dgl. sind.

Beispiel 8.35

Mit $y_1 = \mathrm{e}^x$ und $y_2 = \mathrm{e}^{-x}$ liegen zwei Lösungen der Dgl. $y'' - y = 0$ vor. Wie heißt die allgemeine Lösung?

Lösung:

Wie obenstehend bewiesen wurde, müssen auch $y = C_1\,\mathrm{e}^x$ und $y = C_2\,\mathrm{e}^{-x}$ Lösungen sein. Die allgemeine Lösung erhält man dann als Linearkombination der beiden Lösungen:

$$\underline{\underline{y = C_1\,\mathrm{e}^x + C_2\,\mathrm{e}^{-x}}}.$$

Probe: Es wird

$$\begin{aligned} y' &= C_1\,\mathrm{e}^x - C_2\,\mathrm{e}^{-x} \\ y'' &= C_1\,\mathrm{e}^x + C_2\,\mathrm{e}^{-x} \\ y'' - y &= C_1\,\mathrm{e}^x + C_2\,\mathrm{e}^{-x} - (C_1\,\mathrm{e}^x + C_2\,\mathrm{e}^{-x}) = 0. \end{aligned}$$

8.3.2.2 Die homogene lineare Differentialgleichung 2. Ordnung

Wie in 8.3.2.1 dargelegt wurde, genügt es für das Lösen der homogenen linearen Dgl. 2. Ordnung

$$\boxed{y'' + a_1 y' + a_0 y = 0} \tag{8.34}$$

zwei partikuläre, voneinander unabhängige Lösungen zu finden. Wie im folgenden gezeigt wird, ist dies allein mit Hilfe elementarer Funktionen und durch algebraische Operationen, also ohne Integrationen, möglich.

Eine elementare Funktion, die die Dgl. $y'' + a_1 y' + a_0 y = 0$ erfüllen soll, muß nach Einsetzen des Funktionswertes und der Werte der Ableitungen in die Dgl. eine Summe gleichartiger Glieder ergeben, die identisch Null sein kann. Eine Funktion, deren Ableitungswerte einander und auch dem Funktionswert selbst proportional sind, ist die Exponentialfunktion.

Lösungsansatz

Zum Lösen einer homogenen linearen Dgl. verwendet man den Ansatz

$$y = \mathrm{e}^{kx} \tag{8.34a}$$

und bestimmt die Konstante k so, daß $y = \mathrm{e}^{kx}$ die Dgl. erfüllt.

Aus $y = \mathrm{e}^{kx}$ folgt $y' = k\,\mathrm{e}^{kx}$, $y'' = k^2\,\mathrm{e}^{kx}$. Dies in der Dgl. (8.34) eingesetzt, ergibt

$$k^2\,\mathrm{e}^{kx} + a_1 k\,\mathrm{e}^{kx} + a_0\,\mathrm{e}^{kx} = 0$$

$$\mathrm{e}^{kx}(k^2 + a_1 k + a_0) = 0.$$

Da e^{kx} für alle Werte der Variablen x verschieden von Null ist, muß

$$\boxed{k^2 + a_1 k + a_0 = 0} \tag{8.35}$$

sein. Man nennt (8.35) die der Dgl. (8.34) zugeordnete **charakteristische Gleichung**. (Wie man bemerkt, kann man die charakteristische Gleichung aus der Dgl. dadurch erhalten, daß man die Werte der Ableitungen durch Potenzen von k gleicher Ordnung ersetzt.)
Aus der charakteristischen Gleichung errechnet man für k die Werte

$$\boxed{k_{1;2} = -\frac{a_1}{2} \pm \sqrt{\frac{a_1^2}{4} - a_0}} \tag{8.35a}$$

Je nachdem, ob die Diskriminante $\dfrac{a_1^2}{4} - a_0$ größer, gleich oder kleiner Null ist, sind drei Fälle zu unterscheiden:

1. *k_1 und k_2 sind reell und voneinander verschieden* $\left(\dfrac{a_1^2}{4} - a_0 > 0\right)$.

   Dann sind nach (8.31) $y_1 = C_1\,\mathrm{e}^{k_1 x}$ und $y_2 = C_2\,\mathrm{e}^{k_2 x}$ Lösungen der Dgl. (8.34) und die allgemeine Lösung lautet

$$\boxed{y = C_1\,\mathrm{e}^{k_1 x} + C_2\,\mathrm{e}^{k_2 x}} \tag{8.36a}$$

2. *k_1 und k_2 sind gleich.*

   Dies ist der Fall, wenn $\dfrac{a_1^2}{4} - a_0 = 0$ ist. Wegen $k_1 = k_2 = -\dfrac{a_1}{2}$ ergäbe sich nur eine unabhängige Lösung $y = C\,\mathrm{e}^{kx}$. Die allgemeine Lösung kann hier mit Hilfe der *Variation der Konstanten* bestimmt werden:

$$\begin{aligned} y &= C(x)\,\mathrm{e}^{kx} \\ y' &= C'(x)\,\mathrm{e}^{kx} + C(x)k\,\mathrm{e}^{kx} = \mathrm{e}^{kx}[C'(x) + kC(x)] \\ y'' &= C''(x)\,\mathrm{e}^{kx} + C'(x)k\,\mathrm{e}^{kx} + C'(x)k\,\mathrm{e}^{kx} + C(x)k^2\,\mathrm{e}^{kx} \\ &= \mathrm{e}^{kx}[C''(x) + 2kC'(x) + k^2C(x)] \end{aligned}$$

   Die Terme für y, y' und y'' in die Dgl. (8.34) eingesetzt, liefert die Dgl.

$$\mathrm{e}^{kx}[C''(x) + (2k + a_1)C'(x) + (k^2 + a_1 k + a_0)C(x)] = 0.$$

Wegen $\mathrm{e}^{kx} \neq 0$, $k = -\frac{a_1}{2}$ und $a_0 = \frac{a_1^2}{4}$ folgt daraus

$$C''(x) = 0$$
$$C(x) = C_1 x + C_2.$$

Führt man noch $-\delta = -\frac{a_1}{2} = k$ ein, so ergibt sich als allgemeine Lösung der Dgl.

$$\boxed{y = (C_1 x + C_2)\,\mathrm{e}^{-\delta x}} \qquad (8.36\text{b})$$

3. *k_1 und k_2 sind konjugiert-komplex* $\left(\frac{a_1^2}{4} - a_0 < 0\right)$.

Mit $\frac{a_1}{2} = \delta$ und $\omega = \sqrt{a_0 - \frac{a_1^2}{4}}$ wird

$$k_1 = -\delta + \mathrm{j}\omega$$
$$k_2 = -\delta - \mathrm{j}\omega.$$

Die Lösung der Dgl. kann somit in der Form

$$\begin{aligned} y &= C_1\,\mathrm{e}^{(-\delta+\mathrm{j}\omega)x} + C_2\,\mathrm{e}^{(-\delta-\mathrm{j}\omega)x} \\ &= \mathrm{e}^{-\delta x}(C_1\,\mathrm{e}^{\mathrm{j}\omega x} + C_2\,\mathrm{e}^{-\mathrm{j}\omega x}) \end{aligned}$$

geschrieben werden. Mit Hilfe der Beziehungen $\mathrm{e}^{\mathrm{j}x} = \cos x + \mathrm{j}\sin x$ und $\mathrm{e}^{-\mathrm{j}x} = \cos x - \mathrm{j}\sin x$ läßt sich die Lösung umformen zu

$$\begin{aligned} y &= \mathrm{e}^{-\delta x}[C_1(\cos\omega x + \mathrm{j}\sin\omega x) + C_2(\cos\omega x - \mathrm{j}\sin\omega x)] \\ &= \mathrm{e}^{-\delta x}[(C_1 + C_2)\cos\omega x + \mathrm{j}(C_1 - C_2)\sin\omega x]. \end{aligned}$$

Nach Satz (8.33) müssen Realteil und Imaginärteil dieser Lösung selbst Lösung der Dgl. sein. Setzt man noch $C_1 + C_2 = A$ und $C_1 - C_2 = B$ und bildet aus Realteil und Imaginärteil eine neue Lösung, so erhält man diese in der Form

$$\boxed{y = \mathrm{e}^{-\delta x}(A\cos\omega x + B\sin\omega x)} \qquad (8.36\text{c})$$

Beispiel 8.36

Die Dgl. $y'' + a_1 y' + a_0 y = 0$ ist für $a_1 = 4$ und

a) $a_0 = 3$ b) $a_0 = 4$ c) $a_0 = 5$ zu lösen.

Lösung:

a) $y'' + 4y' + 3y = 0.$

Charakteristische Gleichung

$k^2 + 4k + 3 = 0.$

Lösungen der charakteristischen Gleichung

$k_1 = -1, \qquad k_2 = -3.$

Allgemeine Lösung der Dgl.

$$\underline{\underline{y = C_1\,\mathrm{e}^{-x} + C_2\,\mathrm{e}^{-3x}}}.$$

b) $y'' + 4y' + 4y = 0.$

Charakteristische Gleichung

$k^2 + 4k + 4 = 0.$

Lösungen der charakteristischen Gleichung

$k_1 = k_2 = k = -2.$

Allgemeine Lösung der Dgl.

$$\underline{\underline{y = \mathrm{e}^{-2x}(C_1 x + C_2)}}.$$

c) $y'' + 4y' + 5y = 0.$

Charakteristische Gleichung

$k^2 + 4k + 5 = 0.$

Lösungen der charakteristischen Gleichung

$$k_1 = -2 + \mathrm{j}, \qquad k_2 = -2 - \mathrm{j}$$
$$y = \mathrm{e}^{-2x}(C_1\,\mathrm{e}^{\mathrm{j}x} + C_2\,\mathrm{e}^{-\mathrm{j}x}).$$

Allgemeine Lösung der Dgl.

$$\underline{\underline{y = \mathrm{e}^{-2x}(A\cos x + B\sin x)}}.$$

Beispiel 8.37

Eine Masse sei an einer elastischen Feder aufgehängt und starr mit einem in einer Flüssigkeit eingetauchten Dämpfungskolben verbunden (Bild 8.24).

a) Die Dgl. der Bewegung der Gesamtmasse nach einmaligem Auslenken aus der Ruhelage ist aufzustellen.

Das elektrische Analogon zu diesem Problem stellt der Reihenschwingungskreis dar (Bild 8.25), der zur Zeit $t = 0$ geschlossen wird.

b) Das Strom-Zeit-Gesetz des Reihenschwingungskreises ist ebenfalls durch eine Dgl. anzugeben.

c) Die Dgln. aus a) und b) sind unter Berücksichtigung der Annahme, der Dämpfungszylinder sei nicht vorhanden (Reibungskraft $F_d = 0$) bzw. der ohmsche Widerstand sei nicht vorhanden ($R = 0$), zu lösen: *ungedämpfte freie Schwingung.*

d) Die grundsätzlich möglichen Lösungen der Dgln. für $F_d \neq 0$ bzw. $R \neq 0$ sind zu ermitteln und zu diskutieren: *gedämpfte freie Schwingung.*

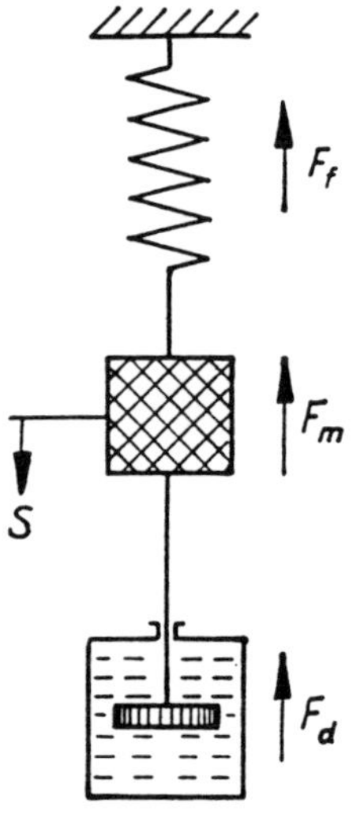

Bild 8.24

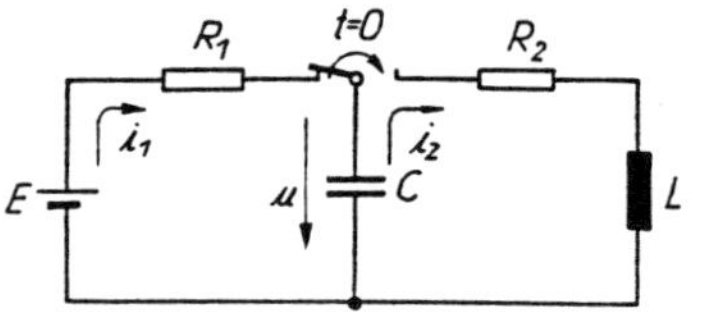

Bild 8.25

Lösung:

a) Bei einer Abwärtsbewegung der Masse tritt eine nach oben gerichtete Federkraft auf, die proportional der Auslenkung ist

$F_f = -f\,s \qquad (f \text{ Federkonstante}),$

außerdem eine geschwindigkeitsproportionale Reibungs- bzw. Dämpfungskraft

$F_d = -d\,\dot{s} \qquad (d \text{ Dämpfungsfaktor}).$

Die der Bewegung entgegengesetzt, also ebenfalls nach oben gerichtete Massenträgheitskraft ist

$F_m = -m\,\ddot{s} \qquad (m \text{ Gesamtmasse}).$

Die Gleichgewichtsbedingung liefert die Dgl.

$$m\ddot{s} + d\dot{s} + f\,s = 0$$

$$\underline{\underline{\ddot{s} + \frac{d}{m}\dot{s} + \frac{f}{m}s = 0,}}$$

eine homogene lineare Dgl. 2. Ordnung mit konstanten Koeffizienten.

b) Der Kondensator sei bis zur Zeit $t = 0$ durch den Strom i_1 aufgeladen worden. Die Spannung am Kondensator sei dann u_C. Wird zur Zeit $t = 0$ der Reihenschwingungskreis geschlossen, so beginnt ein Entladevorgang des Kondensators mit einem Stromfluß der Stärke i_2. Das 2. Kirchhoffsche Gesetz ermöglicht den Ansatz

$$-u_C + i_2 R_2 + u_L = 0.$$

Differenziert man diese Gleichung einmal nach der Zeit und setzt $u_C = u$,

$i_2 = i$, $R_2 = R$, so erhält man wegen $u_L = L\dfrac{\mathrm{d}i}{\mathrm{d}t}$ und $i = -C\dfrac{\mathrm{d}u}{\mathrm{d}t}$

$$\frac{1}{C}i + R\frac{\mathrm{d}i}{\mathrm{d}t} + L\frac{\mathrm{d}^2 i}{\mathrm{d}t^2} = 0$$

$$\underline{\underline{\frac{\mathrm{d}^2 i}{\mathrm{d}t^2} + \frac{R}{L}\frac{\mathrm{d}i}{\mathrm{d}t} + \frac{1}{LC}i = 0.}}$$

Dies ist wiederum eine homogene lineare Dgl. 2. Ordnung.

c) Nimmt man die Bewegung reibungsfrei an bzw. den ohmschen Widerstand mit Null (beides ist real nicht voll zu verwirklichen), so vereinfachen sich die beiden Dgln. zu

$$\ddot{s} + \frac{f}{m}s = 0$$

bzw.

$$\frac{\mathrm{d}^2 i}{\mathrm{d}t^2} + \frac{1}{LC}i = 0.$$

Da beide Gleichungen diesselbe Gestalt haben, genügt es, für eine die allgemeine Lösung zu bestimmen. Nimmt man die Dgl. der mechanischen Schwingung und setzt noch $\dfrac{f}{m} = \omega_0^2$, so erhält man

$$\ddot{s} + \omega_0^2 s = 0.$$

Die zugehörige charakteristische Gleichung $k^2 + \omega_0^2 = 0$ hat die Lösungen $k_1 = \mathrm{j}\omega_0$ und $k_2 = -\mathrm{j}\omega_0$.

Damit ergibt sich für die Lösung der Dgl.

$$s = C_1\,\mathrm{e}^{\mathrm{j}\omega_0 t} + C_2\,\mathrm{e}^{-\mathrm{j}\omega_0 t} = C_1(\cos\omega_0 t + \mathrm{j}\sin\omega_0 t) + C_2(\cos\omega_0 t - \mathrm{j}\sin\omega_0 t).$$

Wie in 8.3.2.1 gezeigt wurde, kann aus Real- und Imaginärteil eine neue Lösung kombiniert werden. Mit $C_1 + C_2 = A$, $C_1 - C_2 = B$ lautet somit die allgemeine Lösung der Dgl.

$$s = A\cos\omega_0 t + B\sin\omega_0 t.$$

Ersetzt man noch A und B mittels der Substitutionen $A = K\sin\varphi$ und $B = K\cos\varphi$ durch die Konstanten K und φ, so erhält man nach Anwenden eines Additionstheorems als allgemeine Lösung der Dgl.

$$\underline{\underline{s = K\sin(\omega_0 t + \varphi).}}$$

Dies ist die Gleichung einer harmonischen Schwingung mit der Amplitude K, der Kreisfrequenz ω_0 und dem Phasenwinkel φ. Sowohl die Masse m des mechanischen Systems als auch der Strom i im Reihenschwingungskreis würden im angenommenen Falle eine harmonische Schwingung ausführen. $\omega_0 = \sqrt{\dfrac{f}{m}}$ bzw. $\omega_0 = \dfrac{1}{\sqrt{LC}}$ heißt auch *Kennkreisfrequenz* (Eigenfrequenz des ungedämpften Systems).

Die Konstanten K und φ können auf Grund der Anfangsbedingungen berechnet werden. Im mechanischen System gilt: $t = 0$, $s = s_0$ $\dot{s} = v_0$. Aus

$s = K \sin(\omega_0 t + \varphi)$, $\quad \dot{s} = \omega_0 K \cos(\omega_0 t + \varphi)$ folgt

$s_0 = K \sin \varphi \qquad v_0 = \omega_0 K \cos \varphi$

$$K = \sqrt{s_0^2 + \left(\frac{v_0}{\omega_0}\right)^2} \qquad \varphi = \arctan \frac{\omega_0 s_0}{v_0}.$$

Damit erhält man als partikuläre Lösung

$$s = \sqrt{s_0^2 + \left(\frac{v_0}{\omega_0}\right)^2} \sin\left(\omega_0 t + \arctan \frac{\omega_0 s_0}{v_0}\right).$$

Für den Reihenschwingungskreis heißt die allgemeine Lösung der Dgl.

$i = K \sin(\omega_0 t + \varphi)$ mit

$$\omega_0 = \frac{1}{\sqrt{LC}}.$$

Hier gelten die Anfangsbedingungen $t = 0$: $i = 0$, $u = u_C = u_L = L \frac{\mathrm{d}i}{\mathrm{d}t}$. Durch Ableiten der Lösung der Dgl. bekommt man

$$\frac{\mathrm{d}i}{\mathrm{d}t} = \omega_0 K \cos(\omega_0 t + \varphi).$$

Die Lösung und die vorstehende Gleichung liefern nach Einsetzen der Anfangsbedingungen

$$\varphi = 0, \qquad K = \frac{u}{\omega_0 L}$$

Die die Anfangsbedingungen erfüllende partikuläre Lösung ist

$$i = \frac{u}{\omega_0 L} \sin \omega_0 t.$$

d) Ist $F_d \neq 0$ bzw. $R \neq 0$, so verläuft der Schwingungsvorgang gedämpft. Die Dgln. sind jetzt in der Form

$$\ddot{s} + \frac{d}{m}\dot{s} + \frac{f}{m}s = 0$$

und

$$\frac{\mathrm{d}^2 i}{\mathrm{d}t^2} + \frac{R}{L}\frac{\mathrm{d}i}{\mathrm{d}t} + \frac{1}{LC} i = 0$$

anzusetzen.

Statt dieser soll im folgenden mit der Dgl.

$$\ddot{y} + 2\delta \dot{y} + \omega_0^2 y = 0$$

gerechnet werden (im mechanischen Beispiel ist $y = s$, $2\delta = \frac{d}{m}$, $\omega_0^2 = \frac{f}{m}$, im elektrischen Beispiel $y = i$, $2\delta = \frac{R}{L}$, $\omega_0^2 = \frac{1}{LC}$).

Die charakteristische Gleichung

$$k^2 + 2\delta k + \omega_0^2 = 0$$

hat die Lösungen

$$k_{1;2} = -\delta \pm \sqrt{\delta^2 - \omega_0^2}.$$

Je nachdem, ob $\delta < \omega_0$, $\delta = \omega_0$ oder $\delta > \omega_0$ ist, ergeben sich verschiedene Lösungen der Dgl. Die Berechnung dieser Lösungen soll unter Verwendung der in der Technik verwendeten Kenngröße, des **Dämpfungsgrades**

$$D = \frac{\delta}{\omega_0}$$

erfolgen.

α) $0 < D < 1$, d. h. $\delta < \omega_0$.

Dies ist der Fall, wenn im mechanischen System die Dämpfung oder im Reihenschwingungskreis der ohmsche Widerstand relativ klein ist $\left(d < 2\sqrt{fm} \text{ bzw. } R < 2\sqrt{\frac{L}{C}}\right)$. k_1 und k_2 sind konjugiert-komplex:

$$k_{1;2} = -\delta \pm \mathrm{j}\sqrt{\omega_0^2 - \delta^2}$$

oder, mit

$$\omega_\mathrm{e} = \sqrt{\omega_0^2 - \delta^2},$$

$$k_1 = -\delta + \mathrm{j}\omega_\mathrm{e}, \qquad k_2 = -\delta - \mathrm{j}\omega_\mathrm{e}.$$

Als allgemeine Lösung der Dgl. ergibt sich durch Kombination von Real- und Imaginärteil

$$y = \mathrm{e}^{-\delta t}[C_1 \mathrm{e}^{\mathrm{j}\omega_\mathrm{e} t} + C_2 \mathrm{e}^{-\mathrm{j}\omega_\mathrm{e} t}]$$

$$= \mathrm{e}^{-\delta t}[A \cos \omega_\mathrm{e} t + B \sin \omega_\mathrm{e} t] \qquad (A = C_1 + C_2,\ B = C_1 - C_2)$$

$$\underline{\underline{y = \mathrm{e}^{-\delta t} K \sin(\omega_\mathrm{e} t + \varphi)}} \qquad \left(K = \sqrt{A^2 + B^2},\ \varphi = \arctan \frac{A}{B}\right).$$

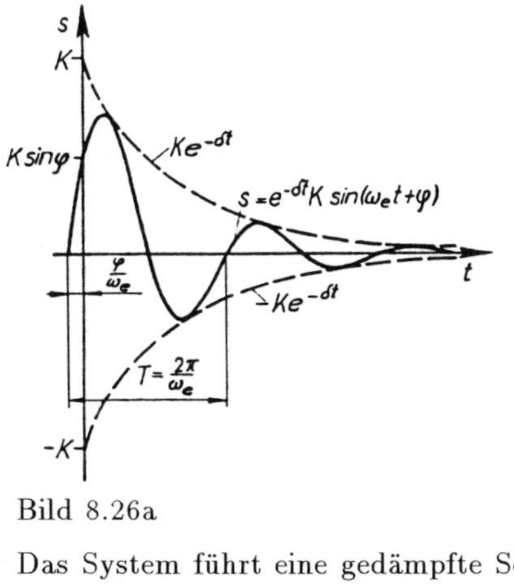

Bild 8.26a

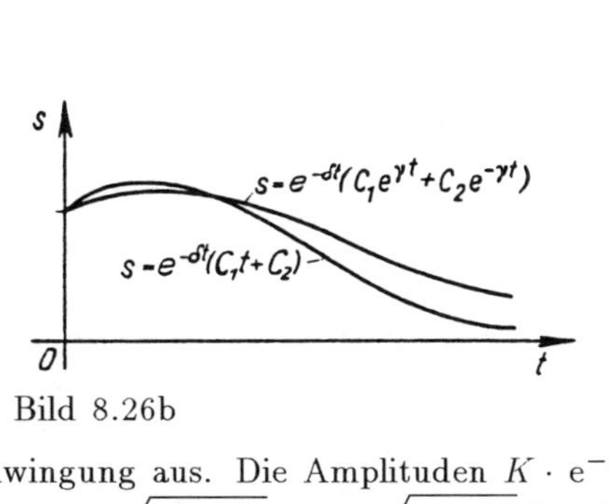

Bild 8.26b

Das System führt eine gedämpfte Schwingung aus. Die Amplituden $K \cdot \mathrm{e}^{-\delta t}$ ändern sich in Abhängigkeit von t. $\omega_\mathrm{e} = \sqrt{\omega_0^2 - \delta^2} = \omega_0 \sqrt{1 - D^2}$ ist die Eigenfrequenz der freien Schwingung des gedämpften Systems, die um so mehr von der Kennkreisfrequenz ω_0 abweicht, je größer der Dämpfungsgrad D ist. Wegen $\omega_e < \omega_0$ ist die Periodendauer T des gedämpften Systems stets größer als die Periodendauer T_0 des ungedämpften Systems (Bild 8.26a).

Für das mechanische System lautet die allgemeine Lösung der Dgl.

$$s = e^{-\frac{d}{2m}t} K \sin\left(\sqrt{\frac{f}{m} - \frac{d^2}{4m^2}}\, t + \varphi\right),$$

für das elektrische

$$i = e^{-\frac{R}{2L}t} K \sin\left(\sqrt{\frac{1}{LC} - \frac{R^2}{4L^2}}\, t + \varphi\right).$$

β) $D = 1$, d. h. $\delta = \omega_0$.

Die Lösungen der charakteristischen Gleichung sind

$k_1 = k_2 = -\delta.$

Nach (8.36b) heißt dann die allgemeine Lösung der Dgl.

$$\underline{\underline{y = (C_1 t + C_2)\, e^{-\delta t}}},$$

bzw. für das mechanische System

$$s = (C_1 t + C_2)\, e^{-\frac{d}{2m}t}$$

und für den Reihenschwingungskreis

$$i = (C_1 t + C_2)\, e^{-\frac{R}{2L}t}.$$

Die Systeme führen keine Schwingungen, d. h. periodische Bewegungen, mehr aus. Wie man zeigen kann, hat die Funktion $y = (C_1 x + C_2)\, e^{-\delta t}$ höchstens eine Nullstelle (wenn $C_1 \neq 0$) und einen Extremwert. Der Fall $D = 1$ trennt die für $D > 1$ aperiodisch verlaufenden Vorgänge von den periodischen (für $0 < D < 1$), man nennt ihn deshalb den **aperiodischen Grenzfall** (Bild 8.26b).

γ) $D > 1$, d. h. $\delta > \omega_0$.

Das schwingungsfähige System ist stark gedämpft. Die Lösungen der charakteristischen Gleichung sind

$$k_1 = -\delta + \sqrt{\delta^2 - \omega_0^2}, \qquad k_2 = -\delta - \sqrt{\delta^2 - \omega_0^2},$$

Mit $\gamma = \sqrt{\delta^2 - \omega_0^2}$ kann man die allgemeine Lösung der Dgl. in der Form

$$y = e^{-\delta t}(C_1\, e^{\gamma t} + C_2\, e^{-\gamma t})$$

oder auch, mit $C_1 + C_2 = A$ und $C_1 - C_2 = B$,

$$\underline{\underline{y = e^{-\delta t}(A \cosh \gamma t + B \sinh \gamma t)}}$$

schreiben. Diese Funktion hat ebenfalls höchstens eine Nullstelle (wenn $C_1 \neq 0$ und $C_2 \neq 0$ sowie $C_1 C_2 < 0$) und einen Extremwert. Der durch diese Funktion beschriebene aperiodische Vorgang heißt der **Kriechfall** (Bild 8.26b).

Für die mechanische Schwingung nimmt die Lösung die Gestalt

$$s = \mathrm{e}^{-\frac{d}{2m}t}\left(A\cosh\sqrt{\frac{d^2}{4m^2}-\frac{f}{m}}t + B\sinh\sqrt{\frac{d^2}{4m^2}-\frac{f}{m}}t\right)$$

an, für den Reihenschwingungskreis

$$i = \mathrm{e}^{-\frac{R}{2L}t}\left(A\cosh\sqrt{\frac{R^2}{4L^2}-\frac{1}{LC}}\,t + B\sinh\sqrt{\frac{R^2}{4L^2}-\frac{1}{LC}}\,t\right).$$

In allen drei betrachteten Fällen können die den technischen Problemstellungen entsprechenden partikulären Lösungen ermittelt werden, indem man die zu den Anfangsbedingungen gehörenden Werte für C_1 und C_2 bzw. A und B bestimmt.

8.3.2.3 Die inhomogene lineare Differentialgleichung 2. Ordnung

Jede inhomogene lineare Dgl. 2. Ordnung mit konstanten Koeffizienten kann in der Form

$$\boxed{y'' + a_1y' + a_0y = s(x)} \tag{8.37}$$

geschrieben werden.

Wie bereits in 8.2.5 ausgeführt wurde, setzt sich die allgemeine Lösung einer linearen Dgl. n-ter Ordnung aus der allgemeinen Lösung (y_h) der zugehörigen homogenen Dgl. und einer partikulären Lösung (y_p) der inhomogenen Dgl. zusammen:

$$y = y_\mathrm{h} + y_\mathrm{p}$$

Damit ist – da der Lösungsweg bei einer homogenen linearen Dgl. bereits bekannt ist – für das Lösen einer inhomogenen linearen Dgl. noch erforderlich, ein Verfahren zum Bestimmen einer partikulären Lösung bereitzustellen. Dieses ist für den allgemeinen Fall das Verfahren der Variation der Konstanten. Bei gewissen speziellen Formen der Störfunktion $s(x)$ kann jedoch eine partikuläre Lösung wesentlich einfacher, ohne das (allgemeingültige) Verfahren der Variation der Konstanten anwenden zu müssen, gefunden werden. Der Vorteil dieses Weges besteht darin, daß er keine Integration erfordert. Dabei wird u. U. der folgende Satz angewendet werden müssen.

Satz

Hat eine inhomogene lineare Dgl. die Form

$$L_n[y] = s_1(x) + s_2(x)$$

und ist $y_{\mathrm{p}1}$ eine partikuläre Lösung der Dgl. $L_n[y] = s_1(x)$, $y_{\mathrm{p}2}$ eine partikuläre Lösung der Dgl. $L_n[y] = s_2(x)$, so ist

$$y_\mathrm{p} = y_{\mathrm{p}1} + y_{\mathrm{p}2}$$

eine partikuläre Lösung der Dgl. $L_n[y] = s_1(x) + s_2(x)$. (8.38)

Beweis: Nach (8.29a) ist

$$L_n[y_{p1} + y_{p2}] = L_n[y_{p1}] + L_n[y_{p2}].$$

Wegen

$$L_n[y_{p1}] \equiv s_1(x) \qquad \text{und} \qquad L_n[y_{p2}] \equiv s_2(x)$$

ist auch

$$L_n[y_{p1} + y_{p2}] \equiv s_1(x) + s_2(x)$$

bzw.

$$L_n[y_p] \equiv s_1(x) + s_2(x),$$

was zu beweisen war.

Im weiteren sollen nun Dgln. mit folgenden Formen der Störfunktion gelöst werden:

$$s(x) = P_m(x)\,\mathrm{e}^{\alpha x}$$

($P_m(x)$ ein Polynom m-ten Grades in x)

$$s(x) = P_{m1}(x)\cos\beta x + P_{m2}(x)\sin\beta x$$

($P_{m1}(x)$ und $P_{m2}(x)$ zwei Polynome in x von höchstens m-tem Grad).
In beiden Fällen ist es möglich, eine partikuläre Lösung mittels eines Lösungsansatzes zu ermitteln. Die Richtigkeit der partikulären Lösung kann durch die Probe nachgewiesen werden.

$s(x) = P_m(x)\mathrm{e}^{\alpha x}$

mit

$$P_m(x) = p_0 + p_1 x + \ldots + p_m x^m$$

Lösungsansatz: $y_p = B_m(x)\mathrm{e}^{\alpha x}$

mit

$$B_m(x) = b_0 + b_1 x + \ldots + b_m x^m,$$

wenn α nicht Lösungswert der charakteristischen Gleichung der zugehörigen homogenen Dgl. ist. Der Grad des Polynoms $B_m(x)$ ist der gleiche wie der des Polynoms $P_m(x)$ in der Störfunktion.

Lösungsansatz: $y_p = x^q B_m(x)\mathrm{e}^{\alpha x}$,

wenn α der Wert einer q-fachen Lösung der charakteristischen Gleichung ist. Die Koeffizienten $b_0, b_1, \ldots, b_m$ sind durch Koeffizientenvergleich nach Einsetzen von $y_p, y_p', \ldots, y_p^{(n)}$ in die zu lösende inhomogene lineare Dgl. $L_n[y] = s(x)$ zu bestimmen.

Beispiel 8.38

$y'' - 3y' + 2y = 2x + 1.$

Lösung:

Homogene Dgl.

$y'' - 3y' + 2y = 0.$

Charakteristische Gleichung

$k^2 - 3k + 2 = 0.$

Lösungen der charakteristischen Gleichung

$k_1 = 1, \qquad k_2 = 2.$

Allgemeine Lösung der homogenen Dgl.

$\underline{\underline{y_\mathrm{h} = C_1\,\mathrm{e}^x + C_2\,\mathrm{e}^{2x}}}.$

Mit $s(x) = 2x + 1$ liegt ein besonders einfacher Fall vor, da die Störfunktion nur ein Polynom in x ist, d. h., der Lösungsansatz $y_\mathrm{p} = B_m(x)\,\mathrm{e}^{\alpha x}$ vereinfacht sich mit $\alpha = 0$ und $m = 1$ zu

$y_\mathrm{p} = b_0 + b_1 x$ (denn $\alpha = 0$ ist nicht Lösung der charakteristischen Gleichung)

$y_\mathrm{p}' = b_1$

$y_\mathrm{p}'' = 0.$

In die Dgl. eingesetzt

$0 - 3b_1 + 2(b_0 + b_1 x) = 2x + 1$

$2b_1 x + (2b_0 - 3b_1) = 2x + 1.$

Der Koeffizientenvergleich liefert

$b_1 = 1, \qquad b_0 = 2.$

Also ist

$\underline{\underline{y_\mathrm{p} = x + 2}}.$

Die allgemeine Lösung der inhomogenen Dgl. erhält man mit $y = y_\mathrm{h} + y_\mathrm{p}$ zu

$\underline{\underline{y = C_1\,\mathrm{e}^x + C_2\,\mathrm{e}^{2x} + x + 2}}.$

Beispiel 8.39

$y'' - 3y' + 2y = \mathrm{e}^{3x}.$

Lösung:

Da die zugehörige homogene Dgl. die gleiche wie in Beispiel 8.38 ist, gilt

$\underline{\underline{y_\mathrm{h} = C_1\,\mathrm{e}^x + C_2\,\mathrm{e}^{2x}}}.$

Mit $s(x) = \mathrm{e}^{3x}$ und weil $\alpha = 3$ nicht Lösung der charakteristischen Gleichung ist, lautet der Lösungsansatz

$$y_\mathrm{P} = B_0(x)\,\mathrm{e}^{\alpha x}$$
$$y_\mathrm{P} = b_0\,\mathrm{e}^{3x}$$
$$y_\mathrm{P}' = 3b_0\,\mathrm{e}^{3x}$$
$$y_\mathrm{P}'' = 9b_0\,\mathrm{e}^{3x}.$$

In die Dgl. eingesetzt

$$9b_0\,\mathrm{e}^{3x} - 3\cdot 3b_0\,\mathrm{e}^{3x} + 2b_0\,\mathrm{e}^{3x} = \mathrm{e}^{3x}$$
$$b_0 = \frac{1}{2}$$
$$y_\mathrm{P} = \frac{1}{2}\,\mathrm{e}^{3x}$$
$$y = C_1\,\mathrm{e}^{x} + C_2\,\mathrm{e}^{2x} + \frac{1}{2}\,\mathrm{e}^{3x}.$$

Beispiel 8.40

$$y'' - 3y' + 2y = 2x\,\mathrm{e}^{3x}.$$

Lösung:

Auch hier ist wiederum

$$y_\mathrm{h} = C_1\,\mathrm{e}^{x} + C_2\,\mathrm{e}^{2x}.$$

Lösungsansatz für eine partikuläre Lösung der inhomogenen Dgl.:

$$y_\mathrm{P} = (b_0 + b_1 x)\,\mathrm{e}^{3x}$$
$$y_\mathrm{P}' = (3b_1 x + b_1 + 3b_0)\,\mathrm{e}^{3x}$$
$$y_\mathrm{P}'' = (9b_1 x + 6b_1 + 9b_0)\,\mathrm{e}^{3x}.$$

Einsetzen in die Dgl. und Koeffizientenvergleich ergeben

$$b_1 = 1, \qquad b_0 = -\frac{3}{2}$$
$$y_\mathrm{P} = \left(x - \frac{3}{2}\right)\mathrm{e}^{3x}$$
$$y = C_1\,\mathrm{e}^{x} + C_2\,\mathrm{e}^{2x} + \left(x - \frac{3}{2}\right)\mathrm{e}^{3x}.$$

Beispiel 8.41

$$y'' - 3y' + 2y = \mathrm{e}^{2x}.$$

Lösung:

$$y_\mathrm{P} = C_1\,\mathrm{e}^{x} + C_2\,\mathrm{e}^{2x}.$$

Der Wert $\alpha = 2$ ist (einfache) Lösung der charakteristischen Gleichung der homogenen Dgl. Also muß der Lösungsansatz in der Form $y_\text{p} = x B_0(x)\,\mathrm{e}^{2x}$ erfolgen

$$y_\text{p} = x b_0\,\mathrm{e}^{2x}$$
$$y_\text{p}' = b_0\,\mathrm{e}^{2x} + 2b_0 x\,\mathrm{e}^{2x}$$
$$y_\text{p}'' = 4b_0\,\mathrm{e}^{2x} + 4b_0 x\,\mathrm{e}^{2x}.$$

Einsetzen in die Dgl. und Koeffizientenvergleich liefert

$$b_0 = 1$$
$$\underline{\underline{y_\text{p} = x\,\mathrm{e}^{2x}}}$$
$$\underline{\underline{y = C_1\,\mathrm{e}^{x} + (C_2 + x)\,\mathrm{e}^{2x}.}}$$

Beispiel 8.42

$$y'' - 3y' + 2y = 2x + 1 + \mathrm{e}^{2x}.$$

Lösung:

$$\underline{\underline{y_\text{p} = C_1\,\mathrm{e}^{x} + C_1\,\mathrm{e}^{2x}.}}$$

Die Störfunktion $s(x) = 2x + 1 + \mathrm{e}^{2x}$ kann in zwei Summanden

$$s_1(x) = 2x + 1 \qquad \text{und} \qquad s_2(x) = \mathrm{e}^{2x}$$

zerlegt werden. Eine partikuläre Lösung y_p kann hier – gemäß dem am Anfang des Abschnitts stehenden Satz – als Summe zweier partikulärer Lösungen $y_{\text{p}1}$ und $y_{\text{p}2}$ der Dgln.

$$y'' - 3y' + 2y = 2x + 1$$

und

$$y'' - 3y' + 2y = \mathrm{e}^{2x}$$

ermittelt werden.
Aus Beispiel 8.38 kann man entnehmen

$$y_{\text{p}1} = x + 2.$$

aus Beispiel 8.41

$$y_{\text{p}2} = x\,\mathrm{e}^{2x}.$$

Somit ist

$$\underline{\underline{y_\text{p} = x + 2 + x\,\mathrm{e}^{2x}}}$$
$$\underline{\underline{y = C_1\,\mathrm{e}^{x} + (C_2 + x)\,\mathrm{e}^{2x} + x + 2.}}$$

Beispiel 8.43

$y'' - 3y' = 2x + 1.$

Lösung:

Homogene Dgl.

$y'' - 3y' = 0.$

Charakteristische Gleichung

$k^2 - 3k = 0.$

Lösungen der charakteristischen Gleichung

$k_1 = 0, \qquad k_2 = 3.$

Allgemeine Lösung der homogenen Dgl.

$\underline{\underline{y_{\mathrm{h}} = C_1 + C_2\,\mathrm{e}^{3x}.}}$

Mit $s(x) = 2x + 1 = P_1(x)\,\mathrm{e}^{\alpha x}$ liegt der Fall vor, daß $\alpha = 0$ auch (einfache) Lösung der charakteristischen Gleichung ist. Also ist als Lösungsansatz zu verwenden

$$\begin{aligned} y_{\mathrm{p}} &= x(b_0 + b_1 x) = b_0 x + b_1 x^2 \\ y_{\mathrm{p}}' &= b_0 + 2b_1 x \\ y_{\mathrm{p}}'' &= 2b_1. \end{aligned}$$

Durch Einsetzen in die Dgl. und Koeffizientenvergleich erhält man

$b_0 = -\frac{5}{9}, \qquad b_1 = -\frac{1}{3}$

$\underline{\underline{y_{\mathrm{p}} = -\frac{x^2}{3} - \frac{5}{9}x}}$

$\underline{\underline{y = C_1 + C_2\,\mathrm{e}^{3x} - \frac{x}{9}(3x + 5).}}$

$s(x) = P_{m1}(x)\cos\beta x + P_{m2}(x)\sin\beta x$

Lösungsansatz: $y_{\mathrm{p}} = B_m(x)\cos\beta x + C_m(x)\sin\beta x$

mit

$$\begin{aligned} B_m(x) &= b_0 + b_1 x + \ldots + b_m x^m, \\ C_m(x) &= c_0 + c_1 x + \ldots + c_m x^m, \end{aligned}$$

wenn $\pm\mathrm{j}\beta$ nicht Lösung der charakteristischen Gleichung der zugehörigen homogenen Dgl. ist. Sind $P_{m1}(x)$ und $P_{m2}(x)$ Polynome von höchstens m-tem Grade, so sind für $B_m(x)$ und $C_m(x)$ Polynome m-ten Grades anzusetzen.

Lösungsansatz: $y_{\mathrm{p}} = x^q[B_m(x)\cos\beta x + C_m(x)\sin\beta x]$,

wenn $\pm\,\mathrm{j}\beta$ q-fache Lösungen (rein imaginäre!) der charakteristischen Gleichung sind.

Die Koeffizienten $b_0, b_1, \ldots, b_m$ und $c_0, c_1, \ldots, c_m$ sind durch Koeffizientenvergleich nach Einsetzen von $y_\mathrm{p}, y'_\mathrm{p}, \ldots, y_\mathrm{p}^{(n)}$ in die zu lösende inhomogene lineare Dgl. $L_n[y] = s(x)$ zu bestimmen.

Beispiel 8.44

$$y'' - 3y' + 2y = \cos 2x.$$

Lösung:

$$\underline{\underline{y_\mathrm{h} = C_1\,\mathrm{e}^x + C_2\,\mathrm{e}^{2x}}}.$$

Da $\mathrm{j}\beta = \mathrm{j}2$ und $-\mathrm{j}\beta = -\mathrm{j}2$ nicht Lösungen der charakteristischen Gleichung sind, lautet mit $m = 0$, $\beta = 2$ der Lösungsansatz

$$\begin{aligned}
y_\mathrm{p} &= b_0 \cos 2x + c_0 \sin 2x \\
y'_\mathrm{p} &= -2b_0 \sin 2x + 2c_0 \cos 2x \\
y''_\mathrm{p} &= -4b_0 \cos 2x - 4c_0 \sin 2x.
\end{aligned}$$

Einsetzen in die Dgl.

$$(-2b_0 - 6c_0)\cos 2x + (6b_0 - 2c_0)\sin 2x = \cos 2x.$$

Der Koeffizientenvergleich

$$\begin{aligned}
-2b_0 - 6c_0 &= 1 \\
6b_0 - 2c_0 &= 0
\end{aligned}$$

liefert

$$b_0 = -\frac{1}{20}, \qquad c_0 = -\frac{3}{20}$$

$$\underline{\underline{y_\mathrm{p} = -\frac{1}{20}\cos 2x - \frac{3}{20}\sin 2x}}$$

$$\underline{\underline{y = C_1\,\mathrm{e}^x + C_2\,\mathrm{e}^{2x} - \frac{1}{20}\cos 2x - \frac{3}{20}\sin 2x}}.$$

Beispiel 8.45

$$y'' - 3y' + 2y = x\cos 2x - 2\sin 2x.$$

Lösung:

$$\underline{\underline{y_\mathrm{h} = C_1\,\mathrm{e}^x + C_2\,\mathrm{e}^{2x}}}.$$

Wegen $m = 1$, $\beta = 2$ heißt der Lösungsansatz für eine partikuläre Lösung

$$\begin{aligned}
y_\mathrm{p} &= (b_0 + b_1 x)\cos 2x + (c_0 + c_1 x)\sin 2x \\
y'_\mathrm{p} &= (b_1 + 2c_0)\cos 2x + 2c_1 x \cos 2x + (-2b_0 + c_1)\sin 2x - 2b_1 x \sin 2x \\
y''_\mathrm{p} &= (-4b_0 + 4c_1)\cos 2x - 4b_1 x \cos 2x + (-4b_1 - 4c_0)\sin 2x - 4c_1 x \sin 2x.
\end{aligned}$$

Nach Einsetzen in die Dgl. und durch Koeffizientenvergleich erhält man das

Gleichungssystem

$$\begin{array}{rrrrl} -2b_0 & -3b_1 & -6c_0 & +4c_1 & = 0 \\ & -2b_1 & & -6c_1 & = 1 \\ 6b_0 & -4b_1 & -2c_0 & -3c_1 & = -2 \\ & -6b_1 & & -2c_1 & = 0 \end{array}$$

mit den Lösungen

$$b_0 = -\frac{21}{50}, \qquad b_1 = -\frac{1}{20}, \qquad c_0 = \frac{13}{200}, \qquad c_1 = -\frac{3}{20}.$$

Die partikuläre Lösung lautet

$$\underline{\underline{y_p = -\left(\frac{21}{50} + \frac{1}{20}x\right)\cos 2x + \left(\frac{13}{200} - \frac{3}{20}x\right)\sin 2x}}$$

$$\underline{\underline{y = C_1\,e^x + C_2\,e^{2x} - \left(\frac{21}{50} + \frac{1}{20}x\right)\cos 2x + \left(\frac{13}{200} - \frac{3}{20}x\right)\sin 2x.}}$$

Beispiel 8.46

$y'' + 4y = \cos 2x.$

Lösung:

Homogene Dgl.

$y'' + 4y = 0.$

Charakteristische Gleichung

$k^2 + 4 = 0.$

Lösungen der charakteristischen Gleichung

$k_1 = \mathrm{j}2, \qquad k_2 = -\mathrm{j}2.$

Allgemeine Lösung der homogenen Dgl.

$\underline{\underline{y_h = C_1\,e^{\mathrm{j}2x} + C_2\,e^{-\mathrm{j}2x} = A\cos 2x + B\sin 2x.}}$

Da $k_1 = \mathrm{j}2 = \mathrm{j}\beta$ und damit $k_2 = -\mathrm{j}2 = -\mathrm{j}\beta$ (da komplexe Lösungen nur paarweise konjugiert-komplex auftreten können) einfache Lösung der charakteristischen Gleichung ist, lautet mit $q = 1$, $m = 0$, $\beta = 2$ der Lösungsansatz

$$\begin{aligned} y_p &= xb_0\cos 2x + xc_0\sin 2x \\ y_p' &= b_0\cos 2x - 2xb_0\sin 2x + c_0\sin 2x + 2xc_0\cos 2x \\ y_p'' &= -4b_0\sin 2x - 4xb_0\cos 2x + 4c_0\cos 2x - 4xc_0\sin 2x. \end{aligned}$$

Durch Koeffizientenvergleich ermittelt man

$$b_0 = 0, \qquad c_0 = \frac{1}{4}.$$

$$\underline{\underline{y_p = \frac{x}{4}\sin 2x}}$$

$$\underline{\underline{y = A\cos 2x + \left(B + \frac{x}{4}\right)\sin 2x.}}$$

Da bei dem zuletzt behandelten Lösungsansatz die Argumente der beiden trigonometrischen Funktionen gleich sind, könnte man diesen wegen

$$\cos\beta x + \mathrm{j}\sin\beta x = \mathrm{e}^{\mathrm{j}\beta x}, \qquad \cos\beta x - \mathrm{j}\sin\beta x = \mathrm{e}^{-\mathrm{j}\beta x}$$

$$\cos\beta x = \frac{\mathrm{e}^{\mathrm{j}\beta x} + \mathrm{e}^{-\mathrm{j}\beta x}}{2}, \qquad \sin\beta x = \frac{\mathrm{e}^{\mathrm{j}\beta x} - \mathrm{e}^{-\mathrm{j}\beta x}}{\mathrm{j}2}$$

auch in der Exponentialform schreiben, z. B.

$$b_0\cos\beta x + c_0\sin\beta x = B_0\,\mathrm{e}^{\mathrm{j}\beta x} + C_0\,\mathrm{e}^{-\mathrm{j}\beta x} \qquad (B_0, C_0 \text{ Konstanten}).$$

Das bedeutet, daß der 2. Lösungsansatz auf den 1. Lösungsansatz zurückgeführt werden kann. Man erkennt auch die Übereinstimmung der Bedingungen für α in $\mathrm{e}^{\alpha x}$ und $\pm\,\mathrm{j}\beta$ in

$$P_{m1}(x)\cos\beta x + P_{m2}(x)\sin\beta x.$$

Mit den beiden Lösungsansätzen können nunmehr lineare inhomogene Dgln. mit konstanten Koeffizienten für folgende Formen der Störfunktion gelöst werden:

a) $s(x)$ ist ein Polynom in x,
b) $s(x)$ ist ein Exponentialterm der Variablen x,
c) $s(x)$ ist ein aus Sinus- und Cosinusgliedern der Variablen x zusammengesetzter Term,
d) $s(x)$ ist eine Summe von Termen der Form a) ... c),
e) $s(x)$ ist ein Produkt von Termen der Formen a) und b) oder a) und c).

Es könnte noch interessieren, wie der Lösungsansatz lauten muß, wenn

f) $s(x)$ ein Produkt von Termen der Formen b) und c) oder a), b) und c) ist.

Ohne auf diesen Fall weiter einzugehen, sei dafür noch der Lösungsansatz gegeben. Dieser stellt eine Erweiterung der anderen beiden Lösungsansätze dar.

$$\boldsymbol{s(x) = \mathrm{e}^{\alpha x}[P_{m1}(x)\cos\beta x + P_{m2}(x)\sin\beta x]}$$

Lösungsansatz: $\boldsymbol{y_\mathrm{p} = \mathrm{e}^{\alpha x}[B_m(x)\cos\beta x + C_m(x)\sin\beta x]}$,

wenn $\alpha \pm \mathrm{j}\beta$ nicht Lösung der charakteristischen Gleichung der zugehörigen homogenen Dgl. ist;

Lösungsansatz: $\boldsymbol{y_\mathrm{p} = x^q\mathrm{e}^{\alpha x}[B_m(x)\cos\beta x + C_m(x)\sin\beta x]}$,

wenn $\alpha \pm \mathrm{j}\beta$ q-fache Lösung der charakteristischen Gleichung ist.

Auf die Richtigkeit dieses Lösungsansatzes kann auf Grund der oben dargestellten Möglichkeit, die trigonometrischen Terme des Argumentes βx durch Exponentialterme mit den Exponenten $\mathrm{j}\beta x$ und $-\mathrm{j}\beta x$ auszudrücken, geschlossen werden.

Von besonderer Bedeutung sind die Lösungsverfahren linearer inhomogener Dgln. mit konstanten Koeffizienten für die Behandlung von Schwingungsvorgängen. Auf diese soll im folgenden Beispiel näher eingegangen werden.

Beispiel 8.47

Eine an einer elastischen Feder aufgehängte und mit einem Dämpfungskolben starr verbundene Masse wird durch eine erzwungene periodische Bewegung des oberen Federaufhängepunktes (von außen einwirkende Kraft $F_a = F \sin \omega t$) zum Schwingen gebracht (in Annäherung durch einen Schubkurbeltrieb realisiert, Bild 8.27).

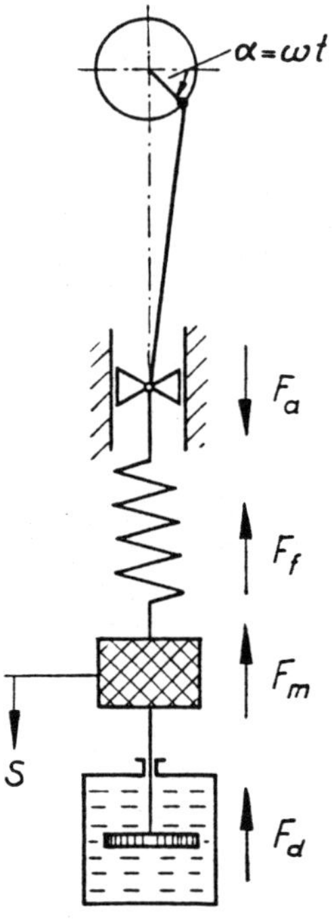

Bild 8.27

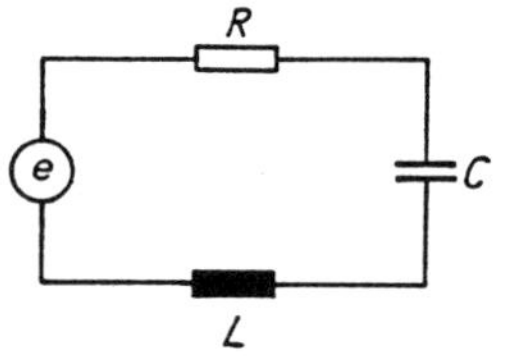

Bild 8.28

Das elektrische Analogon ist der durch eine Wechselspannungsquelle ($e = \hat{e} \cos \omega t$) gespeiste Reihenschwingungskreis (Bild 8.28).

a) Die Dgln. der erzwungenen mechanischen und der erzwungenen elektrischen Schwingung sind aufzustellen.

b) Die Dgln. sind für Reibungskraft $F_d = 0$ bzw. Widerstand $R = 0$ zu lösen: *ungedämpfte erzwungene Schwingung.*

c) Die Lösungen der Dgln. für $F_d \neq 0$ bzw. $R \neq 0$ sind zu ermitteln und zu diskutieren: *gedämpfte erzwungene Schwingung.*

Lösung:

a) Für die Systeme gelten die Dgln. (vgl. 8.3.2.2, Beispiel 8.37)

$$\ddot{s} + \frac{d}{m}\dot{s} + \frac{f}{m}s = \frac{F}{m}\sin \omega t$$

bzw.

$$\frac{\mathrm{d}^2 i}{\mathrm{d}t^2} + \frac{R}{L}\frac{\mathrm{d}i}{\mathrm{d}t} + \frac{1}{LC}i = -\frac{\omega \hat{e}}{L}\sin \omega t.$$

Anstelle dieser beiden soll im folgenden die Dgl.

$$\ddot{y} + 2\delta\dot{y} + \omega_0^2 y = K_0 \sin\omega t\,,$$

worin

$$y = s, \qquad 2\delta = \frac{d}{m}, \qquad \omega_0^2 = \frac{f}{m}, \qquad K_0 = \frac{F}{m},$$

bzw.

$$y = i, \qquad 2\delta = \frac{R}{L}, \qquad \omega_0^2 = \frac{1}{LC}, \qquad K_0 = -\frac{\omega\hat{e}}{L}$$

ist, gelöst werden.

b) Die Lösung der homogenen Dgl. kann aus 8.3.2.2, Beisp. 8.37 übernommen werden:

$$y_\mathrm{h} = K_\mathrm{h} \sin(\omega_0 t + \varphi_\mathrm{h}).$$

Der Lösungsansatz für eine partikuläre Lösung

$$y_\mathrm{p} = b_0 \cos\omega t + c_0 \sin\omega t \qquad \text{für } \omega \neq \omega_0$$

ergibt

$$y_\mathrm{p} = \frac{K_0}{\omega_0^2 - \omega^2} \sin\omega t.$$

Somit wird

$$\underline{\underline{y = K_\mathrm{h} \sin(\omega_0 t + \varphi_\mathrm{h}) + \frac{K_0}{\omega_0^2 - \omega^2} \sin\omega t.}}$$

c) Die Lösungen der homogenen Dgl.

$$\ddot{y} + 2\delta\dot{y} + \omega_0^2 y = 0$$

wurden in 8.3.2.2, Beisp. 8.37d, ermittelt. Sie sind

$\alpha)$ $y_\mathrm{h} = \mathrm{e}^{-\delta t} K_\mathrm{h} \sin(\omega_\mathrm{e} t + \varphi_\mathrm{h})$ für $\delta < \omega_0$

$\beta)$ $y_\mathrm{h} = (C_1 t + C_2)\,\mathrm{e}^{-\delta t}$ für $\delta = \omega_0$

$\gamma)$ $y_\mathrm{h} = \mathrm{e}^{-\delta t}(A\cosh\gamma t + B\sinh\gamma t)$ für $\delta > \omega_0$.

Im folgenden soll nur der Fall α), der für ein schwingungsfähiges System gilt, weiter betrachtet werden.

Für eine partikuläre Lösung der inhomogenen Dgl. ist der Lösungsansatz

$$y_\mathrm{p} = b_0 \cos\omega t + c_0 \sin\omega t$$

aufzustellen, wenn $\mathrm{j}\omega \neq \mathrm{j}\sqrt{\omega_0^2 - \delta^2}$, d. h. wenn (wegen $\omega_\mathrm{e} = \sqrt{\omega_0^2 - \delta^2}$) $\omega \neq \omega_\mathrm{e}$ ist (die Frequenz der erregenden Schwingung ω ist nicht gleich der Eigenfrequenz des Systems ω_e). Ableiten von y_p, Einsetzen in die Dgl. und Koeffizientenvergleich ergeben

$$b_0 = -\frac{2\delta\omega K_0}{(\omega_0^2 - \omega^2)^2 + (2\delta\omega)^2}, \qquad c_0 = \frac{(\omega_0^2 - \omega^2)K_0}{(\omega_0^2 - \omega^2)^2 + (2\delta\omega)^2}.$$

Also ist

$$y_\mathrm{p} = -\frac{2\delta\omega K_0}{(\omega_0^2-\omega^2)^2+(2\delta\omega)^2}\cos\omega t + \frac{(\omega_0^2-\omega^2)K_0}{(\omega_0^2-\omega^2)^2+(2\delta\omega)^2}\sin\omega t,$$

oder, nach Zusammenfassen von Sinus- und Cosinusglied[1],

$$y_\mathrm{p} = K\cos(\omega t+\varphi)$$

mit

$$K = \frac{-K_0}{\sqrt{(\omega_0^2-\omega^2)^2+(2\delta\omega)^2}} \qquad \text{und} \qquad \varphi = \arctan\frac{\omega_0^2-\omega^2}{2\delta\omega}.$$

Damit erhält man als allgemeine Lösung der inhomogenen Dgl.

$$\underline{\underline{y = \mathrm{e}^{-\delta t}K_\mathrm{h}\sin(\omega_\mathrm{e}t+\varphi_\mathrm{h}) + K\cos(\omega t+\varphi)}}.$$

Der erste Summand der allgemeinen Lösung strebt für $t\to\infty$ gegen Null. Man erkennt: Die gedämpfte erzwungene Schwingung setzt sich aus zwei Anteilen zusammen,

1. einem *flüchtigen Anteil*, beschrieben durch die für die Anfangsbedingungen gültige Lösung der homogenen Dgl.
2. einem *stationären Anteil*, beschrieben durch eine partikuläre Lösung der inhomogenen Dgl., deren Parameter von den Konstanten des schwingungsfähigen Systems und den von außen einwirkenden Größen abhängen.

Für den Reihenschwingungskreis ist der durch die partikuläre Lösung $y_\mathrm{p} = K\cos(\omega t+\varphi)$ beschriebene stationäre Anteil des Stromes mit

$$K = \frac{-K_0}{\sqrt{(\omega_0^2-\omega^2)^2+(2\delta\omega)^2}} = \frac{\dfrac{\omega\hat{e}}{L}}{\sqrt{\left(\dfrac{1}{LC}-\omega^2\right)^2+\left(\dfrac{R}{L}\omega\right)^2}}$$

$$= \frac{\hat{e}}{\sqrt{R^2+\left(\omega L-\dfrac{1}{\omega C}\right)^2}}$$

und

$$\varphi = \arctan\frac{\omega_0^2-\omega^2}{2\delta\omega} = \arctan\frac{\dfrac{1}{LC}-\omega^2}{\dfrac{R}{L}\omega} = \arctan\frac{\dfrac{1}{\omega C}-\omega L}{R}$$

$$= -\arctan\frac{\omega L-\dfrac{1}{\omega C}}{R}$$

$$\underline{\underline{i_\mathrm{p} = \frac{\hat{e}}{R_\mathrm{s}}\cos(\omega t+\varphi)}}.$$

[1] y_p könnte auch in der Form $K\sin(\omega t+\bar{\varphi})$ angegeben werden. Die verwendete Darstellungsweise ist im vorliegenden Fall günstiger, da die Störfunktion mit $e = \hat{e}\cos\omega t$ angenommen wurde.

Dies ist das *Ohmsche Gesetz für Wechselstrom*, worin

$$R_s = \sqrt{R^2 + \left(\omega L - \frac{1}{\omega C}\right)^2}$$

den *Scheinwiderstand* darstellt.

Technisch interessant ist eine Untersuchung der Amplitude des stationären Anteils, dem sich die Schwingung des Systems mit wachsendem t immer mehr annähert. Für diese wurde

$$K = \frac{-K_0}{\sqrt{(\omega_0^2 - \omega^2)^2 + (2\delta\omega)^2}}$$

errechnet. Es darf $K_0 \neq 0$ vorausgesetzt werden, da sonst keine Einwirkung von außen vorhanden wäre, also keine erzwungene Schwingung vorliegen würde. Auch ist $\delta \neq 0$, da sonst das System nicht gedämpft wäre. ω_0 ist die Kennkreisfrequenz (die Eigenfrequenz des dämpfungslos gedachten Systems). Bei einem bestimmten System hängt K von ω ab, d. h. $K = f(\omega)$.

K nimmt einen maximalen Wert an, wenn der Nenner des für K errechneten Ausdrucks ein Minimum wird. Jenes kann nur vorliegen für

$$\frac{\mathrm{d}}{\mathrm{d}\omega}[(\omega_0^2 - \omega^2)^2 + (2\delta\omega)^2] = 0,$$

$$2(\omega_0^2 - \omega^2)(-2\omega) + 8\delta^2\omega = 0.$$

$\omega = 0$ scheidet als Lösung aus (es ergibt, wie sich nachprüfen läßt, ein Minimum für K). Also liegt ein Maximum vor bei

$$\omega = \omega_r = \sqrt{\omega_0^2 - 2\delta^2} = \omega_0\sqrt{1 - 2D^2}.$$

Man nennt $\omega = \omega_r$ die *Resonanzfrequenz.* Wie man erkennt, ist im gedämpften System ω_r immer kleiner als die Kennkreisfrequenz ω_0 (im ungedämpften System ist ω_r gleich der Kennkreisfrequenz) und auch kleiner als die Eigenfrequenz $\omega_e = \sqrt{\omega_0^2 - \delta^2}$.

8.3.3 Lineare Differentialgleichungen 3. und höherer Ordnung

Die in Abschn. 8.3.2 hergeleiteten Sätze und aufgestellten Lösungsansätze gelten für lineare Dgln. n-ter Ordnung. Demnach ist auch der Lösungsweg für lineare Dgln. 3. und höherer Ordnung der gleiche wie bei den ausführlich behandelten Dgln. 2. Ordnung:

1. Bestimmen der allgemeinen Lösung der zugehörigen homogenen Dgl. mittels der Lösungen der charakteristischen Gleichung;
2. Bestimmen einer partikulären Lösung der inhomogenen Dgl. mittels eines Lösungsansatzes;
3. Addieren beider Lösungen zur allgemeinen Lösung der inhomogenen Dgl.

Beispiel 8.48

$y''' - 2y'' - 3y' = 2x + 1.$

Lösung:

Homogene Dgl.

$y''' - 2y'' - 3y' = 0.$

Charakteristische Gleichung

$k^3 - 2k^2 - 3k = 0.$

Lösungen der charakteristischen Gleichung

$k_1 = 0, \qquad k_2 = -1, \qquad k_3 = 3.$

Allgemeine Lösung der homogenen Dgl.

$y_\mathrm{h} = C_1 + C_2\,\mathrm{e}^{-x} + C_3\,\mathrm{e}^{3x}.$

Da $\alpha = 0$ einfache Lösung der charakteristischen Gleichung ist, lautet der Lösungsansatz

$$\begin{aligned} y_\mathrm{p} &= x(b_0 + b_1 x) \\ y_\mathrm{p}' &= b_0 + 2b_1 x \\ y_\mathrm{p}'' &= 2b_1 \\ y_\mathrm{p}''' &= 0. \end{aligned}$$

Der Koeffizientenvergleich ergibt

$b_0 = \frac{1}{9}, \qquad b_1 = -\frac{1}{3}$

$y_\mathrm{p} = -\frac{x^2}{3} + \frac{x}{9}$

$$\underline{\underline{y = C_1 + C_2\,\mathrm{e}^{-x} + C_3\,\mathrm{e}^{3x} - \frac{x^2}{3} + \frac{x}{9}}}.$$

Beispiel 8.49

$y''' + y' + 10y = \mathrm{e}^{-3x}.$

Lösung:

Homogene Dgl.

$y''' + y' + 10y = 0.$

Charakteristische Gleichung

$k^3 + k + 10 = 0.$

Lösungen der charakteristischen Gleichung

$k_1 = -2, \qquad k_2 = 1 + \mathrm{j}2, \qquad k_3 = 1 - \mathrm{j}2.$

Allgemeine Lösung der homogenen Dgl.

$y_{\rm h} = C_1\,{\rm e}^{-2x} + {\rm e}^{x}(A\cos 2x + B\sin 2x).$

Lösungsansatz für eine partikuläre Lösung der inhomogenen Dgl.

$$\begin{aligned} y_{\rm p} &= b_0\,{\rm e}^{-3x}\\ y_{\rm p}' &= -3b_0\,{\rm e}^{-3x}\\ y_{\rm p}'' &= 9b_0\,{\rm e}^{-3x}\\ y_{\rm p}''' &= -27b_0\,{\rm e}^{-3x}. \end{aligned}$$

Durch Koeffizientenvergleich erhält man

$$b_0 = -\frac{1}{20}$$

$$y_{\rm p} = -\frac{1}{20}\,{\rm e}^{-3x}$$

$$\underline{\underline{y = C_1\,{\rm e}^{-2x} + {\rm e}^{x}(A\cos 2x + B\sin 2x) - \frac{1}{20}\,{\rm e}^{-3x}.}}$$

Auch bei Dgln. 3. und höherer Ordnung können – in Analogie zu Abschn. 8.3.1 – spezielle Typen auftreten, die auf Dgln. niederer Ordnung zurückgeführt werden können. So ergibt sich beispielsweise für einen homogenen Stab, der auf einer Seite gelenkig gelagert, auf der anderen Seite eingespannt ist und auf den eine Kraft F längs der Stabachse wirkt (Bild 8.29), eine Dgl. vom Typ

$$\begin{aligned} y^{(4)} &= \varphi(y'') \qquad \text{bzw.}\\ (y'')'' &= \varphi(y''), \end{aligned}$$

aus der durch die Substitution $y'' = v(x)$ die Dgl.

$$v''(x) = \varphi(v)$$

entsteht. Für diesen Typ wurde in Abschn. 8.3.1 der Lösungsweg gezeigt.
Oft wird aber auch für spezielle Typen von Dgln. höherer Ordnung der allgemein gültige Lösungsweg mittels der zugeordneten charakteristischen Gleichung einfacher sein, wie das folgende Beispiel zeigt.

Beispiel 8.50

Für den in Bild 8.29 dargestellten Belastungsfall soll die kleinste Knicklast ermittelt werden.

Lösung:

Es gilt die Dgl. der elastischen Linie

$$y'' = -\frac{M}{EI}$$

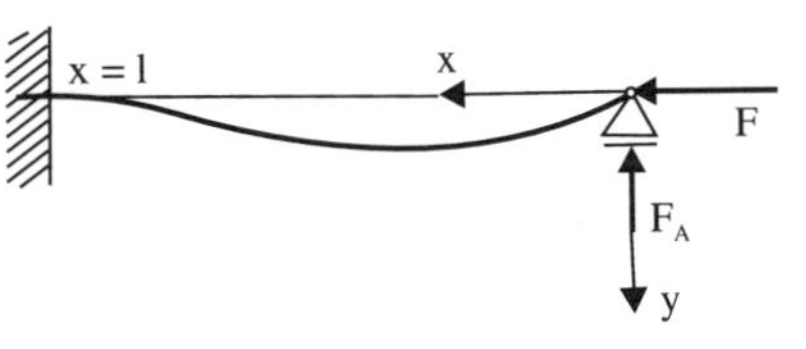

Bild 8.29

Da jetzt noch eine Auflagerkraft $F_{\rm A}$ wirkt, wird

$$M = Fy + F_{\rm A}x$$

Mit E und I konstant und $EI = \alpha$ ergibt sich

$$\alpha y'' = -(Fy + F_{\mathrm{A}}x)$$

Durch zweimaliges Differenzieren wird die unbekannte Auflagerkraft F_{A} eliminiert, und man erhält die homogene lineare Dgl. 4. Ordnung

$$y^{(4)} = -\frac{F}{\alpha}y'' \tag{I}$$

Die Randbedingungen sind:

$$y(0) = 0, \qquad y'(0) = 0,$$
$$y(l) = 0, \qquad y''(l) = 0.$$

Die der Dgl. (I) zugeordnete charakteristische Gleichung

$$k^4 + \frac{F}{\alpha}k^2 = 0$$

hat die Lösungen

$$k_{1,2} = \pm\,\mathrm{j}\sqrt{\frac{F}{\alpha}}, \qquad k_{3,4} = 0.$$

Damit lautet die allgemeine Lösung der Dgl. (I)

$$y = C_1 \cos\sqrt{\frac{F}{\alpha}}\,x + C_2 \sin\sqrt{\frac{F}{\alpha}}\,x + C_3 x + C_4 \tag{II}$$

Für das Einsetzen der Randbedingungen wird Gl. (II) zweimal differenziert:

$$y' = -C_1\sqrt{\frac{F}{\alpha}}\sin\sqrt{\frac{F}{\alpha}}\,x + C_2\sqrt{\frac{F}{\alpha}}\cos\sqrt{\frac{F}{\alpha}}\,x + C_3 \tag{III}$$

$$y'' = -C_1\frac{F}{\alpha}\cos\sqrt{\frac{F}{\alpha}}\,x - C_2\frac{F}{\alpha}\sin\sqrt{\frac{F}{\alpha}}\,x \tag{IV}$$

$y(0) = 0$ in (II) eingesetzt:

$$0 = C_1 + C_4$$
$$C_4 = -C_1 \tag{V}$$

$y'(0) = 0$ in (III):

$$0 = C_2\sqrt{\frac{F}{\alpha}} + C_3$$

$$C_3 = -\sqrt{\frac{F}{\alpha}}\,C_2 \tag{VI}$$

$y(l) = 0$ in (II):

$$0 = C_1 \cos\sqrt{\frac{F}{\alpha}}\,l + C_2 \sin\sqrt{\frac{F}{\alpha}}\,l + C_3 l + C_4 \tag{VII}$$

$y''(l) = 0$ in (IV):

$$0 = -C_1 \frac{F}{\alpha} \cos \sqrt{\frac{F}{\alpha}}\, l - C_2 \frac{F}{\alpha} \sin \sqrt{\frac{F}{\alpha}}\, l \qquad \text{(VIII)}$$

(V) und (VI) in (VII) eingesetzt, (VIII) durch $\frac{F}{\alpha}$ dividiert, die beiden entstandenen Gleichungen addiert, ergibt

$$0 = -\sqrt{\frac{F}{\alpha}}\, l C_2 - C_1$$

$$C_1 = -\sqrt{\frac{F}{\alpha}}\, l C_2 \qquad \text{(IX)}$$

(IX) in die durch $\frac{F}{\alpha}$ dividierte Gl. (VIII) eingesetzt:

$$0 = \sqrt{\frac{F}{\alpha}}\, l C_2 \cos \sqrt{\frac{F}{\alpha}}\, l - C_2 \sin \sqrt{\frac{F}{\alpha}}\, l$$

Mit $\sqrt{\frac{F}{\alpha}} = \lambda$ folgt

$C_2(\sin \lambda l - \lambda l \cos \lambda l) = 0$

$\tan \lambda l = \lambda l$

Daraus ergibt sich als kleinster Eigenwert

$$\lambda_1 = \frac{4,493}{l} \approx \frac{\sqrt{2}\,\pi}{l}$$

und mit

$$\sqrt{\frac{F_1}{\alpha}} = \frac{\sqrt{2}\,\pi}{l}, \qquad \alpha = EI$$

als *Eulersche Knicklast* für den auf einer Seite eingespannten, auf der anderen Seite gelenkig gelagerten homogenen Stab

$$\underline{\underline{F_1 = \frac{2\pi^2 EI}{l^2}}}.$$

Aufgaben 8.53 bis 8.80

8.4 Lineare Differentialgleichungssysteme

8.4.1 Begriffe, Zusammenhang mit Differentialgleichungen n-ter Ordnung

Probleme in Naturwissenschaft und Technik können oft durch mehrere miteinander gekoppelte Differentialgleichungen, d. h. durch ein System von Differentialgleichungen beschrieben werden.

Definition

Ein System von Differentialgleichungen besteht aus n voneinander abhängigen (gekoppelten oder simultanen) Differentialgleichungen für die Funktionen $y_1(x), y_2(x), \ldots, y_n(x)$.
Die Ordnung des Differentialgleichungssystems wird durch die Summe der Ordnungen der höchsten Ableitungen der Funktionen $y_1(x), y_2(x), \ldots, y_n(x)$ im System bestimmt.
In einem linearen Differentialgleichungssystem (Differentialgleichungssystem 1. Grades) treten die Funktionen $y_i(x)$ und ihre Ableitungen nur in der 1. Potenz auf. (8.39)

Im folgenden soll „Differentialgleichungssystem“ durch „DglS.“ abgekürzt werden. Ein lineares DglS. hat die **Normalform**

$$\begin{array}{rcccccccccc} y_1'(x) & = & f_{11}(x)y_1 & + & f_{12}(x)y_2 & + & \ldots & + & f_{1n}(x)y_n & + & s_1(x) \\ y_2'(x) & = & f_{21}(x)y_1 & + & f_{22}(x)y_2 & + & \ldots & + & f_{2n}(x)y_n & + & s_2(x) \\ \vdots & & \vdots & & \vdots & & & & \vdots & & \vdots \\ y_n'(x) & = & f_{n1}(x)y_1 & + & f_{n2}(x)y_2 & + & \ldots & + & f_{nn}(x)y_n & + & s_n(x) \end{array} \tag{8.40}$$

f_{ik} Koeffizienten, Funktionen von x, $s_i(x)$ Störfunktionen

(8.40) kann als **Matrizengleichung** geschrieben werden:

$$\boldsymbol{y}'(x) = \boldsymbol{F}(x) \cdot \boldsymbol{y} + \boldsymbol{s}(x) \qquad \text{mit} \tag{8.40a}$$

$$\boldsymbol{y}'(x) = \begin{pmatrix} y_1'(x) \\ y_2'(x) \\ \vdots \\ y_n'(x) \end{pmatrix}; \qquad \boldsymbol{F}(x) = \begin{pmatrix} f_{11}(x) & f_{12}(x) & \ldots & f_{1n}(x) \\ f_{21}(x) & f_{22}(x) & \ldots & f_{2n}(x) \\ \vdots & \vdots & & \vdots \\ f_{n1}(x) & f_{n2}(x) & \ldots & f_{nn}(x) \end{pmatrix};$$

$$\boldsymbol{y} = \begin{pmatrix} y_1 \\ y_2 \\ \vdots \\ y_n \end{pmatrix}; \qquad \boldsymbol{s}(x) = \begin{pmatrix} s_1(x) \\ s_2(x) \\ \vdots \\ s_n(x) \end{pmatrix}$$

$\boldsymbol{F}(x)$ Koeffizientenmatrix, $\boldsymbol{y}$ Lösungsvektor, $\boldsymbol{s}(x)$ Störvektor

Lösung eines linearen DglS. ist jedes n-Tupel von Funktionen $y_1, y_2, \ldots, y_n$ (jeder Lösungsvektor $\boldsymbol{y}$), das (der) das DglS. identisch erfüllt.

Das DglS. (8.40) heißt *homogen*, wenn alle $s_i(x) = 0$ $(i = 1, 2, \ldots, n)$; ist wenigstens ein $s_i(x) \neq 0$, so heißt es *inhomogen*.

Für die Existenz und Eindeutigkeit von Lösungen linearer DglS. in der Form (8.40) gilt der

Satz

Sind die Funktionen $y_i'(x) = f_i(x, y_1, \ldots, y_n)$ mit $i = 1, 2, \ldots, n$ in einem Bereich $B(x, y_1, \ldots, y_n)$ stetig, so geht durch jeden Punkt $P(\xi, \eta_1, \ldots, \eta_n)$ von B *mindestens eine Lösungskurve* des DglS.
Es gibt *genau eine Lösungskurve*, wenn die Funktionen f_i außerdem nach den y_i stetig partiell differenzierbar sind. (8.41)

Für das Lösen linearer DglS. werden Verfahren angewendet, die denen zum Lösen linearer Dgln. n-ter Ordnung ähnlich sind. Für lineare DglS. gelten (vgl. auch Abschn. 8.2.5) folgende

Sätze

1. Die allgemeine Lösung eines inhomogenen linearen DglS. setzt sich additiv aus der allgemeinen Lösung $\boldsymbol{y}_\mathrm{h}(x)$ des zugehörigen homogenen linearen DglS. und einer partikulären Lösung $\boldsymbol{y}_\mathrm{p}(x)$ des inhomogenen Systems zusammen:

   $$\boldsymbol{y}(x) = \boldsymbol{y}_\mathrm{h}(x) + \boldsymbol{y}_\mathrm{p}(x)$$

2. Sind $\boldsymbol{y}_1(x)$ und $\boldsymbol{y}_2(x)$ Lösungen eines homogenen linearen DglS., so ist auch die Linearkombination

   $$\boldsymbol{y}(x) = C_1\boldsymbol{y}_1(x) + C_2\boldsymbol{y}_2(x) \qquad C_1, C_2 \text{ Konstanten}$$

   Lösung des homogenen linearen DglS.
3. Ein homogenes lineares DglS. n-ter Ordnung hat genau n linear unabhängige Fundamentallösungen $y_1(x), y_2(x), \ldots, y_n(x)$, die als Fundamentalsystem bezeichnet werden.
4. Jede Lösung $\boldsymbol{y}_\mathrm{h}(x)$ des homogenen linearen Dgls. ist eine Linearkombination der Fundamentallösungen. (8.42)

Beispiel 8.51

Ein sehr einfaches lineares DglS. 2. Ordnung ist

$$y_1' = y_2$$
$$y_2' = y_1$$

Durch Differenzieren der 1. Gleichung und Einsetzen der 2. Gleichung in die differenzierte 1. Gleichung erhält man

$$y_1'' = y_1$$

$$y_1'' - y_1 = 0,$$

eine homogene lineare Dgl. 2. Ordnung mit konstanten Koeffizienten. Deren allgemeine Lösung ist

$$y_1 = C_1\,\mathrm{e}^{x} + C_2\,\mathrm{e}^{-x}$$

Da $y_2 = y_1'$, wird

$$y_2 = C_1\,\mathrm{e}^{x} - C_2\,\mathrm{e}^{-x}$$

Im Beisp. 8.51 erfolgte das Lösen des DglS. nach Elimination der Funktion y_2 durch Lösen einer Dgl. 2. Ordnung. Diese Vorgehensweise ist allgemein anwendbar. Es gilt der

Satz

Ein System von n Dgln. 1. Ordnung für die Funktionen $y_1(x), y_2(x), \ldots, y_n(x)$ kann durch Elimination auf eine Dgl. n-ter Ordnung für nur eine der Funktionen $y_i(x)$ zurückgeführt werden, die dem DglS. äquivalent ist. Voraussetzung ist, daß die Funktionen $y_1(x), y_2(x), \ldots, y_n(x)$ stetig und beschränkt sind, außerdem muß die Elimination durchführbar sein. (8.43)

Umgekehrt kann eine Dgl. n-ter Ordnung als System von Dgln. 1. Ordnung geschrieben werden.

Definiert man in einer Dgl. n-ter Ordnung

$$y^{(n)} = \varphi(x, y, y', \ldots, y^{(n-1)}) \qquad \text{(I)}$$

die Funktionen

$$\begin{aligned} y_1 &\equiv y \\ y_2 &= y' \\ &\vdots \\ y_n &= y^{(n-1)}, \end{aligned}$$

dann ist die Dgl. (I) äquivalent dem DglS.

$$\begin{aligned} y_1' &= y_2 \\ y_2' &= y_3 \\ &\vdots \\ y_{n-1}' &= y_n \\ y_n' &= \varphi(x, y_1, y_2, \ldots y_n), \end{aligned}$$

Beispiel 8.52

Im Beispiel 8.50 trat die Dgl. 4. Ordnung

$$y^{(4)} = -\lambda^2 y'' \tag{II}$$

auf. Setzt man

$$\begin{aligned}
y_1 &\equiv y \\
y_1' &= y_2 = y' \\
y_2' &= y_3 = y'' \\
y_3' &= y_4 = y''' \\
y_4' &= y^{(4)} = -\lambda^2 y_3
\end{aligned}$$

dann lautet das der Dgl. (II) äquivalente DglS.

$$\begin{aligned}
y_1' &= 0 \cdot y_1 + 1 \cdot y_2 + 0 \cdot y_3 + 0 \cdot y_4 \\
y_2' &= 0 \cdot y_1 + 0 \cdot y_2 + 1 \cdot y_3 + 0 \cdot y_4 \\
y_3' &= 0 \cdot y_1 + 0 \cdot y_2 + 0 \cdot y_3 + 1 \cdot y_4 \\
y_4' &= 0 \cdot y_1 + 0 \cdot y_2 - \lambda^2 \cdot y_3 + 0 \cdot y_4
\end{aligned}$$

bzw. in Matrizenschreibweise

$$\boldsymbol{y}' = \boldsymbol{F}(x) \cdot \boldsymbol{y}$$

mit

$$\boldsymbol{y}' = \begin{pmatrix} y_1' \\ y_2' \\ y_3' \\ y_4' \end{pmatrix}; \qquad \boldsymbol{F}(x) = \begin{pmatrix} 0 & 1 & 0 & 0 \\ 0 & 0 & 1 & 0 \\ 0 & 0 & 0 & 1 \\ 0 & 0 & -\lambda^2 & 0 \end{pmatrix}; \qquad \boldsymbol{y} = \begin{pmatrix} y_1 \\ y_2 \\ y_3 \\ y_4 \end{pmatrix}$$

8.4.2 Systeme linearer Differentialgleichungen mit konstanten Koeffizienten

8.4.2.1 Definition

Sind in (8.40) alle Koeffizienten $f_{ik}(x)$ konstante Werte a_{ik} $(i, k = 1, 2, \ldots, n)$, so spricht man von einem **System linearer Differentialgleichungen mit konstanten Koeffizienten**:

$$\begin{array}{lcccccccccc}
y_1' & = & a_{11}y_1 & + & a_{12}y_2 & + & \ldots & + & a_{1n}y_n & + & s_1(x) \\
y_2' & = & a_{21}y_1 & + & a_{22}y_2 & + & \ldots & + & a_{2n}y_n & + & s_2(x) \\
\vdots & & \vdots & & \vdots & & & & \vdots & & \vdots \\
y_n' & = & a_{n1}y_1 & + & a_{n2}y_2 & + & \ldots & + & a_{nn}y_n & + & s_n(x)
\end{array} \tag{8.44}$$

oder als Matrizengleichung

$$\boldsymbol{y}'(x) = \boldsymbol{A} \cdot \boldsymbol{y} + \boldsymbol{s}(x) \qquad \text{mit } \boldsymbol{A} = \begin{pmatrix} a_{11} & a_{12} & \dots & a_{1n} \\ a_{21} & a_{22} & \dots & a_{2n} \\ \vdots & \vdots & & \vdots \\ a_{n1} & a_{n2} & \dots & a_{nn} \end{pmatrix} \tag{8.44a}$$

$\boldsymbol{y}'(x)$, $\boldsymbol{y}$ und $\boldsymbol{s}(x)$ sind wie in Abschn. 8.4.1 definiert.

8.4.2.2 Eliminationsverfahren

Beim Eliminationsverfahren werden (wie in Abschn. 8.4.1 bereits erläutert und in Beisp. 8.51 vorgeführt) aus den n Gleichungen des DglS. alle unbekannten Funktionen y_i bis auf eine eliminiert. Nach Lösen der dabei entstehenden Dgl. von höchstens n-ter Ordnung werden anschließend die restlichen Funktionen y_i berechnet. Die Vorgehensweise wurde im Abschn. 8.4.1 und im Beisp. 8.51 gezeigt.

8.4.2.3 Matrizenverfahren

Homogenes DglS.

Das zu (8.44a) gehörende homogene DglS. ist

$$\boldsymbol{y}'(x) = \boldsymbol{A} \cdot \boldsymbol{y}_\text{h} \tag{8.45}$$

mit $\boldsymbol{y}_\text{h}$ als Lösungsvektor.
Zum Lösen von (8.45) verwendet man den Ansatz

$$\boldsymbol{y}_\text{h} = \boldsymbol{c}\,\mathrm{e}^{kx} \qquad \text{mit } \boldsymbol{c} = (C_1, C_2, \dots, C_n)^T \neq \boldsymbol{o} \tag{8.45a}$$

Setzt man den Lösungsvektor und seine Ableitung

$$\boldsymbol{y}'_\text{h} = k\boldsymbol{c}\,\mathrm{e}^{kx} \tag{8.45b}$$

in (8.45) ein, so ergibt sich

$$k \cdot \boldsymbol{c} \cdot \mathrm{e}^{kx} = \boldsymbol{A} \cdot \boldsymbol{c} \cdot \mathrm{e}^{kx}$$

Da der Faktor e^{kx} nicht gleich Null sein kann, darf man durch ihn dividieren und erhält

$$k \cdot \boldsymbol{c} = \boldsymbol{A} \cdot \boldsymbol{c}$$

und daraus

$$(\boldsymbol{A} - k \cdot \boldsymbol{E})\boldsymbol{c} = \boldsymbol{0} \tag{8.46}$$

mit $\boldsymbol{E}$ als Einheitsmatrix.
(8.46) ist ein homogenes lineares Gleichungssystem mit $\boldsymbol{c}$ als Lösungsvektor. Für seine Lösbarkeit ist das Verschwinden der Determinante der Matrix $(\boldsymbol{A} - k\boldsymbol{E})$, die als *Systemdeterminante* bezeichnet wird, notwendig. Es muß also gelten

$$\det(\boldsymbol{A} - k \cdot \boldsymbol{E}) = 0 \tag{8.47a}$$

bzw.

$$\begin{vmatrix} a_{11}-k & a_{12} & \dots & a_{1n} \\ a_{21} & a_{22}-k & \dots & a_{2n} \\ \vdots & \vdots & & \vdots \\ a_{n1} & a_{n2} & \dots & a_{nn}-k \end{vmatrix} = 0 \tag{8.47b}$$

Durch Entwicklung der Determinante erhält man ein Polynom n-ten Grades für k und damit die *charakteristische Gleichung*

$$k^n + a_{n-1}k^{n-1} + \ldots + a_1 k + a_0 = 0 \tag{8.48}$$

Die Lösungen k_i der charakteristischen Gleichung sind die *Eigenwerte* der Matrix $\boldsymbol{A}$.
Sie können sein

1. reell und einfach:
   dann erhält man die Lösung $\boldsymbol{y} = \boldsymbol{c} \cdot \mathrm{e}^{kx}$ mittels (8.46);
2. reell und mehrfach (Vielfachheit p):
   dann erhält man die Lösung durch den Ansatz $\boldsymbol{y} = P(x)\,\mathrm{e}^{kx}$ mittels geeigneter Polynome $P(x)$ von höchstens $(p-1)$-tem Grad, deren Koeffizienten durch Einsetzen in das DglS. bestimmt werden;
3. komplex:
   Sie treten dann stets konjugiert-komplex auf. Der Rechengang verläuft analog 1. oder 2., reelle Lösungen ergeben sich jeweils für den Real- und den Imaginärteil.

Aus (8.46) ergeben sich zu den Eigenwerten k_i die *Eigenvektoren*

$$\boldsymbol{c}_i = \begin{pmatrix} C_{1i} \\ C_{2i} \\ \vdots \\ C_{ni} \end{pmatrix}$$

und aus diesen für $i = 1, 2, \ldots, n$ die n Lösungsvektoren

$$\boldsymbol{y}_1 = \boldsymbol{c}_1\,\mathrm{e}^{k_1 x},\ \boldsymbol{y}_2 = \boldsymbol{c}_2\,\mathrm{e}^{k_2 x},\ \ldots,\ \boldsymbol{y}_n = \boldsymbol{c}_n\,\mathrm{e}^{k_n x}$$

als *partikuläre Lösungen* des homogenen DglS.
Die allgemeine Lösung lautet dann

$$\boldsymbol{y}_{\mathrm{h}} = \boldsymbol{c}_1\,\mathrm{e}^{k_1 x} + \boldsymbol{c}_2\,\mathrm{e}^{k_2 x} + \ldots + \boldsymbol{c}_n\,\mathrm{e}^{k_n x}$$

oder

$$\begin{pmatrix} y_1 \\ y_2 \\ \vdots \\ y_n \end{pmatrix} = \begin{pmatrix} C_{11} \\ C_{21} \\ \vdots \\ C_{n1} \end{pmatrix} \mathrm{e}^{k_1 x} + \begin{pmatrix} C_{12} \\ C_{22} \\ \vdots \\ C_{n2} \end{pmatrix} \mathrm{e}^{k_2 x} + \ldots + \begin{pmatrix} C_{1n} \\ C_{2n} \\ \vdots \\ C_{nn} \end{pmatrix} \mathrm{e}^{k_n x}$$

oder

$$\begin{array}{lcl} y_1 &=& C_{11}\,\mathrm{e}^{k_1 x} + C_{12}\,\mathrm{e}^{k_2 x} + \ldots + C_{1n}\,\mathrm{e}^{k_n x} \\ y_2 &=& C_{21}\,\mathrm{e}^{k_1 x} + C_{22}\,\mathrm{e}^{k_2 x} + \ldots + C_{2n}\,\mathrm{e}^{k_n x} \\ \vdots & & \vdots \qquad\quad \vdots \qquad\qquad \vdots \\ y_n &=& C_{n1}\,\mathrm{e}^{k_1 x} + C_{n2}\,\mathrm{e}^{k_2 x} + \ldots + C_{nn}\,\mathrm{e}^{k_n x} \end{array}$$

Beispiel 8.53

Das folgende DglS. soll gelöst werden:

$y_1' = y_1 + y_2$

$y_2' = 5y_1 - 3y_2$

Lösung:

In Matrizenschreibweise lautet das DglS.

$$\boldsymbol{y}' = \begin{pmatrix} y_1' \\ y_2' \end{pmatrix} = \begin{pmatrix} 1 & 1 \\ 5 & -3 \end{pmatrix} \begin{pmatrix} y_1 \\ y_2 \end{pmatrix} = \boldsymbol{A} \cdot \boldsymbol{y}$$

Lösungsansatz:

$$\begin{array}{l} y_1 = C_1\,\mathrm{e}^{kx} \\ y_2 = C_2\,\mathrm{e}^{kx} \end{array} \qquad \text{bzw.}\,\boldsymbol{y} = \begin{pmatrix} y_1 \\ y_2 \end{pmatrix} = \begin{pmatrix} C_1 \\ C_2 \end{pmatrix} \mathrm{e}^{kx} = \boldsymbol{c}\,\mathrm{e}^{kx}$$

Die charakteristische Gleichung

$$\det(\boldsymbol{A} - k \cdot \boldsymbol{E}) = \begin{vmatrix} 1-k & 1 \\ 5 & -3-k \end{vmatrix} = 0$$

liefert die Eigenwerte $k_1 = 2$ und $k_2 = -4$. Die Eigenvektoren

$$\boldsymbol{c}_1 = \begin{pmatrix} C_{11} \\ C_{21} \end{pmatrix} \qquad \text{und} \qquad \boldsymbol{c}_2 = \begin{pmatrix} C_{12} \\ C_{22} \end{pmatrix}$$

werden aus (8.46) nach Einsetzen von k_1 bzw. k_2 berechnet.

$$\boldsymbol{c}_1\colon \begin{pmatrix} 1-2 & 1 \\ 5 & -3-2 \end{pmatrix} \begin{pmatrix} C_{11} \\ C_{21} \end{pmatrix} = \begin{pmatrix} -1 & 1 \\ 5 & -5 \end{pmatrix} \begin{pmatrix} C_{11} \\ C_{21} \end{pmatrix} = \begin{pmatrix} -C_{11} + C_{21} \\ 5C_{11} - 5C_{21} \end{pmatrix} = \boldsymbol{o}$$

Aus

$-C_{11} + C_{21} = 0$

$5C_{11} + 5C_{21} = 0$

folgt $C_{21} = C_{11}$ und damit

$$\boldsymbol{c}_1 = \begin{pmatrix} C_{11} \\ C_{11} \end{pmatrix}$$

Da $\det(\boldsymbol{A} - k_1 \cdot \boldsymbol{E})$ gleich Null sein muß, mußten sich zwei voneinander abhängige Gleichungen ergeben, von denen nur eine wesentlich ist.

$$\boldsymbol{c}_2\colon \begin{pmatrix} 1+4 & 1 \\ 5 & -3+4 \end{pmatrix} \begin{pmatrix} C_{12} \\ C_{22} \end{pmatrix} = \begin{pmatrix} 5 & 1 \\ 5 & 1 \end{pmatrix} \begin{pmatrix} C_{12} \\ C_{22} \end{pmatrix} = \begin{pmatrix} 5C_{12}+C_{22} \\ 5C_{12}+C_{22} \end{pmatrix} = \boldsymbol{o}$$

$5C_{12} + C_{22} = 0,\ C_{22} = -5C_{12}$

$$\boldsymbol{c}_2 = \begin{pmatrix} C_{12} \\ -5C_{12} \end{pmatrix}$$

Die allgemeine Lösung des DglS. lautet

$$\begin{pmatrix} y_1 \\ y_2 \end{pmatrix} = \begin{pmatrix} C_{11} \\ C_{11} \end{pmatrix} \mathrm{e}^{2x} + \begin{pmatrix} C_{12} \\ -5C_{12} \end{pmatrix} \mathrm{e}^{-4x}$$

bzw.

$$\underline{\underline{y_1 = C_{11}\,\mathrm{e}^{2x} + C_{12}\,\mathrm{e}^{-4x}}}$$

$$\underline{\underline{y_2 = C_{11}\,\mathrm{e}^{2x} - 5C_{12}\,\mathrm{e}^{-4x}}}$$

Durch Einsetzen von y_1', y_2', y_1 und y_2 in das DglS. kann die Probe auf die Richtigkeit der Lösung gemacht werden.

Inhomogenes DglS.

Um eine partikuläre Lösung eines inhomogenen linearen DglS. zu ermitteln, bedient man sich der *Variation der Konstanten* (s. Abschn. 8.2.5). Man setzt die allgemeine Lösung $\boldsymbol{y}_\mathrm{h}$ des homogenen DglS. in das inhomogene DglS. ein und ersetzt die Konstanten $C_1, C_2, \ldots, C_n$ durch Funktionen $C_1(x), C_2(x), \ldots, C_n(x)$. Es treten jetzt Glieder mit den Ableitungen $C_1'(x), C_2'(x), \ldots, C_n'(x)$ auf, aber nicht mehr $C_1(x), C_2(x), \ldots, C_n(x)$. Durch Integration können jetzt die Funktionen $C_1(x), C_2(x), \ldots, C_n(x)$ bestimmt werden. Nach deren Einsetzen in die Lösung des homogenen DglS. erhält man eine partikuläre Lösung $\boldsymbol{y}_\mathrm{p}$ des inhomogenen Systems. Die allgemeine Lösung $\boldsymbol{y}$ des inhomogenen DglS. ist dann $\boldsymbol{y} = \boldsymbol{y}_\mathrm{h} + \boldsymbol{y}_\mathrm{p}$.

Beispiel 8.54

Das inhomogene lineare DglS. soll gelöst werden:

$$\begin{aligned} y_1' &= y_1 + y_2 + 1 \\ y_2' &= 5y_1 - 3y_2 + x \end{aligned}$$

Lösung:

Als allgemeine Lösung des zugehörigen homogenen DglS. wurde in Beisp. 8.53 ermittelt:

$$\begin{aligned} y_1 &= C_{11}\,\mathrm{e}^{2x} + C_{12}\,\mathrm{e}^{-4x} \\ y_2 &= C_{11}\,\mathrm{e}^{2x} - 5C_{12}\,\mathrm{e}^{-4x} \end{aligned}$$

Variation der Konstanten ($C_{11} \equiv K_1$, $C_{12} \equiv K_2$ gesetzt):

$$\begin{aligned} y_1 &= K_1(x)\,\mathrm{e}^{2x} + K_2(x)\,\mathrm{e}^{-4x} \\ y_2 &= K_1(x)\,\mathrm{e}^{2x} - 5K_2(x)\,\mathrm{e}^{-4x} \end{aligned}$$

y_1 und y_2 differenziert und zusammen mit y_1 und y_2 in das inhomogene DglS. eingesetzt, ergibt das Gleichungssystem

$$K_1'(x)\,\mathrm{e}^{2x} + K_2'(x)\,\mathrm{e}^{-4x} = 1$$
$$K_1'(x)\,\mathrm{e}^{2x} - 5K_2'(x)\,\mathrm{e}^{-4x} = x$$

Daraus erhält man

$$6K_1'(x)\,\mathrm{c}^{2x} = 5 + x \qquad \text{und} \qquad 6K_2'(x)\,\mathrm{e}^{-4x} = 1 - x$$
$$K_1'(x) = \frac{5}{6}\,\mathrm{e}^{-2x} + \frac{x}{6}\,\mathrm{e}^{-2x} \qquad K_2'(x) = \frac{1}{6}\,\mathrm{e}^{4x} - \frac{x}{6}\,\mathrm{e}^{4x}$$
$$K_1(x) = -\frac{11 + 2x}{24}\,\mathrm{e}^{-2x} \qquad K_2(x) = \frac{5 - 4x}{96}\,\mathrm{e}^{4x}$$

Einsetzen in die Lösung des homogenen DglS. liefert die partikulären Lösungen

$$y_{\mathrm{p}1} = -\frac{13}{32} - \frac{x}{8} \qquad \text{und} \qquad y_{\mathrm{p}2} = -\frac{23}{32} + \frac{x}{8}$$

Damit wird die allgemeine Lösung des inhomogenen DglS. als Summe von allgemeiner Lösung des homogenen DglS. und einer partikulären Lösung des inhomogenen DglS.

$$\underline{\underline{y_1 = K_1\,\mathrm{e}^{2x} + K_2\,\mathrm{e}^{-4x} - \frac{13}{32} - \frac{x}{8}}}$$
$$\underline{\underline{y_2 = K_1\,\mathrm{e}^{2x} - 5K_2\,\mathrm{e}^{-4x} - \frac{23}{32} + \frac{x}{8}}}$$

Aufgaben 8.81 bis 8.84

8.5 Aufgaben

8.1 Wie heißt die Dgl. aller Tangenten an die Kurve mit der Gleichung $y = x^2$?

8.2 Von der Gleichung $x^2 + y^2 + Ax + By + C = 0$ ausgehend soll die Dgl. aller Kreise aufgestellt werden.

8.3 Gesucht ist die Dgl. der Kurvenschar mit der Gleichung $y = c^2/x$.

8.4 Wie heißt die Dgl. aller Kreise mit dem Radius r, deren Mittelpunkte auf der x-Achse liegen?

8.5 Die Dgl. aller Parabeln in der Ebene ist aufzustellen.

8.6 Gesucht ist die Gleichung der Kurven, für deren Tangenten gilt: Der Berührungspunkt teilt den durch die Schnittpunkte mit der y- und der x-Achse begrenzten Tangentenabschnitt im Verhältnis $1 : 2$.

8.7 Die Dgl. aller Kurven, deren Subtangentenlänge das Doppelte der Abszisse des Berührungspunktes ist, soll aufgestellt werden. Wie heißt die Gleichung der Kurven?

8.8 Mittels des Isoklinenverfahrens ist die durch den Punkt $(1;1)$ gehende Lösungskurve der Dgl. $y' = \dfrac{x - y}{x}$ zu ermitteln.

8.9 Die Dgl. $Ty' + y = K$ ist zu lösen ($t = 0$, $y = 0$). Wie groß ist y für $t \to \infty$? Wie groß ist y zur Zeit $t = T$? Zu welcher Zeit t (bezogen auf T) hat y 95 % bzw. 99 % von $y|_{t\to\infty}$ erreicht?

Man löse nach Trennen die Variablen:

8.10 $y' = \dfrac{x}{y}$ **8.11** $y' = \dfrac{y}{x}$

8.12 $y' = \frac{e^x}{y}$ **8.13** $xy' - ay' - y + b = 0$

8.14 $y' = \dfrac{2x^2 + 7x - 4}{y^2 - 9}$ **8.15** $y' - xy + x\sqrt{y} = 0$

8.16 $xy' - \dfrac{y}{x+1} = 0$ **8.17** $\sqrt{a^2 - x^2}\, y' - x^2\sqrt{(a^2 + y^2)^3} = 0$

8.18 Die Dgl. $y' \sin x = y \ln y$ ist zu lösen. Wie lautet die partikuläre Lösung, für die $x = \pi/2$, $y = 1$ gilt?

Für die Dgln. 8.19 bis 8.24 sind die partikulären Lösungen zu ermitteln, die die angegebenen Anfangsbedingungen erfüllen.

8.19 $\dfrac{y'}{x \sin x} + \dfrac{1}{y} = 0 \quad x = \pi,\ y = 11$

8.20 $y'y^2 + x^2 - 1 = 0 \quad x = 2,\ y = 1$

8.21 $y'(1 - x^2) - 1 - 2y^2 = 0 \quad x = \dfrac{1}{3},\ y = \dfrac{1}{2}\sqrt{2}$

8.22 $y'(2 + 3x) - 2(3 + 4y^2) = 0 \quad x = 110,\ y = 1{,}95$

8.23 $y'(x^2 - 28x + 160) - \dfrac{6}{y} = 0 \quad x = 40,\ y = 1{,}045$

8.24 $y'(1 + 11x^2) - \dfrac{1}{y} = 0 \quad x = \sqrt{11},\ y = 16$

Die Dgln. 8.25 bis 8.30 sind durch Substitution zu lösen.

8.25 $y' = x - y$ **8.26** $y' = x + y$

8.27 $y' = \dfrac{x+y}{x-y}$ **8.28** $y' = \dfrac{xy + y^2}{x^2}$

8.29 $y' = \dfrac{x^2 + 5y^2}{3xy}$ **8.30** $y' = \dfrac{2x - 3y + 1}{6x - 9y - 1}$

8.31 Für ein System mit einfacher Speicherwirkung gilt die Dgl. $T\dot{x}_a + x_a = Kx_e$ (x_a Ausgangsgröße, x_e Eingangsgröße, T Zeitkonstante, K proportionaler Übertragungsfaktor mit $[K] = \dfrac{[x_a]}{[x_e]}$). Wie ändert sich die Ausgangsgröße x_a in Abhängigkeit von der Zeit t, wenn $x_e = ct$ ist ($c = \text{const.}$)?

8.32 $y' - xy + 2x = 0$ **8.33** $y' + 2y = e^{3x}$

8.34 $y' - 2xy + e^{x^2} = 0$ **8.35** $y' - y \tan x + \sin x = 0$

8.36 $y' = \dfrac{y}{\sin x \cos x} - \dfrac{\sin^2 x}{\cos x}$

8.37 $y' + 3xy - 2\,\mathrm{e}^{-\frac{3}{2}x^2-4x} = 0 \quad x = 2,\ y = 40$

8.38 $y' - 2y + x = 0 \quad x = 0,\ y = 20$

8.39 $xy' + 2y = 3x^2 - 2x + 4 \quad x = 1,\ y = \dfrac{1}{12}$

8.40 $y' + y + \mathrm{e}^x = 0 \quad x = 1,\ y = 0$

8.41 Die folgenden Bernoullischen Dgln. sind zu lösen.

a) $xy' - xy^2 - y = 0$ b) $y' = \dfrac{\sin^2 x}{2\cos x}y^3 - \dfrac{1}{\sin 2x}y$

c) $y' = \dfrac{4}{x}y + \dfrac{x}{y}$

8.42 Die folgenden Riccatischen Dgln. sind zu lösen.

a) $y' = 4\dfrac{y}{x} - y^2 - \dfrac{4}{x^2},\ y_1 = \dfrac{1}{x}$ b) $y' = \dfrac{y^2}{x} - 2\dfrac{x-1}{x}y + x - 1,\ y_1 = x$

8.43 Es soll geprüft werden, ob die folgenden Dgln. exakte Dgln. sind. Wenn nicht, ist der integrierende Faktor zu bestimmen. Die Dgln. sind zu lösen.

a) $(y + 2y^2)\,\mathrm{d}x + (x + 4xy)\,\mathrm{d}y = 0$ b) $x^2 + y - xy' = 0$

c) $(xy^2 - y^3)\,\mathrm{d}x + (1 - xy^2)\,\mathrm{d}y = 0$

8.44 Die Dgl. $y' + y = \mathrm{e}^x$ mit der Anfangsbedingung $y(0) = 1$ soll durch Potenzreihenansatz gelöst werden.

8.45 Die Dgl. $y' = x\,\mathrm{e}^x - y$ mit der Anfangsbedingung $y(0) = 0$ soll durch Potenzreihenansatz gelöst werden.

8.46 Für die Dgl. $y' = x^2 + y^2$ mit der Anfangsbedingung $y(0) = 0$ ist $y(0,4)$ mit dem Runge-Kutta-Verfahren in zwei Schritten zu berechnen.

8.47 Für die Dgl. $y' = x - y^2$ mit der Anfangsbedingung $y(0) = -0,5$ ist $y(1)$ mit dem Runge-Kutta-Verfahren in zwei Schritten zu bestimmen.

Die folgenden Dgln. 2. Ordnung sind auf Dgln. 1. Ordnung zurückzuführen und zu lösen.

8.48 $y'' + y = 0$ **8.49** $y'' + y' = \mathrm{e}^x$

8.50 $y'' - 10y' + x^2 = 0 \quad x = 0 \begin{cases} y &= 0 \\ y' &= 0 \end{cases}$

8.51 $y'' + 3y' - 6x + 5 = 0 \quad x = -1 \begin{cases} y &= 1 \\ y' &= 2 \end{cases}$

8.52 Für einen Träger auf zwei Stützen mit der Länge l ist die Gleichung der elastischen Linie für folgende Belastungsfälle zu ermitteln:

a) Mittellast, $M = \dfrac{Fx}{2}$ b) Dreieckslast, $M = \dfrac{Fl}{3}\left[\dfrac{x}{l} - \left(\dfrac{x}{l}\right)^3\right]$.

8.53 $y'' + y = x^2$

8.54 $y'' + 2y = e^{3x}$

8.55 $y'' - y = e^x$

8.56 $y'' - y = -x, \quad x = 1 \begin{cases} y &= 3 \\ y' &= 5 \end{cases}$

8.57 $y'' - 5y + 3x - 8 = 0, \quad x = 0 \begin{cases} y &= 0 \\ y' &= 3 \end{cases}$

8.58 $y'' + \ y + \ x^2 + 6 = 0, \quad \begin{matrix} x = 0, & y &= 0 \\ x = \pi, & y' &= 0 \end{matrix}$

8.59 Die Dgl. $y'' - 7y' + 12y = 0$ ist zu lösen und die Gleichung der Lösungskurve zu bestimmen, die durch den Punkt $(0; 2)$ geht.

8.60 $y'' + 2y' + y = 0$

8.61 $y'' + 6y' + 13y = 0$

8.62 $y'' + 5y' + 4y = 0, \quad x = 0 \begin{cases} y &= 2 \\ y' &= 1 \end{cases}$

8.63 $y'' - 5y' + 4y = x$

8.64 $y'' - 3y' + 2y = 2x\, e^{2x}$

8.65 $y'' - 3y' = (2x + 1)\, e^{3x}$

8.66 $y'' - 3y' = 2x + 1 + e^{3x}$

8.67 $y'' - 4y' + 3y = 7x^2 + 3$

8.68 $y'' + 6y' + 25y = e^{3x}$

8.69 $y'' - 4y' + 4y = \sin x$

8.70 $y'' + 2y' + 4y = \sin 2x$

8.71 $y'' - y' + \frac{5}{4}y = 5 \sin 5x - 23{,}75 \cos 5x$

8.72 $y'' - 10y' + 25y = 16\, e^x$

8.73 $y'' + y' + y = x^2 + 2x + 3$

8.74 $y'' - 5y' + 6y = 4 \sin 2x$

8.75 $y'' + 3y' - 6y + 3 = 0, \quad x = 0 \begin{cases} y &= 0 \\ y' &= 0 \end{cases}$

8.76 Für ein Energieübertragungssystem mit zweifacher Speicherwirkung gilt die Dgl.

$T_2^2 \ddot{x}_a + T_1 \dot{x}_a + x_a = K x_e \qquad$ (vgl. Aufg. 8.31)

Man berechne x_a für $x_e = \text{const.}$ und $T_1 > 2T_2$, Anfangsbedingung:

$x_e = 0 \begin{cases} x_a = 0 \\ \dot{x}_a = 0 \end{cases}$

8.77 $y''' - y'' + y' - y = \cos 2x$

8.78 $y''' + 4y'' + 3y' = x^2$

8.79 $y^{(4)} - 10y''' + 35y'' - 50y' + 24y = 0$

8.80 Auf einen vertikalen, an beiden Enden eingespannten Stab wirkt eine senkrecht nach unten gerichtete Kraft F (Bild 8.30). Für den Belastungsfall gilt die Dgl. $y^{(4)} = -\frac{F}{\alpha}y''$ (vgl. Beisp. 8.50). Welche Randbedingungen gelten? Wie lautet die Gleichung zur Ermittlung der Eigenwerte? Wie groß sind der kleinste Eigenwert und die Knicklast?

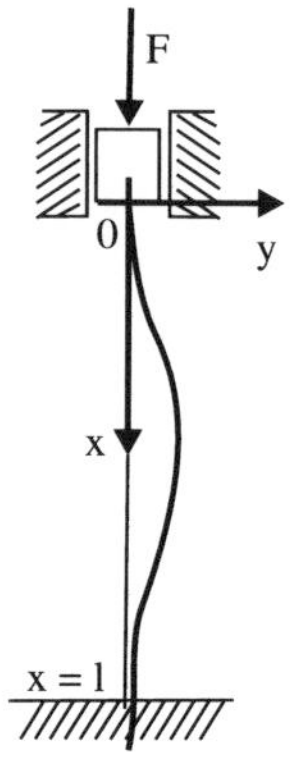

Bild 8.30

8.81 Die folgenden DglS. sind nach dem Eliminationsverfahren zu lösen.

a) $y_1' = y_2$, $y_2' = y_3$, $y_3' = 4y_2$

b) $u'' = 4v$, $v' = 2w$, $w' = 2u$

8.82 Das folgende DglS. mit den genannten Anfangsbedingungen ist zu lösen.

$$y_1' = y_2 + y_3 \qquad y_1(0) = -1$$
$$y_2' = y_1 + y_3 \qquad y_2(0) = 1$$
$$y_3' = y_1 + y_2 \qquad y_3(0) = 0$$

8.83 Das folgende DglS. ist zu lösen.

$$y' = -3y - z$$
$$z' = y - z$$

8.84 Man löse folgende DglS.

a) $y_1' - y_1 + y_2 = 3x^2$, $y_2' + 4y_1 + 2y_2 = 2 + 8x$

b) $y_1' + y_1 + y_2 = x^2$, $y_2' + y_2 + y_3 = 2x$, $y_3' + y_3 = x$

9 Laplace-Transformation

9.1 Laplace-Transformation als Integraltransformation

9.1.1 Integraltransformation

Ein wesentliches Strukturelement der Mathematik ist der Begriff der Transformation, der nicht nur in der Theorie, sondern vor allem bei Anwendungen in der Geometrie, Naturwissenschaft und in den Ingenieurwissenschaften eine zentrale Rolle spielt. Probleme aus diesen Gebieten werden in der Regel mit Hilfe von Gleichungen beschrieben. Ihre Lösung erfordert oft aufwendige und komplizierte Techniken. Zur Vereinfachung der Problemlösung sucht man daher nach geeigneten Transformationen.

Zu diesen zählt die **Integraltransformation**, die vermöge einer Integration einer Klasse von Funktionen f über $\mathbb{R}$ eine neue Klasse von Funktionen F zuordnet, definiert durch ein uneigentliches Integral der Form

$$F(s) = \int_{-\infty}^{\infty} K(s,t) f(t) \, \mathrm{d}t \tag{9.1}$$

Hierbei ist K eine von t ($t \in \mathbb{R}$) und einem im allgemeinen komplexen Parameter $s = \sigma + \mathrm{j}\omega$ ($\sigma, \omega \in \mathbb{R}$, $\mathrm{j}^2 = -1$) abhängige Funktion, die als **Kern der Integraltransformation** bezeichnet wird. Existiert für eine gegebene Funktion f das Integral für Parameterwerte $s \in S$ aus einem komplexen Zahlenbereich $S \subset \mathbb{C}$, so wird der Funktion f die im allgemeinen komplexwertige Funktion F über S zugeordnet. Diese Transformation erweist sich als linear. Je nach Wahl des Kernes K erhält man unterschiedliche Typen von Integraltransformationen, die jeweils nach den Entdeckern benannt werden.

Ein bekanntes Beispiel liefert die **Fourier-Transformation**, die man für

$$s = \mathrm{j}\omega \qquad \text{und} \qquad K(s,t) = \mathrm{e}^{-\mathrm{j}\omega t}$$

erhält:

$$F(\mathrm{j}\omega) = \int_{-\infty}^{\infty} \mathrm{e}^{-\mathrm{j}\omega t} f(t) \, \mathrm{d}t$$

Die Fourier-Transformierten spielen z. B. in der Spektraltheorie eine grundlegende Rolle.
Die Grundidee zur Lösung eines Problems besteht darin, dessen analytische Darstellung mit Hilfe einer Integraltransformation in eine Form zu überführen, für die die Lösung einfacher zu bestimmen ist. Diese wird dann rücktransformiert und liefert die Lösung des Ausgangsproblems. Das Prinzip wird im Diagramm (9.2) verdeutlicht.

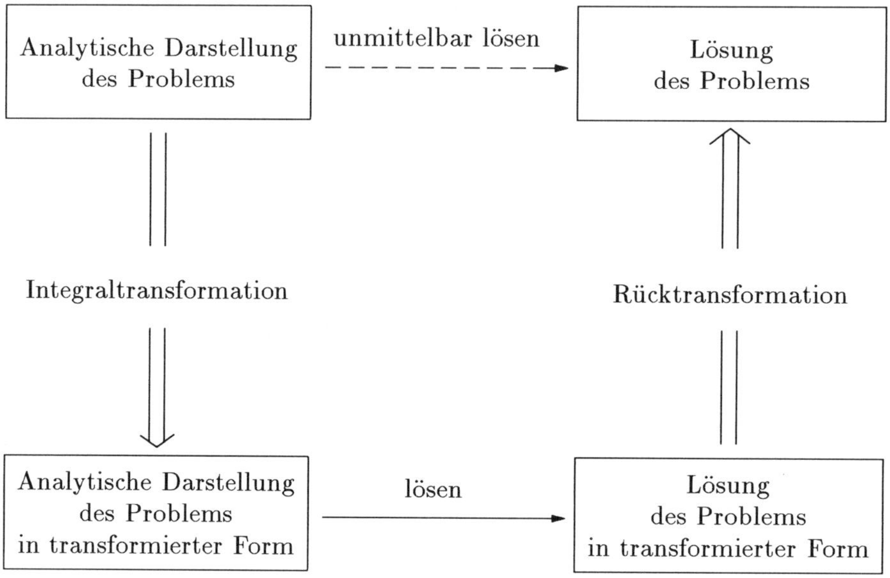

(9.2)

9.1.2 Begriff der Laplace-Transformation

Im folgenden werden Integraltransformationen untersucht, die u. a. zur Lösung von linearen Differentialgleichungen verwendet werden. Diese beschreiben in der Regel Vorgänge aus der Physik und Technik, die zu einem endlichen Zeitpunkt einsetzen, für den man üblicherweise $t = 0$ wählt. Man legt daher Funktionen f mit $X = \mathbb{R}$ und $f(t) = 0$ für $t < 0$ zugrunde, so daß sich die Integration auf den Bereich $[0, \infty)$ erstreckt.

Definition

Existiert zu einer reellwertigen Funktion f mit $D = \mathbb{R}$ und $f(t) = 0$ für $t < 0$ das Integral

$$\int_0^\infty \mathrm{e}^{-st} f(t)\,\mathrm{d}t$$

für komplexe Werte $s \in S$ einer Menge $S \subset \mathbb{C}$, so wird der Funktion f durch

$$F(s) = \int_0^\infty \mathrm{e}^{-st} f(t)\,\mathrm{d}t \tag{9.3}$$

eine Funktion F zugeordnet. f nennt man **Zeit- oder Originalfunktion**. F heißt **Laplace-Transformierte** oder **Bildfunktion** von f, symbolisch dargestellt durch

$$F(s) = \mathfrak{L}\{f(t)\}$$

Die Zuordnung $f \to F$ wird als **Laplace-Transformation** bezeichnet.

Man spricht auch von einer **Korrespondenz zwischen der Funktion** $\boldsymbol{f}$ **und ihrer Laplace-Transformierten** $\boldsymbol{F}$, charakterisiert durch die Symbolik

$$f(t) \circ\!\!-\!\!\bullet\, F(s) \qquad \text{bzw.} \qquad F(s) \bullet\!\!-\!\!\circ\, f(t) \tag{9.4}$$

Dabei gehört der gefüllte Kreis zur Bildfunktion. Auf Fragen zur Eindeutigkeit der Zuordnung wird später eingegangen.

Bemerkung: Im folgenden diskutieren wir die Laplace-Transformation für **reelle** *Parameterwerte $s \in \mathbb{R}$, so daß auch die Differential- und Integralrechnung für reelle Funktionen verwendet werden kann. Die entsprechenden Sätze gelten auch im komplexen Fall. Allerdings müßte dann auch die Funktionentheorie im Komplexen vorausgesetzt werden. Hierauf wird jedoch nicht eingegangen.*

Das Integral ist als uneigentliches Integral ($\varepsilon > 0$)

$$F(s) = \lim_{\substack{\varepsilon \to 0 \\ T \to \infty}} \int_\varepsilon^T \mathrm{e}^{-st} f(t)\,\mathrm{d}t$$

zu verstehen (vgl. 6.1.5). Für dessen Existenz sind gewisse Voraussetzungen zu beachten, von denen einige im folgenden an Beispielen erläutert werden.

Als Laplace-Transformierte der Funktion f mit

$$f(t) = \begin{Bmatrix} 0 & \text{für} & t < 0 \\ 1 & \text{für} & t \geq 0 \end{Bmatrix},$$

die auf dem Intervall $[0, \infty)$ konstant ist, erhält man für $s > 0$

$$\begin{aligned} F(s) &= \mathfrak{L}\{1\} = \int_0^\infty \mathrm{e}^{-st} \cdot 1 \,\mathrm{d}t = \lim_{T\to\infty} \int_0^T \mathrm{e}^{-st}\,\mathrm{d}t \\ &= \lim_{T\to\infty} \left(\frac{\mathrm{e}^{-st}}{-s}\bigg|_0^T \right) = \lim_{T\to\infty} \left(-\frac{\mathrm{e}^{-sT}}{s} + \frac{1}{s} \right) = \frac{1}{s} \end{aligned}$$

Man erhält also

$$\mathfrak{L}\{1\} = \frac{1}{s} \qquad \text{bzw.} \qquad 1 \circ\!\!-\!\!\bullet \frac{1}{s} \qquad \text{für } s > 0 \tag{9.5}$$

Für die Existenz des Integrals sind Eigenschaften der Exponentialfunktion ausschlaggebend.

Definition

Eine Funktion f ist vom Exponentialtyp, falls es Zahlen $d \in \mathbb{R}$ und $M > 0$ gibt, so daß für jeden Wert $t \geq 0$ gilt:

$$|f(t)| \leq M\,\mathrm{e}^{\mathrm{d}t} \tag{9.6}$$

Funktionen dieser Art sind z. B. gegeben durch (mit $n \in \mathbb{N}$ und $a, \omega \in \mathbb{R}$)

$$t^n, \quad \mathrm{e}^{at}, \quad \mathrm{e}^{-t^2}, \quad \sin(\omega t), \quad \cos(\omega t), \quad \sinh(at), \quad \cosh(at)$$

Für diese Funktionen f, die auf $[0, \infty)$ stetig sind mit $f(0) = \lim\limits_{t\to+0} f(t)$, existieren die Laplace-Transformierten. So erhält man z.B.

$$\begin{aligned} \mathfrak{L}\{\mathrm{e}^{at}\} &= \int_0^\infty \mathrm{e}^{-st} \cdot \mathrm{e}^{at}\,\mathrm{d}t = \int_0^\infty \mathrm{e}^{-(s-a)t}\,\mathrm{d}t \\ &= \lim_{T\to\infty} \left(\frac{\mathrm{e}^{-(s-a)t}}{-(s-a)}\bigg|_0^T \right) = \frac{1}{s-a} \qquad \text{für } s > a, \end{aligned}$$

d. h.

$$\mathrm{e}^{at} \circ\!\!-\!\!\bullet \frac{1}{s-a} \qquad \text{für gegebenes } a \in \mathbb{R} \text{ und alle } s > a \tag{9.7}$$

Die durch

$$\mathrm{e}^{t^2}, \quad \frac{1}{t^2}, \quad \tan t, \quad \frac{1}{\sin t}$$

definierten Funktionen sind nicht vom Exponentialtyp. Die Laplace-Transformierte

$$\int_0^\infty \mathrm{e}^{-st}\,\mathrm{e}^{t^2}\,\mathrm{d}t \qquad \text{z. B.}$$

existiert nicht. Die anderen Funktionen sind in einer Umgebung der Definitionslücken nicht integrierbar, so daß auch in diesen Fällen das Laplace-Integral nicht konvergiert. Allerdings gibt es auch Funktionen, die nicht vom Exponentialtyp sind, für die dennoch die Laplace-Transformierte existiert. Man kann beispielsweise

$$\mathfrak{L}\left\{\frac{1}{\sqrt{t}}\right\} = \sqrt{\frac{\pi}{s}} \qquad \text{für } s > 0$$

nachweisen. Wegen $\lim\limits_{t \to +0} \dfrac{1}{\sqrt{t}} = \infty$ existiert hier nicht einmal der rechtsseitige Grenzwert der Funktion an der Stelle $t = 0$. Dennoch konvergiert das (uneigentliche) Laplace-Integral. Im folgenden wird der rechtsseitige Grenzwert $f(+0) = \lim\limits_{t \to +0} f(t)$ vorausgesetzt.

9.1.3 Umkehrbarkeit der Laplace-Transformation

Die Laplace-Transformation $\mathfrak{L}$, nach (9.3) gegeben durch

$$\mathfrak{L}\{f(t)\} = F(s),$$

definiert eine Abbildung, die einer Zeitfunktion f aus dem Originalraum eine Funktion F aus dem Bildraum zuordnet. Sind f_1 und f_2 zwei Zeitfunktionen mit den Laplace-Transformierten

$$\mathfrak{L}\{f_1(t)\} \qquad \text{und} \qquad \mathfrak{L}\{f_2(t)\}$$

und existiert

$$\mathfrak{L}\{a_1 f_1(t) + a_2 f_2(t)\} \qquad \text{für } a_1, a_2 \in \mathbb{R},$$

so gilt die **Linearitätseigenschaft der Laplace-Transformation**

$$\boxed{\mathfrak{L}\{a_1 f_1(t) + a_2 f_2(t)\} = a_1 \mathfrak{L}\{f_1(t)\} + a_2 \mathfrak{L}\{f_2(t)\}} \tag{9.8}$$

Ist diese Transformation auch umkehrbar, d. h. kann jeder Funktion F auch eine Funktion f zugeordnet werden?
Existiert eine solche Umkehrung, so bezeichnet man diese als $\mathfrak{L}^{-1}$-Transformation mit

$$\boxed{\mathfrak{L}^{-1}\{F(s)\} = f(t)} \tag{9.9}$$

Während $\mathfrak{L}$ der Originalfunktion f eindeutig eine Bildfunktion F zuordnet, ist die Zuordnung $F \longrightarrow f$ keineswegs eindeutig. Der Wert des Laplace-Integrals bleibt z. B. unverändert, wenn man die Werte einer Originalfunktion f an endlich vielen Stellen ändert. Man kann allgemein zeigen, daß sich alle zu $F(s)$ gehörenden Originalfunktionen durch eine Nullfunktion n unterscheiden, definiert durch

$$\int\limits_0^t n(\tau)\,\mathrm{d}\tau = 0 \qquad \text{für alle } t \geq 0.$$

Identifiziert man solche Originalfunktionen, so definiert $\mathfrak{L}^{-1}$ eine eindeutige Transformation.
Die Umkehrtransformation $\mathfrak{L}^{-1}$ spielt später bei der Lösung von Differentialgleichungen eine wichtige Rolle. Daher hat man die wesentlichen Korrespondenzen $f(t) \circ\!\!-\!\!\bullet F(s)$ tabellarisch erfaßt. Komplizierte rationale Terme im Bildraum führt man dann mit Hilfe von Partialbruchzerlegungen auf diese zurück. Hierauf wird bei der Behandlung von Differentialgleichungen eingegangen.

9.1.4 Laplace-Transformierte spezieller Zeitfunktionen

Unter Verwendung von (vgl. (9.5), (9.7))

$$\mathfrak{L}\{1\} = \frac{1}{s} \quad \text{für } s > 0 \qquad \text{und} \qquad \mathfrak{L}\{\mathrm{e}^{at}\} = \frac{1}{s-a} \quad \text{für } s > a$$

und der Linearität der Laplace-Transformation werden die Bildfunktionen typischer Originalfunktionen ermittelt.
Die **Sprungfunktion** oder **Heavisidefunktion** H (in der Literatur oft auch mit ε bezeichnet) ist definiert durch (vgl. Bild 9.1)

$$H(t) = \begin{cases} 0 & \text{für} \quad t < 0 \\ 1 & \text{für} \quad t \geq 0 \end{cases}$$

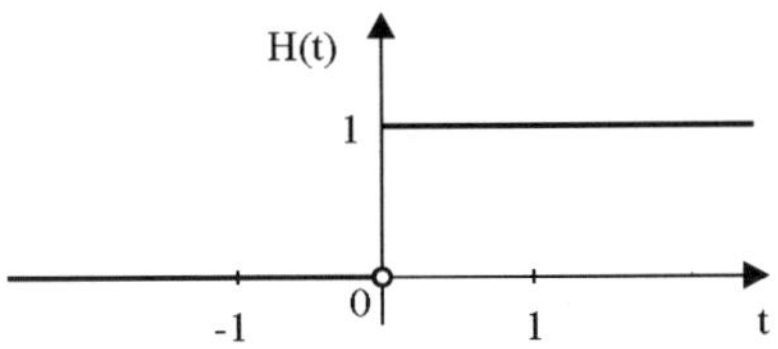

Bild 9.1

Für eine gegebene Zahl $a > 0$ gilt (vgl. Bild 9.2)

$$H(t-a) = \begin{cases} 0 & \text{für} \quad t < a \\ 1 & \text{für} \quad t \geq a \end{cases}$$

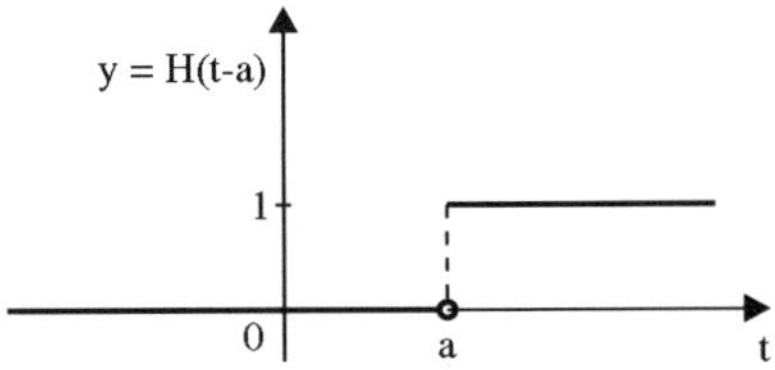

Bild 9.2

Als Laplace-Transformierte ergibt sich für festes a und alle $s > 0$

$$\mathfrak{L}\{H(t-a)\} = \int_a^\infty \mathrm{e}^{-st}\,\mathrm{d}t = \left.\frac{\mathrm{e}^{-st}}{-s}\right|_a^\infty = \frac{\mathrm{e}^{-as}}{s},$$

also

$$\boxed{\mathfrak{L}\{H(t-a)\} = \frac{\mathrm{e}^{-as}}{s} \quad \text{bzw.} \quad H(t-a) \circ\!\!-\!\!\bullet \frac{\mathrm{e}^{-as}}{s} \quad \text{für } s > 0} \qquad (9.10)$$

Beispiel 9.1

Für die **Rechteckfunktion** f mit

$f(t) = H(t-a) - H(t-b)$

mit $0 \leq a < b$

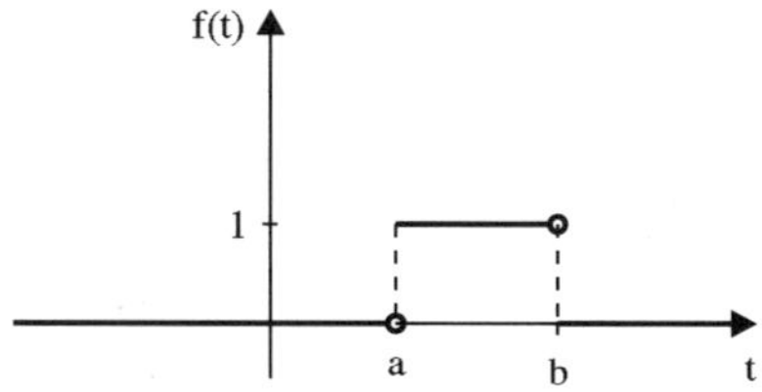

Bild 9.3

folgt

$$\mathfrak{L}\{H(t-a) - H(t-b)\} = \frac{\mathrm{e}^{-as}}{s} - \frac{\mathrm{e}^{-bs}}{s} = \frac{\mathrm{e}^{-as} - \mathrm{e}^{-bs}}{s} \qquad \text{für } s > 0$$

Hinweis: Die Rechteckfunktion wird in der Elektrotechnik als **Rechteckimpuls** bezeichnet.

Beispiel 9.2

Eine **Rechteckschwingung** werde beschrieben durch $(a > 0)$

$f(t) = H(t) - H(t-a) + H(t-2a) - H(t-3a) \pm \ldots$

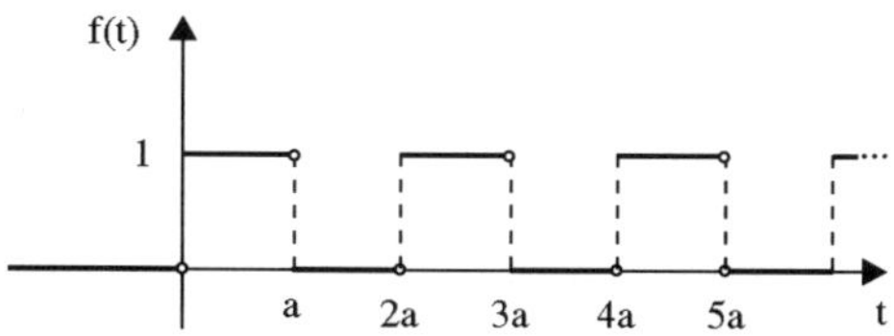

Bild 9.4

Dann folgt für $s > 0$:

$$\begin{aligned} \mathfrak{L}\{f(t)\} &= \mathfrak{L}\{H(t)\} - \mathfrak{L}\{H(t-a)\} + \mathfrak{L}\{H(t-2a)\} - \ldots \\ &= \frac{1}{s} - \frac{\mathrm{e}^{-as}}{s} + \frac{\mathrm{e}^{-2as}}{s} - \frac{\mathrm{e}^{-3as}}{s} \pm \ldots \\ &= \frac{1}{s}\left(1 - \mathrm{e}^{-as} + \left(\mathrm{e}^{-as}\right)^2 - \left(\mathrm{e}^{-as}\right)^3 \pm \ldots\right) \end{aligned}$$

Es handelt sich hier um eine unendliche geometrische Reihe mit dem konstanten Faktor $q = -\mathrm{e}^{-as}$, die wegen $|q| < 1$ für $s > 0$ nach (5.18) konvergiert:

$$\mathfrak{L}\{f(t)\} = \frac{1}{s} \cdot \frac{1}{1 + \mathrm{e}^{-as}}$$

Für die Potenzfunktion f mit

$$f(t) = t^n \cdot H(t) = \left\{ \begin{array}{lll} 0 & \text{für} & t < 0 \\ t^n & \text{für} & t \geq 0 \end{array} \right\} \qquad \text{mit } n \in \mathbb{N}$$

folgt

$$\mathfrak{L}\{t^n\} = \frac{n!}{s^{n+1}} \qquad \text{bzw.} \qquad t^n \circ\!\!-\!\!\bullet \frac{n!}{s^{n+1}} \qquad \text{für } s > 0 \tag{9.11}$$

Der Beweis wird mit Hilfe der vollständigen Induktion nach (5.1.1.2) geführt: Der *Induktionsanfang* ist wegen

$$\mathfrak{L}\{t^0\} = \mathfrak{L}\{1\} = \frac{1}{s} \qquad \text{und}$$

$$\mathfrak{L}\{t^1\} = \mathfrak{L}\{t\} = \int_0^\infty \mathrm{e}^{-st} t \,\mathrm{d}t = \left(-\frac{t}{s}\,\mathrm{e}^{-st} - \frac{1}{s^2}\,\mathrm{e}^{-st}\right)\Bigg|_0^\infty = \frac{1}{s^2}$$

erfüllt.

Induktionsannahme

$$\mathfrak{L}\{t^n\} = \frac{n!}{s^{n+1}}$$

Induktionsschluß

Mit Hilfe partieller Integration ergibt sich

$$\begin{aligned}\mathfrak{L}\{t^{n+1}\} &= \int_0^\infty \mathrm{e}^{-st} \cdot t^{n+1}\,\mathrm{d}t = \left(\frac{\mathrm{e}^{-st}}{-s} t^{n+1}\right)\Bigg|_0^\infty + \frac{n+1}{s}\int_0^\infty \mathrm{e}^{-st} \cdot t^n\,\mathrm{d}t \\ &= \frac{n+1}{s}\mathfrak{L}\{t^n\} = \frac{n+1}{s} \cdot \frac{n!}{s^{n+1}} = \frac{(n+1)!}{s^{(n+1)+1}},\end{aligned}$$

d. h., die Aussage gilt auch für $n+1$ und damit für alle $n \in \mathbb{N}$

Beispiel 9.3

Für ein Polynom dritter Ordnung ergibt sich

$$F(s) = \mathfrak{L}\{a_3 t^3 + a_2 t^2 + a_1 t + a_0\} = a_3\,\frac{3!}{s^4} + a_2\,\frac{2!}{s^3} + a_1\,\frac{1!}{s^2} + a_0\,\frac{1}{s}$$

Die Hyperbelfunktionen haben als Laplace-Transformierte

$$\sinh t \circ\!\!-\!\!\bullet \frac{1}{s^2-1}, \qquad \cosh t \circ\!\!-\!\!\bullet \frac{s}{s^2-1} \qquad \text{für } s > 1 \tag{9.12}$$

Wegen

$$\mathrm{e}^{at} \circ\!\!-\!\!\bullet \frac{1}{s-a}$$

und der Linearität der Zuordnung gilt nämlich

$$\begin{aligned}\mathfrak{L}\{\sinh t\} &= \mathfrak{L}\left\{\frac{\mathrm{e}^t - \mathrm{e}^{-t}}{2}\right\} = \frac{1}{2}\mathfrak{L}\{\mathrm{e}^t\} - \frac{1}{2}\mathfrak{L}\{\mathrm{e}^{-t}\} \\ &= \frac{1}{2} \cdot \frac{1}{s-1} - \frac{1}{2} \cdot \frac{1}{s+1} = \frac{1}{s^2-1}\end{aligned}$$

Analog weist man die zweite Beziehung nach.
Für die trigonometrischen Funktionen sin und cos gelten die Korrespondenzen

$$\boxed{\sin t \circ\!\!-\!\!\bullet \frac{1}{s^2+1}, \qquad \cos t \circ\!\!-\!\!\bullet \frac{s}{s^2+1} \qquad \text{für } s > 0} \tag{9.13}$$

Anwendung der partiellen Integration ergibt nämlich

$$\mathfrak{L}\{\sin t\} = \int_0^\infty \mathrm{e}^{-st} \sin t \,\mathrm{d}t = \mathrm{e}^{-st}(-\cos t)\Big|_0^\infty - s \int_0^\infty \mathrm{e}^{-st} \cos t \,\mathrm{d}t,$$

so daß

$$\mathfrak{L}\{\sin t\} = 1 - s \cdot \mathfrak{L}\{\cos t\}.$$

Entsprechend gilt

$$\mathfrak{L}\{\cos t\} = s \cdot \mathfrak{L}\{\sin t\}.$$

Daraus folgt

$$\mathfrak{L}\{\sin t\} = 1 - s^2 \cdot \mathfrak{L}\{\sin t\}$$

bzw.

$$\mathfrak{L}\{\sin t\} = \frac{1}{s^2+1} \qquad \text{und} \qquad \mathfrak{L}\{\cos t\} = s \cdot \mathfrak{L}\{\sin t\} = \frac{s}{s^2+1}$$

9.2 Struktur und Anwendung von Laplace-Transformationen

9.2.1 Transformationssätze

Im folgenden wird untersucht, wie sich lineare Transformationen der Variablen t einer Originalfunktion f auf die Laplace-Transformierte $F(s) = \mathfrak{L}\{f(t)\}$ auswirken. Die Antwort liefern die **Transformationssätze**.
Zu diesen Abbildungen zählt die Ähnlichkeitstransformation $t \longrightarrow at$ durch Multiplikation mit einem konstanten Faktor a, die geometrisch für $a > 1$ bzw. $0 < a < 1$ eine Stauchung bzw. Streckung der Kurve längs der t-Achse bedeutet. Da die Funktionen im Rahmen der Laplace-Integration nur für nichtnegative Argumente diskutiert werden, ist $a > 0$ zu wählen. Man diskutiere diesbezüglich z. B. $f(t) = \sin(at)$.

Ähnlichkeitssatz

$$\boxed{f(at) \circ\!\!-\!\!\bullet \frac{1}{a} F\left(\frac{s}{a}\right) \qquad \text{für } a > 0} \tag{9.14}$$

Beweis:

Mit Hilfe der Substitution $\tau = at$ folgt

$$\mathfrak{L}\{f(at)\} = \int\limits_0^\infty \mathrm{e}^{-st} f(at)\,\mathrm{d}t = \frac{1}{a}\int\limits_0^\infty \mathrm{e}^{-\frac{s}{a}\tau} f(\tau)\,\mathrm{d}\tau = \frac{1}{a}F\left(\frac{s}{a}\right)$$

Beispiel 9.4

Die Korrespondenzen

$$\sin(at) \circ\!\!-\!\!\bullet \frac{a}{s^2+a^2} \qquad \text{und} \qquad \cos(at) \circ\!\!-\!\!\bullet \frac{s}{s^2+a^2}$$

ergeben sich unmittelbar durch Anwendung des Ähnlichkeitssatzes:
Wegen

$$\sin t \circ\!\!-\!\!\bullet \frac{1}{s^2+1} \text{ folgt } \sin(at) \circ\!\!-\!\!\bullet \frac{1}{a}\cdot\frac{1}{\left(\frac{s}{a}\right)^2+1} = \frac{a}{s^2+a^2}$$

und aus

$$\cos t \circ\!\!-\!\!\bullet \frac{s}{s^2+1} \text{ folgt } \cos(at) \circ\!\!-\!\!\bullet \frac{1}{a}\cdot\frac{\frac{s}{a}}{\left(\frac{s}{a}\right)^2+1} = \frac{s}{s^2+a^2}$$

Die Transformation $t \longrightarrow t - t_0$ bzw. $t \longrightarrow t + t_0$ mit $t_0 > 0$ beschreibt eine Verschiebung des Graphen einer Funktion f (Bild 9.5) längs der t-Achse nach rechts (Bild 9.6) bzw. links (Bild 9.7). Der Funktion f mit $f(t) = 0$ für $t < 0$ wird die Funktion f_+ bzw. f_- zugeordnet mit

$$f_+(t) = f(t - t_0) \qquad \text{bzw.} \qquad f_-(t) = f(t + t_0)$$

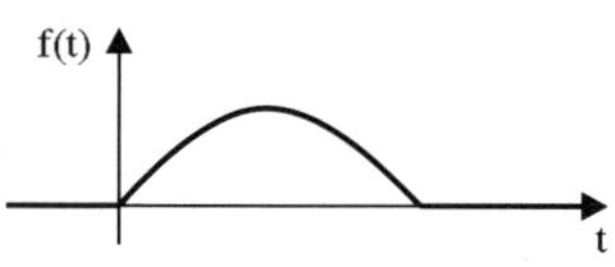

Bild 9.5

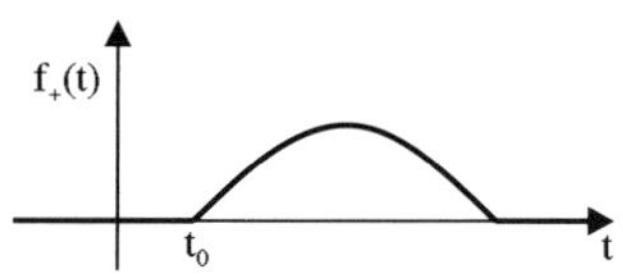

Bild 9.6

Bild 9.7

Da $f(t) = 0$ für $t < 0$ angenommen wird, ist $f_+(t) = 0$ für $t < t_0$.

Erster Verschiebungssatz

Aus $f(t) \circ\!\!-\!\!\bullet\, F(s)$ folgt $f(t-t_0) \circ\!\!-\!\!\bullet\, \mathrm{e}^{-st_0}F(s)$ für $t_0 > 0$ (9.15)

Beweis:

Mit $\tau = t - t_0$ erhält man

$$\begin{aligned}\mathfrak{L}\{f_+(t)\} &= \int_{t_0}^{\infty} \mathrm{e}^{-st} f(t-t_0)\,\mathrm{d}t = \int_0^{\infty} \mathrm{e}^{-s(\tau+t_0)} f(\tau)\,\mathrm{d}\tau \\ &= \mathrm{e}^{-st_0}\mathfrak{L}\{f(\tau)\} = \mathrm{e}^{-st_0}F(s)\end{aligned}$$

Die Verschiebung (Translation) nach rechts bewirkt eine Multiplikation der Bildfunktion mit einem konstanten Faktor.

Wird die Kurve um t_0 nach links verschoben, wird der gegebene Kurvenbogen von 0 bis t_0 abgeschnitten, da für die Laplace-Transformation der Bereich $[0,\infty)$ zugrunde gelegt wird. Der entsprechende Integralteil ist dann zu subtrahieren.

Zweiter Verschiebungssatz

$$f(t+t_0) \circ\!\!-\!\!\bullet\, \mathrm{e}^{st_0}\left(F(s) - \int_0^{t_0} \mathrm{e}^{-st} f(t)\,\mathrm{d}t\right) \qquad \text{für } t_0 > 0 \qquad (9.16)$$

Beweis:

Setzt man $\tau = t + t_0$, so ist

$$\begin{aligned}\mathfrak{L}\{f_-(t)\} &= \int_0^{\infty} \mathrm{e}^{-st} f(t+t_0)\,\mathrm{d}t = \int_{t_0}^{\infty} \mathrm{e}^{-s(\tau-t_0)} f(\tau)\,\mathrm{d}\tau \\ &= \mathrm{e}^{st_0}\int_{t_0}^{\infty} \mathrm{e}^{-s\tau} f(\tau)\,\mathrm{d}\tau = \mathrm{e}^{st_0}\left(\int_0^{\infty} \mathrm{e}^{-s\tau} f(\tau)\,\mathrm{d}\tau - \int_0^{t_0} \mathrm{e}^{-s\tau} f(\tau)\,\mathrm{d}\tau\right) \\ &= \mathrm{e}^{st_0}\left(F(s) - \int_0^{t_0} \mathrm{e}^{-s\tau} f(\tau)\,\mathrm{d}\tau\right)\end{aligned}$$

Unmittelbar folgt als Anwendung des ersten Verschiebungssatzes wegen (9.13)

$$H(t-t_0)\cdot\sin(t-t_0) \circ\!\!-\!\!\bullet\, \mathrm{e}^{-st_0}\frac{1}{s^2+1} \qquad \text{mit } t_0 > 0 \qquad (9.17)$$

Mit Hilfe obiger Regeln kann nun auch die Laplace-Transformation der Funktion

f mit

$$f(t) = \sin(\omega t - \varphi)$$

angegeben werden. Dazu setzt man

$$\sin(\omega t - \varphi) = \sin \omega \left(t - \frac{\varphi}{\omega}\right) = \sin \omega(t - t_0) \qquad \text{mit } t_0 = \frac{\varphi}{\omega}$$

Wegen Beispiel 9.4 und (9.15) ergibt sich

$$\boxed{H(t - t_0) \cdot \sin \omega(t - t_0) \circ\!\!-\!\!\bullet\ \mathrm{e}^{-st_0} \frac{\omega}{s^2 + \omega^2}} \tag{9.18}$$

Multipliziert man eine Originalfunktion f mit dem Faktor e^{-at} für $s > 0$, so spricht man im Hinblick auf physikalische Anwendungen von einer **Dämpfung der Funktion**. Es gilt der

Dämpfungssatz

$$\boxed{\mathrm{e}^{-at} \cdot f(t) \circ\!\!-\!\!\bullet\ F(s + a) \quad \text{mit } a \in \mathbb{R} \quad \text{und} \quad f(t) \circ\!\!-\!\!\bullet\ F(s) \qquad (9.19)}$$

Beweis:

$$\mathfrak{L}\{\mathrm{e}^{-at} f(t)\} = \int_0^\infty \mathrm{e}^{-st} \cdot \mathrm{e}^{-at} f(t)\,\mathrm{d}t = \int_0^\infty \mathrm{e}^{-(s+a)t} f(t)\,\mathrm{d}t = F(s + a)$$

Wegen (9.11) und (9.19) ergibt sich

$$\boxed{t^n \mathrm{e}^{-at} \circ\!\!-\!\!\bullet\ \frac{n!}{(s + a)^{n+1}} \qquad \text{mit } n \in \mathbb{N}} \tag{9.20}$$

Entsprechend erhält man

$$\boxed{\mathrm{e}^{-at} \cdot \sin(\omega t) \circ\!\!-\!\!\bullet\ \frac{\omega}{(s + a)^2 + \omega^2}} \tag{9.21}$$

Aufgaben 9.1 bis 9.3

9.2.2 Differentiation und Integration

Im folgenden werden Laplace-Transformierte der Ableitung und des Integrals einer Funktion angegeben. Wie gezeigt wird, entspricht der Ableitung einer Zeitfunktion im wesentlichen eine Multiplikation im Bildraum. Eine Differentialgleichung kann auf diese Weise in eine algebraische Gleichung überführt werden, deren Lösung ermittelt wird. Dieser wird dann wieder eine Zeitfunktion zugeordnet, die Lösung der Differentialgleichung ist.

Für die folgenden Ausführungen wird die Existenz der Laplace-Transformierten der Ableitungen einer Funktion vorausgesetzt. Wegen der Differentiation und Integration über dem Intervall $[0, \infty)$ wird ferner angenommen, daß die rechtsseitigen Grenzwerte

$$f(+0) = \lim_{t \to +0} f(t), \; f'(+0) = \lim_{t \to +0} f'(t), \; \ldots, \; f^{(n)}(+0) = \lim_{t \to +0} f^{(n)}(t)$$

existieren.

Satz (Laplace-Transformierte für die Ableitung)

$$\mathfrak{L}\{f'(t)\} = s \cdot \mathfrak{L}\{f(t)\} - f(+0) \text{ bzw. } f'(t) \circ\!\!-\!\!\bullet\; s \cdot F(s) - f(+0) \tag{9.22}$$

Zum Beweis wird partiell integriert:

$$\begin{aligned} \mathfrak{L}\{f'(t)\} &= \int_0^\infty \mathrm{e}^{-st} f'(t)\,\mathrm{d}t = \left(\mathrm{e}^{-st} f(t)\right)\Big|_0^\infty + s \int_0^\infty \mathrm{e}^{-st} f(t)\,\mathrm{d}t \\ &= -f(+0) + s \cdot F(s) \end{aligned}$$

Bemerkung zur Verwendung des rechtsseitigen Grenzwertes $f(+0)$:

Der rechtsseitige Grenzwert $f(+0)$ ist nicht notwendig gleich dem Funktionswert $f(0)$, wie z. B. folgende Funktion zeigt:

$$f(t) = \left\{ \begin{array}{lll} 0 & \text{für} & t \leq 0 \\ 1 & \text{für} & t > 0 \end{array} \right\} \qquad \text{mit } f(0) = 0 \text{ und } \lim_{t \to +0} f(t) = 1$$

Die Laplace-Transformierte

$$\mathfrak{L}\{f(t)\} = F(s) = \frac{1}{s} \qquad \text{ist gleich} \qquad \mathfrak{L}\{H(t)\} = \frac{1}{s},$$

obwohl die Funktionswerte $f(0) = 0$ und $H(0) = 1$ verschieden sind, da das Laplace-Integral unempfindlich gegenüber einer Änderung der Funktionswerte an einer Stelle ist.

Die Laplace-Transformierte der Ableitung gemäß (9.22) ergibt

$$\mathfrak{L}\{f'(t)\} = s \cdot \frac{1}{s} - 1 = 0,$$

wobei $f(+0) = 1$ ist. Die Verwendung des Funktionswertes $f(0) = 0$ würde ein falsches Ergebnis liefern.

Differentiationssatz für die Originalfunktion

$$\begin{array}{llll} f' & (t) \circ\!\!-\!\!\bullet & s & \cdot F(s) - f(+0) \\ f'' & (t) \circ\!\!-\!\!\bullet & s^2 & \cdot F(s) - f(+0)s - f'(+0) \\ \vdots & & \vdots & \\ f^{(n)} & (t) \circ\!\!-\!\!\bullet & s^n & \cdot F(s) - f(+0)s^{n-1} - f'(+0)s^{n-2} - \ldots - f^{(n-1)}(+0) \end{array} \tag{9.23}$$

Der Beweis wird nur angedeutet:

Für $n = 1$ gilt Satz (9.22).
Für $n = 2$ erhält man mit Hilfe mehrfacher partieller Integrationen:

$$\begin{aligned} \mathfrak{L}\{f''(t)\} &= \int_0^\infty \mathrm{e}^{-st} f''(t)\,\mathrm{d}t = \left(\mathrm{e}^{-st} f'(t)\right)\Big|_0^\infty + s\int_0^\infty \mathrm{e}^{-st} f'(t)\,\mathrm{d}t \\ &= -f'(+0) + s\left(\left(\mathrm{e}^{-st} f(t)\right)\Big|_0^\infty + s\int_0^\infty \mathrm{e}^{-st} f(t)\,\mathrm{d}t\right) \\ &= -f'(+0) - sf(+0) + s^2 F(s) \end{aligned}$$

Allgemeine Beweisführung ist z. B. mit dem Prinzip der vollständigen Induktion möglich.
Mit Hilfe der Laplace-Transformierten der Ableitungen einer Funktion können Differentialgleichungen in algebraische Gleichungen überführt werden. Dabei werden automatisch die Anfangsbedingungen eingebaut.

Beispiel 9.5

Der Differentialgleichung

$$f''(t) + \omega^2 \cdot f(t) = 0$$

entspricht die algebraische Gleichung ($F(s) = \mathfrak{L}\{f(t)\}$)

$$s^2 \cdot F(s) - f(+0) \cdot s - f'(+0) + \omega^2 \cdot F(s) = 0$$

bzw.

$$(s^2 + \omega^2)F(s) = f(+0) \cdot s + f'(+0)$$

mit

$$F(s) = \frac{f(+0) \cdot s + f'(+0)}{s^2 + \omega^2}$$

Auf die Bestimmung der zugehörigen Originalfunktion wird in (9.2.4) eingegangen.
Bisher wurde die Laplace-Transformierte der Ableitung einer Funktion f untersucht. Im folgenden soll die Laplace-Transformierte einer Stammfunktion von f bestimmt werden.

Sei Φ eine beliebige Stammfunktion von f mit $\Phi'(t) = f(t)$ und der Laplace-Transformierten $F(s) = \mathfrak{L}\{f(t)\}$. Nach (9.22) folgt für die Ableitung $\Phi'(t)$

$$\mathfrak{L}\{\Phi'\} = s \cdot \mathfrak{L}\{\Phi(t)\} - \Phi(+0)$$

Wegen $\Phi'(t) = f(t)$ folgt

$$\boxed{\mathfrak{L}\{\Phi(t)\} = \frac{1}{s}\left(\mathfrak{L}\{f(t)\} + \Phi(+0)\right)} \tag{9.24}$$

Wählt man z. B. als Stammfunktion das Integral

$$\Phi(t) = \int_0^t f(\tau)\,\mathrm{d}\tau \qquad \text{mit} \qquad \Phi'(t) = f(t) \qquad \text{und} \qquad \Phi(+0) = 0$$

und beachtet $\mathfrak{L}\{f(t)\} = F(s)$, so ergibt sich

$$\boxed{\mathfrak{L}\left\{\int_0^t f(\tau)\,\mathrm{d}\tau\right\} = \frac{F(s)}{s} \qquad \text{bzw.} \qquad \int_0^t f(\tau)\,\mathrm{d}\tau \circ\!\!-\!\!\bullet\ \frac{F(s)}{s}} \tag{9.25}$$

Während der Ableitung einer Originalfunktion f im Bildraum bis auf eine additive Konstante die Multiplikation mit s entspricht, bedeutet die Integration von f von 0 bis t im Bildraum die Division der Bildfunktion F durch s.

9.2.3 Multiplikation und Faltung

Bisher wurden die Auswirkungen einer Operation für eine Zeitfunktion im Originalraum auf die Laplace-Transformierte im Bildraum untersucht. Wegen der Linearität der Laplace-Transformation entspricht einer Summe von Zeitfunktionen auch eine Summe von Bildfunktionen.
Im Bildraum spielt aber auch das Produkt von zwei Funktionen F_1 und F_2

$$F_1(s) \cdot F_2(s) \qquad \text{mit} \qquad F_1(s) = \mathfrak{L}\{f_1(t)\} \qquad \text{und} \qquad F_2(s) = \mathfrak{L}\{f_2(t)\}$$

eine wichtige Rolle. Bei der Bestimmung der Originalfunktion zu diesem Produkt stößt man auf eine besondere Integralkombination von f_1 und f_2, für die Produkteigenschaften gelten.

Definition

Für zwei Zeitfunktionen f_1 und f_2 aus dem Originalraum wird das Produkt $f_1 * f_2$ definiert durch

$$(f_1 * f_2)(t) = \int_0^t f_1(\tau) f_2(t-\tau)\,\mathrm{d}\tau, \tag{9.26}$$

das man als **Faltungsintegral**, **Faltung** oder **Faltungsprodukt** von f_1 und f_2 bezeichnet.

Man sagt auch: f_1 wird mit f_2 gefaltet. Hierbei wird f_1 mit Hilfe von f_2 zeitversetzt gewichtet.

Beispiel 9.6

Für eine beliebige Zeitfunktion f und die konstante Funktion g mit $g(t) = 1$ gilt:

$$(f * 1)(t) = \int_0^t f(\tau) \cdot 1 \, \mathrm{d}\tau = \int_0^t f(\tau) \, \mathrm{d}\tau$$

Beispiel 9.7

$(f_1 * f_2)(t)$ für $f_1(t) = t$ und $f_2(t) = \mathrm{e}^{-at}$ soll mit Hilfe partieller Integration berechnet werden.

Lösung:

$$\begin{aligned}
t * \mathrm{e}^{-at} &= \int_0^t \tau \cdot \mathrm{e}^{-a(t-\tau)} \, \mathrm{d}\tau = \mathrm{e}^{-at} \int_0^t \tau \, \mathrm{e}^{a\tau} \, \mathrm{d}\tau \\
&= \mathrm{e}^{-at} \left(\left(\tau \cdot \frac{1}{a} \mathrm{e}^{a\tau} \right) \Big|_0^t - \int_0^t \frac{1}{a} \mathrm{e}^{a\tau} \, \mathrm{d}\tau \right) \\
&= \mathrm{e}^{-at} \left(\frac{t}{a} \mathrm{e}^{at} - \frac{1}{a^2} \mathrm{e}^{a\tau} \Big|_0^t \right) \\
&= \frac{t}{a} - \frac{\mathrm{e}^{-at}}{a^2} \left(\mathrm{e}^{at} - 1 \right) = \frac{1}{a^2} \left(\mathrm{e}^{-at} + at - 1 \right)
\end{aligned}$$

Für die Produktbildung können die typischen Multiplikationsregeln hergeleitet werden. In obigen Beispielen gilt

$$f * 1 = 1 * f \qquad \text{und} \qquad t * \mathrm{e}^{-at} = \mathrm{e}^{-at} * t.$$

Allgemein zeigt man die Gültigkeit des **Kommutativgesetzes**

$$\boxed{f_1 * f_2 = f_2 * f_1} \tag{9.27}$$

Entsprechend gilt das **Assoziativgesetz** für drei Zeitfunktionen f_1, f_2 und f_3:

$$\boxed{(f_1 * f_2) * f_3 = f_1 * (f_2 * f_3)} \tag{9.28}$$

Eine für Anwendungen wichtige Eigenschaft liefert die Korrespondenz

$$\boxed{F_1(s) \cdot F_2(s) \bullet\!\!-\!\!\circ \; (f_1 * f_2)(t) = \int_0^t f_1(\tau) f(t - \tau) \, \mathrm{d}\tau} \tag{9.29}$$

Der Faltung im Originalraum entspricht also ein gewöhnliches Produkt im Bildraum.

Neben der Existenz der Laplace-Transformierten muß hier zusätzlich vorausgesetzt werden, daß mindestens eines der beiden Laplace-Integrale, z. B. $\mathfrak{L}\{f_1(t)\}$, absolut konvergiert. Dies bedeutet die Existenz des Integrals

$$\int_0^\infty \left| \mathrm{e}^{-st} f_1(t) \right| \, \mathrm{d}t$$

Für Funktionen vom Exponentialtyp sind die Voraussetzungen erfüllt. Auf den allgemeinen Beweis der Aussagen wird hier nicht näher eingegangen.

Die Bestimmung der Originalfunktion eines Produkts im Bildraum ist für die Lösung einer Differentialgleichung mit Hilfe der Laplace-Transformation von Bedeutung, um die Rücktransformation vom Bildraum zum Originalraum durchführen zu können.

Beispiel 9.8

Zu bestimmen ist die Originalfunktion f zu F mit

$$F(s) = F_1(s) \cdot F_2(s) = \frac{1}{s} \cdot \frac{1}{s-a}.$$

Lösung:

Wegen der Korrespondenzen

$$\frac{1}{s} \bullet\!\!-\!\!\circ\ 1 \qquad \text{und} \qquad \frac{1}{s-a} \bullet\!\!-\!\!\circ\ \mathrm{e}^{at}$$

ergibt sich

$$f(t) = (f_1 * f_2)(t) = \int_0^t 1 \cdot \mathrm{e}^{a(t-\tau)} \, \mathrm{d}\tau = -\frac{1}{a} \, \mathrm{e}^{a(t-\tau)} \Big|_0^t = \frac{1}{a} \left(\mathrm{e}^{at} - 1 \right)$$

9.2.4 Inverse Laplace-Transformation mit Hilfe der Partialbruchzerlegung

In vielen Fällen definiert die Laplace-Transformierte eine rationale Funktion. Es liegt daher nahe, diese in eine möglichst einfache Form zu überführen, die die Bestimmung der Originalfunktion erleichtert.

Jede unecht gebrochenrationale Funktion kann nach Abschnitt 6.2.4 als Summe einer ganzrationalen und einer echt gebrochenrationalen Funktion dargestellt werden. Diese wiederum ist in eine Summe von Partial- oder Teilbrüchen zerlegbar, für die die Zeitfunktionen (inverse Laplace-Transformierte) bekannt und sogar tabellarisch erfaßt sind. Die Partialbruchzerlegung wird hier an einigen Beispielen erläutert, die in 9.3 bei der Lösung von Differentialgleichungen zugrunde gelegt werden.

Beispiel 9.9

Für $F(s) = \dfrac{1}{(s+1)(s+4)}$ macht man den Zerlegungssatz $(A, B \in \mathbb{R})$

$$F(s) = \frac{A}{s+1} + \frac{B}{s+4}.$$

Multiplikation mit dem Hauptnenner ergibt

$$1 = A(s+4) + B(s+1) \qquad \text{bzw.} \qquad (A+B)s + 4A + B - 1 = 0.$$

Koeffizientenvergleich führt zu

$A + B = 0$ und $4A + B - 1 = 0$ mit $A = \dfrac{1}{3}$ und $B = -\dfrac{1}{3}$, so daß

$$\frac{1}{(s+1)(s+4)} = \frac{1}{3} \cdot \frac{1}{s+1} - \frac{1}{3} \cdot \frac{1}{s+4}.$$

Daraus folgt die Zeitfunktion f mit

$$f(t) = \mathfrak{L}^{-1}\{F(s)\} = \frac{1}{3}\,\mathrm{e}^{-t} - \frac{1}{3}\,\mathrm{e}^{-4t}$$

Beispiel 9.10

$F(s) = \dfrac{s}{(s+2)^2}$ wird zerlegt in der Form $F(s) = \dfrac{A}{s+2} + \dfrac{B}{(s+2)^2}$.

Multiplikation mit dem Hauptnenner ergibt

$$s = A(s+2) + B \qquad \text{bzw.} \qquad (A-1)s + 2A + B = 0.$$

Aus $A - 1 = 0$ und $2A + B = 0$ folgt $A = 1$ und $B = -2$, so daß

$F(s) = \dfrac{1}{s+2} - \dfrac{2}{(s+2)^2}$ mit $f(t) = \mathfrak{L}^{-1}\{F(s)\} = \mathrm{e}^{-2t} - 2t\,\mathrm{e}^{-2t}$

Beispiel 9.11

Für $F(s) = \dfrac{s}{(s+2)^2(s^2+4)}$ erhält man mit dem Ansatz $(A, B, C, D \in \mathbb{R})$

$$F(s) = \frac{A}{s+2} + \frac{B}{(s+2)^2} + \frac{Cs+D}{s^2+4}$$

die Zerlegung

$$F(s) = -\frac{1}{4}\frac{1}{(s+2)^2} + \frac{1}{4}\frac{1}{s^2+4} \qquad \text{mit} \qquad f(t) = -\frac{1}{4}t\,\mathrm{e}^{-2t} + \frac{1}{8}\sin(2t)$$

Aufgaben 9.4 bis 9.5

9.3 Lösen von Differentialgleichungen

9.3.1 Lösungsprinzip

Die Laplace-Transformation $\mathfrak{L}$ liefert ein geeignetes Rüstzeug zum Lösen einer linearen Differentialgleichung mit konstanten Koeffizienten. Aufgrund der erläuterten Eigenschaften dieser Integrationsformation kann das Lösungsverfahren durch drei Schritte charakterisiert werden:

1. Mit Hilfe der Laplace-Transformation $\mathfrak{L}$ wird die Differentialgleichung mit Anfangsbedingung im Originalbereich in eine algebraische Gleichung im Bildbereich überführt. Hierbei benötigt man die Sätze für die Linearität, Ableitung und Integration sowie eine Korrespondenztabelle.
2. Lösen der algebraischen Gleichung im Bildraum ergibt die Laplace-Transformierte der Lösungsfunktion der Differentialgleichung.
3. Rücktransformation der Lösungsfunktion der algebraischen Gleichung führt zur Lösung der Differentialgleichung. Hierbei verwendet man eine Korrespondenztabelle und gegebenenfalls Transformationssätze.

Das allgemeine Schema wird im Diagramm (9.30) verdeutlicht.

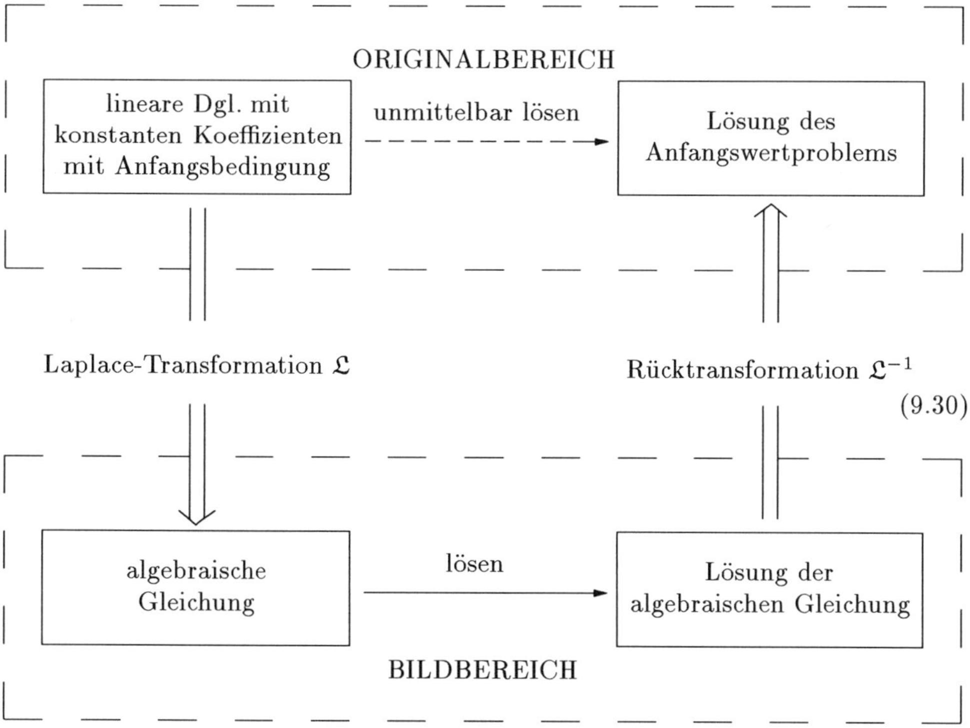

(9.30)

Sind die Lösungen der algebraischen Gleichung rationale Terme, so werden diese gegebenenfalls mit Hilfe einer Partialbruchzerlegung (vgl. 9.2.4 und 6.2.4) in einfachere rationale Terme zerlegt, für die die zugehörigen Originalfunktionen einer Tabelle entnommen werden können.

Im folgenden werden Differentialgleichungen erster, zweiter und höherer Ordnung gelöst.

9.3.2 Differentialgleichungen erster Ordnung

Mit Hilfe der Laplace-Transformation wird eine lineare inhomogene Differentialgleichung erster Ordnung

$$\boxed{y' + a_0 y = g(t) \qquad \text{mit} \qquad y = f(t) \qquad \text{und } a_0 \in \mathbb{R}} \tag{9.31}$$

gelöst, ohne auf die übliche Variation der Konstanten angewiesen zu sein.

Die Laplace-Transformierten mit den Korrespondenzen

$$y = f(t) \circ\!\!-\!\!\bullet\ \mathfrak{L}\{f(t)\} = F(s), \qquad g(t) \circ\!\!-\!\!\bullet\ \mathfrak{L}\{g(t)\} = G(s)$$

und

$$y' \circ\!\!-\!\!\bullet\ \mathfrak{L}\{y'\} = s \cdot F(s) - y(+0)$$

werden vorausgesetzt. Dabei ist

$$y(+0) = \lim_{t \to +0} f(t)$$

der rechtsseitige Grenzwert der Funktion f an der Stelle $t = 0$. Im Falle der Stetigkeit ist $y(0) = y(+0)$. Im folgenden setzen wir diese voraus, so daß $y(0)$ verwendet wird.

Wegen der Linearität der Laplace-Transformation folgt

$$\mathfrak{L}\{y'\} + a_0 \mathfrak{L}\{y\} = \mathfrak{L}\{g(t)\}$$

bzw. die algebraische Gleichung im Bildraum

$$s \cdot F(s) - y(0) + a_0 \cdot F(s) = G(s)$$

mit der Lösung

$$\boxed{F(s) = y(0) \frac{1}{s + a_0} + G(s) \frac{1}{s + a_0}} \tag{9.32}$$

im Bildraum. Ist G eine rationale Funktion, so wird im gegebenen Fall der zweite Summand in (9.32) mit Hilfe einer Partialbruchzerlegung (vgl. 6.2.4) als Summe einfacherer Terme dargestellt, deren Originalfunktionen einer Korrespondenztabelle entnommen werden können.

Beispiel 9.12

Man bestimme die Lösung $y = f(t)$ der Differentialgleichung

$$y' + a_0 y = t \qquad \text{mit } a \in \mathbb{R}\backslash\{0\} \text{ für die Anfangsbedingung } y(0) = 1.$$

Lösung:

a) Transformation in den Bildraum:

Wegen $t \circ\!\!-\!\!\bullet \frac{1}{s^2}$ (vgl. 9.4) und oben angegebener Korrespondenzen folgt

$$s \cdot F(s) - y(0) + a_0 \cdot F(s) = \frac{1}{s^2}$$

b) Die Auflösung nach $F(s)$ unter Beachtung von $y(0) = 1$ ergibt:

$$F(s) = \frac{1}{s + a_0} + \frac{1}{s^2(s + a_0)}$$

Die Partialbruchzerlegung

$$\frac{1}{s^2(s + a_0)} = \frac{1}{a_0^2}\left(\frac{1}{s + a_0} - \frac{1}{s} + \frac{a_0}{s^2}\right)$$

führt zu

$$F(s) = \left(1 + \frac{1}{a_0^2}\right) \cdot \frac{1}{s + a_0} - \frac{1}{a_0^2} \cdot \frac{1}{s} + \frac{1}{a_0} \cdot \frac{1}{s^2}$$

c) Die Rücktransformation unter Verwendung der Korrespondenztabelle 9.4 liefert die Lösung im Originalraum:

$$y = \left(1 + \frac{1}{a_0^2}\right) \cdot \mathrm{e}^{-a_0 t} - \frac{1}{a_0^2} + \frac{1}{a_0} \cdot t$$

Die Originalfunktion zur Lösung (9.32) kann natürlich auch mit Hilfe des Faltungssatzes erhalten werden: Wegen der Korrespondenzen

$$\frac{1}{s + a_0} \bullet\!\!-\!\!\circ \mathrm{e}^{-a_0 t},$$

$$G(s) \cdot \frac{1}{s + a_0} \bullet\!\!-\!\!\circ g(t) * \mathrm{e}^{-a_0 t} = \int_0^t g(\tau) \cdot \mathrm{e}^{-a_0(t-\tau)}\, \mathrm{d}\tau$$

ergibt sich als Lösung im Originalraum

$$\begin{aligned} y &= \mathfrak{L}^{-1}\{F(s)\} = y(0) \cdot \mathrm{e}^{-a_0 t} + g(t) * \mathrm{e}^{-a_0 t} \\ &= y(0) \cdot \mathrm{e}^{-a_0 t} + \int_0^t g(\tau)\, \mathrm{e}^{-a_0(t-\tau)}\, \mathrm{d}\tau \end{aligned} \tag{9.33}$$

Das Ergebnis in Beispiel 9.12 folgt durch Auswertung des Faltungsproduktes.

Beispiel 9.13

Man bestimme die Lösung $y = f(t)$ der Differentialgleichung

$y' + a_0 y = A\sin(\omega t) \qquad \text{mit } a_0, A \in \mathbb{R}$

und gebe die Lösung an, falls

$a_0 = 1 \qquad \omega = 1 \qquad \text{und} \qquad A = 2 \qquad \text{sowie} \qquad y(0) = 2$

gewählt werden.

Lösung:

Die Laplace-Transformation führt im Bildraum zur algebraischen Gleichung

$$s \cdot F(s) - y(0) + a_0 \cdot F(s) = A\frac{\omega}{s^2 + \omega^2}$$

mit der Lösung

$$F(s) = y(0) \cdot \frac{1}{s + a_0} + A\omega\frac{1}{(s^2 + \omega^2)(s + a_0)}$$

Mit Hilfe der Partialbruchzerlegung

$$\frac{1}{(s + a_0)(s^2 + \omega^2)} = \frac{1}{a_0^2 + \omega^2}\left(\frac{1}{s + a_0} + \frac{a_0}{s^2 + \omega^2} - \frac{s}{s^2 + \omega^2}\right)$$

erhält man

$$F(s) = \left(y(0) + \frac{A\omega}{a_0^2 + \omega^2}\right)\frac{1}{s + a_0} + \frac{Aa_0}{a_0^2 + \omega^2} \cdot \frac{\omega}{s^2 + \omega^2} - \frac{A\omega}{a_0^2 + \omega^2} \cdot \frac{s}{s^2 + \omega^2}$$

und im Originalraum

$$y = \left(y(0) + \frac{A\omega}{a_0^2 + \omega^2}\right) \cdot \mathrm{e}^{-a_0 t} + \frac{Aa_0}{a_0^2 + \omega^2}\sin(\omega t) - \frac{A\omega}{a_0^2 + \omega^2}\cos(\omega t)$$

Unter Beachtung der angenommenen Werte bzw. Anfangsbedingungen folgt

$$y = 3\,\mathrm{e}^{-t} + \sin t - \cos t = 3\,\mathrm{e}^{-t} + \sqrt{2}\sin\left(t - \frac{\pi}{4}\right)$$

9.3.3 Differentialgleichungen zweiter und höherer Ordnung

Mit Hilfe der Laplace-Transformierten werden Lösungen $y = f(t)$ einer linearen Differentialgleichung (Dgl.) zweiter Ordnung mit konstanten Koeffizienten

$$\boxed{y'' + a_1 y' + a_0 y = g(t) \qquad \text{mit } a_1, a_2 \in \mathbb{R}} \qquad (9.34)$$

bestimmt.
Aufgrund obiger Ausführungen gelten folgende Korrespondenzen:

$$\begin{aligned} y &\circ\!\!-\!\!\bullet\ \mathfrak{L}\{y\} = F(s), \qquad g(t) \circ\!\!-\!\!\bullet\ G(s) \\ y' &\circ\!\!-\!\!\bullet\ \mathfrak{L}\{y'\} = s \cdot F(s) - y(+0) \\ y'' &\circ\!\!-\!\!\bullet\ \mathfrak{L}\{y''\} = s^2 \cdot F(s) - s \cdot y(+0) - y'(+0) \end{aligned}$$

Die auftretenden Werte $y(+0)$ und $y'(+0)$ entsprechen Anfangsbedingungen für die Lösungen der Dgl. Bei den folgenden Untersuchungen wird jeweils Stetigkeit vorausgesetzt, so daß

$$y(+0) = y(0) \qquad \text{und} \qquad y'(+0) = y'(0)$$

angenommen wird.
Der Dgl. entspricht dann die **Bildgleichung**

$$\mathfrak{L}\{y''\} + a_1\mathfrak{L}\{y\} + a_0\mathfrak{L}\{y\} = \mathfrak{L}\{g(t)\}$$

bzw.

$$s^2 \cdot F(s) - s \cdot y(0) - y'(0) + a_1(s \cdot F(s) - y(0)) + a_0 \cdot F(s) = G(s)$$

mit der Lösung

$$\boxed{F(s) = y(0)\frac{s + a_1}{s^2 + a_1 s + a_0} + y'(0)\frac{1}{s^2 + a_1 s + a_0} + G(s)\frac{1}{s^2 + a_1 s + a_0}} \tag{9.35}$$

Um die Lösung der Dgl. zu finden, muß die zu F gehörende Originalfunktion f mit

$$y = f(t) = \mathfrak{L}^{-1}\{F(s)\}$$

über die lineare Rücktransformation $\mathfrak{L}^{-1}$ ermittelt werden. Dies wird für einige typische Fälle durchgeführt. Wegen der physikalischen und technischen Deutung und Begriffsbildung sei auf Abschnitt 8 verwiesen.
Ein wichtiger Sonderfall ist die Differentialgleichung für **eine harmonische Schwingung mit einem Störterm g (erzwungene ungedämpfte Schwingung)**:

$$\boxed{y'' + \omega^2 \cdot y = g(t)} \qquad \text{für } \omega \neq 0 \tag{9.36}$$

Man erhält die algebraische Gleichung im Bildraum (mit $\mathfrak{L}\{y\} = F(s)$, $\mathfrak{L}\{g(t)\} = G(s)$)

$$s^2 \cdot F(s) - s \cdot y(0) - y'(0) + \omega^2 F(s) = G(s)$$

mit

$$\boxed{F(s) = y(0)\frac{s}{s^2 + \omega^2} + y'(0)\frac{1}{s^2 + \omega^2} + G(s)\frac{1}{s^2 + \omega^2}} \tag{9.37}$$

mit den Anfangswerten $y(0)$ und $y'(0)$.
Zur Bestimmung der Originalfunktion werden die Korrespondenzen unter Einschluß des Faltungssatzes (9.29) verwendet (vgl. Beispiel 9.4):

$$G(s) \bullet\!\!-\!\!\circ\, g(t)$$

$$\frac{\omega}{s^2 + \omega^2} \bullet\!\!-\!\!\circ\, \sin(\omega t), \qquad \frac{s}{s^2 + \omega^2} \bullet\!\!-\!\!\circ\, \cos(\omega t)$$

$$G(s)\frac{\omega}{s^2+\omega^2} \bullet\!\!-\!\!\circ\; g(t) * \sin(\omega t) = \int_0^t g(\tau)\sin\omega(t-\tau)\,\mathrm{d}\tau$$

Aufgrund der Linearität der Abbildung folgt als Lösung

$$\boxed{y = y(0)\cdot\cos(\omega t) + \frac{y'(0)}{\omega}\sin(\omega t) + \frac{1}{\omega}\int_0^t g(\tau)\cdot\sin\omega(t-\tau)\,\mathrm{d}\tau} \qquad (9.38)$$

Bemerkung :

Die Bestimmung der Originalfunktion zu

$$G(s)\cdot\frac{1}{s^2+\omega^2}$$

kann, wie hier geschehen, über das Faltungsprodukt erfolgen. Im Falle einer rationalen Funktion geht man in der Regel anders vor:
Eine unecht gebrochenrationale Funktion wird nach (5.2.10.3) durch Polynomdivision als Summe einer ganzrationalen und einer echt gebrochenrationalen Funktion dargestellt. Letztere wird mit Hilfe der Partialbruchzerlegung (vgl. Abschnitt 9.2.4 und 6.2.4) in Bruchterme zerlegt, für die die Originalfunktionen tabellarisch erfaßt sind.

Beispiel 9.14 (*freie ungedämpfte oder harmonische Schwingung*)

Zu bestimmen ist die Lösung $y = f(t)$ der Dgl. einer harmonischen Schwingung mit $\omega^2 \neq 0$:

$y'' + \omega^2 y = 0 \qquad$ mit $y(0) = 1$ und $y'(0) = 0$

Lösung:

Unter Beachtung der Anfangswerte folgt die Bildgleichung

$(s^2 + \omega^2)F(s) = s$

mit der Lösung F im Bildraum und y im Originalraum (vgl. Korrespondenztabelle in Abschnitt 9.4)

$$F(s) = \frac{s}{s^2+\omega^2} \bullet\!\!-\!\!\circ\; y = \cos(\omega t)$$

Beispiel 9.15

Man löse die Dgl. für eine *erzwungene ungedämpfte Schwingung*

$y'' + \omega^2 y = d \qquad$ mit $y(0) = 0$ und $y'(0) = 0$ sowie $d \in \mathbb{R}\backslash\{0\}$

Lösung:

Wegen

$$g(t) = d \;\circ\!\!-\!\!\bullet\; G(s) = \frac{d}{s}$$

unter Beachtung der Anfangswerte folgt im Bildraum die Gleichung

$$(s^2+\omega^2)F(s)=\frac{d}{s} \qquad \text{mit} \qquad F(s)=\frac{d}{s(s^2+\omega^2)}$$

Eine Partialbruchzerlegung (vgl. 6.2.4) mit dem Zerlegungsansatz

$$\frac{1}{s(s^2+\omega^2)}=\frac{A}{s}+\frac{Bs+C}{s^2+\omega^2}$$

führt über einen Koeffizientenvergleich zu

$$\frac{1}{s(s^2+\omega^2)}=\frac{1}{\omega^2}\left(\frac{1}{s}-\frac{s}{s^2+\omega^2}\right)$$

Wegen

$$\frac{1}{s} \bullet\!\!-\!\!\circ\; 1 \qquad \text{und} \qquad \frac{s}{s^2+\omega^2} \bullet\!\!-\!\!\circ\; \cos(\omega t)$$

erhält man $y=f(t)$ aus der Korrespondenz (vgl. Abschn. 9.4)

$$F(s)=\frac{d}{\omega^2}\left(\frac{1}{s}-\frac{s}{s^2+\omega^2}\right) \bullet\!\!-\!\!\circ\; y=\frac{d}{\omega^2}(1-\cos(\omega t))$$

Beispiel 9.16

Man bestimme die Lösung von

$y''+y=t$ mit den beliebigen Anfangswerten $y(0)$ und $y'(0)$.

Lösung:

Wegen

$$g(t)=t \circ\!\!-\!\!\bullet\; G(s)=\frac{1}{s^2}$$

folgt als Bildgleichung

$$s^2\cdot F(s)-s\cdot y(0)-y'(0)+F(s)=\frac{1}{s^2}$$

mit der Lösung

$$F(s)=y(0)\frac{s}{s^2+1}+y'(0)\frac{1}{s^2+1}+\frac{1}{s^2(s^2+1)}$$

Die Partialbruchzerlegung

$$\frac{1}{s^2(s^2+1)}=\frac{1}{s^2}-\frac{1}{s^2+1}$$

führt zu

$$F(s)=y(0)\frac{s}{s^2+1}+\big(y'(0)-1\big)\frac{1}{s^2+1}+\frac{1}{s^2}$$

mit der zugehörigen Lösung im Originalraum (vgl. Korrespondenztabelle 9.4)

$$y=y(0)\cdot\cos t+\big(y'(0)-1\big)\cdot\sin t+t$$

Beispiel 9.17

Man löse die Dgl. $y'' + y = \mathrm{e}^t$ für beliebige Anfangswerte $y(0)$ und $y'(0)$.

Lösung:

Wegen

$$g(t) = \mathrm{e}^t \circ\!\!-\!\!\bullet\, G(s) = \frac{1}{s-1}$$

erhält man die Bildgleichung

$$s^2 \cdot F(s) - s \cdot y(0) - y'(0) + F(s) = \frac{1}{s-1} \text{ mit}$$

$$F(s) = y(0) \cdot \frac{s}{s^2+1} + y'(0) \cdot \frac{1}{s^2+1} + \frac{1}{(s-1)(s^2+1)}$$

Mit Hilfe der Partialbruchzerlegung

$$\frac{1}{(s-1)(s^2+1)} = \frac{1}{2}\left(\frac{1}{s-1} - \frac{s}{s^2+1} - \frac{1}{s^2+1}\right) \text{ folgt}$$

$$F(s) = \left(y(0) - \frac{1}{2}\right)\frac{s}{s^2+1} + \left(y'(0) - \frac{1}{2}\right)\frac{1}{s^2+1} + \frac{1}{2}\frac{1}{s-1}$$

mit der Lösung im Originalraum (vgl. Korrespondenztabelle 9.4)

$$y = \left(y(0) - \frac{1}{2}\right)\cos t + \left(y'(0) - \frac{1}{2}\right) \cdot \sin t + \frac{1}{2}\mathrm{e}^t$$

Das Berechnungsverfahren nach (9.37, 9.38) liefert sogar dann Lösungen, wenn der Störterm selbst schon eine Lösung der zugehörigen homogenen Dgl.

$$y'' + \omega^2 y = 0$$

ist.

Beispiel 9.18

Für die Dgl. $y'' + y = \sin t$ ist die Lösung mit den beliebige Anfangswerten $y(0)$ und $y'(0)$ zu bestimmen.

Lösung:

Als Bildgleichung erhält man

$$s^2 \cdot F(s) - s \cdot y(0) - y'(0) + F(s) = \frac{1}{s^2+1} \text{ mit}$$

$$F(s) = y(0)\frac{s}{s^2+1} + y'(0)\frac{1}{s^2+1} + \frac{1}{s^2+1} \cdot \frac{1}{s^2+1}.$$

Wegen der Korrespondenzen (9.13) und

$$\frac{1}{(s^2+1)^2} \bullet\!\!-\!\!\circ\, \frac{1}{2}(\sin t - t\cos t)$$

aus der Tabelle in 9.4 folgt als Lösung der Dgl.

$$y = y(0)\cos t + \left(y'(0) + \frac{1}{2}\right)\sin t - \frac{t}{2}\cos t$$

Auch im allgemeinen Fall ist eine lineare Dgl. 2. Ordnung mit Hilfe der Laplace-Transformierten relativ einfach zu lösen.

Beispiel 9.19

Man bestimme die Lösung der Dgl.

$y'' + 5y' + 4y = 0 \qquad \text{mit } y(0) = 2 \text{ und } y'(0) = 1$

Lösung:

Die Laplace-Transformation ergibt

$s^2 \cdot F(s) - s \cdot y(0) - y'(0) + 5(s \cdot F(s) - y(0)) + 4F(s) = 0$ mit

$$F(s) = \frac{2s+11}{s^2+5s+4} = \frac{2s+11}{(s+1)(s+4)} = 3 \cdot \frac{1}{s+1} - \frac{1}{s+4},$$

wobei die Partialbruchzerlegung angewandt wurde. Wegen der Korrespondenzen (vgl. 9.4)

$F(s) \bullet\!\!-\!\!\circ\, y, \qquad \frac{1}{s+1} \bullet\!\!-\!\!\circ\, \mathrm{e}^{-t}, \qquad \frac{1}{s+4} \bullet\!\!-\!\!\circ\, \mathrm{e}^{-4t}$ folgt

$y = 3\,\mathrm{e}^{-t} - \mathrm{e}^{-4t}$

Beispiel 9.20 (*freie gedämpfte Schwingung*)

Man ermittle die Lösung der Dgl.

$y'' + 2y' + 2y = 0 \qquad \text{mit } y(0) = 1 \text{ und } y'(0) = 0$

Lösung:

Im Bildraum ergibt sich

$s^2 \cdot F(s) - s \cdot y(0) - y'(0) + 2(s \cdot F(s) - y(0)) + 2F(s) = 0$ mit

$$F(s) = \frac{s+2}{s^2+2s+2} = \frac{s+2}{(s+1)^2+1} = \frac{s+1}{(s+1)^2+1} + \frac{1}{(s+1)^2+1}$$

Wegen

$$\frac{s+1}{(s+1)^2+1} \bullet\!\!-\!\!\circ\, \mathrm{e}^{-t} \cdot \cos t \qquad \text{und} \qquad \frac{1}{(s+1)^2+1} \bullet\!\!-\!\!\circ\, \mathrm{e}^{-t} \cdot \sin t$$

erhält man im Originalraum die Gleichung einer gedämpften Schwingung

$y = \mathrm{e}^{-t} \cdot \cos t + \mathrm{e}^{-t} \cdot \sin t = \mathrm{e}^{-t}(\cos t + \sin t)$

Mit Hilfe der Additionstheoreme (vgl. 5.2.10.5) geht diese Gleichung über in

$$y = \mathrm{e}^{-t}\sqrt{2}\sin\left(t + \frac{\pi}{4}\right)$$

Beispiel 9.21

Gegeben sei die Dgl.

$y'' + 4y' + 4y = \cos(2t) \qquad \text{mit } y(0) = 1 \text{ und } y'(0) = -\frac{3}{4}$

Lösung:

Zur Bestimmung der Lösung wird die Laplace-Transformation angewandt. Die Gleichung im Bildraum

$$s^2 \cdot F(s) - s \cdot y(0) - y'(0) + 4(s \cdot F(s) - y(0)) + 4F(s) = \frac{s}{s^2+4}$$

hat die Lösung

$$F(s) = y(0)\frac{s}{(s+2)^2} + \big(y'(0) + 4y(0)\big)\,\frac{1}{(s+2)^2} + \frac{s}{(s+2)^2(s^2+4)}$$

Partialbruchzerlegungen führen zu (vgl. Beisp. 9.10 und 9.11)

$$\frac{s}{(s+2)^2} = \frac{1}{s+2} - \frac{2}{(s+2)^2}, \qquad \frac{s}{(s+2)^2(s^2+4)} = -\frac{1}{4}\cdot\frac{1}{(s+2)^2} + \frac{1}{4}\cdot\frac{1}{s^2+4},$$

so daß

$$F(s) = y(0)\frac{1}{s+2} + \left(y'(0) + 2y(0) - \frac{1}{4}\right)\frac{1}{(s+2)^2} + \frac{1}{8}\cdot\frac{2}{s^2+4}$$

folgt.
Unter Ausnutzung der entsprechenden Korrespondenzen

$$\frac{1}{s+2} \bullet\!\!-\!\!\circ\ \mathrm{e}^{-2t}, \qquad \frac{1}{(s+2)^2} \bullet\!\!-\!\!\circ\ \mathrm{e}^{-2t}\cdot t, \qquad \frac{2}{s^2+4} \bullet\!\!-\!\!\circ\ \sin(2t)$$

erhält man als Lösung im Originalraum

$$y = y(0)\cdot\mathrm{e}^{-2t} + \left(y'(0) + 2y(0) - \frac{1}{4}\right)t\,\mathrm{e}^{-2t} + \frac{1}{8}\cdot\sin(2t)$$

bzw. bei Beachtung der geforderten Anfangsbedingungen

$$y = \mathrm{e}^{-2t} + t\,\mathrm{e}^{-2t} + \frac{1}{8}\cdot\sin(2t)$$

Das Lösungsschema kann ohne weiteres auf **Differentialgleichungen höherer Ordnung** angewandt werden.

Beispiel 9.22

Man löse das Anfangswertproblem

$$y''' + 4y'' + 5y' + 2y = 0 \qquad \text{mit } y(0) = 1,\ y'(0) = 0 \text{ und } y''(0) = 1$$

Lösung:

Mit Hilfe des Differentiationssatzes (9.23) erhält man als Bildgleichung

$$s^3\cdot F(s) - s^2\cdot y(0) - s\cdot y'(0) - y''(0) + 4\left(s^2\cdot F(s) - s\cdot y(0) - y'(0)\right)$$
$$+5\,(s\cdot F(s) - y(0)) + 2F(s) = 0$$

Unter Beachtung der Anfangsbedingungen folgt die algebraische Gleichung

$$(s^3 + 4s^2 + 5s + 2)\cdot F(s) = s^2 + 4s + 6$$

mit der Lösung

$$F(s) = \frac{s^2+4s+6}{s^3+4s^2+5s+2} = \frac{(s+2)^2+2}{(s+1)^2(s+2)} = \frac{s+2}{(s+1)^2} + \frac{2}{(s+1)^2(s+2)}$$

Die Partialbruchzerlegung

$$\frac{1}{(s+1)^2(s+2)} = \frac{-1}{s+1} + \frac{1}{(s+1)^2} + \frac{1}{s+2} \text{ führt zu}$$

$$F(s) = \frac{s}{(s+1)^2} + \frac{4}{(s+1)^2} - \frac{2}{s+1} + \frac{2}{s+2}$$

Die Lösung im Originalraum ergibt sich unter Auswertung der Korrespondenztabelle aus (9.4):

$$y = (1-t)\,\mathrm{e}^{-t} + 4t\,\mathrm{e}^{-t} - 2\,\mathrm{e}^{-t} + 2\,\mathrm{e}^{-2t} = (3t-1)\,\mathrm{e}^{-t} + 2\,\mathrm{e}^{-2t}$$

Beispiel 9.23

Zu lösen ist das Anfangswertproblem

$$y^{(4)} - 5y'' + 4y = 30\sin t \qquad \text{mit } y(0)=0,\ y'(0)=0,\ y''(0)=0 \text{ und } y'''(0)=0$$

Lösung:

Transformation in den Bildbereich unter Beachtung der Anfangswerte:

$$s^4 \cdot F(s) - 5s^2 \cdot F(s) + 4F(s) = 30 \cdot \frac{1}{s^2+1} \text{ mit}$$

$$F(s) = \frac{30}{(s^2+1)(s^2-1)(s^2-4)} = \frac{3}{s^2+1} - \frac{5}{s^2-1} + \frac{2}{s^2-4}$$

Mit Hilfe der Korrespondenztabelle erhält man die Lösung des Anfangswertproblems im Originalraum

$$y = 3\sin t - 5\sinh t + \sinh(2t)$$

Aufgabe 9.6

9.3.4 Beispiele aus der Elektrotechnik

Der zeitliche Verlauf von Stromstärke und Spannung in einem elektromagnetischen Schwingkreis bei Anlegen einer äußeren Spannung kann mit Hilfe einer linearen Differentialgleichung beschrieben werden, die mit Hilfe der Laplace-Transformation gelöst wird.

Beispiel 9.24 (vgl. auch Abschnitt 8)

Gegeben sei ein Wechselstromkreis mit ohmschem Widerstand R und Induktivität L (Bild 9.8). Für die Stromstärke $i(t)$ gelte $i(0) = 0$. Man bestimme das zeitliche Verhalten der Stromstärke $i(t)$, falls zum Zeitpunkt $t = 0$ von außen die Wechselspannung $u_{\mathrm{a}}(t) = u_0 \sin(\omega t)$ angelegt wird.

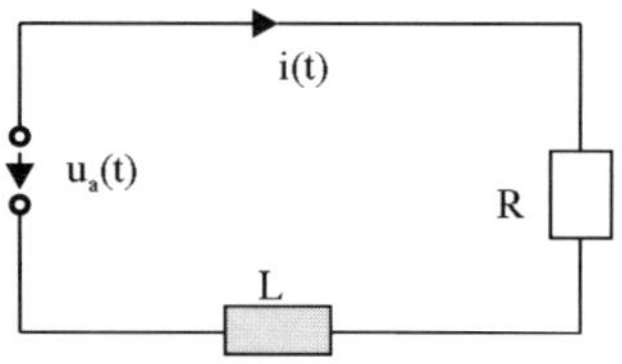

Bild 9.8

Lösung:

Nach dem zweiten Kirchhoffschen Satz gilt für die an der Induktivität und am Widerstand abfallenden Spannungen u_L und u_R

$$u_L(t) + u_R(t) = u_\mathrm{a}(t) \qquad \text{mit} \qquad u_L = L\frac{\mathrm{d}i}{\mathrm{d}t} \qquad \text{und} \qquad u_R(t) = R \cdot i(t)$$

Daraus folgt die **Differentialgleichung**

$$L\frac{\mathrm{d}i}{\mathrm{d}t} + Ri = u_0 \sin(\omega t) \qquad \text{mit } i(0) = 0.$$

Transformation in den Bildraum mit $\mathfrak{L}\{i(t)\} = I(s)$:

$$(Ls + R) \cdot I(s) = u_0 \cdot \frac{\omega}{s^2 + \omega^2}$$

Setzt man $\sigma = \frac{R}{L}$, so erhält man als Lösung

$$I(s) = \frac{u_0}{L} \cdot \frac{\omega}{(s+\sigma)(s^2+\omega^2)}$$

Partialbruchzerlegung führt zu

$$I(s) = \frac{u_0}{L}A\left(\frac{1}{s+\sigma} - \frac{s}{s^2+\omega^2} + \frac{\sigma}{s^2+\omega^2}\right) \qquad \text{mit } A = \frac{\omega}{\sigma^2+\omega^2}$$

Mit Hilfe der Korrespondenztafel aus (9.4) lautet die Lösung $i(t)$ im Originalraum

$$\begin{aligned} i(t) &= \frac{u_0}{L} \cdot \frac{\omega}{\sigma^2+\omega^2}\left(\mathrm{e}^{-\sigma t} - \cos(\omega t) + \frac{\sigma}{\omega} \cdot \sin(\omega t)\right) \\ &= \frac{u_0}{R^2+\omega^2 L^2}\left(\omega L\,\mathrm{e}^{-\frac{R}{L}t} + R\sin(\omega t) - \omega L\cos(\omega t)\right) \end{aligned}$$

Beispiel 9.25

Gegeben sei ein elektromagnetischer Schwingkreis mit Widerstand R, Induktivität L und Kapazität C (Bild 9.9). Zur Zeit $t = 0$ sei die Stromstärke $i(0) = 0$.
Man bestimme den zeitlichen Verlauf der Kondensatorspannung u_C, falls zur Zeit $t = 0$ von außen die konstante Spannung u_0 angelegt wird.

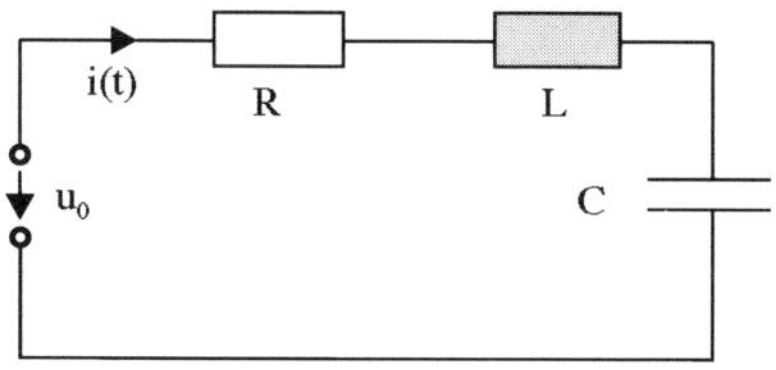

Bild 9.9

Lösung:

Kennzeichnet man mit $q(t)$ die Ladung des Kondensators zur Zeit t, so gilt

$$u_C(t) = \frac{1}{C} \cdot q(t) = \frac{1}{C} \int_0^t i(\tau)\,\mathrm{d}\tau \qquad \text{und} \qquad \frac{\mathrm{d}u_C(t)}{\mathrm{d}t} = \frac{1}{C} i(t).$$

Nach den Kirchhoffschen Gesetzen gilt (vgl. Beispiel 9.24)

$$L\frac{\mathrm{d}i}{\mathrm{d}t} + R \cdot i(t) + \frac{1}{C} \int_0^t i(\tau)\,\mathrm{d}\tau = u_0, \text{ folglich}$$

$$CL\frac{\mathrm{d}^2 u_C}{\mathrm{d}t^2} + CR\frac{\mathrm{d}u_C}{\mathrm{d}t} + u_C = u_0.$$

Aufgrund der Anfangsbedingung $i(0) = 0$ und der Zusammenhänge zwischen u_C und i folgt

$$u_C(0) = 0 \qquad \text{und} \qquad \frac{\mathrm{d}u_C}{\mathrm{d}t}(0) = 0.$$

Mit den üblichen Bezeichnungen

$$\delta = \frac{R}{2L}, \qquad \omega_0^2 = \frac{1}{LC}, \qquad \omega_\mathrm{e}^2 = \omega_0^2 - \delta^2$$

lautet **das zu lösende Anfangswertproblem**

$$\frac{\mathrm{d}^2 u_C}{\mathrm{d}t^2} + 2\delta\frac{\mathrm{d}u_C}{\mathrm{d}t} + \omega_0^2 u_C = \omega_0^2 u_0 \qquad \text{mit } u_C(0) = 0,\ \frac{\mathrm{d}u_C}{\mathrm{d}t}(0) = 0$$

Lösung mit Hilfe der Laplace-Transformation:

Transformation in den Bildraum mit $\mathfrak{L}\{u_C(t)\} = U(s)$:

$$(s^2 + 2\delta s + \omega_0^2) \cdot U(s) = \omega_0^2 u_0 \cdot \frac{1}{s} \text{ mit}$$

$$U(s) = u_0 \frac{\omega_0^2}{s(s^2 + 2\delta s + \omega_0^2)} = u_0 \frac{\omega_0^2}{s\left((s+\delta)^2 + \omega_\mathrm{e}^2\right)}$$

Bei anschließender Partialbruchzerlegung folgt:

$$U(s) = u_0 \left(\frac{1}{s} - \frac{s+\delta}{(s+\delta)^2 + \omega_\mathrm{e}^2} - \frac{\delta}{(s+\delta)^2 + \omega_\mathrm{e}^2} \right)$$

Unter Beachtung der Korrespondenztabelle gilt jeweils für $\omega_\mathrm{e}^2 > 0$, $\omega_\mathrm{e}^2 = 0$ und

$\omega_\mathrm{e}^2 = -\gamma^2 < 0$:

$$u_C(t) = u_0 \left(1 - \mathrm{e}^{-\delta t}\left(\cos(\omega_\mathrm{e} t) + \frac{\delta}{\omega_\mathrm{e}}\sin(\omega_\mathrm{e} t)\right)\right) \qquad \text{für } \delta < \omega_0,$$

$$u_C(t) = u_0 \left(1 - \mathrm{e}^{-\delta t}(1 + \delta t)\right) \qquad \text{für } \delta = \omega_0$$

$$u_C(t) = u_0 \left(1 - \mathrm{e}^{-\delta t}\left(\cosh(\gamma t) + \frac{\delta}{\gamma}\sinh(\gamma t)\right)\right) \qquad \text{für } \delta > \omega_0 \text{ mit } \gamma^2 = -\omega_\mathrm{e}^2$$

Obige Lösungen beschreiben, wie sich die Kondensatorspannung im Reihenschwingkreis bei einer von außen angelegten konstanten Spannung dem konstanten Wert u_0 nähert. Zwei typische Fälle für $\delta < \omega_0$ bzw. $\delta \geq \omega_0$ werden geometrisch in den Bildern 9.10 bzw. 9.11 angedeutet:

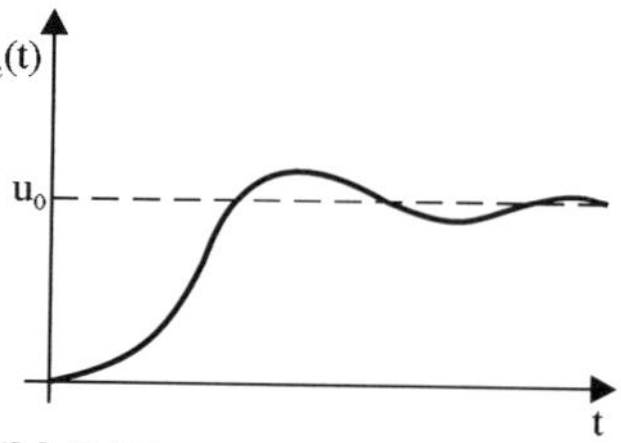

Bild 9.10

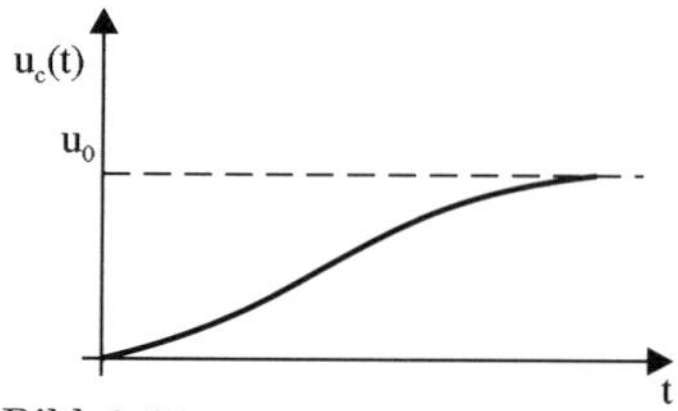

Bild 9.11

9.4 Tabelle von Laplace-Transformierten

$$\frac{1}{s} \;\bullet\!\!-\!\!\circ\; 1 \text{ (Sprungfunktion)}$$

$$\frac{1}{s+a} \;\bullet\!\!-\!\!\circ\; \mathrm{e}^{-at}$$

$$\frac{1}{s^n}\ (n = 1, 2, 3, \ldots) \;\bullet\!\!-\!\!\circ\; \frac{t^{n-1}}{(n-1)!}$$

$$\frac{1}{(s+a)^n}\ (n = 1, 2, 3, \ldots) \;\bullet\!\!-\!\!\circ\; \frac{t^{n-1}\mathrm{e}^{-at}}{(n-1)!}$$

$$\frac{a}{s^2+a^2} \;\bullet\!\!-\!\!\circ\; \sin at$$

$$\frac{s}{s^2+a^2} \;\bullet\!\!-\!\!\circ\; \cos at$$

$$\frac{s\sin b + a\cos b}{s^2+a^2} \;\bullet\!\!-\!\!\circ\; \sin(at+b)$$

$$\frac{s\cos b - a\sin b}{s^2+a^2} \;\bullet\!\!-\!\!\circ\; \cos(at+b)$$

$$\frac{a}{s^2-a^2} \;\bullet\!\!-\!\!\circ\; \sinh at$$

$$\frac{s}{s^2-a^2} \;\bullet\!\!-\!\!\circ\; \cosh at$$

$$\frac{1}{s(s+a)} \;\bullet\!\!-\!\!\circ\; \frac{1-\mathrm{e}^{-at}}{a}$$

$$\frac{1}{(s+a)(s+b)}\ (a \neq b) \;\bullet\!\!-\!\!\circ\; \frac{\mathrm{e}^{-at} - \mathrm{e}^{-bt}}{b-a}$$

$$\frac{s}{(s+a)(s+b)}\ (a \neq b) \;\bullet\!\!-\!\!\circ\; \frac{a\mathrm{e}^{-at} - b\mathrm{e}^{-bt}}{a-b}$$

$$\frac{1}{(s+a)^2+b^2} \;\bullet\!\!-\!\!\circ\; \frac{1}{b}\mathrm{e}^{-at}\sin bt$$

$$\frac{1}{(s+a)^2-b^2} \;\bullet\!\!-\!\!\circ\; \frac{1}{b}\mathrm{e}^{-at}\sinh bt$$

$$\frac{s+a}{(s+a)^2+b^2} \;\bullet\!\!-\!\!\circ\; \mathrm{e}^{-at}\cos bt$$

$$\frac{s+a}{(s+a)^2-b^2} \;\bullet\!\!-\!\!\circ\; \mathrm{e}^{-at}\cosh bt$$

$$\frac{s}{(s+a)^2} \;\bullet\!\!-\!\!\circ\; (1-at)\mathrm{e}^{-at}$$

$$\frac{s}{(s+a)^3} \;\bullet\!\!-\!\!\circ\; \left(t-\frac{at^2}{2}\right)\mathrm{e}^{-at}$$

$$\frac{s^2}{(s+a)^3} \;\bullet\!\!-\!\!\circ\; \left(\frac{a^2t^2}{2}-2at+1\right)\mathrm{e}^{-at}$$

$$\frac{1}{s(s+a)^2} \;\bullet\!\!-\!\!\circ\; \frac{1}{a^2}\left(1-(1+at)\mathrm{e}^{-at}\right)$$

$$\frac{1}{s^2(s+a)} \;\bullet\!\!-\!\!\circ\; \frac{1}{a^2}(\mathrm{e}^{-at}-1+at)$$

$$\frac{2a^2}{s(s^2+4a^2)} \;\bullet\!\!-\!\!\circ\; \sin^2 at$$

$$\frac{2a^2}{s(s^2-4a^2)} \;\bullet\!\!-\!\!\circ\; \sinh^2 at$$

$$\frac{s^2+2a^2}{s(s^2+4a^2)} \;\bullet\!\!-\!\!\circ\; \cos^2 at$$

$$\frac{s^2-2a^2}{s(s^2-4a^2)} \;\bullet\!\!-\!\!\circ\; \cosh^2 at$$

$$\frac{a^3}{(s^2+a^2)^2} \;\bullet\!\!-\!\!\circ\; \frac{1}{2}(\sin at - at\cos at)$$

$$\frac{as}{(s^2+a^2)^2} \;\bullet\!\!-\!\!\circ\; \frac{t}{2}\sin at$$

$$\frac{as^2}{(s^2+a^2)^2} \;\bullet\!\!-\!\!\circ\; \frac{1}{2}(\sin at + at\cos at)$$

$$\frac{s^3}{(s^2+a^2)^2} \;\bullet\!\!-\!\!\circ\; \cos at - \frac{at}{2}\sin at$$

$$\frac{a^3}{(s^2-a^2)^2} \;\bullet\!\!-\!\!\circ\; \frac{1}{2}(at\cosh at - \sinh at)$$

$$\frac{as}{(s^2-a^2)^2} \;\bullet\!\!-\!\!\circ\; \frac{t}{2}\sinh at$$

$$\frac{s}{(s+a)^{3/2}} \;\bullet\!\!-\!\!\circ\; \frac{1}{\sqrt{\pi t}}\mathrm{e}^{-at}(1-2at)$$

$$\sqrt{s+a}-\sqrt{s+b} \;\bullet\!\!-\!\!\circ\; \frac{1}{2\sqrt{\pi t^3}}(\mathrm{e}^{-bt}-\mathrm{e}^{-at})$$

9.5 Aufgaben

Von den Funktionen aus 9.1 bis 9.3 sind jeweils die Laplace-Transformierten F zu bilden.

9.1 a) $f(t) = -2t^3 + 2t + 3$ b) $f(t) = 2\,\mathrm{e}^{-6t} + 3\,\mathrm{e}^{4t}$

9.2 a) $f(t) = 2\sin(4t) - \cos(2t)$
b) $f(t) = \sin^2(\omega t)$ c) $f(t) = \cos^2(\omega t)$

9.3 a) $f(t) = t^3\,\mathrm{e}^{-2t}$ b) $f(t) = (1 + 2t - t^2)\,\mathrm{e}^t$
c) $f(t) = \mathrm{e}^{-t}\cos t$ d) $f(t) = \mathrm{e}^{-at}\cos(\omega t)$

9.4 Zu bestimmen ist die jeweilige Zeitfunktion f (inverse Laplace-Transformierte)

a) $F(s) = \dfrac{1}{s^2+9}$ b) $F(s) = \dfrac{1}{(s+3)^2}$
c) $F(s) = \dfrac{1}{s^2+2s-3}$ d) $F(s) = \dfrac{s}{(s-2)^2}$

9.5 Man führe eine Partialbruchzerlegung durch und gebe dann die Zeitfunktionen f an

a) $F(s) = \dfrac{1}{s^2(s+4)}$ b) $F(s) = \dfrac{1}{s(s+2)}$ c) $F(s) = \dfrac{s}{(s-1)(s+1)^2}$
d) $F(s) = \dfrac{s}{(s-1)(s^2+1)}$ e) $F(s) = \dfrac{1}{s^3(s+2)}$

9.6 Man löse die Anfangswertprobleme mit Hilfe der Laplace-Transformation ($y = f(t)$)

a) $y' + 4y = t$ mit $y(0) = \dfrac{7}{16}$
b) $y' - y = 2\cos t$ mit $y(0) = 0$
c) $y'' - 3y' + 2y = \mathrm{e}^{-t}$ mit $y(0) = 1$ und $y'(0) = 0$
d) $y'' + 2y' + y = \mathrm{e}^t$ mit $y(0) = 0$ und $y'(0) = 1$
e) $y'' + 2y' = 4t$ mit $y(0) = 0$ und $y'(0) = 1$

10 Differential- und Integralrechnung für mehrere Variable

10.1 Differentialrechnung für mehrere Variable

10.1.1 Definition und graphische Darstellung von Funktionen mit mehreren Variablen

Bisher wurden Funktionen mit einer unabhängigen Variablen betrachtet. Zahlreiche Größen in Physik und Technik sind jedoch von mehreren Variablen abhängig. Zum Beispiel ist die Stromstärke I nach dem Ohmschen Gesetz $I = \frac{U}{R}$ von der Spannung U und dem Widerstand R abhängig. U und R können (innerhalb gewisser Grenzen) beliebig und unabhängig voneinander gewählt werden. Jedem Wertepaar $(U; R)$ ist eindeutig eine Stromstärke I zugeordnet. Man erhält eine Menge geordneter Tripel $(U; R; I)$.
Ein Raum werde von einer Stelle aus erwärmt. Die Temperatur T in einem Raumpunkt ist abhängig von den Koordinaten x, y, z des Raumpunktes und von der Zeit t, d. h., jedem geordneten Quadrupel $(x; y; z; t)$ ist eindeutig eine Temperatur T zugeordnet und man erhält die Menge von Quintupeln $(x; y; z; t; T)$.
Entsprechend der Definition der Funktion mit einer unabhängigen Variablen (vgl. 1.3.2.1) ergibt sich die folgende

Definition

Gegeben sind eine (nicht leere) Menge D geordneter n-Tupel $(x_1; x_2; \ldots; x_n)$ mit $x_i \in \mathbb{R}$ und eine (nicht leere) Menge Y reeller Zahlen. Ist jedem n-Tupel $(x_1; x_2; \ldots; x_n)$ eindeutig ein $y \in Y$ zugeordnet, so heißt die Menge f der geordneten $(n+1)$-Tupel $(x_1; x_2; \ldots; x_n; y)$ eine **Funktion mit *n* unabhängigen Variablen**, und man schreibt:

$$f = \{(x_1; x_2; \ldots; x_n; y) | \, y = f(x_1; x_2; \ldots; x_n) \wedge (x_1; x_2; \ldots; x_n) \in D\}$$

oder

$$f\colon \; (x_1; x_2; \ldots; x_n) \mapsto f(x_1; x_2; \ldots; x_n) = y \qquad (10.1)$$

Ist die eindeutige Abbildung $D \to Y$ eine Abbildung von D auf Y, dann ist D der **Definitionsbereich**, Y der **Wertebereich** der Funktion. $x_1; x_2; \ldots; x_n$ sind die **unabhängigen Variablen**, $y = f(x_1; x_2; \ldots; x_n)$ heißt **abhängige Variable**

oder der Funktionswert an der Stelle $(x_1; x_2; \ldots; x_n)$. Die x_i sollen auch stets voneinander unabhängig sein.
Bei einer Funktion mit zwei unabhängigen Variablen schreibt man oft

$$z = f(x; y)$$

und bei drei unabhängigen Variablen

$$u = f(x; y; z).$$

Für die oben genannten Beispiele kann man schreiben $I = f(U; R)$ bzw. $T = f(x; y; z; t)$.
Der Definitionsbereich D kann durch Intervalle angegeben (vgl. Beispiel 10.1) oder durch Gleichungen zwischen den unabhängigen Variablen (vgl. Beispiel 10.2) beschrieben werden.

Beispiel 10.1

Eine Funktion f von zwei unabhängigen Variablen hat die analytische Darstellung

$$z = 2\sqrt{x} - \ln(y - 1) = f(x; y).$$

Der Definitionsbereich ist

$$D = \{(x; y) | \, x \in [0; \infty), \; y \in (1; \infty)\}.$$

Eine *Wertetabelle* für z mit den Tabelleneingängen x und y ist:

y \ x	0	1	2	3	...
2	0	2	2,83	3,46	...
3	−0,69	1,31	2,14	2,77	...
4	−1,10	0,90	1,73	2,37	...
...	...	...	...	...	...

Beispiele für die durch f gegebene Zuordnung sind $(0; 2) \to 0$, $(1; 2) \to 2$, $(3; 4) \to 2,37$ usw. und für f als Menge von Wertetripeln gilt:
$f\{\ldots, (0; 2; 0), \ldots, (1; 2; 2), \ldots, (3; 4; 2,37), \ldots\}$.

Das geometrische Bild einer Funktion mit n unabhängigen Variablen ist die Menge aller Punkte $(x_1; x_2; \ldots; x_n; y)$ des $\mathbb{R}^{n+1}$, die der Beziehung $y = f(x_1; x_2; \ldots; x_n)$ genügen. Speziell für $n = 2$ erhält man mit einer Fläche im $\mathbb{R}^3$ eine anschauliche graphische Darstellung. Es sei $z = f(x; y)$ die explizite analytische Darstellung einer Funktion mit zwei Variablen. Jedem Wertepaar $(x; y) \in D$ entspricht ein Punkt P' in der x, y-Ebene, dem durch die Funktionsvorschrift f ein Wert z (Höhe) und damit ein Punkt P im Raum zugeordnet wird (Bild 10.1). Dem Definitionsbereich D entspricht ein Teil der x, y-Ebene, z. B. für $x \in [a, b]$, $y \in [c, d]$ ein Rechteckbereich oder für $x \in \mathbb{R}$, $y \in \mathbb{R}$ die gesamte x, y-Ebene. Die Menge der Punkte P ist i. allg. eine Fläche als Graph der Funktion f: $z = f(x; y)$.
Setzt man in der Funktionsgleichung $x = x_0 =$ konst., dann erhält man mit $z = f(x_0; y) = g(y)$ die Gleichung einer auf der Fläche liegenden Kurve parallel zur y, z-Ebene (Bild 10.2). Für $y = y_0 =$ konst. folgt die Gleichung $z = f(x; y_0) = h(x)$

einer Flächenkurve parallel zur x, z-Ebene und für $z = z_0 =$ konst. mit $z_0 = f(x; y)$ oder $f(x; y) - z_0 = 0$ die implizite Gleichung einer Flächenkurve parallel zur x, y-Ebene, d. h. einer Höhenlinie. Die Flächen können etwa in einer Axonometrie (z. B. mit Computern) oder unter Verwendung von Höhenlinien (Landkarte) anschaulich dargestellt werden.

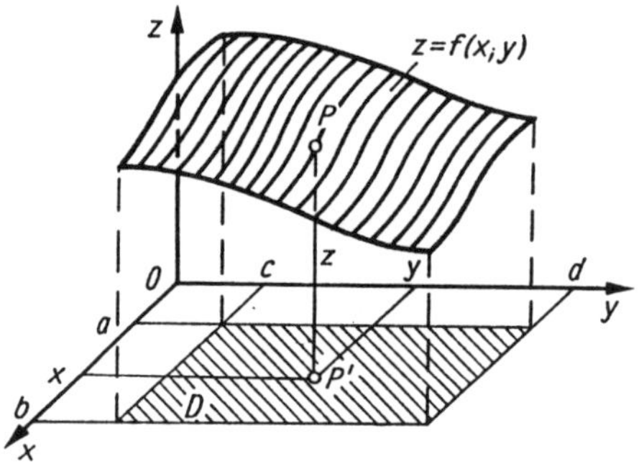

Bild 10.1

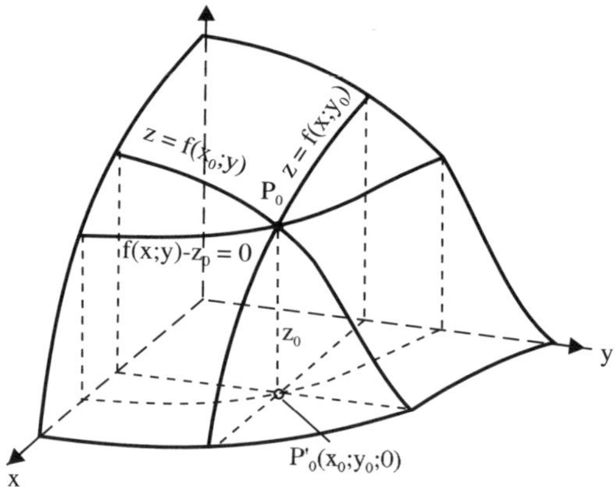

Bild 10.2

Beispiel 10.2

$$f\colon\ z = \sqrt{16 - x^2 - y^2} = f(x; y)$$

Der Definitionsbereich ist $D = \{(x; y) | x^2 + y^2 \leq 16\}$. Den Wertepaaren $(x; y) \in D$ entsprechen alle Punkte der x, y-Ebene, die in bzw. auf dem Kreis mit der Gleichung $x^2 + y^2 = 16$ liegen.

Werden in $z = f(x; y)$ die Variablen nacheinander gleich Null gesetzt, ergeben sich die Gleichungen der Schnittkurven mit den Koordinatenebenen:

$x = x_0 = 0 \Rightarrow z = \sqrt{16 - y^2}$: Halbkreis mit $r = 4$ in der y, z-Ebene,
$y = y_0 = 0 \Rightarrow z = \sqrt{16 - x^2}$: Halbkreis mit $r = 4$ in der x, z-Ebene,
$z = z_0 = 0 \Rightarrow x^2 + y^2 = 16$: Kreis mit $r = 4$ in der x, y-Ebene.

Der Graph der Funktion ist eine Halbkugelfläche mit $r = 4$ (Bild 10.3).

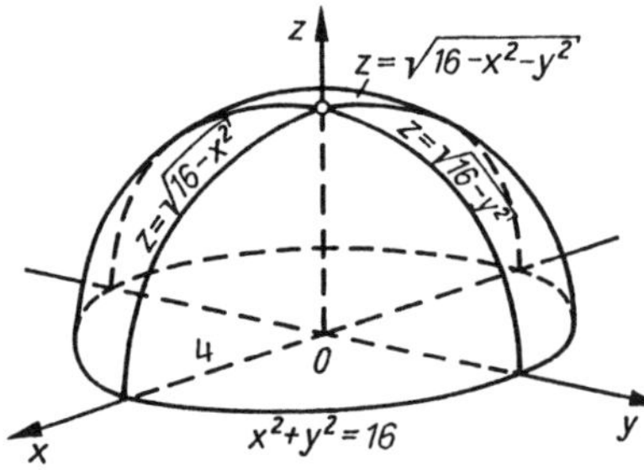

Bild 10.3

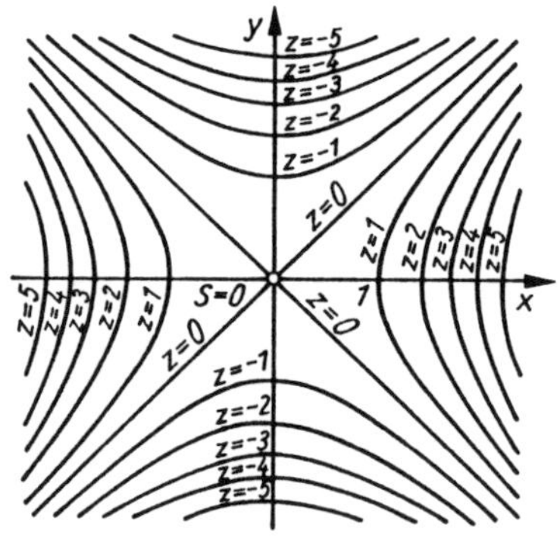

Bild 10.4

Beispiel 10.3

$$f\colon\ z = x^2 - y^2 = f(x;y), \qquad D = \{(x;y) | x \in \mathbb{R},\ y \in \mathbb{R}\}$$

Um eine Höhenliniendarstellung der Fläche zu erhalten, wird $z = z_0$ gesetzt. Mit $x^2 - y^2 = z_0$ folgt die Gleichung einer gleichseitigen Hyperbel mit den Halbachsen $a = b = \sqrt{|z_0|}$. Für $z_0 > 0$ ist die x-Achse, für $z_0 < 0$ die y-Achse die Hauptachse der Hyperbel. Für $z_0 = 0$ folgen mit $x^2 - y^2 = 0$ bzw. $y = \pm x$ die Gleichungen von zwei zueinander orthogonalen Geraden. Sie sind im Höhenlinienbild Asymptoten aller Hyperbeln (Bild 10.4). Die Fläche ist ein hyperbolisches Paraboloid (Sattelfläche). Man vergleiche Bild 3.71. Der Punkt $O = S$ heißt Sattelpunkt.

Aufgabe 10.1

10.1.2 Partielle Ableitungen

Es werden zunächst Funktionen mit zwei unabhängigen Variablen betrachtet. Die Ergebnisse lassen sich auf mehr als zwei Variable übertragen. Gegeben sind eine Funktion $f\colon\ z = f(x;y)$ mit dem Definitionsbereich D und eine feste Stelle $(x_0;y_0) \in D$. Das Variablenpaar $(x;y)$ strebt gegen $(x_0;y_0)$, wenn zugleich $x \to x_0$ und $y \to y_0$ streben. Man schreibt $(x;y) \to (x_0;y_0)$. Dabei sei es gleichgültig, welche Folgen von Zahlenpaaren $(x_n;y_n)$ das Variablenpaar durchläuft, d. h. anschaulich kann sich der Punkt $P'(x;y)$ auf verschiedenen Kurven in der x,y-Ebene unbegrenzt dem Punkte $P'_0(x_0;y_0)$ nähern. Man schreibt: $\lim\limits_{n\to\infty}(x_n;y_n) = (x_0;y_0)$.

Definition

Wenn für jede Folge $\{(x_n;y_n)\}$, $(x_n;y_n) \in D$ mit $\lim\limits_{n\to\infty}(x_n;y_n) = (x_0;y_0)$ gilt

$$\lim_{n\to\infty} f(x_n;y_n) = g,$$

dann heißt g der **Grenzwert** der Funktion f für $(x;y) \to (x_0;y_0)$ und man schreibt

$$\lim_{(x;y)\to(x_0;y_0)} f(x;y) = g \qquad (10.2)$$

Die Definition kann leicht auf mehr als zwei Variable erweitert werden. Auch die bisher bekannten Grenzwertsätze lassen sich auf Funktionen mit mehreren Variablen übertragen.

Definition

Eine Funktion $f\colon\ z = f(x;y)$ ist an der Stelle $(x_0;y_0) \in D$ **stetig**, wenn der Grenzwert $\lim\limits_{(x;y)\to(x_0;y_0)} f(x;y)$ existiert und $\lim\limits_{(x;y)\to(x_0;y_0)} f(x;y) = f(x_0;y_0)$ gilt. Die Funktion ist in einem Bereich $B \subseteq D$ stetig, wenn sie in allen Punkten von B stetig ist. (10.3)

Beispiel 10.4

Gegeben ist die Funktion f: $z = \dfrac{xy}{x^2+y^2}$. Die Funktion ist an der Stelle $(0;0)$ nicht definiert, also unstetig. Nähert man sich dieser Stelle auf der Geraden $y = mx$, dann folgt

$$\lim_{\substack{x\to 0\\ y\to 0}} \frac{xy}{x^2+y^2} = \lim_{x\to 0} \frac{x\cdot mx}{x^2+m^2x^2} = \frac{m}{1+m^2}$$

Für jedes m, d. h. für jede Gerade folgt ein anderer Grenzwert. Folglich hat die Funktion f für $(x;y) \to (0;0)$ keinen Grenzwert.

Die Ableitung einer Funktion mit einer Variablen wurde als Anstieg der Tangente erklärt, die in einem Punkt an die zur Funktion gehörenden Kurve angelegt ist. Durch einen Punkt P_0 der Fläche, die Graph der Funktion f: $z = f(x;y)$ ist, gehen im allgemeinen unendlich viele ebene Kurven, die in der Fläche liegen, und an jede dieser Kurven kann die Tangente in P_0 angelegt werden.

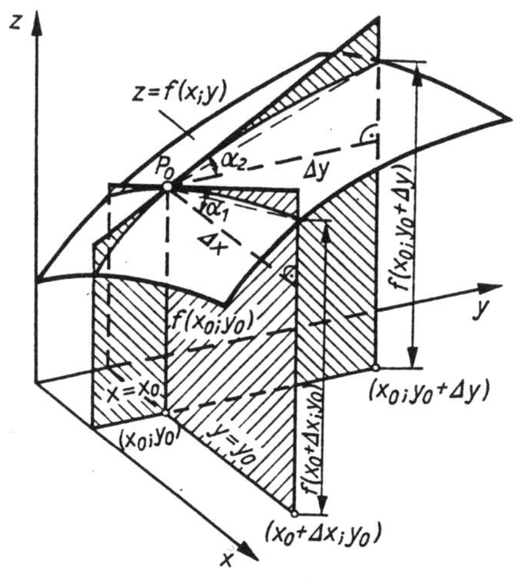

Bild 10.5

Für die folgende Definition der Ableitungen werden diejenigen Kurven ausgewählt, die parallel zur x,z- bzw. y,z-Ebene sind. Ihre Gleichungen lauten $z = f(x;y_0)$ bzw. $z = f(x_0;y)$. Die Tangenten in P_0 an diese Kurven haben die Anstiegswinkel α_1 bzw. α_2 (Bild 10.5). Über das Sekantendreieck mit den Katheten Δx und $f(x_0+\Delta x;y_0) - f(x_0;y_0)$ und den Grenzübergang $\Delta x \to 0$ erhält man den Tangentenanstieg

$$\tan\alpha_1 = \lim_{\Delta x\to 0} \frac{f(x_0+\Delta x;y_0) - f(x_0;y_0)}{\Delta x} \tag{I}$$

und entsprechend

$$\tan\alpha_2 = \lim_{\Delta y\to 0} \frac{f(x_0;y_0+\Delta y_0) - f(x_0;y_0)}{\Delta y} \tag{II}$$

Die Grenzwerte (I) und (II) heißen die **partiellen**[1] **Differentialquotienten erster Ordnung** oder die **partiellen Ableitungen erster Ordnung nach x** bzw. **nach y an der Stelle $(x_0; y_0)$**. Für eine variable Stelle $(x; y) \in D$ ergeben sich die **partiellen Ableitungsfunktionen erster Ordnung nach x** bzw. **nach y** mit den gebräuchlichen Bezeichnungen:

Definition

$$\begin{aligned} \lim_{\Delta x \to 0} \frac{f(x+\Delta x; y) - f(x; y)}{\Delta x} &= \frac{\partial z}{\partial x} = \frac{\partial f(x; y)}{\partial x} = z_x = f_x(x; y) \\ \lim_{\Delta y \to 0} \frac{f(x; y+\Delta y) - f(x; y)}{\Delta y} &= \frac{\partial z}{\partial y} = \frac{\partial f(x; y)}{\partial y} = z_y = f_y(x; y) \end{aligned} \tag{10.4}$$

Das Symbol ∂ bringt den Unterschied zum gewöhnlichen Differentialquotienten zum Ausdruck. $\partial z / \partial x$ wird gesprochen: „de-z partiell nach de-x“ und für z_x: „z partiell nach x“.
Aus der Definition der partiellen Differentialquotienten ergibt sich für die praktische Berechnung die **Regel**:

Zur Bildung von $\partial z / \partial x$ wird y vorübergehend als Konstante betrachtet und die Funktion nach den bekannten Regeln nach x differenziert. Bei $\partial z / \partial y$ wird x vorläufig als Konstante angesehen und nach y differenziert.

Die Funktion f: $z = f(x; y)$ heißt an einer Stelle **partiell nach x und y differenzierbar**, wenn an dieser Stelle die Grenzwerte (10.4) existieren. Trifft das für alle Stellen eines Bereiches B zu, dann ist f in B partiell nach x und y differenzierbar. Sind f_x und f_y stetig, so ist f **stetig partiell nach x und y differenzierbar**.

Beispiel 10.5

Wie groß sind die Anstiegswinkel der Tangenten, die die Fläche mit der Gleichung $z = \sqrt{9 - x^2 - y^2}$ im Punkt $P_0(1; 2; z_0)$ berühren und parallel zur x, z- bzw. y, z-Ebene sind?

Lösung:

Die Fläche ist eine Halbkugel mit dem Radius $r = 3$ (Bild 10.6). Die partiellen Ableitungen erster Ordnung

$$f_x(x; y) = \frac{-x}{\sqrt{9 - x^2 - y^2}}$$

$$f_y(x; y) = \frac{-y}{\sqrt{9 - x^2 - y^2}}$$

ergeben an der Stelle $(x_0; y_0) = (1; 2)$ die Tangentenanstiege

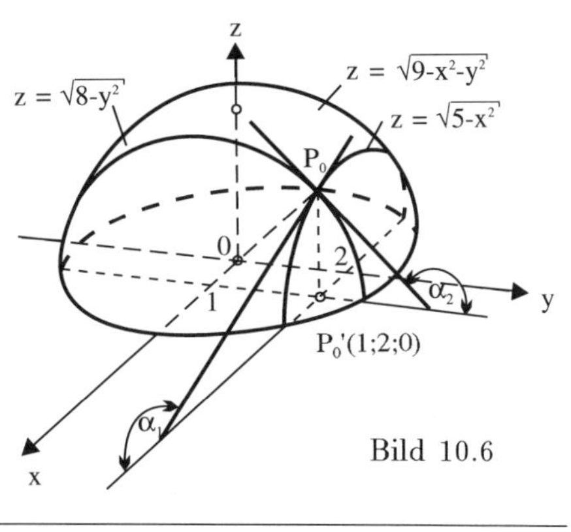

Bild 10.6

[1] pars, partis (lat.): Teil

$$\tan\alpha_1 = f_x(1;2) = -\frac{1}{2}, \qquad \underline{\underline{\alpha_1 = 153,43^\circ}}$$

$$\tan\alpha_2 = f_y(1;2) = -1, \qquad \underline{\underline{\alpha_2 = 135^\circ}}$$

Beispiel 10.6

Für die Funktion $f\colon z = \mathrm{e}^x \ln(x^2 + y^2)$ sind die partiellen Ableitungen erster Ordnung an der Stelle $(2;-5)$ zu berechnen.

Lösung:

$$\frac{\partial z}{\partial x} = \mathrm{e}^x \ln(x^2+y^2) + \mathrm{e}^x \cdot \frac{2x}{x^2+y^2},$$

$$\frac{\partial z}{\partial y} = \mathrm{e}^x \cdot \frac{2y}{x^2+y^2}.$$

Für die Stelle $(2;-5)$ folgt:

$$\left.\frac{\partial z}{\partial x}\right|_{\substack{x=2\\y=-5}} = \mathrm{e}^2\left(\ln 29 + \frac{4}{29}\right) = \underline{\underline{25,90}}$$

$$\left.\frac{\partial z}{\partial y}\right|_{\substack{x=2\\y=-5}} = \mathrm{e}^2\,\frac{-10}{29} = \underline{\underline{-2,55}}$$

Eine Funktion $f\colon y = f(x_1;x_2;\ldots;x_n)$ mit n unabhängigen Variablen hat n partielle erste Ableitungsfunktionen.

Definition

$$\begin{aligned}\frac{\partial y}{\partial x_i} &= \lim_{\Delta x_i \to 0} \frac{f(x_1;x_2;\ldots;x_i+\Delta x_i;\ldots;x_n) - f(x_1;x_2;\ldots;x_i;\ldots;x_n)}{\Delta x_i}\\ &= y_{x_i} = f_{x_i}(x_i;x_2;\ldots;x_n), \qquad i = 1,2,\ldots,n \qquad (10.5)\end{aligned}$$

Zur Berechnung von $\partial y/\partial x_i$ sind alle unabhängigen Variablen außer x_i als konstant zu betrachten, und es ist nach x_i zu differenzieren.

Beispiel 10.7

Die partiellen Ableitungen erster Ordnung der Funktion

$$f\colon y = x_1 \arctan\frac{x_2}{x_3} = f(x_1;x_2;x_3)$$

lauten

$$\frac{\partial y}{\partial x_1} = \arctan\frac{x_2}{x_3}$$

$$\frac{\partial y}{\partial x_2} = x_1\frac{1}{1+\left(\frac{x_2}{x_3}\right)^2}\cdot\frac{1}{x_3} = \frac{x_1x_3}{x_2^2+x_3^2}$$

$$\frac{\partial y}{\partial x_3} = x_1\frac{1}{1+\left(\frac{x_2}{x_3}\right)^2}\cdot\frac{-x_2}{x_3^2} = -\frac{x_1x_2}{x_2^2+x_3^2}$$

Die partiellen Ableitungsfunktionen erster Ordnung können (unter der Voraussetzung der Differenzierbarkeit) nochmals partiell differenziert werden. Es entstehen partielle Ableitungen 2. Ordnung bzw. allgemein **partielle Ableitungen höherer Ordnung**. Zum Beispiel ergeben sich für die partiellen Ableitungen 2. Ordnung der Funktion f: $z = f(x; y)$ vier Möglichkeiten mit folgenden Schreibweisen:

$$\frac{\partial\left(\dfrac{\partial z}{\partial x}\right)}{\partial x} = \frac{\partial^2 z}{\partial x^2} = f_{xx}(x; y) \qquad \frac{\partial\left(\dfrac{\partial z}{\partial x}\right)}{\partial y} = \frac{\partial^2 z}{\partial x \partial y} = f_{xy}(x; y)$$

$$\frac{\partial\left(\dfrac{\partial z}{\partial y}\right)}{\partial x} = \frac{\partial^2 z}{\partial y \partial x} = f_{yx}(x; y) \qquad \frac{\partial\left(\dfrac{\partial z}{\partial y}\right)}{\partial y} = \frac{\partial^2 z}{\partial y^2} = f_{yy}(x; y)$$

Ferner bedeutet z. B. $\dfrac{\partial^3 z}{\partial x^2 \partial y} = f_{xxy}(x; y)$, daß die Funktion erst zweimal partiell nach x und dann einmal partiell nach y differenziert wird.

Beispiel 10.8

Die partiellen Ableitungen 1. und 2. Ordnung der Funktion

f: $z = x^3 \sin 2y = f(x; y)$ lauten

$$\begin{aligned} z_x &= 3x^2 \sin 2y & \qquad z_y &= 2x^3 \cos 2y \\ z_{xx} &= 6x \sin 2y & z_{yx} &= 6x^2 \cos 2y \\ z_{xy} &= 6x^2 \cos 2y & z_{yy} &= -4x^3 \sin 2y \end{aligned}$$

Die Übereinstimmung der „gemischten" partiellen Ableitungen z_{xy} und z_{yx} in Beispiel 10.8 ist kein Zufall. Es gilt der

Satz von Schwarz

Unter der Voraussetzung, daß die partiellen Ableitungsfunktionen einer Funktion $y = f(x_1; x_2; \ldots; x_n)$ stetig sind, kann die Reihenfolge der partiellen Differentiationen geändert werden:

$$f_{x_i x_j} = f_{x_j x_i} \qquad (i, j = 1, 2, \ldots, n) \tag{10.6}$$

Beispiel 10.9

Für die Funktion f: $u = x^y \sin z$ ist die Gleichheit der partiellen Ableitungen 3. Ordnung u_{xyz} und u_{zyx} zu zeigen.

Lösung:

$$\begin{aligned} u_x &= yx^{y-1} \sin z & \qquad u_z &= x^y \cos z \\ u_{xy} &= (x^{y-1} + yx^{y-1} \ln x) \sin z & u_{zy} &= x^y \ln x \cos z \\ u_{xyz} &= (x^{y-1} + yx^{y-1} \ln x) \cos z & u_{zyx} &= (yx^{y-1} \ln x + x^{y-1}) \cos z \end{aligned}$$

Aufgaben 10.2 bis 10.6

10.1.3 Das totale Differential

Nach den Ausführungen in Abschn. 5.2.3 wird die Funktion f: $y = f(x)$ an der Stelle x durch eine lineare Funktion angenähert, d. h., geometrisch wird der Graph der Funktion durch die Tangente in x ersetzt. Dem Argumentzuwachs $\Delta x = \mathrm{d}x$ entspricht die Funktionswertänderung $\Delta y = f(x+\Delta x)-f(x)$. Ihr „linearer" Anteil ist das Differential $\mathrm{d}y = f'(x)\,\mathrm{d}x$. Für kleine $\mathrm{d}x$ gilt $\mathrm{d}y \approx \Delta y$.
Diese Überlegungen sollen auf Funktionen mit mehreren Variablen übertragen werden. Der Differentialbegriff wird zunächst für eine Funktion f: $z = f(x;y)$ hergeleitet und dann auf beliebig viele Variable erweitert.
Die Annäherung der Funktion f: $z = f(x;y)$ an der Stelle $(x;y)$ durch eine lineare Funktion bedeutet geometrisch, die zu f gehörende Fläche durch eine Ebene zu ersetzen und zwar durch die an die Fläche im Punkt $P(x;y;z)$ gelegte Tangentialebene (zur Existenz einer Tangentialebene vergleiche man die Bemerkungen am Ende dieses Abschnitts). Die Tangentialebene wird von den beiden Flächentangenten aufgespannt, die durch P gehen und parallel zur x,z- bzw. y,z-Ebene sind, also die Anstiege $\tan\alpha_1 = f_x(x;y)$, $\tan\alpha_2 = f_y(x;y)$ haben (Bild 10.7).
Werden die Variablen x und y um Δx bzw. Δy geändert, bewegt man sich also auf der Fläche von P nach P_1, dann ändert sich der Funktionswert $z = f(x;y)$ um

$$\Delta z = f(x+\Delta x; y+\Delta y) - f(x;y).$$

Betrachtet man den zur Stelle $(x+\Delta x; y+\Delta y)$ gehörenden Punkt P_2 der Tangentialebene, dann ergibt sich der mit $\mathrm{d}z$ bezeichnete Höhenzuwachs. In den rechtwinkligen Dreiecken mit den Winkeln α_1 bzw. α_2 und den Ankatheten Δx bzw. Δy sind die Gegenkatheten

$$\tan\alpha_1 \cdot \Delta x = z_x \cdot \Delta x \qquad \text{bzw.}$$
$$\tan\alpha_2 \cdot \Delta y = z_y \cdot \Delta y.$$

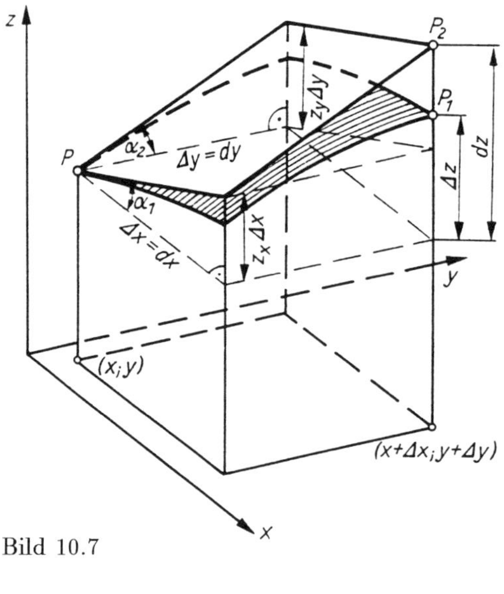

Bild 10.7

Nach Bild 10.7 setzt sich dz additiv aus diesen Gegenkatheten zusammen:

$$dz = z_x \Delta x + z_y \Delta y.$$

Beachtet man, daß wie bei einer Funktion von einer Variablen hier für die unabhängigen Variablen x und y Differenz und Differential übereinstimmend gewählt werden können: $\Delta x = dx$, $\Delta y = dy$, dann folgt

$$\boxed{dz = \frac{\partial z}{\partial x}\,dx + \frac{\partial z}{\partial y}\,dy} \tag{10.7}$$

dz heißt das **vollständige** oder **totale Differential** der Funktion $f\colon\ z = f(x; y)$. dz ist abhängig von den vier Größen x, y, dx, dy, d. h. von der betrachteten Stelle $(x; y)$ und den Änderungen $\Delta x = dx$, $\Delta y = dy$ der Argumente. Die Differenz $dz - \Delta z$ geht schneller gegen Null als die Argumentänderungen Δx, Δy, d. h., die Näherung

$$\Delta z \approx dz$$

ist um so besser, je kleiner Δx und Δy sind. Damit begründet sich die Anwendung des totalen Differentials in der Fehlerrechnung.
Allgemein definiert man für eine Funktion mit n unabhängigen Variablen $f\colon\ y = f(x_1; x_2; \ldots; x_n)$ als vollständiges oder totales Differential

$$\boxed{dy = \frac{\partial y}{\partial x_1}\,dx_1 + \frac{\partial y}{x_2}\,dx_2 + \ldots + \frac{\partial y}{\partial x_n}\,dx_n} \tag{10.8}$$

Beispiel 10.10

Man berechne Δz und dz für $f\colon\ z = x^2 + 2y$ an der Stelle $(x; y) = (2; 5)$ für die Argumentänderungen $dx = 0{,}2$; $dy = 0{,}1$.

Lösung:

$$\Delta z = f(2{,}2; 5{,}1) - f(2; 5) = 15{,}04 - 14{,}00 = \underline{\underline{1{,}04}}$$

$$dz = 2x\,dx + 2\,dy = 0{,}8 + 0{,}2 = \underline{\underline{1{,}00}}, \qquad \text{d. h. } \Delta z \approx dz.$$

Beispiel 10.11

Es sind Δu und du für die Funktion $f\colon\ u = e^x \ln(y - z)$ und die Werte $x = 1{,}50$, $y = 2{,}85$, $z = 1{,}00$, $dx = 0{,}02$, $dy = -0{,}01$, $dz = 0{,}05$ zu berechnen.

Lösung:

$$\Delta u = f(1{,}52; 2{,}84; 1{,}05) - f(1{,}50; 2{,}85; 1{,}00) = \underline{\underline{-0{,}095}}$$

$$du = u_x\,dx + u_y\,dy + u_z\,dz$$

$$= e^x \left(\ln(y - z)\,dx + \frac{dy}{y - z} - \frac{dz}{y - z}\right) = \underline{\underline{-0{,}090}}$$

Beispiel 10.12

Von einem Zylinder wurden Durchmesser $D = 4,84$ cm und Höhe $h = 6,74$ cm mit der Genauigkeit von je $0,02$ cm und durch Wägung die Masse $m = 968,5$ g mit $0,1$ g Genauigkeit gemessen. Mit welcher Genauigkeit läßt sich daraus die Dichte ϱ berechnen?

Lösung:

$$\varrho = \frac{m}{V} = \frac{4m}{\pi D^2 h} = f(D; h; m) \qquad \text{(I)}$$

Die Genauigkeit von ϱ folgt aus dem totalen Differential von f, wobei man jedoch die *Beträge* der Summanden addiert, um sicherheitshalber die größtmöglichen Abweichungen von ϱ, d. h. die minimale Genauigkeit abzuschätzen.

$$\mathrm{d}\varrho = \frac{\partial \varrho}{\partial D}\,\mathrm{d}D + \frac{\partial \varrho}{\partial h}\,\mathrm{d}h + \frac{\partial \varrho}{\partial m}\,\mathrm{d}m$$

$$\mathrm{d}\varrho_{\max} = \left|\frac{-8m}{\pi D^3 h}\,\mathrm{d}D\right| + \left|\frac{-4m}{\pi D^2 h^2}\,\mathrm{d}h\right| + \left|\frac{4}{\pi D^2 h}\,\mathrm{d}m\right|$$

$$\mathrm{d}\varrho_{\max} = 0,065\ \mathrm{g\ cm}^{-3} + 0,023\ \mathrm{g\ cm}^{-3} + 0,001\ \mathrm{g\ cm}^{-3} = \underline{\underline{0,089\ \mathrm{g\ cm}^{-3}}}$$

Die Ungenauigkeit der Wägung kann gegen die Ungenauigkeiten der Längenmessung vernachlässigt werden. Eine weitere Genauigkeitssteigerung für ϱ ist daher nur durch genauere Volumenbestimmung möglich.
Der hier verwendete Begriff „Genauigkeit" wird in der Fehlerrechnung des Abschnittes 13 präzisiert.

Ohne Beweis werden noch einige Ergänzungen gebracht.

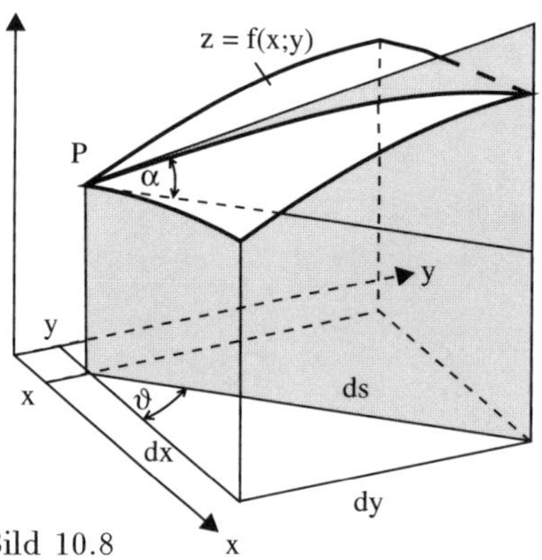

Bild 10.8

Die partiellen Ableitungen $f_x(x; y)$, $f_y(x; y)$ geben bekanntlich die Anstiege von Tangenten an die Fläche der Funktion f: $z = f(x; y)$ an, die parallel zur x, z- bzw. y, z-Ebene sind. Allgemeiner kann der Anstieg einer Flächentangente in beliebiger Richtung berechnet werden. Diese Richtung sei nach Bild 10.8 durch den Winkel ϑ festgelegt. Dividiert man formal das totale Differential $\mathrm{d}z$ durch $\mathrm{d}s = \sqrt{\mathrm{d}x^2 + \mathrm{d}y^2}$, dann folgt

$$\frac{\mathrm{d}z}{\mathrm{d}s} = z_x \frac{\mathrm{d}x}{\mathrm{d}s} + z_y \frac{\mathrm{d}y}{\mathrm{d}s} = \tan\alpha \qquad \text{oder}$$

$$\boxed{\frac{\mathrm{d}z}{\mathrm{d}s} = z_x \cos\vartheta + z_y \sin\vartheta} \tag{10.9}$$

als *Ableitung von z an der Stelle $(x; y)$ längs der Richtung s* oder kurz als **Richtungsableitung**. Die Richtungsableitung für beliebig viele Variable wird in Abschnitt 10.3.3 behandelt.

Sind für eine Funktion f: $z = f(x; y)$ an einer Stelle $(x; y)$ die partiellen Ableitungen 1. Ordnung stetig, dann existieren alle Richtungsableitungen an dieser Stelle, und das bedeutet geometrisch, daß eine an dieser Stelle die Fläche berührende Tangentialebene existiert, in der alle zu $(x; y)$ gehörenden Flächentangenten liegen. Ihre Anstiege ergeben sich aus (10.9).

Für die Differentiation von zusammengesetzten Funktionen gibt es **Verallgemeinerungen der Kettenregel**.

In $y = f(x_1; x_2; \ldots; x_n)$ seien die Variablen x_i selbst wieder Funktionen einer unabhängigen Variablen $t : x_i = x_i(t)$, d. h.

$$y = f\left(x_1(t); x_2(t); \ldots; x_n(t)\right).$$

Dann ergibt sich mit Hilfe des totalen Differentials die Ableitung

$$\boxed{\frac{\mathrm{d}y}{\mathrm{d}t} = \frac{\partial y}{\partial x_1} \cdot \frac{\mathrm{d}x_1}{\mathrm{d}t} + \frac{\partial y}{\partial x_2} \cdot \frac{\mathrm{d}x_2}{\mathrm{d}t} + \ldots + \frac{\partial y}{\partial x_n} \cdot \frac{\mathrm{d}x_n}{\mathrm{d}t}} \tag{10.10}$$

Sind die Variablen x_i von mehreren Variablen $t_1, t_2, \ldots, t_k$ abhängig, d. h. $x_i = x_i(t_1; t_2; \ldots; t_k)$, dann folgen die k Ableitungen

$$\boxed{\frac{\mathrm{d}y}{\mathrm{d}t_j} = \frac{\partial y}{\partial x_1} \cdot \frac{\partial x_1}{\partial t_j} + \frac{\partial y}{\partial x_2} \cdot \frac{\partial x_2}{\partial t_j} + \ldots + \frac{\partial y}{\partial x_n} \cdot \frac{\partial x_n}{\partial t_j}, \quad j = 1, 2, \ldots, k} \tag{10.11}$$

Aufgaben 10.7 bis 10.11

10.1.4 Ableitung von Funktionen mit impliziter Darstellung

Gesucht wird die Ableitung einer Funktion f: $y = f(x)$, die in der impliziten Darstellung $F(x; y) = 0$ gegeben ist. Da es in einzelnen Fällen umständlich oder unmöglich ist, durch Auflösen nach y zur expliziten Darstellung zu kommen, wird f' auf anderem Weg bestimmt.

Vorausgesetzt wird, daß an der Stelle $(x; y)$ gilt $F(x; y) = 0$, in der Umgebung dieser Stelle stetige partielle Ableitungen F_x und F_y existieren sowie $F_y(x; y) \neq 0$ ist. Dann beschreibt die implizite Darstellung in der betrachteten Umgebung tatsächlich eine differenzierbare Funktion f: $y = f(x)$. $F(x; y) = 0$ wird als Sonderfall der Funktionsgleichung $z = F(x; y)$ für $z = 0$ aufgefaßt. Für das totale Differential gilt, da in der betrachteten Umgebung wegen $z = 0$ auch $\mathrm{d}z = 0$ ist:

$$\mathrm{d}z = 0 = F_x(x;y)\,\mathrm{d}x + F_y(x;y)\,\mathrm{d}y$$

Umgestellt ergibt

$$\boxed{\frac{\mathrm{d}y}{\mathrm{d}x} = y' = -\frac{F_x(x;y)}{F_y(x;y)}} \qquad (10.12)$$

Beispiel 10.13

Gegeben ist die Kurvengleichung (Descartessches Blatt)

$F(x;y) = x^3 + y^3 - 6xy = 0$

Welchen Anstiegswinkel hat die Tangente im Kurvenpunkt $P(3;3)$?

Lösung:

Es ist $F(3;3) = 0$. Nach (10.12) ist

$$y' = -\frac{3x^2 - 6y}{3y^2 - 6x} = -\frac{x^2 - 2y}{y^2 - 2x}$$

und für die Stelle (3; 3) folgt

$$y'\big|_{\substack{x=3\\y=3}} = -1, \qquad \underline{\underline{\alpha = 135°}}$$

Aufgaben 10.12 bis 10.13

10.1.5 Extremwerte von Funktionen mit mehreren Variablen

Es wird wieder anschaulich von einer Funktion f: $z = f(x;y)$ ausgegangen und die Ergebnisse werden verallgemeinert. Nach Bild 10.9 soll auf der Fläche ein Punkt $E(x_E;y_E;z_E)$ existieren, der höher liegt als alle Punkte $P(x;y;z)$ der Umgebung, es ist also $z_E > z$. Als Umgebung U der Stelle $(x_E;y_E)$ denke man sich einfachheitshalber eine Kreisfläche in der x,y-Ebene mit dem Mittelpunkt E' und beliebig klein zu wählendem Radius. Für die betrachteten Punkte P gilt dann $(x;y) \in U$. E ist ein Maximumpunkt. Entsprechende Überlegungen gelten für einen Minimumpunkt.

Definition

Die Funktion f: $z = f(x;y)$ hat an der Stelle $(x_E;y_E)$ ein (relatives)

$$\left\{\begin{matrix}\textbf{Maximum}\\ \textbf{Minimum}\end{matrix}\right\} z_E = f(x_E;y_E), \text{ wenn } f(x_E;y_E)\left\{\begin{matrix}>\\ <\end{matrix}\right\} f(x;y)$$

für alle von $(x_E;y_E)$ verschiedenen Stellen $(x;y) \in U$ (10.13)

f sei in U stetig partiell differenzierbar. Dann existiert in E eine Tangentialebene und diese muß parallel zur x,y-Ebene sein. Folglich sind auch die Tangenten an die Kurven k_1: $z = f(x; y_E)$ und k_2: $z = f(x_E; y)$ parallel zur x,y-Ebene und es gilt

$$f_x(x_E; y_E) = 0, \qquad f_y(x_E; y_E) = 0. \tag{I}$$

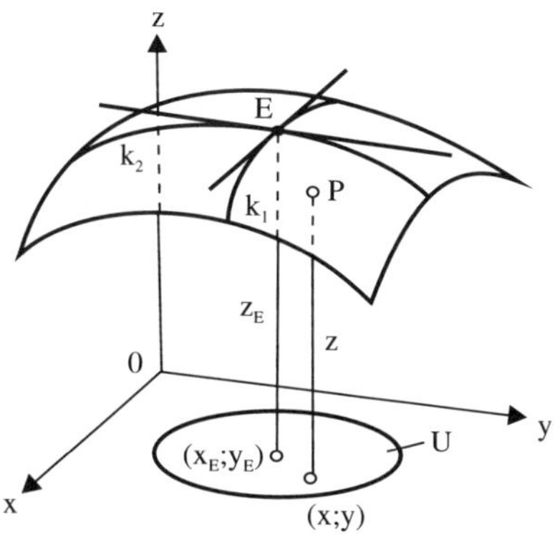

Bild 10.9

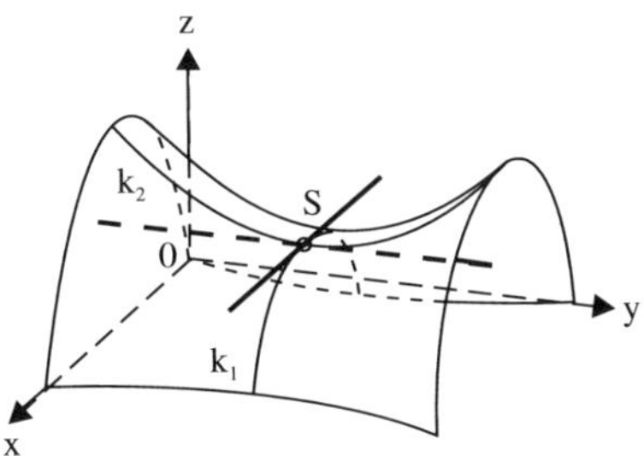

Bild 10.10

Die Gleichungen (I) sind notwendig für die Existenz eines Extremwertes, aber nicht hinreichend. Zum Beispiel ist der Sattelpunkt S der Sattelfläche des Bildes 10.10 der Maximumpunkt der Kurve k_1 und der Minimumpunkt der Kurve k_2, d. h., die Tangenten an beide Kurven sind parallel zur x,y-Ebene und (I) ist erfüllt, obgleich S kein Extrempunkt der Fläche ist. Es gelten die folgenden **notwendigen und hinreichenden Bedingungen** für die Stelle $(x_E; y_E)$:

Existenz eines Extremwertes: $\begin{cases} z_x = 0; \quad z_y = 0 \\ z_{xx} \cdot z_{yy} - z_{xy}^2 > 0 \end{cases}$

Maximum: $z_{xx} < 0$ (damit auch $z_{yy} < 0$)
Minimum: $z_{xx} > 0$ (damit auch $z_{yy} > 0$) (10.14)

Für $z_{xx}z_{yy} - z_{xy}^2 < 0$ existiert kein Extremwert. Für $z_{xx}z_{yy} - z_{xy}^2 = 0$ kann ein Extremwert existieren oder nicht. Dieser Fall wird hier nicht weiter betrachtet.

Für eine Funktion mit n unabhängigen Variablen mit der Gleichung

$$y = f(x_1; x_2; \ldots; x_n)$$

lauten die notwendigen Bedingungen für die Existenz eines Extremwertes an der Stelle $(x_{1E}; x_{2E}; \ldots; x_{nE})$:

$$\frac{\partial y}{\partial x_1} = 0; \quad \frac{\partial y}{\partial x_2} = 0; \quad \ldots; \quad \frac{\partial y}{\partial x_n} = 0 \tag{II}$$

Aus den n Gleichungen (II) lassen sich die n Werte $x_{1E}, x_{2E}, \ldots, x_{nE}$ der Extremstelle und damit der extremale Funktionswert $y_E = f(x_{1E}; x_{2E}; \ldots; x_{nE})$ berechnen. Die hinreichenden Bedingungen lauten: Sind die Eigenwerte der Matrix

$$\begin{pmatrix} f_{x_1x_1} & f_{x_1x_2} & \cdots & f_{x_1x_n} \\ f_{x_2x_1} & f_{x_2x_2} & \cdots & f_{x_2x_n} \\ \vdots & \vdots & \vdots & \vdots \\ f_{x_nx_1} & f_{x_nx_2} & \cdots & f_{x_nx_n} \end{pmatrix}$$

an der Stelle $(x_{1E}, x_{2E}, \ldots, x_{nE})$ sämtlich $\begin{Bmatrix}\text{positiv}\\ \text{negativ}\end{Bmatrix}$, dann liegt ein $\begin{Bmatrix}\text{Minimum}\\ \text{Maximum}\end{Bmatrix}$, vor. Die in (10.13) angegebene hinreichende Bedingung läßt sich hieraus herleiten. Häufig schließt man aus der Aufgabenstellung auf die Art des Extremwertes oder man vergleicht y_E mit Funktionswerten aus der Umgebung der Extremstelle.

Beispiel 10.14

Es sind die Extremwerte der Funktion f: $z = 2x^3 + 4xy - 2y^3 + 5 = f(x; y)$ zu berechnen.

Lösung:

Aus dem Gleichungssystem

$$z_x = 6x^2 + 4y = 0$$
$$z_y = 4x - 6y^2 = 0$$

errechnen sich für die möglichen Extremwerte die Stellen

$$(x_{E1}; y_{E1}) = (0; 0), \qquad (x_{E2}; y_{E2}) = (2/3; -2/3)\,.$$

Die zweiten Ableitungen lauten

$$z_{xx} = 12x; \qquad z_{yy} = -12y; \qquad z_{xy} = 4$$

Für die Stelle $(0; 0)$ folgt

$$f_{xx}(0;0) \cdot f_{yy}(0;0) - f_{xy}^2(0;0) = 0 \cdot 0 - 16 < 0$$

d. h., an dieser Stelle existiert kein Extremwert.
Für die Stelle $(2/3; -2/3)$ folgt

$$f_{xx}(2/3;-2/3) \cdot f_{yy}(2/3;-2/3) - f_{xy}^2(2/3;-2/3) = 48 > 0$$

d. h., es existiert ein Extremwert und zwar wegen

$$f_{xx}(2/3;-2/3) = 8 > 0$$

ein Minimum. Der minimale Funktionswert ist

$$z_E = f(2/3;-2/3) = \underline{\underline{\frac{119}{27}}}$$

Beispiel 10.15

Ein oben offener Behälter in Form eines Quaders hat das Volumen V. Wie sind die Kanten x, y der Grundfläche und die Höhe z zu wählen, damit die Oberfläche A und damit der Materialverbrauch ein Minimum werden?

Lösung :

Die Oberfläche ist

$$A = xy + 2xz + 2yz.$$

Zwischen den Variablen besteht die Nebenbedingung

$$V = xyz \qquad \text{oder} \qquad z = \frac{V}{xy}. \tag{III}$$

Damit lautet die Zielfunktion

$$A = xy + 2\frac{V}{y} + 2\frac{V}{x} = f(x;y).$$

Die partiellen Ableitungen werden gleich Null gesetzt:

$$A_x = y - \frac{2V}{x^2} = 0; \qquad A_y = x - \frac{2V}{y^2} = 0$$

Aus diesem Gleichungssystem folgt wegen $x \neq 0$, $y \neq 0$:

$$\underline{\underline{x_E = y_E = \sqrt[3]{2V}}}$$

Mit x_E, y_E erhält man aus (III) die Höhe

$$z_E = \frac{V}{x_E y_E} = \frac{V}{\sqrt[3]{2V} \cdot \sqrt[3]{2V}} \qquad \text{oder} \qquad \underline{\underline{z_E = \frac{1}{2}\sqrt[3]{2V}}} = \frac{1}{2}x_E$$

Wegen

$$A_{xx}A_{yy} - A_{xy}^2 = \frac{4V}{x_E^3} \cdot \frac{4V}{y_E^3} - 1 = 4 - 1 = 3 > 0 \qquad \text{und} \qquad A_{xx} = 2 > 0$$

existiert tatsächlich ein Minimum. Die Oberfläche ist ein Minimum, wenn die Höhe halb so groß ist wie die Seite der quadratischen Grundfläche.

Sind in einer Funktion mit n Variablen diese durch m Nebenbedingungen $(m < n)$ miteinander verknüpft, so können mit Hilfe der Nebenbedingung m Variable in der Funktion eliminiert werden, vgl. z in Beisp. 10.15. Bei einer großen Zahl von Variablen und Nebenbedingungen wie z. B. in der Ausgleichungsrechnung ist dieser Lösungsweg unübersichlich und auch nicht immer möglich. Man verwendet einen anderen Lösungsweg, der von LAGRANGE[1] stammt und ohne Beweis angegeben wird.

Bestimmte Voraussetzungen wie stetige partielle Differenzierbarkeit von f an der Extremstelle usw. seien erfüllt.

[1] JOSEPH LOUIS LAGRANGE, (1736 bis 1813), franz. Mathematiker und Physiker

Lagrangesche Multiplikatorenregel

Gegeben sind die Funktion

$$f\colon\ y = f(x_1; x_2; \ldots; x_n)$$

und m Nebenbedingungen $(m < n)$

$$\varphi_i(x_1; x_2; \ldots; x_n) = 0 \qquad i = 1, 2, \ldots, m.$$

Zur Bestimmung der Extremwerte der Funktion f unter Beachtung der Nebenbedingungen wird durch Einführung von m *Multiplikatoren* $\lambda_1, \lambda_2, \ldots, \lambda_m$ die *Lagrange-Funktion* F gebildet:

$$F(x_1; x_2; \ldots; x_n; \lambda_1; \ldots; \lambda_m) = f(x_1; x_2; \ldots; x_n) + \sum_{i=1}^{m} \lambda_i \varphi_i(x_1; x_2; \ldots; x_n)$$

Für F lauten die notwendigen Bedingungen für Extremwerte

$$F_{x_k} = 0 \qquad k = 1, 2, \ldots, n \qquad \text{(IV)}$$

$$F_{\lambda_i} = \varphi_i = 0 \qquad i = 1, 2, \ldots, m \qquad \text{(V)}$$

Aus den $m + n$ Gleichungen (IV) und (V) können die Koordinaten $x_{1E}, x_{2E}, \ldots, x_{nE}$ der Extremstelle und die Multiplikatoren $\lambda_1, \lambda_2, \ldots, \lambda_m$ berechnet werden. (10.15)

Die Art des Extremwertes ergibt sich meist aus der Aufgabenstellung. Die Multiplikatoren λ_i sind Hilfsgrößen, deren Werte selbst nicht gebraucht werden. Deshalb werden die λ_i möglichst am Anfang der Rechnung eliminiert.

Beispiel 10.16

Es ist der Extremwert der Funktion $u = x^2 + y^2 + z^2 = f(x; y; z)$ unter Beachtung der Nebenbedingungen

$$\varphi_1(x; y; z) = x + y - 2 = 0, \qquad \varphi_2(x; y; z) = x + z + 5 = 0$$

zu bestimmen.

Lösung:

Nach der Lagrangeschen Multiplikatorenregel ist

$$F(x; y; z) = x^2 + y^2 + z^2 + \lambda_1(x + y - 2) + \lambda_2(x + z + 5)$$

$$F_x(x; y; z) = 2x + \lambda_1 + \lambda_2 = 0 \qquad \text{(VI)}$$

$$F_y(x; y; z) = 2y + \lambda_1 \qquad = 0 \qquad \text{(VII)}$$

$$F_z(x; y; z) = 2z \qquad + \lambda_2 = 0 \qquad \text{(VIII)}$$

Die sich aus (VII) und (VIII) ergebenden Werte $\lambda_1 = -2y$, $\lambda_2 = -2z$ werden in (VI) eingesetzt und es folgt mit den Nebenbedingungen ein lineares Gleichungssystem mit drei Variablen:

$$\begin{aligned} x - y - z &= 0 \\ x + y &= 2 \\ x + z &= -5 \end{aligned}$$

Seine Lösung ist $\underline{\underline{x_E = -1}}$, $\underline{\underline{y_E = 3}}$, $\underline{\underline{z_E = -4}}$.
Der extremale Funktionswert an dieser Stelle ist $u_E = 26$.
Die Funktionswerte aus der Umgebung der Extremstelle sind größer als u_E, z. B. ist $u = f(-1,1; 3,1; -3,9) = 26,03 > u_E$. Die Funktion hat an der Stelle $(-1; 3; -4)$ das Minimum $\underline{\underline{u_E = 26}}$.

Aufgaben 10.14 bis 10.19

10.1.6 Taylorsche Formel für Funktionen mit mehreren Variablen

Als Ergänzung zum Abschnitt 7.2.2, Gleichung (7.24a) soll noch ohne Beweis kurz **die erste Form der Taylorschen Formel für mehrere Variable** angegeben werden.
Für eine Funktion mit zwei Variablen $f\colon\ z = f(x; y)$ gilt an der Stelle $(x_0+h; y_0+k)$:

$$\begin{aligned} f(x_0 + h; y_0 + k) &= f(x_0; y_0) + \frac{\partial f(x_0; y_0)}{\partial x} h + \frac{\partial f(x_0; y_0)}{\partial y} k \\ &+ \frac{1}{2!} \left(\frac{\partial^2 f(x_0; y_0)}{\partial x^2} h^2 + 2 \frac{\partial^2 f(x_0; y_0)}{\partial x \partial y} hk + \frac{\partial^2 f(x_0; y_0)}{\partial y^2} k^2 \right) + \ldots + R_n \end{aligned} \tag{10.16}$$

Wird die Formel bis zu den Termen mit den partiellen Ableitungen n-ter Ordnung geschrieben, dann ist R_n das zugehörige Restglied.
Bei den meisten Anwendungen, z. B. in der Ausgleichungsrechnung, sind h und k so klein, daß die Glieder zweiter und höherer Ordnung vernachlässigt werden können, d. h.

$$f(x_0 + h; y_0 + k) \approx f(x_0; y_0) + \frac{\partial f(x_0; y_0)}{\partial x} h + \frac{\partial (x_0; y_0)}{\partial y} k.$$

Auf eine Restgliedabschätzung wird verzichtet.
Für eine Funktion mit n Variablen $f\colon\ y = f(x_1; x_2; \ldots; x_n)$ lautet die erste Form der Taylorschen Formel unter Beschränkung auf die linearen Glieder

$$\begin{aligned} &f(x_{10} + h_1; x_{20} + h_2; \ldots; x_{n0} + h_n) \\ &= f(x_{10}; x_{20}; \ldots; x_{n0}) + \frac{\partial f}{\partial x_1} h_1 + \frac{\partial f}{\partial x_2} h_2 + \ldots + \frac{\partial f}{\partial x_n} h_n + R_1 \end{aligned} \tag{10.17}$$

10.2 Integralrechnung für mehrere Variable

Der bisher behandelte Begriff des Integrals einer Funktion mit einer unabhängigen Variablen läßt sich auf mehrere Arten verallgemeinern. Zunächst führt die Erweiterung der Integranden auf Funktionen mit 2, 3 oder allgemein n unabhängigen Variablen auf den Begriff des Doppelintegrals, des Dreifachintegrals und allgemein des Mehrfachintegrals. Weitere Verallgemeinerungen ergeben sich, wenn an die Stelle der Integration über ein Intervall X, d. h. über eine, dem Intervall entsprechende Strecke der x-Achse die Integration längs einer beliebigen Kurve bzw. über ein Flächenstück oder einen Raumteil erfolgt. Man spricht dann von Kurvenintegralen, Oberflächenintegralen und Volumenintegralen. Alle diese Integrale können jedoch bei ihrer Berechnung auf den bisherigen Integralbegriff für eine Variable zurückgeführt werden.

10.2.1 Doppelintegrale

Gegeben ist eine Funktion f: $z = f(x; y)$ mit dem Definitionsbereich D und ein Bereich $B \subseteq D$, der zunächst einfachheitshalber ein Rechteckbereich sei:

$$B\colon\ a_1 \leq x \leq a_2; \qquad b_1 \leq y \leq b_2.$$

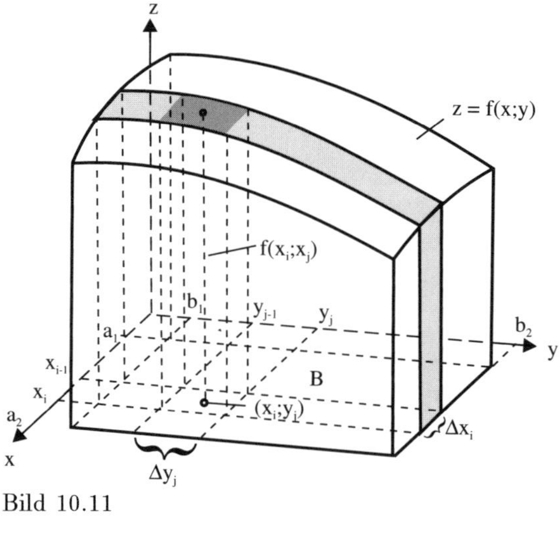

Bild 10.11

f sei in B beschränkt und stetig. Der Graph von f ist bekanntlich eine Fläche. Gesucht wird das Volumen des Körpers, der von der Fläche, der x, y-Ebene und den Ebenen mit den Gleichungen $x = a_1$, $x = a_2$, $y = b_1$, $y = b_2$ eingeschlossen wird (Bild 10.11). Die Strecke von a_1 bis a_2 werde in n_1 Teile durch $a_1 = x_0 < x_1 < \cdots < x_{n_1} = a_2$ und die Strecke von b_1 bis b_2 werde in n_2 Teile durch $b_1 = y_0 < y_1 < \cdots < y_{n_2} = b_2$ zerlegt. Es sei $\Delta x_i = x_i - x_{i-1}$, $\Delta y_i = y_i - y_{i-1}$. Damit wird der Bereich B in $n = n_1 \cdot n_2$ Teilbereiche $\Delta B_{ij} = \Delta x_i \cdot \Delta y_j$ zerlegt, d. h. in n achsenparallele Rechtecke. Es sei (x_i, y_j) eine beliebige Stelle im Teilbereich ΔB_{ij}.

Das Produkt

$$\Delta V_{ij} = f(x_i; y_j) \cdot \Delta x_i \Delta y_j$$

nähert das Volumen einer Säule an, deren Deckfläche in der durch f gegebenen Fläche liegt. Die Summe von n_2 Säulenvolumen

$$\Delta V_i = \sum_{j=1}^{n_2} \Delta V_{ij} = \left(\sum_{j=1}^{n_2} f(x_i; y_j) \Delta y_j \right) \Delta x_i$$

ist eine Näherung für das Volumen einer Scheibe entsprechend Bild 10.11, und die Summe von n_1 Scheibenvolumen nähert das gesuchte Volumen V an:

$$V \approx \sum_{i=1}^{n_1} \Delta V_i = \sum_{i=1}^{n_1} \left(\sum_{j=1}^{n_2} f(x_i; y_j) \Delta y_j \right) \Delta x_i$$

Für $n_1 \to \infty$, $n_2 \to \infty$ und $\Delta x_i \to 0$, $\Delta y_j \to 0$, d. h. $\Delta B_{ij} \to 0$, strebt die Doppelsumme unabhängig von der Wahl der Stelle $(x_i; y_j) \in \Delta B_{ij}$ gegen den Grenzwert V und man erhält die **Definition** des **Doppelintegrals** (vgl. Definition in Abschnitt 6.1.2):

$$V = \lim_{\substack{n_1 \to \infty \\ n_2 \to \infty}} \sum_{i=1}^{n_1} \left(\sum_{j=1}^{n_2} f(x_i; y_j) \Delta y_j \right) \Delta x_i = \int_{a_1}^{a_2} \int_{b_1}^{b_2} f(x; y) \, \mathrm{d}y \, \mathrm{d}x \qquad (10.18)$$

Das in (10.18) definierte Doppelintegral existiert, wenn f in B beschränkt und stetig ist. f heißt dann über B **integrierbar**.

Die Berechnung des Doppelintegrals wird auf zwei nacheinander auszuführende einfache Integrationen zurückgeführt. Zum Beispiel kann zuerst nach y integriert werden, wobei x vorübergehend als Konstante angesehen wird, dann wird nach x integriert. Es kann auch zuerst nach x bei konstant gehaltenem y integriert werden und dann nach y:

$$V = \int_{a_1}^{a_2} \left(\int_{b_1}^{b_2} f(x; y) \, \mathrm{d}y \right) \mathrm{d}x = \int_{b_1}^{b_2} \left(\int_{a_1}^{a_2} f(x; y) \, \mathrm{d}x \right) \mathrm{d}y$$

Der zweite Weg entspricht anschaulich einer Zerlegung des Volumens in Scheiben parallel zur x, z-Ebene.

Die Reihenfolge der Integrationen darf aber – wie im vorliegenden Fall – nur bei konstanten Grenzen geändert werden.

Beispiel 10.17

Zu berechnen ist das Doppelintegral

$$V = \int\limits_{x=1}^{x=3} \int\limits_{y=-1}^{y=2} (2xy - y^2 + 3)\,\mathrm{d}y\,\mathrm{d}x$$

Lösung:

$$V = \int\limits_1^3 \left(\int\limits_{-1}^2 (2xy - y^2 + 3)\,\mathrm{d}y \right) \mathrm{d}x = \int\limits_1^3 \left(\left[xy^2 - \frac{y^3}{3} + 3y \right]_{-1}^2 \right) \mathrm{d}x$$

$$= \int\limits_1^3 (3x + 6)\,\mathrm{d}x = \left[\frac{3x^2}{2} + 6x \right]_1^3 = \underline{\underline{24}}$$

$\mathrm{d}x \cdot \mathrm{d}y = \mathrm{d}B$ in (10.18) wird als *Flächendifferential* bezeichnet, und für das Doppelintegral über dem Bereich B kann man schreiben

$$V = \iint\limits_B f(x;y)\,\mathrm{d}B.$$

An die Stelle des Rechteckbereiches trete allgemeiner ein Bereich B, der von einer stetigen geschlossenen (und sich selbst nicht schneidenden) Kurve k begrenzt wird. Der Körper, dessen Volumen zu bestimmen ist, wird jetzt nach Bild 10.12 von einer Zylinderfläche mit der Leitkurve k, von der x,y-Ebene und der Fläche mit der Gleichung $z = f(x;y)$ begrenzt.

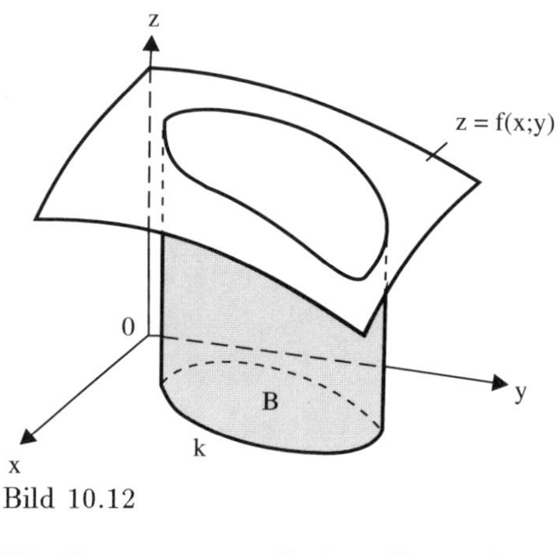

Bild 10.12

Die Tangenten an die Randkurve k parallel zur y- bzw. x-Achse haben die Berührungspunkte A_1, A_2 (Bild 10.13a) bzw. B_1, B_2 (Bild 10.13b). Durch A_1, A_2 wird die Randkurve in zwei Kurvenstücke mit den Gleichungen $y = y_1(x)$, $y = y_2(x)$ und durch B_1, B_2 in zwei Kurvenstücke mit den Gleichungen $x = x_1(y)$, $x = x_2(y)$ zerlegt. Der Bereich B ist dann die Menge aller Punkte $(x;y) \in \mathbb{R}^2$, für die entweder die Ungleichungen (Bild 10.13a)

$$a_1 \leq x \leq a_2, \qquad y_1(x) \leq y \leq y_2(x)$$

oder die Ungleichungen (Bild 10.13b)

$$b_1 \leq y \leq b_2, \qquad x_1(y) \leq x \leq x_2(y)$$

gelten. Ein derartiger festgelegter Bereich soll **ebener Normalbereich** heißen.

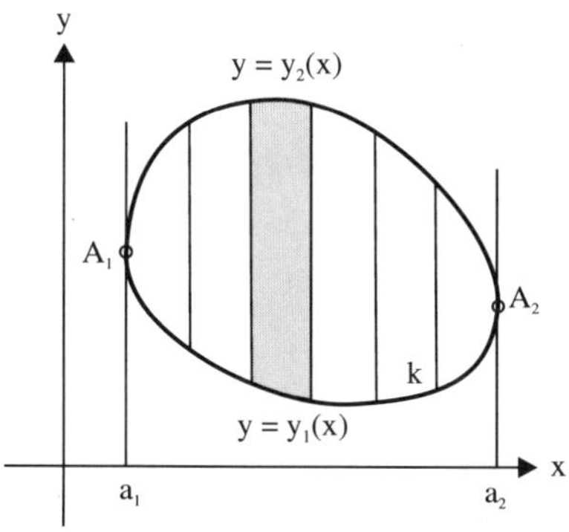

Bild 10.13a

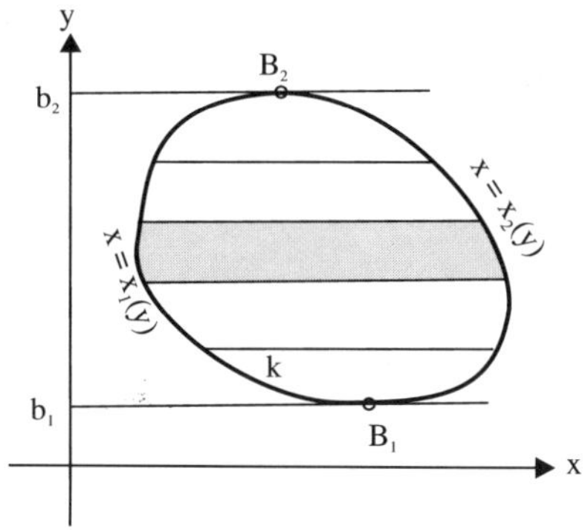

Bild 10.13b

Bei der Zurückführung des Doppelintegrals auf zwei einfache Integrale kann zunächst wieder bei konstant gehaltenem x nach y über das Intervall $y_1(x) \leq y \leq y_2(x)$ und dann nach x über das Intervall $a_1 \leq x \leq a_2$ integriert werden:

$$\boxed{V = \iint\limits_B f(x; y)\,\mathrm{d}B = \int\limits_{a_1}^{a_2} \left(\int\limits_{y_1(x)}^{y_2(x)} f(x; y)\,\mathrm{d}y \right) \mathrm{d}x} \qquad (10.19\text{a})$$

Diese Reihenfolge entspricht anschaulich der Zerlegung des Körpers in Scheiben parallel zur y, z-Ebene (Bild 10.13a). Eine Zerlegung in Scheiben parallel zur x, z-Ebene (Bild 10.13b) führt zu dem Doppelintegral

$$\boxed{V = \iint\limits_B f(x; y)\,\mathrm{d}B = \int\limits_{b_1}^{b_2} \left(\int\limits_{x_1(y)}^{x_2(y)} f(x; y)\,\mathrm{d}x \right) \mathrm{d}y} \qquad (10.19\text{b})$$

Bei der Berechnung des Doppelintegrals (10.19) wird das Integral mit den variablen Grenzen stets zuerst bestimmt. Nach den Formeln (10.19a) und (10.19b) wird also zuerst das „innere", dann das „äußere" Integral berechnet. Welche Reihenfolge man verwendet, hängt von der konkreten Aufgabenstellung ab. Die Klammern in (10.19) können weggelassen werden.

Beispiel 10.18

Ein Bereich B ist durch die Ungleichungen

$$0 \leq y \leq \frac{1}{2}\sqrt{9-x^2}, \qquad 0 \leq x \leq 3$$

gegeben (Bild 10.14). Gesucht wird das Volumen des zylindrischen Körpers mit der Grundfläche B, dessen Deckfläche in der Fläche mit der Gleichung $z = xy$ liegt (Bild 10.14 zeigt die Höhenlinien der Fläche).

Lösung:

Nach (10.19a) ist mit $y_1(x) = 0$, $y_2 = \frac{1}{2}\sqrt{9-x^2}$, $a_1 = 0$, $a_2 = 3$:

$$V = \int\limits_0^3 \int\limits_0^{\frac{1}{2}\sqrt{9-x^2}} xy \,\mathrm{d}y\,\mathrm{d}x = \int\limits_0^3 \left[x \cdot \frac{y^2}{2}\right]_0^{\frac{1}{2}\sqrt{9-x^2}} \mathrm{d}x$$

$$= \int\limits_0^3 x \cdot \frac{1}{8}\left(9-x^2\right) \mathrm{d}x = \frac{1}{8}\int\limits_0^3 \left(9x - x^3\right) \mathrm{d}x$$

$$= \frac{1}{8}\left[\frac{9}{2}x^2 - \frac{x^4}{4}\right]_0^3 = \frac{1}{8}\left(\frac{81}{2} - \frac{81}{4}\right) = \underline{\underline{2,531}}$$

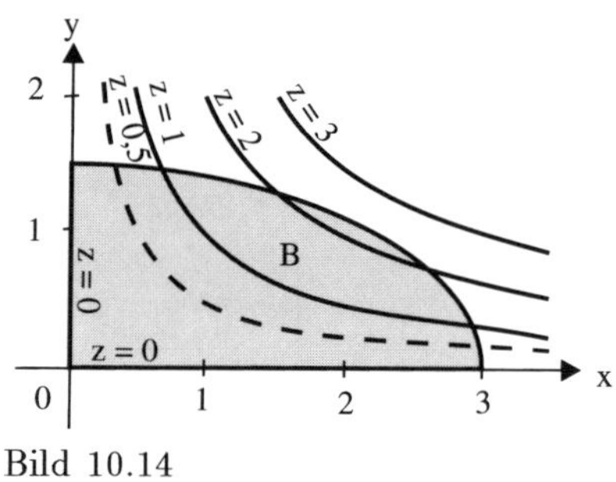

Bild 10.14

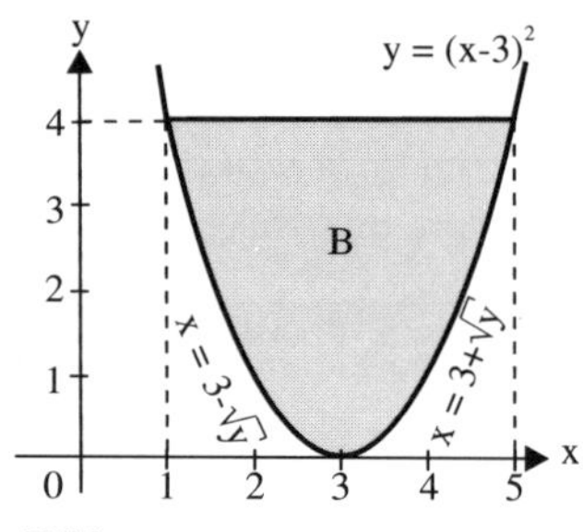

Bild 10.15

Beispiel 10.19

Zu berechnen ist das Doppelintegral der Funktion $z = x + 2y$ über dem Bereich B, der durch die Ungleichungen

$$1 \leq x \leq 5, \qquad (x-3)^2 \leq y \leq 4$$

bestimmt ist (Bild 10.15).

Lösung:

Der Rechenaufwand ist geringer, wenn entsprechend (10.19b) zuerst nach x und dann nach y integriert wird (dem Leser wird zum Vergleich die Integration nach (10.19a) empfohlen). B wird jetzt durch die Ungleichungen

$$3 - \sqrt{y} \leq x \leq 3 + \sqrt{y}, \qquad 0 \leq y \leq 4$$

beschrieben.

$$V = \int_0^4 \int_{3-\sqrt{y}}^{3+\sqrt{y}} (x+2y)\,\mathrm{d}x\,\mathrm{d}y = \int_0^4 \left[\frac{x^2}{2} + 2xy\right]_{3-\sqrt{y}}^{3+\sqrt{y}} \mathrm{d}y$$

$$= \int_0^4 \left(\frac{1}{2}(3+\sqrt{y})^2 + 2y(3+\sqrt{y}) - \frac{1}{2}(3-\sqrt{y})^2 - 2y(3-\sqrt{y})\right) \mathrm{d}y$$

$$= \int_0^4 (6\sqrt{y} + 4y\sqrt{y})\,\mathrm{d}y = \left[4\sqrt[2]{y^3} + \frac{8}{5}\sqrt[2]{y^5}\right]_0^4$$

$$\underline{\underline{V = 83,2}}$$

Bild 10.16 zeigt den Zylinder mit dem angegebenen Volumen.

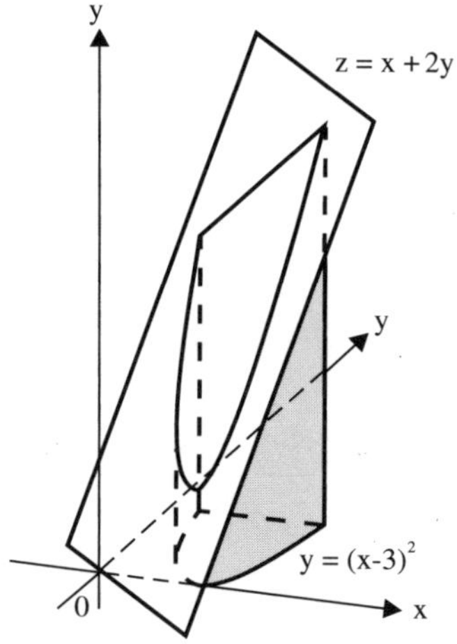

Bild 10.16

Ist B ein Rechteckbereich und ist die Funktion f: $z = f(x;y)$ das Produkt zweier Funktionen, die nur von x bzw. y abhängen, d. h.

$$f(x;y) = g(x) \cdot h(y),$$

dann wird die Berechnung des Doppelintegrals vereinfacht durch folgende mögliche Zerlegung

$$\iint_B f(x;y)\,\mathrm{d}B = \int_{a_1}^{a_2} g(x)\,\mathrm{d}x \cdot \int_{b_1}^{b_2} h(y)\,\mathrm{d}y. \qquad \text{(I)}$$

Ist über dem gesamten Bereich B $f(x;y) = 1$, dann läßt sich das Doppelintegral

$$\iint_B \mathrm{d}B$$

interpretieren als das Volumen eines Zylinders mit der Grundfläche B und der Höhe $h = 1$ oder als der Flächeninhalt A_B des Bereichs B. Man erhält z. B. aus (10.19a)

$$A_B = \int_{a_1}^{a_2} \int_{y_1(x)}^{y_2(x)} \mathrm{d}y\,\mathrm{d}x = \int_{a_1}^{a_2} (y_2(x) - y_1(x))\,\mathrm{d}x$$

in Übereinstimmung mit Formel (6.40).
Bei verschiedenen Aufgaben, die zu Doppelintegralen führen, ist die Verwendung kartesischer Koordinaten ungünstig. Durch Übergang zu anderen, dem jeweiligen Problem „angepaßten Koordinaten", z. B. Polarkoordinaten, können diese Aufgaben meist einfacher gelöst werden.
Durch die Funktionsgleichungen

$$x = x(u; v), \qquad y = y(u; v) \tag{II}$$

soll eine umkehrbar eindeutige Transformation zwischen den kartesischen Koordinaten x, y und den neuen Koordinaten u, v beschrieben werden. Für (II) sollen stetige partielle Ableitungen 1. Ordnung existieren. Der Bereich B in der x, y-Ebene wird durch (II) umkehrbar eindeutig auf einen Bereich $\overline{B}$ in der u, v-Ebene abgebildet.
Der Übergang zu den neuen Variablen u, v entspricht der Substitutionsmethode bei dem einfachen Integral. Bekanntlich folgt aus $\int f(x)\,\mathrm{d}x$ und $x = x(u)$ zwischen den Differentialen die Beziehung $\mathrm{d}x = \frac{\mathrm{d}x}{\mathrm{d}u}\,\mathrm{d}u$. Bei dem Doppelintegral tritt an die Stelle der Ableitung $\mathrm{d}x/\,\mathrm{d}u$ für die Beziehung zwischen den Flächendifferentialen $\mathrm{d}B$ und $\mathrm{d}\overline{B}$ die Gleichung $\mathrm{d}B = |D|\,\mathrm{d}\overline{B}$, wobei D die folgende *Funktionaldeterminante* ist:

$$D = \begin{vmatrix} \frac{\partial x}{\partial u} & \frac{\partial x}{\partial v} \\ \frac{\partial y}{\partial u} & \frac{\partial y}{\partial v} \end{vmatrix} = \frac{\partial(x, y)}{\partial(u, v)} \tag{10.20}$$

Damit die Transformation vom x, y- in das u, v-System umkehrbar eindeutig ist, muß $D \neq 0$ sein für alle $(u; v) \in \overline{B}$. Man erhält

$$\iint_B f(x; y)\,\mathrm{d}B = \iint_{\overline{B}} f\left(x(u; v); y(u; v)\right) |D|\,\mathrm{d}u\,\mathrm{d}v \tag{10.21}$$

Insbesondere folgt für den Übergang zu Polarkoordinaten r, φ mit $u = r, v = \varphi$:

$$x = r\cos\varphi = x(r; \varphi), \qquad y = r\sin\varphi = y(r; \varphi)$$

$$D = \begin{vmatrix} \frac{\partial x}{\partial r} & \frac{\partial x}{\partial \varphi} \\ \frac{\partial y}{\partial r} & \frac{\partial y}{\partial \varphi} \end{vmatrix} = \begin{vmatrix} \cos\varphi & -r\sin\varphi \\ \sin\varphi & r\cos\varphi \end{vmatrix} = r \neq 0,$$

und (10.18) lautet

$$\boxed{\iint\limits_{B} f(x;y)\,\mathrm{d}B = \iint\limits_{\overline{B}} f\left(x(r;\varphi);y(r;\varphi)\right) r\,\mathrm{d}r\,\mathrm{d}\varphi} \tag{10.22}$$

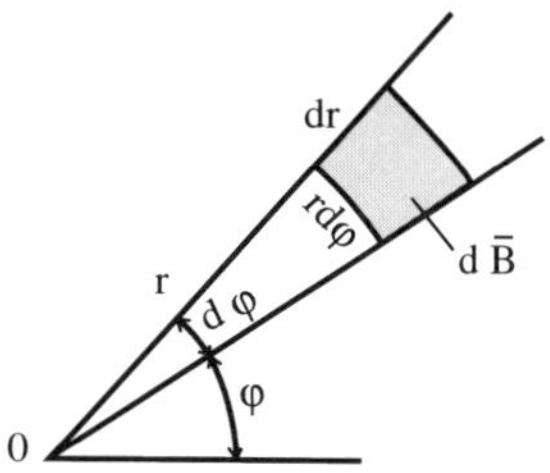

Bild 10.17

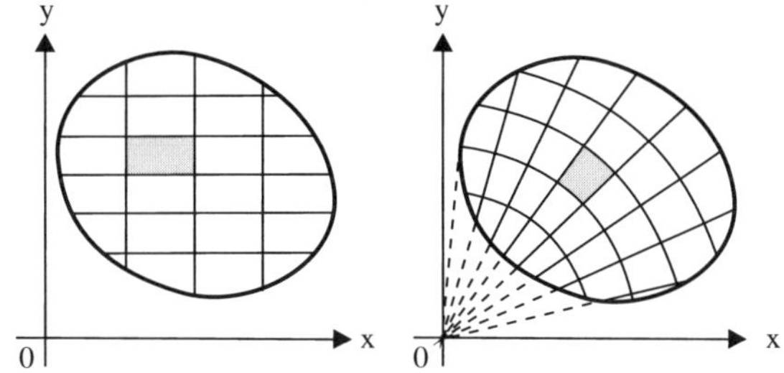

Bild 10.18

Bild 10.17 zeigt das Flächendifferential $\mathrm{d}\overline{B} = r\,\mathrm{d}r\,\mathrm{d}\varphi$. Bild 10.18 deutet zum Vergleich die Einteilung des Integrationsbereiches durch ein kartesisches Koordinatennetz und durch ein Polarkoordinatennetz an. Durch Übergang zu Polarkoordinaten kann häufig ein allgemeiner Bereich B der x, y-Ebene auf einen Rechteckbereich $\overline{B}$ der r, φ-Ebene abgebildet werden.

Beispiel 10.20

Man berechne $V = \iint\limits_{B} \dfrac{\mathrm{d}x\,\mathrm{d}y}{\mathrm{e}^{x^2+y^2}}$ mit B: $x^2 + y^2 \le a^2$ (Kreisfläche)

Lösung:

Das Doppelintegral ist in der vorliegenden Form elementar nicht lösbar. Durch Übergang zu Polarkoordinaten folgt mit $x = r\cos\varphi$, $y = r\sin\varphi$, $x^2 + y^2 = r^2$ nach (10.22):

$$V = \iint\limits_{\overline{B}} \frac{1}{\mathrm{e}^{r^2}} r\,\mathrm{d}r\,\mathrm{d}\varphi$$

$\overline{B}$ ist durch die Ungleichungen

$$0 < r \le a, \qquad 0 \le \varphi < 2\pi$$

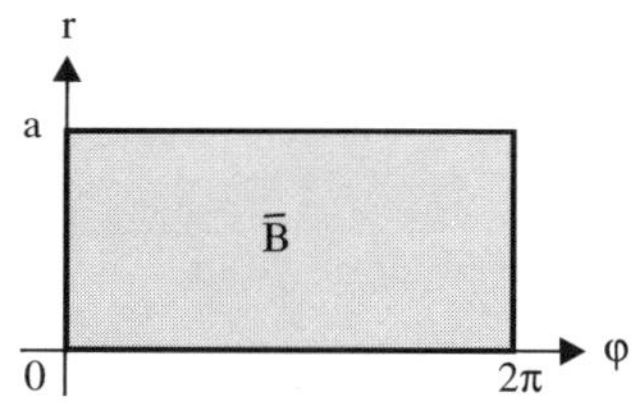

Bild 10.19

als Rechteckbereich gegeben (Bild 10.19). Nach Einsetzen der Grenzen und durch Zerlegung nach (I) folgt

$$V = \int\limits_0^{2\pi} \mathrm{d}\varphi \cdot \int\limits_0^{a} \frac{r}{\mathrm{e}^{r^2}}\,\mathrm{d}r$$

Das erste Integral ergibt sofort 2π, während das zweite Integral mit der Substitution $t = r^2$, $\mathrm{d}t/2 = r\,\mathrm{d}r$ gelöst wird. Man erhält

$$V = \pi \int\limits_0^{a^2} \frac{\mathrm{d}t}{\mathrm{e}^t} = \pi\left[-\frac{1}{\mathrm{e}^t}\right]_0^{a^2} = \underline{\underline{\pi\left(1 - \frac{1}{\mathrm{e}^{a^2}}\right)}}$$

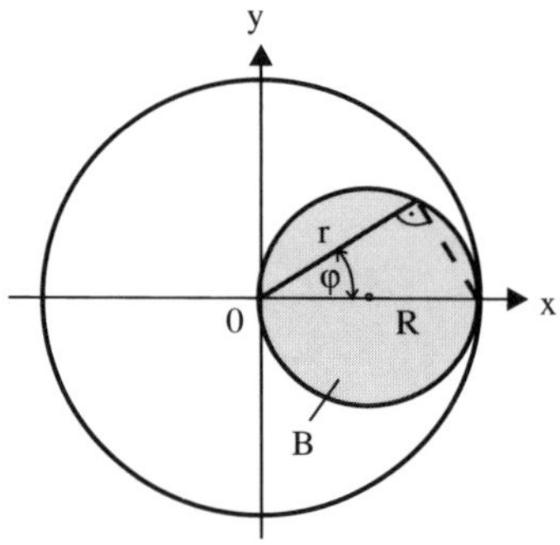

Bild 10.20

Beispiel 10.21

Gegeben sind eine Halbkugel mit der Gleichung $z = \sqrt{R^2 - x^2 - y^2}$ und ein Zylinder mit der Gleichung $x^2 + y^2 - Rx = 0$. Gesucht wird das Volumen des Körpers, der vom Zylinder aus der Halbkugel ausgebohrt wird (Bild 10.20).

Lösung:

$$V = \iint\limits_B \sqrt{R^2 - x^2 - y^2}\,\mathrm{d}x\,\mathrm{d}y$$

B ist die Fläche des Kreises mit dem Mittelpunkt $M(R/2; 0)$ und dem Radius $R/2$. Bei dem Übergang zu Polarkoordinaten mit $x = r\cos\varphi$, $y = r\sin\varphi$ hat der Zylinder die Gleichung $r = R\cos\varphi$ und der Bereich $\overline{B}$ ist festgelegt durch

$$0 < r \leq R\cos\varphi; \qquad -\frac{\pi}{2} \leq \varphi \leq \frac{\pi}{2}$$

Nach (10.22) folgt

$$V = \int\limits_{-\frac{\pi}{2}}^{\frac{\pi}{2}} \int\limits_0^{R\cos\varphi} \sqrt{R^2 - r^2}\, r\,\mathrm{d}r\,\mathrm{d}\varphi = 2\int\limits_0^{\frac{\pi}{2}} \int\limits_0^{R\cos\varphi} \sqrt{R^2 - r^2}\, r\,\mathrm{d}r\,\mathrm{d}\varphi$$

Mit der Substitution $t = R^2 - r^2$, $\mathrm{d}t/2 = -r\,\mathrm{d}r$ erhält man

$$V = -\int\limits_0^{\frac{\pi}{2}} \int\limits_{R^2}^{R^2\sin^2\varphi} t^{\frac{1}{2}}\,\mathrm{d}t\,\mathrm{d}\varphi = -\int\limits_0^{\frac{\pi}{2}} \left[\frac{2}{3}\sqrt{t^3}\right]_{R^2}^{R^2\sin^2\varphi} \mathrm{d}\varphi$$

$$= \frac{2}{3}R^3 \int\limits_0^{\frac{\pi}{4}} \left(1 - \sin^3\varphi\right)\,\mathrm{d}\varphi = \frac{2}{3}R^3 \left[\varphi - \frac{1}{3}\cos^3\varphi + \cos\varphi\right]_0^{\frac{\pi}{2}}$$

$$\underline{\underline{V = \frac{2}{3}R^3\left(\frac{\pi}{2} - \frac{2}{3}\right)}}$$

Aufgaben 10.20 bis 10.27

10.2.2 Dreifachintegrale

Der Begriff des Doppelintegrals läßt sich zum n-fachen Integral verallgemeinern. Die bisherigen Ergebnisse sind leicht auf solche *Mehrfachintegrale* zu übertragen. Im folgenden werden nur Dreifachintegrale behandelt.
Gegeben sind ein räumlicher Bereich B als Teil des dreidimensionalen euklidischen Raumes $\mathbb{R}^3$ und eine über B definierte Funktion f: $t = f(x; y; z)$. f sei über B stetig und beschränkt.
B werde zunächst als Quader angenommen und durch die Ungleichungen

$$a_1 \leq x \leq a_2, \qquad b_1 \leq y \leq b_2, \qquad c_1 \leq z \leq c_2$$

festgelegt (Bild 10.21). Durch ebene Schnitte parallel zu den Koordinatenebenen werde B in n Teilbereiche $\Delta B_{ijk} = \Delta x_i \Delta y_j \Delta z_k$ zerlegt mit $i = 1, 2, \ldots, n_1$, $j = 1, 2, \ldots, n_2$, $k = 1, 2, \ldots, n_3$ und $n = n_1 \cdot n_2 \cdot n_3$. $(x_i; y_j; z_k)$ sei eine beliebige Stelle in ΔB_{ijk}, und man bildet

$$f(x_i; y_j; z_k) \cdot \Delta x_i \Delta y_j \Delta z_k.$$

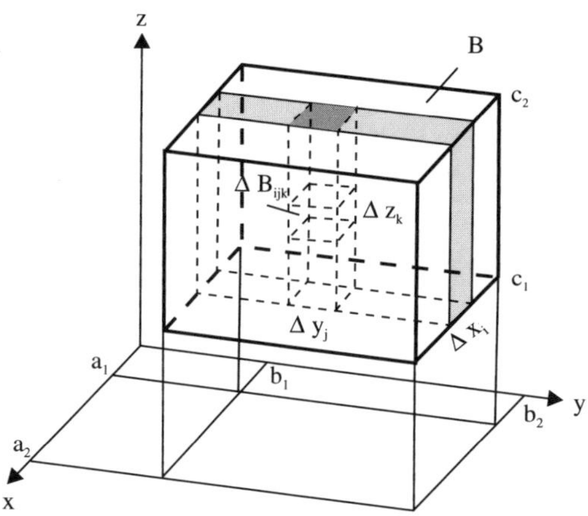

Bild 10.21

Durch Summation über alle k (Säule), dann über alle j (Scheibe), schließlich über alle i (Quader) und durch den Grenzübergang $n_1 \to \infty$, $n_2 \to \infty$, $n_3 \to \infty$ mit $\Delta x_i \to 0$, $\Delta y_j \to 0$, $\Delta z_k \to 0$, was kurz durch $\Delta B_{ijk} \to 0$ angegeben wird, folgt analog zu (10.18) die **Definition** des **Dreifachintegrals**

$$\begin{aligned} I &= \lim_{\Delta B_{ijk} \to 0} \sum_{i=1}^{n_1} \left(\sum_{j=1}^{n_2} \left(\sum_{k=1}^{n_3} f(x_i; y_j; z_k) \Delta z_k \right) \Delta y_j \right) \Delta x_i \\ &= \int_{a_1}^{a_2} \int_{b_1}^{b_2} \int_{c_1}^{c_2} f(x; y; z)\, \mathrm{d}z\, \mathrm{d}y\, \mathrm{d}x = \iiint_B f(x; y; z)\, \mathrm{d}B \end{aligned} \qquad (10.23)$$

$\mathrm{d}B = \mathrm{d}x\,\mathrm{d}y\,\mathrm{d}z$ heißt *Volumendifferential.* Eine unmittelbare geometrische Deutung ist allgemein für das Dreifachintegral nicht möglich. Einige physikalische Anwendungen werden im folgenden Abschnitt behandelt.

Die Berechnung des Dreifachintegrals wird auf die Berechnung von drei einfachen Integralen zurückgeführt. Bei konstanten Grenzen ist wieder die Reihenfolge der Integrationen beliebig.

Beispiel 10.22

Man berechne $I = \int\limits_1^4 \int\limits_1^3 \int\limits_0^2 (x^2 - 2yz)\,\mathrm{d}z\,\mathrm{d}y\,\mathrm{d}x$

Lösung:

$$I = \int\limits_1^4 \int\limits_1^3 \left[x^2 z - yz^2\right]_0^2 \mathrm{d}y\,\mathrm{d}x = \int\limits_1^4 \int\limits_1^3 \left(2x^2 - 4y\right) \mathrm{d}y\,\mathrm{d}x$$

$$= \int\limits_1^4 \left[2x^2 y - 2y^2\right]_1^3 \mathrm{d}x = \int\limits_1^4 (6x^2 - 18 - 2x^2 + 2)\,\mathrm{d}x$$

$$= \int\limits_1^4 (4x^2 - 16)\,\mathrm{d}x = \left[\frac{4x^3}{3} - 16x\right]_1^4 = \frac{256}{3} - 64 - \frac{4}{3} + 16$$

$\underline{\underline{I = 36}}$

B sei nun ein **räumlicher Normalbereich**, d. h., B ist die Menge aller Punkte $(x; y; z) \in \mathbb{R}^3$, für die die Ungleichungen

$$a_1 \leq x \leq a_2$$
$$y_1(x) \leq y \leq y_2(x)$$
$$z_1(x; y) \leq z \leq z_2(x; y)$$

erfüllt sind (Bild 10.22).

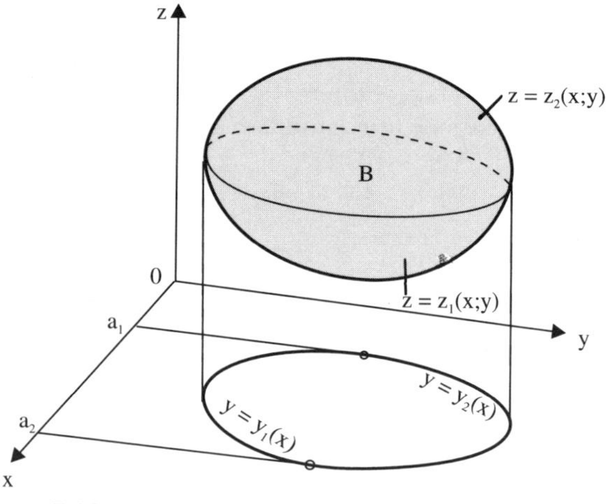

Bild 10.22

Man erhält für das Dreifachintegral der Funktion f: $t = f(x; y; z)$ über B:

$$\iiint\limits_B f(x;y;z)\,\mathrm{d}B = \int\limits_{a_1}^{a_2}\int\limits_{y_1(x)}^{y_2(x)}\int\limits_{z_1(x;y)}^{z_2(x;y)} f(x;y;z)\,\mathrm{d}z\,\mathrm{d}y\,\mathrm{d}x \tag{10.24}$$

Die einzelnen Integrale werden wieder von „innen“ nach „außen“ berechnet. Das letzte auszuwertende Integral muß konstante Grenzen haben. Bei einer anderen Reihenfolge der Integrationen treten natürlich andere Grenzen auf.

Beispiel 10.23

Über dem in Bild 10.23 gezeigten Bereich B (Pyramide) ist die Funktion

$$f(x;y;z) = \frac{1}{(1+x+y+z)^3}$$

definiert. Man berechne das Dreifachintegral von f über B.

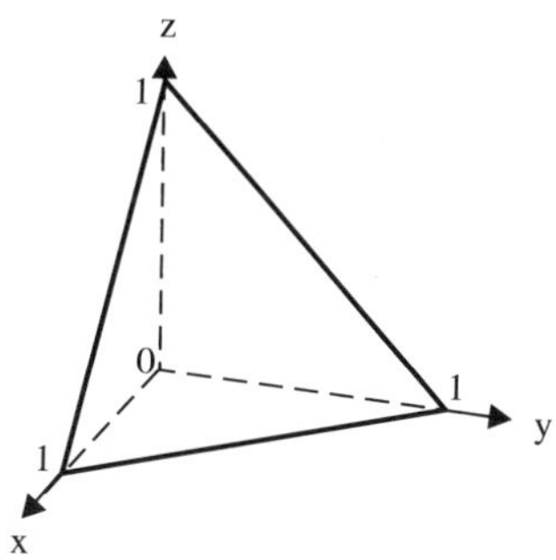

Bild 10.23

Lösung:

Der Bereich B ist durch die Ungleichungen

$0 \le x \le 1, \qquad 0 \le y \le 1-x, \qquad 0 \le z \le 1-x-y$

festgelegt. Man erhält nach (10.24)

$$I = \int\limits_0^1\int\limits_0^{1-x}\int\limits_0^{1-x-y} \frac{1}{(1+x+y+z)^3}\,\mathrm{d}z\,\mathrm{d}y\,\mathrm{d}x$$

$$= \int\limits_0^1\int\limits_0^{1-x}\left[\frac{-1}{2(1+x+y+z)^2}\right]_0^{1-x-y}\mathrm{d}y\,\mathrm{d}x = \int\limits_0^1\int\limits_0^{1-x}\left(-\frac{1}{8}+\frac{1}{2(1+x+y)^2}\right)\mathrm{d}y\,\mathrm{d}x$$

$$= \int\limits_0^1\left[-\frac{y}{8}-\frac{1}{2(1+x+y)}\right]_0^{1-x}\mathrm{d}x = \int\limits_0^1\left(-\frac{1-x}{8}-\frac{1}{4}+\frac{1}{2(1+x)}\right)\mathrm{d}x$$

$$= \left[-\frac{x}{8}+\frac{x^2}{16}-\frac{x}{4}+\frac{1}{2}\ln|1+x|\right]_0^1 = \underline{\underline{\frac{1}{2}\ln 2-\frac{5}{16}}}$$

Ist über dem gesamten Bereich $f(x;y;z) = 1$, dann ergibt (10.24) das Volumen V_B des Bereichs B:

$$V_B = \iiint\limits_B \mathrm{d}z\,\mathrm{d}y\,\mathrm{d}x$$

Auch bei Dreifachintegralen kann durch ein der Aufgabenstellung angepaßtes räumliches Koordinatensystem die Rechnung vereinfacht werden. Der Übergang vom x, y, z-System zum u, v, w-System soll durch eine umkehrbare eindeutige Transformation mit den Gleichungen

$$x = x(u;v;w), \qquad y = y(u;v;w), \qquad z = z(u;v;w) \tag{I}$$

erfolgen. Für sie sollen stetige partielle Ableitungen 1. Ordnung existieren. Durch (I) wird der räumliche Bereich B auf einen räumlichen Bereich $\overline{B}$ abgebildet.

Analog zum Vorgehen bei Doppelintegralen entsprechend (10.21) erhält man mit der Funktionaldeterminante

$$D = \begin{vmatrix} \frac{\partial x}{\partial u} & \frac{\partial x}{\partial v} & \frac{\partial x}{\partial w} \\ \frac{\partial y}{\partial u} & \frac{\partial y}{\partial v} & \frac{\partial y}{\partial w} \\ \frac{\partial z}{\partial u} & \frac{\partial z}{\partial v} & \frac{\partial z}{\partial w} \end{vmatrix} = \frac{\partial(x;y;z)}{\partial(u;v;w)} \tag{10.25}$$

und $D \neq 0$ für den Übergang zum u, v, w-System das Dreifachintegral

$$\iiint\limits_B f(x;y;z)\,\mathrm{d}B = \iiint\limits_{\overline{B}} f\left(x(u;v;w); y(u;v;w); z(u;v;w)\right) |D|\,\mathrm{d}u\,\mathrm{d}v\,\mathrm{d}w \tag{10.26}$$

Besondere Bedeutung haben Kugel- und Zylinderkoordinaten.

Kugelkoordinaten oder **räumliche Polarkoordinaten**

Bei zugrundegelegtem x, y, z-System sind die Kugelkoordinaten eines Punktes P (Bild 10.24) der Abstand $\overline{OP} = r \in (0, \infty)$, der Winkel $\varphi \in [0, 2\pi)$ zwischen x-Achse und der Orthogonalprojektion $\overline{OP'}$ von $\overline{OP}$ auf die x, y-Ebene und der Winkel $\vartheta \in [0, \pi]$ zwischen der z-Achse und $\overline{OP}$. Man schreibt $P(r;\varphi;\vartheta)$.

Zwischen kartesischen Koordinaten und Kugelkoordinaten bestehen die Transformationsgleichungen

$$\boxed{\begin{aligned} x &= r\cos\varphi\sin\vartheta \\ y &= r\sin\varphi\sin\vartheta \\ z &= r\cos\vartheta \end{aligned}} \qquad (10.27a) \qquad \boxed{\begin{aligned} r &= \sqrt{x^2+y^2+z^2} \\ \tan\varphi &= \frac{y}{x} \\ \tan\vartheta &= \frac{\sqrt{x^2+y^2}}{z} \end{aligned}} \qquad (10.27b)$$

Mit (10.27a) folgt für die Funktionaldeterminante

$$D = \frac{\partial(x;y;z)}{\partial(r;\varphi;\vartheta)} = \begin{vmatrix} \cos\varphi\sin\vartheta & -r\sin\varphi\sin\vartheta & r\cos\varphi\cos\vartheta \\ \sin\varphi\sin\vartheta & r\cos\varphi\sin\vartheta & r\sin\varphi\cos\vartheta \\ \cos\vartheta & 0 & -\sin\vartheta \end{vmatrix} = r^2\sin\vartheta \qquad \text{(II)}$$

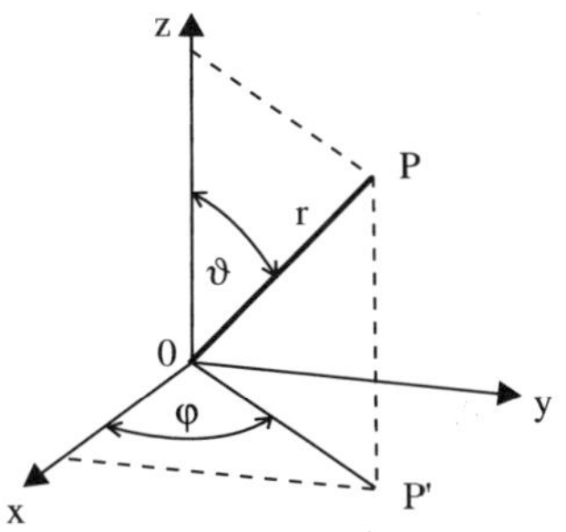

Bild 10.24

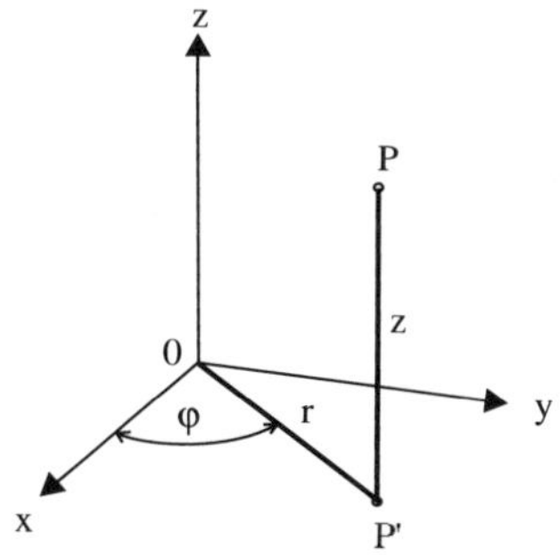

Bild 10.25

Zylinderkoordinaten

Zylinderkoordinaten bestehen nach Bild 10.25 aus dem Abstand $\overline{OP'} = r \in (0,\infty)$, dem Winkel $\varphi \in [0, 2\pi)$ und $z \in \mathbb{R}$: $P(r;\varphi;z)$. Die Transformationsgleichungen lauten

$$\boxed{\begin{aligned} x &= r\cos\varphi \\ y &= r\sin\varphi \\ z &= z \end{aligned}} \qquad (10.28a) \qquad \boxed{\begin{aligned} r &= \sqrt{x^2+y^2} \\ \tan\varphi &= \frac{y}{x} \\ z &= z \end{aligned}} \qquad (10.28b)$$

Für die Funktionaldeterminante erhält man aus (10.25)

$$D = \frac{\partial(x;y;z)}{\partial(r;\varphi;z)} = \begin{vmatrix} \cos\varphi & -r\sin\varphi & 0 \\ \sin\varphi & r\cos\varphi & 0 \\ 0 & 0 & 1 \end{vmatrix} = r$$

Beispiel 10.24

Zu berechnen ist das Dreifachintegral

$$\iiint\limits_B \frac{1}{\sqrt[3]{x^2+y^2+z^2}}\,\mathrm{d}x\,\mathrm{d}y\,\mathrm{d}z.$$

Der Bereich B ist das Innere einer Kugel mit dem Mittelpunkt im Ursprung O und mit dem Radius R.

Lösung:

Der Integrand ist an der Stelle $(0;0;0)$ unstetig (Unendlichkeitsstelle). Es kann aber gezeigt werden, daß unter gewissen, hier erfüllten Bedingungen das Integral existiert. Bei dem Übergang zu Polarkoordinaten ist $\overline{B}$ durch

$$0 \leq r \leq R, \qquad 0 \leq \varphi < 2\pi, \qquad 0 \leq \vartheta \leq \pi$$

festgelegt. Man erhält mit $r^2 = x^2 + y^2 + z^2$ nach (10.27b) und mit $D = r^2 \sin\vartheta$ aus (10.26)

$$I = \int\limits_0^R \int\limits_0^{2\pi} \int\limits_0^{\pi} \frac{1}{r^{\frac{2}{3}}} r^2 \sin\vartheta \,\mathrm{d}\vartheta \,\mathrm{d}\varphi \,\mathrm{d}r = \int\limits_0^R r^{\frac{4}{3}} \,\mathrm{d}r \int\limits_0^{2\pi} \mathrm{d}\varphi \int\limits_0^{\pi} \sin\vartheta \,\mathrm{d}\vartheta$$

$$= \left[\frac{3}{7} r^{\frac{7}{3}}\right]_0^R \cdot [\varphi]_0^{2\pi} \cdot [-\cos\vartheta]_0^{\pi} = \frac{3}{7}\sqrt[3]{R^7} \cdot 2\pi(1+1)$$

$$\underline{\underline{I = \frac{12}{7}\pi\sqrt[3]{R^7}}}$$

Aufgaben: 10.28 bis 10.33

10.2.3 Einige Anwendungen

Aus den zahlreichen Anwendungsmöglichkeiten für Mehrfachintegrale werden einige Beispiele ausgewählt.

Der Bereich B begrenze einen physikalischen Körper mit dem Volumen V und der Masse m. Die mittlere Dichte des Körpers ist dann $\varrho = m/V$. Ist P ein Punkt des Körpers und ΔB ein den Punkt umschließender Teilbereich mit dem Volumen ΔV und der Masse Δm, dann ist die *Dichte in einem Punkt*:

$$\varrho = \lim_{\Delta B \to 0} \frac{\Delta m}{\Delta V}$$

Bei *homogenen* Körpern ist ϱ für alle Punkte konstant und die Masse des Körpers ist

$$m = \varrho \cdot V$$

Bei *inhomogenen* Körpern ist ϱ abhängig vom Ort: $\varrho = \varrho(x;y;z)$, und die Masse des Körpers folgt aus

$$m = \iiint\limits_B \varrho(x;y;z) \,\mathrm{d}B$$

Beispiel 10.25

Ein Hohlzylinder, dessen Achse in der z-Achse liegt, hat den inneren Radius $R_1 = 2$, den äußeren Radius $R_2 = 3$ und wird von den Ebenen mit den Gleichungen $z = 1$ und $z = 4$ begrenzt. Seine Dichte ist $\varrho = \dfrac{1}{z(x^2+y^2)}$. Man berechne die Masse m des Hohlzylinders.

Lösung:

Es werden Zylinderkoordinaten verwendet. Mit $2 \le r \le 3$, $0 \le \varphi < 2\pi$, $1 \le z \le 4$ und $D = r$ folgt nach (10.26)

$$m = \int_2^3 \int_0^{2\pi} \int_1^4 \frac{1}{z(r^2\cos^2\varphi + r^2\sin^2\varphi)} r\,\mathrm{d}z\,\mathrm{d}\varphi\,\mathrm{d}r = \int_2^3 \int_0^{2\pi} \int_1^4 \frac{1}{rz}\,\mathrm{d}z\,\mathrm{d}\varphi\,\mathrm{d}r$$

$$= \int_2^3 \frac{\mathrm{d}r}{r} \int_0^{2\pi} \mathrm{d}\varphi \int_1^4 \frac{\mathrm{d}z}{z} = \ln\frac{3}{2}\cdot 2\pi\ln 4 \approx \underline{\underline{3,532}}$$

Nach den Überlegungen in Abschnitt 6.4.1.3 ergeben sich die Koordinaten des Schwerpunktes S eines durch den Bereich B bestimmten Körpers mit dem Volumen V aus

$$x_S = \frac{1}{V}\iiint_B x\,\mathrm{d}B; \qquad y_S = \frac{1}{V}\iiint_B y\,\mathrm{d}B; \qquad z_S = \frac{1}{V}\iiint_B z\,\mathrm{d}B.$$

Beispiel 10.26

Der in Bild 10.26 gezeigte Körper wird von der Fläche $z = x^2 + y^2$ (Rotationsparaboloid) und den Ebenen $x = 0$, $y = 0$, $z = 1$ begrenzt. Man berechne seine Schwerpunktkoordinaten.

Lösung:

Das Volumen V ist ein Viertel vom Volumen eines Rotationskörpers, der durch Rotation der Parabel $z = x^2$ um die z-Achse entsteht mit $z_1 = 0$, $z_2 = 1$. Entsprechend (6.43) ist

$$V = \frac{1}{4}\pi \int_0^1 x^2\,\mathrm{d}z = \frac{1}{4}\pi \int_0^1 z\,\mathrm{d}z = \frac{\pi}{8}.$$

Für die Bestimmung des Schwerpunktes werden Zylinderkoordinaten verwendet. Es ist mit $x^2 + y^2 = r^2$, $x = r\cos\varphi$, $D = r$ und

$$0 \le r \le 1, \qquad 0 \le \varphi \le \frac{\pi}{2}, \qquad r^2 \le z \le 1:$$

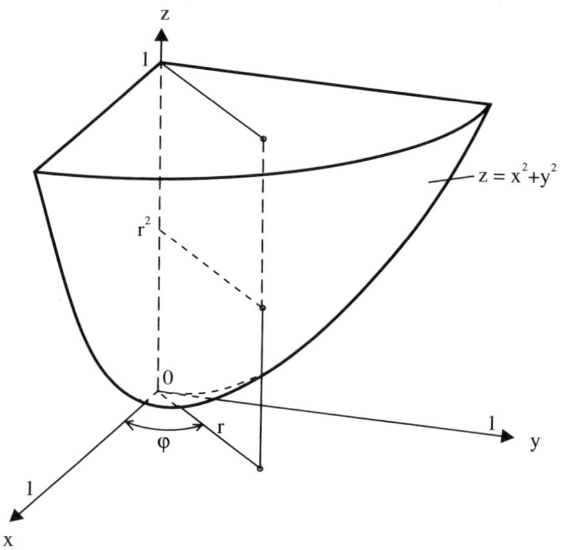

Bild 10.26

$$x_S = \frac{8}{\pi} \int_0^1 \int_0^{\frac{\pi}{2}} \int_{r^2}^1 r^2 \cos\varphi \, dz \, d\varphi \, dr = \frac{8}{\pi} \int_0^{\frac{\pi}{2}} \cos\varphi \, d\varphi \int_0^1 \left[r^2 z \right]_{r^2}^1 dr$$

$$= \frac{8}{\pi} \left[\sin\varphi \right]_0^{\frac{\pi}{2}} \cdot \int_0^1 (r^2 - r^4) \, dr = \frac{8}{\pi} \left[\frac{r^3}{3} - \frac{r^5}{5} \right]_0^1 = \frac{16}{15\pi} = 0,340$$

Aus Symmetriegründen ist $y_S = x_S$.

$$z_S = \frac{8}{\pi} \int_0^1 \int_0^{\frac{\pi}{2}} \int_{r^2}^1 z r \, dz \, d\varphi \, dr = \frac{8}{\pi} \int_0^{\frac{\pi}{2}} d\varphi \int_0^1 \left[\frac{z^2}{2} \cdot r \right]_{r^2}^1 dr$$

$$= \frac{8}{\pi} \left[\varphi \right]_0^{\frac{\pi}{2}} \int_0^1 \left(\frac{r}{2} - \frac{r^5}{2} \right) dr = \frac{8}{\pi} \cdot \frac{\pi}{2} \cdot \frac{1}{2} \left[\frac{r^2}{2} - \frac{r^6}{6} \right]_0^1 = \frac{2}{3} = 0,667$$

$\underline{\underline{S(0,340;\ 0,340;\ 0,667)}}$

Aufgaben 10.34 bis 10.37

10.3 Differential- und Integraloperationen in Feldern

Es wird eine kurze Einführung in die Vektoranalysis gegeben. Der Stoff wird auf den für die allgemeine Ingenieurausbildung erforderlichen Umfang beschränkt. In der Vektoranalysis werden von Variablen abhängige Vektoren betrachtet und auf diese Vektoren die Begriffe und Methoden der Differential- und Integralrechnung angewendet. Ein grundlegender Begriff der Vektoranalysis ist der Begriff des Feldes. Die Vektoranalysis wird besonders in der mathematischen Physik (z. B. Strömungslehre, Beschreibung von elektrischen Feldern oder Gravitationsfeldern) angewendet.

10.3.1 Ableitung von Vektoren

Man betrachtet einen Vektor $\boldsymbol{v}$, dessen Komponenten Funktionen einer Variablen t sind:

$$\boldsymbol{v}(t) = v_x(t)\boldsymbol{i} + v_y(t)\boldsymbol{j} + v_z(t)\boldsymbol{k}. \qquad \text{(I)}$$

Die Funktionen $v_x = v_x(t)$, $v_y = v_y(t)$, $v_z = v_z(t)$ sollen stetig sein und stetige Ableitung erster und ggf. auch höherer Ordnung haben. (I) stellt eine **Vektorfunktion** $\boldsymbol{v} = \boldsymbol{v}(t)$ dar. Unter der **Ableitung des Vektors** $\boldsymbol{v}(t)$ versteht man den Vektor

$$\boxed{\frac{\mathrm{d}\boldsymbol{v}(t)}{\mathrm{d}t} = \dot{\boldsymbol{v}}(t) = \lim_{\Delta t \to 0} \frac{\boldsymbol{v}(t+\Delta t) - \boldsymbol{v}(t)}{\Delta t}} \qquad (10.29)$$

Nach den Regeln der Vektoralgebra ergibt sich in Komponentenschreibweise

$$\frac{\mathrm{d}\boldsymbol{v}(t)}{\mathrm{d}t} = \frac{\mathrm{d}v_x(t)}{\mathrm{d}t}\boldsymbol{i} + \frac{\mathrm{d}v_y(t)}{\mathrm{d}t}\boldsymbol{j} + \frac{\mathrm{d}v_z(t)}{\mathrm{d}t}\boldsymbol{k} \qquad \text{oder}$$

$$\boxed{\dot{\boldsymbol{v}}(t) = \dot{v}_x(t)\boldsymbol{i} + \dot{v}_y(t)\boldsymbol{j} + \dot{v}_z(t)\boldsymbol{k}} \qquad (10.30)$$

Es werden also alle Komponenten einzeln nach t differenziert. Entsprechend werden höhere Ableitungen $\ddot{\boldsymbol{v}}, \ldots$ gebildet. Für zwei Vektorfunktionen $\boldsymbol{u} = \boldsymbol{u}(t)$, $\boldsymbol{v} = \boldsymbol{v}(t)$ gelten die Summenregel und die Produktregeln:

$$\boxed{\begin{aligned} \frac{\mathrm{d}(\boldsymbol{u}+\boldsymbol{v})}{\mathrm{d}t} &= \dot{\boldsymbol{u}} + \dot{\boldsymbol{v}} \\ \frac{\mathrm{d}(\boldsymbol{u}\cdot\boldsymbol{v})}{\mathrm{d}t} &= \dot{\boldsymbol{u}}\cdot\boldsymbol{v} + \boldsymbol{u}\cdot\dot{\boldsymbol{v}} \\ \frac{\mathrm{d}(\boldsymbol{u}\times\boldsymbol{v})}{\mathrm{d}t} &= \dot{\boldsymbol{u}}\times\boldsymbol{v} + \boldsymbol{u}\times\dot{\boldsymbol{v}} \end{aligned}} \qquad (10.31)$$

Diese Regeln lassen sich leicht durch Ausrechnen der Komponenten beider Seiten bestätigen.

Es sei $\boldsymbol{e}(t)$ ein von t abhängiger Einsvektor, d. h.

$$|\boldsymbol{e}| = 1 \qquad \text{oder} \qquad \boldsymbol{e} \cdot \boldsymbol{e} = 1.$$

Durch Differenzieren nach t folgt

$$\frac{\mathrm{d}(\boldsymbol{e} \cdot \boldsymbol{e})}{\mathrm{d}t} = \dot{\boldsymbol{e}} \cdot \boldsymbol{e} + \boldsymbol{e} \cdot \dot{\boldsymbol{e}} = 0, \qquad 2\boldsymbol{e} \cdot \dot{\boldsymbol{e}} = 0 \qquad \text{oder} \qquad \boldsymbol{e} \cdot \dot{\boldsymbol{e}} = 0.$$

Ein Einheitsvektor $\boldsymbol{e}(t)$ und sein Ableitungsvektor $\dot{\boldsymbol{e}}(t)$ sind also stets orthogonal zueinander.

Beispiel 10.27

Der Vektor

$\boldsymbol{v} = a \cos t\boldsymbol{i} + a \sin t\boldsymbol{j} + bt\boldsymbol{k}$ hat den Ableitungsvektor

$\dot{\boldsymbol{v}} = -a \sin t\boldsymbol{i} + a \cos t\boldsymbol{j} + b\boldsymbol{k}$.

Aufgaben 10.38 bis 10.39

10.3.2 Skalar- und Vektorfelder

10.3.2.1 Das Skalarfeld

In einem Raum kann in jedem Punkt P die Temperatur T gemessen und dem Punkt zugeordnet werden. Es entsteht ein Temperaturfeld: $T = T(P)$. Ändert sich die Temperatur in einem gewissen Zeitabschnitt nicht, dann liegt ein **stationäres Feld**, d. h. zeitlich konstantes Feld vor. Durch Beheizung des Raumes ändert sich die Temperatur mit der Zeit $t : T = T(P; t)$. Es entsteht ein **nichtstationäres Feld**, d. h. zeitlich veränderliches Feld. Im folgenden werden nur stationäre Felder behandelt. Betrachtet man in den Raumpunkten andere physikalische Größen wie z. B. die Dichte, dann entstehen weitere Felder wie Dichtefeld usw.
Unter Verwendung eines dreiachsigen kartesischen Koordinatensystems sei ein Raumpunkt P durch seine Koordinaten x, y, z bzw. durch den Ortsvektor $\boldsymbol{r} = x\boldsymbol{i} + y\boldsymbol{j} + z\boldsymbol{k}$ festgelegt. Die physikalischen Größen werden neben ihrer Maßeinheit durch die Maßzahl (reelle Zahl, Skalar) bestimmt.

Definition

Eine Funktion, die jedem Punkt $P(x; y; z) = P(\boldsymbol{r})$ des dreidimensionalen euklidischen Raumes $\mathbb{R}^3$ bzw. eines Teilbereiches von $\mathbb{R}^3$ eine reelle Zahl U zuordnet, bestimmt ein **Skalarfeld**:

$$U = U(x; y; z) = U(\boldsymbol{r}) \tag{10.32}$$

$U(\boldsymbol{r})$ heißt die *Feldfunktion.*
Im folgenden wird vorausgesetzt, daß die Funktion $U = U(\boldsymbol{r})$ im betrachteten Bereich stetig ist, stetige partielle Ableitungen erster Ordnung U_x, U_y, U_z hat und in allen Punkten wenigstens eine der partiellen Ableitungen ungleich Null ist.

Eine anschauliche Darstellung des Skalarfeldes erhält man durch die Betrachtung von Niveauflächen.

Definition

Es sei $U = U(\boldsymbol{r})$ die Feldfunktion eines Skalarfeldes. Die Menge aller Punkte, in denen U den konstanten Wert $U = c$ hat, bilden eine Fläche, die **Niveaufläche** oder **Äquipotentialfläche**:

$$H(c) = \{P | U(\boldsymbol{r}) = c\} \tag{10.33}$$

Für jeden Wert c ergibt sich eine Niveaufläche. Aufgrund der Eindeutigkeit und Stetigkeit der Funktion $U = U(\boldsymbol{r})$ geht durch jeden Raumpunkt nur eine Niveaufläche, d. h., die zu zwei verschiedenen Konstanten c_1 und c_2 gehörenden Niveauflächen schneiden sich nicht (Bild 10.27). Für das Temperaturfeld ist z. B. die Niveaufläche die Menge aller Punkte mit einer konstanten Temperatur. Als Sonderfall des räumlichen Skalarfeldes ergibt sich das **ebene Skalarfeld**. Man denke z. B. an die Temperaturverteilung auf einer dünnen Platte. Die Feldgleichung lautet

$$U = U(x; y) = U(\boldsymbol{r}) \qquad \text{mit} \qquad \boldsymbol{r} = x\boldsymbol{i} + y\boldsymbol{j}\,.$$

Für konstantes U folgen mit $U(x; y) = c$ die Gleichungen der **Niveaulinien** als Menge der Punkte der Ebene mit konstantem U (Bild 10.28).

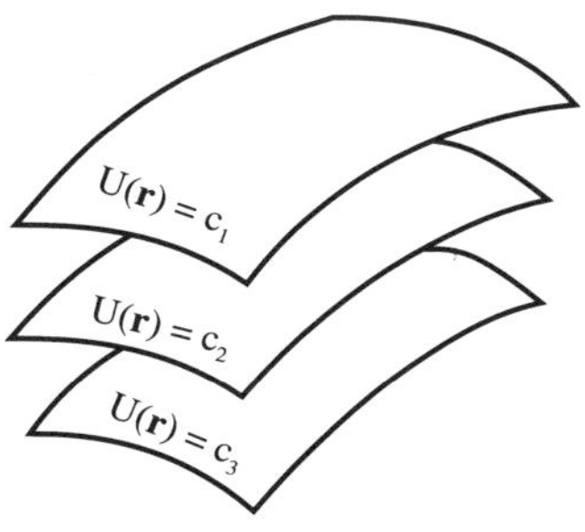

Bild 10.27

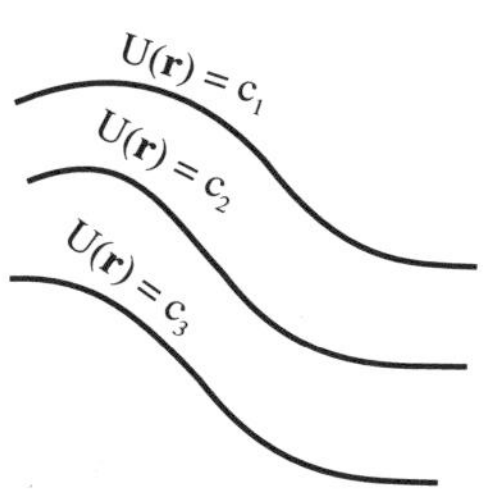

Bild 10.28

Beispiel 10.28

Ein Skalarfeld hat die Feldfunktion

$$U = x^2 + y^2 + z^2. \tag{I}$$

Die Niveauflächen des Feldes mit den Gleichungen

$$x^2 + y^2 + z^2 = c \qquad (c > 0)$$

sind Kugelflächen. Der Kugelmittelpunkt liegt im Ursprung, der Kugelradius ist $r = \sqrt{c}$.

Das durch (I) gegebene Skalarfeld heißt **Kugelfeld** oder **Zentralfeld**. Von einer punktförmigen Wärmequelle aus nimmt die Temperatur nach allen Seiten ab, d. h. dieses Temperaturfeld ist ein Kugelfeld.

Beispiel 10.29

Ein räumliches Feld hat die Feldfunktion

$$U = x^2 + y^2. \qquad \text{(II)}$$

Die Niveauflächen des Skalarfeldes haben die Gleichung

$$x^2 + y^2 = c \qquad (c > 0).$$

Es sind Zylinderflächen mit der z-Achse als Zylinderachse und mit dem Radius $r = \sqrt{c}$.

Das durch (II) gegebene Skalarfeld heißt **Zylinderfeld** oder **Axialfeld**. Das Temperaturfeld eines geraden „unendlich langen" glühenden Drahtes ist ein Axialfeld.

Beispiel 10.30

Ein ebenes Feld mit der Feldgleichung

$$U = y - x^2$$

hat die Niveaulinien mit der Gleichung

$$y - x^2 = c \qquad \text{oder} \qquad y = x^2 + c.$$

Die Niveaulinien sind Normalparabeln nach Bild 10.29.

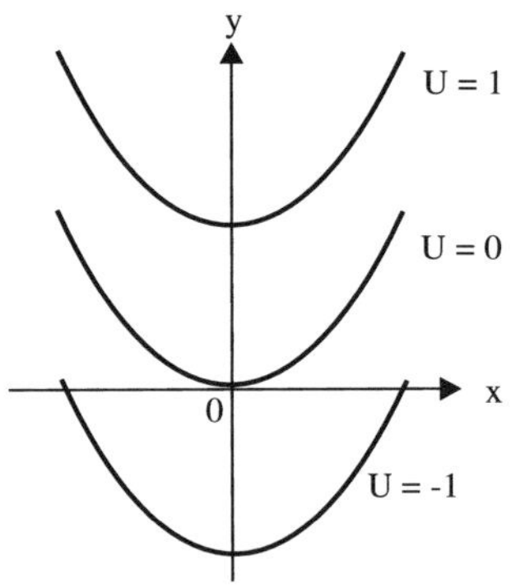

Bild 10.29

Aufgaben 10.40 bis 10.43

10.3.2.2 Das Vektorfeld

Jedes in einem Fluß schwimmende Teilchen legt in einer relativ kleinen Zeiteinheit einen Weg zurück, der durch einen Vektor dargestellt werden kann. Seine Richtung ist die Richtung des strömenden Wassers und seine Länge gibt die Fließgeschwindigkeit im jeweiligen Punkt an (Bild 10.30). Bei Verengung des Flußbettes vergrößert sich die Fließgeschwindigkeit, in der Flußmitte ist sie größer als in Ufernähe.

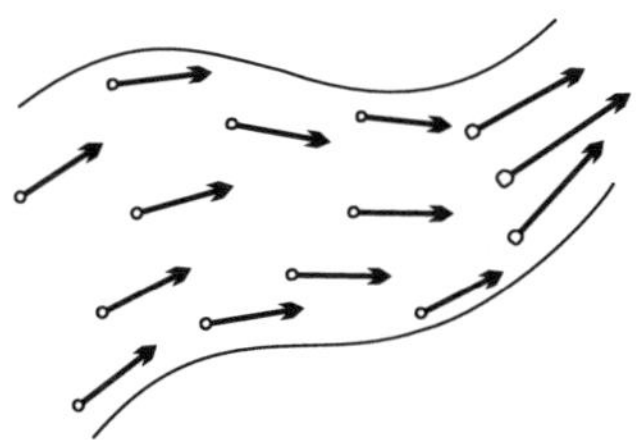

Bild 10.30

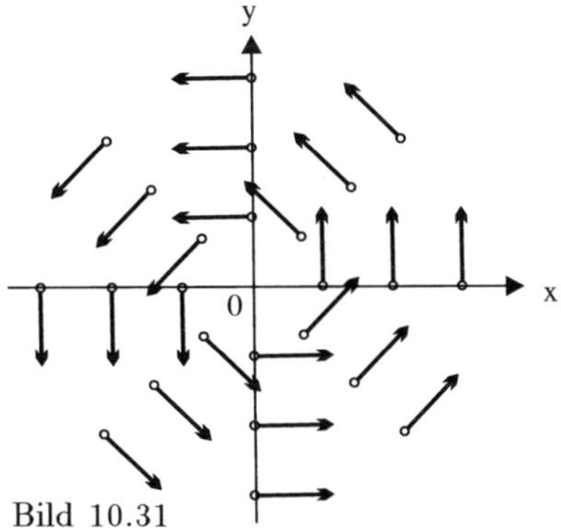

Bild 10.31

Definition

Eine Funktion, die jedem Punkt $P(x;y;z) = P(\boldsymbol{r}) \in \mathbb{R}^3$ bzw. in einem Teilbereich von $\mathbb{R}^3$ einen Vektor $\boldsymbol{v} = v_x\boldsymbol{i} + v_y\boldsymbol{j} + v_z\boldsymbol{k}$ zuordnet, bestimmt ein **Vektorfeld**:

$$\boldsymbol{v} = \boldsymbol{v}(x;y;z) = \boldsymbol{v}(\boldsymbol{r}) \qquad \text{bzw.} \qquad \boldsymbol{v} = \begin{pmatrix} v_x(x;y;z) \\ v_y(x;y;z) \\ v_z(x;y;z) \end{pmatrix} \tag{10.34}$$

Ein Vektorfeld kann wie ein Skalarfeld stationär, d. h. zeitunabhängig sein oder nicht stationär. Zum Beispiel ist das Vektorfeld, das jedem Raumpunkt die Windrichtung und Windgeschwindigkeit zuordnet, im allgemeinen nicht stationär.

Beispiele für Vektorfelder sind das Magnetfeld und das Gravitationsfeld der Erde sowie das elektrische Feld zwischen zwei Ladungsverteilungen.

Beispiel 10.31

Ein ebenes Vektorfeld hat die Feldgleichung

$$\boldsymbol{v} = \begin{pmatrix} v_x(x;y) \\ v_y(x;y) \end{pmatrix} = \begin{pmatrix} \dfrac{y}{\sqrt{x^2+y^2}} \\ \dfrac{x}{\sqrt{x^2+y^2}} \end{pmatrix} \tag{I}$$

Für den Punkt $P_1(1;0)$ erhält man den Vektor $\boldsymbol{v} = \boldsymbol{j}$, für $P_2(\sqrt{2};\sqrt{2})$ den Vektor $\boldsymbol{v} = -1/\sqrt{2}\boldsymbol{i} + 1/\sqrt{2}\boldsymbol{j}$ usw. Es ist stets

$$|\boldsymbol{v}| = \sqrt{v_x^2 + v_y^2} = \sqrt{\frac{y^2}{x^2+y^2} + \frac{x^2}{x^2+y^2}} = 1.$$

Das Feld besteht aus den Tangenteneinheitsvektoren aller Kreise um O (Bild 10.31).

Bei der Anziehung von Massen und bei der Anziehung und Abstoßung ruhender elektrischer Ladungen treten Vektorfelder in Form von Kraftfeldern auf. Die Kraft ist auf das anziehende Zentrum bzw. vom Zentrum weg gerichtet. Der Betrag der

Kraft ist umgekehrt proportional zum Quadrat des Abstandes vom Zentrum. Die Feldgleichung lautet, wenn das Zentrum in O liegt:

$$\boldsymbol{F} = \frac{a}{\boldsymbol{r}^2} \cdot \frac{\boldsymbol{r}}{|\boldsymbol{r}|} = \frac{a \cdot \boldsymbol{r}}{|\boldsymbol{r}|^3} \qquad (\boldsymbol{r} \neq \boldsymbol{o})$$

mit a als Proportionalitätsfaktor.

$a < 0$ Anziehung
$a > 0$ Abstoßung

$\boldsymbol{r}$ Ortsvektor der Masse oder Ladung

Eine anschauliche Darstellung des Vektorfeldes erhält man durch die Betrachtung von Feldlinien.

Definition

> Die **Feldlinien** eines Vektorfeldes sind diejenigen Kurven, für die die Tangentenrichtung in jedem ihrer Punkte mit der Richtung des zu diesem Punkt gehörenden Feldvektors übereinstimmt. (10.35)

Im Kraft- oder Strömungsfeld spricht man von **Kraft-** oder **Stromlinien**. In einem stationären Strömungsfeld ist die Bahnkurve eines (z. B. vom Wasser) bewegten Teilchens eine Feldlinie. Für das Vektorfeld in Bild 10.31 sind alle Kreise um O Feldlinien. Für ein gegebenes Vektorfeld $\boldsymbol{v} = \boldsymbol{v}(\boldsymbol{r})$ sollen die Gleichungen der Feldlinien berechnet werden. Die Parameterdarstellung der gesuchten Feldlinien sei

$$\boldsymbol{r} = \boldsymbol{r}(t) = x(t)\boldsymbol{i} + y(t)\boldsymbol{j} + z(t)\boldsymbol{k}.$$

Ein Tangentenvektor ist (vgl. 11.1.2):

$$\dot{\boldsymbol{r}} = \dot{\boldsymbol{r}}(t) = \dot{x}(t)\boldsymbol{i} + \dot{y}(t)\boldsymbol{j} + \dot{z}(t)\boldsymbol{k}.$$

Damit in jedem Punkt $P(\boldsymbol{r})$ die Tangentenrichtung mit der Richtung des Feldvektors $\boldsymbol{v}(\boldsymbol{r})$ übereinstimmt, muß gelten

$$\boxed{\dot{\boldsymbol{r}}(t) \times \boldsymbol{v}(\boldsymbol{r}) = \boldsymbol{o}} \qquad (10.36)$$

oder

$$\begin{vmatrix} \boldsymbol{i} & \boldsymbol{j} & \boldsymbol{k} \\ \dot{x} & \dot{y} & \dot{z} \\ v_x & v_y & v_z \end{vmatrix} = \begin{pmatrix} \dot{y}v_z - \dot{z}v_y \\ \dot{z}v_x - \dot{x}v_z \\ \dot{x}v_y - \dot{y}v_x \end{pmatrix} = \boldsymbol{o}$$

Daraus folgt

$$\begin{aligned} \dot{y}v_z &= \dot{z}v_y \\ \dot{z}v_x &= \dot{x}v_z \\ \dot{x}v_y &= \dot{y}v_x \end{aligned}$$

(10.36) stellt also ein System von drei gewöhnlichen Differentialgleichungen 1. Ordnung dar. Seine Lösung ist die Parameterdarstellung $r = r(t)$ der Feldlinien. Die Lösung enthält drei frei wählbare Parameter. Durch Wahl eines festen Punktes $P_0(x_0; y_0; z_0)$ als Anfangsbedingung werden die Parameter bestimmt, d. h., es wird die durch P_0 gehende Feldlinie ausgewählt.

Beispiel 10.32

Welche Parameterdarstellung haben die Feldlinien des Vektorfeldes

$v = x\boldsymbol{i} + y\boldsymbol{i} + 2z\boldsymbol{k}$

und welche Feldlinie geht durch $P_0(2; 1; 3)$?

Lösung:

Das Dgl.-system (10.36) lautet

$$2\dot{y}z = \dot{z}y$$
$$\dot{z}x = 2\dot{x}z$$
$$\dot{x}y = \dot{y}x$$

Aus der letzten Gleichung

$$\frac{\mathrm{d}x}{\mathrm{d}t}y = \frac{\mathrm{d}y}{\mathrm{d}t}x \qquad \text{folgt}$$

$$\int \frac{\mathrm{d}y}{y} = \int \frac{\mathrm{d}x}{x}$$

und daraus:

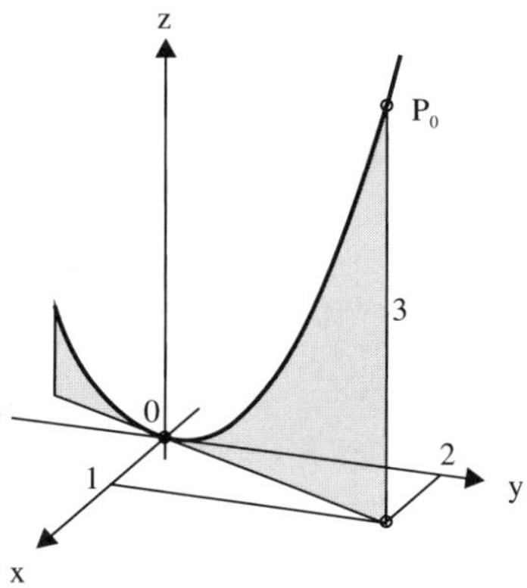

Bild 10.32

$$y = c_1 x \tag{I}$$

Entsprechend ergibt die zweite Gleichung:

$$z = c_2 x^2 \tag{II}$$

und die erste Gleichung:

$$z = c_3 y^2 \tag{III}$$

Wird $x = t$ gesetzt, dann folgt aus (I) und (II) für die Feldlinien:

$$r = \begin{pmatrix} t \\ c_1 t \\ c_2 t^2 \end{pmatrix}$$

Die Feldlinien sind Parabeln, die in einer durch die z-Achse gehenden Ebene liegen. Der Scheitelpunkt liegt in O, die z-Achse ist die Parabelachse. Für P_0 folgt aus

$$\begin{pmatrix} 2 \\ 1 \\ 3 \end{pmatrix} = \begin{pmatrix} t \\ c_1 t \\ c_2 t^2 \end{pmatrix}$$

$c_1 = 0,5$, $c_2 = 0,75$ und damit die Gleichung der Feldlinie durch P_0:

$$r = \begin{pmatrix} t \\ 0,5\ t \\ 0,75t^2 \end{pmatrix} \qquad \text{(Bild 10.32).}$$

Aufgabe 10.44

10.3.3 Gradient

Es werden zwei Punkte $P(\boldsymbol{r})$ und $P_1(\boldsymbol{r}_1)$ im Skalarfeld $U = U(\boldsymbol{r})$ betrachtet (Bild 10.33). Ist $\frac{\overrightarrow{PP_1}}{|\overrightarrow{PP_1}|} = \boldsymbol{s}$ der Einheitsvektor der Richtung von P nach P_1 und wird $|\overrightarrow{PP_1}| = h$ gesetzt, dann ist

$$\boldsymbol{r}_1 = \boldsymbol{r} + h\boldsymbol{s}.$$

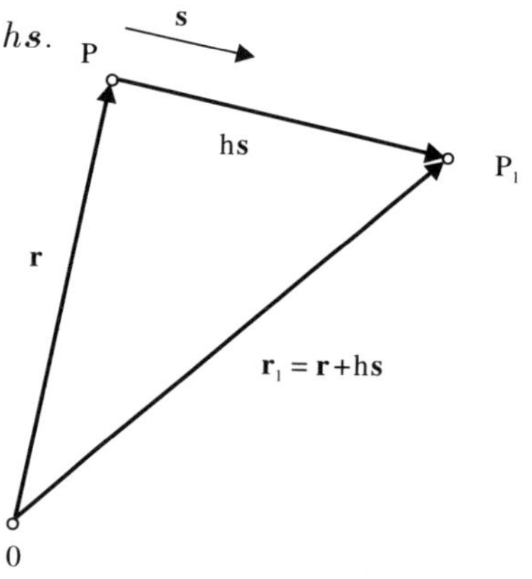

Bild 10.33

Auf dem Weg von P nach P_1 ist die mittlere Änderung des Skalarwertes U

$$\frac{\Delta U}{h} = \frac{U(\boldsymbol{r} + h\boldsymbol{s}) - U(\boldsymbol{r})}{h} \qquad \text{(I)}$$

Für $P \to P_1$, d. h. $h \to 0$ ergibt sich als Grenzwert der Anstieg der Funktion $U = U(\boldsymbol{r})$ im Punkt P in Richtung von $\boldsymbol{s}$.

Definition

Der Grenzwert

$$\lim_{h \to 0} \frac{U(\boldsymbol{r} + h\boldsymbol{s}) - U(\boldsymbol{r})}{h} = \frac{\partial U}{\partial \boldsymbol{s}} \qquad (10.37)$$

heißt **Richtungsableitung** von U in Richtung $\boldsymbol{s}$.

Die Richtungsableitung ist ein Maß für die Stärke der Änderung von U in Richtung von $\boldsymbol{s}$.

Zur Berechnung der Richtungsableitung wird der Zähler von (I) in eine Taylor-Reihe entwickelt:

$$\Delta U = U(x + hs_x; y + hs_y; z + hs_z) - U(x; y; z)$$
$$= \frac{\partial U}{\partial x} hs_x + \frac{\partial U}{\partial y} hs_y + \frac{\partial U}{\partial z} hs_z + \frac{h^2}{2!}\left(\frac{\partial^2 U}{\partial x^2} s_x^2 + \ldots\right) + \ldots$$
$$\frac{\Delta U}{h} = \frac{\partial U}{\partial x} s_x + \frac{\partial U}{\partial y} s_y + \frac{\partial U}{\partial z} s_z + \frac{h}{2!}\left(\frac{\partial^2 U}{\partial x^2} s_x^2 + \ldots\right) + \ldots$$

Für $h \to 0$ folgt

$$\frac{\partial U}{\partial \boldsymbol{s}} = \frac{\partial U}{\partial x} s_x + \frac{\partial U}{\partial y} s_y + \frac{\partial U}{\partial z} s_z .$$

Dieser Term läßt sich als Skalarprodukt zweier Vektoren deuten

$$\frac{\partial U}{\partial \boldsymbol{s}} = \left(\frac{\partial U}{\partial x}\ \frac{\partial U}{\partial y}\ \frac{\partial U}{\partial z}\right) \begin{pmatrix} s_x \\ s_y \\ s_z \end{pmatrix}$$

Definition

Der Vektor

$$\operatorname{grad} U = \frac{\partial U}{\partial x}\boldsymbol{i} + \frac{\partial U}{\partial y}\boldsymbol{j} + \frac{\partial U}{\partial z}\boldsymbol{k} \qquad (10.38)$$

heißt **Gradient** des Skalarfeldes $U = U(\boldsymbol{r})$.

Damit erhält man für die Richungsableitung

$$\boxed{\frac{\partial U}{\partial \boldsymbol{s}} = \operatorname{grad} U \cdot \boldsymbol{s}} \qquad (10.39)$$

Speziell für $\boldsymbol{s} = \boldsymbol{i}$ folgt

$$\frac{\partial U}{\partial \boldsymbol{s}} = \left(\frac{\partial U}{\partial x}\ \frac{\partial U}{\partial y}\ \frac{\partial U}{\partial z}\right) \begin{pmatrix} 1 \\ 0 \\ 0 \end{pmatrix} = \frac{\partial U}{\partial x}$$

d. h., die partielle Ableitung 1. Ordnung nach x ist die Richtungsableitung in Richtung der x-Achse. Entsprechend sind $\partial U/\partial y$ und $\partial U/\partial z$ die Richtungsableitungen in Richtung der y- bzw. z-Achse. Aus (10.39) folgt mit der Definition des Skalarproduktes

$$\frac{\partial U}{\partial \boldsymbol{s}} = \operatorname{grad} U \cdot \boldsymbol{s} = |\operatorname{grad} U| \cdot |\boldsymbol{s}| \cdot \cos\measuredangle(\operatorname{grad} U, \boldsymbol{s})$$
$$= |\operatorname{grad} U| \cdot 1 \cdot \cos\measuredangle(\operatorname{grad} U, \boldsymbol{s}) \qquad \text{(II)}$$

Der Wert der Richtungsableitung in einem Punkt wird maximal, wenn $\cos\measuredangle(\operatorname{grad} U, \boldsymbol{s}) = 1$, also $\measuredangle(\operatorname{grad} U, \boldsymbol{s}) = 0$ ist. Dann sind die Vektoren $\operatorname{grad} U$ und $\boldsymbol{s}$ parallel, und aus (II) folgt für diese maximale Richtungsänderung in einem Punkt

$$\left.\frac{\partial U}{\partial \boldsymbol{s}}\right|_{\text{Max}} = |\operatorname{grad} U|$$

Satz

> Der Gradient eines Skalarfeldes $U = U(\boldsymbol{r})$ gibt die Richtung der maximalen Änderung von U an. Der Wert dieser maximalen Richtungsableitung ist gleich $|\operatorname{grad} U|$. (10.40)

Gegeben sind eine Niveaufläche $H(c)$ des Skalarfeldes $U = U(\boldsymbol{r})$, ein Punkt $P_0 \in H(c)$ und eine in $H(c)$ liegende, durch P_0 gehende Kurve k mit der Parameterdarstellung

$$k\colon\ \boldsymbol{r}(t) = x(t)\boldsymbol{i} + y(t)\boldsymbol{j} + z(t)\boldsymbol{k}$$

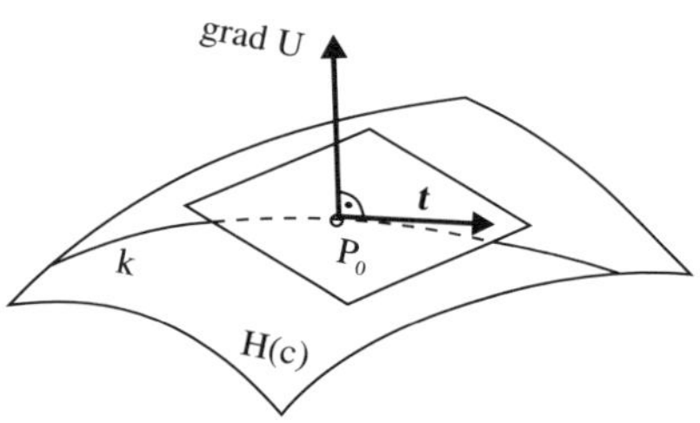

Bild 10.34

(Bild 10.34). Wegen $k \in H(c)$ gilt für alle Kurvenpunkte

$$U(\boldsymbol{r}(t)) = U\,(x(t), y(t), z(t)) = c$$

und für die Ableitung nach t folgt

$$\frac{\partial U}{\partial t} = 0.$$

Nach der verallgemeinerten Kettenregel (10.10) ist

$$\frac{\partial U}{\partial t} = \frac{\partial U}{\partial x}\cdot\frac{\partial x}{\partial t} + \frac{\partial U}{\partial y}\cdot\frac{\partial y}{\partial t} + \frac{\partial U}{\partial z}\cdot\frac{\partial z}{\partial t} = 0 \qquad \text{oder}$$

$$\begin{pmatrix} \dfrac{\partial U}{\partial x} & \dfrac{\partial U}{\partial y} & \dfrac{\partial U}{\partial z} \end{pmatrix} \begin{pmatrix} \dot{x} \\ \dot{y} \\ \dot{z} \end{pmatrix} = 0$$

$$\operatorname{grad} U \cdot \boldsymbol{t} = 0, \tag{III}$$

wobei $\boldsymbol{t}$ der Tangentenvektor an k in P_0 ist. Die Vektoren $\operatorname{grad} U$ und $\boldsymbol{t}$ sind wegen (III) orthogonal zueinander. Da $k \in H(c)$ eine beliebige durch P_0 gehende Kurve ist, folgt der

Satz

> Der Gradient im Punkt P eines Skalarfeldes ist orthogonal zur Tangentialebene an die Niveaufläche in P. (10.41)

Beispiel 10.33

Gegeben ist ein Skalarfeld mit der Feldgleichung

$$U = 4x^2 + y^2 + 2z^2.$$

Man berechne im Punkt $P_0(1;3;2)$ den Gradient, die maximale Richtungsableitung und die Richtungsableitung in Richtung des Vektors $\boldsymbol{s} = \frac{2}{3}\boldsymbol{i} + \frac{1}{3}\boldsymbol{j} - \frac{2}{3}\boldsymbol{k}$.

Lösung:

$\operatorname{grad} U = 8x\boldsymbol{i} + 2y\boldsymbol{j} + 4z\boldsymbol{k}$

$\operatorname{grad} U|_{P_0} = 8\boldsymbol{i} + 6\boldsymbol{j} + 8\boldsymbol{k}$

$\left.\frac{\partial U}{\partial s}\right|_{\text{Max}} = |\operatorname{grad} U| = \sqrt{164} \approx 12,8.$

Die Richtungsableitung für den gegebenen Vektor $\boldsymbol{s}$ ist in P_0:

$$\frac{\partial U}{\partial s} = \operatorname{grad} U|_{P_0} \cdot \boldsymbol{s} = \begin{pmatrix} 8 & 6 & 8 \end{pmatrix} \cdot \frac{1}{3} \begin{pmatrix} 2 \\ 1 \\ -2 \end{pmatrix} = 2$$

Beispiel 10.34

Man berechne die Gradienten des Skalarfeldes $U = |\boldsymbol{r}|$.

Lösung:

$U = |\boldsymbol{r}| = \sqrt{x^2 + y^2 + z^2}$

$$\operatorname{grad} U = \frac{1}{\sqrt{x^2 + y^2 + z^2}} \begin{pmatrix} x \\ y \\ z \end{pmatrix} = \frac{\boldsymbol{r}}{|\boldsymbol{r}|}$$

$\operatorname{grad} U$ ist ein Einheitsvektor in Richtung von $\boldsymbol{r}$. Die Niveauflächen $U = c$ sind Kugelflächen (Bild 10.35 zeigt einen Querschnitt).

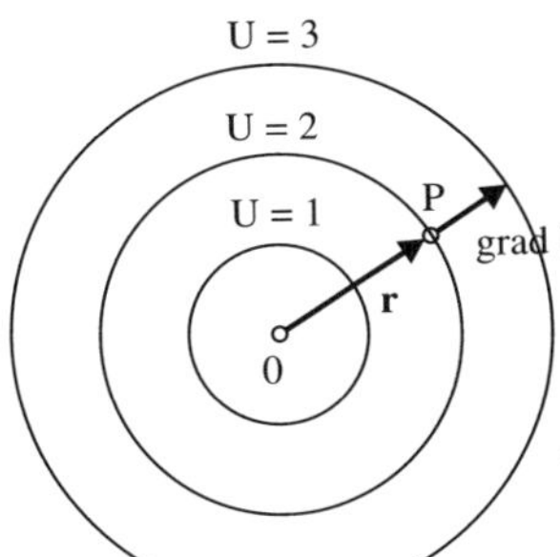

Bild 10.35

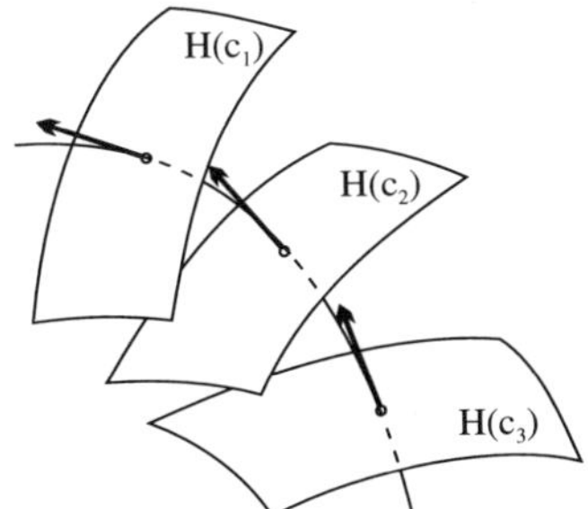

Bild 10.36

Die Menge der Gradienten eines Skalarfeldes $U = U(\boldsymbol{r})$ ist ein Vektorfeld, das **Gradientenfeld**:

$$\boldsymbol{v} = \boldsymbol{v}(\boldsymbol{r}) = \operatorname{grad} U(\boldsymbol{r}).$$

Die Feldlinien des Gradientenfeldes schneiden alle Niveauflächen $U = c$ nach dem letzten Satz orthogonal (Bild 10.36). Sie heißen **Orthogonaltrajektorien** der Niveauflächen.

Gehört umgekehrt zu einem Vektorfeld $\boldsymbol{v} = \boldsymbol{v}(\boldsymbol{r})$ ein Skalarfeld $U = U(\boldsymbol{r})$, so daß die Vektoren $\boldsymbol{v} = \boldsymbol{v}(\boldsymbol{r})$ die Gradienten von $U(\boldsymbol{r})$ sind, d. h. $\boldsymbol{v}(\boldsymbol{r}) = \operatorname{grad} U(\boldsymbol{r})$, dann heißt das Vektorfeld $\boldsymbol{v} = \boldsymbol{v}(\boldsymbol{r})$ **Potentialfeld** oder **konservatives Feld** und $U = U(\boldsymbol{r})$ heißt das **Potential** von $\boldsymbol{v}$.

Für das bei Anziehung von Massen auftretende Vektorfeld (vgl. 10.3.2.2)

$$\boldsymbol{v} = \frac{a\boldsymbol{r}}{|\boldsymbol{r}|^3} \qquad (a < 0)$$

existiert das Potential

$$U = -\frac{a}{|\boldsymbol{r}|} = -\frac{a}{\sqrt{x^2 + y^2 + z^2}},$$

denn es ist

$$\boldsymbol{v} = \operatorname{grad} U = \operatorname{grad}\left(-\frac{a}{\sqrt{x^2 + y^2 + z^2}}\right)$$

$$\boldsymbol{v} = \frac{a}{2\sqrt{x^2 + y^2 + z^2}^3}\begin{pmatrix}2x\\2y\\2z\end{pmatrix} = \frac{a}{|\boldsymbol{r}^3|}\cdot\boldsymbol{r}.$$

Auf die Frage, unter welchen Bedingungen zu einem Vektorfeld ein Potential gehört, wird in 10.3.6 eingegangen.

Zur Abkürzung wird der **vektorielle Differentialoperator Nabla**[1] eingeführt:

$$\boxed{\boldsymbol{\nabla} = \frac{\partial}{\partial x}\boldsymbol{i} + \frac{\partial}{\partial y}\boldsymbol{j} + \frac{\partial}{\partial z}\boldsymbol{k}} \tag{10.42}$$

Mit dem Nablaoperator ergibt sich für den Gradienten

$$\boxed{\operatorname{grad} U = \boldsymbol{\nabla} U} \tag{10.43}$$

$\boldsymbol{\nabla} U$ bedeutet ein formales Multiplizieren von $\boldsymbol{\nabla}$ mit U, z. B. $\frac{\partial}{\partial x}\cdot U = \frac{\partial U}{\partial x}$ usw.

Aufgaben 10.45 bis 10.47

10.3.4 Divergenz

Als Beispiel wird das Vektorfeld (Geschwindigkeitsfeld) $\boldsymbol{v} = \boldsymbol{v}(\boldsymbol{r})$ einer stationären strömenden Flüssigkeit mit konstanter Dichte gewählt. Betrachtet man einen Raumteil mit dem Volumen ΔV, dann erhebt sich die Frage, wie groß das Verhältnis der in diesen Raumteil einströmenden zur ausströmenden Flüssigkeit ist. Fließt mehr Flüssigkeit hinein als heraus, dann muß in dem Raumteil Flüssigkeit verschwinden, es existieren **Senken**. Fließt umgekehrt mehr Flüssigkeit heraus als hinein, dann müssen in dem Raumteil **Quellen** vorhanden sein. Den Überschuß

[1] Nach dem althebräischen Musikinstrument Nabal

der austretenden über die eintretende Flüssigkeit nennt man die **Ergiebigkeit** E der Quelle. Für Senken ist $E < 0$. Für das Volumen ΔV ist die **mittlere Quelldichte** gleich $E/\Delta V$.

Definition

Die Quelldichte in einem Punkt des Vektorfeldes $\boldsymbol{v} = \boldsymbol{v}(\boldsymbol{r})$ heißt die **Divergenz** des Vektorfeldes:

$$\operatorname{div} \boldsymbol{v} = \lim_{\Delta V \to 0} \frac{E}{\Delta V} \tag{10.44}$$

Eine Formel zur Berechnung von $\operatorname{div} \boldsymbol{v}$ wird vereinfachend für ein ebenes Vektorfeld

$$\boldsymbol{v} = \boldsymbol{v}(x; y) = \begin{pmatrix} v_x(x; y) \\ v_y(x; y) \end{pmatrix}$$

hergeleitet.

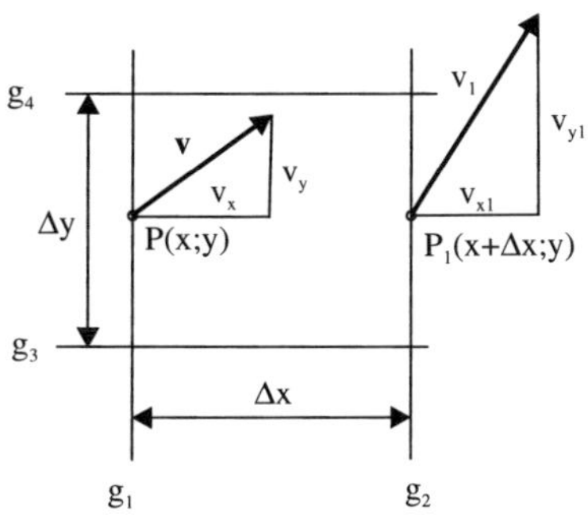

Bild 10.37

Nach Bild 10.37 werden zwei Punkte $P(x; y)$, $P_1(x + \Delta x; y)$ mit den Feldvektoren $\boldsymbol{v}(x; y)$ bzw. $\boldsymbol{v}_1(x + \Delta x; y)$ sowie ein Flächenstück mit dem Inhalt $\Delta F = \Delta x \cdot \Delta y$ betrachtet. Die durch g_1 in das Flächenstück eintretende Flüssigkeitsmenge ist für hinreichend kleines ΔF genähert $v_x \cdot \Delta y$. Die durch g_2 austretende Menge ist $v_{x1} \cdot \Delta y$. Damit ist die Ergiebigkeit E_x für den Durchfluß durch g_1 und g_2 genähert

$$E_x = (v_{x1} - v_x)\Delta y.$$

Mit $\boldsymbol{v}_1 = \boldsymbol{v}(x + \Delta x; y)$, also $v_{x1} = v_x(x + \Delta x; y)$ folgt

$$E_x = (v_x(x + \Delta x; y) - v_x(x; y))\,\Delta y$$

und mit Δx erweitert ergibt wegen $\Delta x \cdot \Delta y = \Delta F$:

$$E_x = \frac{v_x(x + \Delta x; y) - v_x(x; y)}{\Delta x} \cdot \Delta F \tag{I}$$

Entsprechend folgt genähert die Ergiebigkeit für den Durchfluß durch g_3 und g_4:

$$E_y = \frac{v_y(x; y + \Delta y) - v_y(x; y)}{\Delta y} \cdot \Delta F \tag{II}$$

Die Ergiebigkeit für den Durchfluß durch das Flächenstück ΔF ist genähert

$$E = E_x + E_y \tag{III}$$

Für die mittlere Quelldichte folgt aus (III) mit (I) und (II):

$$\frac{E}{\Delta F} = \frac{v_x(x+\Delta x; y) - v_x(x; y)}{\Delta x} + \frac{v_y(x; y+\Delta y) - v_y(x; y)}{\Delta y}$$

Für $\Delta x \to 0$, $\Delta y \to 0$ folgt die Quelldichte in einem Punkt:

$$\operatorname{div} \boldsymbol{v} = \frac{\partial v_x}{\partial x} + \frac{\partial v_y}{\partial y}.$$

Ein entsprechender Ausdruck läßt sich für räumliche Vektorfelder herleiten.

Gegeben ist ein Vektorfeld $\boldsymbol{v} = \boldsymbol{v}(\boldsymbol{r}) = \boldsymbol{v}(x; y; z)$. Die Divergenz des Feldes ist

$$\operatorname{div} \boldsymbol{v} = \frac{\partial v_x}{\partial x} + \frac{\partial v_y}{\partial y} + \frac{\partial v_z}{\partial z} \tag{10.45}$$

Unter Verwendung des Nablaoperators läßt sich $\operatorname{div} \boldsymbol{v}$ als Skalarprodukt von $\boldsymbol{\nabla}$ und $\boldsymbol{v}$ darstellen:

$$\operatorname{div} \boldsymbol{v} = \begin{pmatrix} \frac{\partial}{\partial x} & \frac{\partial}{\partial y} & \frac{\partial}{\partial z} \end{pmatrix} \begin{pmatrix} v_x \\ v_y \\ v_z \end{pmatrix}$$

$$\boxed{\operatorname{div} \boldsymbol{v} = \boldsymbol{\nabla} \cdot \boldsymbol{v}} \tag{10.46}$$

Aus der Erklärung der Ergiebigkeit folgt die

Definition

Ist in einem Punkt P des Vektorfeldes $\boldsymbol{v} = \boldsymbol{v}(\boldsymbol{r})$ $\left\{\begin{matrix} \operatorname{div} \boldsymbol{v} > 0 \\ \operatorname{div} \boldsymbol{v} < 0 \end{matrix}\right\}$, dann heißt dieser Punkt eine $\left\{\begin{matrix} \textbf{Quelle} \\ \textbf{Senke} \end{matrix}\right\}$. (10.47)

Ist in allen Punkten eines Vektorfeldes $\operatorname{div} \boldsymbol{v} = 0$, dann heißt das Feld **quellenfrei**. In einem Gravitationsfeld sind die Quellen die Massenpunkte der anziehenden Körper. In einem elektrischen Feld mit ruhender Punktladung sind diese Punkte als Ladungsträger Quellen oder Senken, je nachdem, ob die Ladung positiv oder negativ ist.

Das Integral

$$m = \iiint\limits_B \operatorname{div} \boldsymbol{v} \, \mathrm{d}B$$

gibt die Masse m an, die in einem räumlichen Bereich B erzeugt wird oder verschwindet.

Beispiel 10.35

Das ebene Vektorfeld mit der Feldgleichung

$$\boldsymbol{v} = x\boldsymbol{i} + y\boldsymbol{j}$$

hat die Divergenz

$$\operatorname{div} \boldsymbol{v} = \frac{\partial v_x}{\partial x} + \frac{\partial v_y}{\partial y} = \frac{\partial x}{\partial x} + \frac{\partial y}{\partial y} = 2.$$

Jeder Punkt des Feldes ist eine Quelle. In jedem Flächenstück A wird eine Masse mit der Maßzahl $2A$ erzeugt.

Beispiel 10.36

Wie groß ist die Divergenz des Vektorfeldes mit der Feldgleichung

$\boldsymbol{v} = xz\boldsymbol{i} + 2xy^2\boldsymbol{j} + z^2\boldsymbol{k}$ im Punkt $P_0(1; -1; 1)$?

Lösung:

$$\operatorname{div} \boldsymbol{v} \quad = z + 4xy + 2z$$

$\operatorname{div} \boldsymbol{v}|_{P_0} = 1 - 4 + 2 = -1$. Der Punkt P_0 ist eine Senke.

Beispiel 10.37

Man berechne die Divergenz des Vektorfeldes

$$\boldsymbol{F} = \frac{a}{|\boldsymbol{r}^3|} \cdot \boldsymbol{r} \qquad (\boldsymbol{r} \neq \boldsymbol{o}, a < 0) \text{ (Gravitationsfeld mit Massepunkt in } O)$$

Lösung:

Mit

$$\boldsymbol{v} = \begin{pmatrix} v_x \\ v_y \\ v_z \end{pmatrix} = \frac{a}{\sqrt{x^2 + y^2 + z^2}^3} \begin{pmatrix} x \\ y \\ z \end{pmatrix} \qquad \text{folgt}$$

$$\frac{\partial v_x}{\partial x} = \frac{\partial}{\partial x} \frac{ax}{(x^2 + y^2 + z^2)^{3/2}} = a\frac{-2x^2 + y^2 + z^2}{(x^2 + y^2 + z^2)^{5/2}}$$

$$\frac{\partial v_y}{\partial y} = a\frac{x^2 - 2y^2 + z^2}{(x^2 + y^2 + z^2)^{5/2}}, \qquad \frac{\partial v_z}{\partial z} = a\frac{x^2 + y^2 - 2z^2}{(x^2 + y^2 + z^2)^{5/2}}$$

$$\operatorname{div} \boldsymbol{v} = \frac{\partial v_x}{\partial x} + \frac{\partial v_y}{\partial y} + \frac{\partial v_z}{\partial z} = 0$$

Das betrachtete Gravitationsfeld ist quellenfrei.

Aufgaben 10.48 bis 10.50

10.3.5 Rotation

Es wird das Geschwindigkeitsfeld einer stationären Strömung betrachtet, z. B. fließendes Wasser in einem Kanal (Bild 10.38). Wegen der Reibung am Kanalufer sind die Geschwindigkeitsvektoren in Ufernähe kleiner als in der Kanalmitte. Kleine auf dem Wasser schwimmende Scheiben drehen sich, wie in Bild 10.38 angegeben.

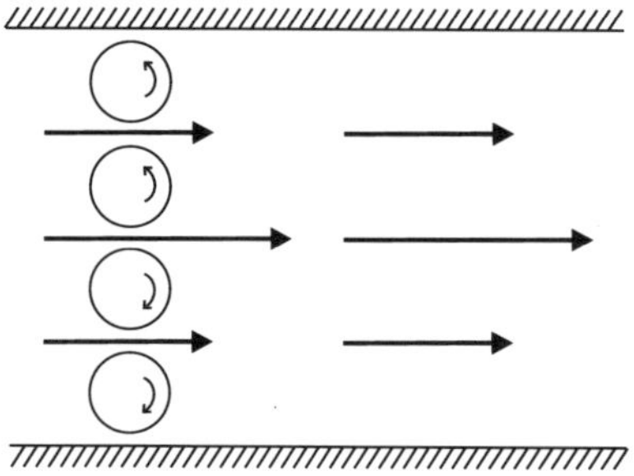

Bild 10.38

Nur genau in Kanalmitte schwimmende Scheiben drehen sich (theoretisch) nicht. Um (an Stelle der Scheiben) die Rotation sehr kleiner Flüssigkeitsteilchen zu erfassen, wird eine weitere Operation im Vektorfeld eingeführt.

Definition

Gegeben ist ein Vektorfeld $\boldsymbol{v} = \boldsymbol{v}(\boldsymbol{r}) = \boldsymbol{v}(x; y; z)$. Dann heißt der Vektor

$$\operatorname{rot} \boldsymbol{v} = \boldsymbol{\nabla} \times \boldsymbol{v} = \begin{vmatrix} \boldsymbol{i} & \boldsymbol{j} & \boldsymbol{k} \\ \dfrac{\partial}{\partial x} & \dfrac{\partial}{\partial y} & \dfrac{\partial}{\partial z} \\ v_x & v_y & v_z \end{vmatrix} = \begin{pmatrix} \dfrac{\partial v_z}{\partial y} - \dfrac{\partial v_y}{\partial z} \\ \dfrac{\partial v_x}{\partial z} - \dfrac{\partial v_z}{\partial x} \\ \dfrac{\partial v_y}{\partial x} - \dfrac{\partial v_x}{\partial y} \end{pmatrix} \tag{10.48}$$

die **Rotation** von $\boldsymbol{v}$.

Durch diese Operation wird dem Vektorfeld $\boldsymbol{v} = \boldsymbol{v}(\boldsymbol{r})$ ein Vektorfeld $\operatorname{rot} \boldsymbol{v}$, das **Wirbelfeld**, zugeordnet. Ist in allen Punkten eines Vektorfeldes $\operatorname{rot} \boldsymbol{v} = \boldsymbol{o}$, so heißt das Feld **wirbelfrei**.

Für die anschauliche geometrische Deutung des Vektors $\operatorname{rot} \boldsymbol{v}$ wird das Vektorfeld $\boldsymbol{v} = \boldsymbol{\omega} \times \boldsymbol{r}$ betrachtet. Es beschreibt nach Beispiel 3.15 in 3.2.7 eine Drehung des Raumes um eine durch O gehende Drehachse. $\boldsymbol{v}$ ist Tangentialgeschwindigkeitsvektor, $\boldsymbol{\omega}$ ist Richtungsvektor der Drehachse und $|\boldsymbol{\omega}| = \omega$ gibt die Winkelgeschwindigkeit an. Es ist

$$\boldsymbol{v} = \boldsymbol{\omega} \times \boldsymbol{r} = \begin{vmatrix} \boldsymbol{i} & \boldsymbol{j} & \boldsymbol{k} \\ \omega_x & \omega_y & \omega_z \\ x & y & z \end{vmatrix} = \begin{pmatrix} \omega_y z - \omega_z y \\ \omega_z x - \omega_x z \\ \omega_x y - \omega_y x \end{pmatrix} = \begin{pmatrix} v_x \\ v_y \\ v_z \end{pmatrix}.$$

Für rot $\boldsymbol{v}$ folgt nach (10.48)

$$\operatorname{rot} \boldsymbol{v} = \begin{vmatrix} \boldsymbol{i} & \boldsymbol{j} & \boldsymbol{k} \\ \dfrac{\partial}{\partial x} & \dfrac{\partial}{\partial y} & \dfrac{\partial}{\partial z} \\ \omega_y z - \omega_z y & \omega_z x - \omega_x z & \omega_x y - \omega_y x \end{vmatrix}$$

$$\operatorname{rot} \boldsymbol{v} = \begin{pmatrix} 2\omega_x \\ 2\omega_y \\ 2\omega_z \end{pmatrix} = 2\boldsymbol{\omega}, \qquad |\operatorname{rot} \boldsymbol{v}| = 2|\boldsymbol{\omega}| = 2\omega$$

Satz

Gegeben ist ein Vektorfeld $\boldsymbol{v} = \boldsymbol{v}(\boldsymbol{r})$. Ist in einem Punkt $P(\boldsymbol{r})$ des Feldes der Vektor rot $\boldsymbol{v} \neq \boldsymbol{o}$, dann wird in P eine Drehbewegung durchgeführt. Der Vektor rot $\boldsymbol{v}$ gibt die Richtung der Drehachse und sein Betrag $|\operatorname{rot} \boldsymbol{v}|$ gibt die doppelte Winkelgeschwindigkeit der Drehung an. (10.49)

Beispiel 10.38

Es ist rot $\boldsymbol{v}$ für das Vektorfeld

$$\boldsymbol{v} = z^2\boldsymbol{i} + x^2\boldsymbol{j} + y^2\boldsymbol{k}$$

zu berechnen. Welche Drehung wird im Punkt $P_0(0; 1; 0)$ durchgeführt?

Lösung:

$$\operatorname{rot} \boldsymbol{v} = \begin{vmatrix} \boldsymbol{i} & \boldsymbol{j} & \boldsymbol{k} \\ \dfrac{\partial}{\partial x} & \dfrac{\partial}{\partial y} & \dfrac{\partial}{\partial z} \\ z^2 & x^2 & y^2 \end{vmatrix} = 2\begin{pmatrix} y \\ z \\ x \end{pmatrix}$$

$$\operatorname{rot} \boldsymbol{v}|_{P_0} = \begin{pmatrix} 2 \\ 0 \\ 0 \end{pmatrix}$$

In P_0 ist die Drehachse parallel zur x-Achse und die Winkelgeschwindigkeit ist $\omega = \frac{1}{2}|\operatorname{rot} \boldsymbol{v}| = 1$ (in rad/s).

Beispiel 10.39

Man berechne die Rotation des Gravitationsfeldes

$$\boldsymbol{v} = \frac{a}{|\boldsymbol{r}|^3} \cdot \boldsymbol{r} \qquad (a < 0)$$

Lösung:

Für die erste Komponente von rot $\boldsymbol{v}$ ist

$$\frac{\partial v_z}{\partial y} - \frac{\partial v_y}{\partial z} = \frac{\partial}{\partial y}\frac{az}{\sqrt{x^2+y^2+z^2}^3} - \frac{\partial}{\partial z}\frac{ay}{\sqrt{x^2+y^2+z^2}^3}$$
$$= -\frac{3az}{2}\left(x^2+y^2+z^2\right)^{-5/2}\cdot 2y + \frac{3ay}{2}\left(x^2+y^2+z^2\right)^{-5/2}\cdot 2z = 0.$$

Ebenso folgt für die beiden anderen Komponenten der Wert null, d. h.

$\operatorname{rot} \boldsymbol{v} = \boldsymbol{o}$.

Das gegebene Gravitationsfeld ist wirbelfrei.

Aufgaben 10.51 bis 10.52

10.3.6 Potentialfelder

Ist das Vektorfeld $\boldsymbol{v} = \boldsymbol{v}(\boldsymbol{r}) = v_x\boldsymbol{i} + v_y\boldsymbol{j} + v_z\boldsymbol{k}$ ein Potentialfeld, d. h., existiert eine Potentialfunktion $U = U(\boldsymbol{r})$ mit $\boldsymbol{v} = \operatorname{grad} U$, dann ist

$$v_x = \frac{\partial U}{\partial x}, \qquad v_y = \frac{\partial U}{\partial y}, \qquad v_z = \frac{\partial U}{\partial z} \tag{I}$$

und es folgt für die Divergenz

$$\operatorname{div} \boldsymbol{v} = \operatorname{div} \operatorname{grad} U = \frac{\partial v_x}{\partial x} + \frac{\partial v_y}{\partial y} + \frac{\partial v_z}{\partial z}$$

$$\boxed{\operatorname{div} \operatorname{grad} U = \frac{\partial^2 U}{\partial x^2} + \frac{\partial^2 U}{\partial y^2} + \frac{\partial^2 U}{\partial z^2}} \tag{10.50}$$

Zur Abkürzung wird der **Laplace-Operator** oder **Deltaoperator** Δ eingeführt.

$$\boxed{\Delta = \frac{\partial^2}{\partial x^2} + \frac{\partial^2}{\partial y^2} + \frac{\partial^2}{\partial z^2}} \tag{10.51}$$

Es ist dann

$$\boxed{\operatorname{div} \boldsymbol{v} = \operatorname{div} \operatorname{grad} U = \Delta U} \tag{10.52}$$

Während der Operator $\boldsymbol{\nabla}$ ein Vektor ist, stellt Δ einen Skalar dar. Bei formaler Anwendung des Skalarproduktes auf $\boldsymbol{\nabla}$ folgt

$$\boxed{\boldsymbol{\nabla} \cdot \boldsymbol{\nabla} = \Delta} \tag{10.53}$$

Es erhebt sich die Frage, unter welchen Bedingungen ein Vektorfeld ein Potentialfeld ist.

Ist $\boldsymbol{v} = \operatorname{grad} U$ ein Potentialfeld, dann erhält man aus (I)

$$\frac{\partial v_x}{\partial y} = \frac{\partial^2 U}{\partial x \partial y}, \qquad \frac{\partial v_y}{\partial x} = \frac{\partial^2 U}{\partial y \partial x}$$

Nach dem Satz von SCHWARZ ist

$$\frac{\partial^2 U}{\partial x \partial y} = \frac{\partial^2 U}{\partial y \partial x} \qquad \text{oder} \qquad \frac{\partial v_x}{\partial y} = \frac{\partial v_y}{\partial x} \qquad \text{bzw.}$$

$$\frac{\partial v_y}{\partial x} - \frac{\partial v_x}{\partial y} = 0. \qquad \text{Analog ist} \tag{II}$$

$$\frac{\partial v_z}{\partial y} - \frac{\partial v_y}{\partial z} = 0 \tag{III}$$

$$\frac{\partial v_x}{\partial z} - \frac{\partial v_z}{\partial x} = 0 \tag{IV}$$

Die linken Seiten der Gleichungen (II) bis (IV) sind die Komponenten von $\operatorname{rot} \boldsymbol{v}$. Es ist daher $\operatorname{rot} \boldsymbol{v} = \boldsymbol{o}$. Ist der dem Feld zugrunde gelegte Bereich *einfach zusammenhängend* (z. B. heißt ein ebener Bereich einfach zusammenhängend, wenn er von nur einer geschlossenen, sich selbst nicht schneidenden Kurve berandet wird), dann läßt sich auch die Umkehrung zeigen und es gilt der

Satz

> Ein Vektorfeld $\boldsymbol{v} = \boldsymbol{v}(\boldsymbol{r})$ ist genau dann ein Potentialfeld, wenn für alle $\boldsymbol{r}$ im Definitionsbereich gilt
>
> $$\operatorname{rot} \boldsymbol{v} = \boldsymbol{o} \tag{10.54}$$

Um aus einem Potentialfeld $\boldsymbol{v} = \boldsymbol{v}(\boldsymbol{r})$ die zugehörige Potentialfunktion zu berechnen, muß aus den Gleichungen (I) durch Integration $U = U(\boldsymbol{r})$ bestimmt werden. Dabei ist zu beachten, daß z. B. bei der Integration der ersten Gleichung von (I)

$$v_x = \frac{\partial U}{\partial x}$$

die Integrationskonstante von y und z abhängig sein kann.

Beispiel 10.40

Gegeben ist das Vektorfeld

$\boldsymbol{v} = 2xy\boldsymbol{i} + x^2\boldsymbol{j} - 2\boldsymbol{k}$.

a) Ist $\boldsymbol{v}(\boldsymbol{r})$ ein Potentialfeld? b) Man bestimme ggf. die Potentialfunktion!

Lösung:

a) Wegen $\operatorname{rot} \boldsymbol{v} = \begin{vmatrix} \boldsymbol{i} & \boldsymbol{j} & \boldsymbol{k} \\ \frac{\partial}{\partial x} & \frac{\partial}{\partial y} & \frac{\partial}{\partial z} \\ 2xy & x^2 & -2 \end{vmatrix} = \begin{pmatrix} 0 \\ 0 \\ 0 \end{pmatrix}$ ist $\boldsymbol{v}(\boldsymbol{r})$ ein Potentialfeld.

b) Aus $v_x = \frac{\partial U}{\partial x}$ folgt $U = \int v_x \, \mathrm{d}x = \int 2xy \, \mathrm{d}x = x^2 y + c_1(y; z)$.

Um c_1 zu bestimmen, wird der erhaltene Wert von U sowie $v_y = x^2$ in die zweite Gleichung von (I) eingesetzt:

$$x^2 = \frac{\partial}{\partial y}\left(x^2 y + c_1(y;z)\right) = x^2 + \frac{\partial c_1(y;z)}{\partial y}$$

$\dfrac{\partial c_1(y;z)}{\partial y} = 0$. Damit ist $c_1(y;z) = c_2(z)$ und $U = x^2 y + c_2(z)$.

Aus der dritten Gleichung von (I) folgt

$$-2 = \frac{\partial}{\partial z}\left(x^2 y + c_2(z)\right) = \frac{\partial c_2(z)}{\partial z}$$

$$c_2(z) = -2\int \mathrm{d}z = -2z + c$$

Die Potentialfunktion ist

$$\underline{\underline{U = x^2 y - 2z + c}}$$

Potentialfelder sind stets wirbelfrei. Im Sonderfall können sie außerdem noch quellenfrei sein.

Definition

Ein Vektorfeld $\boldsymbol{v} = \boldsymbol{v}(\boldsymbol{r})$ heißt **Laplacesches Feld**, wenn es quellen- und wirbelfrei ist. (10.55)

Beispiele für Laplacesche Felder sind Gravitationsfelder (vgl. die Beispiele 10.37 und 10.39), elektrische und elektromagnetische Felder ohne die Punkte, in denen sich Massen oder Ladungen befinden. Für ein Laplacesches Feld gilt wegen $\operatorname{rot} \boldsymbol{v} = \boldsymbol{o}$, $\operatorname{div} \boldsymbol{v} = 0$

$$\operatorname{div} \boldsymbol{v} = \operatorname{div} \operatorname{grad} U = \Delta U = 0$$

Satz

Ist $\boldsymbol{v} = \boldsymbol{v}(\boldsymbol{r})$ ein Laplacesches Feld, dann erfüllt das zugehörige Potential U die **Laplacesche Differentialgleichung**

$$\Delta U = \frac{\partial^2 U}{\partial x^2} + \frac{\partial^2 U}{\partial y^2} + \frac{\partial^2 U}{\partial z^2} = 0 \qquad (10.56)$$

Ist für ein Potentialfeld die Divergenz als Funktion des Ortes gegeben: $\operatorname{div} \boldsymbol{v} = f(\boldsymbol{r})$, dann erhält man die Differentialgleichung

$$\Delta U = f(\boldsymbol{r})$$

zur Bestimmung des Potentials U. Eine Aufgabe der Potentialtheorie besteht darin, aus solchen vorgegebenen Quellenfeldern und gegebenen Wirbelfeldern die Potentialfunktion zu berechnen. Dazu sind partielle Differentialgleichungen mit Anfangs- oder Randbedingungen zu lösen, worauf im Rahmen dieses Buches nicht eingegangen werden kann.

Abschließend noch einige Ergänzungen. Werden die Operationen im Vektorfeld formal auf den vektoriellen Operator $\boldsymbol{\nabla}$ angewendet, dann folgt nach (10.46)

$$\boxed{\operatorname{div} \boldsymbol{\nabla} = \boldsymbol{\nabla} \cdot \boldsymbol{\nabla} = \Delta} \tag{10.57}$$

und aus (10.47) und der Definition des Vektorproduktes ergibt sich

$$\boxed{\operatorname{rot} \boldsymbol{\nabla} = \boldsymbol{\nabla} \times \boldsymbol{\nabla} = \boldsymbol{o}} \tag{10.58}$$

Damit lassen sich leicht die folgenden Aussagen beweisen.

$$\boxed{\begin{array}{c}\text{Ein Wirbelfeld ist stets quellenfrei:}\\ \operatorname{div}\operatorname{rot} \boldsymbol{v} = 0\end{array}} \tag{10.59}$$

Beweis:

$$\begin{aligned}\operatorname{div}\operatorname{rot} \boldsymbol{v} &= \boldsymbol{\nabla} \cdot \operatorname{rot} \boldsymbol{v}\\ &= \boldsymbol{\nabla} \cdot (\boldsymbol{\nabla} \times \boldsymbol{v}) \qquad \text{und mit (3.39)}\\ &= (\boldsymbol{\nabla} \times \boldsymbol{\nabla}) \cdot \boldsymbol{v} = \boldsymbol{o} \cdot \boldsymbol{v} = 0\end{aligned}$$

$$\boxed{\begin{array}{c}\text{Ein Gradientenfeld ist stets wirbelfrei:}\\ \operatorname{rot}\operatorname{grad} U = \boldsymbol{o}\end{array}} \tag{10.60}$$

Beweis:

$$\operatorname{rot}\operatorname{grad} U = \boldsymbol{\nabla} \times (\boldsymbol{\nabla} U) = (\boldsymbol{\nabla} \times \boldsymbol{\nabla}) U = \boldsymbol{o} \cdot U = \boldsymbol{o}$$

Weitere Beziehungen und Rechenregeln für die Operationen $\operatorname{grad} U$, $\operatorname{div} \boldsymbol{v}$ und $\operatorname{rot} \boldsymbol{v}$ sind den Lehrbüchern über Vektoranalysis und den Formelsammlungen zu entnehmen.

Aufgaben 10.53 bis 10.54

10.3.7 Kurvenintegrale

Gegeben ist ein Vektorfeld, das zunächst anschaulich als Kraftfeld

$$\boldsymbol{F} = \boldsymbol{F}(\boldsymbol{r}) = \boldsymbol{F}(x; y; z)$$

gedeutet werden soll. In dem Kraftfeld bewegt sich ein Massenpunkt auf einer Kurve c vom Punkt A zum Punkt B (Bild 10.39). Zu berechnen ist die Arbeit, die bei dieser Bewegung auf c von der Kraft am Massenpunkt geleistet wird. Die Kurve werde durch die Punkte $P_1 = A, P_2, P_3, \ldots, P_n, P_{n+1} = B$ in n Teilstücke zerlegt. $\boldsymbol{r}_i$ ist der Ortsvektor von P_i und $\boldsymbol{F}_i$ ist die in P_i angreifende Kraft des Feldes. Weiter ist $\Delta \boldsymbol{r}_i = \boldsymbol{r}_{i+1} - \boldsymbol{r}_i$.
Bei der Verschiebung des Massenpunktes von P_i nach P_{i+1} leistet die Feldkraft angenähert die Teilarbeit

$$\Delta W_i = \boldsymbol{F}_i(\boldsymbol{r}_i) \cdot \Delta \boldsymbol{r}_i \qquad \text{(vgl. Beispiel 3.12)}$$

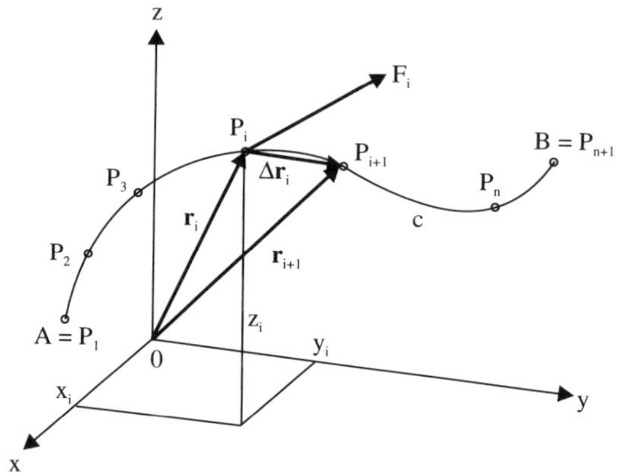

Bild 10.39

Die Gesamtarbeit W bei der Bewegung des Massenpunktes auf c von A bis B wird angenähert durch die Summe

$$W \approx \sum_{i=1}^{n} \Delta W_i = \sum_{i=1}^{n} \boldsymbol{F}_i(\boldsymbol{r}_i) \cdot \Delta \boldsymbol{r}_i.$$

Bei einer ständig feiner werdenden Zerlegung der Kurve c, d. h. für $n \to \infty$, $\Delta \boldsymbol{r}_i \to \boldsymbol{o}$ folgt

$$W = \int_c \boldsymbol{F}(\boldsymbol{r}) \cdot \mathrm{d}\boldsymbol{r}$$

Es wird vorausgesetzt, daß c eine stetige und sich selbst nicht schneidende Kurve ist.

Definition

Gegeben sind in einem räumlichen Bereich G ein Vektorfeld $\boldsymbol{v} = \boldsymbol{v}(\boldsymbol{r})$ und eine Kurve c in G.
Dann heißt das Integral

$$I = \int_c \boldsymbol{v}(\boldsymbol{r})\, \mathrm{d}\boldsymbol{r} \tag{10.61}$$

Kurvenintegral oder **Linienintegral** über $\boldsymbol{v}$ längs der Kurve c.

Ist $A = B$, also c eine geschlossene Kurve, dann schreibt man

$$I = \oint_c \boldsymbol{v}(\boldsymbol{r})\, \mathrm{d}\boldsymbol{r}$$

Gleichung (10.61) lautet ausführlich

$$I = \int_c (v_x(x;y;z)\boldsymbol{i} + v_y(x;y;z)\boldsymbol{j} + v_z(x;y;z)\boldsymbol{k}) \cdot (\,\mathrm{d}x\boldsymbol{i} + \,\mathrm{d}y\boldsymbol{j} + \,\mathrm{d}z\boldsymbol{k})$$

$$I = \int_c (v_x(x;y;z)\,\mathrm{d}x + v_y(x;y;z)\,\mathrm{d}y + v_z(x;y;z)\,\mathrm{d}z) \qquad \text{(I)}$$

Die Berechnung von Kurvenintegralen wird auf die Berechnung gewöhnlicher Integrale zurückgeführt.
Die Kurve c sei durch eine Parameterdarstellung gegeben:

$$\boldsymbol{r} = \boldsymbol{r}(t) = \begin{pmatrix} x(t) \\ y(t) \\ z(t) \end{pmatrix}. \quad \text{Weiter ist} \quad \mathrm{d}\boldsymbol{r} = \frac{\mathrm{d}\boldsymbol{r}}{\mathrm{d}t}\,\mathrm{d}t = \dot{\boldsymbol{r}}\,\mathrm{d}t = \begin{pmatrix} \dot{x}(t) \\ \dot{y}(t) \\ \dot{z}(t) \end{pmatrix} \mathrm{d}t$$

und $\boldsymbol{r}_A = \boldsymbol{r}(t_A)$, $\boldsymbol{r}_B = \boldsymbol{r}(t_B)$.
Für den in einem Kurvenpunkt angreifenden Feldvektor gilt

$$\boldsymbol{v} = \boldsymbol{v}(\boldsymbol{r}(t)) = \begin{pmatrix} v_x(x(t);y(t);z(t)) \\ v_y(x(t);y(t);z(t)) \\ v_z(x(t);y(t);z(t)) \end{pmatrix}$$

Damit folgt aus (10.61)

$$\boxed{I = \int_{t_A}^{t_B} \boldsymbol{v}\,(\boldsymbol{r}(t))\,\dot{\boldsymbol{r}}(t)\,\mathrm{d}t} \qquad (10.62)$$

und ausführlich

$$I = \int_{t_A}^{t_B} [v_x\,(x(t);y(t);z(t))\,\dot{x}(t) + v_y\,(x(t);y(t);z(t))\,\dot{y}(t) + v_z\,(x(t);y(t);z(t))\,\dot{z}(t)]\,\mathrm{d}t$$

Damit wird das Kurvenintegral auf ein gewöhnliches Integral mit der Integrationsvariablen t zurückgeführt.

Beispiel 10.41

Man berechne das Kurvenintegral im Vektorfeld

$v = xy\boldsymbol{i} + z\boldsymbol{j} + \boldsymbol{k}$

zwischen den Punkten $A(0;0;0)$, $B(1;1;1)$ längs der Kurve mit der Parameterdarstellung (Bild 10.40)

a) c_1: $\boldsymbol{r} = t\boldsymbol{i} + t\boldsymbol{j} + 2t^2\boldsymbol{k}$ (Parabel)

b) c_2: $\boldsymbol{r} = t\boldsymbol{i} + t\boldsymbol{j} + 2t\boldsymbol{k}$ (Gerade)

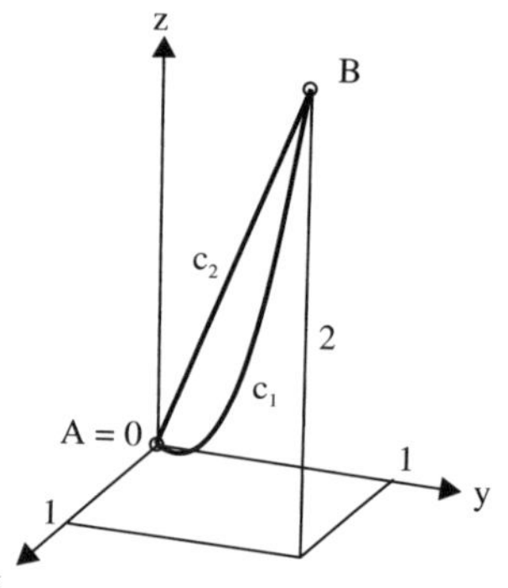

Bild 10.40

Lösung:

a) Mit $\dot{\boldsymbol{r}} = \boldsymbol{i} + \boldsymbol{j} + 4t\boldsymbol{k}$, $t_A = 0$, $t_B = 1$ und
$v_x = x(t) \cdot y(t) = t^2$, $v_y = z(t) = 2t^2$, $v_z = 1$ folgt aus (10.62)

$$I_1 = \int_0^1 \left(t^2 + 2t^2 + 4t\right) \, \mathrm{d}t = \int_0^1 \left(3t^2 + 4t\right) \, \mathrm{d}t = \left[t^3 + 2t^2\right]_0^1 = \underline{\underline{3}}$$

b) $\dot{\boldsymbol{r}} = \boldsymbol{i} + \boldsymbol{j} + 2\boldsymbol{k}$, $t_A = 0$, $t_B = 1$

$v_x = t^2$, $v_y = 2t$, $v_z = 1$

$$I_2 = \int_0^1 \left(t^2 + 2t + 2\right) \, \mathrm{d}t = \underline{\underline{\frac{10}{3}}}$$

Beispiel 10.42

Ein Körper mit der Masse m wird längs einer Windung der Schraubenlinie mit der Parameterdarstellung

$$\boldsymbol{r} = \cos t\boldsymbol{i} + \sin t\boldsymbol{j} + \frac{h}{2\pi}t\boldsymbol{k}, \qquad t \in [0; 2\pi]$$

von $A(1;0;0)$ nach $B(1;0;h)$ um die Höhe h im Gravitationsfeld der Erde gehoben. Welche Arbeit ist aufzuwenden? Die z-Achse zeigt vom Erdmittelpunkt weg.

Lösung:

Das Gravitationsfeld hat die Feldgleichung

$$\boldsymbol{F} = -mg\boldsymbol{k}$$

Mit $\dot{\boldsymbol{r}} = -\sin t\boldsymbol{i} + \cos t\boldsymbol{j} + \dfrac{h}{2\pi}\boldsymbol{k}$ folgt für die vom Kraftfeld geleistete Arbeit

$$W = \int_0^{2\pi} (-mg\boldsymbol{k}) \cdot \left(-\sin t\boldsymbol{i} + \cos t\boldsymbol{j} + \frac{h}{2\pi}\boldsymbol{k}\right) \mathrm{d}t$$

$$= -\frac{mgh}{2\pi} \int_0^{2\pi} \mathrm{d}t = \underline{\underline{-mgh}}$$

Berechnet man das Kurvenintegral längs der Geraden von A nach B, dann erhält man mit

$$\boldsymbol{r} = \boldsymbol{i} + t\boldsymbol{k}, \quad \dot{\boldsymbol{r}} = \boldsymbol{k}, \qquad t \in [0; h]$$

$$W = \int_0^h (-mg\boldsymbol{k}) \cdot \boldsymbol{k}\,\mathrm{d}t = [-mgt]_0^h = -mgh.$$

Während in Beispiel 10.41 die Kurvenintegrale von A nach B auf zwei unterschiedlichen Wegen verschiedene Werte ergeben, haben in Beispiel 10.42 beide Kurvenintegrale den gleichen Wert. Die Frage, unter welchen Bedingungen das Kurvenintegral nicht von der die Punkte A und B verbindenden Kurve abhängt, also *wegunabhängig* ist, beantwortet der

Satz

Gegeben sind in einem räumlichen Bereich G ein Vektorfeld $\boldsymbol{v} = \boldsymbol{v}(\boldsymbol{r})$ sowie zwei Punkte A und B. Der Wert des Kurvenintegrals

$$I = \int_c \boldsymbol{v}(\boldsymbol{r})\,\mathrm{d}\boldsymbol{r} \tag{10.63}$$

ist genau dann vom Weg unabhängig, wenn $\boldsymbol{v}(\boldsymbol{r})$ ein Potentialfeld ist.

Ist nämlich $\boldsymbol{v}(\boldsymbol{r})$ ein Potentialfeld, dann existiert eine Potentialfunktion $U = U(\boldsymbol{r})$ und es ist $\boldsymbol{v}(\boldsymbol{r}) = \operatorname{grad} U$. Man erhält

$$I = \int_A^B \boldsymbol{v}(\boldsymbol{r}) \cdot \mathrm{d}\boldsymbol{r} = \int_A^B \operatorname{grad} U \cdot \mathrm{d}\boldsymbol{r} = \int_A^B \left(\frac{\partial U}{\partial x}\,\mathrm{d}x + \frac{\partial U}{\partial y}\,\mathrm{d}y + \frac{\partial U}{\partial z}\,\mathrm{d}z\right)$$

Der Integrand ist das vollständige Differential $\mathrm{d}U$ der Potentialfunktion $U(\boldsymbol{r})$:

$$\boxed{I = \int_c \boldsymbol{v}(\boldsymbol{r})\,\mathrm{d}\boldsymbol{r} = \int_A^B \mathrm{d}U = U(\boldsymbol{r}_B) - U(\boldsymbol{r}_A)} \tag{10.64}$$

Der Wert des Kurvenintegrals ist also, unabhängig vom Weg, gleich der Potentialdifferenz der Punkte A und B. Auf die Umkehrung des Beweises wird verzichtet. Für ein Kurvenintegral über eine geschlossene Kurve c im Potentialfeld folgt aus (10.64)

$$\oint_c \boldsymbol{v}(\boldsymbol{r}) \cdot \mathrm{d}\boldsymbol{r} = 0.$$

Die im Potentialfeld gültige Gleichung $\operatorname{rot} \boldsymbol{v} = \boldsymbol{o}$ oder ausführlich

$$\frac{\partial v_z}{\partial y} = \frac{\partial v_y}{\partial z}, \qquad \frac{\partial v_x}{\partial z} = \frac{\partial v_z}{\partial x}, \qquad \frac{\partial v_y}{\partial x} = \frac{\partial v_x}{\partial y}$$

heißt in diesem Zusammenhang **Integrabilitätsbedingung**.

Bei der Berechnung eines Kurvenintegrals prüft man zunächst durch Bestimmung von rot $\boldsymbol{v}$, ob ein Potentialfeld vorliegt. Ist das der Fall, kann die Berechnung durch Wahl einer einfachen Kurve c erleichtert werden. Man kann eventuell auch $U = U(\boldsymbol{r})$ ermitteln und die Berechnung nach (10.64) durchführen.

Beispiel 10.43

Ein Massenpunkt wird im Kraftfeld

$$\boldsymbol{F} = xy^2\boldsymbol{i} + x^2y\boldsymbol{j}$$

auf der Parabel $y = x^2$ von $A(0;0;0)$ nach $B(1;1;0)$ bewegt. Man berechne die zu leistende Arbeit.

Lösung:

Wegen

$$\text{rot } \boldsymbol{v} = \begin{vmatrix} \boldsymbol{i} & \boldsymbol{j} & \boldsymbol{k} \\ \dfrac{\partial}{\partial x} & \dfrac{\partial}{\partial y} & \dfrac{\partial}{\partial z} \\ xy^2 & x^2y & 0 \end{vmatrix} = \boldsymbol{o}$$

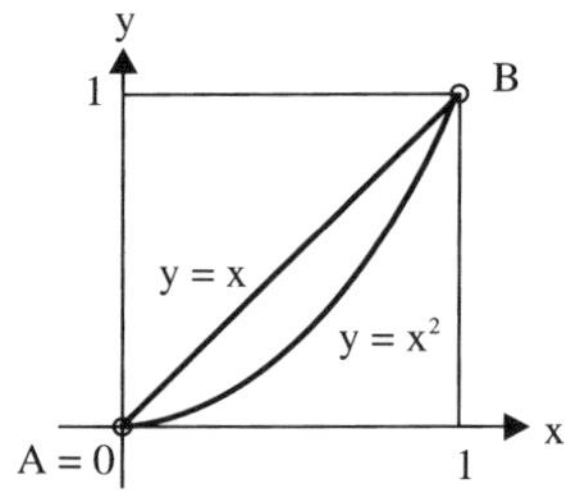

Bild 10.41

ist $\boldsymbol{F}$ ein Potentialfeld und das Kurvenintegral wegunabhängig.

a) Man wählt als einfachsten Weg von A nach B ein Geradenstück (Bild 10.41). Mit

$$\boldsymbol{r} = t\boldsymbol{i} + t\boldsymbol{j}, \quad \dot{\boldsymbol{r}} = \boldsymbol{i} + \boldsymbol{j}, \qquad t \in [0;1] \quad \text{ist}$$

$$W = \int_0^1 \left(t^3\boldsymbol{i} + t^3\boldsymbol{j}\right) \cdot (\boldsymbol{i} + \boldsymbol{j})\,\mathrm{d}t = 2\int_0^1 t^3\,\mathrm{d}t = \underline{\underline{\frac{1}{2}}}$$

b) Man bestimmt wie in Beispiel 10.40 die Potentialfunktion und erhält

$$U = U(\boldsymbol{r}) = \frac{1}{2}x^2y^2 + c.$$

Dann ist nach (10.64)

$$W = U(\boldsymbol{r}_B) - U(\boldsymbol{r}_A) = \underline{\underline{\frac{1}{2}}}$$

Beispiel 10.44

Im Ursprung O befinde sich die elektrische Punktladung $+Q$. Sie erzeugt ein elektrisches Kraftfeld, dessen Feldlinien radial von O wegzeigen. Im Punkt $P(x;y;z)$ befindet sich die positive Ladungseinheit $+e$, auf die die Feldkraft $\boldsymbol{F}$ wirkt. Über das Coulombsche Gesetz erhält man für $\boldsymbol{F}$ und damit für die Feldgleichung

$$\boldsymbol{F} = Qe\frac{x\boldsymbol{i} + y\boldsymbol{j} + z\boldsymbol{k}}{(x^2+y^2+z^2)^{3/2}} = Qe\frac{\boldsymbol{r}}{|\boldsymbol{r}|^3}$$

Wegen rot $\boldsymbol{F} = \boldsymbol{o}$ liegt ein Potentialfeld vor. Die Potentialfunktion erhält man mit

$$W = -\frac{Qe}{\sqrt{x^2 + y^2 + z^2}} = -\frac{Qe}{|\boldsymbol{r}|} = -\frac{Qe}{r}$$

Für das Kurvenintegral vom Punkt $P_1(\boldsymbol{r}_1)$ zum Punkt $P_2(\boldsymbol{r}_2)$ folgt

$$\int_{P_1}^{P_2} \boldsymbol{F}\,\mathrm{d}\boldsymbol{r} = W(\boldsymbol{r}_2) - W(\boldsymbol{r}_1) = Qe\left(\frac{1}{r_1} - \frac{1}{r_2}\right)$$

als Potentialunterschied zwischen P_1 und P_2.

Aufgaben 10.55 bis 10.59

10.4 Aufgaben

10.1 Man zeichne das Höhenlinienbild des Graphen der Funktion

a) $z = -\frac{1}{6}x - \frac{y}{2} + 1$ b) $z = x^2 + y^2$

10.2 Die ersten partiellen Ableitungen der folgenden Funktionen sind gesucht.

a) $u = x^5 + 6x^3y - 2x^2yz + 3yz^3$ b) $z = \arctan\frac{y}{x}$

c) $T = 2\pi\sqrt{\frac{l}{g}} = f(l; g)$ d) $I_1 = I\frac{R_2}{R_1 + R_2} = f(R_1; R_2)$

e) $z = y\,\mathrm{e}^{\frac{x}{y}}$ f) $T_1 = T_2\left(\frac{V_2}{V_1}\right)^{k-1} = f(V_1; V_2)$

10.3 Man berechne die 1. und 2. partiellen Ableitungen der folgenden Funktionen

a) $z = x^5 + 2x^3y^2 + 2y^5$ b) $z = \frac{x - y}{x + y}$

c) $z = 2\sin(x + y)\cos(x - y)$ d) $z = \arctan\frac{x + y}{1 - xy}$

10.4 Man bilde u_{xyz} für die Funktion f: $u = \mathrm{e}^{xyz}$

10.5 Für die Funktion $u = (x - y)^z$ zeige man die Geichheit $u_{xyz} = u_{zyx}$

10.6 Man zeige, daß die Funktion $z = \mathrm{e}^y \arcsin(x - y)$ die Gleichung $z_x + z_y = z$ erfüllt.

10.7 Für die Funktion $u = xy + yz + zx$ sind Δu und $\mathrm{d}u$ an der Stelle $(x; y; z) = (2; 3; 1)$ für $\mathrm{d}x = 0,1$, $\mathrm{d}y = -0,2$, $\mathrm{d}z = 0,2$ zu bestimmen.

10.8 Man berechne das totale Differential der folgenden Funktionen.

a) $z = \frac{x}{y} + \frac{y}{x}$ b)$z = \arctan xy$

c) $v = v_1\frac{m_1 - m_2}{m_1 + m_2} = f(m_1; m_2)$ d) $z = \frac{x}{y}\,\mathrm{e}^{\frac{x}{y}}$

10.9 Von einem Kegel wurden der Radius $r = 30,4$ cm und die Höhe $h = 75,2$ cm mit der Genauigkeit $\mathrm{d}r = \mathrm{d}h = \pm 0,1$ cm bestimmt. Mit welcher Genauigkeit erhält man das Kegelvolumen?

10.10 Im rechtwinkligen Dreieck wurden die Hypotenuse $c = (136,18 \pm 0,04)$ m und die Kathete $a = (51,80 \pm 0,02)$ m gemessen. Welche Genauigkeit ergibt sich hieraus für den Winkel α?

10.11 Die drei Widerstände $R_1(100 \pm 1)\ \Omega$, $R_2 = (50 \pm 1)\ \Omega$, $R_3 = (250 \pm 2)\Omega$ sind hintereinandergeschaltet. Wie groß ist für die Spannung $U = (220 \pm 2)$ V die Stärke des durchfließenden Stromes und ihre relative Genauigkeit?

10.12 Wie groß ist der Neigungswinkel der Tangente, die im Punkt $P_0(1; 2)$ an die Kurve mit der Gleichung $x^4 - 3x^2y + y^3 - 3 = 0$ gelegt ist?

10.13 In welchen Punkten hat die Kurve mit der Gleichung $x^2 + y^2 - 4x - 2y - 31 = 0$ Tangenten parallel zur a) x-Achse, b) y-Achse?

10.14 Die Extremstellen und Extremwerte der folgenden Funktionen sind zu berechnen

a) $z = x^2 - xy + y^2 + 3y$

b) $z = x^2 + 3xy + y^2 - x - 4y + 8$

c) $z = x^2y^2(1 - x - y)$

d) $z = \sin x + \sin y + \sin(x + y)$
für $x \in [0; \pi/2]$, $y \in [0; \pi/2]$

10.15 Von einem Quader ist die Summe $s = a + b + c$ der Kantenlängen a, b, c gegeben. Wie sind a, b, c zu wählen, damit die Oberfläche ein Maximum wird?

10.16 Ein Kanal hat einen trapezförmigen Querschnitt, dessen Fläche A gegeben ist (Bild 10.42). Wie müssen Höhe h und Böschungswinkel α gewählt werden, damit der benetzte Umfang U (gestrichelte Linie) ein Minimum wird?

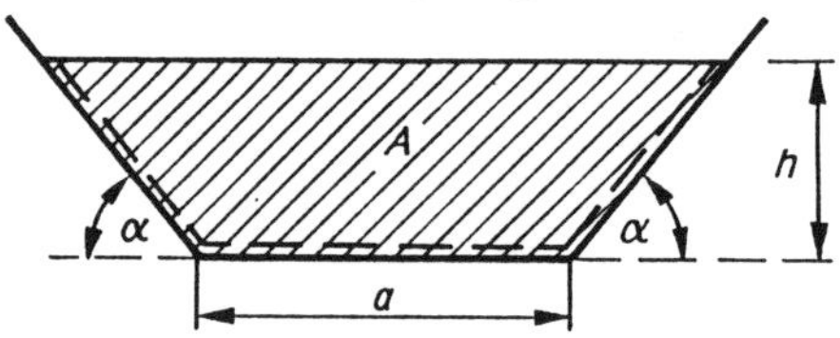

Bild 10.42

10.17 Es sind die Extremstellen und Extremwerte der folgenden Funktionen unter Beachtung der Nebenbedingungen zu bestimmen

a) $z = x^2 + y^2, \quad x + y - 1 = 0$

b) $z = \sqrt{4 - x^2 - y^2}, \quad x + y - 2 = 0$

c) $u = x + y + z, \quad \dfrac{4}{x} + \dfrac{9}{y} + \dfrac{16}{z} = 1$

10.18 Welcher Punkt P der Hyperbel mit der Gleichung $x^2 - y^2 = 1$ hat von dem Punkt $Q(0; 1)$ die kleinste Entfernung e?

10.19 Die Gleichung einer Ellipse mit dem Mittelpunkt im Ursprung lautet $5x^2 - 8xy + 5y^2 - 9 = 0$. Wie groß sind die Halbachsen a und b?

10.20 Man berechne die Doppelintegrale

a) $\displaystyle\int_0^a\int_0^b xy \,\mathrm{d}x\,\mathrm{d}y$

b) $\displaystyle\int_0^2\int_0^{\frac{\pi}{2}} \mathrm{e}^x \sin y \,\mathrm{d}y\,\mathrm{d}x$

c) $\displaystyle\int_0^1\int_1^2 \frac{x}{x^2 + y} \,\mathrm{d}x\,\mathrm{d}y$

d) $\displaystyle\int_0^{\pi}\int_{\frac{\pi}{2}}^{\pi} \cos(x - y) \,\mathrm{d}x\,\mathrm{d}y$

10.21 Man berechne mit einem Doppelintegral das Volumen der in Bild 10.43 gezeigten Pyramide.

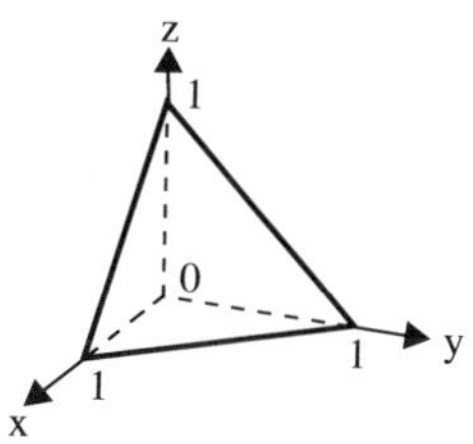

Bild 10.43

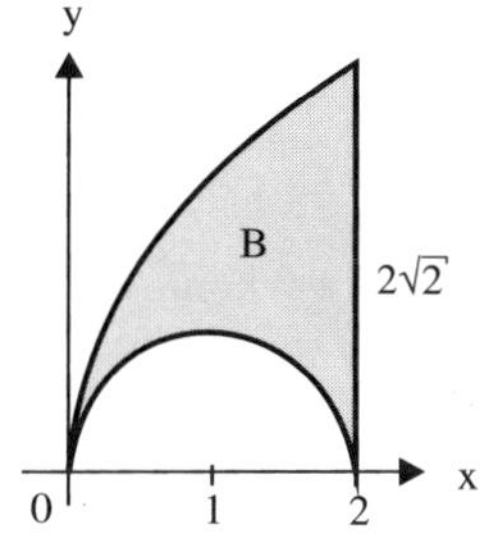

Bild 10.44

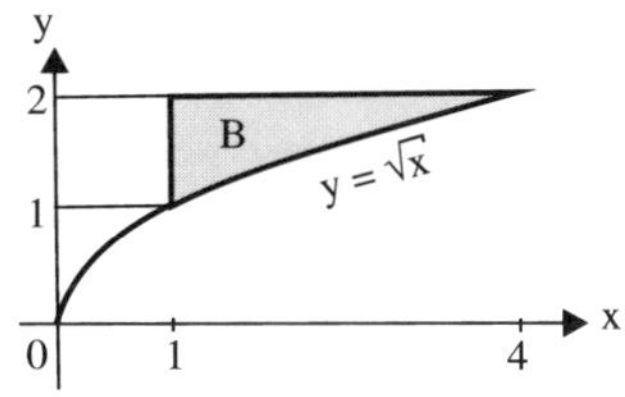

Bild 10.45

10.22 Man berechne für die Funktion $z = x^2 y$ das Doppelintegral über dem Bereich B (Bild 10.44), der von Kreis- und Parabelbogen und einer Geraden begrenzt wird.

10.23 Man berechne für $z = x/y^2$ das Doppelintegral über dem Bereich B des Bildes 10.45.

10.24 Man berechne mit einem Doppelintegral den Inhalt der Fläche, die von den Kurven $xy = 2$, $y = x$ und $x = 3$ begrenzt wird.

10.25 Welches Volumen hat der Körper, der von den Ebenen $z = 0$, $x = 0$, $y = 0$, $3x + 4y - 12 = 0$ und der Fläche $z = x^2 + y^2$ begrenzt wird?

10.26 Unter Verwendung von Polarkoordinaten ist das Doppelintegral der Funktion $z = x^2 + y^2$ über dem Bereich B: $x^2 + y^2 \leq a^2$ zu berechnen.

10.27 Gesucht wird das Doppelintegral der Funktion $z = 4(x^2 + y^2)$ über B. B ist ein Kreisring um O mit $r_1 = 1$, $r_2 = 2$.

10.28 Man berechne die Dreifachintegrale

a) $\displaystyle\int_1^3\int_2^0\int_0^2 x\,\mathrm{e}^{y+z}\,\mathrm{d}z\,\mathrm{d}y\,\mathrm{d}x$ b) $\displaystyle\int_0^1\int_0^1\int_0^1 (xy + yz + xz)\,\mathrm{d}x\,\mathrm{d}y\,\mathrm{d}z$

10.29 Man berechne das Dreifachintegral $\displaystyle\iiint_B \sqrt{x^2 + y^2}\,\mathrm{d}B$. Der räumliche Bereich B wird von den Flächen mit den Gleichungen $x = 1$, $y = 0$, $y = x$, $z = 0$, $z = \sqrt{x^2 + y^2}$ begrenzt.

10.30 Ein Körper wird von der Zylinderfläche $x^2 + y^2 = 4$ und den Ebenen $x + y + z - 6 = 0$, $z = 0$ begrenzt. Man bestimme unter Verwendung von Zylinderkoordinaten mit einem Dreifachintegral sein Volumen.

10.31 Welches Volumen hat der Körper, der von den Ebenen $x = 0$, $x = 1$, $y = 0$, $z = 0$; $x + y + z = 2$ begrenzt wird?

10.32 Ein Körper wird von der Kugelfläche $z = \sqrt{1 - x^2 - y^2}$ und der Kegelfläche $x^2 + y^2 = 3z^2$ begrenzt. Man berechne unter Verwendung von Kugelkoordinaten mit einem Dreifachintegral sein Volumen.

10.33 Man berechne unter Verwendung von Zylinderkoordinaten das Volumen eines Körpers, der von den Flächen $z = x^2 + y^2$ und $z = 9$ eingeschlossen wird.

10.34 Eine Halbkugel wird von den Flächen $x^2+y^2+z^2=4$ und $z=0$ begrenzt. Die Dichteverteilung ist $\varrho = 1-\frac{1}{4}z$. Man berechne die Masse m.

10.35 Man berechne den Schwerpunkt eines homogenen Körpers (Halbkugel), der von den Flächen $x^2+y^2+z^2=1$, $z=0$ begrenzt wird.

10.36 Gesucht wird der Schwerpunkt des homogenen Körpers, der von den Flächen $z=x^2+y^2$, $z=h$ begrenzt wird.

10.37 Man berechne die Masse des in Aufg. 10.36 angegebenen Körpers, wenn er inhomogen mit der Dichte $\varrho = ah - z$ $(a>0)$ ist.

10.38 Man bilde mit dem Vektor $\boldsymbol{r} = \mathrm{e}^t \cos t\boldsymbol{i} + \mathrm{e}^t \sin t\boldsymbol{j} + \mathrm{e}^t\boldsymbol{k}$ die Produkte $\boldsymbol{r}\cdot\dot{\boldsymbol{r}}$ und $\boldsymbol{r}\times\dot{\boldsymbol{r}}$.

10.39 Man zeige, daß für den Einheitsvektor $\boldsymbol{e} = \frac{1}{\sqrt{2}}(\cos t\boldsymbol{i} + \sin t\boldsymbol{j} + \boldsymbol{k})$ gilt: $\boldsymbol{e}\cdot\dot{\boldsymbol{e}} = 0$.

10.40 Ein Skalarfeld hat die Feldgleichung $U = 9x^2 + y^2 + 4z^2$. Welches sind die Niveauflächen und welche Niveaufläche geht durch den Punkt $P_0(1;3;-2)$?

10.41 Die Beleuchtungsstärke einer punktförmigen, in O liegenden Lichtquelle ist

$U = \frac{k}{x^2+y^2+z^2}$ $(k = \text{konst.})$ Was für ein Skalarfeld liegt vor?

10.42 Welche Niveaulinien hat das ebene Skalarfeld $U = x^2 - 4y^2$?

10.43 Es sind die Niveauflächen des Skalarfeldes $U(x;y;z) = (\boldsymbol{r}\times\boldsymbol{i})^2$ zu berechnen.

10.44 Gesucht werden die Feldlinien der folgenden Vektorfelder.

a) $\boldsymbol{v} = \begin{pmatrix} x \\ y \\ z \end{pmatrix}$ b) $\boldsymbol{v} = \begin{pmatrix} 1 \\ 1 \\ 1 \end{pmatrix}$ c) $\boldsymbol{v} = \boldsymbol{\omega}\times\boldsymbol{r}$ mit $\boldsymbol{\omega} = \omega\boldsymbol{k}$

10.45 Für folgende Skalarfelder sind für den Punkt P_0 der Gradient und die Richtungsableitung in Richtung von $\boldsymbol{s}$ zu berechnen

a) $U = x - y^2 z$, $P_0(2;-1;5)$, $\boldsymbol{s} = \frac{4}{5}\boldsymbol{i} + \frac{3}{5}\boldsymbol{k}$

b) $U = \frac{xz}{y}$, $P_0(0;1;-1)$, $\boldsymbol{s} = 2\boldsymbol{i} + \boldsymbol{j} + 2\boldsymbol{k}$

c) $U = x\sin y\cos z$, $P_0(1;\pi/4;0)$, $\boldsymbol{s} = \sqrt{2}\boldsymbol{i} + \sqrt{2}\boldsymbol{j} + \boldsymbol{k}$

10.46 Man berechne grad U für $U = \ln\frac{1}{|\boldsymbol{r}|}$.

10.47 Gegeben sei die Feldgleichung $U = xyz(x^2+y^2-z^2)$

a) Man berechne grad U.

b) Wo verläuft grad U parallel zur x,y-Ebene?

10.48 Man berechne die Divergenz des Vektorfeldes $\boldsymbol{v} = \cos x\boldsymbol{i} + \sin y\boldsymbol{j} + z\boldsymbol{k}$ in den Punkten $P_1(\pi/2;\pi;2)$ und $P_2(0;0;0)$.

10.49 Zu berechnen ist die Divergenz der folgenden Vektorfelder

a) $\boldsymbol{v} = x^3\boldsymbol{i} + y^3\boldsymbol{j} + z^3\boldsymbol{k}$

b) $\boldsymbol{v} = 2xz\boldsymbol{i} + 2yz\boldsymbol{j} + (x^2+y^2)\boldsymbol{k}$

10.50 In welchen Punkten ist das Vektorfeld $\boldsymbol{v} = y^2\boldsymbol{i} + xy\boldsymbol{j} - yz\boldsymbol{k}$ quellenfrei?

10.51 Man berechne rot $\boldsymbol{v}$ für die folgenden Vektorfelder und deute das Ergebnis geometrisch.

a) $\boldsymbol{v} = -y\boldsymbol{i} + x\boldsymbol{j}$ b) $\boldsymbol{v} = \mathrm{e}^x \sin y\boldsymbol{i} + \mathrm{e}^x \cos y\boldsymbol{j}$

c) $\boldsymbol{v} = \frac{yz}{x}\boldsymbol{i} + \frac{xz}{y}\boldsymbol{j} + \frac{xy}{z}\boldsymbol{k}$ in $P_0(1;2;2)$.

10.52 In welchen Punkten ist das Vektorfeld mit der Gleichung $\boldsymbol{v} = y^2\boldsymbol{i} + y\boldsymbol{j} + 2yx\boldsymbol{k}$ wirbelfrei?

10.53 Gegeben ist das Vektorfeld $\boldsymbol{v} = \frac{x}{x^2+y^2}\boldsymbol{i} + \frac{y}{x^2+y^2}\boldsymbol{j} + \boldsymbol{k}$. Man zeige, daß $\boldsymbol{v}$ ein Potentialfeld ist und ermittle die Potentialfunktion.

10.54 Es seien $\boldsymbol{v}(\boldsymbol{r})$, $\boldsymbol{w}(\boldsymbol{r})$ Vektorfelder, $U(\boldsymbol{r})$, $V(\boldsymbol{r})$ Skalarfelder. Welche der folgenden Ausdrücke sind sinnvoll und welche nicht?

a) grad $\boldsymbol{v}$ b) rot($\boldsymbol{v} \times$ grad U) c) div($V \cdot$ grad U)

d) (div $\boldsymbol{v}$) $\times$ (rot $\boldsymbol{w}$) e) grad ((rot $\boldsymbol{v}$) $\times$ (rot $\boldsymbol{w}$)) f) grad div($\boldsymbol{v} \times \boldsymbol{w}$)

g) grad(rot $\boldsymbol{v}$)^2

10.55 Für das Vektorfeld $\boldsymbol{v} = (x+y)\boldsymbol{i} - x\boldsymbol{j}$ berechne man das Kurvenintegral I zwischen den Punkten $A(4;2)$ und $B(2;0)$
a) längs der Geraden OA, b) längs des Streckenzuges OBA.

10.56 Man berechne im ebenen Vektorfeld $\boldsymbol{v} = -y\boldsymbol{i} + x\boldsymbol{j}$ das Kurvenintegral zwischen $A(0;0)$ und $B(2;2)$ längs der Kurve

a) $y = \sqrt{2x}$ b) $y = \frac{1}{4}x^3$

10.57 Gegeben ist das Vektorfeld

$$\boldsymbol{v} = \left(\frac{x}{\sqrt{x^2+y^2}} + y\right)\boldsymbol{i} + \left(\frac{y}{\sqrt{x^2+y^2}} + x\right)\boldsymbol{j}$$

a) Man zeige, daß $\boldsymbol{v}(\boldsymbol{r})$ ein Potentialfeld ist und bestimme die Potentialfunktion.

b) Man berechne das Kurvenintegral I von $P_1(0;0)$ nach $P_2(3;4)$ längs der Geraden P_1P_2.

c) Man berechne I aus der Potentialdifferenz.

10.58 Man bestimme für die gegebenen Vektorfelder $\boldsymbol{v}(\boldsymbol{r})$ und Kurvengleichungen $\boldsymbol{r}(t)$ die Kurvenintegrale.

a) $\boldsymbol{v} = x^2\boldsymbol{i} + y^2\boldsymbol{j} + z^2\boldsymbol{k}$, $\boldsymbol{r} = \sqrt{3}\sin t\boldsymbol{i} + \cos t\boldsymbol{j}$. $t \in [\pi/2; \pi]$

b) $\boldsymbol{v} = -z\boldsymbol{j} + y\boldsymbol{k}$, $\boldsymbol{r} = \sqrt{2}\cos t\boldsymbol{i} + \cos 2t\boldsymbol{j} + \frac{2t}{\pi}\boldsymbol{k}$ von $A(\sqrt{2};1;0)$ bis $B(0;-1;1)$

10.59 Man zeige, daß das Vektorfeld $\boldsymbol{v} = 4x\boldsymbol{i} - 4\boldsymbol{j} + 2z\boldsymbol{k}$ ein Potentialfeld ist und berechne das Kurvenintegral von $A(0;0;0)$ bis $B(2;4;4)$

a) auf der Geraden AB,

b) durch Potentialdifferenz.

11 Differentialgeometrie

11.1 Ebene Kurven

11.1.1 Ausgewählte ebene Kurven

In der Differentialgeometrie werden geometrische Gebilde mit den Begriffen und Methoden der Analysis untersucht. Die vorliegende Einführung beschränkt sich auf die euklidischen Räume $\mathbb{R}^2$ und $\mathbb{R}^3$, in denen ebene Kurven bzw. Raumkurven und Flächen behandelt werden.

Bisher wurden in Abschnitt 3.3 als ebene Kurven nur die Gerade und die Kegelschnitte (mit den Methoden der analytischen Geometrie) untersucht. Im folgenden werden zunächst weitere ausgewählte Kurven vorgestellt. Die Kurvengleichungen werden entweder in rechtwinkligen Koordinaten in der Parameterdarstellung

$$\boldsymbol{r} = \boldsymbol{r}(t) = x(t)\boldsymbol{i} + y(t)\boldsymbol{j} \qquad \text{(Bild 11.1)},$$

in der parameterfreien Darstellung

$$y = f(x) \qquad \text{bzw.} \qquad F(x; y) = 0$$

oder in Polarkoordinaten durch die Gleichung

$$r = r(\varphi)$$

gegeben.

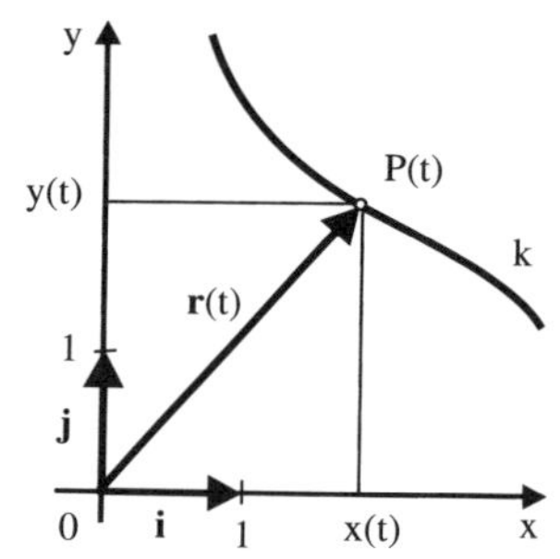

Bild 11.1

Die **Neilsche Parabel** (Bild 11.2) hat die Parameterdarstellung

$$\boxed{\boldsymbol{r} = \boldsymbol{r}(t) = t^3\boldsymbol{i} + t^2\boldsymbol{j} = \begin{pmatrix} t^3 \\ t^2 \end{pmatrix}, \qquad t \in \mathbb{R}} \qquad (11.1a)$$

Zum Beispiel gehört zu dem Parameterwert $t = 1,5$ der Kurvenpunkt $P(3,38; 2,25)$. Um die parameterfreie Darstellung zu erhalten, wird $x = t^3$ nach t aufgelöst:

$$t = \sqrt[3]{x} \qquad \text{für } x \in [0, \infty)$$
$$t = -\sqrt[3]{-x} \qquad \text{für } x \in (-\infty, 0]$$

Damit folgt aus $y = t^2$ für die Neilsche Parabel

$$\boxed{y = \sqrt[3]{x^2}} \qquad (11.1b)$$

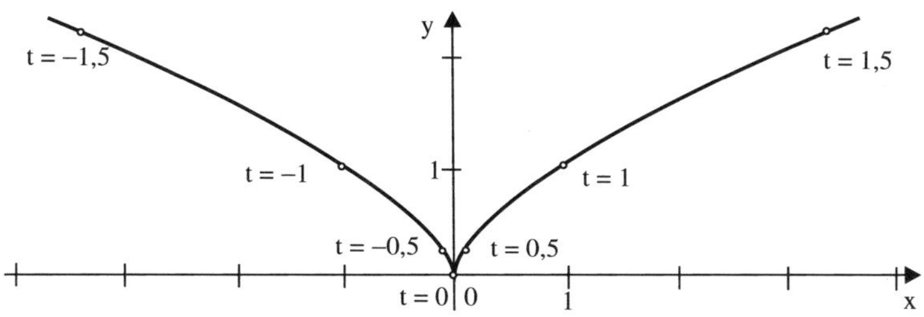

Bild 11.2

Während bei festgelegtem kartesischem Koordinatensystem zu einer Kurve nur eine Gleichung der Form $y = f(x)$ gehört, existieren beliebig viele Parameterdarstellungen. Zum Beispiel hat die Neilsche Parabel mit $\boldsymbol{r} = \sqrt{t}\boldsymbol{i} + \sqrt[3]{t}\boldsymbol{j}$ eine weitere, nicht mehr so einfache Darstellung.
Ein Kreis mit dem Radius a rollt (ohne zu gleiten) auf einer Geraden g. Ein Punkt P des Kreises beschreibt dabei als Kurve eine **gewöhnliche Zykloide**. Zur Aufstellung der Kurvengleichung wird das kartesische Koordinatensystem so gewählt, daß die x-Achse mit g zusammenfällt (Bild 11.3).

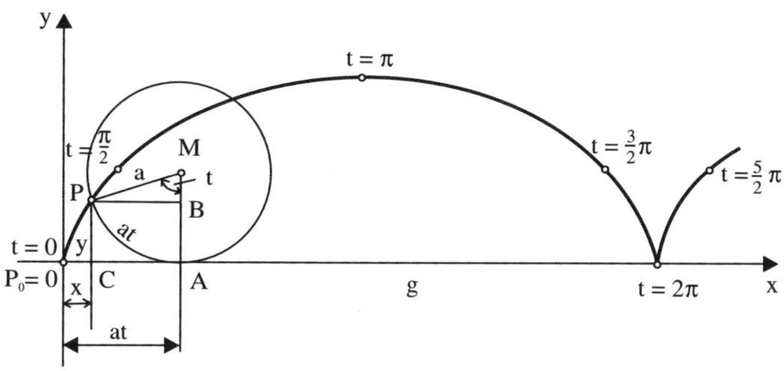

Bild 11.3

O wird in die Anfangslage P_0 von P gelegt. Bei der Drehung um den Winkel t aus der Anfangslage ist der Kreis von O nach A gerollt. Die Strecke $\overline{OA}$ muß gleich dem abgerollten Kreisbogen $\widehat{PA}$ sein:

$$\overline{OA} = \widehat{PA} = at.$$

Für die Koordinaten von P liest man aus Bild 11.3 ab:

$$x(t) = \overline{OC} = \overline{OA} - \overline{CA} = \overline{OA} - \overline{PB} = at - a\sin t$$
$$y(t) = \overline{PC} = \overline{MA} - \overline{MB} = a - a\cos t$$

Damit lautet die **Parameterdarstellung der gewöhnlichen Zykloide**

$$\boxed{\boldsymbol{r} = a\begin{pmatrix} t - \sin t \\ 1 - \cos t \end{pmatrix}, \qquad t \in \mathbb{R}} \tag{11.2}$$

Die folgende Tabelle gibt für einige Werte von t (vgl. Bild 11.3) die x- und y-Werte an.

t	0	$\frac{\pi}{2}$	π	$\frac{3}{2}\pi$	2π	$\frac{5}{2}\pi$
x	0	$0,57a$	$3,14a$	$5,71a$	$6,28a$	$6,85a$
y	0	a	$2a$	a	0	a

Die gewöhnliche Zykloide besteht aus kongruenten Bögen und hat in den zu $t = 0,\ 2\pi,\ 4\pi, \ldots$ gehörenden Punkten Spitzen. Eine parameterfreie Darstellung $y = f(x)$ ist nicht möglich, da $x = a(t - \sin t)$ nicht nach t auflösbar ist. Man kann höchstens eine, allerdings umständliche, Darstellung $x = g(y)$ herleiten.

Die gewöhnliche Zykloide gehört zu den **Rollkurven**. Ist P ein Punkt der Kreisfläche und ist $\overline{PM} = c$, so ergibt sich für $c < a$ die **gestreckte Zykloide**, für $c > a$ die **verschlungene Zykloide** (Bild 11.4) und für $c = a$ die gewöhnliche oder **gespitzte Zykloide**.

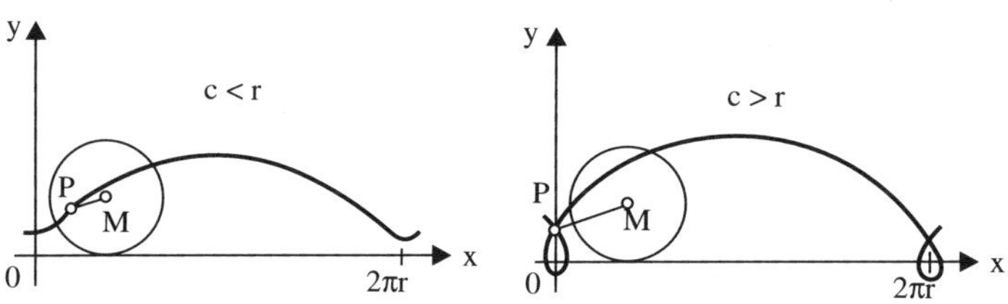

Bild 11.4

Rollt der Kreis statt auf der Geraden innen bzw. außen auf einem zweiten festen Kreis, so entstehen Hypozykloiden bzw. Epizykloiden, deren Parameterdarstellungen man in den Formelsammlungen findet.

Wird um einen Kreis ein Faden gelegt, am Kreis befestigt und straff abgewickelt, dann beschreibt ein Punkt P des Fadens eine Kurve, die **Kreisevolvente** heißt und zu den **Abwicklungskurven** gehört. In Bild 11.5 verläßt der Faden bei A den Kreis. Parameter sei $\measuredangle AMP_0 = t$. In der Anfangslage P_0 von P ist $t = 0$. Der Bogen $\widehat{AP_0}$ ist gleich der abgewickelten Fadenlänge $\overline{AP}$:

$$\overline{AP} = \widehat{AP_0} = Rt$$

Weiterhin ist $\measuredangle BAP = t$. Aus Bild 11.5 liest man ab:

$$x = \overline{MC} = \overline{MB} + \overline{BC} = R\cos t + Rt\sin t$$
$$y = \overline{CP} = \overline{AB} - \overline{AD} = R\sin t - Rt\cos t$$

Die **Parameterdarstellung der Kreisevolvente** lautet

$$\boxed{\boldsymbol{r}(t) = R\begin{pmatrix}\cos t + t\sin t\\ \sin t - t\cos t\end{pmatrix}, \qquad t \in [0, \infty)} \tag{11.3}$$

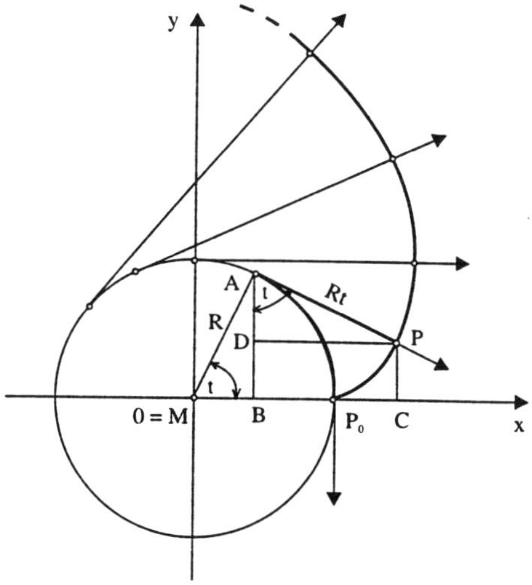

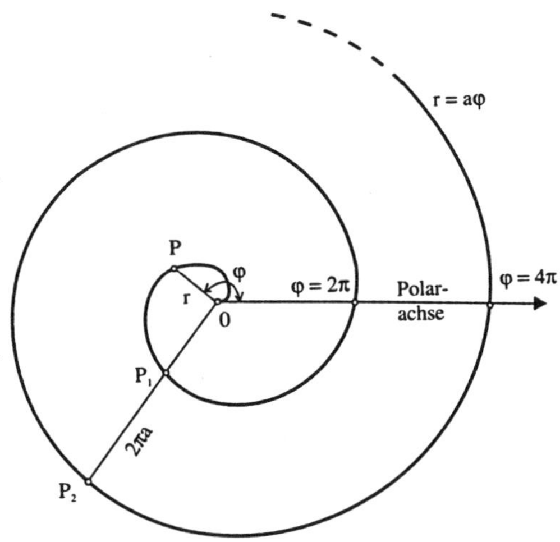

Bild 11.5

Bild 11.6

Verschiedene Kurven lassen sich einfacher durch Gleichungen in Polarkoordinaten

$$r = r(\varphi) \qquad \text{bzw.} \qquad F(r;\varphi) = 0$$

darstellen. Zu diesen Kurven gehören unter anderem die Spiralen. Ein Punkt P bewege sich mit konstanter Geschwindigkeit v auf einem von O ausgehenden Strahl von O weg, während sich der Strahl mit konstanter Winkelgeschwindigkeit ω um O dreht. P beschreibt eine **Archimedische Spirale** (Bild 11.6).

Es sei t die Zeit, und am Beginn der Bewegung sei $t = t_0 = 0$, $r = r_0 = 0$. Zur Zeit t ist dann

$$r = vt, \qquad \varphi = \omega t,$$

woraus folgt

$$r = \frac{v}{\omega}\varphi, \qquad \text{und mit} \qquad a = \frac{v}{\omega} \qquad \text{ergibt sich die}$$

Gleichung der Archimedischen Spirale in Polarkoordinaten

$$\boxed{r = a\varphi} \tag{11.4}$$

Wegen $r \geq 0$ gilt:

Aus $\omega > 0$ (positive Drehung) folgt $a > 0$ und $\varphi \in [0, \infty)$,
aus $\omega < 0$ (negative Drehung) folgt $a < 0$ und $\varphi \in (-\infty, 0]$.

Sind $P_1(r_1;\varphi_1)$, $P_2(r_2;\varphi_2)$ zwei Punkte der Spiralen mit $\varphi_2 = \varphi_1 + 2\pi$, dann ist

$$r_2 = a\varphi_2 = a(\varphi_1 + 2\pi) = a\varphi_1 + 2\pi a = r_1 + 2\pi a.$$

Allgemein haben zwei Punkte der Archimedischen Spirale, deren Argumente φ sich um 2π unterscheiden, den konstanten Abstand $2\pi a$.

Die Gleichung der **logarithmischen Spirale in Polarkoordinaten** lautet

$$\boxed{r = a\,\mathrm{e}^{k\varphi}} \tag{11.5}$$

mit $a > 0$, $k > 0$, $\varphi \in \mathbb{R}$. Für $\varphi = 0$ wird $r = a$. Strebt φ von 0 gegen $+\infty$, dann umschlingt die Spirale in immer größeren Abständen den Pol O. Strebt φ von 0 gegen $-\infty$, dann nähert sich die Spirale in immer engeren Windungen asymptotisch dem Punkt O (Bild 11.7).

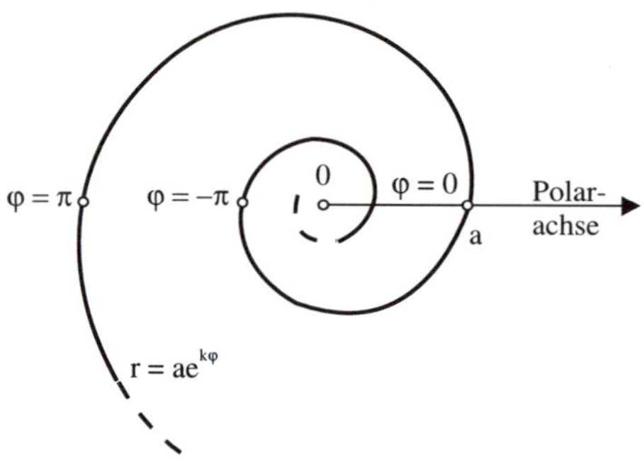

Bild 11.7

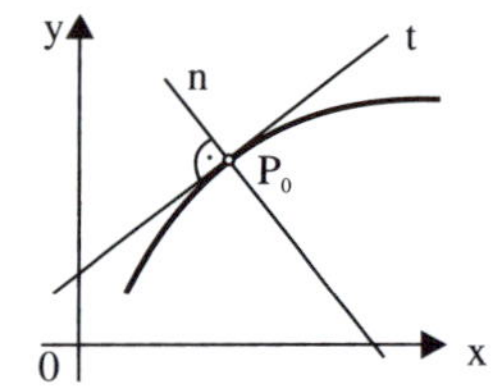

Bild 11.8

Aufgaben 11.1 bis 11.4

11.1.2 Tangenten und Normalen

In Abschnitt 5.2.2 wurden die Gleichung der Tangente t an eine Kurve im Kurvenpunkt P_0 und die Gleichung der Normalen n durch P_0 hergeleitet (Bild 11.8). Mit dem Anstieg m_T der Tangente und dem Anstieg $m_\mathrm{N} = -\dfrac{1}{m_\mathrm{T}}$ der Normalen ist die

Tangentengleichung: $y = m_\mathrm{T}(x - x_0) + y_0$

Normalengleichung: $y = m_\mathrm{N}(x - x_0) + y_0$

Für die explizite Kurvengleichung $y = f(x)$ ist

$$m_\mathrm{T} = f'(x_0),$$

und für die implizite Kurvengleichung $F(x; y) = 0$ ist nach (10.9)

$$m_\mathrm{T} = -\frac{F_x(x_0; y_0)}{F_y(x_0; y_0)}.$$

Die Kurve k sei in der Parameterdarstellung $\boldsymbol{r} = \boldsymbol{r}(t) = x(t)\boldsymbol{i} + y(t)\boldsymbol{j}$ gegeben. (Die Verwendung von t für die Tangente und für den Parameter ist schwer vermeidbar.) Die Funktionen $x = x(t)$, $y = y(t)$ seien stetig nach t differenzierbar. Es wird der Richtungsvektor $\boldsymbol{t}$ der Kurventangente in P gesucht (Bild 11.9).

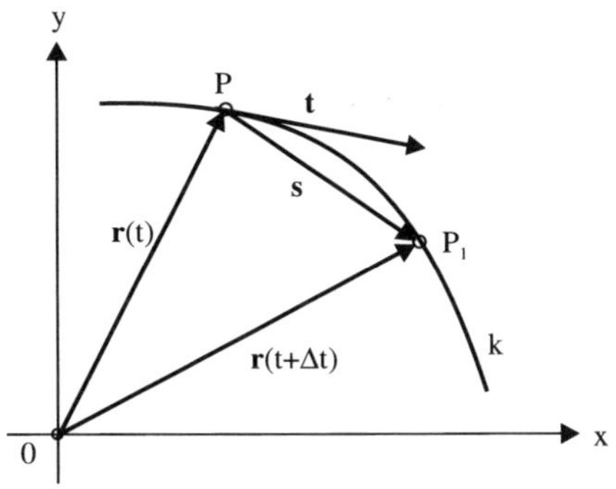

Bild 11.9

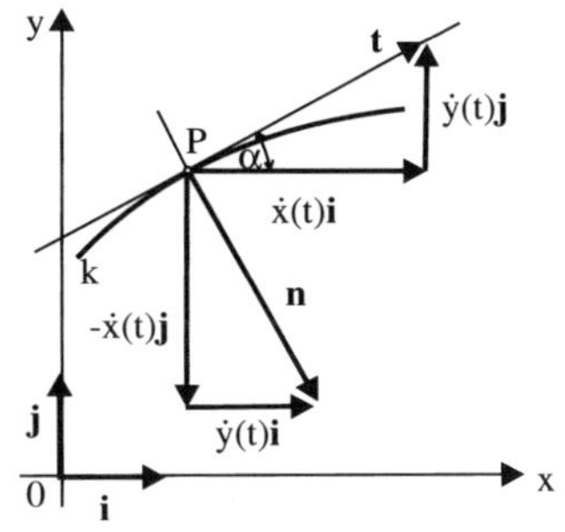

Bild 11.10

P_1 ist der zum Parameterwert $t + \Delta t$ gehörende Kurvenpunkt. Der Sehnenvektor ist

$$\overrightarrow{PP_1} = \boldsymbol{s} = \boldsymbol{r}(t + \Delta t) - \boldsymbol{r}(t),$$

und nach Division durch Δt ergibt sich der zu $\boldsymbol{s}$ gleichgerichtete Vektor

$$\frac{\boldsymbol{s}}{\Delta t} = \frac{\boldsymbol{r}(t + \Delta t) - \boldsymbol{r}(t)}{\Delta t}.$$

Für $\Delta t \to 0$ strebt $\boldsymbol{s}/\Delta t$ gegen den Tangentenvektor

$$\boldsymbol{t} = \lim_{\Delta t \to 0} \frac{\boldsymbol{r}(t + \Delta t) - \boldsymbol{r}(t)}{\Delta t},$$

und mit (10.29) und (10.30) ist ein **Tangentenvektor** der Kurve k:

$$\boxed{\boldsymbol{t} = \dot{\boldsymbol{r}}(t) = \dot{x}(t)\boldsymbol{i} + \dot{y}(t)\boldsymbol{j}} \tag{11.6}$$

Nach Bild 11.10 folgt für den Tangentenanstieg

$$\boxed{\tan\alpha = m_{\mathrm{T}} = \frac{\dot{y}(t)}{\dot{x}(t)}} \tag{11.7}$$

Wegen $m_{\mathrm{N}} = -1/m_{\mathrm{T}}$ ist der Anstieg der Normalen

$$\boxed{m_{\mathrm{N}} = -\frac{\dot{x}(t)}{\dot{y}(t)}} \tag{11.8}$$

und ein **Normalenvektor** ist

$$\boxed{\boldsymbol{n} = \dot{y}(t)\boldsymbol{i} - \dot{x}(t)\boldsymbol{j}} \tag{11.9}$$

Die Gleichung der Tangente durch P_0 lautet damit

$$\boldsymbol{r}(t) = \boldsymbol{r}(t_0) + \mu\boldsymbol{t}(t_0) = \begin{pmatrix} x(t_0) \\ y(t_0) \end{pmatrix} + \mu \begin{pmatrix} \dot{x}(t_0) \\ \dot{y}(t_0) \end{pmatrix}, \qquad \mu \in \mathbb{R}$$

und die Gleichung der Normalen durch P_0

$$\boldsymbol{r}(t) = \boldsymbol{r}(t_0) + \lambda \boldsymbol{n}(t_0) = \begin{pmatrix} x(t_0) \\ y(t_0) \end{pmatrix} + \lambda \begin{pmatrix} \dot{y}(t_0) \\ -\dot{x}(t_0) \end{pmatrix}, \qquad \lambda \in \mathbb{R}.$$

Beispiel 11.1

Die gewöhnliche Zykloide mit der Parameterdarstellung (11.2) hat nach (11.6) den Tangentenvektor

$$\boldsymbol{t} = \dot{\boldsymbol{r}}(t) = \begin{pmatrix} \dot{x}(t) \\ \dot{y}(t) \end{pmatrix} = a \begin{pmatrix} 1 - \cos t \\ \sin t \end{pmatrix}$$

und nach (11.9) den Normalenvektor

$$\boldsymbol{n}(t) = \begin{pmatrix} \dot{y}(t) \\ -\dot{x}(t) \end{pmatrix} = a \begin{pmatrix} \sin t \\ \cos t - 1 \end{pmatrix}$$

Der Tangentenanstieg ist nach (11.7)

$$m_{\mathrm{T}} = \frac{a \sin t}{a(1 - \cos t)} = \frac{2 \sin \frac{t}{2} \cos \frac{t}{2}}{2 \sin^2 \frac{t}{2}} = \cot \frac{t}{2}.$$

Für $t = \pi$ wird $m_{\mathrm{T}} = 0$. Die Tangente ist im Punkt $P(t = \pi)$ parallel zur x-Achse (Bild 11.3). In den zu $t = 0,\ 2\pi,\ 4\pi,\ \ldots$ gehörenden Punkten ist $m_{\mathrm{T}} = \tan \alpha$ nicht definiert, d. h. $\alpha = 90°$. Die Zykloide hat in den Spitzen eine zur x-Achse orthogonale Tangente.

Beispiel 11.2

Für die Kreisevolvente mit der Darstellung (11.3) ist der Anstieg der Tangente

$$m_{\mathrm{T}} = \frac{\dot{y}(t)}{\dot{x}(t)} = \frac{R(\cos t - \cos t + t \sin t)}{R(-\sin t + \sin t + t \cos t)} = \tan t.$$

Wegen $m_{\mathrm{T}} = \tan \alpha = \tan t$ ist der Anstiegswinkel α der Tangente gleich dem als Parameter verwendeten Winkel t (Bild 11.11). Die Tangente in P ist also parallel zum Radius $\overline{MA}$ und wegen $AP \perp MA$ ist auch AP orthogonal zur Tangente, d. h., AP ist die Kurvennormale in P.

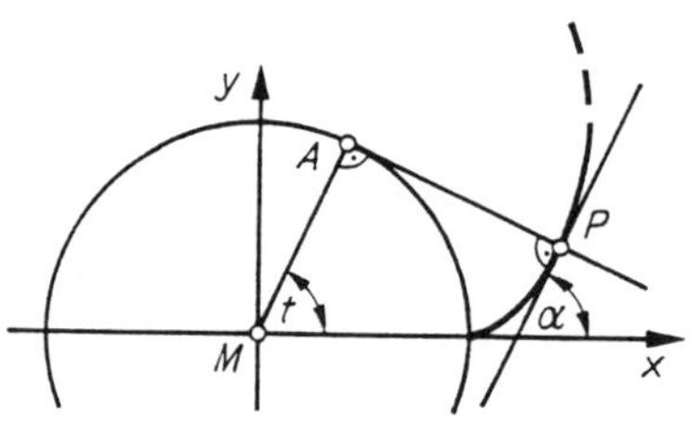

Bild 11.11

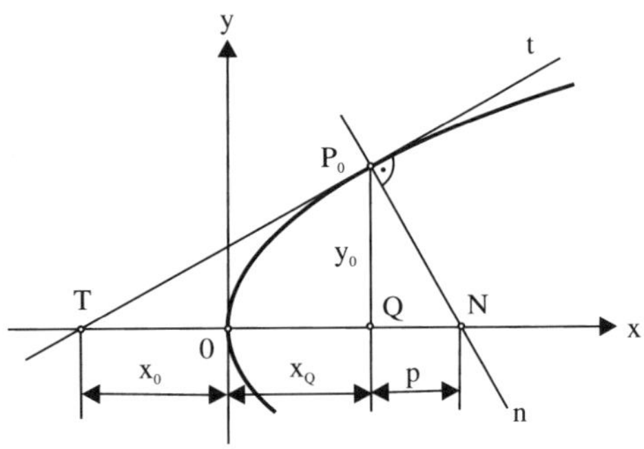

Bild 11.12

Beispiel 11.3

Für die Parabel mit der Gleichung $y^2 = 2px$ (vgl. 3.3.4) ist der Anstieg der Tangente in P_0 (Bild 11.12)

$$m_T = f'(x_0) = \frac{2p}{2\sqrt{2px_0}} = \frac{p}{y_0}$$

Die Gleichung der Tangente durch P_0 lautet

$$t\colon\ y = f'(x_0)(x - x_0) + y_0 = \frac{p}{y_0}x - \frac{p}{y_0}x_0 + y_0$$

und mit $y_0^2 = 2px_0$ folgt

$$t\colon\ y = \frac{p}{y_0}x + \frac{px_0}{y_0} \tag{I}$$

Die Gleichung der Normalen lautet

$$n\colon\ y = -\frac{y_0}{p}x + y_0 + \frac{y_0}{p}x_0. \tag{II}$$

Unter Der **Subtangente** versteht man die Projektion $\overline{TQ}$ des Tangentenabschnitts $\overline{P_0T}$ auf die x-Achse. $\overline{QN}$ ist die **Subnormale**. Mit $y = 0$ folgt aus (I) die Abszisse von T mit $x_T = -x_0$. Die Subtangente ist somit $\overline{TQ} = 2x_0$. Aus (II) ergibt sich mit $y = 0$ die Abszisse von N: $x_N = x_0 + p$ und für die Subnormale $\overline{QN} = p$, d. h., die Subnormale der Parabel ist konstant. Daraus folgt eine einfache *Konstruktion* der Parabeltangente. Bei gegebenem P_0 wird x_0 von O nach links abgetragen bis T und ergibt die Tangente P_0T, oder es wird p von Q nach rechts bis N abgetragen, und man erhält die Tangente als Orthogonale zur Normalen P_0N durch P_0.

Aus der Kurvengleichung in Polarkoordinaten $r = r(\varphi)$ und den Transformationsgleichungen $x = r\cos\varphi$, $y = r\sin\varphi$ folgt für die Parameterdarstellung mit φ als Parameter

$$\boldsymbol{r} = \boldsymbol{r}(\varphi) = \begin{pmatrix} x(\varphi) \\ y(\varphi) \end{pmatrix} = \begin{pmatrix} r(\varphi)\cos\varphi \\ r(\varphi)\sin\varphi \end{pmatrix} \tag{III}$$

Der Tangentenvektor ist

$$\boldsymbol{t} = \dot{\boldsymbol{r}} = \begin{pmatrix} \dot{x}(\varphi) \\ \dot{y}(\varphi) \end{pmatrix} = \begin{pmatrix} \dot{r}\cos\varphi - r\sin\varphi \\ \dot{r}\sin\varphi + r\cos\varphi \end{pmatrix}$$

und der Tangentenanstieg

$$\boxed{m_T = \frac{\dot{y}(\varphi)}{\dot{x}(\varphi)} = \frac{\dot{r}\sin\varphi + r\cos\varphi}{\dot{r}\cos\varphi - r\sin\varphi}} \tag{11.10}$$

In (11.10) wird mit $\dot{r}\cos\varphi$ gekürzt

$$m_T = \frac{\dfrac{r}{\dot{r}} + \tan\varphi}{1 - \dfrac{r}{\dot{r}}\tan\varphi}. \tag{III}$$

Man setzt

$$\boxed{\tan\tau = \frac{r}{\dot r}} \tag{11.11}$$

Dann folgt aus (IV) für den Tangentenanstieg

$$\tan\alpha = m_{\mathrm{T}} = \frac{\tan\tau + \tan\varphi}{1 - \tan\tau\tan\varphi} = \tan(\tau+\varphi) \qquad \text{oder}$$

$$\alpha = \tau + \varphi \qquad \text{bzw.} \qquad \tau = \alpha - \varphi$$

Nach Bild 11.13 ist also τ der Winkel zwischen dem Radiusvektor OP und der Tangente t in P.

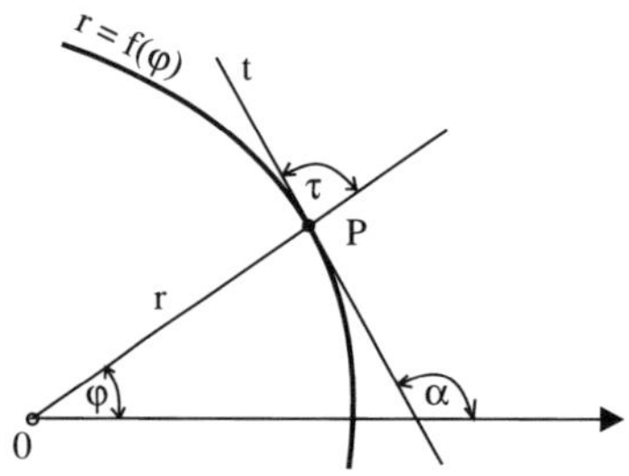

Bild 11.13

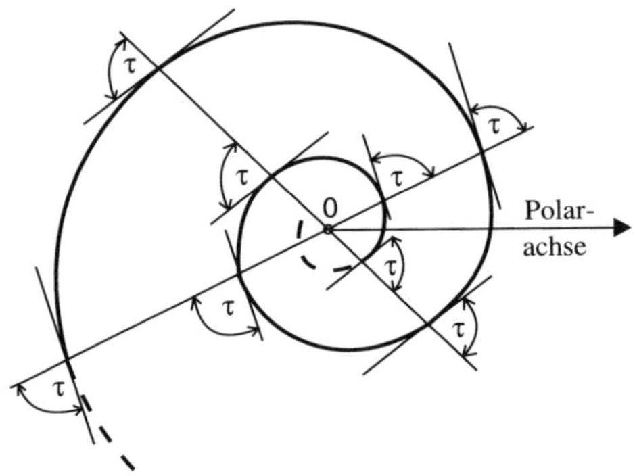

Bild 11.14

Beispiel 11.4

Die logarithmische Spirale mit der Gleichung (11.5): $r = a\,\mathrm{e}^{k\varphi}$ hat die Parameterdarstellung

$$\boldsymbol{r} = \boldsymbol{r}(\varphi) = \begin{pmatrix} a\,\mathrm{e}^{k\varphi}\cos\varphi \\ a\,\mathrm{e}^{k\varphi}\sin\varphi \end{pmatrix}$$

und den Tangentenvektor

$$\dot{\boldsymbol{r}} = \dot{\boldsymbol{r}}(\varphi) = \begin{pmatrix} a\,\mathrm{e}^{k\varphi}(k\cos\varphi - \sin\varphi) \\ a\,\mathrm{e}^{k\varphi}(k\sin\varphi + \cos\varphi) \end{pmatrix} = \begin{pmatrix} \dot x(\varphi) \\ \dot y(\varphi) \end{pmatrix}$$

Der Tangentenanstieg ist

$$m_{\mathrm{T}} = \frac{\dot y(\varphi)}{\dot x(\varphi)} = \frac{k\sin\varphi + \cos\varphi}{k\cos\varphi - \sin\varphi} = \frac{k\tan\varphi + 1}{k - \tan\varphi}$$

Für den Winkel τ folgt nach (11.11)

$$\tan\tau = \frac{r}{\dot r} = \frac{a\,\mathrm{e}^{k\varphi}}{ak\,\mathrm{e}^{k\varphi}} = \frac{1}{k}.$$

τ ist also eine Konstante. Die logarithmische Spirale schneidet alle Geraden durch O unter dem gleichen Winkel $\tau = \arctan\frac{1}{k}$ (Bild 11.14).

Aufgaben 11.5 bis 11.9

11.1.3 Bogenlänge

In Abschnitt 6.3.3 wurde für die Bogenlänge $s = \widehat{P_1 P_2}$ eines Kurvenstücks mit der Darstellung $y = f(x)$ die Formel (6.47)

$$s = \int\limits_{x_1}^{x_2} \sqrt{1 + [f'(x)]^2}\, \mathrm{d}x$$

hergeleitet. Der Integrand heißt **Bogendifferential** (Bogenelement):

$$\mathrm{d}s = \sqrt{1 + [f'(x)]^2}\, \mathrm{d}x = \sqrt{(\mathrm{d}x)^2 + (\mathrm{d}y)^2}$$

Die Kurve sei nun in der Parameterdarstellung $\boldsymbol{r} = \boldsymbol{r}(t) = x(t)\boldsymbol{i} + y(t)\boldsymbol{j}$ gegeben. Für die Grenzen sei $x_1 = x(t_1)$, $x_2 = x(t_2)$. Mit

$$\mathrm{d}x = \dot{x}(t)\, \mathrm{d}t, \qquad \mathrm{d}y = \dot{y}(t)\, \mathrm{d}t$$

folgt (unter Weglassen des Argumentes) für das Bogendifferential

$$\mathrm{d}s = \sqrt{\dot{x}^2 + \dot{y}^2}\, \mathrm{d}t$$

und für die **Bogenlänge bei Parameterdarstellung**

$$\boxed{s = \int\limits_{t_1}^{t_2} \sqrt{\dot{x}^2 + \dot{y}^2}\, \mathrm{d}t = \int\limits_{t_1}^{t_2} |\dot{\boldsymbol{r}}|\, \mathrm{d}t} \qquad (11.12)$$

Für die Kurvendarstellung in Polarkoordinaten $r = r(\varphi)$ folgt aus (11.12), wenn t durch φ und $\dot{x}$, $\dot{y}$ nach (11.10) ersetzt werden:

$$s = \int\limits_{\varphi_1}^{\varphi_2} \sqrt{(\dot{r}\cos\varphi - r\sin\varphi)^2 + (\dot{r}\sin\varphi + r\cos\varphi)^2}\, \mathrm{d}\varphi$$

$$\boxed{s = \int\limits_{\varphi_1}^{\varphi_2} \sqrt{r^2 + \dot{r}^2}\, \mathrm{d}\varphi} \qquad (11.13)$$

Beispiel 11.5

Man berechne für die gewöhnliche Zykloide die Bogenlänge zwischen zwei nebeneinander liegenden Spitzen.

Lösung:

Es ist $t_1 = 0$, $t_2 = 2\pi$ und nach (11.2) $\dot{x} = a(1 - \cos t)$, $\dot{y} = a\sin t$. Damit folgt aus (11.12)

$$s = \int\limits_{0}^{2\pi} \sqrt{a^2(1 - \cos t)^2 + a^2\sin^2 t}\, \mathrm{d}t = a\int\limits_{0}^{2\pi} \sqrt{2(1 - \cos t)}\, \mathrm{d}t$$

$$= 2a \int_0^{2\pi} \sin \frac{t}{2} \, \mathrm{d}t = \left[-4a \cos \frac{t}{2}\right]_0^{2\pi} \underline{\underline{= 8a}}$$

Die Länge eines Zykloidenbogens zwischen zwei Spitzen ist gleich dem achtfachen Radius des rollenden Kreises.

Beispiel 11.6

Wie groß ist die Bogenlänge der Archimedischen Spirale $r = \frac{1}{2}\varphi$ zwischen den Punkten $P_1(\varphi_1 = 0)$ und $P_2(\varphi_2 = 0)$ (Bild 11.15)?

Lösung:

Mit $\dot{r} = 1/2$ folgt aus (11.13)

$$s = \int_0^{2\pi} \sqrt{\frac{1}{4}\varphi^2 + \frac{1}{4}} \, \mathrm{d}\varphi = \frac{1}{2} \int_0^{2\pi} \sqrt{\varphi^2 + 1} \, \mathrm{d}\varphi$$

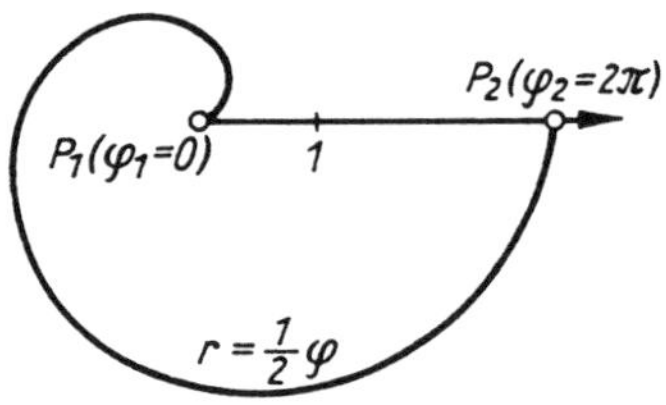

Bild 11.15

Aus der Integraltafel erhält man

$$s = \frac{1}{2} \left[\frac{\varphi}{2}\sqrt{\varphi^2 + 1} + \frac{1}{2} \ln \left(\varphi + \sqrt{\varphi^2 + 1}\right)\right]_0^{2\pi} = \underline{\underline{10,63}}$$

Aufgaben 11.10 bis 11.13

11.1.4 Krümmung

Der Krümmungsbegriff einer Kurve ist anschaulich so weit bekannt, daß z. B. für die Kurve in Bild 11.16 gesagt werden kann, sie ist in P_2 stärker gekrümmt als in P_1. Um die Krümmung analytisch zu erfassen, werden zwei Kurvenpunkte P und P_1 gewählt (Bild 11.17). Es ist $\widehat{P_1P_2} = \Delta s$. Die Tangenten in P und P_1 schließen den Winkel $\Delta\alpha$ ein. Je größer $\Delta\alpha$ bei gleichem Δs ist, um so größer ist offensichtlich die Krümmung. Daher kann

$$\bar{k} = \frac{\Delta\alpha}{\Delta s}$$

als mittlere Krümmung des Kurvenstücks $\widehat{PP_1}$ definiert werden. Für $P_1 \to P$, d. h. $\Delta s \to 0$ ergibt sich die Krümmung im Punkt P:

$$k = \lim_{\Delta s \to 0} \frac{\Delta\alpha}{\Delta s} = \frac{\mathrm{d}\alpha}{\mathrm{d}s}.$$

Die Kurve habe die Gleichung $y = f(x)$. Aus $\tan\alpha = y'$ folgt

$$\alpha = \arctan y'.$$

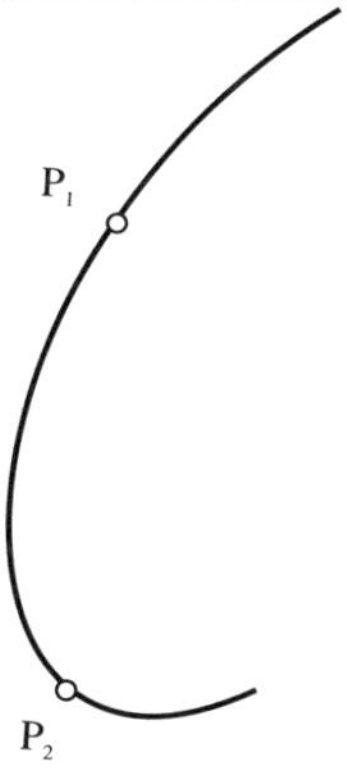

Bild 11.16

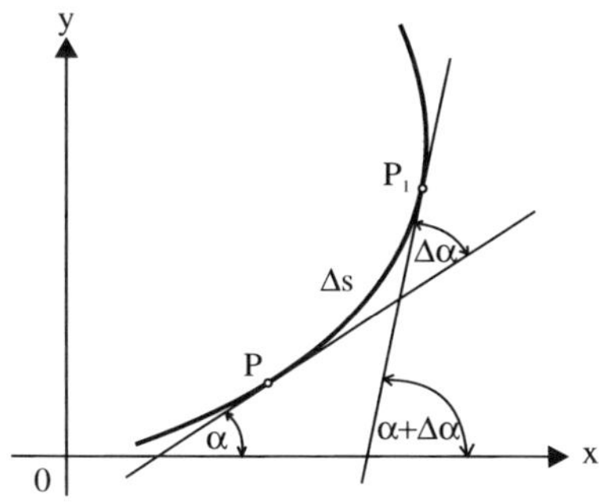

Bild 11.17

Mit der Kettenregel und dem Bogendifferential $\mathrm{d}s = \sqrt{1+y'^2}\,\mathrm{d}x$ ergibt sich

$$k = \frac{\mathrm{d}\alpha}{\mathrm{d}s} = \frac{\mathrm{d}\alpha}{\mathrm{d}x} \cdot \frac{\mathrm{d}x}{\mathrm{d}s} = \frac{\mathrm{d} \arctan y'}{\mathrm{d}x} \cdot \frac{\mathrm{d}x}{\mathrm{d}s}$$
$$= \frac{1}{1+y'^2} y'' \cdot \frac{\mathrm{d}x}{\sqrt{1+y'^2}\,\mathrm{d}x}$$

und damit für die **Krümmung der Kurve in einem Punkt**:

$$\boxed{k = k(x) = \frac{y''}{(1+y'^2)^{\frac{3}{2}}}} \qquad (11.14)$$

k und y'' haben gleiches Vorzeichen. In Richtung wachsender x-Werte ist

$k > 0$ für einen Linksbogen,
$k < 0$ für einen Rechtsbogen,
$k = 0$ für einen Wendepunkt

(Bild 11.18, vgl. auch Abschn.5.2.9.1).

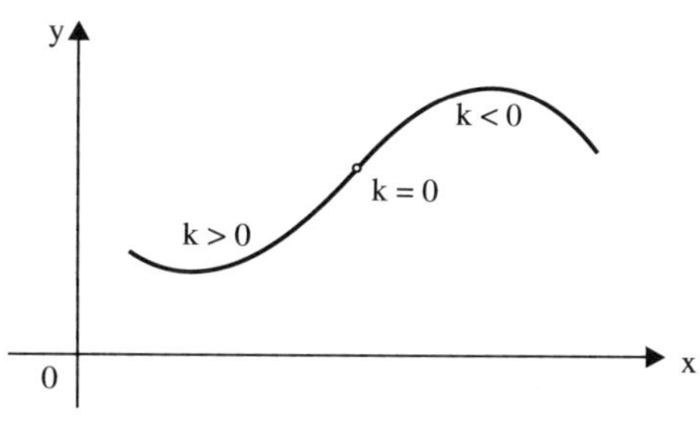

Bild 11.18

Für die Parameterdarstellung $\boldsymbol{r} = \boldsymbol{r}(t)$ der Kurve folgt aus

$$\tan \alpha = y' = \frac{\dot{y}}{\dot{x}} \text{ für die zweite Ableitung}$$

$$y'' = \frac{\mathrm{d}y'}{\mathrm{d}x} = \frac{\mathrm{d}\left(\frac{\dot{y}}{\dot{x}}\right)}{\mathrm{d}t} \cdot \frac{\mathrm{d}t}{\mathrm{d}x} = \frac{\ddot{y}\dot{x} - \dot{y}\ddot{x}}{\dot{x}^2} \cdot \frac{1}{\dot{x}}$$

$$y'' = \frac{\ddot{y}\dot{x} - \dot{y}\ddot{x}}{\dot{x}^3}$$

Damit ergibt sich aus (11.14)

$$k = \frac{\ddot{y}\dot{x} - \dot{y}\ddot{x}}{\dot{x}^3\left[1 + \left(\frac{\dot{y}}{\dot{x}}\right)^2\right]^{\frac{3}{2}}} \qquad \text{oder}$$

$$\boxed{k(t) = \frac{\ddot{y}\dot{x} - \dot{y}\ddot{x}}{\left(\dot{x}^2 + \dot{y}^2\right)^{\frac{3}{2}}}} \tag{11.15}$$

Ist die Kurve in Polarkoordinaten durch $r = r(\varphi)$ gegeben, dann ist mit φ als Parameter

$$\boxed{k(\varphi) = \frac{r^2 + 2\dot{r}^2 - r\ddot{r}}{\left(r^2 + \dot{r}^2\right)^{\frac{3}{2}}}} \tag{11.16}$$

Beispiel 11.7

Für den Kreis mit der Parameterdarstellung (3.56) ist

$$\begin{aligned} x &= r\cos t & \dot{x} &= -r\sin t & \ddot{x} &= -r\cos t \\ y &= r\sin t & \dot{y} &= r\cos t & \ddot{y} &= -r\sin t \end{aligned}$$

und nach (11.16)

$$k = \frac{r^2\sin^2 t + r^2\cos^2 t}{(r^2\sin^2 t + r^2\cos^2 t)^{3/2}} = \frac{r^2}{r^3} = \frac{1}{r} \tag{I}$$

Die Krümmung des Kreises ist konstant gleich dem reziproken Radius.

Mit dem Ergebnis des Beispiels 11.7 läßt sich der Krümmungsbegriff anschaulich geometrisch deuten. Es gibt unendlich viele Kreise, die eine Kurve in einem Kurvenpunkt P, d. h. die Kurventangente in P berühren (Bild 11.19). Ihre Mittelpunkte liegen auf der Kurvennormalen n von P. Unter diesen Kreisen gibt es einen Kreis, der die gleiche Krümmung hat wie die Kurve in P. Er heißt **Krümmungskreis** und schmiegt sich anschaulich in der Umgebung von P der Kurve besser an als die anderen genannten Kreise, d. h., soll die Kurve in der Umgebung von P durch einen Kreisbogen ersetzt werden, dann gibt der Krümmungskreis die beste Näherung.
Die Kurve hat in P die Krümmung k. ϱ sei der Radius des Krümmungskreises. Damit Kurven- und Kreiskrümmung in P übereinstimmen, muß wegen (I) gelten

$$\boxed{\varrho = \left|\frac{1}{k}\right|} \tag{11.17}$$

ϱ heißt **Krümmungsradius**. M ist der **Krümmungsmittelpunkt**. Die Koordinaten ξ, η von M ergeben sich aus Bild 11.20:

$$\begin{aligned} \xi &= x - \varrho\sin\alpha \\ \eta &= y + \varrho\cos\alpha. \end{aligned}$$

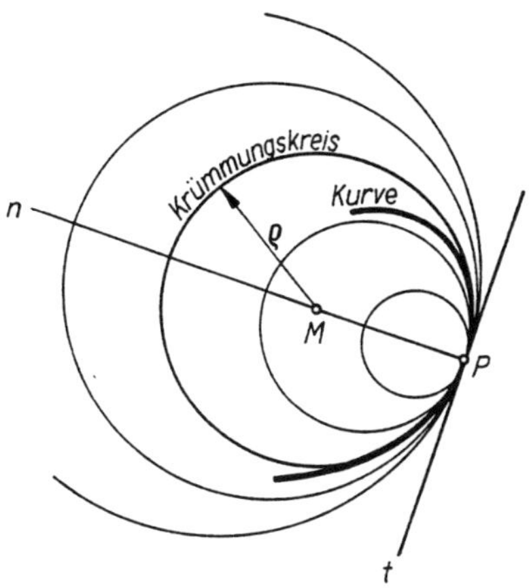

Bild 11.19

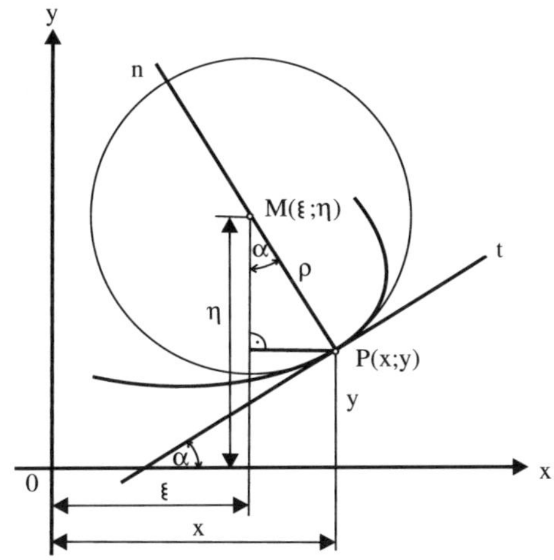

Bild 11.20

Berechnet man für die Kurvengleichung $y = f(x)$ bzw. $\boldsymbol{r} = \boldsymbol{r}(t)$ aus $\tan\alpha = y' = \dfrac{\dot{y}}{\dot{x}}$ die Werte $\sin\alpha$ und $\cos\alpha$ nach 1.4.2.3, ersetzt in $\varrho = \left|\dfrac{1}{k}\right|$ den Wert k nach (11.14) bzw. (11.15), dann ergibt sich nach Vereinfachung für die **Koordinaten des Krümmungsmittelpunktes**:

$$\xi = x - \frac{y'(1+y'^2)}{y''} \qquad \eta = y + \frac{1+y'^2}{y''} \qquad \text{(II)}$$

$$\xi = x - \frac{\dot{y}(\dot{x}^2+\dot{y}^2)}{\ddot{y}\dot{x} - \dot{y}\ddot{x}} \qquad \eta = y + \frac{\dot{x}(\dot{x}^2+\dot{y}^2)}{\ddot{y}\dot{x} - \dot{y}\ddot{x}} \qquad \text{(III)}$$

Ein Kurvenpunkt mit extremaler Krümmung heißt **Scheitelpunkt** der Kurve. Zum Beispiel ist die Krümmung der Ellipse in den Hauptscheitelpunkten minimal, in den Nebenscheitelpunkten maximal. In einem beliebigen Kurvenpunkt durchsetzt der Krümmungskreis die Kurve, während in einem Scheitelpunkt S der Krümmungskreis in der Umgebung von S nur auf einer Seite der Kurve liegt.

Beispiel 11.8

Für die Krümmung der Sinuskurve folgt mit $y = \sin x$, $y' = \cos x$, $y'' = -\sin x$ nach (11.14)

$$k(x) = \frac{-\sin x}{(1+\cos^2 x)^{\frac{3}{2}}}.$$

Im Punkt $S(x_s = \pi/2)$ ist

$$k\left(\frac{\pi}{2}\right) = -1, \qquad \varrho\left(\frac{\pi}{2}\right) = 1,$$

$M(\pi/2; 0)$ (Bild 11.21).

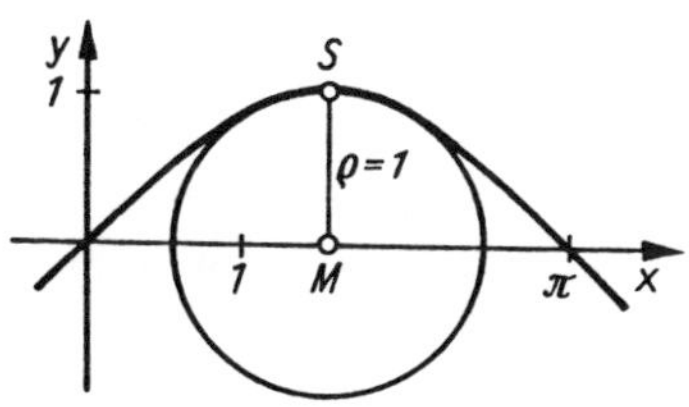

Bild 11.21

Beispiel 11.9

Die Ellipse ist unter Verwendung der zu den Haupt- und Nebenscheitelpunkten gehörenden Krümmungskreise zu zeichnen.

Lösung:

Für die Parameterdarstellung (3.71) ist

$$x = a\cos t \qquad \dot{x} = -a\sin t \qquad \ddot{x} = -a\cos t$$
$$y = b\sin t \qquad \dot{y} = b\cos t \qquad \ddot{y} = -b\sin t$$

und mit (11.15)

$$k(t) = \frac{ab\sin^2 t + ab\cos^2 t}{(a^2\sin^2 t + b^2\cos^2 t)^{3/2}} = \frac{ab}{(a^2\sin^2 t + b^2\cos^2 t)^{3/2}}$$

Für die Hauptscheitelpunkte $A_1(t=0)$, $A_2(t=\pi)$ gilt:

$k(0) = k(\pi) = \dfrac{a}{b^2}$ und damit $\varrho(0) = \varrho(\pi) = \dfrac{b^2}{a} = \varrho_A$.

Für die Nebenscheitelpunkte $B_1(t = \frac{\pi}{2})$, $B_2(t = \frac{3}{2}\pi)$ gilt:

$k\left(\dfrac{\pi}{2}\right) = k\left(\dfrac{3}{2}\pi\right) = \dfrac{b}{a^2}$ und damit $\varrho\left(\dfrac{\pi}{2}\right) = \varrho\left(\dfrac{3}{2}\pi\right) = \dfrac{a^2}{b} = \varrho_B$.

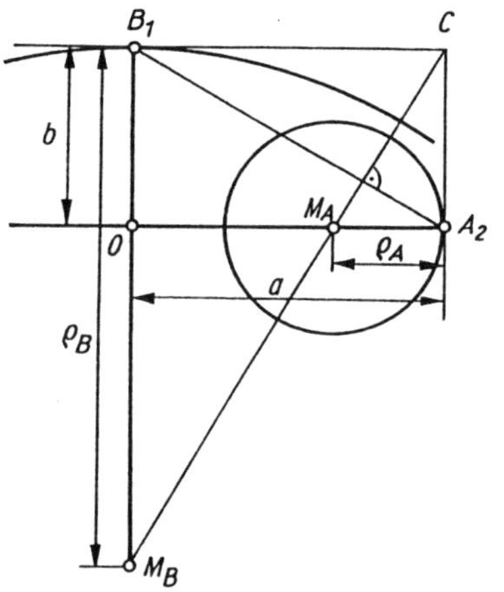

Bild 11.22

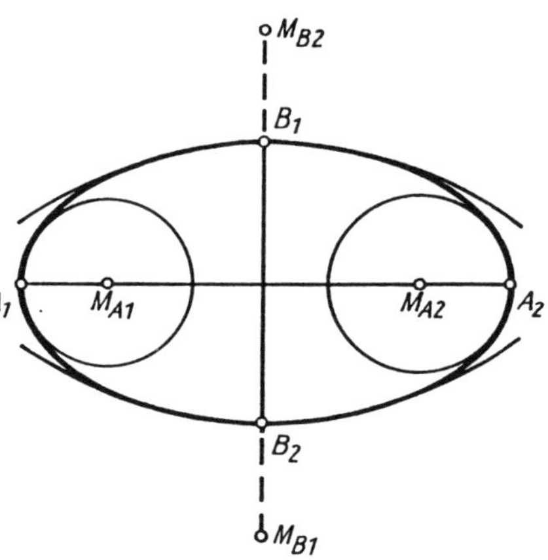

Bild 11.23

Die zugehörigen Krümmungsmittelpunkte lassen sich leicht konstruieren. Man zeichnet das Rechteck OA_2CB_1 mit den Seiten a, b und seine Diagonale A_2B_1 (Bild 11.22). Die Orthogonale zu A_2B_1 durch C schneidet die Hauptachse in M_A, die Nebenachse in M_B und es ist $\overline{M_AA_2} = \varrho_A$, $\overline{M_BB_1} = \varrho_B$.

Beweis: $\triangle M_AA_2C \sim \triangle A_2CB_1$, folglich: $\overline{M_AA_2} : \overline{A_2C} = \overline{A_2C} : \overline{B_1C}$ oder $\varrho_A : b = b : a$ und somit $\varrho_A = b^2/a$. Entsprechend verläuft der Beweis für ϱ_B. Mit Hilfe der Scheitelkrümmungskreise ist die Ellipse leicht zu zeichnen (Bild 11.23).

Die **Klothoide** ist eine Kurve, für die das Produkt aus der Bogenlänge s von O $(t=0)$ bis zu einem Kurvenpunkt $P(t)$ und dem zu P gehörenden Krümmungsradius ϱ konstant ist: $s \cdot \varrho = c^2$ (Bild 11.24). Aus dieser Definition folgt eine

Parameterdarstellung

$$x = c\sqrt{\pi}\int\limits_0^t \cos\frac{\pi t^2}{2}\,\mathrm{d}t, \qquad y = c\sqrt{\pi}\int\limits_0^t \sin\frac{\pi t^2}{2}\,\mathrm{d}t, \qquad t \in \mathbb{R}$$

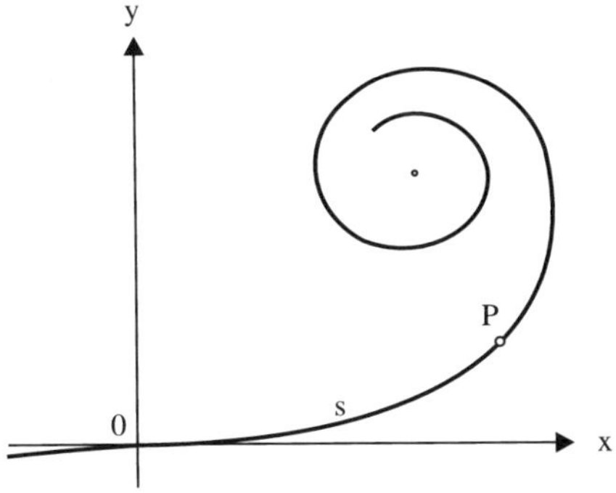

Bild 11.24

mit $t = \dfrac{s}{c\sqrt{\pi}}$ und $s = \widehat{OP}$. Die Integrale führen nicht auf elementare Funktionen. Für die praktische Anwendung wurden deshalb Tabellen aufgestellt. Bei dem Bau von Verkehrswegen wird z. B. zwischen die Gerade und den Kreisbogen ein Klothoidenbogen als „Übergangsbogen" eingeschaltet, der von der Krümmung $k = 0$ der Geraden stetig zur Krümmung $k = \dfrac{1}{r}$ führt, wenn r der Kreisradius ist.

Aufgaben 11.14 bis 11.19

11.1.5 Evoluten und Evolventen

Im allgemeinen gehört zu jedem Kurvenpunkt P ein Krümmungsmittelpunkt M. Durchläuft P die Kurve, dann durchläuft M ebenfalls eine Kurve. Sie heißt Evolute der Ausgangskurve und ist also die Menge der Krümmungsmittelpunkte.
Die Formeln (II), (III) aus 11.1.4 ergeben für variables x bzw. t die **Parameterdarstellung der Evolute**

$$\boxed{\begin{aligned}\xi &= x - \frac{y'(1+y'^2)}{y''} = \xi(x)\\ \eta &= y + \frac{1+y'^2}{y''} = \eta(x)\end{aligned}} \quad (11.18\text{a}) \qquad \boxed{\begin{aligned}\xi &= x - \frac{\dot{y}(\dot{x}^2+\dot{y}^2)}{\ddot{y}\dot{x}-\dot{y}\ddot{x}} = \xi(t)\\ \eta &= y + \frac{\dot{x}(\dot{x}^2+\dot{y}^2)}{\ddot{y}\dot{x}-\dot{y}\ddot{x}} = \eta(t)\end{aligned}} \quad (11.18\text{b})$$

Beispiel 11.10

Für die Parabel mit der Gleichung $y = x^2$ folgt mit $y' = 2x$, $y'' = 2$ aus (11.18a) für die Parameterdarstellung der Evolute

$$\xi = x - \frac{2x(1+4x^2)}{2} \qquad \text{bzw.} \qquad \xi = -4x^3$$
$$\eta = x^2 + \frac{1+4x^2}{2} \qquad\qquad\qquad \eta = 3x^2 + \frac{1}{2}$$

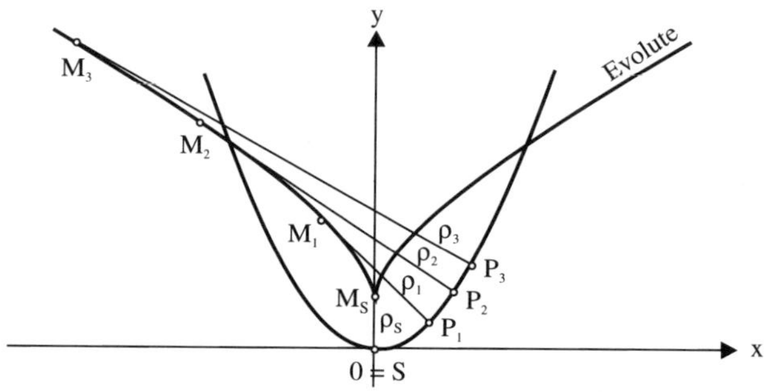

Bild 11.25

Ein Vergleich mit (11.1a) zeigt, daß die Evolute der quadratischen Parabel eine Neilsche Parabel (Bild 11.25) ist. Zum Scheitelpunkt S der Parabel gehört die Spitze M_S der Evolute. Die Kurvennormalen der Parabel, z. B. P_1M_1, sind Tangenten der Evolute.

Beispiel 11.11

Man berechne die Evolute der Kreisevolvente mit der Parameterdarstellung (11.3).

Lösung:

$$x = R(\cos t + t\sin t), \qquad \dot{x} = Rt\cos t, \qquad \ddot{x} = R(\cos t - t\sin t)$$
$$y = R(\sin t - t\cos t), \qquad \dot{y} = Rt\sin t, \qquad \ddot{y} = R(\sin t + t\cos t).$$

Eingesetzt in (11.18b) und vereinfacht ergibt mit

$$\xi = R\cos t, \qquad \eta = R\sin t$$

die Parameterdarstellung eines Kreises um O mit dem Radius R.

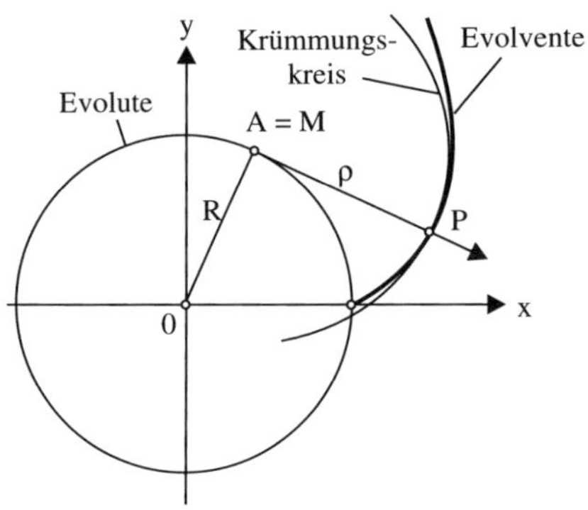

Bild 11.26

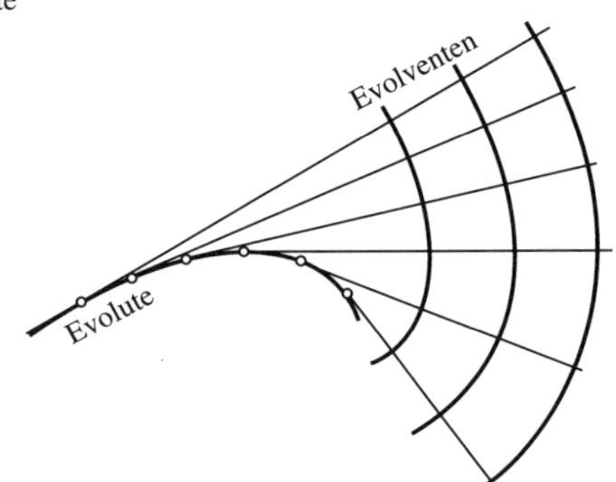

Bild 11.27

Die Evolute der Kreisevolvente ist also der Kreis, von dem der Faden abgewickelt wurde. In Bild 11.26 ist $\overline{AP} = \varrho$ der zu P gehörende Krümmungsradius, und $A = M$ ist der Krümmungsmittelpunkt (vgl. Bild 11.11).

Ohne Beweis wird mitgeteilt, daß der hier aufgetretene Zusammenhang zwischen Evolute und Evolvente allgemein besteht. Man denke sich an eine Kurve einen Faden gelegt (analog zum Kreis in 11.1.1). Jeder Punkt des Fadens beschreibt bei der Abwicklung eine Evolvente der Kurve. Für alle diese Evolventen ist die Kurve die Evolute (Bild 11.27).

Aufgaben 11.20 bis 11.22

11.1.6 Flächeninhalte

Bei einer gegebenen Kurvengleichung $y = f(x)$ wird der Inhalt der in Bild 11.28 gezeigten Fläche bekanntlich (vgl. 6.1.2) durch

$$A = \int_a^b f(x)\,\mathrm{d}x \qquad \text{(I)}$$

berechnet. Die Kurve sei nun in Parameterdarstellung $\boldsymbol{r} = \boldsymbol{r}(t)$ gegeben. Zu A, B gehören die Parameterwerte t_1 bzw. t_2, d. h., $a = x(t_1)$, $b = x(t_2)$. Bei dem Übergang zur Parameterdarstellung wird in (I) $y = f(x)$ durch $y = y(t)$ ersetzt und weiter ist $\mathrm{d}x = \dot{x}(t)\,\mathrm{d}t$. Man erhält für den **Flächeninhalt bei Parameterdarstellung**:

$$\boxed{A = \int_{t_1}^{t_2} y(t)\,\dot{x}(t)\,\mathrm{d}t} \qquad (11.19)$$

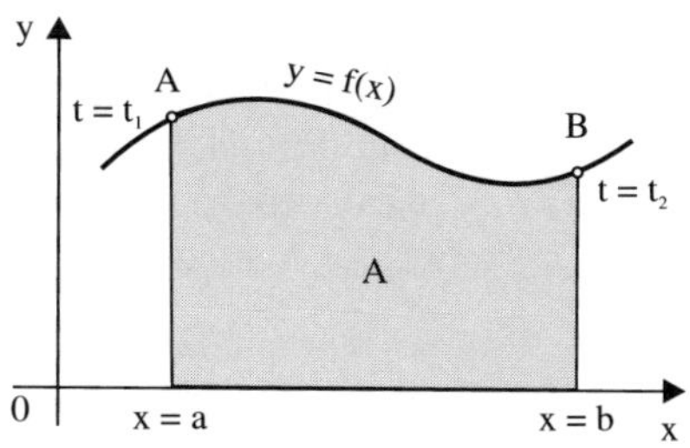

Bild 11.28

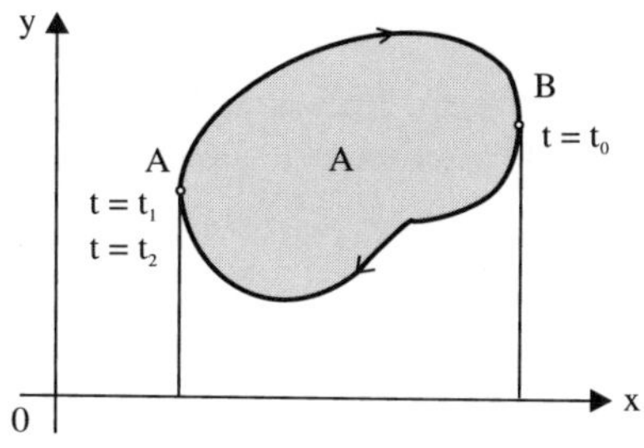

Bild 11.29

Formel (11.19) gilt auch, wenn die Fläche von einer geschlossenen Kurve begrenzt wird (Bild 11.29). Die Kurve werde in Pfeilrichtung von A über B nach A umlaufen, wenn t von t_1 über t_0 nach t_2 läuft. Es ist $x(t_1) = x(t_2)$, $y(t_1) = y(t_2)$. Der gesuchte Flächeninhalt ist die Differenz der Flächeninhalte der Flächen zwischen dem oberen Kurvenbogen und der x-Achse und dem unteren Kurvenbogen und der x-Achse:

$$A = \int_{t_1}^{t_0} y\dot{x}\,\mathrm{d}t - \int_{t_2}^{t_0} y\dot{x}\,\mathrm{d}t = \int_{t_1}^{t_0} y\dot{x}\,\mathrm{d}t + \int_{t_0}^{t_1} y\dot{x}\,\mathrm{d}t = \int_{t_1}^{t_2} y\dot{x}\,\mathrm{d}t.$$

Der Flächeninhalt wird positiv oder negativ, je nachdem, ob die Kurve mathematisch negativ (rechtsläufig) oder mathematisch positiv (linksläufig) umfahren wird.

Beispiel 11.12

Gesucht wird der Inhalt der Fläche zwischen einem Zykloidenbogen und der x-Achse.

Lösung:

$x = a(t - \sin t)$, $y = a(1 - \cos t)$, $\dot{x} = a(1 - \cos t)$.
$t_1 = 0$, $t_2 = 2\pi$ [vgl. (11.2) und Bild 11.3].

$$A = \int_0^{2\pi} a^2(1 - \cos t)^2\,\mathrm{d}t = a^2 \int_0^{2\pi} (1 - 2\cos t + \cos^2 t)\,\mathrm{d}t$$

$$= a^2 \left[t - 2\sin t + \frac{1}{2}(t + \sin t \cos t)\right]_0^{2\pi} = \underline{\underline{3\pi a^2}}$$

Der gesuchte Flächeninhalt ist gleich dem dreifachen Flächeninhalt des rollenden Kreises.

Beispiel 11.13

Die Ellipse mit der Parameterdarstellung $x = a\cos t$, $y = b\sin t$ wird positiv umfahren für t von 0 bis 2π [vgl. (3.71) und Bild 3.44]. Es ist $x(0) = x(2\pi) = a$, $y(0) = y(2\pi) = 0$. Mit $\dot{x} = -a\sin t$ folgt für den Flächeninhalt der Ellipse mit (11.19)

$$A = -ab \int_0^{2\pi} \sin^2 t\,\mathrm{d}t = -ab\left[\frac{1}{2}(t - \sin t\cos t)\right]_0^{2\pi} = \underline{\underline{-\pi ab}}$$

Die Kurvengleichung sei in Polarkoordinaten $r = r(\varphi)$ gegeben. Der Flächeninhalt A in Bild 11.30 ist zu berechnen. Wird φ um $\Delta\varphi$ vergrößert, ändert sich A um ΔA. Im Intervall von φ bis $\varphi + \Delta\varphi$ sei r_1 der minimale, r_2 der maximale Radius.

Dann gilt

$$\frac{1}{2}r_1^2\Delta\varphi < \Delta A < \frac{1}{2}r_2^2\Delta\varphi \qquad \text{oder}$$

$$\frac{1}{2}r_1^2 < \frac{\Delta A}{\Delta\varphi} < \frac{1}{2}r_2^2$$

Für $\Delta\varphi \to 0$ folgt $r_1 \to r$, $r_2 \to r$ und damit

$$\lim_{\Delta\varphi\to 0} \frac{\Delta A}{\Delta\varphi} = \frac{\mathrm{d}A}{\mathrm{d}\varphi} = \frac{1}{2}r^2. \tag{II}$$

Die Integration von (II) nach φ ergibt $A = A(\varphi)$:

$$A(\varphi) = \frac{1}{2} \int\limits_0^{\varphi} r^2 \, \mathrm{d}\varphi$$

Für den **Flächeninhalt bei** Darstellung in **Polarkoordinaten** entsprechend Bild 11.31 folgt dann

$$\boxed{A = \frac{1}{2} \int\limits_{\varphi_1}^{\varphi_2} r^2 \, \mathrm{d}\varphi} \tag{11.20}$$

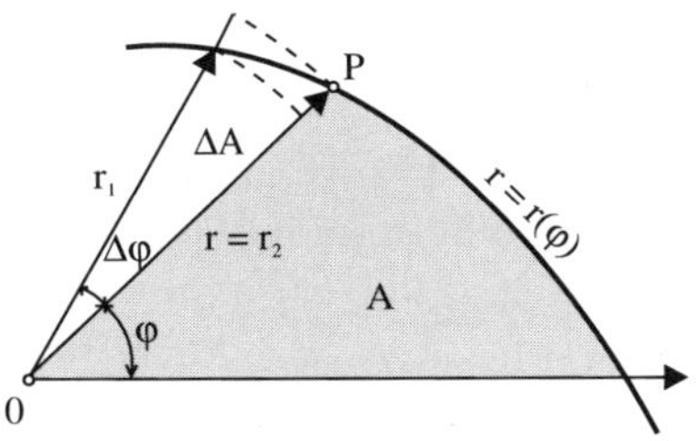

Bild 11.30

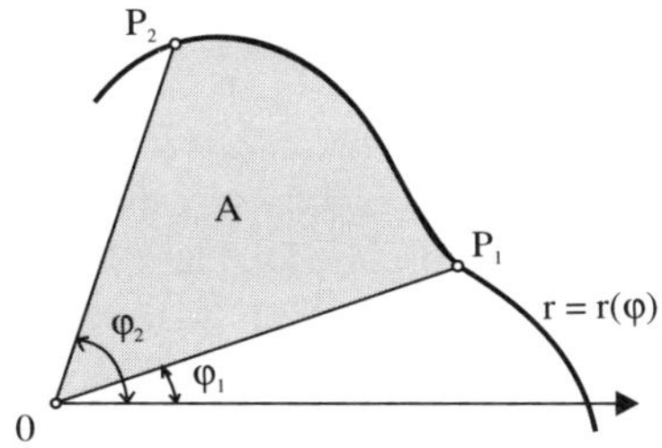

Bild 11.31

Beispiel 11.14

Es ist der Inhalt der Fläche zu bestimmen, die von der logarithmischen Spirale $r = a\,\mathrm{e}^{k\varphi}$ und den zu φ_1 und φ_2 gehörenden Radien r_1, r_2 begrenzt wird.

Lösung:

Nach (11.20) ist

$$A = \frac{1}{2} \int\limits_{\varphi_1}^{\varphi_2} (a\,\mathrm{e}^{k\varphi})^2 \, \mathrm{d}\varphi = \frac{1}{2} a^2 \int\limits_{\varphi_1}^{\varphi_2} \mathrm{e}^{2k\varphi} \, \mathrm{d}\varphi$$

$$= \frac{a^2}{4k} \mathrm{e}^{2k\varphi} \bigg|_{\varphi_1}^{\varphi_2} = \frac{1}{4k} \left(a\,\mathrm{e}^{k\varphi}\right)^2 \bigg|_{\varphi_1}^{\varphi_2}$$

$$\underline{\underline{A = \frac{1}{4k} \left(r_2^2 - r_1^2\right)}}$$

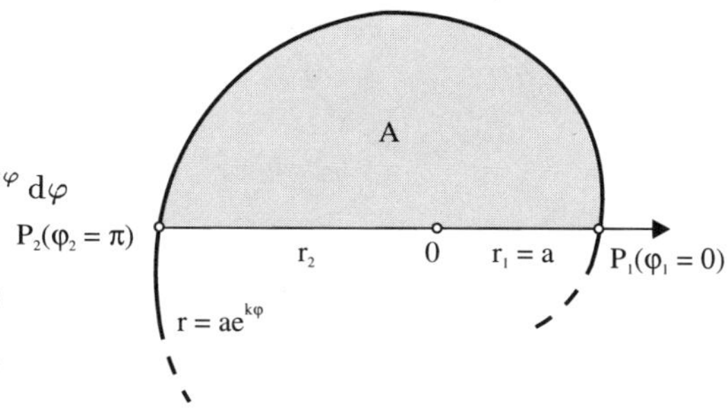

Bild 11.32

Bild 11.32 zeigt den zu $\varphi_1 = 0$, $\varphi_2 = \pi$ gehörenden Flächeninhalt.

Vom Integral (11.20) ausgehend soll eine weitere Flächeninhaltsformel bei gegebener Parameterdarstellung $x = x(t)$, $y = y(t)$ entwickelt werden. Aus der Beziehung

$$\tan\varphi = \frac{y(t)}{x(t)}$$

folgt durch Differenzieren nach t:

$$\frac{1}{\cos^2\varphi} \cdot \frac{\mathrm{d}\varphi}{\mathrm{d}t} = \frac{x\dot{y} - \dot{x}y}{x^2}$$

und mit $x = r\cos\varphi$:

$$\frac{1}{\cos^2\varphi}\cdot\frac{\mathrm{d}\varphi}{\mathrm{d}t} = \frac{x\dot{y}-\dot{x}y}{r^2\cos^2\varphi}$$

$$r^2\,\mathrm{d}\varphi = (x\dot{y}-\dot{x}y)\,\mathrm{d}t. \tag{III}$$

Sind t_1, t_2 die zu φ_1 bzw. φ_2 gehörigen Parameterwerte (Bild 11.31), dann ergibt sich mit (III) aus (11.20) die **Leibnizsche Sektorenformel**:

$$\boxed{A = \frac{1}{2}\int\limits_{t_1}^{t_2}(x\dot{y}-\dot{x}y)\,\mathrm{d}t} \tag{11.21}$$

Für $\varphi_2 > \varphi_1$ entsprechend Bild 11.31 wird nach (11.21) $A > 0$; man bewegt sich in Richtung wachsender Werte von φ von P_1 nach P_2. Für $\varphi_2 < \varphi_1$ ergibt (11.21) $A < 0$. Für die von einer geschlossenen Kurve berandeten Fläche in Bild 11.33 ist $x(t_1) = x(t_2)$, $y(t_1) = y(t_2)$. Die Kurve wird in Pfeilrichtung von P_1 über P_0 nach P_2 umlaufen für t von t_1 über t_0 nach t_2. Das Integral (11.21) ergibt A als Differenz der Flächeninhalte zweier Sektoren, denn die von $\overline{OP_1}$, $\overline{OP_0}$ und k_1 bzw. k_2 begrenzten Sektoren haben positiven bzw. negativen Flächeninhalt. Die Formel (11.21) führt wegen der Symmetrie in x und y bei Flächen wie in Bild 11.33 häufig zu einfacheren Berechnungen als die Formel (11.19).

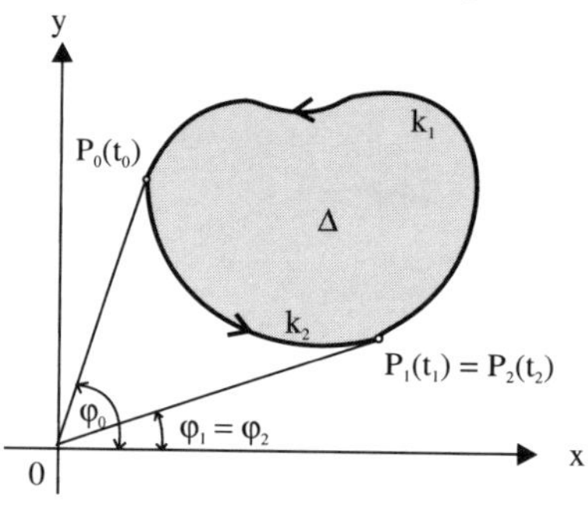

Bild 11.33

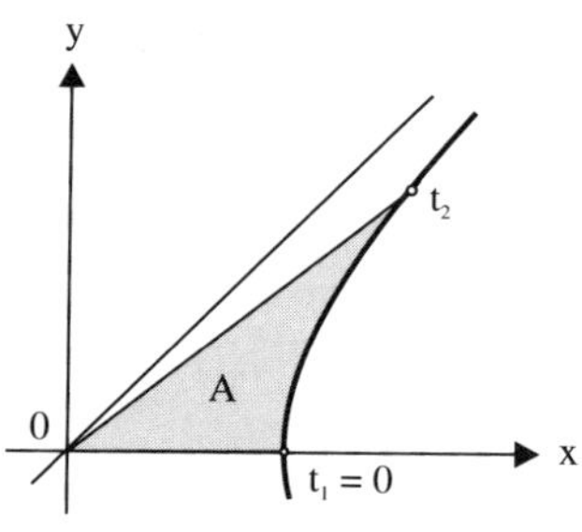

Bild 11.34

Beispiel 11.15

Eine Parameterdarstellung der Einheitshyperbel ist

$x = \cosh t, \qquad y = \sinh t.$ Mit

$\dot{x} = \sinh t, \qquad \dot{y} = \cosh t$

ist der in Bild 11.34 angegebene Flächeninhalt

$$A = \frac{1}{2}\int\limits_0^{t_2}(\cosh^2 t - \sinh^2 t)\,\mathrm{d}t = \frac{1}{2}\int\limits_0^{t_2}\mathrm{d}t = \underline{\underline{\frac{t_2}{2}}}$$

Aufgaben 11.23 bis 11.25

11.2 Raumkurven

11.2.1 Darstellung von Raumkurven

Eine Raumkurve k wird vorwiegend durch eine **Parameterdarstellung**

$$\boldsymbol{r} = \boldsymbol{r}(t) = x(t)\boldsymbol{i} + y(t)\boldsymbol{j} + z(t)\boldsymbol{k} = \begin{pmatrix} x(t) \\ y(t) \\ z(t) \end{pmatrix} \qquad t \in T \subseteq \mathbb{R} \tag{I}$$

beschrieben (Bild 11.35). Es wird vorausgesetzt, daß die drei Funktionen $x = x(t)$, $y = y(t)$, $z = z(t)$ r-fach stetig differenzierbar sind, wobei $r \geq 1$ nach Bedarf festzulegen ist, und daß die ersten Ableitungen nicht alle zugleich Null sind. Durch wachsende Werte von t wird der Kurve ein *positiver Durchlaufsinn* aufgeprägt.

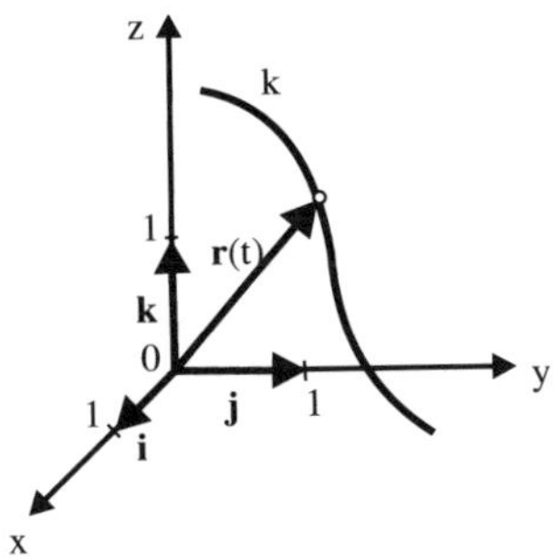

Bild 11.35

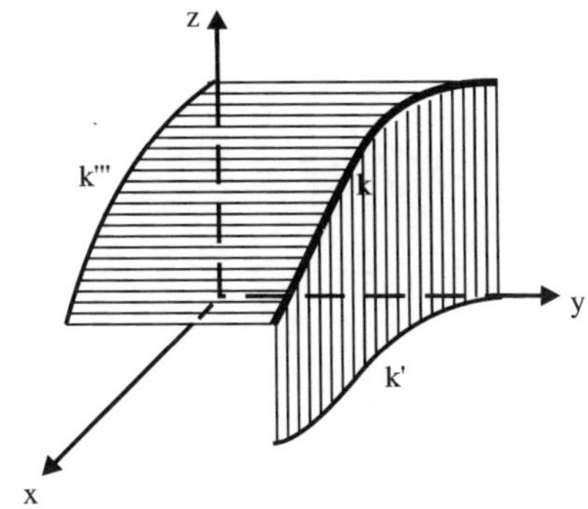

Bild 11.36

Wird eine der drei Funktionen, z. B. $x = x(t)$, nach t aufgelöst (falls das möglich ist): $t = \varphi(x)$, und dieser Wert in die beiden anderen Funktionen eingesetzt:

$$\begin{aligned} y &= y(t) = y(\varphi(x)) \\ z &= z(t) = z(\varphi(x)) \end{aligned} \quad \text{oder} \quad \begin{aligned} y &= g(x) \\ z &= h(x) \end{aligned} \tag{II}$$

dann erhält man mit (II) die Gleichungen von zwei Zylinderflächen, deren Erzeugende orthogonal zur x, y- bzw. x, z-Ebene sind (Bild 11.36). Die Gleichungen (II) stellen daher die Raumkurve k als Schnitt von zwei Zylinderflächen dar. k' und k''' sind die Orthogonalprojektionen von k auf die x, y- bzw. x, z-Ebene. k'': $y = f(z)$ ist die Projektion von k auf die y, z-Ebene. Allgemein kann die Raumkurve als Schnittkurve zwischen zwei Flächen mit den Gleichungen

$$F(x; y; z) = 0, \qquad G(x; y; z) = 0 \tag{III}$$

dargestellt werden.

Beispiel 11.16

Die Parameterdarstellung der **rechtsgewundenen gewöhnlichen Schraubenlinie** lautet (Bild 11.37):

$$r = r(t) = \begin{pmatrix} a\cos t \\ a\sin t \\ ct \end{pmatrix} \qquad a \in [0,\infty),\ c \in [0,\infty) \quad t \in \mathbb{R} \tag{11.22}$$

Die Projektion der Schraubenlinie auf die x, y-Ebene ist wegen $x = a\cos t$, $y = a\sin t$ ein Kreis um O mit dem Radius a. Die Schraubenlinie ist auf dem Zylinder mit der Gleichung $x^2 + y^2 = a^2$ „aufgewickelt". Die Projektion der Schraubenlinie auf die x, z-Ebene hat die Darstellung: $x = a\cos t$, $z = ct$ bzw. $x = a\cos\frac{z}{c}$, ist also eine Kosinuskurve, die Projektion auf die y, z-Ebene ist mit $y = a\sin t$, $z = ct$ bzw. $y = a\sin\frac{z}{c}$ eine Sinuskurve.

Zwei Punkte $P(t)$ und $P_1(t + 2\pi)$ liegen auf einer Mantellinie des Zylinders. Die Differenz ihrer z-Werte $z_1 - z = c(t + 2\pi) - ct = 2\pi c$ heißt die *Ganghöhe* der Schraubenlinie.

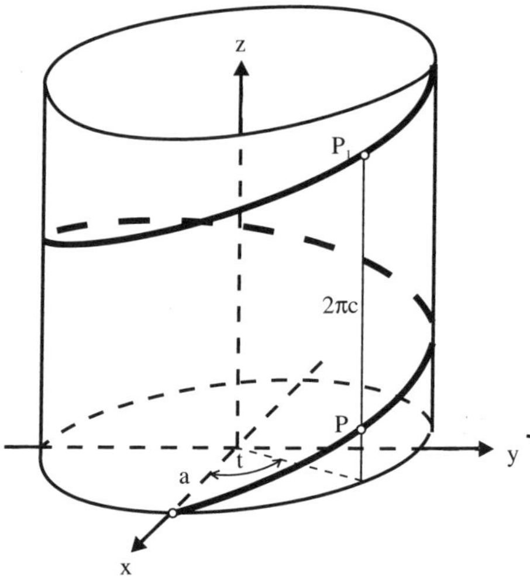

Bild 11.37

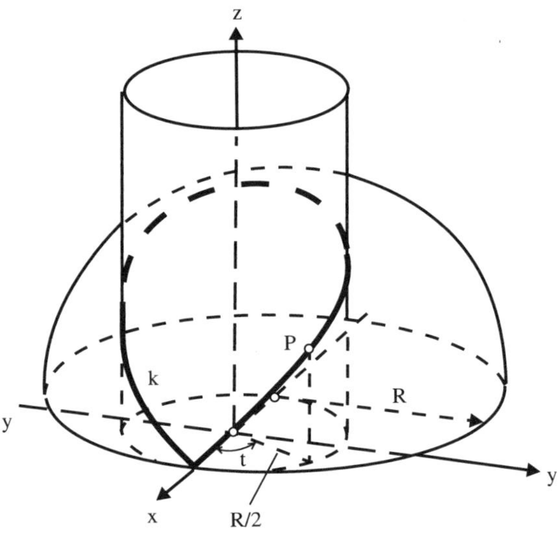

Bild 11.38

Beispiel 11.17

Eine Raumkurve k ist nach Bild 11.38 die Schnittkurve zwischen der Halbkugelfläche

$$\Phi_1 : \left(x + \frac{R}{2}\right)^2 + y^2 + z^2 - R^2 = 0 \tag{IV}$$

und der Zylinderfläche

$$\Phi_2 : x^2 + y^2 - \frac{R^2}{4} = 0. \tag{V}$$

Gesucht wird eine Parameterdarstellung der Raumkurve.

Lösung:

In (IV) wird die Klammer aufgelöst und nach (V) $x^2 + y^2 = R^2/4$ gesetzt:
$Rx + \frac{R^2}{4} + \frac{R^2}{4} + z^2 - R^2 = 0$ oder

$$z = \sqrt{\frac{R^2}{2} - Rx} \qquad \text{(VI)}$$

Da alle Punkte der Raumkurve auf der Zylinderfläche liegen, gilt:

$$x = \frac{R}{2}\cos t \qquad \text{(VII)}$$
$$y = \frac{R}{2}\sin t$$

Mit (VII) folgt für z aus (VI):

$$z = \sqrt{\frac{R^2}{2} - R \cdot \frac{R}{2}\cos t} = R\sqrt{\frac{1}{2}(1 - \cos t)} = R \sin\frac{t}{2}.$$

Die Schnittkurve k hat damit die Parameterdarstellung

$$\boldsymbol{r} = \boldsymbol{r}(t) = R\begin{pmatrix} \frac{1}{2}\cos t \\ \frac{1}{2}\sin t \\ \sin\frac{t}{2} \end{pmatrix} \qquad t \in [0, 2\pi).$$

Aufgabe 11.26

11.2.2 Bogenlänge

Analog zu der Gleichung (11.12) für die Bogenlänge einer ebenen Kurve erhält man für die **Bogenlänge s einer Raumkurve** k: $\boldsymbol{r} = \boldsymbol{r}(t)$ zwischen den Punkten P_1 und P_2 mit den Ortsvektoren $\boldsymbol{r}(t_1)$ bzw. $\boldsymbol{r}(t_2)$ (Bild 11.39):

$$\boxed{s = \int_{t_1}^{t_2} \sqrt{\dot{x}^2 + \dot{y}^2 + \dot{z}^2}\,\mathrm{d}t = \int_{t_1}^{t_2} |\dot{\boldsymbol{r}}|\,\mathrm{d}t} \qquad (11.23)$$

Der Integrand heißt wieder **Bogendifferential** oder Bogenelement

$$\boxed{\mathrm{d}s = \sqrt{\dot{x}^2 + \dot{y}^2 + \dot{z}^2}\,\mathrm{d}t = |\dot{\boldsymbol{r}}|\,\mathrm{d}t} \qquad (11.24)$$

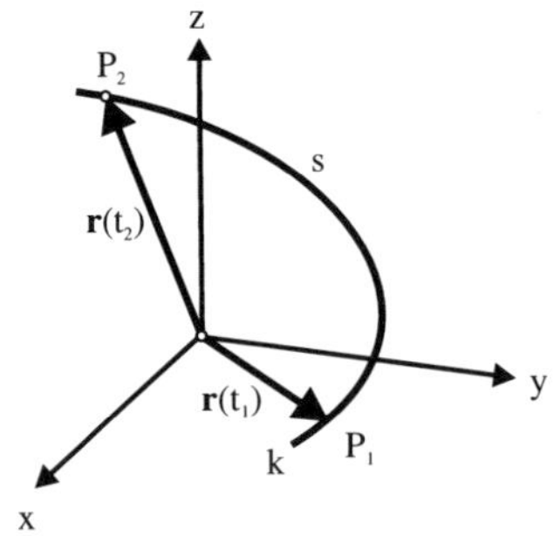

Bild 11.39

Beispiel 11.18

Gesucht wird die Länge eines Kurvenstückes der Schraubenlinie für $t_1 = 0$, $t_2 = 2\pi$.

Lösung:

$$\boldsymbol{r}(t) = \begin{pmatrix} a\cos t \\ a\sin t \\ ct \end{pmatrix}, \qquad \dot{\boldsymbol{r}}(t) = \begin{pmatrix} -a\sin t \\ a\cos t \\ c \end{pmatrix}$$

$$s = \int_0^{2\pi} \sqrt{a^2\sin^2 t + a^2\cos^2 t + c^2}\,\mathrm{d}t = \sqrt{a^2 + c^2}\int_0^{2\pi} \mathrm{d}t$$

$$\underline{\underline{s = 2\pi\sqrt{a^2 + c^2}}}$$

Der Parameter t in der Kurvengleichung $\boldsymbol{r} = \boldsymbol{r}(t)$ ist im allgemeinen eine beliebige Variable, häufig ein Winkel. Wird die Bogenlänge s der Kurve, gemessen von einem festen Punkt aus, als Parameter verwendet, also

$$\boldsymbol{r} = \boldsymbol{r}(s),$$

dann heißt s der **natürliche Parameter** der Kurve. Für die Herleitung von Formeln und für allgemeine Beweise ist der Parameter s besser geeignet als eine andere Variable.

Aufgaben 11.27 und 11.28

11.2.3 Begleitendes Dreibein einer Raumkurve

11.2.3.1 Tangentenvektor

Die in Abschnitt 11.1.2 gezeigte Herleitung für den Tangentenvektor einer ebenen Kurve (vgl. Bild 11.9) läßt sich unmittelbar auf Raumkurven übertragen. Ein Tangentenvektor im Punkt $P(t)$ der Raumkurve k: $\boldsymbol{r} = \boldsymbol{r}(t)$ ist danach

$$\boldsymbol{t}^* = \dot{\boldsymbol{r}}(t) = \dot{x}(t)\boldsymbol{i} + \dot{y}(t)\boldsymbol{j} + \dot{z}(t)\boldsymbol{k}.$$

Im folgenden soll unter $\boldsymbol{t}$ der Tangenteneinheitsvektor verstanden werden.

Tangentenvektor
$$\boxed{\boldsymbol{t} = \frac{\dot{\boldsymbol{r}}(t)}{|\dot{\boldsymbol{r}}(t)|} = \frac{1}{\sqrt{\dot{x}^2 + \dot{y}^2 + \dot{z}^2}} \begin{pmatrix} \dot{x} \\ \dot{y} \\ \dot{z} \end{pmatrix}} \tag{11.25}$$

Für die Gleichung $\boldsymbol{r} = \boldsymbol{r}(s)$ ergibt die Ableitung nach s, die mit einem Strich gekennzeichnet werden soll, sofort den Tangenteneinheitsvektor:

$$\boxed{\boldsymbol{t} = \frac{\mathrm{d}\boldsymbol{r}}{\mathrm{d}s} = \boldsymbol{r}'(s)} \tag{11.26}$$

Beispiel 11.19

Die Schraubenlinie mit der Gleichung (11.22) hat mit

$$\dot{\boldsymbol{r}} = \begin{pmatrix} -a \sin t \\ a \cos t \\ c \end{pmatrix} \text{ den Tangentenvektor}$$

$$\boldsymbol{t} = \frac{\dot{\boldsymbol{r}}}{|\dot{\boldsymbol{r}}|} = \frac{1}{\sqrt{a^2 + c^2}} \begin{pmatrix} -a \sin t \\ a \cos t \\ c \end{pmatrix}.$$

$\boldsymbol{t}$ hat gegen die x, y-Ebene den Anstieg

$$\tan \alpha = \frac{\dot{z}}{\sqrt{\dot{x}^2 + \dot{y}^2}} = \frac{c}{\sqrt{a^2 \sin^2 t + a^2 \cos^2 t}} = \frac{c}{a}$$

Die Tangenten der Schraubenlinie bilden also mit der x, y-Ebene den konstanten Winkel α (Bild 11.40). Wird der die Schraubenlinie enthaltende Zylindermantel in die Ebene abgewickelt, dann bildet sich die Schraubenlinie als Gerade ab. Die in Beispiel 11.18 erhaltene Bogenlänge ist nun aus Bild 11.41 sofort ablesbar.

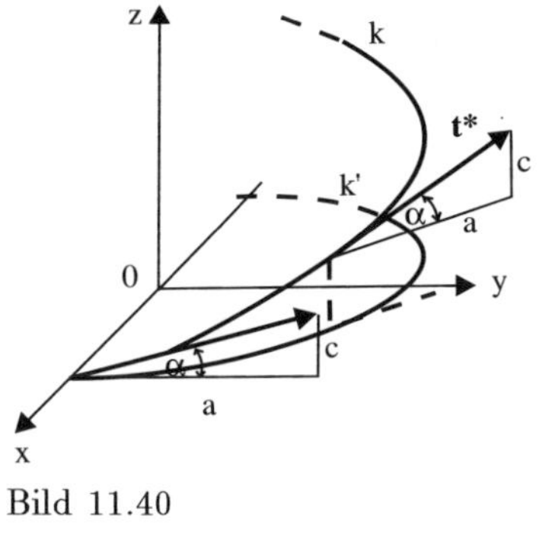

Bild 11.40

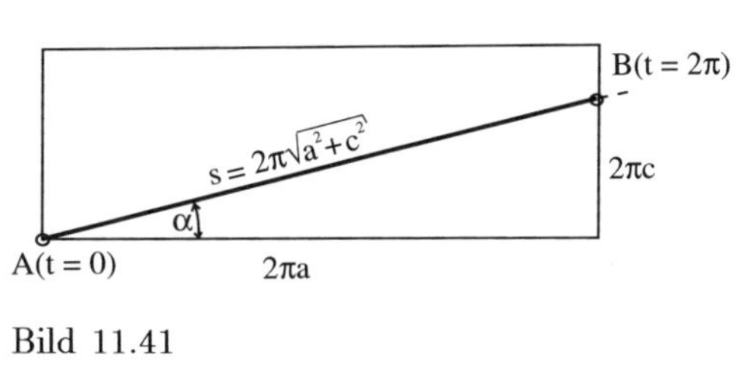

Bild 11.41

Aufgaben 11.29 und 11.30

11.2.3.2 Haupt- und Binormalenvektor

Jeder zum Tangentenvektor $\boldsymbol{t}$ orthogonale Vektor ist ein Normalenvektor der Raumkurve im betrachteten Kurvenpunkt. Zwei Normalenvektoren spielen bei der weiteren Untersuchung der Raumkurven eine besondere Rolle.

Der Tangenteneinheitsvektor $\boldsymbol{t}$ wird noch einmal nach dem Parameter t differenziert:

$$\frac{\mathrm{d}\boldsymbol{t}}{\mathrm{d}t} = \dot{\boldsymbol{t}}$$

Als Ableitung eines Einheitsvektors ist $\dot{\boldsymbol{t}}$ orthogonal zu $\boldsymbol{t}$ (vgl. 10.3.1), also ein Normalenvektor. Der Einheitsvektor

$$\boxed{\boldsymbol{n} = \frac{\dot{\boldsymbol{t}}}{|\dot{\boldsymbol{t}}|}} \tag{11.27}$$

heißt **Hauptnormalenvektor** der Raumkurve. $\boldsymbol{n}$ soll unmittelbar durch die Ableitung von $\boldsymbol{r} = \boldsymbol{r}(t)$ ausgedrückt werden. Dazu ist $\boldsymbol{t} = \dot{\boldsymbol{r}}/|\dot{\boldsymbol{r}}| = \dot{\boldsymbol{r}}/\sqrt{\dot{\boldsymbol{r}} \cdot \dot{\boldsymbol{r}}}$ nach t zu differenzieren. Nach einigen Umformungen erhält man

$$\boxed{\boldsymbol{n} = \frac{(\dot{\boldsymbol{r}} \times \ddot{\boldsymbol{r}}) \times \dot{\boldsymbol{r}}}{|\dot{\boldsymbol{r}} \times \ddot{\boldsymbol{r}}| \cdot |\dot{\boldsymbol{r}}|}} \tag{11.28}$$

Für die Gleichung $\boldsymbol{r} = \boldsymbol{r}(s)$ ergibt sich $\boldsymbol{n}$ einfacher aus

$$\boxed{\boldsymbol{n} = \frac{\boldsymbol{r}''}{|\boldsymbol{r}''|}} \tag{11.29}$$

Der zu $\boldsymbol{t}$ und zu $\boldsymbol{n}$ orthogonale Einheitsvektor

$$\boxed{\boldsymbol{b} = \boldsymbol{t} \times \boldsymbol{n}} \tag{11.30}$$

heißt **Binormalenvektor**. Mit (11.25) und (11.28) folgt für $\boldsymbol{b}$

$$\boxed{\boldsymbol{b} = \frac{\dot{\boldsymbol{r}} \times \ddot{\boldsymbol{r}}}{|\dot{\boldsymbol{r}} \times \ddot{\boldsymbol{r}}|}} \tag{11.31}$$

Die drei paarweise zueinander orthogonalen Einheitsvektoren $\boldsymbol{t}$, $\boldsymbol{n}$, $\boldsymbol{b}$ bilden ein *orthonormiertes Dreibein*. Es heißt das **begleitende Dreibein** der Raumkurve. Man denke sich das Dreibein an einen Kurvenpunkt $P(t)$ angeheftet, so daß es sich bei variablem t gemeinsam mit P entlang der Kurve bewegt.

Beispiel 11.20

Man bestimme das begleitende Dreibein der Schraubenlinie.

Lösung:

$\boldsymbol{t}$ wurde bereits in Beispiel 11.19 berechnet. Für $\boldsymbol{n}$ folgt nach (11.27)

$$\dot{\boldsymbol{t}} = \frac{1}{\sqrt{a^2+c^2}}\begin{pmatrix}-a\cos t\\ -a\sin t\\ 0\end{pmatrix},$$

$$|\dot{\boldsymbol{t}}| = \sqrt{\frac{a^2\cos^2 t}{a^2+c^2}+\frac{a^2\sin^2 t}{a^2+c^2}} = \frac{a}{\sqrt{a^2+c^2}}$$

$$\boldsymbol{n} = \frac{\dot{\boldsymbol{t}}}{|\dot{\boldsymbol{t}}|} = \begin{pmatrix}-\cos t\\ -\sin t\\ 0\end{pmatrix}$$

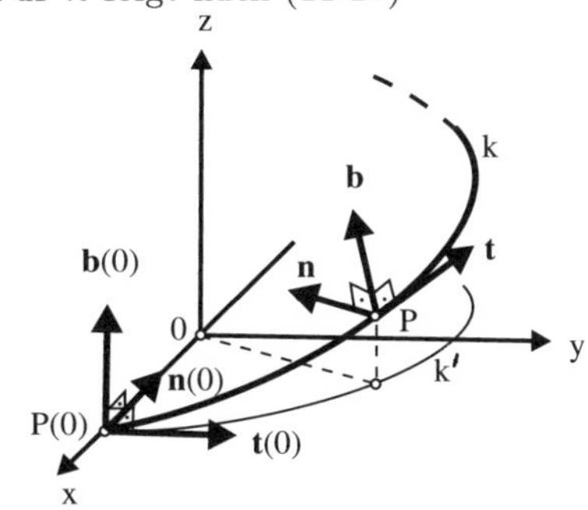

Bild 11.42

Wegen $z(t) = 0$ ist $\boldsymbol{n}$ parallel zur x,y-Ebene, also orthogonal zur z-Achse (Bild 11.42).
Für den Binormalenvektor folgt aus (11.30)

$$\boldsymbol{b} = \boldsymbol{t}\times\boldsymbol{n} = \frac{1}{\sqrt{a^2+c^2}}\begin{vmatrix}\boldsymbol{i} & \boldsymbol{j} & \boldsymbol{k}\\ -a\sin t & a\cos t & c\\ -\cos t & -\sin t & 0\end{vmatrix}$$

$$\boldsymbol{b} = \frac{1}{\sqrt{a^2+c^2}}\begin{pmatrix}c\sin t\\ -c\cos t\\ a\end{pmatrix}$$

Aufgabe 11.31

11.2.3.3 Die Ebenen des begleitenden Dreibeins

Je zwei Vektoren des begleitenden Dreibeins spannen eine Ebene auf, die Vektoren
$\boldsymbol{t}$ und $\boldsymbol{n}$ die **Schmiegebene** σ,
$\boldsymbol{n}$ und $\boldsymbol{b}$ die **Normalebene** ν, (Bild 11.44)
$\boldsymbol{t}$ und $\boldsymbol{b}$ die **rektifizierende Ebene** λ (Streckebene).

Wählt man auf der Raumkurve drei Punkte P, P_1, P_2 und legt durch diese Punkte eine Ebene, so geht für $P_1 \to P$, $P_2 \to P$ die Ebene im Grenzfall in die Schmiegebene über. Sie ist also diejenige Ebene, die sich in der Umgebung von P der Kurve am besten anschmiegt. Im allgemeinen durchsetzt σ die Kurve. Wegen $\boldsymbol{t} = \dot{\boldsymbol{r}}/|\dot{\boldsymbol{r}}|$ liegt $\dot{\boldsymbol{r}}$ in σ. Auch $\ddot{\boldsymbol{r}}$ liegt in σ, denn nach (11.27) ist wegen der Definition des Vektorproduktes $(\dot{\boldsymbol{r}} \times \ddot{\boldsymbol{r}}) \perp \boldsymbol{n}$. Weiter ist $(\dot{\boldsymbol{r}} \times \ddot{\boldsymbol{r}}) \perp \boldsymbol{t}$, also $(\dot{\boldsymbol{r}} \times \ddot{\boldsymbol{r}}) \perp \sigma$, d. h., $\ddot{\boldsymbol{r}}$ muß wegen $\ddot{\boldsymbol{r}} \perp (\dot{\boldsymbol{r}} \times \ddot{\boldsymbol{r}})$ in σ liegen (Bild 11.43). σ wird daher von $\dot{\boldsymbol{r}}$ und $\ddot{\boldsymbol{r}}$ aufgespannt. Ist $Q \in \sigma$ ein variabler Punkt mit dem Ortsvektor $\boldsymbol{q}$, dann ist die

Gleichung der Schmiegebene σ

$$(\boldsymbol{q} - \boldsymbol{r}) \cdot (\dot{\boldsymbol{r}} \times \ddot{\boldsymbol{r}}) = 0$$

oder in der Schreibweise des Spatprodukts

$$\boxed{[(\boldsymbol{q} - \boldsymbol{r})\dot{\boldsymbol{r}}\ddot{\boldsymbol{r}}] = 0} \qquad (11.32)$$

In der Normalebene ν liegen alle Normalen zu $\boldsymbol{t}$ durch P. Mit dem variablen Punkt Q lautet die **Gleichung der Normalebene ν**

$$\boxed{(\boldsymbol{q} - \boldsymbol{r}) \cdot \dot{\boldsymbol{r}} = 0} \qquad (11.33)$$

und die **Gleichung der rektifizierenden Ebene λ**

$$\boxed{[(\boldsymbol{q} - \boldsymbol{r}) \cdot (\dot{\boldsymbol{r}} \times \ddot{\boldsymbol{r}})\dot{\boldsymbol{r}}] = 0} \qquad (11.34)$$

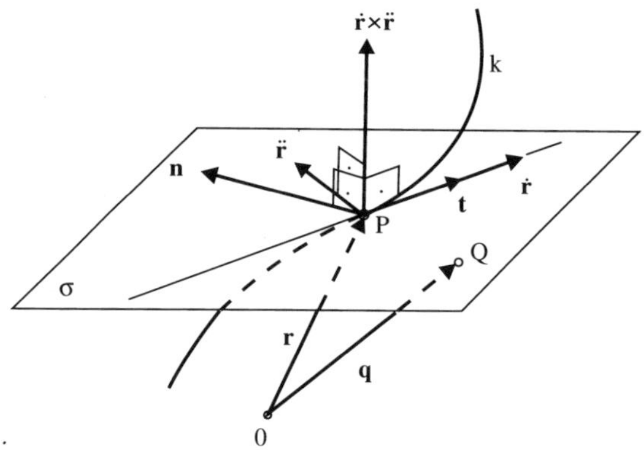

Bild 11.43

Unter Verwendung der Vektoren $\boldsymbol{t}$, $\boldsymbol{n}$, $\boldsymbol{b}$ lautet die Gleichung der

Schmiegebene $\boxed{(\boldsymbol{q} - \boldsymbol{r}) \cdot \boldsymbol{b} = 0}$ (11.35)

Normalebene $\boxed{(\boldsymbol{q} - \boldsymbol{r}) \cdot \boldsymbol{t} = 0}$ (11.36)

rektifizierenden Ebene $\boxed{(\boldsymbol{q} - \boldsymbol{r}) \cdot \boldsymbol{n} = 0}$ (11.37)

Die Gleichungen (11.32) bis (11.37) enthalten je 4 Variable: die Koordinaten x, y, z des Ebenenpunktes Q und den Kurvenparameter t. Für festes $t = t_0$ erhält man einen bestimmten Kurvenpunkt P_0 und obige Gleichungen beschreiben mit $\boldsymbol{r} = \boldsymbol{r}_0$ die Ebenen des zu P_0 gehörenden Dreibeins.

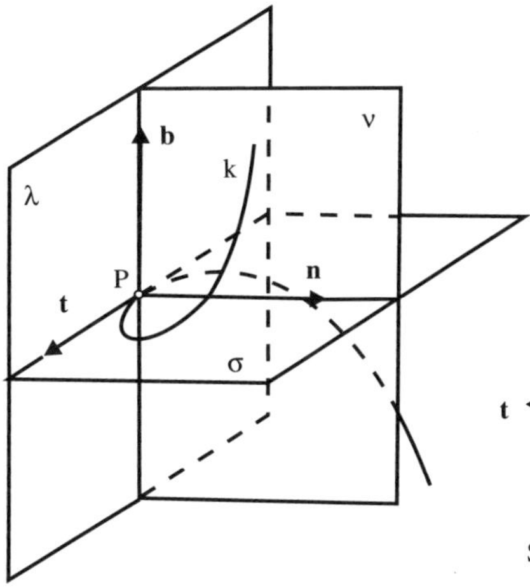

Bild 11.44

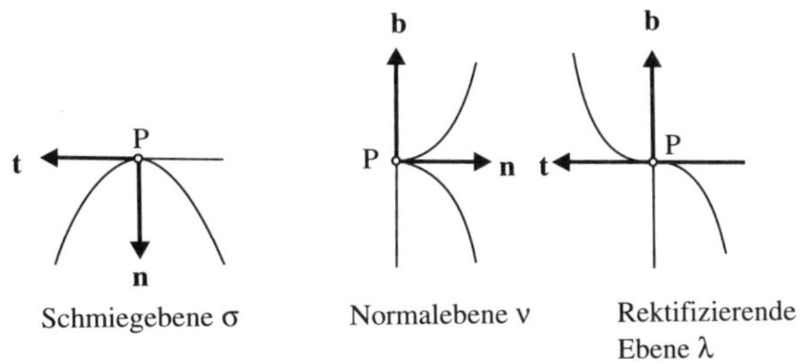

Bild 11.45

Wird eine Raumkurve orthogonal auf je eine der Ebenen σ, ν, λ projiziert, dann ergeben sich in der Umgebung von P in erster Näherung als Projektion auf die

- Schmiegebene eine Parabel 2. Grades
- Normalebene eine Neilsche Parabel (Bilder 11.44, 11.45)
- rektifizierende Ebene eine Parabel 3. Grades

Auf den Beweis wird verzichtet.

Beispiel 11.21

Für die Schraubenlinie erhält man mit den Werten von $\boldsymbol{t}$, $\boldsymbol{n}$, $\boldsymbol{b}$ aus den Beispielen 11.19 und 11.20 und mit dem Ortsvektor $\boldsymbol{q} = x\boldsymbol{i} + y\boldsymbol{j} + z\boldsymbol{k}$ des variablen Ebenenpunktes nach (11.35) bis (11.37) die folgenden Ebenengleichungen:

Schmiegebene σ:	$c\sin t \cdot x - c\cos t \cdot y + az - act = 0$
Normalebene ν:	$a\sin t \cdot x - a\cos t \cdot y - cz + c^2 t = 0$
rektifizierende Ebene λ:	$\cos t \cdot x + \sin t \cdot y - a = 0$

λ ist also stets orthogonal zur x, y-Ebene. Für $t = \pi$ folgt z. B.

$$\sigma : cy + az - ac\pi = 0, \qquad \nu : ay - cz + c^2\pi = 0, \qquad \lambda : x + a = 0$$

Aufgabe 11.32

11.2.4 Krümmung und Torsion

Von der Raumkurve k: $\boldsymbol{r} = \boldsymbol{r}(t)$ seien zwei Punkte P und P_1 mit den Tangentenvektoren $\boldsymbol{t}$ bzw. $\boldsymbol{t}_1$ gegeben. $\Delta\alpha$ ist der Winkel zwischen $\boldsymbol{t}$ und $\boldsymbol{t}_1$ und Δs die Bogenlänge des Kurvenstücks $\widehat{PP_1}$ (Bild 11.46).

Wie bei ebenen Kurven (vgl. 11.1.4) definiert man die **Krümmung der Raumkurve** in einem Punkt P durch

$$\varkappa = \lim_{\Delta s \to 0} \frac{\Delta\alpha}{\Delta s} = \frac{\mathrm{d}\alpha}{\mathrm{d}s}. \tag{I}$$

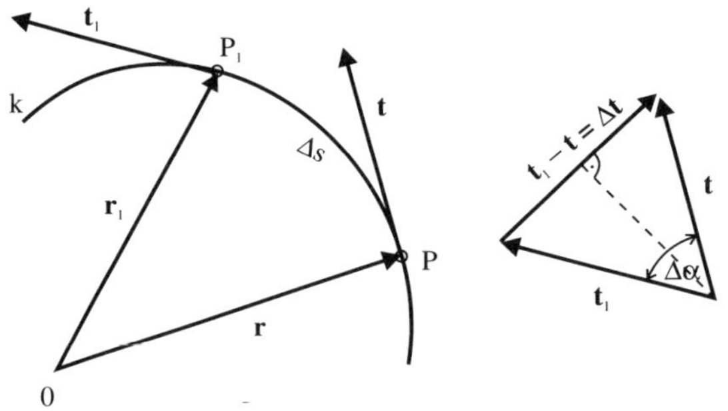

Bild 11.46

Zunächst sei $t = s$, also $\boldsymbol{r} = \boldsymbol{r}(s)$ die Kurvengleichung. Mit $|\boldsymbol{t}| = |\boldsymbol{t}_1| = 1$ folgt aus Bild 11.46

$$|\boldsymbol{t}_1 - \boldsymbol{t}| = |\boldsymbol{\Delta t}| = 2\sin\frac{\Delta\alpha}{2} \qquad \text{und weiter}$$

$$\frac{|\boldsymbol{\Delta t}|}{\Delta s} = \frac{2\sin\frac{\Delta\alpha}{2}}{\Delta s} = \frac{2\sin\frac{\Delta\alpha}{2}}{\frac{\Delta\alpha}{2}} \cdot \frac{\frac{\Delta\alpha}{2}}{\Delta s} = \frac{\sin\frac{\Delta\alpha}{2}}{\frac{\Delta\alpha}{2}} \cdot \frac{\Delta\alpha}{\Delta s}$$

Für $\Delta s \to 0$ folgt

$$\lim_{\Delta s\to 0}\frac{|\boldsymbol{\Delta t}|}{\mathrm{d}s} = \lim_{\Delta\alpha\to 0}\frac{\sin\frac{\Delta\alpha}{2}}{\frac{\Delta\alpha}{2}} \cdot \lim_{\Delta s\to 0}\frac{\Delta\alpha}{\Delta s} \qquad \text{oder}$$

$$\frac{|\,\mathrm{d}\boldsymbol{t}|}{\mathrm{d}s} = |\boldsymbol{t}'| = 1 \cdot \frac{\mathrm{d}\alpha}{\mathrm{d}s} \qquad \text{und mit (I)}$$

$$\boxed{\varkappa = |\boldsymbol{t}'| = |\boldsymbol{r}''|} \tag{11.38}$$

Für die Darstellung $\boldsymbol{r} = \boldsymbol{r}(t)$ mit beliebigem Parameter t kann aus (11.38) die folgende, hier ohne Beweis angegebene Formel hergeleitet werden

$$\boxed{\varkappa = \frac{|\dot{\boldsymbol{r}} \times \ddot{\boldsymbol{r}}|}{|\dot{\boldsymbol{r}}|^3}} \tag{11.39}$$

Die Formel (11.38) enthält die Formel (11.15) für die Krümmung ebener Kurven als Sonderfall, wenn dort in $\boldsymbol{r} = \boldsymbol{r}(t)$ für $z(t)$ Null gesetzt wird. Allerdings ist stets $\varkappa \geq 0$, während nach (11.15) $k \gtreqless 0$ sein kann.

Der reziproke Wert der Krümmung heißt **Krümmungsradius**

$$\boxed{\varrho = \frac{1}{\varkappa}} \tag{11.40}$$

ϱ ist der Radius des **Krümmungskreises**, der in der Schmiegebene σ liegt und die gleiche Krümmung hat wie die Kurve in P. Der **Mittelpunkt M des Krümmungskreises** liegt auf der Hauptnormalen $\boldsymbol{n}$ (Bild 11.47) und hat den Ortsvektor

$$\boxed{\boldsymbol{m} = \boldsymbol{r} + \varrho \boldsymbol{n}} \tag{11.41}$$

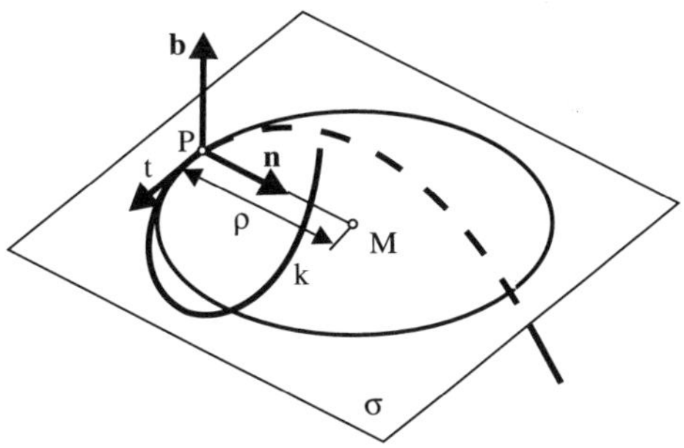

Bild 11.47

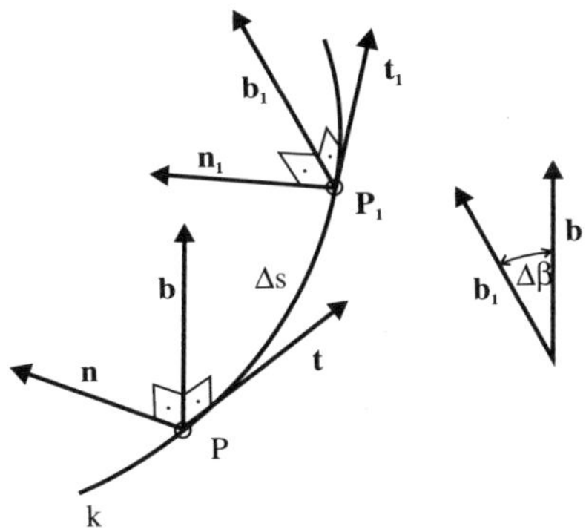

Bild 11.48

Bild 11.48 zeigt zwei Punkte P, P_1 der Raumkurve k mit dem jeweils zugehörigen Dreibein. Bewegt sich ein Punkt auf k von P nach P_1, legt also die Bogenlänge Δs zurück, dann dreht sich die Binormale $\boldsymbol{b}$ um den Winkel $\Delta\beta = \measuredangle(\boldsymbol{b}, \boldsymbol{b}_1)$. Man definiert als **Torsion** oder **Windung** der Raumkurve in einem Punkt P

$$\tau = \lim_{\Delta s \to 0} \frac{\Delta\beta}{\Delta s} = \frac{\mathrm{d}\beta}{\mathrm{d}s}. \tag{II}$$

Für $\tau > 0$ spricht man von einer **Rechtsschraubung**, für $\tau < 0$ von einer **Linksschraubung** der Kurve. Erfolgt die Bewegung von P nach P_1 im positiven Durchlaufsinn der Kurve, also in Richtung wachsender t-Werte, und blickt man in diese Richtung, dann ist $\tau > 0$, wenn für hinreichend kleines Δs die Drehung von $\boldsymbol{b}$ nach $\boldsymbol{b}_1$ um $\Delta\beta$ im mathematisch positiven Drehsinn erfolgt. Für $\tau < 0$ liegt ein entsprechender negativer Drehsinn vor. Für eine ebene Kurve ist in jedem Punkt $\tau = 0$.

Aus der Definition (II) läßt sich für die Torsion bei der Darstellung $\boldsymbol{r} = \boldsymbol{r}(s)$ die Formel

$$\boxed{\tau = \frac{[\boldsymbol{r}'\boldsymbol{r}''\boldsymbol{r}''']}{\boldsymbol{r}'' \cdot \boldsymbol{r}''}} \tag{11.42}$$

und bei der Darstellung $\boldsymbol{r} = \boldsymbol{r}(t)$ die Formel

$$\boxed{\tau = \frac{[\dot{\boldsymbol{r}}\ddot{\boldsymbol{r}}\dddot{\boldsymbol{r}}]}{(\dot{\boldsymbol{r}} \times \ddot{\boldsymbol{r}})^2}} \tag{11.43}$$

herleiten.

Beispiel 11.22

Für die Schraubenlinie ergibt sich mit

$$\boldsymbol{r} = \begin{pmatrix} a\cos t \\ a\sin t \\ ct \end{pmatrix}, \quad \dot{\boldsymbol{r}} = \begin{pmatrix} -a\sin t \\ a\cos t \\ c \end{pmatrix}, \quad \ddot{\boldsymbol{r}} = \begin{pmatrix} -a\cos t \\ -a\sin t \\ 0 \end{pmatrix}, \quad \dddot{\boldsymbol{r}} = \begin{pmatrix} a\sin t \\ -a\cos t \\ 0 \end{pmatrix}$$

$$\dot{\boldsymbol{r}} \times \ddot{\boldsymbol{r}} = \begin{pmatrix} ac\sin t \\ -ac\cos t \\ a^2 \end{pmatrix}, \qquad (\dot{\boldsymbol{r}} \times \ddot{\boldsymbol{r}})^2 = a^2(a^2 + c^2)$$

$$(\dot{\boldsymbol{r}}\ddot{\boldsymbol{r}}\dddot{\boldsymbol{r}}) = (\dot{\boldsymbol{r}} \times \ddot{\boldsymbol{r}}) \cdot \dddot{\boldsymbol{r}} = a^2 c, \qquad |\dot{\boldsymbol{r}}| = \sqrt{a^2 + c^2},$$

für die Krümmung

$$\varkappa = \frac{|\dot{\boldsymbol{r}} \times \ddot{\boldsymbol{r}}|}{|\dot{\boldsymbol{r}}|^3} = \frac{a\sqrt{a^2 + c^2}}{\sqrt{a^2 + c^2}^3} = \frac{a}{a^2 + c^2}$$

und für die Torsion

$$\tau = \frac{(\dot{\boldsymbol{r}}\ddot{\boldsymbol{r}}\dddot{\boldsymbol{r}})}{(\dot{\boldsymbol{r}} \times \ddot{\boldsymbol{r}})^2} = \frac{a^2 c}{a^2(a^2 + c^2)} = \frac{c}{a^2 + c^2}.$$

Krümmung und Torsion der Schraubenlinie sind also konstant.

Ergänzungen

1. Man kann zeigen, daß eine Raumkurve, abgesehen von ihrer Lage im Raum, vollständig bestimmt ist, wenn Krümmung und Torsion als Funktion der Bogenlänge gegeben sind:

$$\varkappa = \varkappa(s), \qquad \tau = \tau(s). \tag{III}$$

Die Gleichungen (III) heißen die **natürlichen Gleichungen** der Kurve.

2. Zwischen den Vektoren $\boldsymbol{t}$, $\boldsymbol{n}$, $\boldsymbol{b}$ des begleitenden Dreibeins, ihren ersten Ableitungen $\boldsymbol{t}'$, $\boldsymbol{n}'$, $\boldsymbol{b}'$ nach s sowie Krümmung und Torsion bestehen einfache lineare Beziehungen, die wichtig für den weiteren Ausbau der Kurventheorie sind. Sie heißen **Frenetsche Ableitungsformeln**:

$$\begin{aligned} \boldsymbol{t}' &= \qquad \varkappa\boldsymbol{n} \\ \boldsymbol{n}' &= -\varkappa\boldsymbol{t} \qquad + \tau\boldsymbol{b} \\ \boldsymbol{b}' &= \qquad -\tau\boldsymbol{n} \end{aligned}$$

3. Kinematische Deutung: Ist der Parameter t die Zeit, dann stellt $\boldsymbol{r} = \boldsymbol{r}(t)$ die Bewegung eines Punktes P auf der Raumkurve dar. $\dot{\boldsymbol{r}}$ ist der Geschwindigkeitsvektor, $|\dot{\boldsymbol{r}}| = v$ die Bahngeschwindigkeit und $\ddot{\boldsymbol{r}}$ der Beschleunigungsvektor dieser Bewegung. Wird $\ddot{\boldsymbol{r}}$ in Komponenten parallel zu $\boldsymbol{t}$ bzw. $\boldsymbol{n}$ zerlegt:

$$\ddot{\boldsymbol{r}} = b_t\boldsymbol{t} + b_n\boldsymbol{n},$$

dann ist, wie sich zeigen läßt,

$$b_t = \ddot{\boldsymbol{r}} \cdot \frac{\dot{\boldsymbol{r}}}{|\dot{\boldsymbol{r}}|} = \frac{\mathrm{d}v}{\mathrm{d}t}$$

die Tangentialbeschleunigung, und

$$b_n = \frac{|\dot{\boldsymbol{r}} \times \ddot{\boldsymbol{r}}|}{|\dot{\boldsymbol{r}}|^3} \cdot |\dot{\boldsymbol{r}}|^2 = \frac{v^2}{\varrho} \qquad \text{mit } \varrho = \frac{1}{\varkappa}$$

die Normalbeschleunigung des Punktes P. Der Vektor

$$\boldsymbol{d} = \tau \boldsymbol{t} + \varkappa \boldsymbol{b}$$

heißt **Darbouxscher Vektor**. Bewegt sich mit P das zugehörige Dreibein wie ein starrer Körper entlang der Raumkurve mit konstanter Bahngeschwindigkeit $|\dot{\boldsymbol{r}}| = v = 1$, dann kann man beweisen: Das Dreibein dreht sich in jedem Moment mit der Winkelgeschwindigkeit $\omega = |\boldsymbol{d}|$ und $\boldsymbol{d}$ gibt die Richtung der durch P gehenden Drehachse an. $|\boldsymbol{d}| = \sqrt{\tau^2 + \varkappa^2}$ heißt auch **Totalkrümmung** der Raumkurve.

Aufgaben 11.33 bis 11.35

11.3 Flächen

11.3.1 Darstellung von Flächen

Es sei Φ eine Fläche im euklidischen Raum $\mathbb{R}^3$ und $P(x; y; z)$ ein variabler Flächenpunkt. Die Fläche kann durch eine **parameterfreie Gleichung** in impliziter Form

$$F(x; y; z) = 0 \tag{I}$$

oder in expliziter Form

$$z = f(x; y) = 0 \tag{II}$$

beschrieben werden (vgl. 10.1.1). Sind x, y, z Funktionen von zwei unabhängigen Variablen, den Parametern u, v:

$$x = x(u; v), \qquad y = y(u; v), \qquad z = z(u; v) \tag{III}$$

und ist $\boldsymbol{r}$ der Ortsvektor von P, dann ist

$$\boldsymbol{r} = \boldsymbol{r}(u; v) = \begin{pmatrix} x(u; v) \\ y(u; v) \\ z(u; v) \end{pmatrix} \tag{IV}$$

eine **Parameterdarstellung der Fläche** (Bild 11.49). u, v werden als kartesische Koordinaten eines Punktes Q in der u, v-Ebene gedeutet (Bild 11.50).

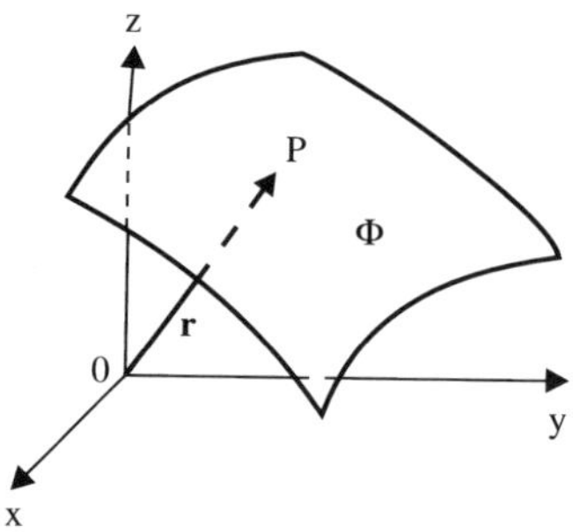

Bild 11.49

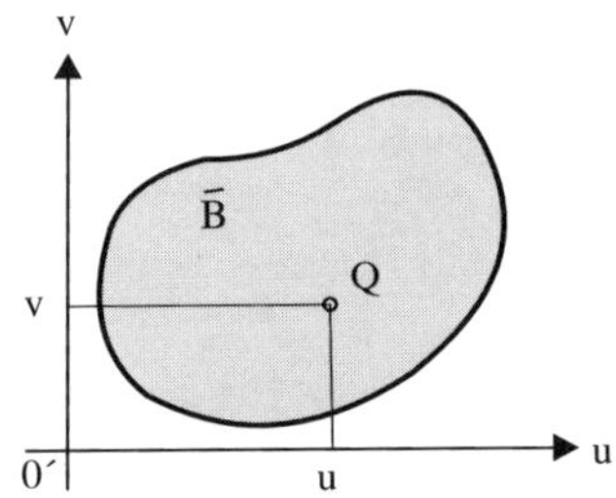

Bild 11.50

Die drei Funktionen (III) sind im allgemeinen nur für einen Teilbereich $\overline{B}$ der u, v-Ebene definiert. Dieser soll von einer geschlossenen doppelpunktfreien Kurve begrenzt sein. Es wird vorausgesetzt, daß die drei Funktionen (III) in allen Punkten von $\overline{B}$ r-fach stetig differenzierbar nach u und v sind, wobei $r \geq 1$ je nach Notwendigkeit gewählt wird. Jedem Punkt $P \in \Phi$ soll genau ein Punkt $Q \in \overline{B}$ entsprechen. Außerdem soll für alle $Q \in \overline{B}$ die Matrix

$$\begin{pmatrix} \dfrac{\partial x}{\partial u} & \dfrac{\partial y}{\partial u} & \dfrac{\partial z}{\partial u} \\[2ex] \dfrac{\partial x}{\partial v} & \dfrac{\partial y}{\partial v} & \dfrac{\partial z}{\partial v} \end{pmatrix}$$

den Rang 2 haben (damit kann die durch (IV) bestimmte Punktmenge, d. h. Fläche, nicht zu einer Kurve entarten). Bei Erfüllung der Voraussetzungen heißt (IV) eine *zulässige Parameterdarstellung.*

Beispiel 11.23

Die parameterfreie Gleichung der Kugelfläche mit dem Radius a lautet (vgl. (3.97)):

$x^2 + y^2 + z^2 - a^2 = 0$

Mit den Winkeln $u \in [0, 2\pi)$, $v \in \left[-\frac{\pi}{2}, \frac{\pi}{2}\right]$ liest man aus Bild 11.51 die **Parameterdarstellung der Kugelfläche** ab:

$$\boxed{r = r(u; v) = \begin{pmatrix} a \cos u \cos v \\ a \sin u \cos v \\ a \sin v \end{pmatrix}} \qquad (11.44)$$

Die Parameter entsprechen den geographischen Koordinaten $u = \lambda$, $v = \varphi$. $\overline{B}$ ist ein Rechteckbereich (Bild 11.52)

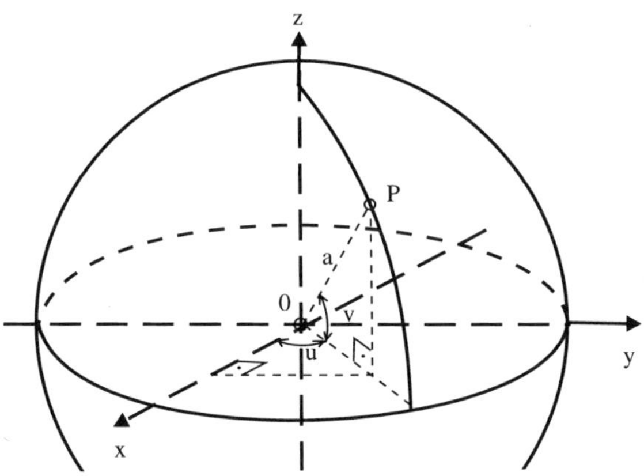

Bild 11.51

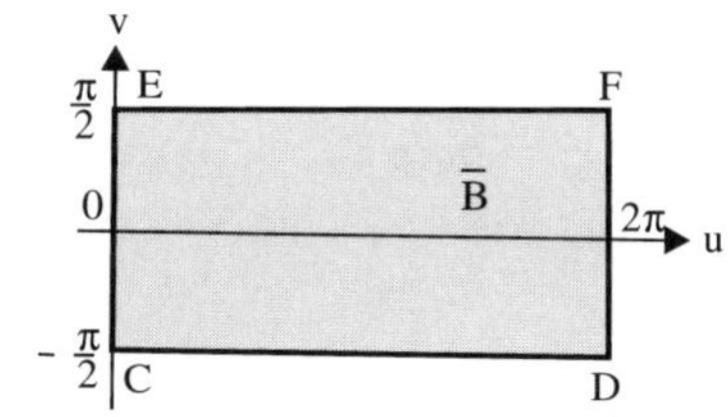

Bild 11.52

Beispiel 11.24

Alle Tangenten einer Raumkurve k bilden die **Tangentenfläche** Φ von k (Bild 11.53). Φ schneidet die x, y-Ebene in der Kurve c. Man bestimme die Gleichung von c für die Raumkurve

k: $\boldsymbol{r} = \boldsymbol{r}(u) = u\boldsymbol{i} + u^2\boldsymbol{j} + u^3\boldsymbol{k}$ (vgl. Bild L 11.7).

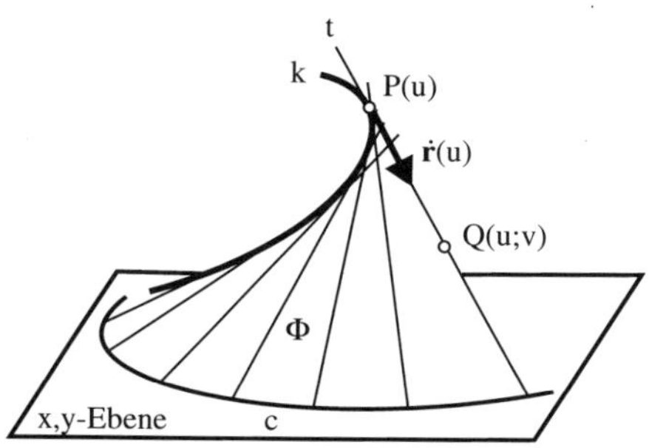

Bild 11.53

Lösung:

Es sei t die Tangente im Kurvenpunkt $P(u)$ und $Q \in t$ ein variabler Punkt mit dem Ortsvektor $\boldsymbol{q}$. Dann lautet die Tangentengleichung mit v als weiterem Parameter

$$\boldsymbol{q}(u;v) = \boldsymbol{r}(u) + v\dot{\boldsymbol{r}}(u) = \begin{pmatrix} u & + v \\ u^2 & + 2uv \\ u^3 & + 3u^2 v \end{pmatrix} \tag{V}$$

(V) ist die Gleichung der Tangentenfläche Φ. Für die Kurve c muß $z(u;v) = 0$

sein:

$u^3 + 3u^2v = 0 \Rightarrow v = -u/3.$

Einsetzen in (V) ergibt eine Parameterdarstellung von c:

$x(u) = u - \frac{u}{3} = \frac{2}{3}u$

$y(u) = u^2 - \frac{2}{3}u^2 = \frac{1}{3}u^2.$

c ist eine Parabel mit der parameterfreien Gleichung

$y = \frac{3}{4}x^2$

Aufgabe 11.36

11.3.2 Kurven auf der Fläche, Koordinatenlinien

Die Parameter u, v seien selbst Funktionen eines Parameters t:

$$u = u(t), \qquad v = v(t) \tag{I}$$

(I) ist die Parameterdarstellung einer Kurve $\overline{k}$ in der u, v-Ebene. Ihr entspricht auf der Fläche Φ die Kurve k (Bild 11.54) mit der Parameterdarstellung:

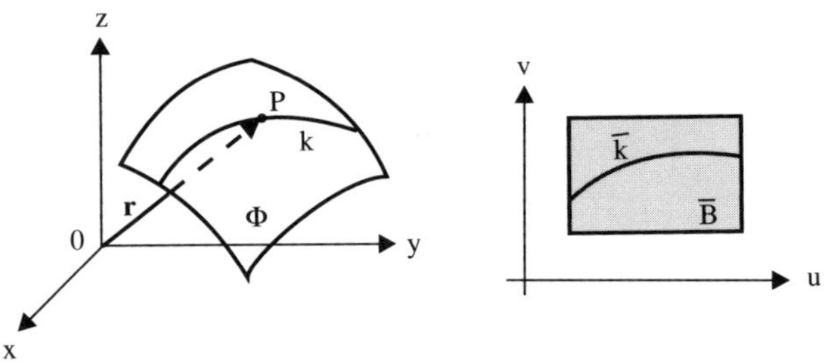

Bild 11.54

$$\boldsymbol{r} = \boldsymbol{r}(u(t); v(t)) = \begin{pmatrix} x(u(t); v(t)) \\ y(u(t); v(t)) \\ z(u(t); v(t)) \end{pmatrix} = \begin{pmatrix} x(t) \\ y(t) \\ z(t) \end{pmatrix} \tag{II}$$

Spezielle Kurven auf der Fläche entstehen, wenn von den Parametern u, v ein Parameter konstant gehalten wird. So folgt für

u variabel, $v = c =$ konstant	$u = d =$ konstant, v variabel
mit $\boldsymbol{r} = \boldsymbol{r}(u; c)$ (III)	$\boldsymbol{r} = \boldsymbol{r}(d; v)$ (IV)
die Gleichung einer	
u-Linie	**v-Linie**

Für jedes c bzw. d (aus bestimmten Intervallen entsprechend $\overline{B}$) gibt es eine u- bzw. v-Linie. Alle u- und v-Linien bilden auf Φ ein Kurvennetz (Bild 11.55). Durch jeden Flächenpunkt geht eine u-Linie und eine v-Linie. Daher können sie als **Koordinatenlinien** auf der Fläche verwendet werden. Sie bilden das **Gaußsche Koordinatensystem** auf der Fläche. Die Gleichungen (I) geben in diesem System die Parameterdarstellung der Flächenkurve k und heißen die **inneren Gleichungen einer Kurve auf der Fläche**.

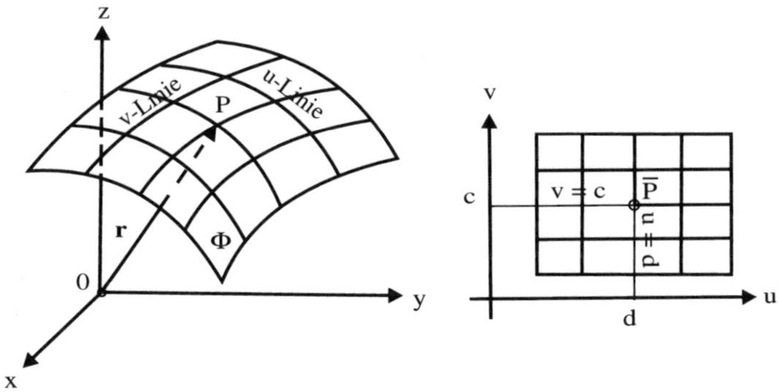

Bild 11.55

Ein Tangentenvektor $\boldsymbol{t}^*$ der Kurve $k \subset \Phi$ mit der Darstellung (II): $\boldsymbol{r} = \boldsymbol{r}(u(t); v(t))$ folgt nach der verallgemeinerten Kettenregel aus

$$\boldsymbol{t}^* = \frac{\mathrm{d}\boldsymbol{r}(t)}{\mathrm{d}t} = \frac{\partial \boldsymbol{r}}{\partial u} \cdot \frac{\mathrm{d}u}{\mathrm{d}t} + \frac{\partial \boldsymbol{r}}{\partial v} \cdot \frac{\mathrm{d}v}{\mathrm{d}t} \qquad \text{und mit}$$

$$\frac{\partial \boldsymbol{r}}{\partial u} = \boldsymbol{r}_u, \qquad \frac{\partial \boldsymbol{r}}{\partial v} = \boldsymbol{r}_v \qquad \text{wird}$$

$$\boxed{\boldsymbol{t}^* = \dot{\boldsymbol{r}}(t) = \boldsymbol{r}_u \cdot \dot{\boldsymbol{u}} + \boldsymbol{r}_v \cdot \dot{\boldsymbol{v}}} \qquad (11.45)$$

Für eine u-Linie ist wegen $v = c$, $\dot{v} = 0$ ein Tangentenvektor $\boldsymbol{t}^* = \boldsymbol{r}_u \cdot \dot{\boldsymbol{u}}$. Damit ist auch $\boldsymbol{r}_u$ ein Tangentenvektor an die u-Linie und entsprechend ist $\boldsymbol{r}_v$ Tangentenvektor an die v-Linie (Bild 11.56).

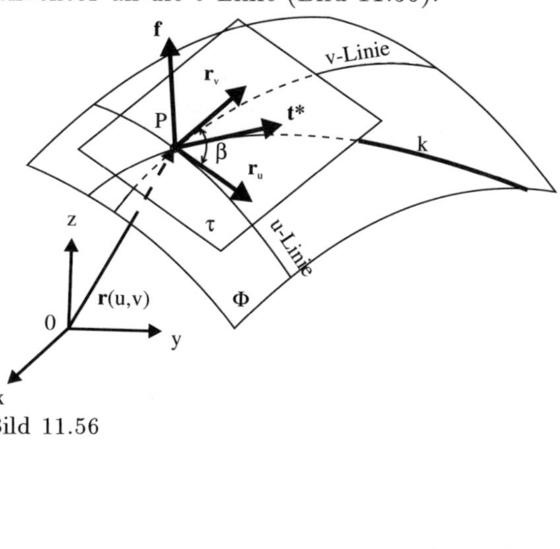

Bild 11.56

Die Vektoren $\boldsymbol{r}_u$, $\boldsymbol{r}_v$ spannen die Tangentialebene τ auf, die Φ in P berührt, denn für jede durch P gehende Flächenkurve k muß nach (11.45) der Tangentenvektor in τ liegen. Ist $Q(x; y; z)$ ein variabler Punkt von τ mit dem Ortsvektor $\boldsymbol{q}$, dann ist die **Gleichung der Tangentialebene** an die Fläche Φ im Punkt P:

$$\boxed{\boldsymbol{q} = \boldsymbol{r}(u; v) + \lambda \boldsymbol{r}_u + \mu \boldsymbol{r}_v} \qquad \lambda, \mu \in \mathbb{R} \tag{11.46}$$

Der Normaleneinheitsvektor $\boldsymbol{f}$ der Tangentialebene in P ist der **Normaleneinheitsvektor der Fläche** in P:

$$\boxed{\boldsymbol{f} = \frac{\boldsymbol{r}_u \times \boldsymbol{r}_v}{|\boldsymbol{r}_u \times \boldsymbol{r}_v|}} \tag{11.47}$$

Mit $\boldsymbol{f}$ läßt sich für die Gleichung der Tangentialebene schreiben

$$\boxed{(\boldsymbol{q} - \boldsymbol{r}) \cdot \boldsymbol{f} = 0} \quad (11.48a) \qquad \boxed{(\boldsymbol{q} - \boldsymbol{r})(\boldsymbol{r}_u \times \boldsymbol{r}_v) = 0} \quad (11.48b)$$

Der **Schnittwinkel β zwischen der u- und der v-Linie** durch P folgt aus

$$\boxed{\cos \beta = \frac{\boldsymbol{r}_u \cdot \boldsymbol{r}_v}{|\boldsymbol{r}_u| \cdot |\boldsymbol{r}_v|}} \tag{11.49}$$

Gilt für alle Flächenpunkte $\boldsymbol{r}_u \cdot \boldsymbol{r}_v = 0$, d. h. $\beta = \pi/2$, dann liegt ein **orthogonales Gaußsches Koordinatensystem** vor.

Beispiel 11.25

Aus der Gleichung (11.44) der Kugelfläche folgt mit $v = c =$ konst. für die u-Linien:

$$r = r(u; c) = \begin{pmatrix} a \cos c \cdot \cos u \\ a \cos c \cdot \sin u \\ a \sin u \end{pmatrix} = \begin{pmatrix} p \cos u \\ p \sin u \\ q \end{pmatrix}$$

mit $p = a \cos c$, $q = a \sin c$. Die u-Linien sind Kreise parallel zur x, y-Ebene (Parallel- oder Breitenkreise, Bild 11.57). Für $v = c = 0$ folgt der Schnittkreis mit der x, y-Ebene (Äquator) mit dem Radius a. Für $v = \pi/2$ und $v = -\pi/2$ folgt je ein Punkt N bzw. S (Nord-, Südpol):

$$r\left(u; \frac{\pi}{2}\right) = \begin{pmatrix} 0 \\ 0 \\ a \end{pmatrix}, \qquad r\left(u; -\frac{\pi}{2}\right) = \begin{pmatrix} 0 \\ 0 \\ -a \end{pmatrix}.$$

Während im allgemeinen jedem Punkt von $\overline{B}$ in der u, v-Ebene (Bild 11.52) ein Punkt der Kugelfläche entspricht, werden alle Punkte der Strecke $\overline{EF}$ auf N und alle Punkte von $\overline{CD}$ auf S abgebildet. Für diese Punkte sind die in 11.3.1 genannten Voraussetzungen an die Parameterdarstellung von Φ nicht erfüllt.

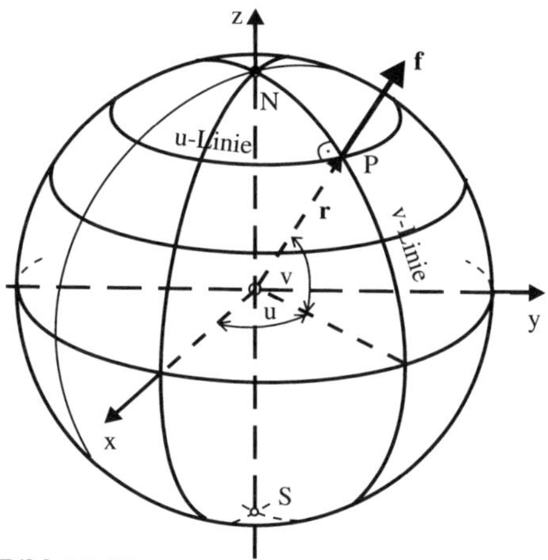

Bild 11.57

Mit $u = d =$ konst. folgt aus (11.44) für die v-Linien:

$$\boldsymbol{r} = \boldsymbol{r}(d; v) = \begin{pmatrix} a\cos d\cos v \\ a\sin d\cos v \\ a\sin v \end{pmatrix} = \begin{pmatrix} p\cos v \\ q\cos v \\ a\sin v \end{pmatrix}$$

mit $p = a\cos d$, $q = a\sin d$. Die v-Linien sind Halbkreise (Meridiane) mit den Endpunkten N und S.
Weiter folgt aus (11.44):

$$\boldsymbol{r}_u = \begin{pmatrix} -a\sin u\cos v \\ a\cos u\cos v \\ 0 \end{pmatrix}, \qquad \boldsymbol{r}_v = \begin{pmatrix} -a\cos u\sin v \\ -a\sin u\sin v \\ a\cos v \end{pmatrix}$$

Wegen

$$\boldsymbol{r}_u \cdot \boldsymbol{r}_v = a^2\sin u\cos u\sin v\cos v - a^2\sin u\cos u\sin v\cos v = 0$$

ist nach (11.48) $\cos\beta = 0$, d. h. $\beta = \pi/2$. Es liegt ein orthogonales Netz vor. Für die Normale $\boldsymbol{f}$ folgt mit

$$\boldsymbol{r}_u \times \boldsymbol{r}_v = a^2 \begin{pmatrix} \cos u\cos^2 v \\ \sin u\cos^2 v \\ \sin v\cos v \end{pmatrix}, \qquad |\boldsymbol{r}_u \times \boldsymbol{r}_v| = a^2\cos v$$

$$\boldsymbol{f} = \frac{\boldsymbol{r}_u \times \boldsymbol{r}_v}{|\boldsymbol{r}_u \times \boldsymbol{r}_v|} = \begin{pmatrix} \cos u\cos v \\ \sin u\cos v \\ \sin v \end{pmatrix}$$

Ein Vergleich mit (11.44) zeigt, daß $\boldsymbol{r} = a\boldsymbol{f}$, d. h. der Normalenvektor $\boldsymbol{f}$ in P ist parallel zum Ortsvektor $\boldsymbol{r}$ von P.
Für die Gleichung der Tangentialebene in P ergibt sich aus (11.46) oder (11.48):

$$x\cos u\cos v + y\sin u\cos v + z\sin v - a = 0$$

Aufgabe 11.37

11.3.3 Bogenlänge einer Kurve auf der Fläche

Auf der Fläche Φ: $\boldsymbol{r} = \boldsymbol{r}(u; v)$ ist eine Kurve k durch ihre innere Gleichung $u = u(t)$, $v = v(t)$ gegeben. Die Bogenlänge s eines Kurvenstücks zwischen den Punkten $P_1(t = t_1)$, $P_2(t = t_2)$ ist nach (11.23) und (11.45)

$$s = \int_{t_1}^{t_2} |\dot{\boldsymbol{r}}| \, \mathrm{d}t = \int_{t_1}^{t_2} |\boldsymbol{r}_u \cdot \dot{u} + \boldsymbol{r}_v \dot{v}| \, \mathrm{d}t$$

Nun ist

$$|\dot{\boldsymbol{r}}| = \sqrt{\dot{\boldsymbol{r}} \cdot \dot{\boldsymbol{r}}} = \sqrt{(\boldsymbol{r}_u \cdot \dot{u} + \boldsymbol{r}_v \cdot \dot{v})(\boldsymbol{r}_u \cdot \dot{u} + \boldsymbol{r}_v \cdot \dot{v})}$$

$$= \sqrt{\boldsymbol{r}_u \cdot \boldsymbol{r}_u \cdot \dot{u}^2 + 2\boldsymbol{r}_u \boldsymbol{r}_v \cdot \dot{u}\dot{v} + \boldsymbol{r}_u \boldsymbol{r}_v \cdot \dot{v}^2} \qquad \text{(I)}$$

Zur Abkürzung wird gesetzt

$$\boxed{\boldsymbol{r}_u \boldsymbol{r}_u = E \qquad \boldsymbol{r}_u \boldsymbol{r}_v = F \qquad \boldsymbol{r}_v \boldsymbol{r}_v = G} \qquad (11.50)$$

Die Skalarprodukte E, F, G heißen **Gaußsche Fundamentalgrößen 1. Art**. Damit folgt aus (I)

$$|\dot{\boldsymbol{r}}(t)| = \sqrt{E\dot{u}^2 + 2F\dot{u}\dot{v} + G\dot{v}^2} \qquad \text{(II)}$$

und die Bogenlänge ist

$$\boxed{s = \int_{t_1}^{t_2} \sqrt{E\dot{u}^2 + 2F\dot{u}\dot{v} + G\dot{v}^2} \, \mathrm{d}t} \qquad (11.51)$$

Das Quadrat des Bogenelements $\mathrm{d}s = |\dot{\boldsymbol{r}}| \, \mathrm{d}t$ wird als **erste Grundform der Flächentheorie** bezeichnet:

$$\mathrm{d}s^2 = \dot{\boldsymbol{r}}\dot{\boldsymbol{r}} \, \mathrm{d}t^2 = (E\dot{u}^2 + 2F\dot{u}\dot{v} + G\dot{v}^2) \, \mathrm{d}t^2$$

$$\boxed{\mathrm{d}s^2 = E \, \mathrm{d}u^2 + 2F \, \mathrm{d}u \, \mathrm{d}v + G \, \mathrm{d}v^2} \qquad (11.52)$$

Durch die erste Grundform wird die **innere Geometrie einer Fläche** bestimmt. Hierzu kurz eine Erläuterung: Die Fläche Φ werde auf eine Fläche Φ^* längentreu abgebildet, d. h., die Längen aller Kurvenstücke bleiben erhalten. Zum Beispiel kann die Zylinderfläche durch Abwickeln längentreu auf die Ebene abgebildet werden. Mit den Längen bleibt das Bogenelement $\mathrm{d}s$, d. h. die erste Grundform erhalten. Zur inneren Geometrie einer Fläche gehören alle geometrischen Eigenschaften, die nur von E, F, G abhängen und damit bei längentreuen Abbildungen invariant sind. Zur inneren Geometrie einer Fläche gehören z. B. neben der Berechnung der Bogenlänge die in den folgenden Abschnitten behandelte Bestimmung des Schnittwinkels von zwei Kurven und der von einer geschlossenen Kurve bestimmte Flächeninhalt. Diese Eigenschaften sind metrische Eigenschaften. Man sagt, die Größen E, F, G bestimmen die Metrik der Fläche.

Aussagen über die Krümmung der Fläche gehören nicht zur inneren Geometrie. GAUSS veröffentlichte, ausgehend von praktischen geodätischen Messungen auf der Erdoberfläche, 1827 grundlegende Erkenntnisse zur Flächentheorie.

Beispiel 11.26

Für die Kugelfläche ergibt sich mit $\boldsymbol{r}_u$, $\boldsymbol{r}_v$ aus Beispiel 11.25:

$$E = \boldsymbol{r}_u \boldsymbol{r}_u = a^2 \cos^2 v, \qquad F = \boldsymbol{r}_u \boldsymbol{r}_v = 0, \qquad G = \boldsymbol{r}_v \boldsymbol{r}_v = a^2$$

$$\mathrm{d}s^2 = a^2 \cos^2 v \,\mathrm{d}u^2 + a^2 \,\mathrm{d}v^2.$$

Für die Bogenlänge der Kurve mit der inneren Gleichung $u = t$, $v = \pi/4 =$ konst. und den Grenzen $t_1 = 0$, $t_2 = 2\pi$ folgt aus (11.51) mit $\dot{u} = 1$, $\dot{v} = 0$:

$$s = \int\limits_0^{2\pi} \sqrt{a^2 \cos^2 \frac{\pi}{4}}\,\mathrm{d}t = \frac{1}{2}\sqrt{2}a \int\limits_0^{2\pi} \mathrm{d}t = \sqrt{2}\pi a,$$

das ist der Umfang eines Parallelkreises der „Breite“ $u = \pi/4$.

Beispiel 11.27

Auf der Fläche $\Phi : \boldsymbol{r} = u\boldsymbol{i} + v\boldsymbol{j} + (u^2 - v^2)\boldsymbol{k}$ liegt eine Kurve k mit der inneren Gleichung $u = t$, $v = 2t$. Man bestimme E, F, G und die Bogenlänge von k für $t_1 = 0$, $t_2 = 1$.

Lösung:

Die Fläche ist ein hyperbolisches Paraboloid (vgl. Bild 3.71).

$$\boldsymbol{r} = \begin{pmatrix} u \\ v \\ u^2 - v^2 \end{pmatrix}, \qquad \boldsymbol{r}_u = \begin{pmatrix} 1 \\ 0 \\ 2u \end{pmatrix}, \qquad \boldsymbol{r}_v = \begin{pmatrix} 0 \\ 1 \\ -2v \end{pmatrix}$$

$$E = 1 + 4u^2, \quad F = -4uv, \quad G = 1 + 4v^2$$

Für die Bogenlänge ergibt sich aus (11.51):

$$s = \int\limits_0^1 \sqrt{(1 + 4u^2)\dot{u}^2 - 8uv\dot{u}\dot{v} + (1 + 4v^2)\dot{v}^2}\,\mathrm{d}t$$

und mit $u = t$, $v = 2t$, $\dot{u} = 1$, $\dot{v} = 2$:

$$s = \int\limits_0^1 \sqrt{1 + 4t^2 - 32t^2 + (1 + 16t^2)4}\,\mathrm{d}t = \int\limits_0^1 \sqrt{36t^2 + 5}\,\mathrm{d}t$$

Aus der Integraltafel folgt

$$s = \left[\frac{t}{2}\sqrt{36t^2 + 5} + \frac{5}{12}\operatorname{arsinh}\frac{6t}{\sqrt{5}}\right]_0^1$$

$$s = \frac{1}{2}\sqrt{41} + \frac{5}{12}\operatorname{arsinh}\frac{6}{\sqrt{5}} = \underline{\underline{3,808}}$$

Die Bogenlänge kann auch mit der Darstellung (II) aus 11.3.2 nach Gleichung (11.23) berechnet werden.

Aufgaben 11.38 und 11.39

11.3.4 Schnittwinkel zweier Flächenkurven

Auf der Fläche Φ: $\boldsymbol{r} = \boldsymbol{r}(u; v)$ liegen zwei Kurven k und k^* mit dem Schnittpunkt P_0 (Bild 11.58). k und k^* haben die inneren Gleichungen

$$k : u = u(t),\ v = v(t) \qquad k^* : u = u^*(t),\ v = v^*(t)$$

bzw. die Parameterdarstellungen

$$k : \boldsymbol{r}(t) = \boldsymbol{r}(u(t); v(t)) \qquad k^* :\ \boldsymbol{r}^*(t) = (u^*(t); v^*(t)).$$

Für $P_0(t = t_0)$ gilt $\boldsymbol{r}(t_0) = \boldsymbol{r}^*(t_0)$.

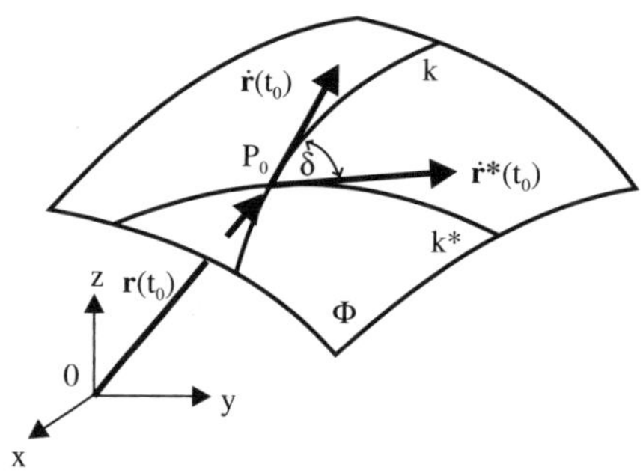

Bild 11.58

Die Tangentenvektoren an k bzw. k^* in P_0 sind nach (11.45)

$$\dot{\boldsymbol{r}} = \boldsymbol{r}_u \cdot \dot{u} + \boldsymbol{r}_v \cdot \dot{v}, \qquad \boldsymbol{r}^* = \boldsymbol{r}_u^* \cdot \dot{u}^* + \boldsymbol{r}_v^* \cdot \dot{v}^* \qquad \text{für } t = t_0. \tag{I}$$

Für den Schnittwinkel δ zwischen k und k^* folgt

$$\cos\delta = \frac{\dot{\boldsymbol{r}} \cdot \dot{\boldsymbol{r}}^*}{|\dot{\boldsymbol{r}}| \cdot |\dot{\boldsymbol{r}}^*|}. \tag{II}$$

Werden in (II) die Werte aus (I) eingesetzt, dann ergibt sich unter Verwendung von (11.50) für den **Schnittwinkel zweier Flächenkurven**:

$$\boxed{\cos\delta = \frac{E\dot{u}\dot{u}^* + F(\dot{u}\dot{v}^* + \dot{v}\dot{u}^*) + G\dot{v}\dot{v}^*}{\sqrt{E\dot{u}^2 + 2F\dot{u}\dot{v} + G\dot{v}^2}\sqrt{E\dot{u}^{*2} + 2F\dot{u}^*\dot{v}^* + G\dot{v}^{*2}}}} \tag{11.53}$$

Für den Winkel zwischen den Koordinatenlinien folgt mit
k als u-Linie: $u = t,\quad v = c,\quad \dot{u} = 1,\quad \dot{v} = 0$
k^* als v-Linie: $u^* = d,\ v^* = t,\ \dot{u}^* = 0,\ \dot{v}^* = 1$

$$\cos\delta = \frac{F}{\sqrt{E \cdot G}}$$

Das u, v-Koordinatennetz ist genau dann orthogonal, wenn $F = 0$ ist.

Beispiel 11.28

Auf der Kugelfläche mit der Gleichung (11.44) liegen zwei Kurven

$k: \quad u = t, \quad v = t$

$k^*: \quad u^* = t, \; v^* = -2t + 2 \qquad$ (Bild 11.59).

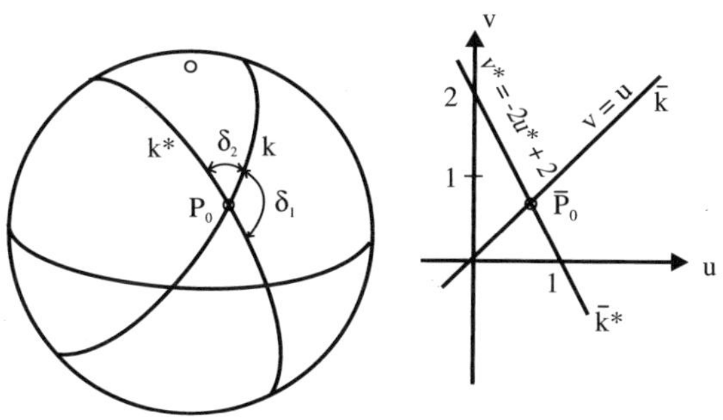

Bild 11.59

Für den Schittpunkt P_0 von k und k^* folgt aus $u = u^*$, $v = v^*$ sofort $t_0 = 2/3$. Mit $E = a^2 \cos^2 v$, $F = 0$, $G = a^2$, $\dot{u} = \dot{v} = \dot{u}^* = 1$, $\dot{v}^* = -2$ wird nach (11.53)

$$\cos\delta = \frac{a^2\cos^2 t - 2a^2}{\sqrt{a^2\cos^2 t + a^2}\sqrt{a^2\cos^2 t + 4a^2}} = \frac{\cos^2 t - 2}{\sqrt{(\cos^2 t + 1)(\cos^2 t + 4)}}$$

Mit $t_0 = 2/3$ ergibt sich für P_0:

$\cos\delta = -0{,}5058, \qquad \underline{\underline{\delta_1 = 120{,}385^\circ}} \qquad$ oder $\qquad \underline{\underline{\delta_2 = 59{,}615^\circ}}$

Beispiel 11.29

Eine **Loxodrome** ist eine Kurve auf der Kugelfläche, die alle Meridiane unter dem gleichen Winkel α schneidet. Es wird die Fläche der Erdkugel mit dem Radius R betrachtet:

$$\boldsymbol{r} = \boldsymbol{r}(\lambda; \varphi) = R\cos\lambda\cos\varphi\boldsymbol{i} + R\sin\lambda\cos\varphi\boldsymbol{j} + R\sin\varphi\boldsymbol{k}.$$

Die innere Gleichung der Loxodrome in der Form $\lambda = f(\varphi)$ ist gesucht.

Lösung:

Es sei k eine Loxodrome und k^* ein Meridian. Die inneren Gleichungen sind

k: $\lambda = \lambda(t)$	k^*: $\lambda^* = c$	Damit ist	$\dot{\lambda}^* = 0$
$\varphi = \varphi(t)$	$\varphi^* = t$		$\dot{\varphi}^* = 1$

Analog zu Beispiel 11.26 ist

$E = R^2\cos^2\varphi, \qquad F = 0, \qquad G = R^2$

Nach (11.53) folgt der Schnittwinkel α von k und k^* aus

$$\cos\alpha = \frac{R^2\dot{\varphi}}{\sqrt{R^2\cos^2\varphi\cdot\dot{\lambda}^2 + R^2\dot{\varphi}^2}\sqrt{R^2}}$$

$$= \frac{\dot{\varphi}}{\sqrt{\cos^2\varphi\cdot\dot{\lambda}^2 + \dot{\varphi}^2}}$$

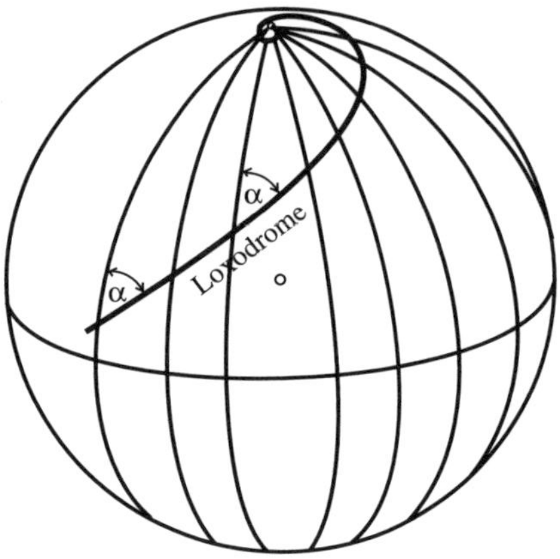

Bild 11.60

Der Tangens des Winkels α ist

$$\tan\alpha = \frac{\sqrt{1-\cos^2\alpha}}{\cos\alpha} = \frac{\cos\varphi\cdot\dot{\lambda}}{\dot{\varphi}}$$

und mit $\tan\alpha = m$ folgt

$$m = \frac{\cos\varphi\dfrac{\mathrm{d}\lambda}{\mathrm{d}t}}{\dfrac{\mathrm{d}\varphi}{\mathrm{d}t}} = \frac{\cos\varphi\,\mathrm{d}\lambda}{\mathrm{d}\varphi} \qquad \text{oder}$$

$$\mathrm{d}\lambda = m\frac{\mathrm{d}\varphi}{\cos\varphi} \tag{III}$$

(III) ist die Differentialgleichung der Loxodrome. Durch Integration folgt ihre parameterfreie innere Gleichung:

$$\lambda = m\ln\tan\left(\frac{\varphi}{2}+\frac{\pi}{4}\right) + C = f(\varphi).$$

C ergibt sich aus der Anfangsbedingung, daß die Loxodrome durch einen gegebenen Punkt $P_0(\lambda_0;\varphi_0)$ gehen soll. Durch Wahl von α liegt m fest.
Die Loxodrome nähert sich mit wachsendem bzw. abnehmendem λ und φ den Polen N bzw. S (Bild 11.60, $\lambda\in\mathbb{R}$ vorausgesetzt). Ein Schiff oder Flugzeug bewegt sich bei konstantem Kurswinkel auf einer Loxodrome.

Aufgabe 11.40

11.3.5 Flächeninhalte

Auf der Fläche Φ: $\boldsymbol{r} = \boldsymbol{r}(u;v)$ werde von der Kurve k: $u = u(t)$, $v = v(t)$ das Flächenstück B eingeschlossen (Bild 11.61). B entspricht in der u,v-Ebene das Flächenstück $\overline{B}$ und k entspricht $\overline{k}$. Der Flächeninhalt $O(B)$ des Flächenstücks B wird gesucht.

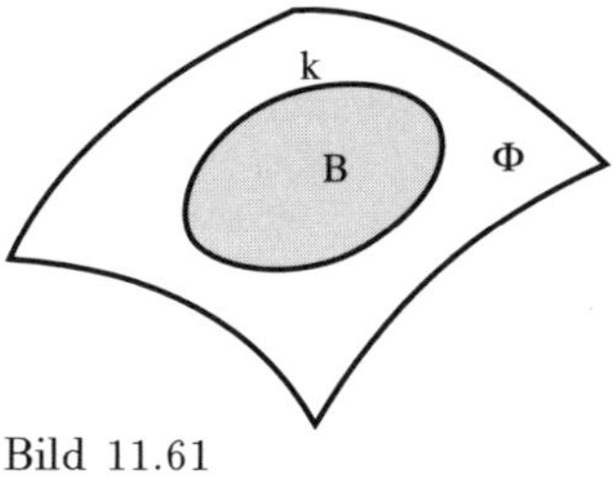

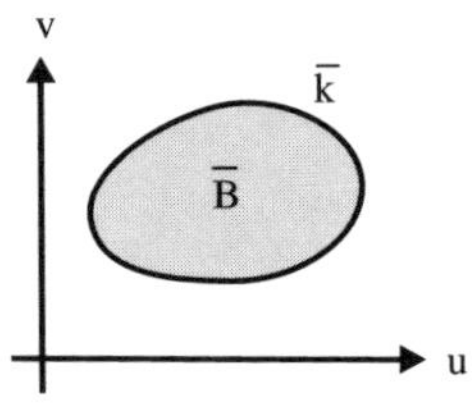

Bild 11.61

Es wird ein kleines, von zwei u-Linien und zwei v-Linien begrenztes Flächenstück $\mathrm{d}B$ mit den Eckpunkten $P(u;v)$, $P_1(u+\mathrm{d}u;v)$, $P_2(u;v+\mathrm{d}v)$, $P_{12}(u+\mathrm{d}u;v+\mathrm{d}v)$ gewählt (Bild 11.62). In P mit dem Ortsvektor $\boldsymbol{r}(u;v)$ wird an Φ die Tangentialebene τ gelegt, die von den Vektoren $\boldsymbol{r}_u$, $\boldsymbol{r}_v$ aufgespannt wird, und in τ wird das Parallelogramm $\mathrm{d}\tau$ mit den Seiten $\boldsymbol{r}_u\,\mathrm{d}u$ und $\boldsymbol{r}_v\,\mathrm{d}v$ betrachtet. Der Flächeninhalt von $\mathrm{d}\tau$ kann genähert als Flächeninhalt $\mathrm{d}O$ des Flächenstücks $\mathrm{d}B$ genommen werden:

$$\mathrm{d}O = |\boldsymbol{r}_u\,\mathrm{d}u \times \boldsymbol{r}_v\,\mathrm{d}v| = |\boldsymbol{r}_u \times \boldsymbol{r}_v|\,\mathrm{d}u\,\mathrm{d}v.$$

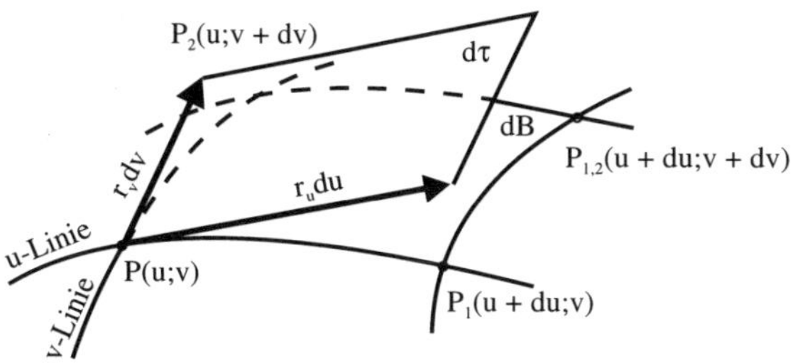

Bild 11.62

Mit

$$\begin{aligned}|\boldsymbol{r}_u \times \boldsymbol{r}_v| &= \sqrt{(\boldsymbol{r}_u \times \boldsymbol{r}_v)(\boldsymbol{r}_u \times \boldsymbol{r}_v)}\\ &= \sqrt{(\boldsymbol{r}_u \cdot \boldsymbol{r}_u)(\boldsymbol{r}_v \cdot \boldsymbol{r}_v) - (\boldsymbol{r}_u \cdot \boldsymbol{r}_v)^2} = \sqrt{EG - F^2}\end{aligned}$$

folgt

$$\mathrm{d}O = \sqrt{EG - F^2}\,\mathrm{d}u\,\mathrm{d}v. \qquad \text{(I)}$$

$\mathrm{d}O$ heißt das **Flächenelement** von Φ. Durch Integration von (I) über dem Bereich $\overline{B}$ erhält man den

Flächeninhalt $O = O(B)$ des gekrümmten Flächenstücks B:

$$\boxed{O = \iint\limits_{\overline{B}} \sqrt{EG - F^2}\,\mathrm{d}u\,\mathrm{d}v} \qquad (11.54)$$

Anmerkung: Zu einer exakten Definition des Flächeninhaltbegriffs wird auf die weiterführende Literatur der Differentialgeometrie verwiesen.

Beispiel 11.30

Für die in Beispiel 11.16 behandelte Durchdringung von Zylinder und Halbkugel ist der Flächeninhalt O des von der Durchdringungskurve k umschlossenen Teils der Kugeloberfläche zu berechnen.

Lösung:

Für das in Bild 11.63 gewählte Koordinatensystem hat die Halbkugelfläche die Gleichung

$$r = \begin{pmatrix} a\cos u\cos v \\ a\sin u\cos v \\ a\sin v \end{pmatrix} \qquad \begin{matrix} u \in [0, 2\pi) \\ v \in \left[0, \frac{\pi}{2}\right] \end{matrix} \tag{II}$$

Die parameterfreie Gleichung der Zylinderfläche ist

$$\left(x - \frac{a}{2}\right)^2 + y^2 = \frac{a^2}{4} \qquad \text{oder} \qquad x^2 + y^2 - ax = 0 \tag{III}$$

(II) wird in (III) eingesetzt:

$$a^2\cos^2 u\cos^2 v + a^2\sin^2 u\cos^2 v - a^2\cos u\cos v = 0$$

$$\cos v(\cos v - \cos u) = 0$$

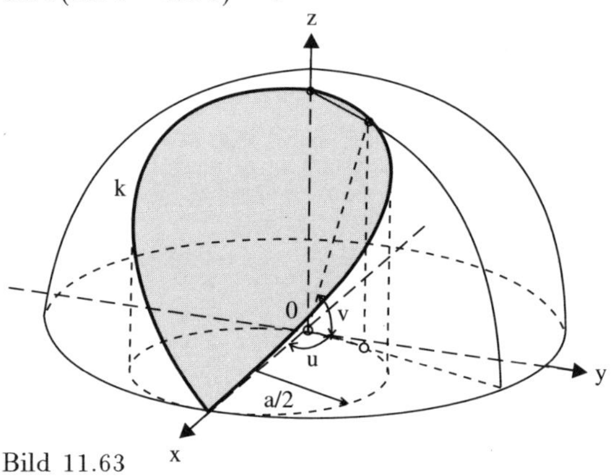

Bild 11.63

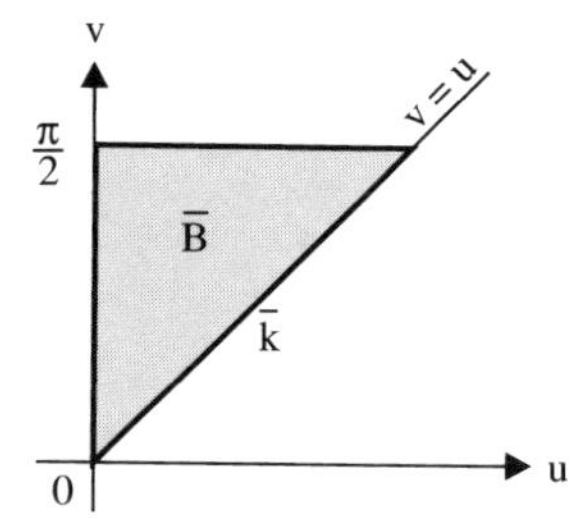

Bild 11.64

Neben $\cos v = 0$ folgt aus $\cos v = \cos u$ mit

$$v = u \tag{IV}$$

die innere Gleichung der Durchdringungskurve k. Ihr Bild in der u, v-Ebene ist die Gerade $\overline{k}$ (Bild 11.64). Das von k eingeschlossene Flächenstück ist symmetrisch zur x, y-Ebene. Dem halben Flächenstück B entspricht in der u, v-Ebene der gerasterte Bereich $\overline{B}$. Mit $E = a^2\cos^2 v$, $F = 0$, $G = a^2$ erhält man nach (11.54)

$$O = 2\iint\limits_{\overline{B}} \sqrt{a^4\cos^2 v}\,\mathrm{d}u\,\mathrm{d}v = 2a^2\iint\limits_{\overline{B}} \cos v\,\mathrm{d}u\,\mathrm{d}v$$

$$= 2a^2\int\limits_{v=0}^{v=\pi/2}\int\limits_{u=0}^{u=v} \cos v\,\mathrm{d}u\,\mathrm{d}v = 2a^2\int\limits_0^{\pi/2}\Big[u\cos v\Big]_{u=0}^{u=v}\mathrm{d}v$$

$$= 2a^2\int\limits_0^{\pi/2} v\cos v\,\mathrm{d}v = 2a^2\Big[v\sin v + \cos v\Big]_0^{\pi/2} = \underline{\underline{a^2(\pi - 2)}}$$

Aufgabe 11.41

11.3.6 Krümmung von Flächen

Im folgenden wird ohne Formelherleitung über das Krümmungsverhalten der Fläche Φ in einem Punkt $P \in \Phi$ informiert. Durch die Flächennormale $\boldsymbol{n}$ in P wird eine Ebene Γ gelegt, die Φ in der Kurve k schneidet (Bild 11.65). Man spricht von einem **Normalschnitt**. k hat in P den Tangentenvektor $\boldsymbol{t}$, die Krümmung $\varkappa$ und den Radius $\varrho = \dfrac{1}{\varkappa}$ des Krümmungskreises.

Wird Γ um $\boldsymbol{n}$ um einen Winkel von 0 bis π gedreht, wobei $\boldsymbol{t}$ die Tangentialebene τ von Φ in P beschreibt, dann gehört zu jeder Lage von Γ eine Normalschnittkurve k mit der zugehörigen Krümmung $\varkappa$. Bei dieser Drehung gibt es im allgemeinen zwei Lagen, in denen die zugehörigen Kurven k_1 und k_2 mit den Tangentenvektoren $\boldsymbol{t}_1$ bzw. $\boldsymbol{t}_2$ ein maximale Krümmung $\varkappa_1$ bzw. eine minimale Krümmung $\varkappa_2$ haben (Bild 11.66). $\varkappa_1$, $\varkappa_2$ heißen **Hauptkrümmungen**, $\varrho_1 = 1/\varkappa_1$, $\varrho_2 = 1/\varkappa_2$ heißen **Hauptkrümmungsradien** und $\boldsymbol{t}_1$, $\boldsymbol{t}_2$ geben die **Hauptkrümmungsrichtungen** an.

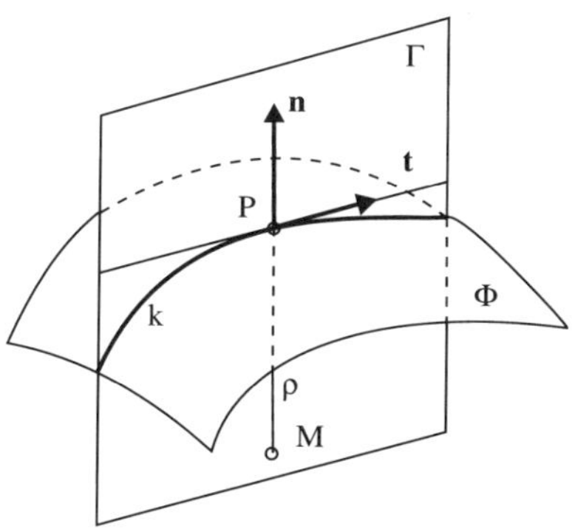

Bild 11.65

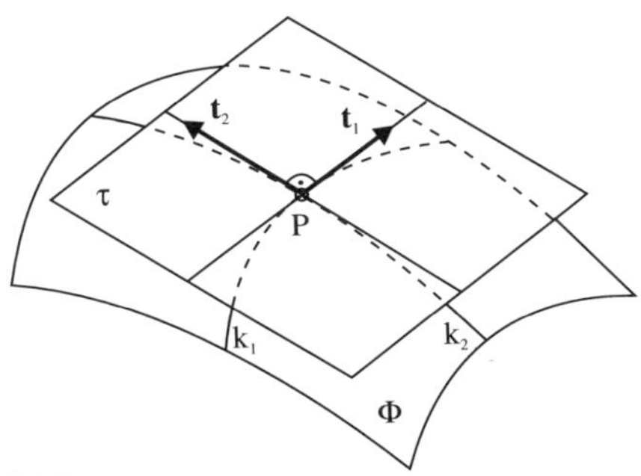

Bild 11.66

Hat $\varkappa$ für jede Tangentenrichtung den gleichen Wert, dann ist P ein **Nabelpunkt**. Z. B. ist jeder Punkt der Kugelfläche ein Nabelpunkt. Das Rotationsparaboloid mit der Gleichung $z = x^2 + y^2$ hat in $P = O$ einen Nabelpunkt.

Die Hauptkrümmungsrichtungen sind für alle Flächenpunkte, die keine Nabelpunkte sind, orthogonal zueinander, d. h. $\boldsymbol{t}_1 \perp \boldsymbol{t}_2$. Zur Bestimmung der Hauptkrümmungen bildet man die **Gaußschen Fundamentalgrößen 2. Art**:

$$L = \frac{[\boldsymbol{r}_u \boldsymbol{r}_v \boldsymbol{r}_{uu}]}{|\boldsymbol{r}_u \times \boldsymbol{r}_v|}, \qquad M = \frac{[\boldsymbol{r}_u \boldsymbol{r}_v \boldsymbol{r}_{uv}]}{|\boldsymbol{r}_u \times \boldsymbol{r}_v|}, \qquad N = \frac{[\boldsymbol{r}_u \boldsymbol{r}_v \boldsymbol{r}_{vv}]}{|\boldsymbol{r}_u \times \boldsymbol{r}_v|} \tag{11.55}$$

Der Ausdruck

$$L\,\mathrm{d}u^2 + 2M\,\mathrm{d}u\,\mathrm{d}v + N\,\mathrm{d}v^2$$

heißt die **zweite Grundform der Flächentheorie**. Sie ermöglicht in Verbindung mit der ersten Grundform die Untersuchung der Gestalt einer Fläche in der Umgebung eines Flächenpunktes, d. h. des Krümmungsverhaltens. Weiter bildet man die **Gaußsche Krümmung**

$$\boxed{K = \varkappa_1 \cdot \varkappa_2 = \frac{LN - M^2}{EG - F^2}} \qquad (11.56)$$

und die **Mittlere Krümmung**

$$\boxed{H = \frac{\varkappa_1 + \varkappa_2}{2} = \frac{EN - 2FM + GL}{2(EG - F^2)}} \qquad (11.57)$$

Die gesuchten Hauptkrümmungen $\varkappa_1$, $\varkappa_2$ sind dann die Lösungen der Gleichung

$$\varkappa^2 - 2H\varkappa + K = 0.$$

Um die Hauptkrümmungsrichtungen zu erhalten, beachte man, daß nach (11.45) die Richtung des Tangentenvektors einer Kurve auf der Fläche durch das Verhältnis $\dot{u}/\dot{v} = \lambda$ bestimmt wird. Für die Hauptkrümmungsrichtungen ergeben sich die Werte λ_1, λ_2 aus der Gleichung

$$(FN - GM)\lambda^2 + (EN - GL)\lambda + (EM - FL) = 0.$$

Auf einer Rotationsfläche geben die „Meridiane“ und „Breitenkreise“ die Hauptkrümmungsrichtungen an.

Man unterscheidet (abgesehen von Nabelpunkten) drei verschiedene Flächenformen in der Umgebung eines Punktes, die sich mit Hilfe der Gaußschen Krümmung K klassifizieren lassen.

Ein Flächenpunkt P heißt

- **elliptischer Punkt**, wenn in P gilt:
  $K > 0$.
  Die Tangentialebene τ liegt in der Umgebung von P auf einer Seite der Fläche (Bild 11.67).
  Beispiele: Ellipsoid, elliptisches Paraboloid, zweischaliges Hyperboloid (ohne Nabelpunkte).

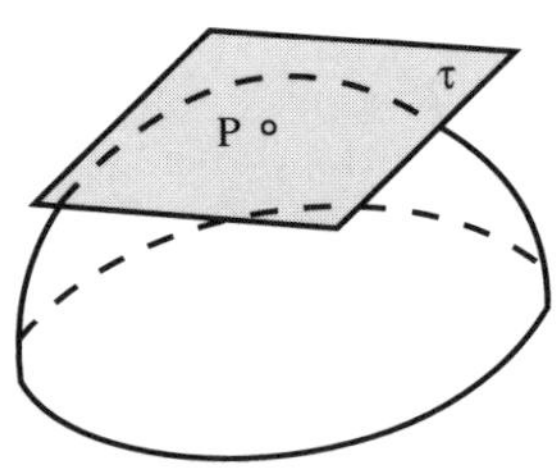

Bild 11.67

- **parabolischer Punkt**, wenn in P gilt:
  $K = 0$.
  Die Tangentialebene τ berührt bzw. schneidet in der Umgebung von P die Fläche in einer durch P gehenden Kurve (Bild 11.68).
  Beispiele: Zylinder, Kegel (die genannte Kurve ist eine Gerade), Ebene.

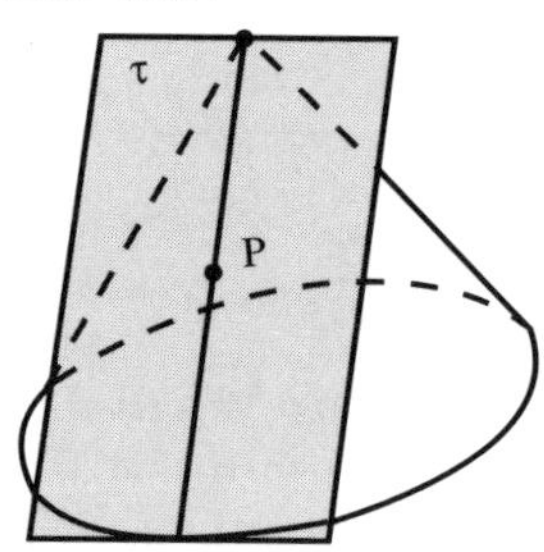

Bild 11.68

– **hyperbolischer Punkt**, wenn in P gilt: $K < 0$.
Die Tangentialebene τ schneidet in der Umgebung von P die Fläche in zwei durch den Berührungspunkt gehenden Kurven (Bild 11.69).
Beispiele: einschaliges Hyperboloid, hyperbolisches Paraboloid (Sattelfläche).

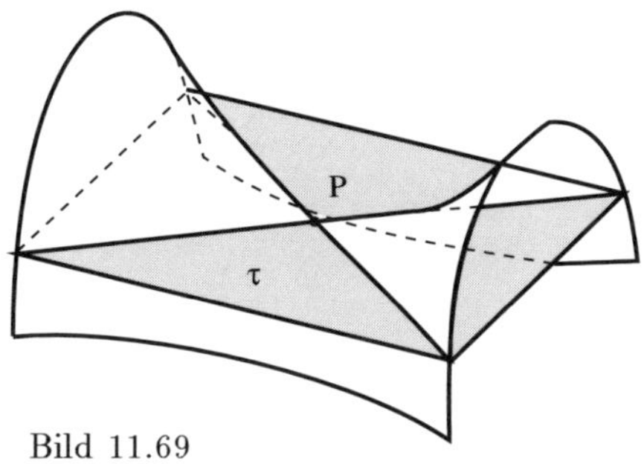

Bild 11.69

Verschiebt man τ parallel zu sich um eine genügend kleine Strecke in Richtung zur Fläche, dann schneidet τ die Fläche genähert für $K > 0$ in einer Ellipse, für $K = 0$ in einer Parabel und für $K < 0$ in einer Hyperbel, woraus sich obige Bezeichnungen erklären lassen. Bild 11.70 zeigt eine Kurve $k = \widehat{AB}$ mit dem Wendepunkt W. k erzeugt bei der Rotation um die Gerade d eine Rotationsfläche Φ. Das von dem Kurvenstück k_1 erzeugte Flächenstück Φ_1 enthält bis auf den Nabelpunkt A nur elliptische Punkte, k_2 erzeugt Φ_2 mit hyperbolischen Punkten. Alle Punkte des von W erzeugten Kreises w sind parabolische Punkte.

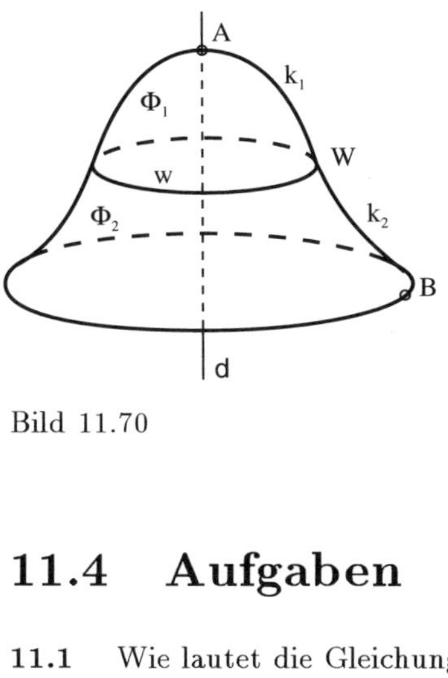

Bild 11.70

11.4 Aufgaben

11.1 Wie lautet die Gleichung der Neilschen Parabel in Polarkoordinaten?

11.2 Eine Kurve hat in Polarkoordinaten die Gleichung

$$r = \frac{9}{5 - 4\cos\varphi} = f(\varphi).$$

Man bestimme die Kurvengleichung in rechtwinkligen Koordinaten. Welche Kurve ist es?

11.3 Ein Kreis mit dem Radius a rollt außen auf einem festen Kreis mit gleichem Radius. Ein Punkt des rollenden Kreises beschreibt als Sonderfall der Epizykloiden eine **Kardioide** (Herzkurve). Sie hat die Parameterdarstellung

$$r = a\begin{pmatrix} 2\cos t - \cos 2t \\ 2\sin t - \sin 2t \end{pmatrix}, \qquad t \in [0, 2\pi)$$

Man berechne Kurvenpunkte für $t \in [0, 2\pi)$, $\Delta t = \pi/6$ und zeichne die Kurve.

11.4 Die Kurve mit der Parameterdarstellung

$$r = \frac{a(t^2-1)}{t^2+1}\begin{pmatrix} 1 \\ t \end{pmatrix}, \qquad t \in \mathbb{R}$$

heißt **Strophoide**. Wie heißt die parameterfreie Gleichung? Wie heißt ihre Gleichung in Polarkoordinaten. Man zeichne die Kurve.

11.5 Wie heißen die Gleichungen der Tangente und der Normale der Neilschen Parabel mit der Gleichung (11.1a) für $t = 2$?

11.6 Eine Kurve hat die Parameterdarstellung

$$r = 2t^5 \boldsymbol{i} + 5t^4 \boldsymbol{j}.$$

Für welches t hat die Tangente den Anstiegswinkel $\alpha = \pi/4$?

11.7 Für welche Werte von t sind die Tangenten der Kardioide (vgl. Aufgabe 11.3) parallel zur x-Achse?

11.8 Welchen Anstiegswinkel hat die Tangente an die Strophoide (vgl. Aufgabe 11.4) im Punkt O?

11.9 Welchen Anstieg hat die Tangente an die Archimedische Spirale $r = 2\varphi$ im Punkt $P_0\left(\varphi_0 = \frac{3}{4}\pi\right)$?

11.10 Wie groß ist die Bogenlänge der Kurve mit der Gleichung

$$r(t) = (3t^2+2)\boldsymbol{i} + 2t^3\boldsymbol{j} \qquad \text{für } t_1 = 0,\ t_2 = 2?$$

11.11 Man berechne die Bogenlänge der Kreisevolvente (11.3), wenn der um einen Halbkreis liegende Faden abgewickelt wird.

11.12 Die Kardioide aus Aufgabe 11.3 hat in Polarkoordinaten die Gleichung

$$r = 2a(1 - \cos\varphi).$$

Gesucht wird ihre Bogenlänge (vgl. Bild L 11.1).

11.13 Rollt in einem festen Kreis mit dem Radius a ein Kreis mit dem Radius $a/4$, dann beschreibt ein Punkt des rollenden Kreises eine **Astroide** oder Sternkurve (Bild 11.71) mit der Gleichung

$$r = a\cos^3 t\boldsymbol{i} + a\sin^3 t\boldsymbol{j}.$$

Wie lang ist der Astroidenbogen in einem Quadrant $\left(t_1 = 0,\ t_2 = \frac{\pi}{2}\right)$?

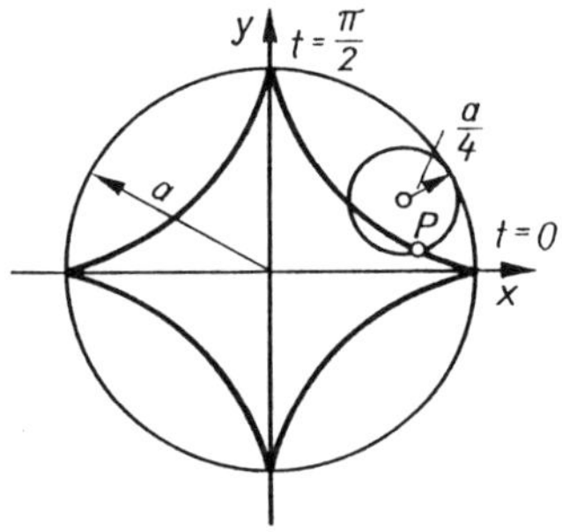

Bild 11.71

11.14 Wie groß ist der Krümmungsradius im Scheitelpunkt der Parabel $y = cx^2$?

11.15 Man berechne die Krümmung der gewöhnlichen Zykloide. Wie groß ist $\varrho(t = \pi)$?

11.16 Zu berechnen ist der Krümmungsmittelpunkt M, der zum Punkt $P_0(x_0 = 8/3; y_0 > 0)$ der Parabel mit der Gleichung $y^2 = 6x$ gehört.

11.17 Für die Parabel $y = \frac{1}{4}x^3 - \frac{3}{4}x^2$ sind die zu den Extrempunkten gehörenden Krümmungsradien zu berechnen, und die Kurve ist mit Hilfe der zugehörigen Krümmungskreise zu zeichnen.

11.18 Man berechne für die Kurve mit der Gleichung $r = a\sqrt{2\cos 2\varphi}$ die Krümmung im Punkt $P_0(\varphi_0 = \pi/6)$.

11.19 Wo liegen die Scheitelpunkte der Kurven mit den Gleichungen

a) $y = x^3$ b) $y = \ln x$ c) $y = \frac{1}{x}$ d) $x = t^2 + 2,\ y = 2t + 3$

Man bestimme $k = k(x)$ bzw. $k = k(t)$ und ermittle für diese Funktionen die Extremstellen.

11.20 Gesucht wird die Evolute der Ellipse mit der Parameterdarstellung

$\boldsymbol{r} = a\cos t\boldsymbol{i} + b\sin t\boldsymbol{j}$.

Wie heißt die parameterfreie Gleichung der Evolute?

11.21 Man bestimme die Evolute der Zykloide mit der Gleichung (11.2) und beschreibe das Ergebnis.

11.22 Welche Evolute hat die Kardioide aus Aufgabe 11.3?

11.23 Man berechne den Flächeninhalt der Kardioide

a) mit der Parameterdarstellung (vgl. Aufgabe 11.3)

b) mit der Kurvengleichung in Polarkoordinaten: $r = 2a(1 - \cos\varphi)$.

11.24 Wie groß ist der von der Astroide (vgl. Aufgabe 11.13) eingeschlossene Flächeninhalt A? (Man berechne $A/4$ mit $t_1 = 0$, $t_2 = \pi/2$).

11.25 Welchen Flächeninhalt hat eine Exzenterscheibe, die von der Archimedischen Spirale mit der Gleichung $r = 2\varphi$ und den zu $\varphi_1 = \pi$, $\varphi_2 = \frac{3}{2}\pi$ gehörenden Radien begrenzt wird?

11.26 Eine Raumkurve hat die Parameterdarstellung

$$\boldsymbol{r} = t\boldsymbol{i} + t^2\boldsymbol{j} + t^3\boldsymbol{k}, \qquad t \in \mathbb{R}.$$

Man verschaffe sich einen Überblick über den Verlauf der Raumkurve, in dem man die drei Orthogonalprojektionen auf die drei Koordinatenebenen bestimmt.

11.27 Man berechne für die Kurve

$$k\colon\ \boldsymbol{r} = t\boldsymbol{i} + \sqrt{3}t^2\boldsymbol{j} + 2t^3\boldsymbol{k}$$

die Bogenlänge zwischen den Punkten $P_1(t=0)$ und $P_2(t=1)$.

11.28 Die Raumkurve mit der Gleichung

$$\boldsymbol{r} = \mathrm{e}^{mt}\begin{pmatrix} a\cos t \\ a\sin t \\ b \end{pmatrix}$$

heißt **konische Schraubenlinie** (Bild 11.72). Man zeige, daß sie auf der Kegelfläche mit der Gleichung $b^2(x^2+y^2) - a^2z^2 = 0$ liegt. Für $t \to -\infty$ strebt die Kurve in immer engeren Spiralen gegen O. Man berechne die Bogenlänge für $P_1(t=0)$ und $P_2(t=2\pi)$.

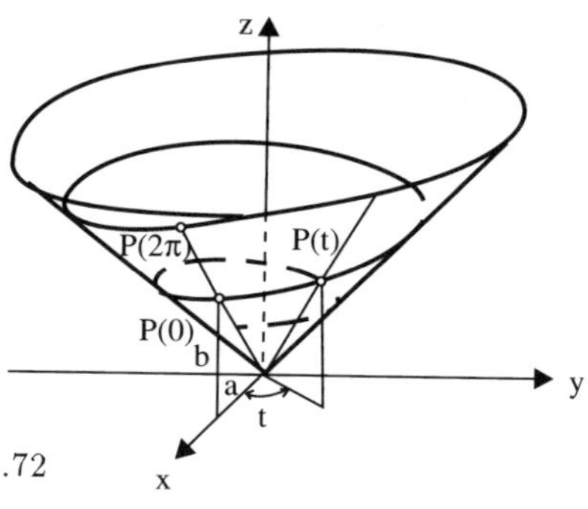

Bild 11.72

11.29 Man berechne für die Kurve

$$k\colon\ \boldsymbol{r}(t) = \sin t\,\boldsymbol{i} + \sin^2 t\,\boldsymbol{j} + t\,\boldsymbol{k}$$

den Tangentenvektor $\boldsymbol{t}$ für $t=0$ und $t=\pi/2$.

11.30 Man beweise, daß die konische Schraubenlinie (vgl. Aufg. 11.28) die Erzeugenden des Kegels, auf dem sie liegt, unter einem konstanten Winkel schneidet.

11.31 Es sind die Vektoren des begleitenden Dreibeins der Raumkurve aus Aufgabe 11.27 zu berechnen und die Werte für $t=0$ und $t=1$ zu bestimmen.

11.32 Es sind die Gleichungen der Ebenen des begleitenden Dreibeins für die Raumkurve

$$\boldsymbol{r} = t\boldsymbol{i} + \sqrt{3}t^2\boldsymbol{j} + 2t^3\boldsymbol{k}$$

(vgl. Aufgabe 11.30) aufzustellen und die speziellen Gleichungen für $t=0$ und $t=1$ zu bestimmen.

11.33 Man berechne die Krümmung und die Torsion der Raumkurve

$$\boldsymbol{r} = t\boldsymbol{i} + \sqrt{3}t^2\boldsymbol{j} + 2t^3\boldsymbol{k}.$$

11.34 Für die gewöhnliche Schraubenlinie werden die Koordinaten der Krümmungsmittelpunkte gesucht, die zu den Punkten $P_1(t=0)$ und $P_2(t=\pi/2)$ gehören.

11.35 Für die Raumkurve

$$k\colon\ \boldsymbol{r}(t) = \frac{1}{2}t^2\boldsymbol{i} + \ln t\boldsymbol{j} + \sqrt{2}t\boldsymbol{k}$$

sind zu berechnen:

a) die Bogenlänge zwischen $P_1(t=1)$ und $P_2(t=4)$,

b) die Vektoren des begleitenden Dreibeins,

c) Krümmung und Torsion der Raumkurve.

11.36 Welche Fläche hat die Parameterdarstellung

$$\boldsymbol{r} = u\cos v\boldsymbol{i} + u\sin v\boldsymbol{j} + au\boldsymbol{k}$$

und wie heißt die parameterfreie Gleichung?

11.37 Ein gerader Kreiszylinder hat die Parameterdarstellung

$$\boldsymbol{r} = a\cos u\boldsymbol{i} + a\sin u\boldsymbol{j} + v\boldsymbol{k} \qquad u \in [0, 2\pi),\ v \in \mathbb{R}$$

a) Welches sind die u- und v-Linien? Ist das Netz orthogonal?

b) Man bestimme den Normalenvektor $\boldsymbol{f}$ und die Gleichung der Tangentialebene.

11.38 Es sind die Fundamentalgrößen E, F, G für

a) die Fläche eines Kreiszylinders (vgl. Aufg. 11.37),

b) für eine Fläche mit der Gleichung $z = f(x; y)$ zu bestimmen.

11.39 Die Gleichung

$$\boldsymbol{r} = av\cos u\boldsymbol{i} + av\sin u\boldsymbol{j} + bv\boldsymbol{k}$$

beschreibt einen Kreiskegel mit der z-Achse als Kegelachse. Für die auf der Kegelfläche liegende Kurve mit der inneren Gleichung $u = t$, $v = t$ ist die Bogenlänge für $a = 4$, $b = 3$ und $t_1 = 1$, $t_2 = 2$ zu berechnen.

11.40 Auf der Kegelfläche

$$\Phi\colon\ \boldsymbol{r} = av\cos u\boldsymbol{i} + av\sin u\boldsymbol{j} + bv\boldsymbol{k}$$

liegt eine Kurve k: $u = v = t$. Unter welchem Winkel schneidet k eine Erzeugende des Kegels? Wie groß ist der Winkel für $t = 0$?

11.41 Eine Gerade schneidet die z-Achse und ist orthogonal zu dieser. Dreht sich die Gerade um die z-Achse und bewegt sich dabei in Richtung der z-Achse, so daß ihr Abstand von einer Anfangslage proportional zum Drehwinkel wächst, so beschreibt sie eine **Schraubenfläche** mit der Darstellung

$$\boldsymbol{r} = \begin{pmatrix} v\cos u \\ v\sin u \\ au \end{pmatrix}$$

Man bestimme die u- und v-Linien der Fläche. Es ist für $a = 2$ der Inhalt des Flächenstücks zu berechnen, das durch die u-Linien $u = 0$, $u = \pi/2$ und die v-Linien $v = 0$, $v = 1$ begrenzt wird.

12 Wahrscheinlichkeitsrechnung und mathematische Statistik

12.1 Kombinatorik

12.1.1 Einführung

Die Kombinatorik befaßt sich mit der Auswahl von Elementen aus einer endlichen Grundmenge und deren Anordnung. Ein wesentliches Anwendungsfeld der Kombinatorik ist die Wahrscheinlichkeitsrechnung. Daher wird in diesem Kapitel die Kombinatorik der Wahrscheinlichkeitsrechnung vorangestellt.
Betrachtet wird eine Grundmenge G endlich vieler Elemente, aus der Teilmengen zusammengestellt werden sollen. Je nachdem, ob dabei alle Elemente von G verwendet werden oder ob nur eine Auswahl betrachtet wird, ob die Anordnung der Elemente einer derartigen Auswahl bedeutsam ist oder nicht, bezeichnet man solche Zusammenstellungen als *Permutationen* oder *Variationen* oder *Kombinationen*. Zu beachten ist außerdem, ob die Elemente der Grundmenge dabei verbraucht werden oder beliebig oft zur Verfügung stehen. Demzufolge sind Zusammenstellungen *ohne* oder *mit Wiederholung* zu unterscheiden. In allen Fällen interessiert die *Anzahl* der möglichen Zusammenstellungen. Die folgenden Beispiele sollen die dazu notwendigen Überlegungen vorbereiten. Die Begriffe werden anschließend erklärt.

Beispiel 12.1

Die Buchstaben AEHMRU sind in beliebiger Reihenfolge aneinanderzusetzen, z. B. AHRMEU, MAUERH, UHREMA, RHEUMA. Wieviele Möglichkeiten gibt es?

Da stets alle 6 Elemente verwendet werden, handelt es sich um Permutationen. Es gibt 720 Möglichkeiten (s. (12.2)).

Beispiel 12.2

Aus den Buchstaben AEHMRU sind je 3 auszuwählen, z. B. ARM, REH, HER, UHR, RUH. Wieviele Möglichkeiten gibt es?

Es handelt sich um eine Auswahl zu je 3 aus 6 gegebenen Elementen, bei denen die Anordnung zu berücksichtigen ist. Man bezeichnet derartige Zusammenstellungen als Variationen. Es gibt 120 Möglichkeiten (s. (12.5)).

Beispiel 12.3

Aus den Buchstaben AEHMRU sind je 3 auszuwählen, wobei jeder Buchstabe mehrmals verwendet werden darf, z. B. AAA, AHA, EHE, UHU, MUM, MAR. Wieviele Möglichkeiten gibt es?

Es handelt sich um *Variationen mit Wiederholung.* 216 Zusammenstellungen sind möglich (s. (12.6)).

Beispiel 12.4

Bei einer Verlosung sollen aus den Buchstaben AEHMRU blindlings drei gezogen werden. Gewonnen hat, wer drei Vokale zieht, also z. B. AEU, EAU, UAE. Es gibt 20 Möglichkeiten, aus den 6 Buchstaben unabhängig von der Reihenfolge 3 auszuwählen (s. (12.8)). Davon ist eine die Gewinnmöglichkeit. In diesem Fall handelt es sich um sogenannte *Kombinationen.*

Im folgenden werden die verschiedenen Arten der Zusammenstellung näher untersucht. Die Beweise lassen sich durch vollständige Induktion führen. Sie werden hier nur angedeutet. Die Grundmenge G soll stets n Elemente enthalten.

12.1.2 Permutationen

Permutationen sind Zusammenstellungen, in denen stets sämtliche n Elemente der Grundmenge G verwendet werden.

Definition

Als **Permutationen** bezeichnet man Zusammenstellungen von je n Elementen, wobei sich die Zusammenstellungen untereinander nur durch die Reihenfolge der Elemente unterscheiden. Man spricht von **Permutationen mit Wiederholung**, wenn nicht alle der n Elemente verschieden sind. (12.1)

Beispiel 12.5

Aus der Menge $G_2 = \{a, b\}$ lassen sich zwei Permutationen bilden, nämlich ab und ba.
Die Menge $G_3 = \{a, b, c\}$ ermöglicht sechs Permutationen:
abc, acb, bac, bca, cab, cba.
Die Menge $G_3^{(2,1)} = \{a, a, c\}$ mit zwei gleichen Elementen ermöglicht 3 Permutationen:
aac, aca, caa.
Diese Anzahl ist nur halb so groß wie bei G_3, da je zwei Zusammenstellungen identisch sind.

Die bei Permutationen zu beobachtende Vertauschung der natürlichen Reihenfolge wird als *Inversion* bezeichnet (vgl. dazu auch Abschnitt 4.4.1). Die Frage nach der Anzahl der möglichen Permutationen beantwortet der folgende

Satz

Die Anzahl P_n der Permutationen n verschiedener Elemente ist

$$P_n = 1 \cdot 2 \ldots \cdot n = n! \qquad (12.2)$$

Befinden sich unter den n Elementen je $m_1, m_2, \ldots, m_k$ gleiche Elemente mit $m_1 + m_2 + \ldots + m_k = n$, so gibt es

$$P_n^{(m_1, m_2, \ldots, m_k)} = \frac{n!}{m_1! m_2! \ldots m_k!} \qquad (12.3)$$

mögliche Permutationen.

Zum *Beweis* überlege man sich, daß (anknüpfend an Beispiel 12.5) $P_2 = 2!$, $P_3 = 3!$ und allgemein $P_k = k!$ ist. Wird die Zusammenstellung aus k Elementen um ein weiteres Element erweitert, so gibt es in der Zusammenstellung dafür $k+1$ mögliche Plätze, woraus $P_{k+1} = k!(k+1) = (k+1)!$ folgt. Sind unter den n Elementen m_k gleiche Elemente, so sind jeweils $m_k!$ der $n!$ Permutationen identisch, wodurch sich die Anzahl der verschiedenen Permutationen auf das $\frac{1}{m_k!}$-fache reduziert.

12.1.3 Variationen

Variationen sind Zusammenstellungen, die durch Auswahl von k Elementen aus einer Grundmenge von n Elementen gebildet werden. Dabei kann auch $k = n$ oder sogar $k > n$ sein. Im letztgenannten Fall müssen Elemente mehrfach auftreten. Zusammenstellungen, die gleiche Elemente in unterschiedlicher Reihenfolge enthalten, gelten als verschieden.

Definition

Als **Variationen** k-ter Klasse bezeichnet man Zusammenstellungen zu je k Elementen, die unter Berücksichtigung der Anordnung aus n gegebenen Elementen ausgewählt werden. Dürfen die ausgewählten Elemente mehrfach auftreten, handelt es sich um **Variationen mit Wiederholung**. (12.4)

Beispiel 12.6

Die 10 Ziffern $0, 1, 2, \ldots, 9$ sind zu je 3 zusammenzustellen, wobei unterschiedliche Reihenfolgen als verschiedene Anordnungen gelten, z. B. $467 \neq 674$. Offensichtlich erhält man die ersten 10^3 Zahlen des Dezimalsystems von 000 bis 999. Darunter sind aber 10 Zahlen mit 3 gleichen Ziffern und $3 \cdot 9 \cdot 10$ Zahlen mit je 2 gleichen Ziffern enthalten. Die Anzahl der dreistelligen Zahlen mit verschiedenen Ziffern ist demnach

$$1000 - 10 - 3 \cdot 9 \cdot 10 = 10(99 - 3 \cdot 9) = 10 \cdot 9 \cdot 8 = 720$$

Allgemein gilt der

Satz

Die Anzahl V_n^k der Variationen n verschiedener Elemente zur k-ten Klasse ist

$$V_n^k = \frac{n!}{(n-k)!} = n(n-1)\ldots(n-k+1), \qquad 1 \leq k \leq n \tag{12.5}$$

Dürfen darin die Elemente mehrfach auftreten, so erhöht sich für Variationen mit Wiederholung die Anzahl auf

$$^{w}V_n^k = n^k \tag{12.6}$$

Zum *Beweis* von (12.5) ist zu beachten, daß bei der Auswahl zweier Elemente aus n gegebenen jedes der Elemente mit jedem der $n-1$ restlichen Elemente zusammengestellt werden kann. Das sind $n(n-1)$ Möglichkeiten. Kommt ein drittes Element aus den $n-2$ verbleibenden Elementen hinzu, erhöht sich die Anzahl der

Möglichkeiten auf das $(n-2)$-fache. Mit vollständiger Induktion kommt man auf $n(n-1)\dots(n-k+1)$ Möglichkeiten bei k ausgewählten Elementen. Sind Wiederholungen zugelassen, stehen bei jeder Auswahl je eines weiteren Elements stets alle n Elemente der Grundmenge zur Verfügung. Daraus ergibt sich (12.6).

12.1.4 Kombinationen

Auch die Kombinationen sind Zusammenstellungen, die durch Auswahl von k Elementen aus einer Grundmenge von n Elementen gebildet werden. Im Gegensatz zu den Variationen ist aber die Reihenfolge der Elemente ohne Bedeutung, d. h. es kommt nur darauf an, welche Elemente in der Auswahl enthalten sind, nicht aber in welcher Reihenfolge sie auftreten.

Definition

Als **Kombinationen** k-ter Klasse bezeichnet man Zusammenstellungen zu je k Elementen, die ohne Berücksichtigung der Anordnung aus n gegebenen Elementen ausgewählt werden. Dürfen die ausgewählten Elemente mehrfach auftreten, handelt es sich um **Kombinationen mit Wiederholung**. (12.7)

Beispiel 12.7

Aus 6 Sportlern soll eine Zweiermannschaft ausgewählt werden. Wieviele verschiedene Paare sind denkbar? Jeder der 6 Sportler kann mit jedem der verbleibenden 5 ein Paar bilden; das sind $6 \cdot 5 = 30$ Möglichkeiten. Da je 2 Möglichkeiten identisch sind (die Paare Bauer und Becker ergeben dieselbe Mannschaft wie Becker und Bauer) halbiert sich die Anzahl auf 15 Möglichkeiten. Bei der Auswahl von 3 Sportlern zu einer Mannschaft kann jedes der 15 Paare durch einen dritten Sportler aus den noch 4 verfügbaren ergänzt werden. Je 3 Dreierzusammenstellungen sind identisch, denn der dritte Sportler kann an erster, zweiter oder dritter Position hinzugewählt werden, ohne daß die Mannschaft sich ändert:

$$\{\text{Beier, Bauer, Becker}\} = \{\text{Bauer, Beier, Becker}\} = \{\text{Bauer, Becker, Beier}\}.$$

Das ergibt $\dfrac{6 \cdot 5 \cdot 4}{1 \cdot 2 \cdot 3} = 20$ Möglichkeiten

Es gilt der

Satz

Die Anzahl C_n^k der Kombinationen n verschiedener Elemente zur k-ten Klasse ist

$$C_n^k = \frac{n(n-1)\dots(n-k+1)}{k!} = \binom{n}{k}, \qquad 1 \leq k \leq n \tag{12.8}$$

Dürfen darin die Elemente mehrfach auftreten, so erhöht sich für Kombinationen mit Wiederholung die Anzahl auf

$${}^{w}C_n^k = \binom{n+k-1}{k} \tag{12.9}$$

Beim Beweis zu (12.8) ist zu beachten, daß die Reihenfolge der ausgewählten k Elemente uninteressant ist. Je $k!$ mögliche Permutationen dieser Elemente gelten als identische Auswahl. Gegenüber der Anzahl der Variationen reduziert sich die Anzahl der Kombinationen auf das $\frac{1}{k!}$-fache. Es gilt also

$$C_n^k = \frac{1}{k!} \cdot V_n^k$$

Zum Beweis von (12.9) benötigt man neben der vollständigen Induktion auch Rechenregeln für Binomialkoeffizienten.

12.1.5 Übersicht und Beispiele

Die Schwierigkeit bei der Betrachtung kombinatorischer Aufgaben besteht im Erkennen der Art der zutreffenden Problemklasse. In jedem Einzelfall beantworte man sich die Frage, ob es sich nur um eine Umordnung aller Elemente oder um eine Auswahl aus gegebenen Elementen handelt, ob die Reihenfolge zu beachten ist oder nicht, ob Wiederholungen vorkommen oder nicht. Die folgende Übersicht soll das erleichtern.

Übersicht

Gegeben: n Elemente	Worauf kommt es an?		
	Nur auf die Reihenfolge der n Elemente	Auf **die Auswahl und die Reihenfolge** von k Elementen	**Nur auf die Auswahl** von k Elementen
Innerhalb jeder Anordnung sind **alle Elemente verschieden**	Permutationen ohne Wiederholungen P_n	Variationen ohne Wiederholungen V_n^k	Kombinationen ohne Wiederholungen C_n^k
Innerhalb jeder Anordnung dürfen die **Elemente mehrmals auftreten**	Permutationen mit Wiederholungen $P_n^{(m_1,m_2,\ldots,m_k)}$	Variationen mit Wiederholungen ${}^wV_n^k$	Kombinationen mit Wiederholungen ${}^wC_n^k$

Beispiel 12.8

Für Landesflaggen werden üblicherweise die Farben Rot, Gelb, Grün, Blau, Schwarz und Weiß verwendet.

a) Wieviele verschiedenfarbige zweistreifige und wieviele verschiedenfarbige dreistreifige Flaggen lassen sich aus diesen 6 Farben zusammenstellen?

b) Wieviele dreistreifige Flaggen können aus den Farben Blau, Rot, Weiß zusammengestellt werden, wenn jede dieser Farben nur einmal auftreten darf?

Lösung:

a) Aus 6 vorgegebenen Farben sind 2 bzw. 3 auszuwählen. Da die Reihenfolge der Anordnung von Bedeutung ist, handelt es sich um Variationen. Wegen der geforderten Verschiedenfarbigkeit sind Wiederholungen nicht zulässig. Für zweistreifige Flaggen gibt es $V_6^2 = 6 \cdot 5 = 30$ Möglichkeiten, für dreistreifige $V_6^3 = 6 \cdot 5 \cdot 4 \cdot = 120$ Möglichkeiten.

b) Die 3 gegebenen Farben sind umzuordnen. Wiederholungen sind nicht zulässig. Es handelt sich um Permutationen mit $P_3 = 3! = 6$ Möglichkeiten.

Beispiel 12.9

Im Fußballtoto sind für 11 Spiele die Ergebnisse gewonnen (1), unentschieden (0) oder verloren (2) vorherzusagen. Es entsteht eine Tipreihe, in der die 3 Ziffern $1, 0, 2$ zu je 11 Stellen aneinandergereiht sind. Wieviele verschiedene Tipreihen sind möglich?

Lösung:

3 verschiedene Elemente sind zu je 11 zusammenzustellen. Dabei müssen zwangsläufig Wiederholungen auftreten. Die Reihenfolge der Ziffern innerhalb der Tipreihe ist ausschlaggebend für die Richtigkeit eines Tips. Es handelt sich um Variationen mit Wiederholungen mit ${}^wV_3^{11} = 3^{11} = 177147$ Möglichkeiten.

Beispiel 12.10

Im Samstagslotto werden aus den Zahlen 1 bis 49 sechs Gewinnzahlen gezogen. Wieviel verschiedene Möglichkeiten gibt es?

Lösung:

Für einen Gewinn ist allein maßgebend, welche Zahlen, nicht aber in welcher Reihenfolge sie gezogen wurden. Es handelt sich um Kombinationen ohne Wiederholung, wofür es

$$C_{49}^6 = \binom{49}{6} = \frac{49 \cdot 48 \cdot 47 \cdot 46 \cdot 45 \cdot 44}{1 \cdot 2 \cdot 3 \cdot 4 \cdot 5 \cdot 6} = 13983816$$

Möglichkeiten gibt.

Beispiel 12.11

Eine Gruppe von 30 Studenten wird darauf untersucht, ob unter ihnen 2 oder mehr am gleichen Tag Geburtstag haben. Wieviele Möglichkeiten gibt es dafür, daß alle 30 Studenten an verschiedenen Tagen Geburtstag haben, und wieviele dafür, daß mindestens 2 Studenten am gleichen Tag Geburtstag haben?

Lösung:

Das Problem läßt sich darauf zurückführen, aus 365 Tagen einmal 30 verschiedene Tage, zum anderen 30 beliebige Tage (mit zugelassenen Mehrfachnennungen) auszuwählen. Bei der Entscheidung, ob Variationen oder Kombinationen zutreffen, müssen die Fälle

Meier hat am 1. Januar, Müller hat am 2. Januar Geburtstag

und

Meier hat am 2. Januar, Müller am 1. Januar Geburtstag

als verschieden gelten. Daher ist mit Variationen zu rechnen.
Es gibt ${}^{w}V_{365}^{30} = 365^{30}$ Möglichkeiten, aus 365 Tagen 30 beliebige Tage auszuwählen und $V_{365}^{30} = \frac{365!}{(365-30)!} = 365 \cdot 364 \cdot \ldots \cdot 336$ Möglichkeiten, aus 365 Tagen 30 verschiedene Tage auszuwählen. Die Differenz $365^{30} - 365 \cdot 364 \cdot \ldots \cdot 336$ liefert die Anzahl der Möglichkeiten dafür, daß mindestens 2 unter 30 Studenten am gleichen Tag Geburtstag feiern können.

Aufgaben 12.1 bis 12.9

12.2 Zufällige Ereignisse und Zufallsgrößen

12.2.1 Einführung und Begriffe

Wahrscheinlichkeitsrechnung und mathematische Statistik sind Themen innerhalb der Mathematik, die im Vergleich zu den übrigen mathematischen Teilgebieten eine andere Denkweise erfordern. Ihre Aussagen gelten nicht für das Einzelobjekt bzw. für die einzelne Beobachtung, sondern stets nur für eine große Anzahl von Elementen einer Grundmenge bzw. eine große Anzahl von Beobachtungen einer Erscheinung. Dabei bleibt offen, wie groß diese Anzahl sein muß. Man kann aber sagen, je größer, desto besser.

Der Satz des PYTHAGORAS gilt für alle rechtwinkligen Dreiecke, die Regel von BERNOULLI-DE L'HOSPITAL für alle unbestimmten Ausdrücke des Typs $\frac{0}{0}$ oder $\frac{\infty}{\infty}$ mit differenzierbaren Zähler- und Nennerfunktionen. Die entsprechenden Aussagen sind *determiniert*. Die Aussage „99,5 % aller Insektenstiche sind ungefährlich" trifft für eine große Anzahl von Beobachtungen zu, sie gilt nicht für den Einzelfall, d. h., der einzelne Insektenstich kann durchaus gefährliche Folgen haben. Die Aussage „Die Mittagstemperaturen in Madrid sind im Mittel höher als in Helsinki" ist richtig für Beobachtungen über eine längere Zeit. Trotzdem kann es am gleichen Tag mittags in Madrid kälter sein als in Helsinki. Damit wird folgendes klar: Wahrscheinlichkeitsrechnung und mathematische Statistik liefern eine Theorie für Massenerscheinungen, nicht jedoch für die einzelne Beobachtung. Erscheinungen oder Beobachtungen von Merkmalen, deren Ergebnis im Einzelfall nicht feststeht, werden als *stochastisch* bezeichnet. Die Wahrscheinlichkeitsrechnung untersucht die Gesetzmäßigkeiten zufälliger Erscheinungen, die mathematische Statistik befaßt sich mit der Erfassung und Auswertung der Ergebnisse *zufälliger* Versuche.

Definition

> Ein **zufälliger Versuch** ist ein Vorgang, dessen Ausgang im Rahmen mehrerer Möglichkeiten ungewiß ist und der unter Einhaltung der den Versuch kennzeichnenden äußeren Bedingungen beliebig oft wiederholt werden könnte. Jedes Ergebnis eines zufälligen Versuches wird als **zufälliges Ereignis** bezeichnet. Es ist dadurch gekennzeichnet, daß es eintreten kann, aber nicht eintreten muß. (12.10)

Zufällige Ereignisse werden durch große Buchstaben (in der Regel durch die ersten Buchstaben des Alphabets) dargestellt.

Die ersten zufälligen Versuche, die im Laufe der historischen Entwicklung wissenschaftlich untersucht wurden, waren Glücksspiele, z. B. Karten- oder Würfelspiele. Ab dem 17. Jahrhundert entwickelte sich, darauf aufbauend, die Wahrscheinlichkeitsrechnung. Heute werden von ihr nahezu alle Bereiche der Gesellschaft erfaßt. Insbesondere gibt es wichtige Anwendungen in Naturwissenschaft und Technik. Trotzdem sind die Glücksspiele, vor allem das Würfelspiel, noch immer beliebte Anschauungsbeispiele für die Gesetze der Wahrscheinlichkeitsrechnung, weil sie allseits bekannt und leicht durchschaubar sind. Auch im folgenden wird davon Gebrauch gemacht.

Der Wurf mit einem Würfel ist ein zufälliger Versuch, über dessen Ergebnis nur sicher vorausgesagt werden kann, daß es eine der Zahlen 1 bis 6 sein wird. In diesem Rahmen ist das Ergebnis variabel und nicht vorherbestimmbar. Die Augenzahl beim Würfeln ist eine Zufallsgröße, der konkrete Zahlenwert eine Realisierung dieser Zufallsgröße.

Definition

> Eine **Zufallsgröße** ist eine Variable mit einem vorgegebenen Wertevorrat (der nicht unbedingt bekannt sein muß), wobei es dem Zufall überlassen bleibt, welchen ihrer möglichen Werte die Zufallsgröße im einzelnen annimmt. Die Werte, die eine Zufallsgröße annehmen kann, heißen **Realisierungen**. (12.11)

Zufallsgrößen werden ebenfalls durch große Buchstaben, üblicherweise durch die letzten des Alphabets, dargestellt; die Realisierungen bezeichnet man mit kleinen Buchstaben.

Die Unterscheidung der Begriffe „zufälliges Ereignis“ und „Zufallsgröße“ bereitet erfahrungsgemäß Schwierigkeiten. Am Wurf mit einem Würfel läßt sich das erklären.

Die Augenzahl beim Würfeln ist eine Zufallsgröße. Sie sei mit X bezeichnet. X ist damit eine Kenngröße, ein Name für eine Variable. $x_1 = 1$ oder $x_4 = 4$ sind mögliche Realisierungen der Zufallsgröße „Augenzahl beim Würfeln“. Das konkrete Ergebnis eines zufälligen Versuchs, also eines einzelnen Wurfs, z. B. $X = x_4$, ist ein zufälliges Ereignis. Als weiteres Beispiel sei die Ampelfarbe einer Verkehrsampel zu einem beliebigen, aber genau festgelegten Zeitpunkt betrachtet. Zufallsgröße ist in diesem Fall „Ampelfarbe“. Die Farben Rot, Gelb, Grün sind Realisierungen der

Zufallsgröße Ampelfarbe. Für einen Kraftfahrer, der sich einer Ampel nähert, ist „Ampelfarbe ist Rot“ ein zufälliges Ereignis.
Als Realisierungen für Zufallsgrößen kommen vorrangig reelle Zahlen in Frage. Es können aber, wie das Beispiel der Verkehrsampel zeigt, auch andere Merkmalswerte sein. Werden Zufallsgrößen durch reelle Zahlen realisiert, so hat man diskrete und stetige Zufallsgrößen zu unterscheiden.

Definition

Eine Zufallsgröße, die nur endlich oder abzählbar unendlich viele Realisierungen besitzt, heißt **diskret**. Eine Zufallsgröße, deren Realisierungen jeden beliebigen Wert eines Intervalls $I \subset \mathbb{R}$ annehmen können, heißt **stetig**. (12.12)

Diskrete Zufallsgrößen sind dadurch gekennzeichnet, daß sie sich nur in diskreten Schritten ändern können und daß ihre Realisierungen durchnumerierbar sind: $x_{i+1} = x_i + \Delta x$, $i \in \mathbb{N}$. Beispiele dafür sind Anzahlen (von Personen, Werkstücken, Telefonanrufen, Wählerstimmen, Takten u. ä.). Stetige Zufallsgrößen können sich kontinuierlich ändern. Ihre Realisierungen können beliebig dicht beieinander liegen, z. B. Temperaturen, Längen, Lebensdauern, insbesondere alle zeitlichen Größen. In der praktischen Handhabung werden stetige Zufallsgrößen durch Rundung mitunter künstlich diskretisiert, z. B. die Altersangabe in Jahren, die menschliche Körperlänge in cm, die Temperatur in Grad. Von grundlegender Bedeutung für die folgenden Betrachtungen sind außerdem die Begriffe *Grundgesamtheit* und *Stichprobe*.

Definition

Unter einer **Grundgesamtheit** versteht man die endliche oder unendliche Menge der Realisierungen einer Zufallsgröße. Jede durch zufällige Auswahl entstehende endliche Teilmenge der Grundgesamtheit heißt **Stichprobe**. Die Anzahl n der Elemente einer Stichprobe heißt **Stichprobenumfang**. (12.13)

Beispiel 12.12

Betrachtet werde die Körperlänge männlicher Studenten an den Hochschulen eines Landes. Die Grundgesamtheit wird durch alle Mitglieder dieser Personengruppe gebildet, die betrachtete Zufallsgröße ist die Körperlänge. Die Stichprobe setzt sich aus den Meßwerten einer zufällig ausgewählten Teilmenge dieser Personengruppe zusammen. Für 21 Studenten werden die folgenden Werte (in cm) gemessen:

182, 176, 175, 183, 169, 181, 165, 182, 181, 180, 192, 180, 179, 178, 184, 193, 188, 177, 180, 180, 178.

12.2.2 Erfassung und Beschreibung von Zufallsgrößen und ihrer Merkmale

Üblicherweise werden die Realisierungen einer Zufallsgröße durch reelle Zahlen ausgedrückt. Diese Zahlenwerte lassen sich durch Beobachtung oder Messung gewinnen. Man erhält dabei sogenannte *Beobachtungsreihen.* Jede Beobachtungsreihe ist als Stichprobe anzusehen. Die Beobachtungswerte werden in der Regel mit Hilfe von Listen erfaßt. Erfaßt man die Werte in der Reihenfolge ihres Entstehens bzw. ihrer Messung, erhält man eine sogenannte *Urliste.* Eine verbesserte Listenform ist die *Häufigkeitstabelle* oder *primäre Verteilungstafel.* In ihr sind die Beobachtungswerte der Größe nach bzw. in einer definierten Reihenfolge geordnet und die Häufigkeit des Auftretens der einzelnen Werte angegeben. Aus der im Beispiel 12.12 angegebenen Urliste erhält man für die Zufallsgröße X (Körperlänge männlicher Studenten) die **primäre Verteilungstafel** (Tabelle 12.1).

Tabelle 12.1

i	x_i	h_i	r_i	R_i
1	165	1	0,0476	0,0476
2	169	1	0,0476	0,0952
3	175	1	0,0476	0,1429
4	176	1	0,0476	0,1905
5	177	1	0,0476	0,2381
6	178	2	0,0952	0,3333
7	179	1	0,0476	0,3810
8	180	4	0,1905	0,5714
9	181	2	0,0952	0,6667
10	182	2	0,0952	0,7619
11	183	1	0,0476	0,8095
12	184	1	0,0476	0,8571
13	188	1	0,0476	0,9048
14	192	1	0,0476	0,9524
15	193	1	0,0476	1,000
	$\sum$	21	1,000	

In dieser Tabelle sind die $m = 15$ verschiedenen der insgesamt $n = 21$ gemessenen Werte x_i zusammengestellt. Mit h_i wird die *absolute Häufigkeit* des Auftretens der einzelnen Meßwerte bezeichnet. Die Werte r_i geben die *relative Häufigkeit* an (bezogen auf den Stichprobenumfang n), und die Werte R_i sind die Summen der relativen Häufigkeiten, aufsummiert bis zur jeweiligen Zeile der Tabelle.

Definition

Die **absolute Häufigkeit** $h(A) \equiv h_n(A)$ eines zufälligen Ereignisses A gibt an, wie oft dieses Ereignis bei insgesamt n Beobachtungen eintritt. Als **relative Häufigkeit** bezeichnet man den Quotienten

$$r(A) \equiv r_n(A) \equiv \frac{h_n(A)}{n}. \tag{12.14}$$

Da das Auftreten einer Realisierung x_i einer Zufallsgröße X ein zufälliges Ereignis ist, sind die folgenden Schreibweisen sinnvoll

$$h_i \equiv h(X = x_i) \equiv h_n(X = x_i)$$

bzw.

$$r_i \equiv r(X = x_i) \equiv r_n(X = x_i)$$

Mit diesen Bezeichnungen gilt für die **relative Summenhäufigkeit**

$$R_i = \sum_{j=1}^{i} r_j = \frac{1}{n}\sum_{j=1}^{i} h_j$$

Bei einer großen Anzahl verschiedener Beobachtungswerte kann die primäre Verteilungstafel sehr lang werden, worunter die Übersichtlichkeit leidet. Dem hilft man durch Bildung von Klassen ab, indem man Intervalle von Beobachtungswerten bildet und feststellt, wieviel Werte in einem Intervall liegen. Dazu muß man *Klassengrenzen* festlegen. Das Ergebnis dieser Verdichtung der Beobachtungswerte ist eine *sekundäre Verteilungstafel.* Aus Tabelle 12.1 könnte man die Körperlängen von 165 bis 170 cm, von 170 bis 175 cm, von 175 bis 180 cm usw. zu je einer Klasse zusammenfassen. Dann muß man regeln, wie die Beobachtungswerte, die auf eine Klassengrenze fallen, einzuordnen sind. Sinnvoll ist es, solche Werte je zur Hälfte der unteren und der oberen Klasse anzurechnen. Besser ist die Wahl von Klassengrenzen, die nicht angenommen werden können (Tabelle 12.2). Die sogenannte *Klassenbreite d* ist die Differenz zweier benachbarter Klassengrenzen. Um Verzerrungen zu vermeiden, muß die Klassenbreite für alle Klassen einheitlich festgelegt werden. Die Anzahl k der Klassen sollte wegen des Informationsverlustes nicht zu klein, aber wegen mangelnder Übersichtlichkeit auch nicht zu groß sein. Übliche Empfehlungen für die Klassenanzahl sind

$$5 \leq k \leq 20 \qquad \text{oder} \qquad k \leq 5 \cdot \lg n \qquad \text{oder} \qquad k \approx \sqrt{n}$$

Für manche Zwecke ist es nützlich, eine Klasse durch ihre Klassenmitte

$$\hat{x}_i = \frac{x_{i\text{u}} + x_{i\text{o}}}{2}, \qquad i = 1, 2, \ldots, k$$

zu repräsentieren. Darin sind x_{iu} und x_{io} die jeweilige untere bzw. obere Klassengrenze.

Unter Berücksichtigung dieser Überlegungen erhält man aus Tabelle 12.1 die folgende sekundäre Verteilungstafel:

Tabelle 12.2

i	$x_{i\text{u}} \ldots x_{i\text{o}}$	$\hat{x}_i$	h_i	r_i	R_i
1	$162,5 \ldots 167,5$	165	1	$0,0476$	$0,0476$
2	$167,5 \ldots 172,5$	170	1	$0,0476$	$0,0952$
3	$172,5 \ldots 177,5$	175	3	$0,1429$	$0,2381$
4	$177,5 \ldots 182,5$	180	11	$0,5238$	$0,7619$
5	$182,5 \ldots 187,5$	185	2	$0,0952$	$0,8571$
6	$187,5 \ldots 192,5$	190	2	$0,0952$	$0,9524$
7	$192,5 \ldots 197,5$	195	1	$0,0476$	$1,0000$
		$\sum$	21	$1,0000$	

Zu unterscheiden sind die Anzahl aller Beobachtungswerte n, die Anzahl der verschiedenen Werte m und die Anzahl der Klassen k. Im betrachteten Beispiel sind $n = 21$ (Urliste), $m = 15$ (primäre Verteilungstafel) und $k = 7$ (sekundäre Verteilungstafel).

Oft ist die Beschreibung eines beobachteten Merkmals mit Hilfe einer Verteilungstafel zu aufwendig. Will man die Eigenschaften einer Stichprobe mit wenigen prägnanten Zahlen beschreiben, so bieten sich dafür *Mittelwerte* und *Streuungsmaße* als statistische Maßzahlen an. Häufig verwendete Mittelwerte (genauer: Stichprobenmittelwerte) sind die folgenden. Vorausgesetzt wird dabei, daß die Beobachtungswerte x_i bereits der Größe nach geordnet sind.

Modalwert oder Dichtemittel

Der **Modalwert** oder das **Dichtemittel** D einer Beobachtungsreihe ist derjenige Wert, der in ihr am häufigsten auftritt. Es gilt

$$D = x_j \qquad \text{mit} \qquad h_j = \max_i h_i .$$

Sind die Beobachtungswerte in Klassen eingeteilt, so liegt D in der Klasse $x_{j\text{u}} \ldots x_{j\text{o}}$ mit der größten Häufigkeit h_j. Eine Beobachtungsreihe kann mehrere Modalwerte haben, wenn die maximale Häufigkeit mehrmals auftritt.

Zentralwert oder Median

Der **Zentralwert** oder **Median** $\tilde{x}$ ist der mittelste Wert einer der Größe nach geordneten Beobachtungsreihe. Sind die Beobachtungswerte $x_1, x_2, \ldots, x_n$ bereits der Größe nach geordnet, so gilt

$$\tilde{x} = \begin{cases} x_{\frac{n+1}{2}} & \text{falls } n \text{ ungerade} \\ \frac{1}{2}\left(x_{\frac{n}{2}} + x_{\frac{n}{2}+1}\right) & \text{falls } n \text{ gerade.} \end{cases}$$

Bei Klasseneinteilung der Beobachtungswerte liegt $\tilde{x}$ in der Klasse $x_{j\text{u}} \ldots x_{j\text{o}}$, für die die relative Summenhäufigkeit R_j erstmals den Wert $0,5$ überschreitet.

Arithmetisches Mittel

Das **arithmetische Mittel** $\bar{x}$ (etwas unpräzise oft auch als Durchschnitt bezeichnet) ergibt sich als Summe aller Beobachtungswerte dividiert durch die Anzahl aller Beobachtungswerte. Es gilt bei Berechnung aus der Urliste:

$$\bar{x} = \frac{1}{n} \sum_{i=1}^{n} x_i \tag{12.15}$$

bei Berechnung aus der primären Verteilungstafel:

$$\bar{x} = \frac{1}{n} \sum_{i=1}^{m} h_i x_i \tag{12.16}$$

bei Berechnung aus der sekundären Verteilungstafel:

$$\bar{x}^* = \frac{1}{n} \sum_{i=1}^{k} h_i \hat{x}_1 \tag{12.17}$$

Die Formel (12.16) ist identisch mit dem sogenannten *gewogenen arithmetischen Mittel*. Die Faktoren $g_i = \frac{h_i}{n}$ heißen *Gewichte*.
Zwischen den Zahlenwerten $\bar{x}$ aus (12.15) bzw. (12.16) einerseits und $\bar{x}^*$ aus (12.17) andererseits kann es geringfügige Abweichungen geben, da die Beobachtungswerte einer Klasse nicht unbedingt symmetrisch zur Klassenmitte $\hat{x}_i$ liegen (z. B. liegen die Werte 175, 176, 177 laut Tabelle 12.1 alle im oberen Bereich der dritten Klasse von Tabelle 12.2). Für die Werte des Beispiels 12.12 erhält man $\bar{x} = 180,14$ und $\bar{x}^* = 180,24$.
Die Streuungsmaße (genauer: Stichprobenstreuungsmaße) geben Auskunft darüber, wie eng oder weit die einzelnen Beobachtungswerte sich um einen Mittelwert gruppieren. Bei kleinerer Streuung liegen mehr Einzelwerte in der Nähe des Mittelwerts als bei größerer Streuung. Bevorzugt verwendete Streuungsmaße sind die folgenden.

Spannweite

Die **Spannweite** oder *Variationsbreite* R ist die Differenz zwischen dem größten und dem kleinsten Wert einer Beobachtungsreihe:

$$R = x_{\text{max}} - x_{\text{min}} \tag{12.18}$$

Die Spannweite erfaßt nur die am Rande liegenden Werte einer der Größe nach geordneten Beobachtungsreihe. Änderungen innerer Werte bleiben ohne Einfluß auf die Spannweite. Das Beispiel 12.12 liefert gemäß Tabelle 12.1 die Spannweite $R = 193 - 165 = 28$.
Das am häufigsten anzutreffende Streuungsmaß ist die *empirische Standardabweichung* s, deren Quadrat als *empirische Streuung* oder *empirische Varianz* bezeichnet wird.
Die **empirische Standardabweichung** s ist eine *mittlere Abweichung* der Einzelwerte einer Beobachtungsreihe von ihrem arithmetischen Mittelwert, definiert

durch

$$s = \sqrt{\frac{1}{n-1}\sum_{i=1}^{n}(x_i - \bar{x})^2} \tag{12.19}$$

Die **empirische Streuung** oder **empirische Varianz** ist durch

$$s^2 = \frac{1}{n-1}\sum_{i=1}^{n}(x_i - \bar{x})^2 \tag{12.20}$$

bestimmt.
Sowohl das arithmetische Mittel $\bar{x}$ als auch die empirische Standardabweichung s sind nach Eingabe der Beobachtungswerte x_i von allen Taschenrechnern mit Statistikprogramm abrufbar.
Die Gleichung (12.20) gilt für die Werte x_i einer Urliste. Man erhält die empirische Streuung bzw. Varianz aus der primären Verteilungstafel nach der Formel

$$s^2 = \frac{1}{n-1}\sum_{i=1}^{m} h_i(x_i - \bar{x})^2 \tag{12.21}$$

und bei Berechnung aus der sekundären Verteilungstafel nach der Formel

$$s^{*2} = \frac{1}{n-1}\sum_{i=1}^{k} h_i(\hat{x}_i - \bar{x}^*)^2 \tag{12.22}$$

Zwischen s und s^* kann es wie beim arithmetischen Mittel geringe Abweichungen geben. Im Beispiel 12.12 ist $s = 6,39$ und $s^* = 6,45$.
Dividiert man die Standardabweichung s einer Beobachtungsreihe durch deren arithmetisches Mittel $\bar{x}$, so erhält man als ein relatives Streuungsmaß den **Variationskoeffizienten** ν:

$$\nu = \frac{s}{\bar{x}} \quad \text{bzw.} \quad \nu = \frac{s}{\bar{x}} \cdot 100\ \% \tag{12.23}$$

Im Beispiel 12.12 ist $\nu = 0,0355$, d. h., die einzelnen Beobachtungswerte weichen im Mittel um $3,55\ \%$ vom arithmetischen Mittel ab.

12.2.3 Beschreibung und Verknüpfung zufälliger Ereignisse

Bei der Betrachtung zufälliger Ereignisse haben einige gegenüber anderen eine herausgehobene Bedeutung. Darüber hinaus erweist es sich als notwendig, zufällige Ereignisse zu betrachten, die sich auf andere zurückführen lassen, mit anderen zusammenhängen oder sich aus anderen zusammensetzen. Die Regeln dazu werden gelegentlich als *Ereignisalgebra* bezeichnet. Sie verwenden die Symbole der Mengentheorie und stimmen auch weitestgehend mit den Vorschriften für Mengenoperationen überein. Auch die Veranschaulichung ist mit Hilfe ebener Punktmengen möglich.
Als Standardbeispiel für die folgenden Betrachtungen soll der Wurf mit einem idealen Würfel dienen. Die Zufallsgröße X sei die dabei erzielte Augenzahl. Mögliche

zufällige Ereignisse sind dann z. B.

$W_i \quad : X = i \qquad (1 \le i \le 6)$

$W_g \quad : X$ ist gerade $\qquad W_u : X$ ist ungerade

$W_{2+} \quad : X > 2$

$W_{2+0} : X \ge 2$

Zunächst werden einige Grundlagen behandelt.

Definition

Ein Ereignis Ω, das bei jeder Wiederholung eines zufälligen Versuchs auftritt, wird als **sicheres Ereignis**, ein Ereignis $\emptyset$, das niemals eintritt, als **unmögliches Ereignis** bezeichnet. (12.24)

Beim Wurf mit einem Würfel gilt

Ω: X ist eine der natürlichen Zahlen 1 bis 6

$\emptyset$: X ist eine andere als eine der natürlichen Zahlen 1 bis 6

Die Veranschaulichung durch ebene Punktmengen wird aus Bild 12.1 deutlich. Die jeweils zutreffende Menge ist gerastert.
Im Sinne der Mengentheorie entspricht Ω der Universalmenge und $\emptyset$ der leeren Menge.

Bild 12.1

Definition

Ein Ereignis $\overline{A}$, das genau dann eintritt, wenn das Ereignis A nicht eintritt, heißt **komplementäres Ereignis** zu A (Bild 12.2a). (12.25)

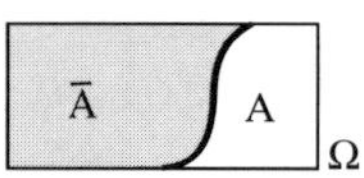

Bild 12.2a

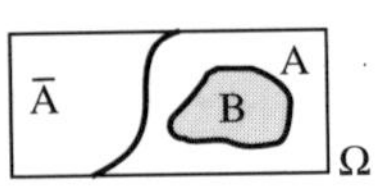

Bild 12.2b

Beim Wurf mit einem Würfel gilt z. B. $\overline{W_g} = W_u$, $\overline{W_1} = W_{1+}$. Außerdem sind Ω und $\emptyset$ zueinander komplementär:

$$\overline{\Omega} = \emptyset, \qquad \overline{\emptyset} = \Omega$$

Beispiel 12.13

Das zufällige Ereignis G bestehe darin, daß bei einer Inspektion ein bestimmtes Gerät funktionsfähig vorgefunden wird. Das dazu komplementäre Ereignis $\overline{G}$ tritt ein, wenn das Gerät nicht funktionsfähig, d. h. ausgefallen ist.

Definition

> Ein Ereignis B heißt **Teilereignis** von A, wenn zusammen mit dem Ereignis B stets auch das Ereignis A eintritt (Bild 12.2b). Man schreibt dann $B \subset A$ (B nicht ohne A, B zieht A nach sich). (12.26)

Beim Wurf mit einem Würfel gilt $W_2 \subset W_g$, $W_3 \subset W_{2+}$, $W_g \subset \Omega$.

Beispiel 12.14

Es sei G: Die Verkehrsampel zeigt grün.
S: Die Stromversorgung der Ampel ist intakt.
Es gilt $G \subset S$.

Durch die Verknüpfung von Ereignissen können neue Ereignisse definiert werden.

Definition

> Die **Vereinigung** (die Summe) $A \cup B$ zweier Ereignisse bedeutet, daß mindestens eines der Ereignisse A, B eintritt (A oder B) (Bild 12.3a).
> Der **Durchschnitt** (das Produkt) $A \cap B$ zweier Ereignisse bedeutet, daß sowohl das Ereignis A als auch das Ereignis B eintreten (A und B) (Bild 12.3b).
> Die Ereignisse A, B heißen **disjunkt** (*unvereinbar*), wenn gilt $A \cap B = \emptyset$ (Bild 12.3c). (12.27)

Ereignisse sind unvereinbar (disjunkt), wenn ihr gleichzeitiges Eintreten unmöglich ist, d. h. wenn sie unverträglich sind.

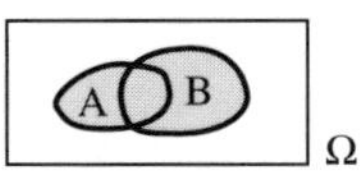

Bild 12.3a

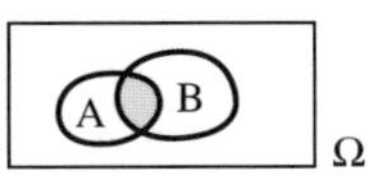

Bild 12.3b

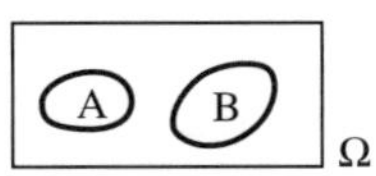

Bild 12.3c

Beim Wurf mit einem Würfel gilt z. B.

$$W_{4+} = W_5 \cup W_6, \qquad W_g = W_2 \cup W_4 \cup W_6$$
$$W_3 = W_{2+} \cap W_{4-}, \qquad \emptyset = W_g \cap W_u$$

Beispiel 12.15

Ein Skatspiel enthält 32 Karten, verteilt zu je 8 auf die „Farben“ Kreuz, Pique, Herz, Karo. Zu jeder Farbe gehören 4 Zahlenkarten $(7, 8, 9, 10)$ und 4 Bildkarten (Bube, Dame, König, As). Beim zufälligen Ziehen einer Karte wird das Ergebnis durch die Verknüpfung zufälliger Ereignisse charakterisiert. Man überlege sich die erlaubten Karten bei folgenden Ereignisverknüpfungen:

Kreuz∩Bube, Herz∪Dame, Pique∩Bild,
Kreuz∩Karo, Bild ∪Zahl, (Herz∪Karo) ∩ As

Die Vereinigung und der Durchschnitt können von beliebig vielen zufälligen Ereignissen $A_1, A_2, \ldots, A_n$ gebildet werden. Man schreibt dann

$$\bigcup_{i=1}^{n} A_i = A_1 \cup A_2 \cup \ldots \cup A_n$$

bzw.

$$\bigcap_{i=1}^{n} A_i = A_1 \cap A_2 \cap \ldots \cap A_n$$

Für zufällige Ereignisse gelten die gleichen Regeln wie für Mengen, vgl. Abschnitt 1.1.2.3, insbesondere auch die **de Morganschen**[1] **Formeln**:

$$\overline{A \cup B} = \overline{A} \cap \overline{B}, \qquad \overline{A \cap B} = \overline{A} \cup \overline{B} \tag{12.28}$$

Definition

Die **Differenz** $A \backslash B$ der Ereignisse A, B bedeutet, daß das Ereignis A eintritt, nicht jedoch gleichzeitig das Ereignis B (A ohne B) (Bild 12.4). (12.29)

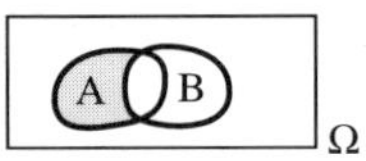

Bild 12.4

Wie bei Mengen gelten auch hier die Regeln

$$A \backslash B = A \backslash (A \cap B)$$
$$\Omega \backslash A = \overline{A}$$

Bei der Untersuchung zufälliger Ereignisse interessiert die Frage, inwieweit sich ein Ereignis auf andere Ereignisse zurückführen oder aus ihnen zusammensetzen läßt.

Definition

Die Ereignisse A_i ($i = 1, 2, \ldots n$) heißen **Zerlegung** des Ereignisses A falls gilt

$$\bigcup_{i=1}^{n} A_i = A \quad \text{und} \quad A_i \cap A_j = \emptyset \qquad \text{für alle } i, j \text{ mit } i \neq j$$

Die Ereignisse A_i bilden ein **vollständiges System** zufälliger Ereignisse, wenn sie sich als Zerlegung des sicheren Ereignisses darstellen lassen, d. h. wenn gilt

$$\bigcup_{i=1}^{n} A_i = \Omega \quad \text{und} \quad A_i \cap A_j = \emptyset \qquad \text{für alle } i, j \text{ mit } i \neq j \tag{12.30}$$

Ein vollständiges System zufälliger Ereignisse ist dadurch gekennzeichnet, daß im Ergebnis eines zufälligen Versuchs genau eines von ihnen eintreten muß.

[1] Augustus de Morgan (1806 bis 1871), Mathematiker in Cambridge und London

Definition

Ein Ereignis E, das nicht weiter zerlegbar ist, heißt **Elementarereignis** oder **atomares Ereignis**. E ist Elementarereignis, wenn kein anderes Ereignis $A \neq \emptyset$ existiert, das E nach sich zieht. (12.31)

Elementarereignisse E_i $(i = 1, 2, \ldots, n)$ sind immer zueinander disjunkt, d. h., es gilt $E_i \cap E_j = \emptyset$ für alle i, j mit $i \neq j$. Betrachtet man alle zufälligen Ereignisse, die im Zusammenhang mit der Beobachtung eines zufälligen Versuchs auftreten können, d. h. alle Elementarereignisse und alle daraus herleitbaren Verknüpfungen einschließlich der Ereignisse $\emptyset$ und Ω, so gelangt man zum Begriff *Ereignisfeld*.

Definition

Ein **Ereignisfeld** ist die Menge aller Ereignisse, die als Ergebnis eines zufälligen Versuchs auftreten können. (12.32)

Beim Wurf mit einem Würfel gibt es die sechs Elementarereignisse $W_1, W_2, \ldots, W_6$, die auch eine Zerlegung des sicheren Ereignisses und damit ein vollständiges System bilden. Weiterhin sind auch W_g und W_u wegen $W_g \cup W_u = \Omega$ und $W_g \cap W_u = \emptyset$ ein vollständiges System und W_2, W_4, W_6 bilden eine Zerlegung von W_g. Das zum Wurf mit einem Würfel gehörende Ereignisfeld enthält neben den 6 Elementarereignissen $W_1, \ldots, W_6$ alle daraus erzeugbaren Verknüpfungen, die Ereignisse $\emptyset$ und Ω und die jeweiligen Komplementärereignisse.

Aufgaben 12.10 bis 12.13

12.3 Wahrscheinlichkeiten

12.3.1 Absolute Wahrscheinlichkeit

Bei der wiederholten Beobachtung zufälliger Ereignisse bemerkt man, daß gewisse Ereignisse häufiger, andere seltener auftreten. Dieser unterschiedliche Grad der Möglichkeit des Eintretens wird durch eine Zahl zwischen null und eins ausgedrückt und als *Wahrscheinlichkeit* bezeichnet. Die Angabe einer Wahrscheinlichkeit, z. B. 0, 8, für ein zufälliges Ereignis bedeutet nicht, daß dieses Ereignis bei einer einzelnen Beobachtung eintreten wird. Es bedeutet vielmehr, daß bei einer großen Anzahl von Beobachtungen in 80 % der Fälle mit dem Eintreten dieses Ereignisses zu rechnen ist. Die Wahrscheinlichkeit ist ein mathematischer Grundbegriff, der wie auch der Begriff der Menge nicht mit Hilfe anderer Begriffe erklärbar ist. In einem solchen Fall begnügt man sich mit der Beschreibung der Eigenschaften dieses Begriffs. Die folgende Definition stützt sich auf drei Axiome und geht auf KOLMOGOROV[1] zurück.

[1] A. N. KOLMOGOROV, 1903–1987, Mathematiker in Moskau

Definition

Die **Wahrscheinlichkeit** $P(A)$ ist eine dem zufälligen Ereignis A zugeordnete Zahl mit folgenden Eigenschaften:

1. $P(A)$ nimmt nur Werte zwischen 0 und 1 an:
   $0 \leq P(A) \leq 1$ (Axiom 1) (12.33)
2. Dem sicheren Ereignis Ω wird die Wahrscheinlichkeit 1 zugeordnet:
   $P(\Omega) = 1$ (Axiom 2) (12.34)
3. Für beliebige disjunkte Ereignisse A, B gilt stets:
   $P(A \cup B) = P(A) + P(B)$ (Axiom 3) (12.35)

Das Symbol $P(A)$ bezeichnet die Wahrscheinlichkeit (engl. probability) dafür, daß das Ereignis A eintritt. Für das zufällige Ereignis, daß eine Zufallsgröße X die Realisierung x_i annimmt, schreibt man $P(X = x_i)$ oder $p(x_i)$ oder noch kürzer p_i. Soll der Unterschied zu der im Abschn. 12.3.3 noch zu besprechenden bedingten Wahrscheinlichkeit hervorgehoben werden, verwendet man gelegentlich für die Wahrscheinlichkeit schlechthin auch den Begriff *absolute Wahrscheinlichkeit* oder *unbedingte Wahrscheinlichkeit.*

Die Erweiterung des Axioms 3 auf abzählbar unendlich viele Ereignisse A_i eines Ereignisfeldes führt auf ein viertes Axiom:

4. Sind die Ereignisse A_i $(i = 1, 2, \ldots)$ paarweise disjunkt, d. h. ist $A_i \cap A_j = \emptyset$ für $i \neq j$, $i, j = 1, 2 \ldots$, so gilt
   $$P\left(\bigcup_{i=1}^{\infty} A_i\right) = \sum_{i=1}^{\infty} P(A_i) \qquad \text{(Axiom 4)} \qquad (12.36)$$

Für das Rechnen mit Wahrscheinlichkeiten lassen sich aus den obigen Axiomen Regeln herleiten, die in den folgenden Sätzen dargestellt und durch ebene Punktmengen veranschaulicht sind.

Satz

Die Wahrscheinlichkeit des unmöglichen Ereignisses ist null:

$$P(\emptyset) = 0 \qquad (12.37)$$

Beweis: Da Ω und $\emptyset$ disjunkt sind, d. h. $\Omega \cap \emptyset = \emptyset$, gilt nach Axiom 3:

$P(\Omega \cup \emptyset) = P(\Omega) + P(\emptyset)$.

Wegen $\Omega \cup \emptyset = \Omega$ folgt $P(\Omega) = P(\Omega) + P(\emptyset)$ und somit $P(\emptyset) = 0$.

Die Umkehrung dieses Satzes gilt nicht, d. h. aus $P(A) = 0$ kann nicht darauf geschlossen werden, daß A unmöglich ist. Man sagt dann aber, A sei fast unmöglich. Auf diesen Sachverhalt wird im Abschn. 12.4.1 eingegangen.

Satz

Für die Ereignisse A und $\overline{A}$ eines Ereignisfeldes gilt

$$P(\overline{A}) = 1 - P(A) \tag{12.38}$$

Beweis: Aus der Unvereinbarkeit der Ereignisse A und $\overline{A}$, d. h. aus $A \cap \overline{A} = \emptyset$, folgt nach Axiom 3: $P(A \cup \overline{A}) = P(A) + P(\overline{A})$ und wegen $A \cup \overline{A} = \Omega$ und Axiom 1 gilt: $1 = P(A) + P(\overline{A})$.

Satz

Für die Ereignisse A, B eines Ereignisfeldes mit der Eigenschaft $A \subset B$ gilt

$$P(A) \leq P(B) \tag{12.39}$$

Beweis: Da A als Teilereignis von B vorausgesetzt wurde (Bild 12.5) ist für B die Darstellung $B = A \cup (B \cap \overline{A})$ möglich, wobei A und $B \cap \overline{A}$ disjunkt sind. Daher gilt nach Axiom 3: $P(B) = P(A \cup (B \cap \overline{A})) = P(A) + P(B \cap \overline{A})$. Nach Axiom 1 ist jede Wahrscheinlichkeit eine nichtnegative Zahl, also auch $P(B \cap \overline{A}) \geq 0$. Daraus folgt $P(B) \geq P(A)$.

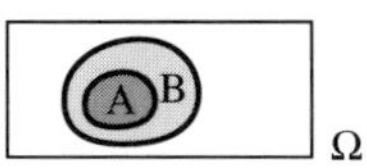

Bild 12.5

Falls zwei Ereignisse A, B durch die „oder"-Beziehung verknüpft sind, sich aber nicht gegenseitig ausschließen, gilt der

Satz

Für beliebige Ereignisse A, B eines Ereignisfeldes gilt

$$P(A \cup B) = P(A) + P(B) - P(A \cap B) \tag{12.40}$$

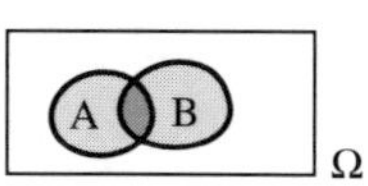

Bild 12.6

Diese wichtige Aussage ist als *Additionssatz der Wahrscheinlichkeitsrechnung* bekannt. Zum Beweis beachte man die Darstellung $A \cup B = A \cup (\overline{A} \cap B)$ der disjunkten Ereignisse A und $\overline{A} \cap B$ (Bild 12.6). Damit gilt nach Axiom 3:

$$P(A \cup B) = P(A) + P(\overline{A} \cap B) \tag{12.41}$$

Da auch $A \cap B$ und $\overline{A} \cap B$ disjunkte Ereignisse sind, gilt ebenfalls nach Axiom 3:

$P(B) = P(A \cap B) + P(\overline{A} \cap B)$ und damit $P(\overline{A} \cap B) = P(B) - P(A \cap B)$, woraus nach Einsetzen in Gl. (12.41) die behauptete Gl. (12.40) folgt.
Darüber hinaus folgt wegen $P(A \cap B) \geq 0$ aus (12.40):

$$P(A \cup B) \leq P(A) + P(B) \qquad (12.42)$$

Übereinstimmend mit Axiom 3 gilt das Gleichheitszeichen in (12.42) für unvereinbare Ereignisse A, B, d. h. für $P(A \cap B) = 0$. Berücksichtigt man die Vereinbarkeit oder Unvereinbarkeit der Ereignisse A, B, so lautet der **Additionssatz**:

Für Ereignisse A, B eines Ereignisfeldes gilt

$$P(A \cup B) = \begin{cases} P(A) + P(B) & \text{falls } A,\ B \text{ unvereinbar} \\ P(A) + P(B) - P(A \cap B) & \text{falls } A,\ B \text{ vereinbar} \end{cases} \qquad (12.43)$$

Beispiel 12.16

Bei der Gütekontrolle von bestimmten Erzeugnissen der Massenfertigung erweisen sich erfahrungsgemäß 2, 8 % der geprüften Teile als unbrauchbar.
Das Ereignis B bezeichne die Brauchbarkeit, $\overline{B}$ die Unbrauchbarkeit eines geprüften Erzeugnisses. Es gilt also $P(\overline{B}) = 0,028$. Daraus folgt $P(B) = 1 - P(\overline{B}) = 1 - 0,028 = 0,972$, d. h. es ist mit 97, 2 % brauchbaren Teilen zu rechnen.

Beispiel 12.17

Mit welcher Wahrscheinlichkeit erzielt man bei einem Wurf mit einem Würfel eine gerade Zahl oder die Zahl 3?

Lösung:

W_g und W_3 sind miteinander nicht vereinbar.
Nach dem Additionssatz gilt

$$P(W_g \cup W_3) = P(W_g) + P(W_3) = \frac{1}{2} + \frac{1}{6} = \frac{2}{3}$$

Weitere Beispiele werden im Abschn. 12.3.3 besprochen.

12.3.2 Ermittlung von Wahrscheinlichkeiten

Wahrscheinlichkeitsaussagen stützen sich auf eine große Zahl von Beobachtungen der Ergebnisse zufälliger Versuche. Läßt ein solcher Versuch nur eine endliche Anzahl von Ergebnissen zu, die im einzelnen bekannt sind und gewisse Bedingungen erfüllen, kann man die Wahrscheinlichkeiten berechnen, ohne eine Versuchsserie durchführen zu müssen. Oft sind aber die Wahrscheinlichkeiten erst nach Ablauf einer größeren Versuchsserie bestimmbar.
Beim Wurf mit einem Würfel gibt es insgesamt 6 Elementarereignisse, die, wenn man die völlige Gleichmäßigkeit des Würfels voraussetzt, alle gleichwahrscheinlich

sind. Die Wahrscheinlichkeit für das Eintreten eines bestimmten Elementarereignisses ist demnach $\frac{1}{6}$. Derartige Überlegungen führten historisch zu einer als *klassische Wahrscheinlichkeitsformel* bekannten Vorschrift, die erstmals 1812 von LAPLACE[1] formuliert wurde. Die zu beachtenden Voraussetzungen werden in der folgenden Definition zusammengefaßt.

Definition

Enthält ein endliches Ereignisfeld die n Elementarereignisse $E_1, E_2, \ldots, E_n$ mit den Eigenschaften

$$\bigcup_{i=1}^{n} E_i = \Omega, \qquad E_i \cap E_j = \emptyset \qquad \text{für } i,j = 1,2,\ldots,n; \quad i \neq j$$

und sind alle E_i gleichmöglich, d. h. gilt

$$P(E_i) = \frac{1}{n} \qquad \text{für } i = 1,2,\ldots,n,$$

so liegt ein **Laplacesches Ereignisfeld** vor. (12.44)

Damit lautet die **klassische Wahrscheinlichkeitsformel**:

Ist ein Ereignis A eines Laplaceschen Ereignisfeldes in g Elementarereignisse zerlegbar, so errechnet sich die Wahrscheinlichkeit für das Eintreten von A nach der Formel

$$P(A) = \frac{g}{n} \tag{12.45}$$

oder umgangssprachlich

$$P(A) = \frac{\text{Anzahl der für } A \text{ günstigen Elementarereignisse}}{\text{Anzahl aller möglichen Elementarereignisse}}$$

Beispiel 12.18

Mit welcher Wahrscheinlichkeit wird aus dem vollständigen Kartensatz eines Skatspieles ein As gezogen?

Lösung:

Der vollständige Kartensatz enthält 32 Karten, darunter 4 Asse. Von 32 Möglichkeiten erweisen sich 4 als günstig. Die gesuchte Wahrscheinlichkeit ist $P(\text{As}) = \frac{4}{32} = 0,125$.

[1] PIERRE SIMON LAPLACE (1749 bis 1827), Mathematiker und Physiker in Paris

Beispiel 12.19

Wie groß ist die Gewinnwahrscheinlichkeit für einen „Dreier" beim Samstagslotto „6 aus 49"?

Lösung:

Es gibt $n = \binom{49}{6} = 13983816$ Möglichkeiten, aus 49 Zahlen 6 verschiedene Gewinnzahlen zu ziehen (Beispiel 12.10). Ein Dreier liegt vor, wenn 3 der angekreuzten sich unter den 6 gezogenen Zahlen befinden. Dafür gibt es $\binom{6}{3} = 20$ Möglichkeiten. Zu den 3 richtigen Zahlen kommen jeweils noch 3 falsche Zahlen, die aus den 43 nicht gezogenen Zahlen stammen müssen, wofür es $\binom{43}{3} = 12341$ Möglichkeiten gibt. Damit erhält man $g_3 = \binom{6}{3}\binom{43}{3} = 246820$ für einen „Dreier" günstige Möglichkeiten.
Die klassische Wahrscheinlichkeitsformel liefert dann als Gewinnwahrscheinlichkeit für einen „Dreier"

$$P(\text{Dreier}) = \frac{g_3}{n} = \frac{246820}{13983816} = 0,01765 \approx 1,8\ \%,$$

d. h. wer sich regelmäßig wöchentlich mit einem Tip am Samstagslotto beteiligt, hat im Mittel etwas alle 56 Wochen „Anspruch" auf einen Dreier.
Die übrigen Gewinnwahrscheinlichkeiten betragen

$$P(\text{Vierer}) = \frac{g_4}{n} = \frac{\binom{6}{4}\binom{43}{2}}{\binom{49}{6}} = \frac{15 \cdot 903}{13983816} = 0,000969$$

$$P(\text{Fünfer}) = \frac{g_5}{n} = \frac{\binom{6}{5}\binom{43}{1}}{\binom{49}{6}} = \frac{6 \cdot 43}{13983816} = 0,0000184$$

$$P(\text{Sechser}) = \frac{g_6}{n} = \frac{\binom{6}{6}\binom{43}{0}}{\binom{49}{6}} = \frac{1 \cdot 1}{13983816} = 0,0000000715 = 7,15 \cdot 10^{-8}$$

Beispiel 12.20

Jemand wettet, daß in einer Gruppe von 30 Studenten mindestens 2 am gleichen Tag Geburtstag haben. Mit welcher Wahrscheinlichkeit $P(W)$ gewinnt er die Wette?

Lösung:

Die Anzahl der günstigen Elementarereignisse ist nach Beispiel 12.11 gleich der Zahl der Möglichkeiten, aus 365 Tagen 30 Tage auszuwählen, die nicht alle verschieden sind. Diese ist zu dividieren durch die Zahl der Möglichkeiten, aus 365 Tagen 30 beliebige Tage auszuwählen. Gemäß Beispiel 12.11 erhält man

$$P(W) = \frac{365^{30} - 365 \cdot 364 \cdot \ldots \cdot 336}{365^{30}} = 1 - \frac{365 \cdot 364 \cdot \ldots \cdot 336}{365^{30}}$$
$$= 1 - 0,294 = 0,706$$

Bei 60 Personen beträgt die entsprechende Wahrscheinlichkeit 0,994.

Die klassische Wahrscheinlichkeitsformel ist an die Bedingung geknüpft, daß ein Versuchsergebnis mit Hilfe endlich vieler Elementarereignisse gleicher Wahrscheinlichkeit beschreibbar ist. Häufig ist es möglich, die Versuchsergebnisse als Punkte einer linearen, ebenen oder räumlichen Punktmenge zu interpretieren. Damit bietet sich eine Erweiterung auf unendlich viele Elementarereignisse an. Unterstellt man, daß allen Punkten einer solchen Punktmenge die gleiche Wahrscheinlichkeit zukommt, so erhält man eine Vorschrift, die als **geometrische Wahrscheinlichkeitsformel** bekannt ist:

Wird einem zufälligen Ereignis A ein Teilbereich eines Grundbereichs G zugeordnet, so ist die Wahrscheinlichkeit von A gleich dem Verhältnis der geometrischen Inhalte des für A günstigen Teilbereichs und des Grundbereichs

$$P(A) = \frac{I(A)}{I(G)}, \qquad (12.46)$$

sofern alle Punkte von G untereinander gleichberechtigt sind.

Unter dem geometrischen Inhalt ist je nach Art der betrachteten Punktmenge folgendes zu verstehen:

Dimension	Grundbereich	geometrischer Inhalt
1	Gerade	Länge einer Strecke
2	Ebene	Flächeninhalt
3	Raum	Volumen

Beispiel 12.21

Der Leiter einer Einsatzzentrale erwartet eine telefonische Meldung, die für die Zeit zwischen 12.00 Uhr und 13.00 Uhr angekündigt wurde. Er verläßt die Zentrale von 12.15 Uhr bis 12.18 Uhr. Mit welcher Wahrscheinlichkeit verfehlt er den erwarteten Anruf?

Lösung:

Die für den Anruf vereinbarten 60 Minuten lassen sich als Strecke auf einer Geraden darstellen, die Dauer der Abwesenheit beträgt 3 Minuten. Die gesuchte Wahrscheinlichkeit ist

$$\frac{3}{60} = 0,05.$$

Beispiel 12.22

Als Zielgebiet für den Absturz eines Erdsatelliten wird eine ellipsenförmige Fläche mit den Achsenlängen $2a = 60$ km und $2b = 20$ km vorausberechnet. Mit welcher Wahrscheinlichkeit $P(S)$ wird ein Gebäude mit rechteckiger Grundfläche in den Abmessungen 15 m · 20 m getroffen?

Lösung:

Die Fläche des elliptischen Grundbereichs beträgt $I(G) = ab\pi = 30 \cdot 10 \cdot 10^6 \cdot \pi \text{ m}^2 = 9,42 \cdot 10^8 \text{ m}^2$, die Gebäudefläche $I(A) = 15 \cdot 20 \text{ m}^2 = 3 \cdot 10^2 \text{ m}^2$. Daraus ergibt sich

$$P(S) = \frac{I(A)}{I(G)} = \frac{3 \cdot 10^2 \text{ m}^2}{9,42 \cdot 10^8 \text{ m}^2} = 3,18 \cdot 10^{-7}$$

Die klassische und die geometrische Wahrscheinlichkeitsformel führen auf a-priori-Wahrscheinlichkeiten. Sie versagen, wenn die Wahrscheinlichkeit eines zufälligen Ereignisses erst nach einer längeren Beobachtungsserie bestimmt werden kann. Beispiele dafür sind u.a.

- die Wahrscheinlichkeit für Jungen- oder Mädchengeburten,
- die Wahrscheinlichkeit, Opfer eines Verkehrsunfalles zu werden,
- die Wahrscheinlichkeit, daß die Ozonbelastung an einer Meßstelle den kritischen Grenzwert übersteigt,
- die Wahrscheinlichkeit, daß ein Leitungsmast innerhalb einer festgelegten Zeitspanne vom Blitz getroffen wird,
- die Wahrscheinlichkeit, daß ein Getriebe während einer vorgegebenen Laufzeit durch Zahnradverschleiß ausfällt,
- die Wahrscheinlichkeit, daß eine Signallampe bei Erstbenutzung defekt ist.

In derartigen Fällen registriert man das Verhalten der relativen Häufigkeit $r_n(A)$ des beobachteten Ereignisses A bei n Versuchen. Die relative Häufigkeit hat die Tendenz, sich bei zunehmender Anzahl von Beobachtungen in der Nähe eines festen Wertes zu stabilisieren. Das rechtfertigt die Vereinbarung, die relative Häufigkeit $r_n(A)$ bei genügend großer Anzahl von Beobachtungen als Näherungswert (man sagt hier: Schätzwert) für die Wahrscheinlichkeit $P(A)$ zu verwenden. Dieser Sachverhalt ist Gegenstand der sogenannten **statistischen Wahrscheinlichkeitsformel**:

> Für eine genügend große Anzahl n von Beobachtungen gilt
>
> $$P(A) \approx r_n(A) \qquad (12.47)$$

Die mathematische Begründung dafür stützt sich auf das von J. Bernoulli[1] formulierte **Gesetz der großen Zahlen**:

[1] Jakob Bernoulli (1654 bis 1705) Mathematiker in Basel, Angehöriger einer berühmten Familie schweizerischer Mathematiker

> Die Wahrscheinlichkeit dafür, daß die relative Häufigkeit $r_n(A)$ von der Wahrscheinlichkeit $P(A)$ um weniger als eine beliebige Toleranz $\varepsilon > 0$ abweicht, strebt gegen eins, wenn die Beobachtungsanzahl n unbegrenzt groß wird:
>
> $$\lim_{n \to \infty} P(|r_n(A) - P(A)| < \varepsilon) = 1 \qquad (12.48)$$

Relative Häufigkeit und Wahrscheinlichkeit eines zufälligen Ereignisses stimmen demnach um so sicherer überein, je größer die Anzahl der Beobachtungen ist. Die statistische Wahrscheinlichkeitsformel läßt sich auch dann anwenden, wenn die Wahrscheinlichkeit nach der klassischen Formel berechenbar ist. So kann z. B. die Wahrscheinlichkeit $\frac{1}{6}$ für das Würfeln der Zahl 1 mit einem idealen Würfel auch dadurch bestimmt werden, daß man die relativen Häufigkeiten etwa nach 100, 1000 oder 10 000 Würfen notiert. Man wird feststellen, daß in der Regel (d. h. nicht immer, aber mit gegen eins konvergierender Wahrscheinlichkeit) die größeren Beobachtungszahlen die besseren Näherungswerte liefern.

Beispiel 12.23

Gesucht wird die Wahrscheinlichkeit dafür, daß männliche Personen eine Körperlänge von mindestens 180 cm erreichen.

Lösung:

Aus der Beobachtungsreihe des Beispiels 12.12 erhält man mit wachsender Anzahl n der Beobachtungswerte die folgenden relativen Häufigkeiten:

$1,0$; $0,5$; $0,33$; $0,50$; $0,40$; $0,5$; $0,429$; $0,500$; $0,555$; $0,600$; $0,636$; $0,667$; $0,615$; $0,571$; $0,600$; $0,625$; $0,647$; $0,611$; $0,631$; $0,650$; $0,619$.

Daraus ist zu vermuten, daß sich der gesuchte Wert im Intervall zwischen $0,60$ und $0,65$ stabilisiert. Um eine genauere Aussage für die gesuchte Wahrscheinlichkeit zu erhalten, reichen die 21 Beobachtungswerte nicht aus. Anzustreben sind 100 oder noch besser 1000 Beobachtungswerte.

12.3.3 Bedingte Wahrscheinlichkeit

Bei der Frage nach der Wahrscheinlichkeit eines zufälligen Ereignisses kann es sinnvoll sein, eine zusätzliche Bedingung zu berücksichtigen. So ist z. B. die Wahrscheinlichkeit, daß ein Achtzigjähriger 81 Jahre alt wird, wesentlich größer als die Wahrscheinlichkeit eines Neugeborenen, 81 Jahre alt zu werden. Die zusätzliche Bedingung besteht darin, daß bereits 80 Lebensjahre erreicht sind. Einige weitere Beispiele sollen den Sachverhalt verdeutlichen.

Beispiel 12.24

Es soll eine Aussage über die Wahrscheinlichkeit dafür gemacht werden, daß eine Pumpe, die bereits 1000 Betriebsstunden gearbeitet hat, innerhalb der nächsten 168 Betriebsstunden (das ist bei kontinuierlichem Betrieb eine Kalenderwoche) ausfällt.

Die *numerische Lösung* dafür kann hier noch nicht angegeben werden, da weitere Hilfsmittel erst im Abschn. 12.4.3 bereitgestellt werden. Wegen der allmählichen Abnutzung ist aber davon auszugehen, daß nach längerer Laufzeit die Ausfallwahrscheinlichkeit zunimmt. Insofern ist deren Angabe von der Bedingung abhängig, wie lange die Pumpe schon gearbeitet hat.

Beispiel 12.25

In einem Lager werden 3 gleichartige Ersatzteile vorrätig gehalten, von denen eines einen verdeckten Fehler besitzt. Mit welcher Wahrscheinlichkeit ist

a) das zuerst entnommene Ersatzteil fehlerhaft,

b) das als zweites entnommene Ersatzteil fehlerhaft?

Lösung:

Die Frage a) kann nach der klassischen Wahrscheinlichkeitsformel beantwortet werden. Da von 3 möglichen Teilen ein fehlerhaftes in Frage kommt, beträgt die gesuchte Wahrscheinlichkeit $\frac{1}{3}$.
Die Antwort auf die Frage b) ist vom Ergebnis in a) abhängig. War das zuerst entnommene Ersatzteil fehlerhaft, ist die Wahrscheinlichkeit für die Fehlerhaftigkeit des zweiten Teiles null; war das erste Teil fehlerfrei, beträgt die Wahrscheinlichkeit für die Fehlerhaftigkeit des zweiten Teils $\frac{1}{2}$.

Beispiel 12.26

Man vergleiche die Aussagen „80 % der Raucher sind Kraftfahrer“ und „10 % der Kraftfahrer sind Raucher“ miteinander. Die erste Aussage bedeutet, daß ein Raucher mit der Wahrscheinlichkeit 0, 8 auch Kraftfahrer ist, die zweite, daß ein Kraftfahrer mit der Wahrscheinlichkeit 0, 1 raucht. Beide Aussagen betreffen denselben Personenkreis, nämlich diejenigen Personen, die zugleich Kraftfahrer und Raucher sind. Unterschiedlich sind aber die Basismengen, auf die sich die Anteile beziehen. Geometrisch läßt sich das durch ebene Punktmengen veranschaulichen (Bild 12.7). In Formeln drückt sich dieser Sachverhalt so aus:

$$\frac{P(K \cap R)}{P(R)} = 0,8 \qquad \text{und} \qquad \frac{P(K \cap R)}{P(K)} = 0,1$$

Dabei wird unterstellt, daß die Basismengen Raucher und Kraftfahrer derselben Grundgesamtheit, d. h. einer vorher festgelegten Personenmenge entstammen.

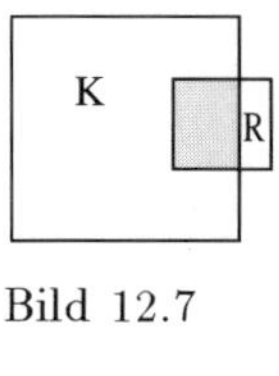

Bild 12.7

Nach diesen Überlegungen bietet sich die folgende Definition an:

Definition

Sind A, B zufällige Ereignisse ein und desselben Ereignisfeldes, so heißt

$$P(A/B) = \frac{P(A \cap B)}{P(B)} \quad \text{mit} \quad P(B) > 0 \tag{12.49}$$

bedingte Wahrscheinlichkeit von A unter der Bedingung B und

$$P(B/A) = \frac{P(A \cap B)}{P(A)} \quad \text{mit} \quad P(A) > 0 \tag{12.50}$$

bedingte Wahrscheinlichkeit von B unter der Bedingung A.

Aus (12.49) und (12.50) erhält man durch Auflösen die als Multiplikationssatz für Wahrscheinlichkeiten bekannte Rechenregel

$$P(A \cap B) = P(A/B) \cdot P(B) = P(B/A) \cdot P(A) \tag{12.51}$$

Wie die vorangegangenen Beispiele erkennen ließen, sind im allgemeinen die Wahrscheinlichkeiten $P(A)$ und $P(A/B)$ voneinander verschieden. Wird aber das Ereignis A vom Eintreten des Ereignisses B nicht beeinflußt, ist also A von B unabhängig, so stimmen $P(A)$ und $P(A/B)$ überein. Das ist Anlaß für die

Definition

Sind A, B zufällige Ereignisse ein und desselben Ereignisfeldes, so heißt

A **unabhängig von** B, falls $P(A/B) = P(A)$

und

B **unabhängig von** A, falls $P(B/A) = P(B)$ (12.52)

Für unabhängige Ereignisse vereinfacht sich (12.51) zu

$$P(A \cap B) = P(A) \cdot P(B) \tag{12.53}$$

Zusammenfassend lautet damit der **Multiplikationssatz**:

Für Ereignisse A, B eines Ereignisfeldes gilt

$$P(A \cap B) = \begin{cases} P(A) \cdot P(B) \\ \qquad \text{falls } A, B \text{ voneinander unabhängig} \\ P(A/B) \cdot P(B) = P(B/A) \cdot P(A) \\ \qquad \text{falls } A, B \text{ untereinander abhängig} \end{cases} \tag{12.54}$$

Bilden die Ereignisse A_i $(i = 1, 2, \ldots, n)$ ein vollständiges System voneinander unabhängiger Ereignisse, so läßt (12.53) die folgende Erweiterung auf n Ereignisse zu:

$$P\left(\bigcap_{i=1}^{n} A_i\right) = \prod_{i=1}^{n} P(A_i) \tag{12.55}$$

Beispiel 12.27

Beim gleichzeitigen Wurf mit zwei Würfeln sind die angezeigten Augenzahlen voneinander unabhängig. Die Wahrscheinlichkeit, daß beide Würfel je eine Eins zeigen, ist

$$P(W_1 \cap W_1) = P(W_1) \cdot P(W_1) = \frac{1}{6} \cdot \frac{1}{6} = \frac{1}{36}$$

Beispiel 12.28

Ein aus den aus den Anlagenteilen Dampfkessel, Dampfturbine und Generator bestehender Block eines Kondensationskraftwerkes ist aus Sicht der Zuverlässigkeit eine Reihenschaltung, d. h. der Block ist funktionsfähig, wenn alle drei Anlagenteile funktionsfähig sind, und er ist ausgefallen, wenn auch nur ein Anlagenteil ausgefallen ist. Die Anlagenteile können unabhängig voneinander ausfallen.
Mit welcher Wahrscheinlichkeit wird der Block zu einem beliebigen Zeitpunkt funktionsfähig angetroffen, wenn die Intaktwahrscheinlichkeiten

für den Dampfkessel $P(D) = 0,93$
für die Dampfturbine $P(T) = 0,96$
für den Generator $P(G) = 0,99$
sind?

Lösung:

Nach dem Multiplikationssatz für unabhängige Ereignisse erhält man für die Intaktwahrscheinlichkeit $P(B)$ des Blockes

$$P(B) = P(K) \cdot P(T) \cdot P(G) = 0,93 \cdot 0,96 \cdot 0,99 = 0,884$$

Bei vielen praktischen Aufgabenstellungen sind Additionssatz und Multiplikationssatz nebeneinander anzuwenden.

Beispiel 12.29

Ein Verbraucher wird durch zwei gleichartige parallele Rohrleitungen versorgt. Jede Leitung ist imstande, für sich allein den Verbraucher zu versorgen. Aus Langzeitbeobachtungen ist bekannt, daß jede dieser Leitungen während 10 % der erforderlichen Zeit nicht verfügbar ist. Wie hoch ist die Versorgungssicherheit des Verbrauchers?

Lösung:

Es sei L_i das Ereignis, daß die i-te Leitung intakt und $\overline{L_i}$ das Ereignis, daß die i-te Leitung defekt ist.
Aus $P(\overline{L_i}) = 0,1$ folgt $P(L_i) = 1 - P(\overline{L_i}) = 0,9$ für $i = 1,\ 2$.
Die Versorgung ist gesichert, wenn die erste oder die zweite oder beide Leitungen intakt sind. Nach dem Additionssatz gilt:

$$P(L_1 \cup L_2) = P(L_1) + P(L_2) - P(L_1 \cap L_2)$$

und nach dem Multiplikationssatz

$$\begin{aligned}P(L_1 \cup L_2) &= P(L_1) + P(L_2) - P(L_1) \cdot P(L_2) \\ &= 0,9 + 0,9 - 0,81 = 0,99\end{aligned}$$

d. h., die Versorgungssicherheit beträgt 99 %. Wieviele Leitungen sind zu installieren, wenn die Versorgungssicherheit auf 99,5 % erhöht werden soll?
Gefordert ist $P(L_1 \cup L_2 \cup \ldots \cup L_n) \geq 0,995$. Das ist gleichbedeutend mit $P(\overline{\overline{L}_1 \cap \overline{L}_2 \cap \ldots \cap \overline{L}_n}) \geq 0,995$. Daraus folgt

$$\begin{aligned}1 - 0,1^n &\geq 0,995 \\ 0,1^n &\leq 0,005 \\ n &\geq \frac{\log 0,005}{\log 0,1} = 2,30,\end{aligned}$$

d. h. es wird mindestens eine dritte Leitung benötigt.

Beispiel 12.30

Anknüpfend an Beispiel 12.25 bezeichne T_1 das Ereignis, daß das zuerst entnommene Ersatzteil fehlerfrei ist, T_2 entsprechend das Ereignis, daß das an zweiter Stelle entnommene Teil fehlerfrei ist. Welche Fälle können bei Entnahme zweier Ersatzteile mit welcher Wahrscheinlichkeit auftreten?

Lösung:

Da das Ergebnis der zweiten Entnahme von der der ersten abhängt, sind bedingte Wahrscheinlichkeiten zu berücksichtigen. Es gibt folgende Möglichkeiten:

1. Beide Teile sind fehlerfrei

$$P(T_1 \cap T_2) = P(T_1) \cdot P(T_2/T_1) = \frac{2}{3} \cdot \frac{1}{2} = \frac{1}{3}$$

2. Das erste Teil ist fehlerfrei, das zweite fehlerhaft

$$P(T_1 \cap \overline{T}_2) = P(T_1) \cdot P(\overline{T}_2/T_1) = \frac{2}{3} \cdot \frac{1}{2} = \frac{1}{3}$$

3. Das erste Teil ist fehlerhaft, das zweite fehlerfrei

$$P(\overline{T}_1 \cap T_2) = P(\overline{T}_1) \cdot P(T_2/\overline{T}_1) = \frac{1}{3} \cdot 1 = \frac{1}{3}$$

4. Beide Teile sind fehlerhaft

$$P(\overline{T}_1 \cap \overline{T}_2) = P(\overline{T}_1) \cdot P(\overline{T}_2/\overline{T}_1) = \frac{1}{3} \cdot 0 = 0$$

Da keine weiteren Möglichkeiten bestehen, ist sicher, daß eines dieser vier Ereignisse eintreten muß, d. h., die Summe dieser Wahrscheinlichkeiten ergibt die Wahrscheinlichkeit 1 des sicheren Ereignisses. Zusätzlich könnte die Frage nach der absoluten Wahrscheinlichkeit dafür interessant sein, daß das zweite Teil fehlerfrei ist, unabhängig von der Beschaffenheit des ersten Teils. Entsprechend der oben genannten Fälle 1. und 3. gilt

$$T_2 = (T_2 \cap T_1) \cup (T_2 \cap \overline{T}_1)$$

und da $(T_2 \cap T_1) \cap (T_2 \cap \overline{T}_1) = \emptyset$, nach dem Additionssatz

$$P(T_2) = P(T_2 \cap T_1) + P(T_2 \cap \overline{T}_1)$$

und nach dem Multiplikationssatz

$$P(T_2) = P(T_2/T_1) \cdot P(T_1) + P(T_2/\overline{T}_1) \cdot P(\overline{T}_1) = \frac{1}{2} \cdot \frac{2}{3} + 1 \cdot \frac{1}{3} = \frac{2}{3}$$

Eine Verallgemeinerung der Überlegung am Ende des letzten Beispiels führt auf die Formel der totalen Wahrscheinlichkeit. Betrachtet wird ein Ereignis B, welches stets zusammen mit einem der disjunkten Ereignisse A_i auftritt (Bild 12.8). Es sei $P(A_i) > 0$ für alle i. Es gilt also

$$B = (B \cap A_1) \cup (B \cap A_2) \cup \ldots \cup (B \cap A_n).$$

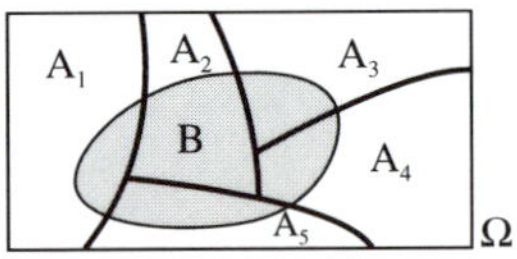

Bild 12.8

Dann gilt der

Satz

Bilden $A_1, A_2, \ldots, A_n$ ein vollständiges System zufälliger Ereignisse mit $P(A_i) > 0$ für alle i und ist B ein Ereignis desselben Ereignisfeldes, so gilt die **Formel der totalen Wahrscheinlichkeit**

$$P(B) = \sum_{i=1}^{n} P(A_i) \cdot P(B/A_i) \qquad (12.56)$$

Der *Beweis* wird für den Spezialfall $n = 2$ geführt. In diesem Fall lautet (12.56):

$$P(B) = P(A_1) \cdot P(B/A_1) + P(A_2) \cdot P(B/A_2)$$

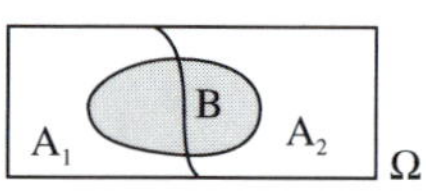

Bild 12.9

Nach Voraussetzung sind A_1 und A_2 disjunkt (Bild 12.9). Dann sind auch $A_1 \cap B$ und $A_2 \cap B$ disjunkt und es gilt $B = (A_1 \cap B) \cup (A_2 \cap B)$ und nach dem Additionssatz bzw. Multiplikationssatz

$$P(B) = P(A_1 \cap B) + P(A_2 \cap B) = P(A_1) \cdot P(B/A_1) + P(A_2) \cdot P(B/A_2)$$

Gleichung (12.56) berücksichtigt die Abhängigkeit eines Ereignisses B von disjunkten Ereignissen A_i. Eine Umformung erlaubt es, die Abhängigkeit der Ereignisse

A_i vom Ereignis B darzustellen. Nach (12.51) gilt für ein beliebiges Ereignis A_k unter den bei (12.56) genannten Bedingungen

$$P(A_k/B) \cdot P(B) = P(B/A_k) \cdot P(A_k)$$

bzw.

$$P(A_k/B) = \frac{P(A_k) \cdot P(B/A_k)}{P(B)}$$

Berücksichtigt man für $P(B)$ die Formel (12.56), so erhält man die sogenannte **Bayessche Formel**[1]:

$$P(A_k/B) = \frac{P(A_k) \cdot P(B/A_k)}{\sum\limits_{i=1}^{n} P(A_i) \cdot P(B/A_i)} \tag{12.57}$$

Viele praktische Probleme führen auf Verzweigungsmodelle, zu deren Lösung insbesondere die Formel der totalen Wahrscheinlichkeit herangezogen wird. Das folgende Beispiel zeigt das Prinzip in einfacher Weise.

Beispiel 12.31

Ein Wanderer startet im Punkt 0 und entscheidet sich völlig willkürlich für einen der möglichen Wege nach A_1, A_2, A_3 oder A_4 (Bild 12.10). Von dort kann er auf verschiedenen Wegen nach einem der Punkte B_1 bis B_9 gelangen.

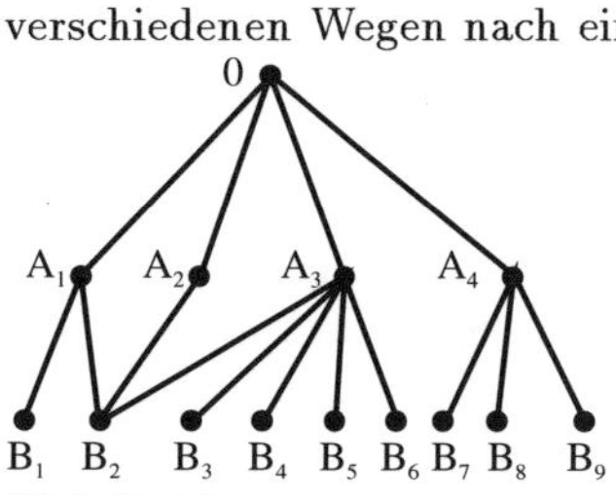

Bild 12.10

Mit welcher Wahrscheinlichkeit endet seine Wanderung in B_1, B_2, B_3, B_7?

Lösung:

Die benötigten Wahrscheinlichkeiten gewinnt man nach der klassischen Wahrscheinlichkeitsformel. Es ist

$$P(A_1) = P(A_2) = P(A_3) = P(A_4) = \frac{1}{4}$$

Nach der zweiten Entscheidung sind bedingte Wahrscheinlichkeiten zu berücksichtigen. Es ist

$$P(B_1/A_1) = P(B_2/A_1) = \frac{1}{2}$$

$$P(B_2/A_2) = 1$$

$$P(B_2/A_3) = P(B_3/A_3) = P(B_4/A_3) = P(B_5/A_3) = P(B_6/A_3) = \frac{1}{5}$$

[1] THOMAS BAYES (1702 bis 1763), englischer Geistlicher und Mathematiker

$$P(B_7/A_4) = P(B_8/A_4) = P(B_9/A_4) = \frac{1}{3}$$

In B_1 endet die Wanderung mit der Wahrscheinlichkeit

$$P(B_1) = P(A_1 \cap B_1) = P(A_1) \cdot P(B_1/A_1) = \frac{1}{4} \cdot \frac{1}{2} = \frac{1}{8} = 0,125$$

in B_2 mit der Wahrscheinlichkeit

$$\begin{aligned} P(B_2) &= P((A_1 \cap B_2) \cup (A_2 \cap B_2) \cup (A_3 \cap B_2)) \\ &= P(A_1) \cdot P(B_2/A_1) + P(A_2) \cdot P(B_2/A_2) + P(A_3) \cdot P(B_2/A_3) \\ &= \frac{1}{4} \cdot \frac{1}{2} + \frac{1}{4} \cdot 1 + \frac{1}{4} \cdot \frac{1}{5} = \frac{17}{40} = 0,425; \end{aligned}$$

in B_3 mit der Wahrscheinlichkeit

$$P(B_3) = P(A_3 \cap B_3) = P(A_3) \cdot P(B_3/A_3) = \frac{1}{4} \cdot \frac{1}{5} = \frac{1}{20} = 0,05;$$

in B_7 mit der Wahrscheinlichkeit

$$P(B_7) = P(A_4 \cap B_7) = P(A_4) \cdot P(B_7/A_4) = \frac{1}{4} \cdot \frac{1}{3} = \frac{1}{12} = 0,083;$$

Aufgaben 12.14 bis 12.20

12.4 Wahrscheinlichkeitsverteilungen

12.4.1 Begriffe und Kennwerte

Im folgenden werden die Eigenschaften von Zufallsgrößen näher untersucht. Beim Betrachten der Realisierungen einer Zufallsgröße bemerkt man, daß gewisse Realisierungen häufiger, andere seltener auftreten. Zur genauen Beschreibung einer Zufallsgröße gehört daher nicht nur die Kenntnis der möglichen Realisierungen, sondern auch die der Wahrscheinlichkeiten, mit denen die Realisierungen auftreten. Man spricht in diesem Zusammenhang von *Wahrscheinlichkeitsverteilungen.* Sie geben an, wie sich die Wahrscheinlichkeiten auf die Menge der möglichen Realisierungen verteilen. Dabei sind für diskrete und für stetige Zufallsgrößen unterschiedliche Darstellungsweisen erforderlich.

Bei diskreten Zufallsgrößen gibt man die Verteilung der Einzelwahrscheinlichkeiten als zweizeilige Matrix in der folgenden Weise an:

$$\begin{pmatrix} x_1, x_2, x_3, \ldots, x_n \\ p_1, p_2, p_3, \ldots, p_n \end{pmatrix} \tag{12.58}$$

wobei $P(X = x_i) = p_i$ für $i = 1, 2, \ldots, n$ die zu den Realisierungen x_i gehörigen Einzelwahrscheinlichkeiten sind. Säulendiagramme (Bild 12.11) stellen eine geeignete geometrische Veranschaulichung derartiger Verteilungen dar.

Dabei ist zu beachten, daß wegen $P(\Omega) = P\left(\bigcup_{i=1}^{n} \{X = x_i\}\right) = 1$ stets

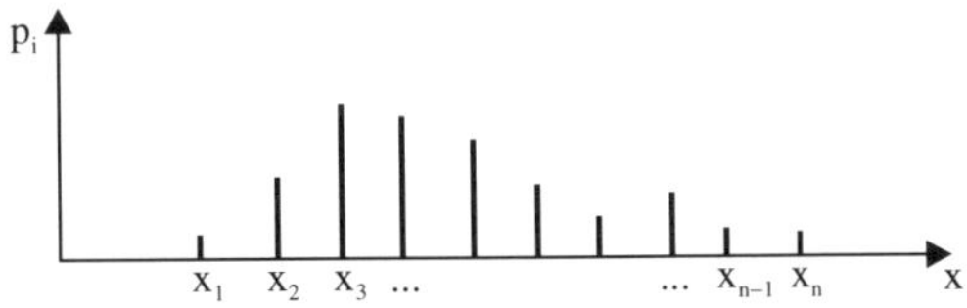

Bild 12.11

$$\sum_{i=1}^{n} p_i = 1 \tag{12.59a}$$

erfüllt sein muß, was darauf hinausläuft, daß die einzelnen Realisierungen um so seltener auftreten, je mehr unterschiedliche Realisierungen möglich sind.

Ist der Wertebereich von X abzählbar unendlich, so gilt

$$\sum_{i=1}^{\infty} p_i = 1 \tag{12.59b}$$

Bei stetigen Zufallsgrößen lassen sich wegen der beliebig dicht liegenden Realisierungen Einzelwahrscheinlichkeiten nicht angeben. Man kann statt dessen die Wahrscheinlichkeit dafür verwenden, daß die Zufallsgröße X in ein Intervall der Länge $\Delta x_i = x_i - x_{i-1}$ fällt. Bei zunehmender Verfeinerung der Intervalle, d. h. für

$$\delta = \max_i \Delta x_i \to 0$$

erhält man im Grenzfall (Bild 12.12a)

$$P(x_{i-1} \leq X \leq x_i) = \int\limits_{x_{i-1}}^{x_i} f(x)\,\mathrm{d}x \tag{12.60}$$

Darin ist $f(x)$ die Begrenzungskurve einer „Wahrscheinlichkeitsfläche“, die in grober Veranschaulichung dadurch entsteht, daß die in Bild 12.11 dargestellten Realisierungen und die zugehörigen Säulen immer enger zusammenrücken. Man bezeichnet $f(x)$ als **Wahrscheinlichkeitsdichte** oder als **Dichtefunktion**. Wegen $P(\Omega) = 1$ hat diese Funktion die der Gl. (12.59) entsprechende Eigenschaft (Bild 12.12b)

$$P(-\infty < X < +\infty) = \int\limits_{-\infty}^{+\infty} f(x)\,\mathrm{d}x = 1 \tag{12.61}$$

d. h., die Dichtefunktion ist dadurch charakterisiert, daß die Gesamtfläche zwischen der Kurve der Dichtefunktion und der Abszissenachse stets den Inhalt 1 hat.

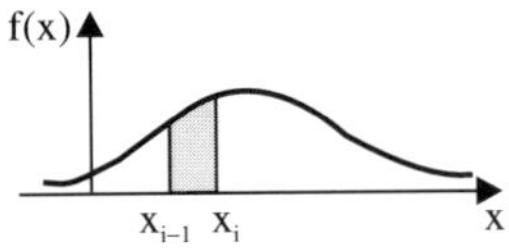

Bild 12.12a

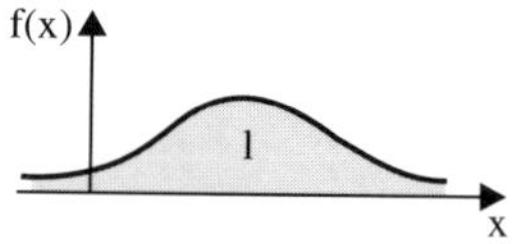

Bild 12.12b

Läßt man in (12.60) x_{i-1} gegen x_i streben, so erhält man nach den Regeln der Integralrechnung

$$P(X = x_i) = \int_{x_i}^{x_i} f(x)\,\mathrm{d}x = 0 \tag{12.62}$$

Das ist anschaulich einleuchtend, denn je kleiner das Intervall (x_{i-1}, x_i) ist, desto seltener wird eine Realisierung der stetigen Zufallsgröße X in dieses Intervall hineinfallen.
Wegen (12.62) liefern die Randpunkte eines Intervalls keinen Beitrag zur Wahrscheinlichkeit dafür, daß die stetige Zufallsgröße X im betrachteten Intervall eine Realisierung hat. Daher ist Gl. (12.60) auch in der Schreibweise

$$P(x_{i-1} < X < x_i) = \int_{x_{i-1}}^{x_i} f(x)\,\mathrm{d}x \tag{12.63}$$

richtig. Da Wahrscheinlichkeiten keine negativen Werte annehmen können, folgt aus (12.60) bzw. (12.63) als wesentliche Eigenschaft der Dichtefunktion die Bedingung

$$f(x) \geq 0 \qquad \text{für alle } x. \tag{12.64}$$

Aus der Kenntnis der Einzelwahrscheinlichkeiten bei diskreten und der Wahrscheinlichkeitsdichte bei stetigen Zufallsgrößen sind Prognosen über das häufigere oder seltenere Auftreten gewisser Werte oder Wertebereiche einer Zufallsgröße möglich. Von praktischem Interesse ist auch die Frage, mit welcher Wahrscheinlichkeit eine Zufallsgröße unterhalb eines vorgegebenen Wertes bleibt. Als Beispiele seien genannt:

- Mit welcher Wahrscheinlichkeit dauert ein Telefongespräch weniger als 6 Minuten?
- Mit welcher Wahrscheinlichkeit ist die Anzahl der Wähler niedriger als 60 % der Wahlberechtigten?
- Mit welcher Wahrscheinlichkeit stirbt ein Versicherter vor Erreichen einer vorgegebenen Altersgrenze?

Alle diese Fragen lassen sich darauf zurückführen, daß eine Wahrscheinlichkeit $P(X < x)$ zu bestimmen ist, worin X eine zu untersuchende Zufallsgröße und x ein vorgegebener Wert $x \in \mathbb{R}$ sind. Es leuchtet ein, daß die gesuchte Wahrscheinlichkeit um so größer sein wird, je größer der eingeräumte Spielraum, je größer also die vorgegebene Zahl x ist. So ist z. B. die Wahrscheinlichkeit, daß ein Telefongespräch nach 60 Minuten beendet ist, sehr viel größer, als die, daß es schon nach 6 Minuten beendet ist. $P(X < x)$ ist also eine von x abhängige Funktion.

Definition

> Die Funktion $F(x) = P(X < x)$ heißt **Verteilungsfunktion** der Zufallsgröße X. Falls bei einem Problem mehrere Zufallsgrößen auftreten, schreibt man genauer $F_X(x) = P(X < x)$ (12.65)

Beispiel 12.32

Die Augenzahl X beim Wurf mit einem Würfel ist eine diskrete Zufallsgröße, die nur die natürlichen Zahlen von 1 bis 6 annehmen kann. Trotzdem sind Aufgaben der Art $P(X < 0,8)$, $P(X < 3,1)$, $P(X < 7)$ sinnvoll und lösbar.
$P(X < 0,8)$ stellt die Frage nach der Wahrscheinlichkeit, daß eine Zahl unterhalb von $0,8$ gewürfelt wird. Das ist nicht möglich, daher ist $P(X < 0,8) = 0$. Ebenso ist $P(X < 1) = 0$, da kleinere Zahlen als 1 nicht auftreten können.
Dagegen ist $P(X < 1,01) = \frac{1}{6}$, denn die Augenzahl 1 erfüllt als einzige die Bedingung $X < 1,01$ und tritt mit der Wahrscheinlichkeit $\frac{1}{6}$ auf.
$X < 3,1$ ist erfüllt, wenn eine 1 oder eine 2 oder eine 3 gewürfelt wird. Die ausführliche Rechnung ergibt

$$\begin{aligned} P(X < 3,1) &= P(\{X = 1\} \cup \{X = 2\} \cup \{X = 3\}) \\ &= P(X = 1) + P(X = 2) + P(X = 3) = \frac{1}{6} + \frac{1}{6} + \frac{1}{6} = \frac{1}{2} \end{aligned}$$

Da Zahlen größer als 6 niemals gewürfelt werden können, ist $X < 7$ stets erfüllt und es ist $P(X < 7) = 1$.

Verfolgt man den Verlauf der Verteilungsfunktion $F(x)$ im Beispiel 12.32, so stellt man fest, daß sich die Funktionswerte sprunghaft ändern. Die zugehörige Kurve ist eine Treppenkurve (Bild 12.13a). Im allgemeinen muß man mit unterschiedlichen Sprunghöhen rechnen (Bild 12.13b). Der jeweilige Funktionswert ergibt sich aus der Summe der Einzelwahrscheinlichkeiten, wobei über alle Realisierungen x_i summiert wird, die unterhalb vom vorgegebenen Wert x bleiben. Für *diskrete Zufallsgrößen* gilt daher für die *Berechnung der Verteilungsfunktion* die Vorschrift

$$F(x) = P(X < x) = \sum_{x_i < x} p_i \tag{12.66}$$

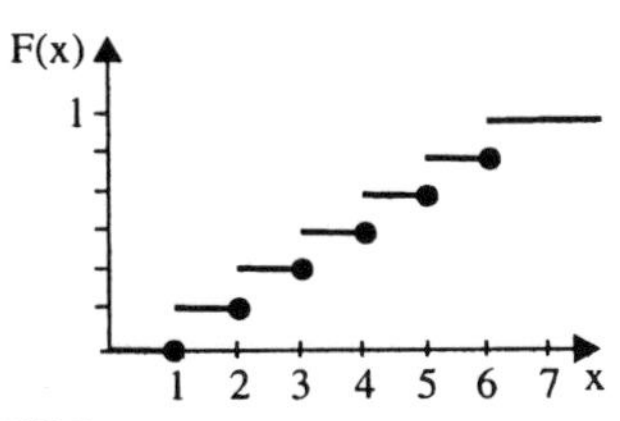

Bild 12.13a

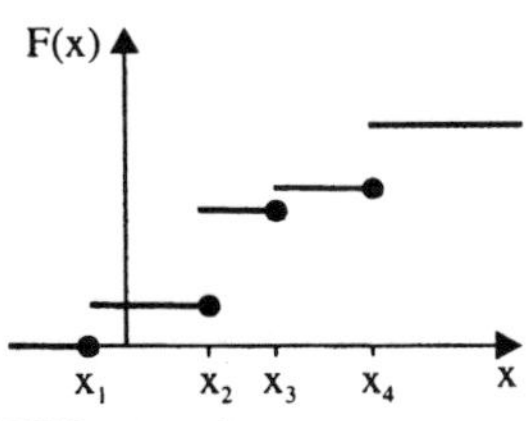

Bild 12.13b

Da stetige Zufallsgrößen beliebige Zwischenwerte annehmen können, ist die zugehörige Verteilungsfunktion stetig. Die „Wahrscheinlichkeitsfläche“ unter der Dichtefunktion für Realisierungen unterhalb eines vorgegebenen Wertes x_0 (Bild 12.14a) nimmt stetig zu, wenn die Stelle x_0 nach rechts rückt, wenn also x stetig zunimmt.

Daraus resultiert für die Verteilungsfunktion eine stetige, monoton nichtfallende Kurve (Bild 12.14b). Aus (12.60) erhält man zur Berechnung der *Verteilungsfunktion einer stetigen Zufallsgröße* die Vorschrift

$$F(x) = P(X < x) = P(-\infty < X < x) = \int_{-\infty}^{x} f(\xi)\,\mathrm{d}\xi \qquad (12.67)$$

Dies ist ein partikuläres Integral (vgl. Bd. 1, Abschn. 6.1.4), in dem die Integrationsvariable mit ξ bezeichnet wurde, um Verwechslungen mit der unabhängigen Variablen x der Funktion $f(x)$ zu vermeiden.

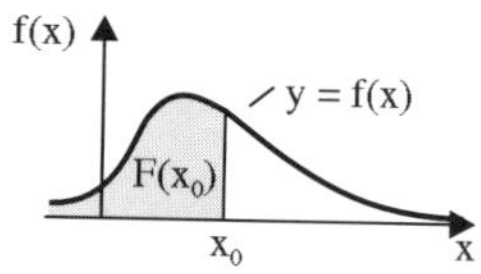

Bild 12.14a

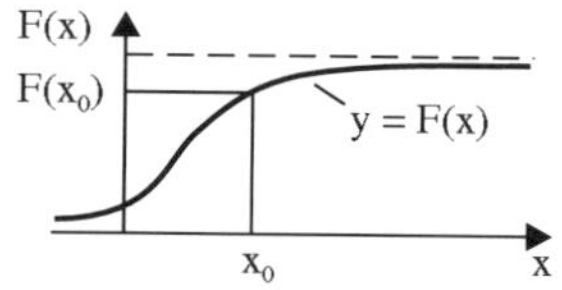

Bild 12.14b

Für stetige Zufallsgrößen folgt aus Gl. (12.67) und aus Gl. (6.19, Bd. 1) die Aussage:

Ist x_0 eine Stetigkeitsstelle der Dichtefunktion, so ist $f(x_0) = F'(x_0)$. (12.68)

Nach der Definition $F(x) = P(X < x)$ gibt jede Verteilungsfunktion F für ein beliebiges Argument x stets eine Wahrscheinlichkeit an. Für den Definitionsbereich gibt es keine Beschränkungen, d. h., es ist $x \in (-\infty, \infty)$ zulässig. Zusammen mit Axiom 1 (12.33) ergeben sich daraus die Eigenschaften

$$0 \leq F(x) \leq 1 \qquad (12.69)$$

und

$$\lim_{x\to-\infty} F(x) = 0, \qquad \lim_{x\to+\infty} F(x) = 1 \qquad (12.70)$$

Beispiel 12.33

Die Funktionsdauer T (Betriebszeit von der Erstinbetriebnahme bis zum Ausfall) eines elektronischen Bauelements ist eine stetige Zufallsgröße. Die zugehörige Dichtefunktion sei

$$f(t) = \begin{cases} 0 & \text{für } t < 0 \\ 0{,}002\,\mathrm{e}^{-0{,}002t} & \text{für } t \geq 0 \end{cases}$$

Anmerkung: Es handelt sich tatsächlich um eine Dichtefunktion, denn sie besitzt die Eigenschaft

$$\int_{-\infty}^{+\infty} f(t)\,\mathrm{d}t = 0{,}002 \left(\int_{-\infty}^{0} 0\,\mathrm{d}t + \int_{0}^{+\infty} \mathrm{e}^{-0{,}002t}\,\mathrm{d}t \right) = 1$$

Nach (12.67) lautet die zugehörige Verteilungsfunktion für $t \geq 0$

$$F(t) = \int_{-\infty}^{t} f(\xi)\,\mathrm{d}\xi = 0{,}002 \int_{0}^{t} \mathrm{e}^{-0{,}002\xi}\,\mathrm{d}\xi = 1 - \mathrm{e}^{-0{,}002t}$$

$f(t)$ und $F(t)$ sind in den Bildern 12.15a) und b) dargestellt.

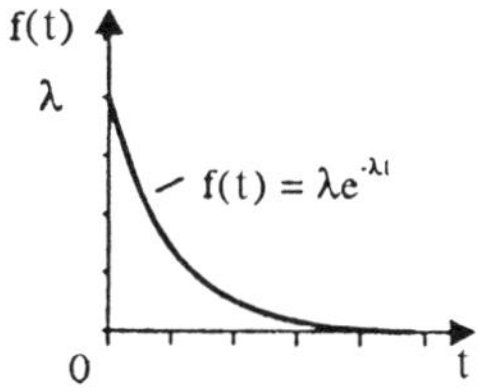

Bild 12.15a

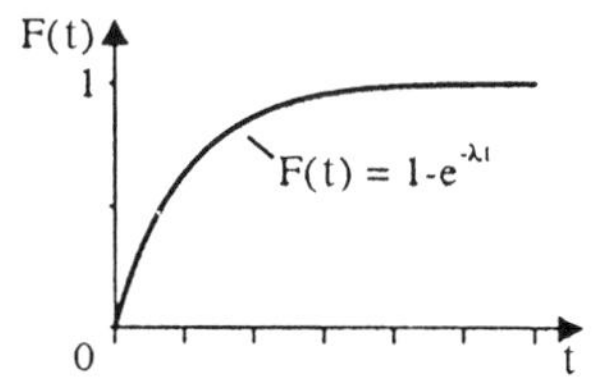

Bild 12.15b

Aus der Kenntnis der Verteilungsfunktion $F(t)$ lassen sich Fragen der folgenden Art beantworten:

- Mit welcher Wahrscheinlichkeit fällt ein derartiges Bauelement vor Erreichen der 1000-Stunden-Betriebszeitgrenze aus?
- Mit welcher Wahrscheinlichkeit überlebt ein solches Bauelement die ersten 1000 Stunden ausfallfrei?

Lösung:

Es ist $P(T < 1000) = F(1000) = 1 - \mathrm{e}^{-0{,}002 \cdot 1000} = 1 - \mathrm{e}^{-2} = 0{,}865$. Mit Hilfe der Formel (12.38) zur Berechnung der Wahrscheinlichkeiten komplementärer Ereignisse erhält man

$P(T \geq 1000) = 1 - P(T < 1000) = 1 - 0{,}865 = 0{,}135.$

Zur Berücksichtigung von Maßeinheiten sei auf die Bemerkung im Beispiel 12.42 verwiesen.

Wie die vorstehenden Überlegungen zeigen, erlaubt die Kenntnis der Verteilungsfunktion einer Zufallsgröße Aussagen über die Wahrscheinlichkeit, mit der Realisierungen unterhalb eines vorgegebenen Wertes eintreten.

Umgekehrt kann zu einem vorgegebenen Funktionswert $F(x_0)$ das Argument x_0 gesucht sein, das dann als Quantil bezeichnet wird.

Definition

Jede Zahl x_0 mit der Eigenschaft $F(x_0) = P(X < x_0) = p_0$ heißt **p_0-Quantil** der Zufallsgröße X. Das $0{,}5$-Quantil einer Zufallsgröße wird als **Median** dieser Zufallsgröße bezeichnet. (12.71)

Anmerkung: Die Quantile sind eindeutig bestimmbar, wenn die Verteilungsfunktion F streng monoton wachsend ist (Bild 12.14b). Ist die Voraussetzung der strengen Monotonie nicht erfüllt, müssen die Quantile nicht eindeutig bestimmt sein.

Mit Hilfe einer Verteilungsfunktion läßt sich eine Zufallsgröße umfassend beschreiben. Zusätzlich ist die Verwendung gewisser Kennwerte hilfreich, die sich bei bekannter Verteilungsfunktion aus deren Parametern ergeben. Wichtige Kennwerte sind der *Erwartungswert* einer Zufallsgröße, die *Streuung* oder *Varianz*, die *Schiefe* und der *Exzeß*. Bei deren Definition ist zwischen diskreten und stetigen Zufallsgrößen zu unterscheiden.
In vielen Fällen liegen die Realisierungen einer Zufallsgröße bevorzugt in der Nähe eines Wertes, der „im Mittel erwartet" wird. In welchem Maße die Realisierungen um diesen „Erwartungswert" variieren, wird durch die Streuung oder Varianz beschrieben.
Die folgenden Definitionen legen diese Kennwerte fest.

Definition

Als **mathematische Erwartung** oder **Erwartungswert** $E(X)$ bzw. μ_X der diskreten Zufallsgröße X, deren Werte x_i mit den Wahrscheinlichkeiten p_i $(i = 1, 2, \ldots)$ auftreten, bezeichnet man den Wert

$$\mu_X = E(X) = \sum_{i=1}^{\infty} x_i p_i, \tag{12.72}$$

als Erwartungswert einer stetigen Zufallsgröße X mit der Dichte $f(x)$ den Wert

$$\mu_X = E(X) = \int_{-\infty}^{+\infty} x f(x)\,\mathrm{d}x. \tag{12.73}$$

Eine Zufallsgröße muß nicht in jedem Falle einen Erwartungswert besitzen. Der Erwartungswert existiert nur dann, wenn die Summe (12.72) bzw. das Integral (12.73) absolut konvergieren, d. h. wenn gilt

$$\sum_{i=1}^{\infty} |x_i| p_i < +\infty \qquad \text{bzw.} \qquad \int_{-\infty}^{+\infty} |x| f(x)\,\mathrm{d}x < +\infty.$$

Falls eine diskrete Zufallsgröße X nur die Werte $x_1, \ldots, x_n$ annimmt, gilt statt (12.72)

$$\mu_X = E(X) = \sum_{i=1}^{n} x_i p_i \tag{12.74}$$

Definition

Als **Varianz** $V(X)$, **Streuung** σ_X^2 oder **Dispersion** $D^2(X)$ einer Zufallsgröße X bezeichnet man den Wert

$$V(X) = \sigma_X^2 = D^2(X) = \sum_{i=1}^{\infty}(x_i - \mu_X)^2 p_i, \tag{12.75}$$

falls X eine diskrete Zufallsgröße ist, und den Wert

$$V(X) = \sigma_X^2 = D^2(X) = \int_{-\infty}^{+\infty}(x - \mu_X)^2 f(x)\,\mathrm{d}x, \tag{12.76}$$

falls X eine stetige Zufallsgröße ist. Die positive Quadratwurzel σ_X bzw. $D(X)$ aus der Varianz heißt **Standardabweichung** oder *mittlere quadratische Abweichung* von X bezüglich μ_X.

Wie in (12.74) kann auch in (12.75) die Summation auf endlich viele Realisierungen beschränkt sein.

Durch Umformung von (12.75) erhält man eine für die praktische Rechnung oft günstigere Formel. Unter Beachtung von (12.59) und (12.72) folgt aus (12.75) für diskrete Zufallsgrößen

$$\begin{aligned}\sigma_X^2 &= \sum_{i=1}^{\infty}(x_i - \mu_X)^2 p_i = \sum_{i=1}^{\infty} x_i^2 p_i - 2\mu_X \sum_{i=1}^{\infty} x_i p_i + \mu_X^2 \sum_{i=1}^{\infty} p_i \\ &= \sum_{i=1}^{\infty} x_i^2 p_i - 2\mu_X^2 + \mu_X^2 = \sum_{i=1}^{\infty} x_i^2 p_i - \mu_X^2,\end{aligned}$$

also

$$\sigma_X^2 = \sum_{i=1}^{\infty} x_i^2 p_i - \mu_X^2. \tag{12.77}$$

Entsprechend folgt aus (12.76) für stetige Zufallsgrößen

$$\sigma_X^2 = \int_{-\infty}^{+\infty} x^2 f(x)\,\mathrm{d}x - \mu_X^2 \tag{12.78}$$

Aus den Formeln (12.72) bis (12.76) geht hervor, daß der Zusammenhang zwischen der Varianz und dem Erwartungswert einer Zufallsgröße X durch

$$V(X) = E\left[(X - E(X))^2\right] \tag{12.79}$$

darstellbar ist. (12.77) und (12.78) führen auf den Zusammenhang

$$V(X) = E(X^2) - [E(X)]^2 \tag{12.80}$$

Die Standardabweichung σ_X, die zum Ausdruck bringt, in welchem Maße die Realisierungen einer Zufallsgröße vom Erwartungswert μ_X abweichen, ist allerdings erst dann bewertbar, wenn man ihr Verhältnis zum Erwartungswert berücksichtigt. Ein und dieselbe Standardabweichung kann eine große oder eine kleine Abweichung ausdrücken, je nachdem, ob sie sich auf einen kleinen oder einen großen Erwartungswert bezieht. Als Maß für die relative Abweichung vom Erwartungswert dient der *Variationskoeffizient*.

Definition

Als **Variationskoeffizient** ν_X einer Zufallsgröße X bezeichnet man das Verhältnis der Standardabweichung zum Erwartungswert:

$$\nu_X = \frac{\sigma_X}{\mu_X}, \qquad \text{falls } \mu_X \neq 0 \tag{12.81}$$

Als eine Verallgemeinerung des Erwartungswertes bzw. der Varianz einer Zufallsgröße erweisen sich die folgenden Begriffe.

Definition

Als **Moment k-ter Ordnung** ($k = 1, 2, \ldots$) einer Zufallsgröße X bezeichnet man den Wert

$$m_k = E(X^k), \tag{12.82}$$

als **zentrales Moment k-ter Ordnung** den Wert

$$M_k = E\left[(X - m_1)^k\right] \tag{12.83}$$

Offensichtlich ist $m_1 = E(X)$ identisch mit dem Erwartungswert einer Zufallsgröße X. Die zentralen Momente M_k drücken die Abweichungen vom Zentrum $m_1 = E(X)$ aus. Das zentrale Moment 2. Ordnung ist die Varianz: $M_2 = E\left[(X - m_1)^2\right] = V(X)$.

Weitere Kenngrößen, die die Verteilung einer Zufallsgröße beschreiben, sind die Schiefe und der Exzeß.

Definition

Sofern die betreffenden Momente existieren, bezeichnet man den Wert

$$\gamma_1 = \frac{M_3}{\sigma^3} = \frac{E\left[(X - m_1)\right]^3}{\sigma^3} \tag{12.84}$$

als **Schiefe** und den Wert

$$\gamma_2 = \frac{M_4}{\sigma^4} - 3 = \frac{E\left[(X - m_1)\right]^4}{\sigma^4} - 3 \tag{12.85}$$

als **Exzeß** einer Zufallsgröße X.

Die Schiefe beschreibt die Asymmetrie einer Verteilung. Für $\gamma_1 < 0$ überwiegen die Realisierungen, die links vom Erwartungswert liegen, die Verteilung ist rechtssteil. Für $\gamma_1 = 0$ liegen die Realisierungen symmetrisch zum Erwartungswert, für $\gamma > 0$

ist die Verteilung linkssteil. Der Exzeß γ_2 vergleicht die Wölbung der Verteilung mit der Normalverteilung, die im Abschnitt 12.4.3.2 behandelt wird. Bei negativem Exzeß ist die Verteilung flacher, bei positivem Exzeß steiler als die Kurve einer Normalverteilung mit gleichen Parametern.

12.4.2 Diskrete Wahrscheinlichkeitsverteilungen

12.4.2.1 Diskrete Gleichverteilung

Aus der Vielzahl möglicher Wahrscheinlichkeitsverteilungen kann hier nur eine eng begrenzte Auswahl solcher Verteilungsfunktionen behandelt werden, die für praktische Anwendungen besondere Bedeutung haben und überdies mit geringem Aufwand an Theorie zu durchschauen sind. Ein einfacher, aber sehr wichtiger Fall ist dadurch gegeben, daß alle Realisierungen einer diskreten Zufallsgröße X mit derselben Wahrscheinlichkeit auftreten. Damit das sinnvoll ist, muß die Anzahl der möglichen Realisierungen auf einen endlichen Wert $n \in \mathbb{N}^*$ begrenzt sein. Ein Beispiel dafür ist die Augenzahl X beim Wurf mit einem Würfel, von deren sechs möglichen Realisierungen jede mit der Wahrscheinlichkeit $\frac{1}{6}$ auftritt (Beispiel 12.32).

Definition

Eine diskrete Zufallsgröße X heißt **gleichverteilt** oder **gleichmäßig verteilt**, wenn ihre n möglichen Realisierungen $x_1, x_2, \ldots, x_n$ alle mit der gleichen Wahrscheinlichkeit

$$p_i = \frac{1}{n} \qquad (i = 1, 2, \ldots, n) \tag{12.86}$$

auftreten, wobei $\sum\limits_{i=1}^{n} p_i = 1$ gilt.

Als Verteilungsfunktion der diskreten Gleichverteilung erhält man gemäß (12.66)

$$F(x) = P(X < x) = \sum_{x_j < x} P(X = x_j) = \sum_{i=1}^{j} p_i = j \cdot \frac{1}{n} \quad \text{für } x_j < x \leq x_{j+1} \tag{12.87}$$

Das ist eine Treppenfunktion mit konstanter Stufenhöhe (Bild 12.13a). Für Erwartungswert und Varianz ergeben sich nach (12.74) bzw. (12.75)

$$\mu_X = E(X) = \sum_{i=1}^{n} x_i p_i = \frac{1}{n} \sum_{i=1}^{n} x_i = \bar{x} \tag{12.88}$$

und

$$\sigma_X^2 = V(X) = \sum_{i=1}^{n} (x_i - \bar{x})^2 p_i = \frac{1}{n} \sum_{i=1}^{n} x_i^2 - \bar{x}^2 \tag{12.89}$$

Die letzte Umformung in (12.89) folgt aus (12.77)

12.4.2.2 Binomialverteilung

Die Binomialverteilung hat wegen ihres breiten Anwendungsfeldes und wegen der einfachen theoretischen Zusammenhänge eine grundlegende Bedeutung in der Wahrscheinlichkeitsrechnung. Sie ist dadurch gekennzeichnet, daß bei der Beobachtung eines zufälligen Versuchs nur zwei alternative Ergebnisse A und $\overline{A}$ auftreten können. Es interessiert dann die Frage, wie oft bei der n-maligen Beobachtung derartiger Versuche eines der beiden Ergebnisse, z. B. das Ereignis A, auftritt.
Die betrachtete Zufallsgröße X ist demnach die zufällige Anzahl der Beobachtungen mit dem Ergebnis A. Dafür gibt es $n + 1$ mögliche Realisierungen, nämlich die Zahlen $0, 1, 2, \ldots, n$.
Die Zufallsgröße X ist vollständig charakterisiert, wenn es gelingt, die Wahrscheinlichkeit dafür anzugeben, mit der jede der Realisierungen $0, 1, 2, \ldots, n$ auftritt, also

$$P(X = k) = p_k \qquad \text{mit} \qquad 0 \le k \le n, \quad k \in \mathbb{N}.$$

Als Voraussetzungen für die nachfolgenden Überlegungen und damit für die Gültigkeit der Binomialverteilung sind zu beachten:
- Es gibt nur zwei verschiedene, sich gegenseitig ausschließende Versuchsergebnisse A und $\overline{A}$.
- Die Wahrscheinlichkeiten von A bzw. $\overline{A}$ seien bei jedem Versuch gleich: $P(A) = p, P(\overline{A}) = q = 1 - p$
- Die einzelnen Versuche sind voneinander unabhängig, d. h., das Ergebnis eines Versuchs darf nicht von dem des vorhergehenden Versuchs abhängen und nicht den nachfolgenden Versuch beeinflussen.

Der Sachverhalt soll am folgenden Beispiel verständlich gemacht werden.

Beispiel 12.34

Eine Baugruppe enthalte eine gewisse Anzahl gleichartiger elektronischer Bauelemente, die nicht ständig in Betrieb sind. Ihre Funktionsfähigkeit zu einem bestimmten Zeitpunkt kann nur durch eine Inspektion festgestellt werden. Dabei stellt sich heraus, ob das geprüfte Element intakt (Ergebnis A) oder defekt (Ergebnis $\overline{A}$) ist. Aus früheren Beobachtungen kennt man die Wahrscheinlichkeiten $P(A) = p$ und $P(\overline{A}) = 1 - p = q$. Die Prüfergebnisse der einzelnen Elemente seien voneinander unabhängig. Damit sind die Voraussetzungen für die Gültigkeit der Binomialverteilung erfüllt. Zu bestimmen ist die Wahrscheinlichkeit dafür, daß unter n geprüften Elementen genau k Elemente die Eigenschaft A haben, also intakt sind. Dann müssen die restlichen $n - k$ Elemente defekt sein (Eigenschaft $\overline{A}$). Mit A_i bzw. $\overline{A}_i$ seien die Ereignisse bezeichnet, daß das i-te Element die Eigenschaft A bzw. $\overline{A}$ hat. Zunächst sollen nur zwei Elemente geprüft werden. Die folgenden Fälle sind möglich:

1. Beide Elemente sind intakt.

$$P(X = 2) = P(A_1 \cap A_2) = P(A_1) \cdot P(A_2) = p^2$$

2. Je eines der Elemente ist intakt bzw. defekt.

$$P(X = 1) = P\left[(A_1 \cap \overline{A}_2) \cup (\overline{A}_1 \cap A_2)\right] = p \cdot q + q \cdot p = 2pq$$

3. Keines der Elemente ist intakt.

$P(X=0) = P(\overline{A}_1 \cap \overline{A}_2) = q^2$

Da stets einer dieser drei Fälle auftritt, gilt

$P[(X=2) \cup (X=1) \cup (X=0)] = 1,$

d. h. nach dem Additionssatz für unvereinbare Ereignisse

$p^2 + 2pq + q^2 = (p+q)^2 = 1.$

Da Wahrscheinlichkeiten nicht negativ sein dürfen (Axiom 1), folgt hieraus $p+q=1$ und $q = 1-p$ in Übereinstimmung mit der Voraussetzung.
Werden n Elemente geprüft, so ist die Wahrscheinlichkeit dafür, daß darunter genau k Elemente die Eigenschaft A und $n-k$ Elemente die Eigenschaft $\overline{A}$ haben, wegen der Unabhängigkeit der Ereignisse nach dem Multiplikationssatz $p^k q^{n-k}$.
Die Elemente mit der Eigenschaft A können unter den n geprüften Elementen wegen (12.8) auf $\binom{n}{k}$ verschiedene Arten angeordnet sein.
Damit erhält man

$$P(X=k) = \binom{n}{k} p^k q^{n-k} = \binom{n}{k} p^k (1-p)^{n-k}$$

Dies ist das Verteilungsgesetz der Einzelwahrscheinlichkeiten der Binomialverteilung. Das Beispiel wird weiter unten fortgesetzt.

Nach diesem Beispiel liegt die folgende Definition nahe.

Definition

Eine diskrete Zufallsgröße X heißt **binomialverteilt** mit den Parametern n und p, falls ihre $n+1$ Realisierungen $0, 1, \ldots, n$ mit den Einzelwahrscheinlichkeiten

$$p_k = P(X=k) = \binom{n}{k} p^k (1-p)^{n-k} \tag{12.90}$$

auftreten.

Die Wahrscheinlichkeiten p_k hängen von den Parametern n und p ab. Die Binomialverteilung ist daher eine zweiparametrige Verteilung. Gemäß (12.66) erhält man aus (12.90) als *Verteilungsfunktion der Binomialverteilung*

$$F(x) = \sum_{k<x} p_k = \begin{cases} 0 & \text{für } x \le 0 \\ \displaystyle\sum_{k<x} \binom{n}{k} p^k (1-p)^{n-k} & \text{für } 0 < x \le n \\ 1 & \text{für } x > n \end{cases} \tag{12.91}$$

Aus den Formeln (12.74), (12.75) und (12.81) folgt nach etwas aufwendigen Umformungen für den Erwartungswert

$$\mu_X = E(X) = \sum_{k=0}^{n} k \binom{n}{k} p^k (1-p)^{n-k} = np, \tag{12.92}$$

für die Varianz (unter Beachtung von (12.77))

$$\sigma_X^2 = V(X) = \sum_{k=0}^{n} k^2 \binom{n}{k} p^k (1-p)^{n-k} - n^2p^2 = np(1-p), \tag{12.93}$$

für die Standardabweichung

$$\sigma_X = \sqrt{np(1-p)}, \tag{12.94}$$

und für den Variationskoeffizienten

$$\nu = \frac{\sigma_X}{\mu_X} = \sqrt{\frac{1-p}{np}} \tag{12.95}$$

Beispiel 12.35 (Fortsetzung von Beispiel 12.34)

Jedes der betrachteten Bauelemente sei mit der Wahrscheinlichkeit $p = P(A) = 0,95$ intakt und mit der Wahrscheinlichkeit $q = P(\overline{A}) = 1 - p = 0,05$ defekt. Es werden 100 Elemente geprüft. Zu berechnen ist

a) wieviele intakte Elemente man im Mittel erwarten kann,

b) welche Standardabweichung dabei zu berücksichtigen ist und

c) mit welcher Wahrscheinlichkeit unter den 100 geprüften Elementen höchstens 2 defekt sind.

Lösung:

a) Man erhält für den Erwartungswert $\mu_X = E(X) = np = 100 \cdot 0,95 = 95$. Jedes andere Ergebnis wäre sicherlich überraschend.

b) Als Standardabweichung ergibt sich $\sigma_X = \sqrt{np(1-p)} = \sqrt{100 \cdot 0,95 \cdot 0,05} \approx 2,18$, d. h., die Zahl der intakten Elemente liegt im Mittel zwischen $95 - 2,18 = 92,82$ und $95 + 2,18 = 97,18$ Elementen. Selbstverständlich können auch Werte außerhalb dieses Intervalls auftreten, wie c) zeigt.

c) Wenn unter 100 geprüften Elementen höchstens 2 defekt sein dürfen, so ist das gleichbedeutend damit, daß mindestens 98 intakt sein müssen. Die Wahrscheinlichkeit dafür ist

$$\begin{aligned} P(X \geq 98) &= P[(X = 98) \cup (X = 99) \cup (X = 100)] \\ &= P(X = 98) + P(X = 99) + P(X = 100) \\ &= \sum_{k=98}^{100} \binom{100}{k} p^k (1-p)^{100-k} \\ &= \sum_{k=98}^{100} \binom{100}{k} 0,95^k \cdot 0,05^{100-k} \\ &= 0,0812 + 0,0312 + 0,0059 = 0,1183 \end{aligned}$$

In 11,83 % aller Prüfungen sind unter 100 Elementen höchstens 2 defekte Elemente zu erwarten; das heißt aber, daß in 88,17 % aller Prüfungen mit mehr als 2 defekten Elementen zu rechnen ist.

Beispiel 12.36

Ein Schütze, der 10 Schüsse auf ein Ziel abgibt, trifft mit der Wahrscheinlichkeit $p = 0,6$. Mit welcher Wahrscheinlichkeit wird das Ziel

a) genau einmal

b) mindestens einmal getroffen?

Lösung:

Es treten die beiden alternativen Ereignisse $T :=$ Treffer und $\overline{T} :=$ Nichttreffer mit den Wahrscheinlichkeiten $p = P(T) = 0,6$ und $q = P(\overline{T}) = 0,4$ auf. Da unterstellt werden kann, daß die einzelnen Schüsse unabhängig voneinander erfolgen, darf die Binomialverteilung angewendet werden. Als Zufallsgröße X wird die Anzahl der Treffer betrachtet. Es ist $n = 10$.

a) $P(X = 1) = \binom{10}{1} p^{10} \cdot (1-p)^9 = 10 \cdot 0,6^{10} \cdot 0,4^9 = 0,000016$, d. h., es ist sehr unwahrscheinlich, daß bei 10 Schüssen und einer Treffsicherheit von 0, 6 nur einmal getroffen wird.

b) $P(X \geq 1) = \sum_{k=1}^{10} (X = k)$

Erforderlich ist die Berechnung von zehn Summanden. Günstiger ist die folgende Rechnung:

$$\begin{aligned} P(X \geq 1) &= 1 - P(X = 0) \\ &= 1 - \binom{10}{0} p^0 \cdot (1-p)^{10} = 1 - 0,4^{10} = 0,9999. \end{aligned}$$

Offensichtlich gibt es unter den genannten Bedingungen mit sehr großer Sicherheit mindestens einen Treffer.

12.4.2.3 Poisson-Verteilung

Die Berechnung von Wahrscheinlichkeiten mit Hilfe der Binomialverteilung ist oft sehr aufwendig, insbesondere dann, wenn dabei sehr viele Summanden zu berücksichtigen sind. Die folgenden Überlegungen eröffnen unter gewissen zusätzlichen Bedingungen einen Weg der Vereinfachung.

Wie bei der Binomialverteilung wird eine Serie unabhängiger Versuche beobachtet, für die es nur die beiden alternativen Versuchsergebnisse A und $\overline{A}$ mit den Wahrscheinlichkeiten $P(A) = p$ und $P(\overline{A})$ gibt.

Zusätzlich soll angenommen werden,

- daß die Anzahl n der Versuche sehr groß sei, d. h. daß es keine obere Begrenzung für n gibt, was durch $n \to \infty$ ausgedrückt wird, und
- daß die Wahrscheinlichkeit $P(A) = p$ durch die Bedingung $np = \lambda > 0$ mit der Anzahl n der Versuche verknüpft sei, was für konstantes λ und $n \to \infty$ die Forderung $p \to 0$ zur Folge hat.

Nach dem Grenzwertsatz von Poisson[1], auf dessen Beweis hier verzichtet wird, gilt für $n \to \infty$, $p \to 0$ und $np = \lambda$ konstant:

[1] Siméon Denis Poisson (1781 bis 1840), Mathematiker in Paris

$$\lim_{\substack{n\to\infty \\ np=\lambda}} \binom{n}{k} p^k(1-p)^{n-k} = \frac{\lambda^k}{k!}\,\mathrm{e}^{-\lambda} \qquad (k=0,1,2,\ldots)$$

Ist die Zufallsgröße X die zufällige Anzahl der Versuche mit dem Ergebnis A, so geht unter den genannten Bedingungen die Einzelwahrscheinlichkeit $P(X=k)$ in einen nur noch von dem Parameter λ abhängigen Term über.

Definition

Eine diskrete Zufallsgröße X heißt **poissonverteilt** mit dem Paramter $\lambda > 0$, falls ihre Realisierungen mit den Einzelwahrscheinlichkeiten

$$p_k = P(X=k) = \frac{\lambda^k}{k!}\,\mathrm{e}^{-\lambda} \tag{12.96}$$

auftreten ($k = 0, 1, 2, \ldots$).

Aus (12.66) und (12.96) erhält man für die *Verteilungsfunktion der Poisson-Verteilung*

$$F(x) = \sum_{k<x} p_k = \begin{cases} 0 & \text{für } x \le 0 \\ \displaystyle\sum_{k<x} \frac{\lambda^k}{k!}\,\mathrm{e}^{-\lambda} & \text{für } x > 0 \end{cases} \tag{12.97}$$

Aus den Formeln (12.72), (12.75) und (12.81) folgt für den Erwartungswert

$$\mu_X = E(X) = \sum_{k=0}^{\infty} k\frac{\lambda^k}{k!}\,\mathrm{e}^{-\lambda} = \lambda = np \tag{12.98}$$

für die Varianz (unter Beachtung von (12.77))

$$\sigma_X^2 = V(X) = \sum_{k=0}^{\infty} k^2\frac{\lambda^k}{k!}\,\mathrm{e}^{-\lambda} - \lambda^2 = \lambda \tag{12.99}$$

für die Standardabweichung

$$\sigma_X = \sqrt{\lambda} \tag{12.100}$$

und für den Variationskoeffizienten

$$\nu = \frac{\sigma_X}{\mu_X} = \frac{\sqrt{\lambda}}{\lambda} \tag{12.101}$$

Da in der praktischen Anwendung die im Grenzwertsatz von Poisson geforderte Bedingung $n \to \infty$, $p \to 0$ nicht erfüllbar ist, weil stets nur endlich viele Beobachtungswerte zur Verfügung stehen, liefern numerische Rechnungen mit Hilfe der Poisson-Verteilung lediglich Näherungswerte für die gesuchten Wahrscheinlichkeiten. Diese sind um so genauer, je größer n bzw. je kleiner p ist. Die genauen Werte erhält man aus der Binomialverteilung. Für kleine Wahrscheinlichkeiten p und eine große Anzahl n von Beobachtungen ist die Poisson-Verteilung eine gute Näherung, die den Vorteil des niedrigen Rechenaufwandes bietet. Da die Poisson-Verteilung von nur einem Paramter abhängt, ist der Gebrauch einer Tabelle möglich

(Tabelle A1), aus der für vorgegebene k-Werte und bekanntes λ die gesuchte Wahrscheinlichkeit unmittelbar ablesbar ist.
Wegen der auf kleine Wahrscheinlichkeiten p beschränkten Anwendbarkeit gilt die Poisson-Verteilung als Verteilung der „seltenen Ereignisse". Wie klein p sein muß, hängt von der angestrebten Genauigkeit ab. Üblicherweise verlangt man $n \geq 100$ und $p < 0,1$. Wegen des Zusammenhangs $np = \lambda$ genügt es, wenn zwei dieser drei Werte gegeben sind, also z. B. die Anzahl n der Versuche und der Erwartungswert $E(X) = \lambda$ für die im Mittel zu erwartende Anzahl des Ergebnisses A.

Beispiel 12.37

Ein Produzent, der seine Erzeugnisse ungeprüft in Packungen zu je 100 Stück versendet, gesteht seinen Kunden das Reklamationsrecht zu, falls eine Packung mehr als 2 unbrauchbare Erzeugnisse enthält. Erfahrungsgemäß sind 0, 8 % der Erzeugnisse unbrauchbar. Mit welcher Wahrscheinlichkeit muß ein Kunde reklamieren?

Lösung:

Es ist $n = 100$, $p = 0,008$ und $\lambda = np = 0,8$.
X sei die Anzahl der unbrauchbaren Erzeugnisse in einer Packung. Reklamationsrecht besteht für $X > 2$.

$$\begin{aligned} P(X > 2) &= 1 - P(X \leq 2) \\ &= 1 - P[(X = 0) \cup (X = 1) \cup (X = 2)] \\ &= 1 - [P(X = 0) + P(X = 1) + P(X = 2)] \\ &= 1 - \left[\frac{0,8^0}{0!}\,\mathrm{e}^{-0,8} + \frac{0,8^1}{1!}\,\mathrm{e}^{-0,8} + \frac{0,8^2}{2!}\,\mathrm{e}^{-0,8}\right] \\ &= 1 - [0,4493 + 0,3595 + 0,1438] = 0,0474 \end{aligned}$$

Der Produzent muß sich darauf einstellen, daß 4, 74 % seiner Lieferungen reklamiert werden. Die Zahlen in der letzten Klammer können auch aus Tabelle A1 in der Spalte $\lambda = 0,8$ abgelesen werden.

Beispiel 12.38

Ein Lager, das 1500 Lieferfahrzeuge zu versorgen hat, wird in der Stunde im Mittel von 6 Fahrzeugen angefahren. Die Abfertigungskapazität beträgt 10 Fahrzeuge je Stunde. Mit welcher Wahrscheinlichkeit wird sie nicht überschritten?

Lösung :

X sei die Anzahl der je Stunde ankommenden Fahrzeuge. Offensichtlich ist $E(X) = \lambda = np = 6$ und $n = 1500$. Daraus erhält man $p = 0,004$ als Ankunftswahrscheinlichkeit für ein einzelnes Fahrzeug innerhalb einer Stunde. Für die weitere Rechnung wird nur der λ-Wert benötigt. Zu berechnen ist

$$P(X \leq 10) = \sum_{k=0}^{10} P(X = k) = \sum_{k=0}^{10} \frac{6^k}{k!}\,\mathrm{e}^{-6} = 0,9574.$$

Die Abfertigungskapazität dürfte ausreichend sein, da 95, 74 % aller ankommenden Fahrzeuge binnen einer Stunde abgefertigt werden können.

12.4.3 Stetige Wahrscheinlichkeitsverteilungen

12.4.3.1 Stetige Gleichverteilung

Die einfachste Verteilung einer stetigen Zufallsgröße ist dadurch gegeben, daß die Zahlen eines Intervalls $[a, b]$ oder die Punkte einer Strecke der Länge $b - a$ mit gleicher Wahrscheinlichkeit innerhalb gleichlanger Teilintervalle bzw. gleichlanger Teilstrecken liegen. Die Dichtefunktion $f(x)$ mit der Eigenschaft (12.36) ist dann eine zur Abszissenachse parallele Strecke (Bild 12.16a).

Definition

Eine stetige Zufallsgröße X heißt **gleichverteilt** oder **gleichmäßig verteilt** auf $[a, b]$, falls ihre Wahrscheinlichkeitsdichte durch

$$f(x) = \begin{cases} \dfrac{1}{b-a} & \text{für } a \leq x \leq b \\ 0 & \text{sonst} \end{cases} \tag{12.102}$$

bestimmt ist.

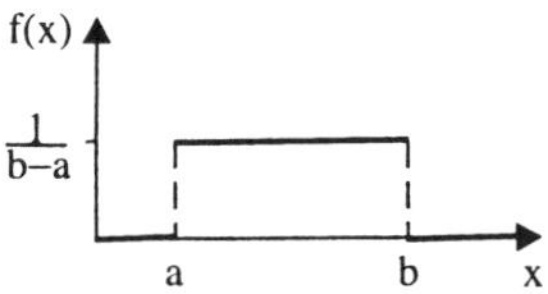

Bild 12.16a

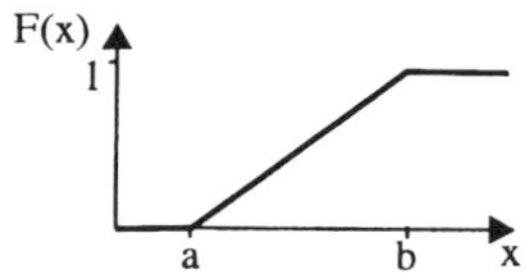

Bild 12.16b

Wegen des Zusammenhangs (12.67) zwischen Dichtefunktion und Verteilungsfunktion erhält man für die *Verteilungsfunktion der stetigen Gleichverteilung* (Bild 12.16b)

$$F(x) = \begin{cases} 0 & \text{für } x \leq a \\ \dfrac{x-a}{b-a} & \text{für } a < x \leq b \\ 1 & \text{für } x > b \end{cases} \tag{12.103}$$

Aus den Formeln (12.73), (12.76) und (12.81) folgt für den *Erwartungswert*

$$\mu_X = E(X) = \int\limits_{-\infty}^{+\infty} x f(x)\,\mathrm{d}x = \int\limits_a^b x \cdot \frac{1}{b-a}\,\mathrm{d}x = \frac{a+b}{2} \tag{12.104}$$

für die *Varianz* (unter Beachtung von (12.78))

$$\begin{aligned} \sigma_X^2 = V(X) &= \int\limits_{-\infty}^{+\infty} x^2 f(x)\,\mathrm{d}x - \mu_X^2 \\ &= \int\limits_a^b x^2 \frac{1}{b-a}\,\mathrm{d}x - \frac{(a+b)^2}{4} = \frac{(b-a)^2}{12} \end{aligned} \tag{12.105}$$

für die *Standardabweichung*

$$\sigma_X = \frac{b-a}{2\sqrt{3}} \tag{12.106}$$

und für den *Variationskoeffizienten*

$$\nu = \frac{\sigma_X}{\mu_X} = \frac{\sqrt{3}}{3} \cdot \frac{b-a}{b+a} \tag{12.107}$$

Die stetige Gleichverteilung spielt eine wichtige Rolle bei der Simulation stochastischer Prozesse, da die Erzeugung gleichverteilter Zufallszahlen die Grundlage für Algorithmen zur Erzeugung beliebig verteilter Zufallszahlen darstellt. Aus gleichverteilten Zufallszahlen zwischen 0 und 100 bzw. zwischen 0,00 und 1,00 kann man bei vorgegebener Verteilungsfunktion durch Bestimmung der Quantile Zufallszahlen mit einer beliebigen anderen Verteilung erzeugen.
Gleichverteilte Zufallszahlen können mit geeigneten Computerprogrammen oder auch von leistungsfähigen Taschenrechnern aufgerufen werden.

12.4.3.2 Normalverteilung

Die Normalverteilung oder Gaußverteilung ist eine der wichtigsten und die wohl bekannteste Wahrscheinlichkeitsverteilung. Ihre Dichtefunktion war auf der 10 DM-Banknote der Deutschen Bundesbank neben dem Kopf von C. F. GAUSS[1] abgebildet und ist als Gaußsche Glockenkurve bekannt. Sie ist dadurch gekennzeichnet, daß sich ihre Realisierungen vollkommen symmetrisch um den Erwartungswert scharen. Diese Symmetrie kommt immer dann zustande, wenn die betrachtete Zufallsgröße durch Überlagerung (d. h. Addition) vieler einzelner relativ geringfügiger Einflüsse entsteht. Das ist z. B. der Fall bei Meßfehlern oder bei Abweichungen vom Sollmaß von Werkstücken.

Definition

Eine stetige Zufallsgröße X heißt **normalverteilt** mit den Parametern μ und σ, falls ihre Wahrscheinlichkeitsdichte durch

$$f(x) = \frac{1}{\sigma\sqrt{2\pi}}\, \mathrm{e}^{-\frac{(x-\mu)^2}{2\sigma^2}}, \qquad (-\infty < x < +\infty) \tag{12.108}$$

bestimmt ist.

Die Dichtefunktion der Normalverteilung ist im Bild 12.17a dargestellt. Ihr Definitionsbereich umfaßt die Menge $\mathbb{R} = (-\infty, +\infty)$. Sie erreicht für $x = \mu$ ein Maximum. Ihre Wendepunkte liegen bei $x = \mu - \sigma$ und $x = \mu + \sigma$. Wegen der Forderung (12.61), wonach die „Wahrscheinlichkeitsfläche" zwischen der Dichtefunktion und der Abszissenachse stets den konstanten Wert 1 hat, muß $f(\mu)$ um so größer ausfallen, je kleiner σ wird, d. h. bei kleinem σ ligen die Realisierungen mit größerer Häufigkeit dichter bei μ. Das läßt vermuten, daß durch μ der Erwartungswert und durch σ die Streuung der Normalverteilung bestimmt wird.

[1] CARL FRIEDRICH GAUSS (1777 bis 1855), Mathematiker in Göttingen

Diese Vermutung wird durch die folgenden Beziehungen bestätigt. Wegen der Bedeutung dieser beiden Parameter sagt man auch abkürzend, die Zufallsgröße X sei $N(\mu;\sigma)$-verteilt.

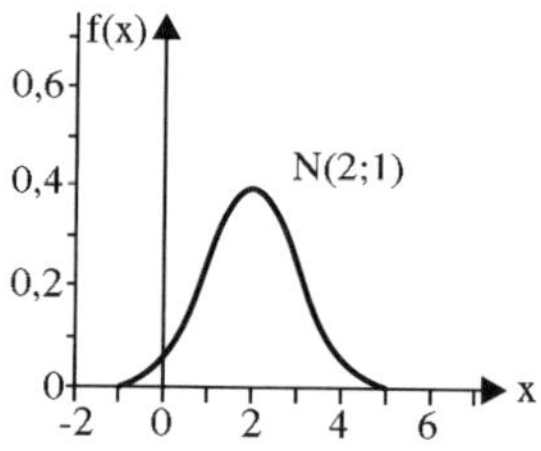

Bild 12.17a

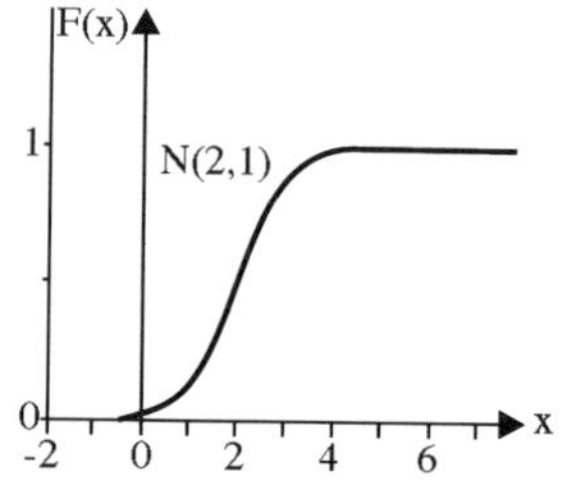

Bild 12.17b

Für die *Verteilungsfunktion der Normalverteilung* (Bild 12.17b) erhält man aus (12.67)

$$F(x) = \frac{1}{\sigma\sqrt{2\pi}} \int\limits_{-\infty}^{x} \mathrm{e}^{-\frac{(\xi-\mu)^2}{2\sigma^2}}\,\mathrm{d}\xi \qquad (12.109)$$

Aus den Formeln (12.73), (12.76) und (12.81) folgt für den *Erwartungswert*

$$\mu_X = E(X) = \frac{1}{\sigma\sqrt{2\pi}} \int\limits_{-\infty}^{+\infty} x\,\mathrm{e}^{-\frac{(x-\mu)^2}{2\sigma^2}}\,\mathrm{d}x = \mu \qquad (12.110)$$

für die *Varianz*

$$\sigma_X^2 = V(X) = \frac{1}{\sigma\sqrt{2\pi}} \int\limits_{-\infty}^{+\infty} (x-\mu)^2\,\mathrm{e}^{-\frac{(x-\mu)^2}{2\sigma^2}}\,\mathrm{d}x = \sigma^2 \qquad (12.111)$$

für die *Standardabweichung*

$$\sigma_X = \sigma \qquad (12.112)$$

und für den *Variationskoeffizienten*

$$\nu = \frac{\sigma}{\mu} \qquad (12.113)$$

Die Parameter μ und σ der Normalverteilung sind demnach identisch mit dem Erwartungswert bzw. mit der Standardabweichung dieser Verteilung. Durch den Parameter μ wird die Lage des Verteilungsgipfels bestimmt, durch den Parameter σ die Form der Kurven der Dichtefunktion. Daher werden μ und σ auch als Lage- bzw. Formparameter dieser Verteilung bezeichnet. Wie sich die Dichtefunktion durch den Einfluß von μ und σ verändert, wird aus Bild 12.18 deutlich.

Die praktische Berechnung von Funktionswerten der Normalverteilung bereitet gewisse Schwierigkeiten, weil das Integral (12.109) nicht geschlossen lösbar ist. Es ist aber möglich, das Problem auf einen Standardfall zurückzuführen, in dem die

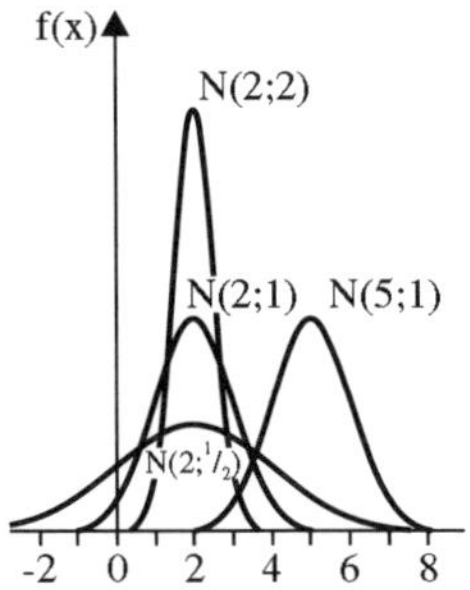

Bild 12.18

Parameter μ und σ festgelegt sind. Das gelingt durch Übergang von der Zufallsgröße X zu einer anderen Zufallsgröße U mit Hilfe der Transformation

$$U = \frac{X - \mu}{\sigma} \tag{12.114}$$

Für die Realisierung $x = \mu$ der Zufallsgröße X erhält man daraus den Wert $u = 0$ der Zufallsgröße U. Die Werte $x = \mu - \sigma$ und $x = \mu + \sigma$ gehen in $u = -1$ und $u = 1$ über. Damit sind die zugehörige Dichtefunktion und die Verteilungsfunktion der Zufallsgröße U unveränderlich. Man erhält sie aus (12.108) und (12.109) unter Beachtung von (12.114) und bezeichnet sie als Dichtefunktion φ und Verteilungsfunktion Φ der **standardisierten Normalverteilung**.

Sie lauten:

$$\varphi(u) = \frac{1}{\sqrt{2\pi}} \mathrm{e}^{-\frac{u^2}{2}}, \qquad (-\infty < u < +\infty) \tag{12.115}$$

$$\Phi(u) = \frac{1}{\sqrt{2\pi}} \int_{-\infty}^{u} \mathrm{e}^{-\frac{\eta^2}{2}}\,\mathrm{d}\eta \tag{12.116}$$

Aus (12.73) und (12.76) ergeben sich für den Erwartungswert bzw. die Standardabweichung der standardisierten Normalverteilung die festen Werte $\mu_U = 0$ und $\sigma_U = 1$.

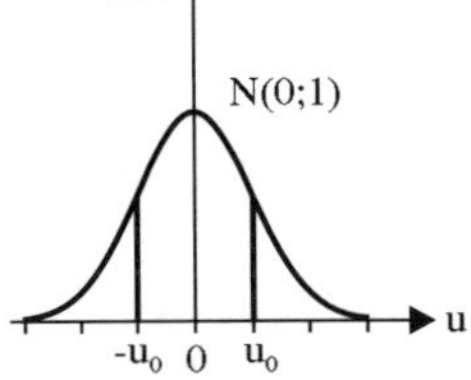

Bild 12.19a

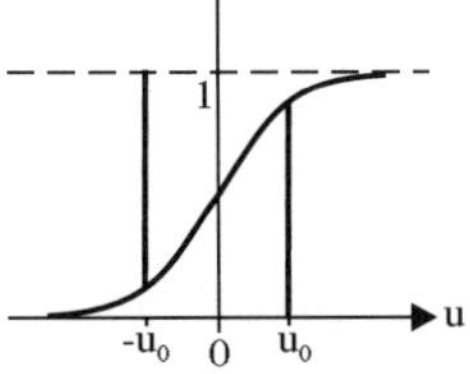

Bild 12.19b

Wegen der Axialsymmetrie der Dichtefunktion φ (Bild 12.19a) und der Zentralsymmetrie in Bezug auf den Punkt $(0; \frac{1}{2})$ der Verteilungsfunktion Φ (Bild 12.19b) gilt

$$\varphi(-u) = \varphi(u) \tag{12.117}$$

$$\Phi(-u) = 1 - \Phi(u) \tag{12.118}$$

Wegen $\mu_U = 0$ und $\sigma_U = 1$ wird diese Verteilung auch $N(0;1)$-Verteilung genannt. Aus den vorausgehenden Überlegungen folgt der

Satz

> Ist X eine $N(\mu;\sigma)$-verteilte Zufallsgröße, so genügt die durch die Transformation
>
> $$U = \frac{X-\mu}{\sigma}$$
>
> erzeugte Zufallsgröße U der $N(0;1)$-Verteilung. (12.119)

Die Zufallsgröße U hat den Vorteil, daß die Funktionswerte $\Phi(u)$ der Verteilungsfunktion tabelliert vorliegen (Tabelle A2). Es genügt, wenn eine solche Tabelle nur für $u \geq 0$ angegeben wird. Für negative u kann man $\Phi(u)$ aus (12.118) berechnen. Es gilt $\Phi(0) = 0{,}5$ (Bild 12.20).

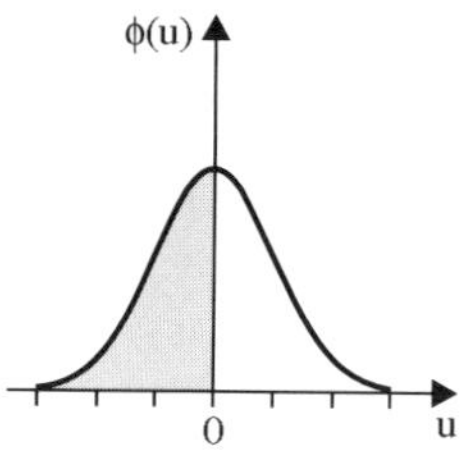

Bild 12.20

Bei praktischen Rechnungen mit normalverteilten Zufallsgrößen wird man daher immer zunächst zur standardisierten Normalverteilung übergehen und deren Funktionswerte aus Tabellen entnehmen oder von einem leistungsfähigen Taschenrechner abrufen. Den Zusammenhang zeigt die Umformung

$$\begin{aligned} F(x) = P(X < x) &= P\left(\frac{X-\mu}{\sigma} < \frac{x-\mu}{\sigma}\right) \qquad (\text{da } \sigma > 0)\\ &= P\left(U < \frac{x-\mu}{\sigma}\right)\\ &= \Phi\left(\frac{x-\mu}{\sigma}\right) \qquad (\text{aus Tabelle}) \end{aligned}$$

Die folgenden Beispiele behandeln einige praktisch wichtige Fragestellungen.

Beispiel 12.39

In einem elektrischen Netz mit einer Nennspannung von 230 Volt ergibt sich auf Grund zufälliger Spannungsschwankungen, die als normalverteilt angenommen werden sollen, ein Erwartungswert $\mu = 225$ Volt mit einer Standardabweichung

$\sigma = 8,8$ Volt. Ein angeschlossenes Gerät kann bei einer Spannung unter 200 Volt nicht mehr betrieben werden. Mit welcher Wahrscheinlichkeit ist das Gerät wegen zu niedriger Spannung außer Betrieb?

Lösung:

Zufallsgröße X ist die elektrische Spannung, gemessen in Volt (V).
Zu berechnen ist $P(X < 200 \text{ V})$. Aus (12.114) erhält man für $x = 200$ V, $\mu = 225$ V und $\sigma = 8,8$ V

$$U = \frac{200 \text{ V} - 225 \text{ V}}{8,8 \text{ V}} = -2,84$$

Anmerkung: Die Maßeinheit der Zufallsgröße X, in diesem Fall Volt, hebt sich bei der Transformation aus der Rechnung heraus, d. h., die standardisierte Zufallsgröße U ist stets dimensionslos.

Die weitere Rechnung lautet

$$\begin{aligned} P(X < 200 \text{ V}) &= P(U < -2,84) = \Phi(-2,84) \\ &= 1 - \Phi(2,84) = 1 - 0,9977 = 0,0023 \end{aligned}$$

In 0,23 % der Beobachtungsfälle ist das Gerät wegen zu niedriger Spannung abgeschaltet.

Beispiel 12.40

Bei der Herstellung von Normdrehteilen ist ein Solldurchmesser von 12 mm vorgegeben. Die Teile sind brauchbar, wenn der Durchmesser X innerhalb der Toleranz $11,0 \text{ mm} \leq X \leq 12,2 \text{ mm}$ liegt. Eine Drehmaschine liefert Teile mit den Werten $\mu = 11,8$ mm und $\sigma = 0,4$ mm. Mit welcher Wahrscheinlichkeit ist ein zufällig geprüftes Teil Ausschuß?

Lösung:

Zu berechnen ist die Intervallwahrscheinlichkeit $P(11,0 \text{ mm} < X < 12,2 \text{ mm})$. Die Randwerte $x = 11,0$ mm und $x = 12,2$ mm brauchen wegen der Stetigkeit der Zufallsgröße nicht berücksichtigt zu werden. Unterstellt man, daß X normalverteilt ist, so folgt aus (12.114)

$$x_1 = 11,0 \text{ mm} \Longrightarrow u_1 = \frac{11,0 \text{ mm} - 11,8 \text{ mm}}{0,4 \text{ mm}} = -2$$

$$x_2 = 12,2 \text{ mm} \Longrightarrow u_2 = \frac{12,2 \text{ mm} - 11,8 \text{ mm}}{0,4 \text{ mm}} = 1$$

Damit ist

$$\begin{aligned} P(11,0 \text{ mm} < X < 12,2 \text{ mm}) &= P(-2 < U < 1) = P(U < 1) - P(U < -2) \\ &= \Phi(1) - \Phi(-2) = \Phi(1) - [1 - \Phi(2)] \\ &= 0,8413 - 1 + 0,9772 = 0,8185 \end{aligned}$$

Das ist die Wahrscheinlichkeit für die Brauchbarkeit eines Teiles. Nach (12.38) ist die Wahrscheinlichkeit für die Unbrauchbarkeit 0,1815.

Beispiel 12.41

Die Zufallsgröße X sei $N(\mu;\sigma)$-verteilt. Mit welcher Wahrscheinlichkeit ist der Abstand beliebiger Realisierungen vom Erwartungswert μ kleiner als ein vorgegebener Wert $\varepsilon > 0$?

Lösung:

Zu berechnen ist $P(|X-\mu| < \varepsilon)$ (Bild 12.21)

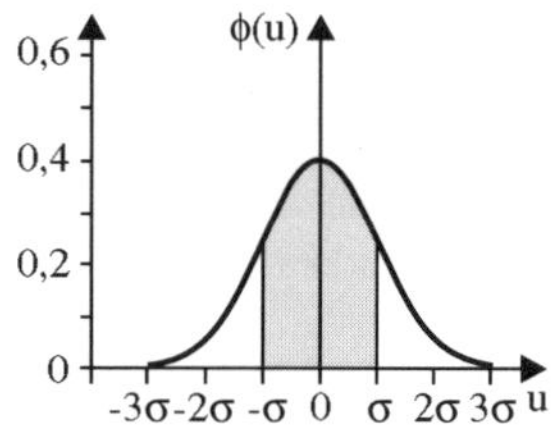

Bild 12.21

Man setzt $\varepsilon = u\sigma$ und erhält

$$P(|X-\mu| < u\sigma) = P\left(\frac{|X-\mu|}{\sigma} < u\right) = P(|U| < u) = P(-u < U < u)$$

$$= P(U < u) - P(U < -u) = \Phi(u) - \Phi(-u)$$

$$= \Phi(u) - [1 - \Phi(u)] = 2\Phi(u) - 1$$

Diese Beziehung liefert

für $u = 1$: $\quad P(|X-\mu| < \sigma) = 2\Phi(1) - 1 = 0,6827$

für $u = 2$: $\quad P(|X-\mu| < 2\sigma) = 2\Phi(2) - 1 = 0,9545$

für $u = 3$: $\quad P(|X-\mu| < 3\sigma) = 2\Phi(3) - 1 = 0,9973$

Somit liegen bei einer normalverteilten Zufallsgröße etwa 68 % aller Werte zwischen $\mu - \sigma$ und $\mu + \sigma$ und 99,73 % aller Werte, d. h. fast alle Werte, innerhalb der 3σ-Grenzen (Bild 12.21). Mit einer Wahrscheinlichkeit von nur 0,27 % liegt ein Wert außerhalb dieses Bereichs. Wenn dieser Fall trotzdem eintritt, so kann es sich um eine seltene Abweichung (einen „Ausreißer") handeln oder aber die Annahme der Normalverteilung ist falsch.

Aus der im vorstehenden Beispiel gezeigten Rechnung folgt allgemein für eine $N(\mu;\sigma)$-verteilte Zufallsgröße X die Eigenschaft

$$P(|X-\mu| < \varepsilon) = 2\Phi\left(\frac{\varepsilon}{\sigma}\right) - 1$$

Die für die Anwendung der Normalverteilung wichtigsten Zusammenhänge dieses Abschnitts lauten zusammengefaßt:

– Umrechnung auf standardisierte Normalverteilung nach der Vorschrift

$$F(x) = \Phi\left(\frac{x-\mu}{\sigma}\right) \tag{12.120a}$$

– Bestimmen der Werte der Verteilungsfunktion aus der Tafel A2 unter Beachtung von

$$\Phi(-u) = 1 - \Phi(u) \tag{12.120b}$$

– Berechnen einer Intervallwahrscheinlichkeit

$$P(a < X < b) = \Phi\left(\frac{b-\mu}{\sigma}\right) - \Phi\left(\frac{a-\mu}{\sigma}\right) \tag{12.120c}$$

– Wahrscheinlichkeit dafür, daß die $N(\mu;\sigma)$-verteilte Zufallsgröße X vom Erwartungswert μ_X um weniger als $\varepsilon > 0$ abweicht:

$$P(|X-\mu| < \varepsilon) = 2\Phi\left(\frac{\varepsilon}{\sigma}\right) - 1 \tag{12.120d}$$

Es erhebt sich die Frage, unter welchen Bedingungen eine Zufallsgröße X als normalverteilt gelten kann. Die Antwort darauf gibt der **zentrale Grenzwertsatz**, auf dessen Beweis hier verzichtet wird. Er sagt aus, daß die Verteilung einer Summe von n stochastisch unabhängigen Zufallsgrößen für $n \to \infty$ gegen eine Normalverteilung konvergiert. Eine mögliche Formulierung dieses Satzes lautet:

> $X_1, X_2, \ldots, X_n$ seien unabhängige Zufallsgrößen mit derselben Verteilung F_X, dem Erwartungswert μ_X und der Varianz σ_X^2. Dann gilt:
>
> 1. Die Zufallsgröße $S_n = X_1 + X_2 + \ldots + X_n$ hat den Erwartungswert $E(S_n) = n \cdot \mu_X$ und die Varianz $V(S_n) = n\sigma_X^2$. (12.121)
> 2. Die Verteilungsfunktionen F_n der durch
>
> $$\frac{S_n - n\mu_X}{\sigma_X\sqrt{n}}$$
>
>   definierten Zufallsgröße konvergieren für $n \to \infty$ gegen die Verteilungsfunktion Φ der Normalverteilung mit den Parametern $\mu = 0$ und $\sigma = 1$. (12.122)

Man sagt dann auch, die Summe der n unabhängigen Zufallsgrößen sei *asymptotisch normalverteilt*. Die Aussage des zentralen Grenzwertsatzes gilt sinngemäß auch dann noch, wenn die unabhängigen Zufallsgrößen $X_1, X_2, \ldots, X_n$ unterschiedliche Erwartungswerte und unterschiedliche Varianzen haben. Selbst bei unterschiedlichen Verteilungsfunktionen F_i $(i = 1, 2, \ldots, n)$ gelten noch ähnliche Sätze.
Der zentrale Grenzwertsatz bestätigt die am Anfang dieses Abschnittes formulierte These, wonach Zufallsgrößen, die sich aus vielen unabhängigen Einflüssen additiv zusammensetzen, durch die Normalverteilung hinreichend genau beschrieben werden können.

12.4.3.3 Exponentialverteilung

Mit dem vorhergehenden Abschnitt sollte nicht der Eindruck erweckt werden, daß die Normalverteilung die alles beherrschende Verteilung ist. Neben ihr gibt es noch zahlreiche andere Verteilungen stetiger Zufallsgrößen mit hoher praktischer Bedeutung, unter ihnen die Exponentialverteilung.

Definition

Eine stetige Zufallsgröße X heißt **exponentialverteilt** mit dem Paramter λ, falls ihre Wahrscheinlichkeitsdichte durch

$$f(x) = \begin{cases} 0 & \text{für } x < 0 \\ \lambda\,\mathrm{e}^{-\lambda x} & \text{für } x \geq 0 \end{cases} \tag{12.123}$$

bestimmt ist.

Aus (12.67) folgt daraus für die *Verteilungsfunktion der Exponentialverteilung*

$$F(x) = \begin{cases} 0 & \text{für } x < 0 \\ 1 - \mathrm{e}^{-\lambda x} & \text{für } x \geq 0 \end{cases} \tag{12.124}$$

Die Exponentialverteilung hängt (wie auch die Poissonverteilung) nur von einem Parameter ab. Die Bedeutung dieses Parameters λ zeigen die folgenden Formeln. Mit Hilfe der Integralrechnung erhält man aus (12.73), (12.76) und (12.81) für den *Erwartungswert*

$$\mu_X = E(X) = \int\limits_{-\infty}^{+\infty} x f(x)\,\mathrm{d}x = \int\limits_{0}^{+\infty} x \cdot \lambda\,\mathrm{e}^{-\lambda x}\,\mathrm{d}x = \frac{1}{\lambda}, \tag{12.125}$$

für die *Varianz* (unter Beachtung von (12.78))

$$\sigma_X^2 = V(X) = \int\limits_{-\infty}^{+\infty} x^2 f(x)\,\mathrm{d}x - \mu_X^2 = \int\limits_{0}^{+\infty} x^2 \lambda\,\mathrm{e}^{-\lambda x}\,\mathrm{d}x - \frac{1}{\lambda^2} = \frac{1}{\lambda^2}, \tag{12.126}$$

für die *Standardabweichung*

$$\sigma_X = \frac{1}{\lambda} \tag{12.127}$$

und für den *Variationskoeffizienten*

$$\nu = \frac{\sigma_X}{\mu_X} = 1 \tag{12.128}$$

Die Eigenschaft $\nu = 1$ ist ein besonderes Merkmal der Exponentialverteilung, dessen Ursache in der Identität von Erwartungswert und Standardabweichung liegt. Das bedeutet, die Abweichungen der Realisierungen vom Erwartungswert sind im Mittel genau so groß wie der Erwartungswert selbst. Das kann als eine besonders ausgeprägte Form der Zufälligkeit oder der „Gesetzlosigkeit" angesehen werden. Daher trifft die Exponentialverteilung bevorzugt auf die Beobachtung solcher stetiger Zufallsgrößen zu, deren Realisierungen von keinerlei Gesetzmäßigkeiten beeinflußt werden. Darauf wird noch im Abschnitt 12.8 eingegangen.

Der Verlauf der Dichte- und der Verteilungsfunktion einer Exponentialverteilung mit dem Parameter $\lambda = 0,002$ wurde bereits in den Bildern 12.15a) und b) dargestellt. Im Gegensatz zur Normalverteilung nimmt die Dichte der Exponentialverteilung für $x < 0$ konstant den Wert Null an. Sie ist erst interessant für $x \geq 0$.

Diese Eigenschaft favorisiert die Exponentialverteilung zur Beschreibung zeitlicher Abläufe, die in der Regel erst mit dem Zeitpunkt $x = 0$ beginnen. Insbesondere gilt das für die Funktionsdauer (Lebensdauer) von Bauteilen oder Baugruppen, deren Ausfall nicht abnutzungsbedingt erfolgt (Abschnitt 12.8).

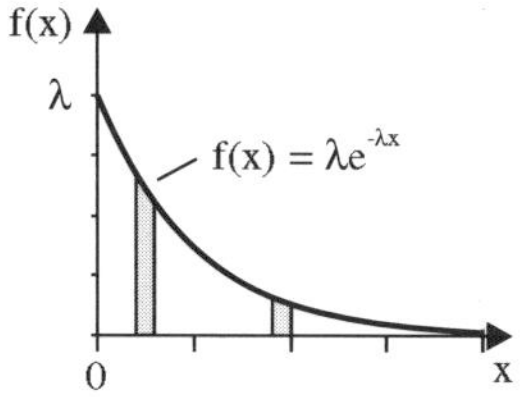

Bild 12.22

Eine weitere Eigenschaft der Exponentialverteilung läßt sich aus dem streng monoton fallenden Verlauf ihrer Dichtefunktion entnehmen (Bild 12.22). Daraus ist zu erkennen, daß die Zufallsgröße X mit größerer Wahrscheinlichkeit in ein Intervall mit kleinen Realisierungen und mit kleinerer Wahrscheinlichkeit in ein Intervall mit großen Realisierungen fällt. Vereinfacht bedeutet das: kleine Realisierungen treten oft, größere Realisierungen dagegen selten auf.

Beispiel 12.42

Die Funktionsdauer T eines bestimmten Typs elektronischer Bauelemente sei exponentialverteilt mit einem Erwartungswert $E(T) = 12000$ h (Betriebsstunden, ohne Berücksichtigung der Zahl der Starts). Mit welcher Wahrscheinlichkeit fällt ein derartiges Element

a) in den ersten 100 Betriebsstunden

b) zwischen 1000 und 2000 Betriebsstunden

c) erst nach Ablauf von 12000 Betriebsstunden aus?

Lösung:

Aus $E(T) = 12000$ h und (12.125) folgt

$$\lambda = \frac{1}{E(T)} = \frac{1}{12000\ \text{h}} = 0,0000833\ \text{h}^{-1}$$

a) Es gilt $P(T < 100\ \text{h}) = F(100\ \text{h}) = 1 - \mathrm{e}^{-\frac{100\ \text{h}}{12000\ \text{h}}} = 1 - \mathrm{e}^{-0,00833} = 0,0083$

b) $P(1000\ \text{h} < T < 2000\ \text{h}) = F(2000\ \text{h}) - F(1000\ \text{h})$

$$= \left(1 - \mathrm{e}^{-\frac{2000\ \text{h}}{12000\ \text{h}}}\right) = \left(1 - \mathrm{e}^{-\frac{1000\ \text{h}}{12000\ \text{h}}}\right)$$

$$= \mathrm{e}^{-0,0833} - \mathrm{e}^{-0,1667} = 0,0736$$

c) $P(T > 12000\ \text{h}) = 1 - P(T < 12000\ \text{h}) = 1 - F(12000\ \text{h})$

$$= 1 - \left(1 - \mathrm{e}^{-\frac{12000\ \text{h}}{12000\ \text{h}}}\right) = \mathrm{e}^{-1} = 0,3679$$

Wie die Rechnung zeigt, hebt sich die Maßeinheit im Exponenten der Exponentialfunktion heraus. Die Ursache dafür ist der Zusammenhang $\lambda = \dfrac{1}{E(T)}$.

12.4.3.4 Weibull-Verteilung

Die unter diesem Namen bekannte Verteilung geht auf Veröffentlichungen von WEIBULL[1] in den Jahren 1939 und 1951 zurück. Sie ist eine Extremwertverteilung, da sie die Grenzverteilung des Minimums von unabhängigen Zufallsvariablen darstellt.

Definition

Eine stetige Zufallsgröße X heißt **weibullverteilt** mit den Parametern α und β, falls ihre Wahrscheinlichkeitsdichte durch

$$f(x) = \begin{cases} 0 & \text{für } x < 0 \\ \dfrac{\alpha}{\beta}\left(\dfrac{x}{\beta}\right)^{\alpha-1} \mathrm{e}^{-\left(\frac{x}{\beta}\right)^{\alpha}} & \text{für } x \geq 0 \end{cases} \tag{12.129}$$

bestimmt ist.

Aus (12.67) folgt daraus für die *Verteilungsfunktion der Weibull-Verteilung*

$$F(x) = \begin{cases} 0 & \text{für } x < 0 \\ 1 - \mathrm{e}^{-\left(\frac{x}{\beta}\right)^{\alpha}} & \text{für } x \geq 0 \end{cases} \tag{12.130}$$

Zur Berechnung des Erwartungswertes und der Varianz der Weibull-Verteilung benötigt man die sogenannte Gamma-Funktion, die wie folgt definiert ist:

$$\Gamma(x) = \int_0^{\infty} t^{x-1}\,\mathrm{e}^{-t}\,\mathrm{d}t \qquad \text{für } x > 0,$$

wobei gilt

$$\Gamma(x+1) = x \cdot \Gamma(x)$$

und für $x \in \mathbb{N}^*$:

$$\Gamma(x) = (x-1)!$$

Man erhält dann für den *Erwartungswert* der Weibull-Verteilung

$$\mu_X = E(X) = \beta \cdot \Gamma\left(1 + \frac{1}{\alpha}\right) \tag{12.131}$$

und für die *Varianz*

$$\sigma_X^2 = V(X) = \beta^2 \left[\Gamma\left(1 + \frac{2}{\alpha}\right) - \left(\Gamma\left(1 + \frac{1}{\alpha}\right)\right)^2\right] \tag{12.132}$$

Für die praktische Rechnung sind diese Formeln recht unbequem. Man greift daher auf Tabellen zurück oder begnügt sich mit Näherungsformeln. Für das in der Zuverlässigkeitstheorie wichtige Intervall $1{,}5 \leq \alpha \leq 4$ erhält man die in der Tabelle 12.3 angegebenen Werte.

[1] N. G. W. WEIBULL (geb. 1918), schwedischer Ingenieur

Daraus ist zu erkennen, daß für diese α-Werte die Näherung

$$E(X) \approx 0,9\beta \tag{12.133}$$

für praktische Rechnungen ausreichend genau ist. Für σ_X ist die sehr grobe Näherung

$$\sigma_X \approx \frac{\beta}{\alpha} \tag{12.134}$$

ein Notbehelf.

Tabelle 12.3

α	$\frac{\mu_X}{\beta} = \frac{E(X)}{\beta} = \Gamma\left(1 + \frac{1}{\alpha}\right)$	$\frac{\sigma_X}{\beta} = \frac{\sqrt{V(X)}}{\beta}$
1,5	0,903	0,612
2,0	0,886	0,464
2,5	0,887	0,379
3,0	0,893	0,325
3,5	0,899	0,286
4,0	0,906	0,255

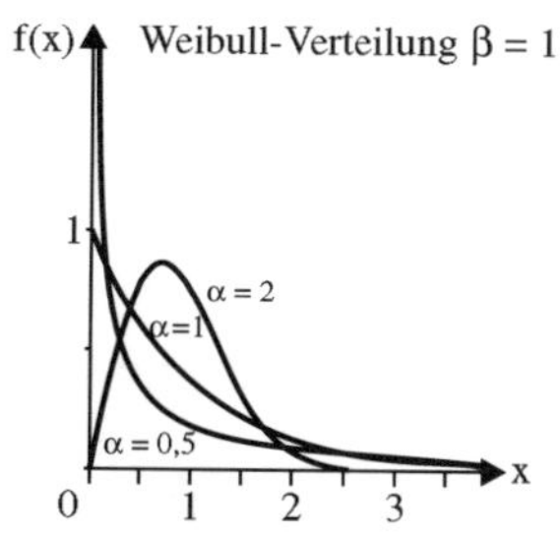

Bild 12.23a

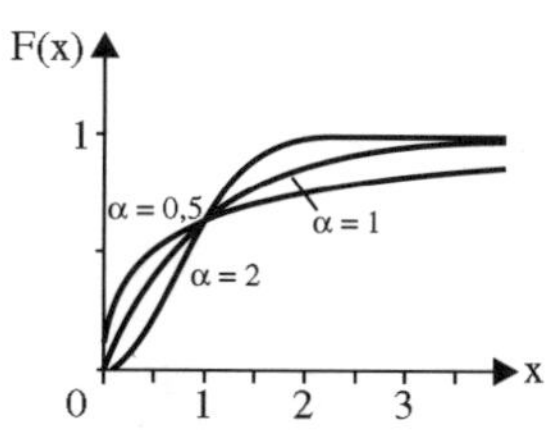

Bild 12.23b

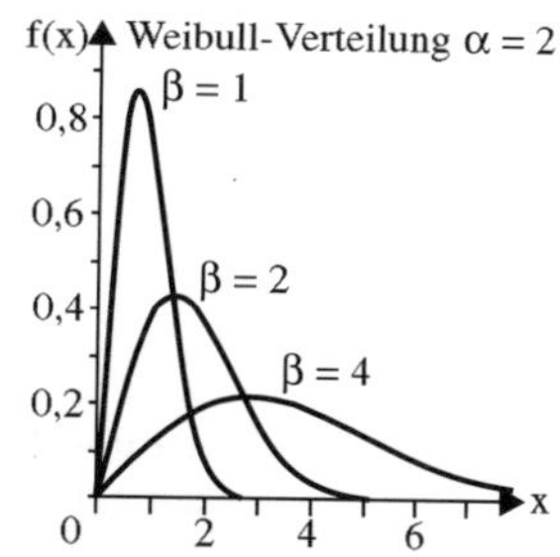

Bild 12.24

Die Kurven der Dichte- und der Verteilungsfunktion der Weibull-Verteilung sind in den Bildern 12.23a) und b) dargestellt. Berücksichtigt man, daß $E(X) \approx 0,9\beta$, so wird durch β der Maßstab der Darstellung bestimmt (Bild 12.24), wogegen der Parameter α die Form der Verteilung maßgeblich beeinflußt. Daher gilt α als Formparameter und β als Maßstabsparameter. Für $\alpha = 1$ erweist sich die Exponentialverteilung mit $\lambda = \frac{1}{\beta}$ als Sonderfall der Weibull-Verteilung.

Anmerkung: Die Weibull-Verteilung ist auch als dreiparametrige Verteilung gebräuchlich, wenn zusätzlich der Parameter γ als Lageparameter auftritt:

$$F(x) = 1 - \mathrm{e}^{-\left(\frac{x-\gamma}{\beta}\right)^{\alpha}} \qquad \text{für } x \geq 0$$

Von besonderer Bedeutung ist die Weibull-Verteilung in der Zuverlässigkeitstheorie, da sie in sehr flexibler Weise die Funktionsdauer von Bauteilen oder Baugruppen darstellen kann (Abschnitt 12.8).

Beispiel 12.43

Eine Pumpstation arbeitet rund um die Uhr mit 4 Pumpen, deren Funktionsdauer T weibullverteilt sei. Wegen der mechanischen Abnutzung kann in guter Näherung $\alpha = 2$ angenommen werden. Der Erwartungswert $E(T)$ wird durch das arithmetische Mittel $\bar{t} = 3000$ h aus einer Vielzahl beobachteter Funktionsdauern angenähert.

a) Mit welcher Wahrscheinlichkeit ist eine derartige Pumpe nach 3000 Betriebsstunden noch intakt?

b) Mit welcher Wahrscheinlichkeit fällt die Pumpe zwischen 3000 und 3500 Betriebsstunden aus?

c) Mit welcher Wahrscheinlichkeit kann die Pumpstation nach 3000 Betriebsstunden ihre Aufgabe noch erfüllen, wenn dazu mindestens 2 intakte Pumpen benötigt und ausgefallene Pumpen nicht repariert werden?

Lösung:

Aus (12.131) und Tabelle 12.3 erhält man

$$\beta = \frac{E(T)}{\Gamma\left(1+\frac{1}{\alpha}\right)} = \frac{3000 \text{ h}}{0,886} \approx 3386 \text{ h}$$

a) $$P(T > 3000 \text{ h}) = 1 - P(T < 3000 \text{ h}) = 1 - F(3000 \text{ h})$$
$$= 1 - \left(1 - \mathrm{e}^{-\left(\frac{3000 \text{ h}}{3386 \text{ h}}\right)^2}\right) = \mathrm{e}^{-0,7855} = 0,4561$$

b) $$P(3000 \text{ h} < T < 3500 \text{ h}) = F(3500 \text{ h}) - F(3000 \text{ h})$$
$$= 1 - \mathrm{e}^{-\left(\frac{3500 \text{ h}}{3386 \text{ h}}\right)^2} - \left[1 - \mathrm{e}^{-\left(\frac{3000 \text{ h}}{3386 \text{ h}}\right)^2}\right]$$
$$= \mathrm{e}^{-0,785} - \mathrm{e}^{-1,068} = 0,1126$$

c) Es muß als neue Zufallsgröße die Anzahl X der nach 3000 h noch intakten Pumpen eingeführt werden. Das ist eine diskrete Zufallsgröße, für die die Binomialverteilung mit $n = 4$, $k = 2$ und $p = 0,4561$ (aus Teilaufgabe a)) zutreffend ist.

$$P(X \geq 2) = P\left[(X = 2) \cup (X = 3) \cup (X = 4)\right]$$
$$= P(X = 2) + P(X = 3) + P(X = 4)$$
$$= \binom{4}{2} p^2 q^2 + \binom{4}{3} p^3 q + \binom{4}{4} p^4$$
$$= 6 \cdot 0,4561^2 \cdot 0,5439^2 + 4 \cdot 0,4561^3 \cdot 0,5439 + 0,4561^4 = 0,6189$$

Mit einer Wahrscheinlichkeit von 45, 61 % überlebt eine Pumpe die ersten 3000 Betriebsstunden und fällt mit einer Wahrscheinlichkeit von 11, 26 % während der nächsten 500 Betriebsstunden aus. Da zum Betrieb der Pumpstation 2 intakte Pumpen ausreichen, erfüllt die Station ihre Aufgabe nach 3000 h noch mit einer Wahrscheinlichkeit von 61, 89 %.

Aufgaben 12.21 bis 12.28

12.5 Statistische Schätzverfahren

12.5.1 Grundlagen

12.5.1.1 Stichprobenfunktionen

Bei der Betrachtung der Wahrscheinlichkeitsverteilungen im vorangehenden Abschnitt wurde stets unterstellt, daß die Verteilungsfunktionen einschließlich ihrer Parameter bekannt seien. Die berechtigte Frage, weshalb eine Zufallsgröße der Normalverteilung und nicht etwa der Exponentialverteilung genügt, und woher die Kennwerte (Parameter) der Verteilung stammen, blieb unbeantwortet. Dieser Mangel soll jetzt beseitigt werden. Allerdings ist es im Rahmen dieses Buches nicht möglich, alle damit zusammenhängenden Probleme umfassend zu besprechen. Im folgenden werden lediglich einige wichtige Grundlagen anhand einer eng begrenzten Problemauswahl exemplarisch behandelt. Für umfassende Betrachtungen sei auf weiterführende Literatur verwiesen[1].

Eine Zufallsgröße X wird durch eine für sie zutreffende Verteilungsfunktion und deren Parameter charakterisiert. Die Verteilungsfunktion ist ihrerseits durch die Eigenschaften der Grundgesamtheit bestimmt, die man aber bei Beginn einer statistischen Untersuchung nicht kennt. Damit bleibt nur der Weg, so viel Information wie möglich aus einer oder mehreren Stichproben zu gewinnen. Alle folgenden Verfahren stützen sich darauf, aus den Merkmalen der Stichprobe auf die Eigenschaften und Kennwerte der Grundgesamtheit zu schließen.

In der Regel wird man sich nicht mit einer Stichprobe zufrieden geben, sondern mehrere Stichproben, möglichst vom gleichen Umfang n, untersuchen. Dabei zeigt es sich, daß die Realisierungen von Stichprobe zu Stichprobe unterschiedlich ausfallen, d. h. der erste Wert der ersten Stichprobe wird vom ersten Wert der zweiten Stichprobe verschieden sein. Damit ist die Variable „erster Wert" der Stichproben ebenfalls eine Zufallsgröße. Sie werde mit X_1 bezeichnet. Entsprechend kann man für den zweiten, dritten usw. n-ten Stichprobenwert die Zufallsgrößen $X_2, X_3, \ldots, X_n$ definieren.

Zusammengefaßt erhält man den Zufallsvektor $\boldsymbol{X} = (X_1, X_2, \ldots, X_n)$, der auch *mathematische Stichprobe* genannt wird. Jede Realisierung $(x_1, x_2, \ldots, x_n)$ von $\boldsymbol{X}$ bezeichnet man als *konkrete Stichprobe.* Ebenso ist das arithmetische Mittel $\overline{x}$ von Stichprobe zu Stichprobe zufallsbedingt unterschiedlich, also ebenfalls eine Zufallsgröße, die mit $\overline{X}$ bezeichnet werde. Der Zusammenhang zwischen den Stichprobenvariablen $X_1, X_2, \ldots, X_n$ und der Zufallsgröße $\overline{X}$ ist durch

$$\overline{X} = \frac{1}{n} \sum_{k=1}^{n} X_k \tag{12.135}$$

gegeben. Entsprechend (12.20) definiert man die Zufallsgröße Varianz einer Stichprobe vom Umfang n

[1] z. B. STORM: Wahrscheinlichkeitsrechnung, mathematische Statistik, statistische Qualitätskontrolle, Fachbuchverlag Leipzig

$$S^2 = \frac{1}{n-1} \sum_{k=1}^{n} \left(X_k - \overline{X}\right)^2 \tag{12.136}$$

Derartige von den Stichprobenvariablen abhängige Zufallsgrößen bezeichnet man als *Stichprobenfunktionen*. Aus der Vielzahl weiterer Stichprobenfunktionen seien noch die folgenden genannt, für die üblicherweise vorausgesetzt wird, daß die Stichprobenvariablen $X_1, X_2, \ldots, X_n$ $N(\mu; \sigma)$-verteilt sind:
die Zufallsgröße

$$Z = \frac{\overline{X} - \mu}{\sigma} \sqrt{n}, \tag{12.137}$$

die von Student[1] eingeführte Zufallsgröße

$$T = \frac{\overline{X} - \mu}{S} \sqrt{n}, \tag{12.138}$$

und die Zufallsgröße Chi-Quadrat

$$\chi^2 = \frac{1}{\sigma^2} \sum_{k=1}^{n} (X_k - \overline{X})^2 = \frac{(n-1)S^2}{\sigma^2} \tag{12.139}$$

Diese Stichprobenfunktionen werden in den nachfolgenden Abschnitten verwendet.
In gleicher Weise, wie eine beliebige Zufallsgröße X durch ihre Verteilungsfunktion $F_X(x)$ beschrieben wird, lassen sich die genannten Stichprobenfunktionen (als von X abgeleitete Zufallsgrößen) durch Verteilungsfunktionen charakterisieren.
Ist die Zufallsgröße X normalverteilt mit dem Erwartungswert μ und der Varianz σ^2, so ist auch die Stichprobenfunktion $\overline{X}$ normalverteilt mit dem Erwartungswert μ, aber mit der kleineren Varianz $\frac{1}{n} \cdot \sigma^2$, d. h., die aus mehreren Stichproben gewonnenen Mittelwerte $\overline{X}$ streuen weniger um den Erwartungswert μ als die Zufallsgröße X. Die Streuung ist dabei um so kleiner, je größer der Stichprobenumfang n ist. Dies und eine Folgerung sind Inhalt des folgenden Satzes.

Satz

Ist die Zufallsgröße X einer Grundgesamtheit $N(\mu; \sigma)$-verteilt, so genügt die Stichprobenfunktion

$$\overline{X} = \frac{1}{n} \sum_{k=1}^{n} X_k$$

einer $N\left(\mu; \frac{\sigma}{\sqrt{n}}\right)$-Verteilung und die Zufallsgröße

$$Z = \frac{\overline{X} - \mu}{\sigma} \sqrt{n}$$

der $N(0; 1)$-Verteilung. (12.140)

[1] Student, Pseudonym von W. S. Gosset (1876 bis 1937), Chemiker in der Guinness-Brauerei in Dublin, Mitbegründer der modernen Statistik

Wenn die Zufallsgröße X einer anderen als der Normalverteilung genügt, tritt für $n \to \infty$ die Normalverteilung als Grenzverteilung auf.

Satz

Genügt die Zufallsgröße X einer beliebigen Verteilung mit dem Erwartungswert μ und der Varianz σ^2, so sind die Zufallsgrößen $\overline{X}$ und Z asymptotisch normalverteilt, d. h., mit wachsendem n erfolgt eine immer bessere Annäherung an eine $N\left(\mu; \frac{\sigma}{\sqrt{n}}\right)$-Verteilung für $\overline{X}$ und an die $N(0;1)$-Verteilung für Z. (12.141)

Die Zufallsgrößen T gemäß (12.138) und χ^2 gemäß (12.139) genügen der Student- oder t-Verteilung bzw. der χ^2-Verteilung, auf die hier nicht näher eingegangen wird.
In den folgenden Abschnitten soll gezeigt werden, wie man die aus einer Stichprobe erhältlichen Informationen zu Aussagen über Eigenschaften und Kennwerte der Grundgesamtheit nutzen kann. Dabei sind im wesentlichen zwei Vorgehensweisen erprobt, die Schätzverfahren und die Prüfverfahren.
Die Schätzverfahren schließen direkt von der Stichprobe zur Grundgesamtheit. Die Prüfverfahren arbeiten indirekt, indem eine als Hypothese formulierte Eigenschaft der Grundgesamtheit mit Hilfe der Stichprobenergebnisse widerlegt wird oder nicht.

12.5.1.2 Schätzkriterien

Als *Schätzung* oder *Schätzwert* eines unbekannten Parameters Θ der Grundgesamtheit bezeichnet man einen aus einer Stichprobe ermittelten Wert $\hat{\Theta}$, der dem zu bestimmenden Parameter Θ möglichst genau entspricht. Da die Forderung „möglichst genau" aus verschiedenen Sichten beurteilt werden kann, bedarf es einer näheren Erklärung.
Wegen der Abhängigkeit der Schätzung $\hat{\Theta}$ von den Stichprobenvariablen $X_1, X_2, \ldots, X_n$ bezeichnet man $\hat{\Theta}$ auch als *Schätzfunktion.*
Beschränkt man sich auf die Berechnung eines Näherungswertes (Schätzwertes) für den unbekannten Parameter, so spricht man von einer *Punktschätzung.* Möchte man dagegen etwas über die Genauigkeit und die Fehlerwahrscheinlichkeit einer solchen Schätzung erfahren, so bevorzugt man die *Konfidenz-* oder *Intervallschätzung.*
Für die Eignung einer Schätzung hat R. A. FISHER[1] die folgenden vier Kriterien angegeben:

1. Eine Schätzung $\hat{\Theta}$ soll *erwartungstreu* (unverzerrt) sein. Das bedeutet, der Erwartungswert der Schätzung soll mit dem unbekannten Parameter der Grundgesamtheit übereinstimmen:

   $$E(\hat{\Theta}) = \Theta$$

   Es sollen keine *systematischen Fehler* (Verzerrungen) δ auftreten:
   $\delta = E(\hat{\Theta}) - \Theta = 0.$

[1] RONALD AYLMER FISHER (1890 bis 1962), Naturwissenschaftler in London und Cambridge, Mitbegründer der modernen Statistik

2. Eine Schätzung $\hat{\Theta}$ soll *konsistent* (passend) sein. Das bedeutet, mit wachsendem Stichprobenumfang n soll die Wahrscheinlichkeit dafür, daß der Schätzwert in der Nähe des wirklichen Wertes liegt, gegen 1 streben:

$$\lim_{n\to\infty} P\left(|\hat{\Theta}_n - \Theta| < \varepsilon\right) = 1, \qquad \varepsilon > 0$$

(Mit wachsendem Stichprobenumfang n soll $\hat{\Theta}$ immer sicherer dicht bei Θ liegen.)
3. Eine Schätzung $\hat{\Theta}$ soll eine hohe *Effizienz* (Wirksamkeit) haben.
Das bedeutet, von mehreren möglichen Schätzungen $\hat{\Theta}$ soll diejenige mit der kleineren Varianz (Streuung) ausgewählt werden. Die Schätzung mit der geringsten Varianz heißt effizienteste oder *effektive* Schätzung:

$$\hat{\Theta} \text{ effektiv, falls } V(\hat{\Theta}) = \min_i V(\hat{\Theta}_i).$$

4. Eine Schätzung $\hat{\Theta}$ soll *suffizient* (erschöpfend) sein. Das bedeutet, es soll keine andere Schätzung geben, die mehr Information über den unbekannten Parameter Θ liefert.

Die in der statistischen Praxis verwendeten Verfahren liefern nicht immer Schätzfunktionen $\hat{\Theta}$, die alle Kriterien erfüllen.

12.5.2 Punktschätzungen

12.5.2.1 Momentenmethode

Diese Methode geht von naheliegenden Überlegungen aus und wird wegen ihrer Einfachheit oft angewendet, obwohl sie in der Regel von geringerer Effizienz als andere Methoden ist. Die Momentenmethode benutzt die Zusammenhänge zwischen den Momenten und den Parametern der Wahrscheinlichkeitsverteilung einer Zufallsgröße. Wenn es gelingt, die betreffenden Gleichungen nach den Parametern aufzulösen, kann man die Momente der Grundgesamtheit durch die aus einer Stichprobe gewonnenen empirischen Momente ersetzen und so Schätzfunktionen für die gesuchten Parameter konstruieren.

Beispiel 12.44

Zwischen den Momenten $m_1 = E(X)$, $M_2 = V(X)$ und den Parametern a, b der stetigen Gleichverteilung besteht nach (12.104) und (12.105) der Zusammenhang

$$E(X) = \frac{a+b}{2} \qquad \text{und} \qquad V(X) = \frac{(b-a)^2}{12}$$

Ersetzt man $E(X)$ durch $\overline{x}$ und $V(X)$ durch s^2, also durch die entsprechenden empirischen Momente einer Stichprobe, so erhält man aus

$$\overline{x} = \frac{\hat{a}+\hat{b}}{2} \qquad \text{und} \qquad s^2 = \left(\frac{\hat{b}-\hat{a}}{12}\right)^2$$

die Schätzungen

$$\hat{a} = \overline{x} - s\sqrt{3} \qquad \text{und} \qquad \hat{b} = \overline{x} + s\sqrt{3}$$

Beispiel 12.45

Für eine normalverteilte Grundgesamtheit gelten nach (12.110) und (12.111) die Beziehungen

$$m_1 = E(X) = \mu \qquad \text{und} \qquad M_2 = V(X) = \sigma^2$$

Mit den empirischen Momenten $\overline{x}$ statt $E(X)$ und s^2 statt $V(X)$ erhält man die Schätzungen

$$\hat{\mu} = \overline{x} \qquad \text{und} \qquad \hat{\sigma}^2 = s^2 .$$

Offensichtlich bewirkt die Anwendung der Momentenmethode auf die Normalverteilung, daß deren Parameter μ und σ mit dem arithmetischen Mittel $\overline{x}$ bzw. der Standardabweichung s der Stichprobe identifiziert werden.

12.5.2.2 Maximum-Likelihood-Methode

Diese Methode verfolgt das Ziel, für den unbekannten Parameter Θ eine Schätzung $\hat{\Theta}$ zu ermitteln, die für die betrachtete Stichprobe mit größter Wahrscheinlichkeit (engl. likelihood) zutrifft. Dazu wird eine Likelihood-Funktion L definiert, die die Wahrscheinlichkeit dafür angibt, daß aus der Grundgesamtheit der Zufallsgröße X eine Stichprobe entnommen wird, deren Realisierungen die Werte $x_1, x_2, \ldots, x_n$ sind. Für diskrete Zufallsgrößen läßt sich das so darstellen:

$$L = P\left[(X = x_1) \cap (X = x_2) \cap \ldots \cap (X = x_n)\right]$$

Setzt man voraus, daß die Stichprobenwerte voneinander unabhängig sind, erhält man daraus nach dem Multiplikationssatz (12.54) für L das Produkt der Einzelwahrscheinlichkeiten. Bei einer stetigen Zufallsgröße treten an die Stelle der Einzelwahrscheinlichkeiten die Funktionswerte der Dichtefunktion. Außer von den Stichprobenrealisierungen x_i $(i = 1, 2, \ldots, n)$ hängt die Funktion L noch von einem oder mehreren Parametern der Wahrscheinlichkeitsverteilung ab. Die folgende Definition berücksichtigt die Abhängigkeit von nur einem Parameter Θ.

Definition

Einer Grundgesamtheit werde eine unabhängige zufällige konkrete Stichprobe $(x_1, x_2, \ldots, x_n)$ vom Umfang n entnommen. Dann heißt die Funktion

$$L(\Theta) = \prod_{i=1}^{n} P(X = x_i) \quad \text{für diskrete Zufallsgrößen } X \tag{12.142a}$$

bzw.

$$L(\Theta) = \prod_{i=1}^{n} f(x_i) \quad \text{für stetige Zufallsgrößen } X \tag{12.142b}$$

die *Likelihood-Funktion* der konkreten Stichprobe.

Will man für den Parameter Θ eine solche Schätzung ermitteln, für die die konkrete Stichprobe die größtmögliche Wahrscheinlichkeit hat, so muß L maximal werden.

Ist $L(\Theta)$ differenzierbar, so erhält man den Schätzwert $\hat{\Theta}$ als Lösung aus der notwendigen Bedingung

$$\frac{\mathrm{d}L(\Theta)}{\mathrm{d}\Theta} = 0 \tag{12.143a}$$

Für die praktische Rechnung ist es günstiger, anstelle von (12.143a) die Bedingung

$$\frac{\mathrm{d}\ln L(\Theta)}{\mathrm{d}\Theta} = 0 \tag{12.143b}$$

zu verwenden. Das ist möglich, da wegen des streng monoton wachsenden Verhaltens der Logarithmusfunktion und der Tatsache, daß weder $P(X = x_i)$ in (12.142a) noch $f(x_i)$ in (12.142b) negativ sein können, die Funktionen $L(\Theta)$ und $\ln L(\Theta)$ ihre Extrempunkte an den gleichen Stellen annehmen.

Die nach der Maximum-Likelihood-Methode erzeugten Schätzungen sind in der Regel konsistent, nicht immer erwartungstreu, mindestens aber asymptotisch erwartungstreu, d. h., sie werden für $n \to \infty$ erwartungstreu.

Beispiel 12.46

Die diskrete Zufallsgröße X genüge der Poisson-Verteilung mit $P(X = k) = \frac{\lambda^k}{k!}\,\mathrm{e}^{-\lambda}$. Aus einer Stichprobe $(x_1, x_2, \ldots, x_n)$ vom Umfang n soll der Parameter λ geschätzt werden.

Lösung:

Der zu schätzende Parameter ist $\Theta = \lambda$. Aus (12.142a) erhält man

$$L(\lambda) = \prod_{i=1}^{n} \frac{\lambda^{x_i}}{x_i!}\,\mathrm{e}^{-\lambda} \quad \text{und}$$

$$\ln L(\lambda) = \ln \prod_{i=1}^{n} \left(\frac{\lambda^{x_i}}{x_i!}\,\mathrm{e}^{-\lambda}\right) = \sum_{i=1}^{n} [x_i \cdot \ln\lambda - \ln(x_i!) - \lambda]\,.$$

Differentiation nach λ ergibt

$$\frac{\mathrm{d}\ln L(\lambda)}{\mathrm{d}\lambda} = \sum_{i=1}^{n} \left[\frac{x_i}{\lambda} - 1\right] = 0,$$

woraus folgt $\frac{1}{\lambda}\sum_{i=1}^{n} x_i - n = 0$ und damit $\hat{\lambda} = \frac{1}{n}\sum_{i=1}^{n} x_i = \overline{x}$.

Die Maximum-Likelihood-Schätzung des Parameters λ der Poisson-Verteilung ist das arithmetische Mittel $\overline{x}$ der Stichprobe.

Beispiel 12.47

Für die $N(\mu; \sigma)$-verteilte stetige Zufallsgröße X sind Maximum-Likelihood-Schätzungen für die unbekannten Parameter μ und σ zu bestimmen.

Lösung:

Aus (12.142b) und (12.108) erhält man

$$L(\mu;\sigma) = \left(\frac{1}{\sigma\sqrt{2\pi}}\right)^n \cdot \prod_{i=1}^{n} \mathrm{e}^{-\frac{(x_i-\mu)^2}{2\sigma^2}} \quad \text{und}$$

$$\ln L(\mu;\sigma) = -n\ln\sigma - \frac{n}{2}\ln(2\pi) - \frac{1}{2\sigma^2}\sum_{i=1}^{n}(x_i-\mu)^2$$

Die notwendige Bedingung

$$\frac{\partial L(\mu;\sigma)}{\partial\mu} = 0 \qquad \text{und} \qquad \frac{\partial L(\mu;\sigma)}{\partial\sigma} = 0$$

führt auf die Gleichungen

$$\frac{1}{\sigma^2}\sum_{i=1}^{n}(x_i-\mu) = 0 \qquad \text{und} \qquad -\frac{n}{\sigma} + \frac{1}{\sigma^3}\sum_{i=1}^{n}(x_i-\mu)^2 = 0$$

Aus der ersten Gleichung folgt wegen $\sigma^2 > 0$:

$$\sum_{i=1}^{n} x_i - n\mu = 0 \qquad \text{und} \qquad \mu = \frac{1}{n}\sum_{i=1}^{n} x_i = \overline{x}.$$

Setzt man $\mu = \overline{x}$ in die zweite Gleichung ein, so erhält man nach Multiplikation mit $\sigma > 0$ und unter Beachtung von (12.20):

$$\sigma^2 = \frac{1}{n}\sum_{i=1}^{n}(x_i-\overline{x})^2 = \frac{n-1}{n}s^2$$

Die Maximum-Likelihood-Methode liefert für eine $N(\mu;\sigma)$-verteilte Grundgesamtheit die erwartungstreue Schätzung

$$\hat{\mu} = \overline{x}$$

und die asymptotisch erwartungstreue Schätzung

$$\hat{\sigma}^2 = \frac{n-1}{n}s^2,$$

die für $n \to \infty$ erwartungstreu wird.

12.5.3 Konfidenzschätzungen

Punktschätzungen erlauben keine Aussage über die Genauigkeit einer Schätzung. Es ist zu vermuten, daß die Abweichungen der Schätzwerte vom genauen Wert eines unbekannten Parameters Θ von Stichprobe zu Stichprobe unterschiedlich ausfallen und mit wachsendem Stichprobenumfang n geringer werden. Um eine Angabe über die Sicherheit der Schätzung eines Parameters zu erhalten, konstruiert man ein Intervall mit einer unteren Grenze G_u und einer oberen Grenze G_o, das den wahren Wert des Parameters Θ mit einer vorgegebenen Wahrscheinlichkeit $1-\alpha$ überdeckt:

$$P(G_\mathrm{u} < \Theta < G_\mathrm{o}) = 1 - \alpha \tag{12.144}$$

Ein solches Intervall heißt **Konfidenzintervall** (*Vertrauensintervall*). Man bezeichnet die Grenzen G_u und G_o als **Konfidenzgrenzen** (*Vertrauensgrenzen*), die Wahrscheinlichkeit $1-\alpha$ als **Konfidenzniveau** (*Vertrauensniveau*) und α als *Irrtumswahrscheinlichkeit*.

Die Konfidenzgrenzen G_u und G_o sind aus Stichproben zu bestimmen. Die Realisierungen g_u und g_o dieser Grenzen nehmen von Stichprobe zu Stichprobe unterschiedliche Werte an. G_u und G_o sind daher Zufallsgrößen und (G_u, G_o) ein zufälliges Intervall. Eine Wahrscheinlichkeitsaussage über ein solches Intervall gilt somit nicht für das einzelne Intervall, sondern für eine große Anzahl derartiger Intervalle, die durch beliebig oft wiederholbare Beobachtungen entstehen. Jede Realisierung g_u, g_o stellt eine konkrete *Konfidenzschätzung* dar.

Das Problem besteht nun darin, eine Vorschrift zur Berechnung der Konfidenzgrenzen G_u und G_o zu finden. Das gelingt verhältnismäßig einfach, wenn man sich mit dem Ansatz

$$G_u = \hat{\Theta} - \delta, \qquad G_o = \hat{\Theta} + \delta \tag{12.145}$$

begnügt, worin $\hat{\Theta}$ eine Punktschätzung des unbekannten Parameters Θ ist. Die Vereinfachung in (12.145) ergibt sich daraus, daß man annimmt, die Grenzen G_u und G_o seien vom Schätzwert $\hat{\Theta}$ nach beiden Seiten gleich weit entfernt. Das Problem (12.144) geht dann über in

$$P(\hat{\Theta} - \delta < \Theta < \hat{\Theta} + \delta) = 1 - \alpha \tag{12.146}$$

oder

$$P(|\Theta - \hat{\Theta}| < \delta) = 1 - \alpha \tag{12.147}$$

Es ist demnach eine Zahl $\delta > 0$ so zu bestimmen, daß das Konfidenzintervall den wahren Wert von Θ mit der Wahrscheinlichkeit $1-\alpha$ überdeckt und mit der Wahrscheinlichkeit α der Wert Θ außerhalb dieses Intervalls liegt. Das ist gleichbedeutend damit, daß Θ in nur $\alpha \cdot 100$ % aller Fälle nicht im Konfidenzintervall liegt. Da α ein vor Beginn der Rechnung festzulegender Wert ist, wird mit der Wahl von α das Risiko bestimmt, das einzugehen man bereit ist. In der Praxis ist es üblich, für die Irrtumswahrscheinlichkeit α einige Werte zu bevorzugen, z. B. $\alpha = 0,05$ (Technik) oder $\alpha = 0,01$ bzw. $0,001$ (Medizin, Pharmazie).

In den folgenden Beispielen werden mögliche Fragestellungen und Verfahrensweisen gezeigt.

Beispiel 12.48

Die Zufallsgröße X sei $N(\mu;\sigma)$-verteilt bei bekannter Varianz σ^2. Für den unbekannten Parameter μ ist ein Konfidenzintervall anzugeben.

Lösung:

Eine Punktschätzung $\hat{\Theta}$ für den Erwartungswert μ der Normalverteilung ist das arithmetische Mittel, das aus einer Stichprobe vom Umfang n gewonnen werden kann. Mithin ist $\hat{\Theta} = \overline{X}$ und gemäß (12.146) bzw. (12.147) lautet die Aufgabe:

$$P(\overline{X} - \delta < \mu < \overline{X} + \delta) = P(|\overline{X} - \mu| < \delta) = 1 - \alpha \tag{12.148}$$

Nach (12.140) ist die Stichprobenfunktion $\overline{X}$ eine normalverteilte Zufallsgröße mit dem Erwartungswert μ und der Varianz $\frac{\sigma^2}{n}$, wenn μ und σ die entsprechenden Parameter der Zufallsgröße X sind. Die daraus abgeleitete Zufallsgröße

$$Z = \frac{\overline{X} - \mu}{\frac{\sigma}{\sqrt{n}}} \tag{12.149}$$

genügt dann der $N(0;1)$-Verteilung. Eine Umformung von (12.148) ergibt

$$P(|\overline{X} - \mu| < \delta) = P\left(\left|\frac{\overline{X} - \mu}{\frac{\sigma}{\sqrt{n}}}\right| < \delta\frac{\sqrt{n}}{\sigma}\right) = P(|Z| < z_{1-\frac{\alpha}{2}}) = 1 - \alpha$$

worin die Vereinbarung

$$z_{1-\frac{\alpha}{2}} = \delta\frac{\sqrt{n}}{\sigma} \tag{12.150}$$

benutzt wurde. Wird die Beziehung $P(|U| < u) = 2\Phi(u) - 1$ berücksichtigt (Beispiel 12.41), so folgt

$$P(|Z| < z_{1-\frac{\alpha}{2}}) = 2\Phi(z_{1-\frac{\alpha}{2}}) - 1 = 1 - \alpha$$

und

$$\Phi\left(z_{1-\frac{\alpha}{2}}\right) = 1 - \frac{\alpha}{2}. \tag{12.151}$$

In der Tabelle A2 für $\Phi(u)$ kann $z_{1-\frac{\alpha}{2}}$ als $\left(1 - \frac{\alpha}{2}\right)$-Quantil abgelesen werden. Für bekanntes $z_{1-\frac{\alpha}{2}}$ folgt aber aus (12.150)

$$\delta = z_{1-\frac{\alpha}{2}} \cdot \frac{\sigma}{\sqrt{n}} \tag{12.152}$$

und somit nach (12.148) für das gesuchte Konfidenzintervall

$$\overline{X} - z_{1-\frac{\alpha}{2}} \cdot \frac{\sigma}{\sqrt{n}} < \mu < \overline{X} + z_{1-\frac{\alpha}{2}} \cdot \frac{\sigma}{\sqrt{n}} \tag{12.153}$$

Aus dem Ergebnis (12.152) des vorstehenden Beispiels kann man folgendes ablesen:

1. Bei Vergrößerung des Stichprobenumfangs n verengt sich das Konfidenzintervall, da dessen Länge $2\,\delta$ kleiner wird, d. h., mit wachsendem Stichprobenumfang nimmt die Genauigkeit zu.
2. Bei Erhöhung der Sicherheit $1 - \alpha$, d. h. Verkleinerung der Irrtumswahrscheinlichkeit α, vergrößert sich $\Phi(z_{1-\frac{\alpha}{2}})$ und damit auch das Quantil $z_{1-\frac{\alpha}{2}}$. Das bedeutet Vergrößerung von δ und eine Aufweitung des Konfidenzintervalls, mithin eine Verschlechterung der Genauigkeit.

Das Fazit lautet: Die Länge $2\,\delta$ des Konfidenzintervalls ist ein Maß für die Genauigkeit der Intervallschätzung, die Irrtumswahrscheinlichkeit dagegen ein Maß für das Risiko. Höhere Sicherheit geht zu Lasten der Genauigkeit.

An dieser Stelle sei zum Vergleich angeführt, daß ein Schütze seine Treffsicherheit erhöhen kann, indem er eine größere Zielscheibe wählt.

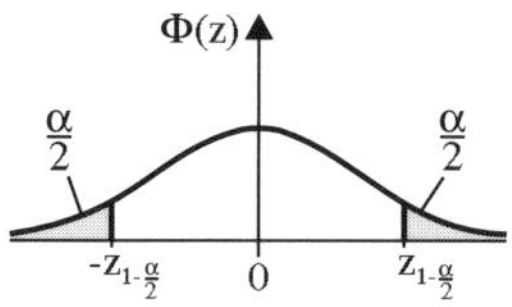

Bild 12.25

Dieser Sachverhalt wird auch im Bild 12.25 dargestellt. Aus ihm ist ersichtlich, daß die Verkleinerung der Irrtumswahrscheinlichkeit α, die zu je $\frac{\alpha}{2}$ auf die beiden Verteilungsenden (als „Wahrscheinlichkeitsfläche“ unter der Dichtefunktion $\varphi(z)$) aufgeteilt ist, den „Spielraum“ für die Zufallsgröße Z aus (12.149) vergrößert. Damit wächst die Wahrscheinlichkeit, daß eine Realisierung z im Intervall $-z_{1-\frac{\alpha}{2}} < z < z_{1-\frac{\alpha}{2}}$ liegt. In diesem Sinne stellen die Quantile $-z_{1-\frac{\alpha}{2}}$ bzw. $z_{1-\frac{\alpha}{2}}$ kritische Werte bei einer vorgegebenen Irrtumswahrscheinlichkeit α dar.
Der Zusammenhang (12.150) bietet auch die Möglichkeit, bei vorgegebenem Konfidenzniveau $1-\alpha$ den Stichprobenumfang n zu ermitteln, der erforderlich ist, um eine vorgegebene Genauigkeit δ zu gewährleisten. Man erhält aus (12.150)

$$n = \left(z_{1-\frac{\alpha}{2}} \cdot \frac{\sigma}{\delta}\right)^2 \qquad (12.154)$$

Beispiel 12.49

Der Durchmesser X von Normdrehteilen (in mm) sei normalverteilt mit $\sigma = 0,41$ mm. Aus 25 Stichprobenwerten wurde $\overline{x} = 11,80$ mm ermittelt. Zu bestimmen ist ein Konfidenzintervall für μ mit dem Konfidenzniveau $1-\alpha = 0,95$.

Lösung:

Aus $\alpha = 0,05$ folgt $\Phi(z_{1-\frac{\alpha}{2}}) = 1 - \frac{\alpha}{2} = 0,975$. Mit dem aus Tabelle A2 entnommenen Quantil $z_{1-\frac{\alpha}{2}} = 1,96$ erhält man aus (12.152)

$$\sigma = z_{1-\frac{\alpha}{2}} \cdot \frac{\sigma}{\sqrt{n}} = 1,96 \cdot \frac{0,41 \text{ mm}}{\sqrt{25}} = 0,16 \text{ mm}$$

und nach (12.153)

$11,64 \text{ mm} < \mu < 11,96 \text{ mm}.$

Die Länge 2σ des Konfidenzintervalls beträgt $0,32$ mm. Es besteht die Absicht, durch Erhöhen des Stichprobenumfangs das Konfidenzintervall auf $2\sigma = 0,10$ mm einzuengen. Wie groß muß n gewählt werden? Nach (12.154) gilt

$$n = \left(z_{1-\frac{\alpha}{2}} \cdot \frac{\sigma}{\delta}\right)^2 = \left(1,96 \cdot \frac{0,41}{0,05}\right)^2 = 258,3$$

d. h., der Stichprobenumfang muß auf mindestens 259 erhöht werden.

Aufgaben 12.29 und 12.30

12.6 Statistische Prüfverfahren

12.6.1 Grundlagen

Die statistischen Prüfverfahren, auch als statistische Tests bezeichnet, gliedern sich entsprechend den unterschiedlichen Zielen in Parametertests und Anpassungstests. Ihr gemeinsames Prinzip besteht darin, daß vorhandene Kenntnisse oder Vermutungen über Parameter oder über Art bzw. Eigenschaften einer Verteilung als Hypothesen formuliert werden, über deren Haltbarkeit mit Hilfe von Informationen aus Stichproben eine Entscheidung zu treffen ist. Soll eine Vermutung über den unbekannten Parameter einer Verteilung bestätigt oder widerlegt werden, so spricht man von einem *Parametertest*. Ist eine Hypothese über den Typ einer Verteilungsfunktion zu prüfen, handelt es sich um einen *Anpassungstest*.
Hypothesen werden üblicherweise mit H oder H_0 bezeichnet. So bedeutet H_0: $\mu = \mu_0$, daß angenommen wird, der Parameter μ einer betrachteten Verteilung sei gleich μ_0. $H_0 : F = F_0$ beschreibt die Annahme, eine zu untersuchende Verteilung F sei mit der Verteilungsfunktion F_0 identisch.
Als Alternative zu H_0 kann eine weitere Hypothese H_1 formuliert werden. Dann heißt H_0 *Nullhypothese* und H_1 *Alternativhypothese*. Ziel eines statistischen Tests ist es herauszufinden, ob es statistisch gesicherte Argumente gibt, die gegen die aufgestellte Hypothese sprechen. Dann ist die Hypothese abzulehnen. Stehen die Stichprobenergebnisse nicht im Widerspruch zur Hypothese, wird diese nicht abgelehnt. Das ist jedoch nicht gleichbedeutend mit der Annahme der Hypothese. Es ist durchaus möglich, daß von mehreren unterschiedlichen Hypothesen über den Typ einer Verteilung (z. B. H_0: $F = F_0$, H_1: $F = F_1$, H_2: $F = F_2$) keine abgelehnt wird. Da höchstens eine dieser Alternativhypothesen wirklich zutreffen kann, ist ersichtlich, daß Nichtablehnung und Annahme einer Hypothese verschiedene Sachverhalte beschreiben. Daher ist das Ergebnis eines statistischen Tests mit gebotener Vorsicht zu formulieren. Es kann immer nur zwischen Ablehnung oder Nichtablehnung entschieden werden. Dabei sind folgende Fehler möglich:
Fehler 1. Art: Die Hypothese H wird abgelehnt, obwohl sie richtig ist.
Fehler 2. Art: Die Hypothese wird nicht abgelehnt, obwohl sie falsch ist.
Als *Irrtumswahrscheinlichkeit* α $(0 < \alpha < 1)$ bezeichnet man die Wahrscheinlichkeit für Fehler 1. Art. Die dazu komplementäre Wahrscheinlichkeit $\varepsilon = 1 - \alpha$ heißt *statistische Sicherheit*.

12.6.2 Parametertests

Die für Parametertests typische Vorgehensweise soll hier nur exemplarisch gezeigt werden, indem eine Annahme über den Erwartungswert μ einer normalverteilten Grundgesamtheit getestet wird. Dabei ist zu unterscheiden, ob die Varianz σ^2 bekannt ist oder nicht.

12.6.2.1 z-Test

Vorausgesetzt werde eine normalverteilte Zufallsgröße X, deren Varianz σ^2 bekannt sei. Der Erwartungswert μ sei unbekannt, aber es gibt die Vermutung $\mu = \mu_0$. Der Grundgesamtheit wird eine Stichprobe $(x_1, x_2, \ldots, x_n)$ vom Umfang n und mit dem arithmetischen Mittel $\overline{x}$ entnommen. Mit ihrer Hilfe ist die Hypothese H: $\mu = \mu_0$ zu prüfen.
Dann drängt sich die Frage auf, wie groß die Abweichung

$$\delta = |\overline{x} - \mu_0|$$

höchstens sein darf, damit die Hypothese $\mu = \mu_0$ gerechtfertigt ist, d. h. nicht abgelehnt wird. Dabei ist zu berücksichtigen, daß große Abweichungen zwischen $\overline{x}$ und μ_0 selten sein werden, also nur mit kleiner Wahrscheinlichkeit auftreten. Eine kleine Wahrscheinlichkeit ist demnach als Hinweis auf eine große Abweichung zu werten. Das könnte Anlaß zur Ablehnung der Hypothese $\mu = \mu_0$ sein.
Um diesen Sachverhalt mathematisch faßbar zu machen, muß man eine Wahrscheinlichkeit α vorgeben, die wie im Abschnitt 12.5.3 sehr klein sein sollte (z. B. $\alpha = 0,05$, $\alpha = 0,01$, $\alpha = 0,001$), und eine Festlegung treffen, mit deren Hilfe über Ablehnung oder Nichtablehnung der Hypothese entschieden werden kann. Für die Differenz δ der Zufallsgrößen $\overline{x}$ und μ_0 wird folgendes festgelegt:

Gilt $P(|\overline{X}-\mu_0| \geq \delta) \leq \alpha$, so heißt die Abweichung δ *signifikant* (wesentlich) oder *statistisch gesichert*. Die Hypothese H: $\mu = \mu_0$ wird abgelehnt. Ist dagegen $P(|\overline{X} - \mu_0| \geq \delta) > \alpha$, so gilt die Abweichung δ als *nicht signifikant* (zufällig) oder *statistisch nicht gesichert* und H: $\mu = \mu_0$ wird nicht abgelehnt. (12.155)

Eine solche Entscheidung über Ablehnung oder Nichtablehnung einer Hypothese H heißt *Signifikanztest*. Die vorgegebene Wahrscheinlichkeit α bezeichnet man als *Signifikanzniveau*. Sie ist identisch mit der Irrtumswahrscheinlichkeit, d. h. der Wahrscheinlichkeit für Fehler 1. Art.
Die weiteren Überlegungen zeigen, wie die Festlegung über Ablehnung oder Nichtablehnung der Hypothese H: $\mu = \mu_0$ in eine handhabbare Vorschrift gebracht wird. Zu entscheiden ist offensichtlich, ob die Wahrscheinlichkeit $P(|\overline{X} - \mu_0| \geq \delta)$ kleiner oder größer als die vorgegebene Irrtumswahrscheinlichkeit α ist. Eine Grenzsituation tritt für

$$P(|\overline{X} - \mu_0| \geq \delta) = \alpha \tag{12.156}$$

ein. Die folgende Rechnung wird einfacher, wenn gemäß (12.137) die $N(0;1)$-verteilte Zufallsgröße

$$Z = \frac{\overline{X} - \mu_0}{\sigma}\sqrt{n}$$

und wie in (12.150)

$$z_{1-\frac{\alpha}{2}} = \frac{\delta}{\sigma}\sqrt{n}$$

verwendet wird. Damit erhält man aus (12.156):

$$\begin{aligned}P(|\overline{X}-\mu_0|\geq\delta)&= P\left(\frac{|\overline{X}-\mu_0|}{\sigma}\sqrt{n}\geq\frac{\delta}{\sigma}\sqrt{n}\right)=P(|Z|\geq z_{1-\frac{\alpha}{2}})\\&=1-P(|Z|<z_{1-\frac{\alpha}{2}})=1-P(-z_{1-\frac{\alpha}{2}}<Z<z_{1-\frac{\alpha}{2}})\\&=1-\left[\Phi\left(z_{1-\frac{\alpha}{2}}\right)-\Phi\left(-z_{1-\frac{\alpha}{2}}\right)\right]\\&=1-\Phi\left(z_{1-\frac{\alpha}{2}}\right)+1-\Phi\left(z_{1-\frac{\alpha}{2}}\right)\qquad\text{wegen (12.118)}\\&=2-2\Phi\left(z_{1-\frac{\alpha}{2}}\right)=\alpha\end{aligned}$$

Aus der letzten Gleichung folgt wie in (12.151)

$$\Phi\left(z_{1-\frac{\alpha}{2}}\right)=1-\frac{\alpha}{2} \tag{12.157}$$

wonach $z_{1-\frac{\alpha}{2}}$ als $\left(1-\frac{\alpha}{2}\right)$-Quantil der Funktion Φ aus der Tabelle A2 ermittelt werden kann. Der Test reduziert sich somit auf die Entscheidung

$$|Z|\geq z_{1-\frac{\alpha}{2}}\qquad\text{oder}\qquad |Z|<z_{1-\frac{\alpha}{2}} \tag{12.158}$$

Darin wird Z als **Prüfgröße** (Testgröße) und $z_{1-\frac{\alpha}{2}}$ als **kritischer Wert** bezeichnet. Der Bereich $|Z|\geq z_{1-\frac{\alpha}{2}}$ heißt **kritischer Bereich** (Bild 12.26). Für $|Z|\geq z_{1-\frac{\alpha}{2}}$ wird die Hypothese H abgelehnt, da die Abweichung den zulässigen kritischen Wert $z_{1-\frac{\alpha}{2}}$ übersteigt. Ist $|Z|<z_{1-\frac{\alpha}{2}}$, so wird die Hypothese H nicht abgelehnt. Da die Testgröße unter dem kritischen Wert bleibt, gibt es keine Veranlassung, die Hypothese abzulehnen. Der Sachverhalt ist im Bild 12.26 mit Hilfe der Dichtefunktion φ der $N(0;1)$-verteilten Zufallsgröße Z und der zu je $\frac{\alpha}{2}$ auf beide Enden der Verteilung aufgeteilten Irrtumswahrscheinlichkeit α dargestellt. Man spricht in diesem Falle von einer *zweiseitigen Fragestellung*.

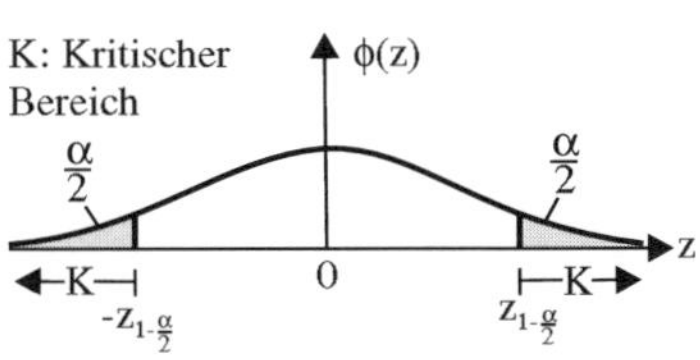

Bild 12.26

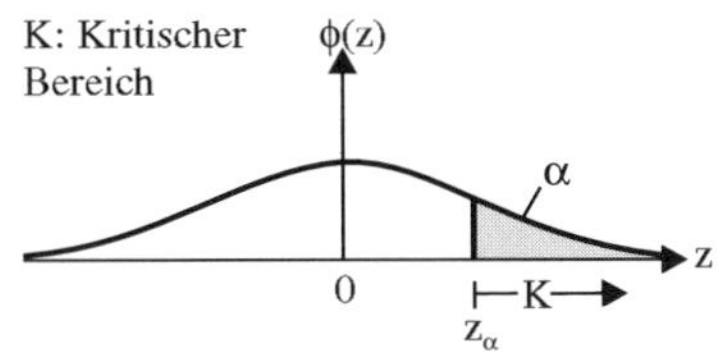

Bild 12.27

Bei einer *einseitigen Fragestellung* ist zu entscheiden, ob mit der Hypothese H die Bedingung

$$Z\geq z_{1-\alpha}\qquad\text{mit}\qquad\Phi(z_{1-\alpha})=1-\alpha$$

erfüllt ist (Bild 12.27).

Die folgende Übersicht faßt die Ergebnisse für den zweiseitigen z-Test zusammen.

Ziel des Tests:

Entscheidung über eine Hypothese H: $\mu=\mu_0$ für eine normalverteilte Zufallsgröße X bei bekannter Varianz σ^2 und bei vorgegebener Irrtumswahrscheinlichkeit α.

Lösungsweg:

- Ermitteln der Testgröße $Z = \frac{\overline{X} - \mu}{\sigma}\sqrt{n}$ und des kritischen Wertes $z_{1-\frac{\alpha}{2}}$ aus $\Phi(z_{1-\frac{\alpha}{2}}) = 1 - \frac{\alpha}{2}$.
- Test
  $|Z| \geq z_{1-\frac{\alpha}{2}}$: H wird abgelehnt
  $|Z| < z_{1-\frac{\alpha}{2}}$: H wird nicht abgelehnt

Beispiel 12.50

Der Durchmesser X von Normdrehteilen sei normalverteilt mit $\sigma = 0{,}41$ mm. Aus 25 Stichprobenwerten wurde $\overline{x} = 11{,}80$ mm ermittelt (Beispiel 12.49). Kann mit einer zulässigen Irrtumswahrscheinlichkeit $\alpha = 0{,}05$ angenommen werden, daß die entnommene Stichprobe einer Grundgesamtheit mit $\mu = 12{,}00$ mm entstammt?

Lösung:

Man erhält als Testgröße $z = \frac{\overline{x} - \mu}{\sigma}\sqrt{n} = \frac{11{,}80\text{ mm} - 12{,}00\text{ mm}}{0{,}41\text{ mm}}\sqrt{25} = -2{,}44$ und für $\alpha = 0{,}05$ wegen $\Phi(z_{1-\frac{\alpha}{2}}) = 1 - \frac{\alpha}{2} = 0{,}975$ aus Tabelle A2 den kritischen Wert $z_{1-\frac{\alpha}{2}} = 1{,}96$. Der Vergleich von $|z|$ mit $z_{1-\frac{\alpha}{2}}$ ergibt $2{,}44 > 1{,}96$. Die Hypothese $\mu = 12{,}00$ mm ist daher abzulehnen, d. h. mit einer Irrtumswahrscheinlichkeit von $0{,}05$ ist der vorgeschriebene Solldurchmesser $\mu = 12{,}00$ mm nicht Erwartungswert der geprüften Grundgesamtheit.

12.6.2.2 t-Test

In vielen praktischen Situationen wird die Varianz σ^2 der Grundgesamtheit nicht als bekannt vorauszusetzen sein. Wie im z-Test soll die Hypothese H: $\mu = \mu_0$ für den Erwartungswert einer normalverteilten Zufallsgröße X geprüft werden, jetzt aber bei unbekannter Varianz. Gemäß Beispiel 12.47 kann die Stichprobenvarianz s^2 als Schätzwert für die unbekannte Varianz σ^2 der Grundgesamtheit dienen. Man erhält als Testgröße die bereits in (12.138) erwähnte Zufallsgröße

$$T = \frac{\overline{X} - \mu}{S}\sqrt{n}, \tag{12.159}$$

die der Student- oder t-Verteilung genügt. Den kritischen Wert $t_{n-1;\alpha}$ erhält man bei zweiseitiger Fragestellung aus der Beziehung

$$P(|T| \geq t_{n-1;\alpha}) = \alpha$$

Er kann aus der Tabelle A4 entnommen werden. Der Index $n - 1$ gibt die Zahl der *Freiheitsgrade* an, die hier mit dem um eins verminderten Stichprobenumfang übereinstimmt.

Man erhält die Zahl der Freiheitsgrade aus dem Stichprobenumfang n durch Subtraktion der Anzahl der zur Beschreibung eines Merkmals unbedingt notwendigen Werte bzw. der bereits festgelegten Informationen. Der Stichprobenumfang n muß daher stets um mindestens eins größer sein als die Zahl der Freiheitsgrade.

Das ist einzusehen, wenn man bedenkt, daß in der Formel (12.20) für die Stichprobenvarianz der Stichprobenumfang n mindestens zwei sein muß, damit eine Streuung angebbar ist. Bei nur einem Stichprobenwert ist der Begriff der Streuung sinnlos und s^2 nicht berechenbar. Die Zahl der Freiheitsgrade ist dann Null.
Der Test wird bei zweiseitiger Fragestellung in der folgenden Weise entschieden:

$$\begin{array}{ll} \text{für } |T| \geq t_{n-1;\alpha} & \text{wird } H \text{ abgelehnt} \\ \text{für } |T| < t_{n-1;\alpha} & \text{wird } H \text{ nicht abgelehnt} \end{array}$$

Bei einseitiger Fragestellung wird H abgelehnt, falls

$$T \geq t_{n-1;\alpha} \qquad \text{bzw.} \qquad T \leq -t_{n-1;\alpha}.$$

Auch dafür können die kritischen Werte $t_{n-1;\alpha}$ der Tabelle A4 entnommen werden. Es ist darauf zu achten, daß bei zweiseitiger Fragestellung die Irrtumswahrscheinlichkeiten α der oberen Randleiste, bei einseitiger Fragestellung die der unteren Randleiste in Tabelle A4 gelten.

Beispiel 12.51

Ein Telefonkunde hatte in den letzten 20 Monaten die folgenden Monatsbeträge (in DM) zu zahlen:

51,14; 76,21; 85,64; 65,31; 59,88; 57,35; 45,62; 57,12; 52,52; 58,99; 35,99; 44,50; 45,19; 60,60; 58,53; 50,25; 49,10; 59,68; 68,42; 57,61

Kann man bei vorausgesetzter Normalverteilung davon ausgehen, daß mit einer Irrtumswahrscheinlichkeit $\alpha = 0,10$ der Erwartungswert der Monatsbeträge bei 60 DM liegt?

Lösung:

Die Stichprobe liefert $\overline{x} = 56,98$ und $s = 11,36$. Nach (12.124) erhält man als Prüfgröße

$$t = \frac{\overline{x} - \mu}{s}\sqrt{n} = \frac{56,98 - 60}{11,36}\sqrt{20} = -1,19$$

Aus der Tabelle A4 ist für $\alpha = 0,10$ bei zweiseitiger Fragestellung und $n - 1 = 19$ der kritische Wert $t_{19;0,10} = 1,73$ ablesbar. Der Vergleich ergibt $|t| = 1,19 < 1,73$, d. h., die Hypothese wird nicht abgelehnt. Die Stichprobe liefert keine gegenteilige Aussage zu der Annahme, daß $\mu = 60$ DM.

12.6.3 Anpassungstests

Das Ziel eines Anpassungstests besteht darin, eine Annahme H: $F = F_0$ über den Typ der Verteilungsfunktion einer Grundgesamtheit mit Hilfe einer Stichprobe zu überprüfen. Es werden hier nur zwei häufig verwendete Tests exemplarisch behandelt.

12.6.3.1 χ^2-Test

Dieser Test geht auf K. PEARSON[1] zurück. Er arbeitet nach demselben Muster wie die besprochenen Parametertests, d. h., der Vergleich einer Testgröße mit einem kritischen Wert entscheidet über Ablehnung oder Nichtablehnung der Hypothese zu einem Verteilungstyp. In der Testgröße wird die Differenz $h_i - np_i$ zwischen den absoluten Häufigkeiten h_i einer in k Klassen eingeteilten Stichprobe vom Umfang n und den „theoretischen Häufigkeiten" np_i der angenommenen theoretischen Verteilung benutzt. Im einzelnen geht man folgendermaßen vor:

1. Die Vermutung, daß die Grundgesamtheit der Zufallsgröße X einer bestimmten Verteilung genügt, ist durch die Hypothese H: $F = F_0$ zu formulieren. Die Parameter dieser Verteilungsfunktion, die in der Regel unbekannt sind, können durch geeignete, aus der Stichprobe gewonnene Schätzwerte (z. B. Punktschätzungen) ersetzt werden.
2. Die n Stichprobenwerte sind in k Klassen gleicher Breite einzuteilen und für jede Klasse ist die absolute Häufigkeit h_i, d. h. die Anzahl der in die Klasse fallenden Stichprobenwerte, zu ermitteln.
   Die erste Klasse und die letzte Klasse dürfen breiter sein als die übrigen Klassen. In diese Randklassen sind alle die Stichprobenwerte aufzunehmen, die als Einzelwerte unterhalb der untersten bzw. oberhalb der obersten Klassengrenze liegen.
3. Für jede Klasse sind die Wahrscheinlichkeiten
   $$p_i = F_0(g_i) - F_0(g_{i-1})$$
   zu ermitteln. Darin sind g_i die obere Klassengrenze der i-ten Klasse und g_{i-1} die obere Klassengrenze der nächstniedrigeren Klasse. g_0 ist untere Klassengrenze der untersten Klasse.
4. Im nächsten Schritt ist die Testgröße
   $$\chi_e^2 = \sum_{i=1}^{k} \frac{(h_i - np_i)^2}{np_i} \qquad (12.160)$$
   zu berechnen. Die Art der Berechnung dieser empirischen Testgröße bewirkt, daß wegen der Quadratbildung größere Abweichungen zwischen den Stichprobenhäufigkeiten h_i und den theoretischen Häufigkeiten np_i stärker berücksichtigt werden als kleinere Abweichungen. Die Division durch np_i erzeugt relative Größen, bezogen auf die jeweiligen theoretischen Häufigkeiten. Die theoretischen Häufigkeiten np_i dürfen nicht zu klein sein. Eine Faustregel verlangt $np_i \geq 5$. Ist für einige Klassen diese Forderung nicht erfüllt, muß man durch geeignete Wahl der Klassengrenzen die Klassen so weit verbreitern, daß $np_i \geq 5$ für alle Klassen gilt.
   Nach PEARSON konvergiert die Verteilung der Prüfgröße bei gültiger Hypothese H für $n \to \infty$ gegen die χ^2-Verteilung mit $m = k - 1 - r$ Freiheitsgraden. Darin ist $k - 1$ die um eins verminderte Klassenanzahl (mit einer entsprechenden

[1] KARL PEARSON (1857 bis 1936) Mathematiker in London

Begründung wie im Abschnitt 12.6.2.2) und r die Anzahl der Parameterschätzwerte, die aus der Stichprobe gewonnen wurden.

5. Schließlich ist nach Vorgabe einer Irrtumswahrscheinlichkeit α durch

$$P(\chi^2_{\mathrm{e}} \geq \chi^2_{m;\alpha}) = \alpha$$

der kritische Bereich zu bestimmen, in dem H abgelehnt wird. Offensichtlich ist es sinnvoll, daß große Werte der Testgröße χ^2, d. h. große Differenzen zwischen den empirischen und den theoretischen Häufigkeiten, die Ablehnung der Hypothese bewirken. Der kritische Wert $\chi^2_{m;\alpha}$ kann der Tabelle A5 entnommen werden.

Demnach wird für $\chi^2_{\mathrm{e}} \geq \chi^2_{m;\alpha}$ die Hypothese H abgelehnt, für $\chi^2_{\mathrm{e}} < \chi^2_{m;\alpha}$ wird H nicht abgelehnt.
Die folgende Übersicht faßt die Schritte des χ^2-Anpassungstests zusammen.

Hypothese H:	$F(x) = F_0(x)$	
Testgröße:	$\chi^2_{\mathrm{e}} = \sum\limits_{i=1}^{k} \dfrac{(h_i - np_i)^2}{np_i}$	
Kritischer Wert:	$\chi^2_{m;\alpha}$ aus Tabelle A5	
Test:	$\chi^2_{\mathrm{e}} \geq \chi^2_{m;\alpha}$	H wird abgelehnt
	$\chi^2_{\mathrm{e}} < \chi^2_{m;\alpha}$	H wird nicht abgelehnt.

Darin bedeuten:
n Anzahl aller Beobachtungswerte
k Anzahl der Klassen
h_i absolute Häufigkeit der in der i-ten Klasse enthaltenen Stichprobenwerte
p_i theoretische Wahrscheinlichkeit $F_0(g_i) - F_0(g_{i-1})$ für die Zugehörigkeit zur i-ten Klasse
m Anzahl der Freiheitsgrade, wobei $m = k - 1 - r$
r Anzahl der für $F_0(x)$ benötigten und aus der Stichprobe geschätzten Parameter.

Beispiel 12.52

Betrachtet wird ein Pumpentyp, dessen Funktionsdauer T (Zeit von der Inbetriebnahme bis zum ersten Ausfall) als weibullverteilt mit dem Formparameter $\alpha = 2$ angenommen wird (s. auch Beispiel 12.43). An 200 Pumpen dieses Typs wurde die Funktionsdauer beobachtet. Die Anzahl h_i der innerhalb der Zeitintervalle $g_{i-1} \leq T \leq g_i$ ausgefallenen Pumpen ist in Tabelle 12.4 angegeben. Kann mit einer statistischen Sicherheit von $0,95$ angenommen werden, daß die Funktionsdauer der Pumpen einer Weibull-Verteilung mit dem Formparameter $\alpha = 2$ genügt?

Lösung:

Aus der statistischen Sicherheit $\varepsilon = 1 - \alpha = 0,95$ folgt die Irrtumswahrscheinlichkeit $\alpha = 0,05$. Zu bemerken ist, daß die Irrtumswahrscheinlichkeit und der Formparameter der Weibullverteilung beide mit dem Symbol α bezeichnet werden. Der Formparameter ist jedoch mit $\alpha = 2$ festgelegt. Damit tritt das Symbol α in der Rechnung dieses Beispiels in dieser Bedeutung nicht mehr auf.
Der Test vollzieht sich in den folgenden Schritten.

Tabelle 12.4

Funktionsdauer T (in h) $g_{i-1} \dots g_i$	Anzahl der Ausfälle h_i
0 ... 500	2
500 ... 1000	9
1000 ... 1500	16
1500 ... 2000	21
2000 ... 2500	28
2500 ... 3000	30
3000 ... 3500	27
3500 ... 4000	25
4000 ... 4500	18
4500 ... 5000	15
5000 ... 5500	8
5500 ... 6000	1

1. Die Hypothese lautet unter Beachtung von (12.130)

   $$H\colon\ F_0(t) = 1 - \mathrm{e}^{-\left(\frac{t}{\hat{\beta}}\right)^2}$$

   Darin ist $\hat{\beta}$ ein aus der Stichprobe zu ermittelnder Schätzwert für β.
2. Die Klasseneinteilung und die absoluten Häufigkeiten h_i sind bereits gegeben. Zur Schätzung des Parameters β ersetzt man den Erwartungswert $E(T)$ durch das Stichprobenmittel $\bar{t}$ und erhält aus (12.131) und Tabelle 12.3 in 12.4.3.4

   $$\beta = \frac{E(T)}{0,886} \qquad \text{und} \qquad \hat{\beta} = \frac{\bar{t}}{0,886}.$$

   $\bar{t}$ ist nach (12.17) mit den Klassenmitten $\hat{t}_i$ zu berechnen. Im Beispiel ist $\bar{t} = 2932,5$ und $\hat{\beta} \approx 3310$. Die weitere Rechnung ist aus Tabelle 12.5 ersichtlich.
3. Die Wahrscheinlichkeiten p_i berechnen sich aus

   $$p_i = F_0(g_i) - F_0(g_{i-1}) \qquad \text{mit } F_0(t) = 1 - \mathrm{e}^{-\left(\frac{t}{3310}\right)^2}$$

4. Wegen zu niedriger theoretischer Häufigkeiten ($np_1 < 5$ bzw. $np_{12} \approx 5$) werden die beiden ersten und die beiden letzten Klassen zu je einer zusammengefaßt. Die Klassenanzahl verringert sich dadurch auf $k = 10$. Die Summe der letzten Spalte liefert die Testgröße $\chi^2_\mathrm{e} = 10,62$
5. Da aus der Stichprobe ein Schätzwert, nämlich $\hat{\beta}$, ermittelt wurde, ist $r = 1$ und die Zahl der Freiheitsgrade $m = k - 1 - r = 8$. In der Tabelle A5 findet man für $m = 8$ und $\alpha = 0,05$ den kritischen Wert $\chi^2_{8;0,05} = 15,51$
6. Der Test ergibt

   $$\chi^2_\mathrm{e} = 10,62 < 15,51,$$

   d. h., die Hypothese H wird nicht abgelehnt. Die Stichprobe liefert keine Gründe, die gegen die Annahme einer Weibull-Verteilung mit $\beta = 3310$ h und dem Formparameter $\alpha = 2$ sprechen.

Tabelle 12.5

i	Klassengrenzen $g_{i-1} \ldots g_i$	Klassenmitten $\hat{t}_i$	h_i	$F_0(g_i) = 1 - e^{-\left(\frac{g_i}{3310}\right)^2}$	$p_i = F_0(g_i) - F_0(g_{i-1})$	np_i	$\frac{(h_i - np_i)^2}{np_i}$
1	0 … 500	250	2 } 11	0,0226	0,0226	4,52 } 17,44	2,38
2	500 … 1000	750	9	0,0872	0,0646	12,92	
3	1000 … 1500	1250	16	0,1857	0,0985	19,70	0,69
4	1500 … 2000	1750	21	0,3059	0,1202	24,04	0,38
5	2000 … 2500	2250	28	0,4347	0,1288	25,76	0,19
6	2500 … 3000	2750	30	0,5602	0,1255	25,10	0,96
7	3000 … 3500	3250	27	0,6731	0,1129	22,58	0,87
8	3500 … 4000	3750	25	0,7679	0,0948	18,96	1,92
9	4000 … 4500	4250	18	0,8425	0,0746	14,92	0,64
10	4500 … 5000	4750	15	0,8979	0,0554	11,08	1,39
11	5000 … 5500	5250	8 } 9	0,9368	0,0389	7,78 } 12,94	1,20
12	5500 … 6000	5750	1	0,9626	0,0258	5,16	
$\sum$			200				$10,62 = \chi_e^2$

12.6.3.2 Kolmogorov-Test

Dieser Test verfolgt das gleiche Ziel wie der χ^2-Test. Er prüft, ob die Grundgesamtheit einem vorgegebenen Verteilungstyp genügt. Dieser muß jedoch, anders als beim χ^2-Test, vollständig bekannt sein, d. h., die Parameter der zu prüfenden Verteilungsfunktion müssen festliegen. Außerdem ist der Kolmogorov-Test nur auf Verteilungsfunktionen stetiger Zufallsgrößen anwendbar, wogegen der χ^2-Test dieser Einschränkung nicht unterliegt. Damit bietet sich der Kolmogorov-Test immer dann an, wenn bei stetigen Zufallsgrößen der χ^2-Test nicht brauchbar ist, etwa weil die Klassenzahl zu gering ist, weil die Bedingung $np_i \geq 5$ nicht erfüllt werden kann oder weil der Stichprobenumfang n zu klein ist.

Die Voraussetzungen für die Anwendbarkeit des Kolmogorov-Tests lauten zusammengefaßt:

- Verteilungsfunktion $F_0(x)$ muß stetig und vollständig festgelegt sein, d. h., sie darf keine unbekannten Parameter enthalten,
- die Beobachtungswerte dürfen nicht in Klassen eingeteilt sein,
- die Beobachtungswerte $x_1 \leq x_2 \leq \ldots \leq x_i \leq \ldots \leq x_n$ seien bereits der Größe nach geordnet.

Zu prüfen ist die Hypothese H: $F(x) = F_0(x)$ bei einer vorgegebenen Irrtumswahrscheinlichkeit α. Der Test erfolgt wie in den zuvor beschriebenen Fällen durch Vergleich einer Testgröße D_n mit einem kritischen Wert $\lambda_{n;\alpha}$. Ihm liegt der Gedanke zugrunde, daß die aus der Stichprobe gewonnene *empirische Verteilungsfunktion*

$$W_n(x) = \frac{1}{n} \sum_{x_j < x} h_j \qquad (12.161)$$

als Schätzung der hypothetischen Verteilungsfunktion $F_0(x)$ dienen kann (Bild 12.28a). $W_n(x)$ ist eine Treppenfunktion, an deren Sprungstellen x_i der untere Stufenwert als Funktionswert $W_n(x_i)$ angenommen wird (Bild 12.28b).

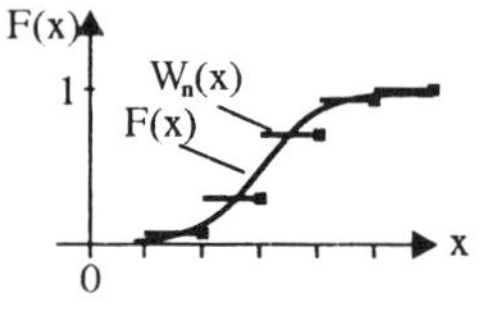

Bild 12.28a

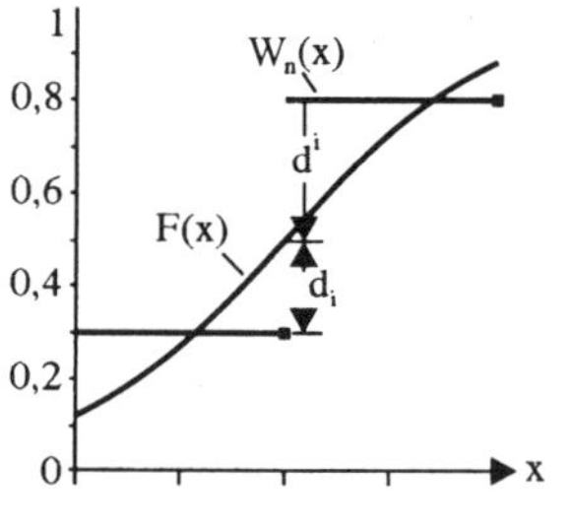

Bild 12.28b

Zur Berechnung der Testgröße D_n wird die maximale Abweichung zwischen der empirischen und der hypothetischen Verteilungsfunktion ermittelt:

$$D_n = \max_{-\infty < x < +\infty} |W_n(x) - F_0(x)| \qquad (12.162)$$

Diese kann nur an einer der Sprungstellen x_i liegen (Bild 12.28b). Daher sind an allen Sprungstellen die Differenzen zwischen dem hypothetischen Wert $F_0(x_i)$ und sowohl dem unteren Stufenwert $W_n(x_i)$ als auch dem oberen Stufenwert $W_n(x_{i+1})$ zu bestimmen (i ist unterer bzw. oberer Index):

$$d_i = |W_n(x_i) - F_0(x_i)| \tag{12.163a}$$

$$d^i = |W_n(x_{i+1}) - F_0(x_i)| \tag{12.163b}$$

Gemäß (12.127) erhält man damit die Testgröße D_n aus

$$D_n = \max_i(d_i, d^i) \tag{12.164}$$

Für die praktische Rechnung empfiehlt sich ein Schema in der im Beispiel 12.53 gezeigten Art. Die Testgröße D_n ist darin der in den Spalten d_i bzw. d^i als größte Abweichung markierte Wert. Der kritische Wert $\lambda_{n;\alpha}$ ist bei vorgegebener Irrtumswahrscheinlichkeit α durch

$$P(D_n \geq \lambda_{n;\alpha}) = \alpha$$

bestimmt und aus Tabelle A6 ablesbar. Bei zu großen Abweichungen zwischen empirischer und hypothetischer Verteilung wird die Hypothese H abgelehnt. Zusammengefaßt sind im Kolmogorov-Anpassungstest die folgenden Schritte auszuführen:

Hypothese H :	$F(x) = F_0(x)$	
Testgröße:	$D_n = \max_i(d_i, d^i)$	
	mit d_i, d^i nach (12.163 a und b)	
kritischer Wert:	$\lambda_{n;\alpha}$ aus Tabelle A6	
Test:	$D_n \geq \lambda_{n;\alpha}$	H wird abgelehnt
	$D_n < \lambda_{n;\alpha}$	H wird nicht abgelehnt.

Als Vorteil des Kolmogorov-Tests ist zu erkennen, daß in ihm alle n Beobachtungswerte berücksichtigt werden und er daher auch für kleine Stichprobenumfänge anwendbar ist. Für in Klassen eingeteilte Beobachtungswerte ist der Kolmogorov-Test nicht geeignet. Wird er trotzdem auf gruppierte Beobachtungswerte angewandt, ist die Vertrauenswürdigkeit seiner Aussage gering. Sie wird um so besser, je schmaler die Klassenbreiten sind.

Beispiel 12.53

Die menschliche Körperlänge X ist eine stetige Zufallsgröße. Die übliche Angabe in cm ist lediglich ein Problem der Messung. Kann man mit einer Irrtumswahrscheinlichkeit $\alpha = 0,05$ annehmen, daß die im Beispiel 12.12 angegebene Beobachtungsreihe einer normalverteilten Grundgesamtheit mit den Parametern $\mu = 180$ cm und $\sigma = 6,4$ cm entstammt?

Lösung:

Die primäre Verteilungstafel (Tabelle 12.1 in 12.2.2) enthält die Beobachtungswerte bereits in geordneter Reihenfolge. Die Hypothese „X ist $N(180; 6,4)$-verteilt" ist identisch mit der durch die Transformation $U = \dfrac{X - 180 \text{ cm}}{6,4 \text{ cm}}$ erzeugten Hypothese: „U ist $N(0; 1)$-verteilt". Die weitere Rechnung ist anhand der Tabelle 12.6 nachvollziehbar.

Der Maximalwert der letzten beiden Spalten ist $D_n = \max_i(d_i, d^i) = 0,140$. In Tabelle A6 kann man für $n = 21$ und $\alpha = 0,05$ den kritischen Wert $\lambda_{21;0,05} = 0,287$ ablesen. Wegen $0,140 < 0,287$ wird die Hypothese nicht abgelehnt.

Tabelle 12.6

i	Beob.-Werte x_i (in cm)	h_i	$W_i = W_n(x_i)$	$u_i = \frac{x_i - \mu}{s}$	$\Phi_i = \Phi(u_i)$	$d_i = \lvert W_i - \Phi_i \rvert$	$d^i = \lvert W_{i+1} - \Phi_i \rvert$
1	165	1	0	−2,34	0,010	0,010	0,038
2	169	1	0,048	−1,72	0,043	0,005	0,052
3	175	1	0,095	−0,78	0,218	0,123	0,075
4	176	1	0,143	−0,63	0,264	0,121	0,074
5	177	1	0,190	−0,47	0,319	0,129	0,081
6	178	2	0,238	−0,31	0,378	0,140	0,045
7	179	1	0,333	−0,16	0,433	0,100	0,052
8	180	4	0,281	0,00	0,500	0,119	0,071
9	181	2	0,571	0,16	0,567	0,004	0,100
10	182	2	0,667	0,31	0,622	0,045	0,140
11	183	1	0,762	0,47	0,681	0,081	0,129
12	184	1	0,810	0,63	0,739	0,074	0,121
13	188	1	0,857	1,25	0,894	0,037	0,011
14	192	1	0,905	1,88	0,970	0,065	0,018
15	193	1	0,952	2,03	0,979	0,027	0,021

Anmerkung zu den Abschnitten 12.5 und 12.6:

Es ist nicht Absicht und im Rahmen dieses Buches auch nicht möglich, auf die Vielgestaltigkeit der Betrachtungsweisen innerhalb der mathematischen Statistik einzugehen. Sowohl Schätzverfahren als auch statistische Tests sind in großer Zahl unter Berücksichtigung vieler Details bekannt. Hier sollte nur die grundsätzliche Arbeitsweise gezeigt werden. Für tiefer- und weitergehende Betrachtungen muß entsprechende Spezialliteratur herangezogen werden.

12.7 Korrelation zweier Merkmale

In den vorangehenden Abschnitten wurde stets nur ein Merkmal beobachtet. Bei der praktischen Auswertung von Messungen tritt oft der Fall auf, daß mehrere Merkmale gleichzeitig gemessen werden. Die folgenden Betrachtungen beschränken sich auf die Beobachtung zweier Merkmale, die durch die Zufallsgrößen X und Y beschrieben werden. Dabei interessiert die Frage, ob zwischen diesen Zufallsgrößen ein Zusammenhang besteht und welcher Art dieser Zusammenhang ist. Häufig

stößt man dann auf Formulierungen wie
- je schneller, desto teurer,
- je kälter, desto größerer Verbrauch,
- je älter, desto störanfälliger.

Das deutet auf einen linearen Zusammenhang hin, auf dessen Beschreibung mit Hilfe einer Geraden, der sogenannten Regressionsgeraden, im Abschnitt 13.2.4 eingegangen wird. Im folgenden soll die Darstellung und der Grad des Zusammenhangs untersucht werden, falls ein solcher zwischen den Merkmalen X und Y besteht. Da bei jeder Messung zwei Werte x_i, y_i anfallen, bietet sich zur Darstellung der Meßergebnisse eine *zweidimensionale Häufigkeitstabelle* oder geometrisch die Darstellung als Punktwolke in einem zweidimensionalen Koordinatensystem an.

Beispiel 12.54

Die Studienarbeiten von 54 Studenten werden von zwei Prüfern unabhängig voneinander benotet. Dabei kann ein und dieselbe Arbeit mit unterschiedlichen Noten bewertet werden. Die folgende zweidimensionale Häufigkeitstabelle gibt an, wie oft die möglichen Notenpaare (x_i, y_i) vergeben werden (Tabelle 12.7).

Tabelle 12.7

Note von	Note von X					
Y	1	2	3	4	5	h_i^Y
5	0	0	1	2	1	4
4	0	2	5	6	2	15
3	1	3	8	4	0	16
2	1	5	4	1	0	11
1	2	3	3	0	0	8
h_i^X	4	13	21	13	3	54

Die Zeilensummen h_i^Y bzw. die Spaltensummen h_i^X geben die empirischen Verteilungen des Merkmals Y bzw. des Merkmals X an. Sie werden als *Randverteilungen* bezeichnet. Mit ihrer Hilfe kann man nach (12.16) die arithmetischen Mittel $\overline{x} = 2,96$, $\overline{y} = 2,93$ und nach (12.21) die empirischen Standardabweichungen $s_x = 1,02$ bzw. $s_y = 1,39$ berechnen. Beim Betrachten der Häufigkeitstabelle kann man insofern einen linearen Zusammenhang (eine lineare Korrespondenz) zwischen den Noten X und den Noten Y vermuten, als in der Diagonale von links unten nach rechts oben die größten Häufigkeiten auftreten.

Beispiel 12.55

Zwischen zwei technischen Größen X, Y wird ein linearer Zusammenhang vermutet. Eine Messung liefert die folgenden 10 Wertepaare (s. auch Beispiel 13.7)

x_i	4	6	8	10	12	14	16	18	20	22
y_i	3,8	7,1	7,8	6,2	11,0	9,8	12,1	10,8	13,6	16,2

Die zugehörige Punktwolke ist in Bild 13.8 dargestellt. Man erhält nach (12.15) $\overline{x} = 13$, $\overline{y} = 9,84$ und nach (12.20) $s_x = 6,06$, $s_y = 3,70$.

Die betrachteten Beispiele zeigen, daß mit den bisher verfügbaren Mitteln für jedes Merkmal für sich die entsprechenden Kenngrößen berechenbar sind.

Um den Grad des stochastischen Zusammenhangs zwischen den Merkmalen X und Y zu beschreiben, bedarf es weiterer Kenngrößen. Die folgenden Definitionen gelten unter der Voraussetzung, daß zwischen den Merkmalen X und Y ein linearer Zusammenhang angenommen werden kann.

Definition

Unter der **empirischen Kovarianz** zwischen den Merkmalen X und Y versteht man die Maßzahl

$$s_{xy} = \frac{1}{n-1} \sum_{i=1}^{n} (x_i - \overline{x})(y_i - \overline{y}) \tag{12.165}$$

Offensichtlich lehnt sich diese Definition an die der **empirischen Varianz** (12.20) an, verknüpft aber durch die Produkte $(x_i - \overline{x})(y_i - \overline{y})$ die beiden Merkmale miteinander.

Definition

Als Maßzahl für die Abhängigkeit der Merkmale X und Y wird der **empirische Korrelationskoeffizient**

$$r = \frac{s_{xy}}{s_x \cdot s_y} = \frac{\sum_{i=1}^{n} (x_i - \overline{x})(y_i - \overline{y})}{\sqrt{\sum_{i=1}^{n} (x_i - \overline{x})^2 \cdot \sum_{i=1}^{n} (y_i - \overline{y})^2}} \tag{12.166}$$

vereinbart.

Der Korrelationskoeffizient r hat die Eigenschaft

$$-1 \leq r \leq 1 \tag{12.167}$$

Er ist ein Maß dafür, wie eng sich die Meßpunkte einer Geraden annähern.

Bei $r > 0$ spricht man von einer gleichsinnigen Korrelation, d. h., zu größeren Werten von X gehören auch größere Werte von Y. Die Gerade ist monoton wachsend.

$r < 0$ ist gleichbedeutend mit einer gegensinnigen Korrelation, d. h., größeren Werten von X entsprechen kleinere Werte von Y. Die Gerade ist monoton fallend.

Für $r = 1$ bzw. $r = -1$ liegen alle Meßpunkte auf einer Geraden. Damit wird der höchstmögliche Grad des linearen Zusammenhangs ausgedrückt. Bei $r = 0$ besteht kein linearer Zusammenhang zwischen den Merkmalen.

Im Beispiel 12.54 ist $s_{xy} = 9,676$ und $r = 0,477$, d. h., es wird eine gleichsinnige Korrelation bestätigt, die jedoch nicht stark ausgeprägt ist.

Im Beispiel 12.55 ist $s_{xy} = 20,96$ und $r = 0,94$. Es besteht gleichsinnige Korrelation mit starker Ausprägung (Bild 13.8).

Betragsmäßig große Werte des Korrelationskoeffizienten deuten auf einen engen linearen Zusammenhang zwischen den Merkmalen X und Y hin. Ein solcher Schluß ist jedoch nur zulässig, wenn zwischen den Merkmalen auch ein sachlicher Zusammenhang besteht.

So wäre es ohne weiteres möglich, aus der beobachteten Abnahme der Luftschadstoffe und der Abnahme der Geburtenzahlen einen Zusammenhang mit betragsmäßig großem Korrelationskoeffizienten zu bestimmen. Aus sachlichen Gründen haben beide Erscheinungen nichts miteinander zu tun. Die Korrelation ist unzulässig. Weiterhin ist zu beachten, daß der Korrelationskoeffizient nur den Grad eines linearen Zusammenhangs bewertet. Über andersgeartete Zusammenhänge sagt der Korrelationskoeffizient nichts aus.

Die hier beschriebenen Aussagen gelten für die Ergebnisse einer Serie zufälliger Versuche, d. h. jeweils für eine Stichprobe. Für eine Aussage über die Eigenschaften einer Grundgesamtheit mit den Merkmalen X und Y bedarf es der folgenden Festlegungen.

Definition

Unter der **Kovarianz** der Zufallsgrößen X und Y versteht man den Erwartungswert

$$\mathrm{Cov}(X, Y) = \sigma_{xy} = E\left[(X - \mu_x)(Y - \mu_y)\right] \tag{12.168}$$

und unter dem **Korrelationskoeffizienten** die Größe

$$\varrho(X, Y) = \frac{\mathrm{Cov}(X, Y)}{\sqrt{V(X) \cdot V(Y)}} = \frac{\sigma_{xy}}{\sigma_X \cdot \sigma_Y} \tag{12.169}$$

Sind die Zufallsgrößen X und Y stochastisch unabhängig, so gilt $\mathrm{Cov}(X, Y) = 0$ und damit $\varrho(X, Y) = 0$. Die Zufallsgrößen X, Y heißen dann unkorreliert. Die Umkehrung gilt im allgemeinen nicht, d. h., aus $\varrho(X, Y) = 0$ kann nicht auf die stochastische Unabhängigkeit von X und Y geschlossen werden.

12.8 Anwendungen der Wahrscheinlichkeitsrechnung in der Zuverlässigkeitstheorie

12.8.1 Zuverlässigkeit von Elementen

Die *Zuverlässigkeit* ist ein in Technik und Wirtschaft oft gebrauchter Begriff. Man versteht darunter die Fähigkeit eines Gerätes, einer Baugruppe, eines Bauteils, allgemein eines Elements, unter definierten Bedingungen, insbesondere unter Einhaltung vorgegebener Parameter, eine gewisse Zeit t funktionsfähig zu bleiben.

Um den Begriff der Zuverlässigkeit mathematisch handhabbar zu machen, bedarf es einer Einengung, indem man ihn auf die Wahrscheinlichkeit der ausfallfreien Arbeit eines Elements oder eines Systems bis zu einem Zeitpunkt t beschränkt. Im folgenden werden zunächst die grundlegenden Begriffe erklärt.

Es ist erkennbar, daß die Zuverlässigkeit auf ein Objekt bezogen ist, das ein Element oder ein System sein kann, und von der Beobachtungsdauer, gerechnet von einem Anfangszeitpunkt bis zu einem aktuellen Zeitpunkt abhängt.

Als **Element** bezeichnet man ein Gerät, eine Baugruppe oder ein Bauteil, das bei der jeweiligen Betrachtung als kleinste Einheit behandelt wird. Maßgeblich dafür ist, daß es bei einem Ausfall als Ganzes ersetzbar ist. So kann beim Defekt eines Türschlosses z. B. die Zuhaltungsfeder, das Schloß oder die ganze Tür ersetzt werden. Je nach Betrachtungsweise kann jede dieser Einheiten als Element bezeichnet werden.

Ein **System** im Sinne der Zuverlässigkeitstheorie ist eine Menge gleichartiger oder unterschiedlicher Elemente, die funktionell derart miteinander verknüpft sind, daß sie zur Erfüllung einer Aufgabe des Systems beitragen. Einige Systemeigenschaften werden im Abschnitt 12.8.2 beschrieben.

Als grundlegende Zufallsgröße der Zuverlässigkeitstheorie tritt die Funktionsdauer auf. Unter der **Funktionsdauer** T eines Elements oder eines Systems versteht man die Zeit von der ersten Inbetriebnahme bis zum ersten Ausfall der betrachteten Einheit ohne Berücksichtigung von Stillstandszeiten. Auch die Zahl der gewollten oder ungewollten Außerbetriebnahmen und Neustarts bleibt dabei unberücksichtigt. So ist die Funktionsdauer einer Glühlampe nur die effektive Leuchtdauer vom ersten Einschalten bis zur Funktionsunfähigkeit. Die Funktionsdauer wird daher gewöhnlich nicht in Kalenderzeit sondern in Betriebszeit gemessen.

Die als **Ausfallwahrscheinlichkeit** $F(t)$ bezeichnete Verteilungsfunktion der zufälligen Funktionsdauer gibt die Wahrscheinlichkeit dafür an, daß das betrachtete Element vor Erreichen des Zeitpunktes t ausfällt. Es gilt

$$F(t) = P(T < t) \tag{12.170}$$

Die dazu komplementäre Wahrscheinlichkeit

$$R(t) = P(T \geq t) = 1 - F(t) \tag{12.171}$$

bezeichnet man als **Überlebenswahrscheinlichkeit**, *Intaktwahrscheinlichkeit* oder *Zuverlässigkeitsfunktion*. Sie gibt die Wahrscheinlichkeit dafür an, daß die betrachtete Einheit den Zeitpunkt t ausfallfrei überlebt. Demnach ist die *Zuverlässigkeit* (engl. reliability) aus mathematischer Sicht eine Wahrscheinlichkeit, genauer ein Funktionswert der Zuverlässigkeitsfunktion zum Zeitpunkt t. Typische Verläufe der Ausfallwahrscheinlichkeit $F(t)$ und der Überlebenswahrscheinlichkeit $R(t)$ in Abhängigkeit von der Betriebsdauer t sind im Bild 12.29 dargestellt.

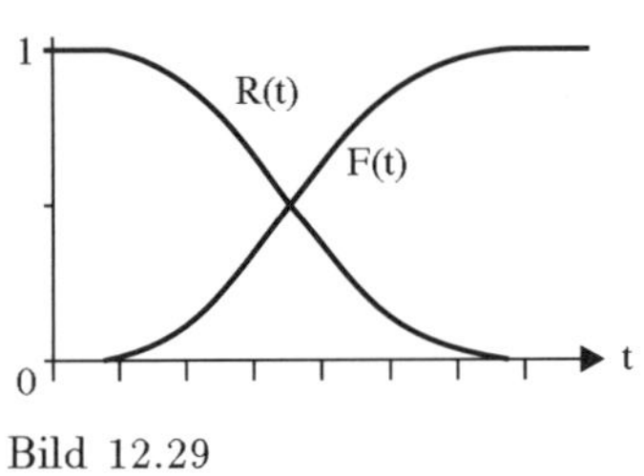

Bild 12.29

Als Funktionsdauerverteilung kommen nur solche Verteilungsfunktionen stetiger Zufallsgrößen in Frage, die bei $t = 0$ beginnen, für die also $F(0) = 0$ gilt. Das trifft u.a. für die Exponentialverteilung und für die Weibull-Verteilung zu, nicht aber für die Normalverteilung. Um dennoch die Normalverteilung zur Beschreibung von Funktionsdauern heranziehen zu können, macht man gelegentlich von der *linksseitig gestutzten Normalverteilung* Gebrauch, deren Definitionsbereich auf das Intervall $[0; +\infty)$ beschnitten ist. Ist $F(x; \mu, \sigma)$ die Verteilungsfunktion der Normalverteilung gemäß (12.109), so erhält man für die auf das Intervall $[0; +\infty)$ gestutzte Normalverteilung als Verteilungsfunktion

$$\tilde{F}(x) = \frac{F(x; \mu, \sigma) - F(0)}{1 - F(0)} \qquad (0 \leq x < +\infty) \tag{12.172}$$

und als Dichtefunktion

$$\tilde{f}(x) = \frac{\mathrm{d}\tilde{F}(x)}{\mathrm{d}x} = \frac{f(x; \mu, \sigma)}{1 - F(0)} \qquad (0 \leq x < +\infty) \tag{12.173}$$

Erwartungswert und Varianz dieser gestutzten Normalverteilung errechnen sich aus

$$\tilde{\mu}_X = \tilde{E}(X) = \frac{1}{1 - F(0)} \int\limits_0^{+\infty} x f(x; \mu, \sigma)\,\mathrm{d}x \tag{12.174}$$

bzw.

$$\tilde{\sigma}_X^2 = \tilde{V}(X) = \frac{1}{1 - F(0)} \int\limits_0^{+\infty} (x - \tilde{\mu}_X)^2 f(x; \mu, \sigma)\,\mathrm{d}x \tag{12.175}$$

Von besonderem Interesse ist oft der Erwartungswert $E(T) = \mu_T$ der Funktionsdauer T, auch als *mittlere Funktionsdauer* oder *MTBF* (mean time before failure) bezeichnet. Es gilt der

Satz

Ist die Verteilungsfunktion $F(t)$ der Funktionsdauer T differenzierbar und besitzt sie die stetige Dichtefunktion $f(t) = F'(t)$, so errechnet sich der Erwartungswert der Funktionsdauer aus

$$\mu_T = E(T) = \int\limits_0^{+\infty} R(t)\,\mathrm{d}t \tag{12.176}$$

Zum *Beweis* sei die folgende Rechnung angeführt. Aus (12.73) folgt für $t \in [0; +\infty)$ und $f(t) = F'(t)$

$$E(T) = \int\limits_0^{+\infty} t F'(t)\,\mathrm{d}t$$

und nach partieller Integration

$$E(T) = t\,F(t)|_0^{+\infty} - \int_0^{+\infty} F(t)\,\mathrm{d}t$$

Beachtet man darin $F(t) = 1 - R(t)$, so erhält man

$$E(T) = -t\,R(t)|_0^{+\infty} + \int_0^{+\infty} R(t)\,\mathrm{d}t$$

Wegen $\lim\limits_{t\to\infty} tR(t) = 0$ (z. B. für Exponentialverteilung $\lim\limits_{t\to\infty} \frac{t}{\mathrm{e}^{\lambda t}} = 0$) gilt

$$E(T) = \int_0^{+\infty} R(t)\,\mathrm{d}t.$$

Nach dieser Formel ist der Erwartungswert der Funktionsdauer geometrisch als Inhalt der Fläche interpretierbar, die von den Koordinatenachsen und der Kurve $R(t)$ begrenzt wird.

Für den Fall, daß die Betriebsdauer zu einem Zeitpunkt t_p durch eine prophylaktische Ersetzung des noch intakten Elements beendet wird, erhält man als Folgerung aus dem obigen Satz den *bedingten Erwartungswert*

$$E(T|T \leq t_p) = \int_0^{t_p} R(t)\,\mathrm{d}t \qquad (12.177)$$

Durch ihn wird die erwartete Funktionsdauer beschrieben, wenn das Element vor Erreichen des Zeitpunkts t_p ausfällt oder bei Erreichen von t_p absichtlich ersetzt wird.

Auf eine weitere wichtige Kenngröße stößt man, wenn man der folgenden Frage nachgeht: Ein Element werde zum Zeitpunkt t noch funktionsfähig angetroffen. Mit welcher Wahrscheinlichkeit fällt es im Intervall $(t, t + \Delta t)$ aus? Die Frage ist insbesondere für kleine Werte $\Delta t > 0$ sinnvoll. Man möchte damit die „Ausfallanfälligkeit" des Elements in der Nähe des Zeitpunkts t erkunden.

Zu berechnen ist die bedingte Wahrscheinlichkeit dafür, daß die Funktionsdauer früher als $t+\Delta t$ endet unter der Bedingung, daß sie mindestens t erreicht hat. Diese bedingte Wahrscheinlichkeit werde mit $F(t, t + \Delta t)$ bezeichnet. Unter Beachtung von (12.49) erhält man

$$\begin{aligned} F(t; t + \Delta t) &= P(T < t + \Delta t / T \geq t) = \frac{P\left[(T < t + \Delta t) \cap (T \geq t)\right]}{P(T \geq t)} \\ &= \frac{P(t \leq T < t + \Delta t)}{P(T \geq t)} = \frac{F(t + \Delta t) - F(t)}{1 - F(t)}, \end{aligned}$$

worin $F(t)$ die Verteilungsfunktion der Funktionsdauer T ist. Division durch $\Delta t > 0$ ergibt

$$\frac{F(t; t+\Delta t)}{\Delta t} = \frac{1}{1-F(t)} \cdot \frac{F(t+\Delta t) - F(t)}{\Delta t}$$

Für $\Delta t \to 0$ erhält man darin den Grenzwert

$$\lim_{\Delta t \to 0} \frac{F(t+\Delta t) - F(t)}{\Delta t} = F'(t) = f(t)$$

Letzteres folgt aus ((5.36), Bd. 1), falls $f(t)$ die Ableitung der differenzierbaren Funktion $F(t)$ ist. Der mit „Ausfallanfälligkeit" umschriebene Sachverhalt kann damit mathematisch korrekt definiert werden.

Definition

Ist $F(t)$ eine differenzierbare Verteilungsfunktion mit $F'(t) = f(t)$, so heißt der Grenzwert

$$\lambda(t) = \lim_{\Delta t \to 0} \frac{F(t; t+\Delta t)}{\Delta t} = \frac{f(t)}{1-F(t)} \tag{12.178}$$

Ausfallrate des Elements mit der durch $F(t)$ gekennzeichneten Funktionsdauer T.

Für kleines $\Delta t > 0$ läßt sich aus (12.178) die Näherung

$$\lambda(t) \cdot \Delta t \approx F(t; t+\Delta t) \tag{12.179}$$

ablesen. Das erlaubt die folgende Interpretation:

> Für kleines $\Delta t > 0$ ist $\lambda(t)\Delta t$ die Wahrscheinlichkeit dafür, daß ein Element mit dem Alter t im darauffolgenden kurzen Zeitintervall der Länge Δt ausfällt.

Wahrscheinlichkeitstheoretisch ist $\lambda(t)$ die Dichte der bedingten Ausfallwahrscheinlichkeit im Augenblick t unter der Bedingung, daß das Element bis zu diesem Zeitpunkt ausfallfrei arbeitete[1].

Nach (12.178) ist $\lambda(t)$ eine von der Betriebszeit t abhängige Funktion. Der Verlauf der zugehörigen Kurve gibt Auskunft über das zeitabhängige Ausfallverhalten des betrachteten Elements. Es werden drei Typen des Verlaufs unterschieden (Bild 12.30):

$\lambda'(t) < 0$ fallende (abnehmende) Ausfallrate
Typ DFR (decreasing failure rate)

$\lambda'(t) = 0$ konstante Ausfallrate
Typ CFR (constant failure rate)

$\lambda'(t) > 0$ wachsende (zunehmende) Ausfallrate
Typ IFR (increasing failure rate)

Der Typ DFR beschreibt Frühausfälle, die durch Anfangsschwierigkeiten (z. B. Montagefehler, Einlaufprobleme) kurz nach der Inbetriebnahme eines Elements

[1] s. Gnedenko; Beljaew; Solowjew: Mathematische Methoden der Zuverlässigkeitstheorie Bd. I, Berlin 1968

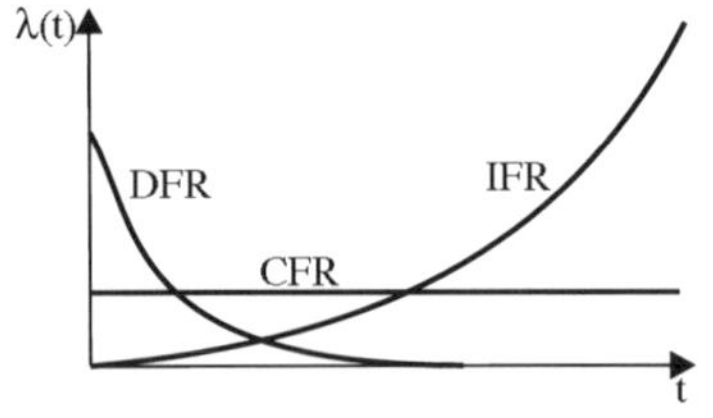

Bild 12.30

entstehen, später aber nicht mehr auftreten. Der Zustand des Elements bessert sich mit zunehmender Betriebszeit. Der Typ CFR beschreibt einen gleichbleibenden Zustand. Das Element wird mit zunehmendem Alter weder besser noch schlechter. Es nutzt sich nicht ab. Trotzdem können zufällige Ausfälle (etwa durch äußere, nutzungsfremde Einflüsse) auftreten.

Der Typ IFR ist charakteristisch für Abnutzungserscheinungen (Ermüdung, Korrosion, Verschleiß). Mit zunehmender Betriebszeit treten immer öfter *abnutzungsbedingte Ausfälle* auf. Elemente mit zunehmender Ausfallrate sind für Maßnahmen der prophylaktischen Instandhaltung geeignet. Bei fallender oder konstanter Ausfallrate wäre prophylaktischer Ersatz eines noch funktionsfähigen Elements durch ein neuwertiges Element sinnlos.

Die soeben beschriebenen Eigenschaften sind in der Regel nicht am einzelnen Element zu beobachten. Dazu bedarf es einer größeren Zahl gleichartiger Beobachtungsobjekte. Dann können die genannten drei Typen der Ausfallrate zeitlich nacheinander oder einander überlagernd auftreten. Das Ergebnis ist der in vielen praktischen Fällen zu beobachtende Verlauf der Ausfallrate, der durch die sogenannte „Badewannenkurve" beschrieben wird (Bild 12.31).

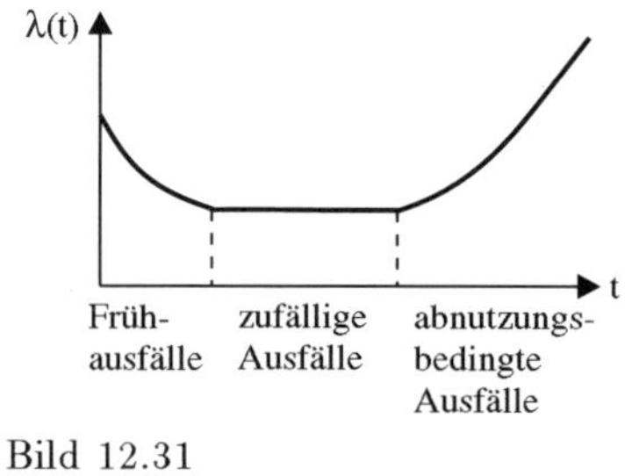

Bild 12.31

Beispiel 12.56

Die Funktionsdauer T eines Elements sei exponentialverteilt gemäß (12.123) mit $F(t) = 1 - \mathrm{e}^{-\lambda t}$ für $t \geq 0$. Zu bestimmen ist die Ausfallrate $\lambda(t)$.

Lösung:

Aus $F(t) = 1 - \mathrm{e}^{-\lambda t}$ und $f(t) = \lambda\,\mathrm{e}^{-\lambda t}$ folgt nach (12.178)

$$\lambda(t) = \frac{f(t)}{1 - F(t)} = \frac{\lambda\,\mathrm{e}^{-\lambda t}}{\mathrm{e}^{-\lambda t}} = \lambda,$$

d. h., die Exponentialverteilung ist durch die konstante Ausfallrate $\lambda(t) = \lambda$ gekennzeichnet. Damit erhält der Parameter λ der Exponentialverteilung eine sehr praktische Bedeutung.
Eine Folgerung dieser Eigenschaft besteht darin, daß Elemente mit exponentialverteilter Funktionsdauer nicht altern. Sie können zufällig ausfallen, ohne daß sich ihr Zustand verbessert oder verschlechtert hat.

Die Ausfallrate $\lambda(t)$, die Ausfallwahrscheinlichkeit $F(t)$ und die Überlebenswahrscheinlichkeit $R(t)$ sind durch die Formeln (12.178) und (12.171) miteinander verknüpft. Ist die Verteilungsfunktion $F(t)$ differenzierbar, so folgt aus (12.171) $R'(t) = -F'(t) = -f(t)$ und nach Einsetzen in (12.178)

$$\lambda(t) = -\frac{R'(t)}{R(t)} \tag{12.180}$$

Nach Multiplikation mit $R(t)$ erhält man daraus die lineare homogene Differentialgleichung 1. Ordnung

$$R'(t) + \lambda(t)R(t) = 0,$$

die als Bestimmungsgleichung für die unbekannte Funktion $R(t)$ zu betrachten ist. Trennung der Veränderlichen ergibt

$$\frac{\mathrm{d}R(t)}{R(t)} = -\lambda(t)\,\mathrm{d}t$$

und nach den Regeln der Integralrechnung folgt

$$R(t) = \mathrm{e}^{-\int\limits_0^t \lambda(\tau)\,\mathrm{d}\tau} \tag{12.181}$$

Setzt man

$$\Lambda(t) = \int\limits_0^t \lambda(\tau)\,\mathrm{d}\tau \tag{12.182}$$

so gilt

$$R(t) = \mathrm{e}^{-\Lambda(t)} \tag{12.183}$$

Dies ist ein Zusammenhang zwischen der Überlebenswahrscheinlichkeit $R(t)$ und der integrierten Ausfallrate $\Lambda(t)$. Genügt die Funktionsdauer T einer Weibull-Verteilung mit

$$F(t) = 1 - \mathrm{e}^{-\left(\frac{t}{\beta}\right)^\alpha},$$

so ist

$$R(t) = 1 - F(t) = \mathrm{e}^{-\left(\frac{t}{\beta}\right)^\alpha}$$

Zusammen mit (12.183) bedeutet das

$$\Lambda(t) = \left(\frac{t}{\beta}\right)^{\alpha} \tag{12.184}$$

Wegen (12.182), d. h. $\lambda(t) = \Lambda'(t)$, erhält man aus (12.184) für die Ausfallrate der Weibull-Verteilung

$$\lambda(t) = \frac{\alpha}{\beta}\left(\frac{t}{\beta}\right)^{\alpha-1} \tag{12.185}$$

Für den praktisch wichtigen Fall $\alpha = 2$ ergibt das einen linearen Verlauf mit dem konstanten Anstieg $\frac{2}{\beta^2}$. Für andere α-Werte ist aus (12.185) ablesbar:

$\lambda(t)$ ist fallend (DFR) für $\alpha < 1$
$\lambda(t)$ ist konstant (CFR) für $\alpha = 1$
$\lambda(t)$ ist wachsend (IFR) für $\alpha > 1$.

Damit bietet die Weibull-Verteilung die Möglichkeit, durch geeignete Wahl nur des Formparameters α die drei Typen der Ausfallrate $\lambda(t)$ nachzubilden.

Es bleibt jetzt noch die Frage offen, wie man Informationen über die genannten Zuverlässigkeitskenngrößen $F(t)$, $R(t)$, $\lambda(t)$, $\Lambda(t)$ gewinnt. Grundsätzlich genügt es, eine dieser Funktionen und deren Parameter zu kennen. Mit Hilfe der Gleichungen (12.171), (12.178), (12.180) bis (12.183) gelingt es, jede dieser Größen durch jede beliebige andere der genannten auszudrücken. Ein Weg des Informationsgewinns besteht in der Punktschätzung der Parameter (wie im Abschn. 12.5.2.1) und anschließendem Anpassungstest für $F(t)$ (wie im Beispiel 12.52). Aber auch die Schätzung der Funktionen $R(t)$ oder $\lambda(t)$ ist sinnvoll und möglich.

Ein Verfahren zur Schätzung von $R(t)$ besteht in der Beobachtung N gleichartiger Elemente bis zum Zeitpunkt t. Man notiert die Anzahl der Elemente, die bis zu diesem Zeitpunkt ausgefallen sind. Ist $n(t)$ die Anzahl der zum Zeitpunkt t noch nicht ausgefallenen Elemente, so stellt

$$\hat{R}(t) = \frac{n(t)}{N}$$

eine fallende Treppenfunktion (die sogenannte Abgangskurve), dar, die für hinreichend großen Beobachtungsumfang N als Schätzung der Zuverlässigkeitsfunktion $R(t)$ dienen kann (Bild 12.32):

$$R(t) \approx \frac{n(t)}{N} = \hat{R}(t) \qquad \text{für große } N. \tag{12.186}$$

In ähnlicher Weise kann $\lambda(t)$ geschätzt werden. Ersetzt man in (12.180) die Ableitung durch den Differenzenquotienten und beachtet (12.186), so erhält man die Näherung

$$\lambda(t) \approx \frac{1}{R(t)} \cdot \frac{R(t) - R(t+\Delta t)}{\Delta t} \approx \frac{\frac{n(t)}{N} - \frac{n(t+\Delta t)}{N}}{\frac{n(t)}{N} \cdot \Delta t} = \frac{n(t) - n(t+\Delta t)}{n(t) \cdot \Delta t}$$

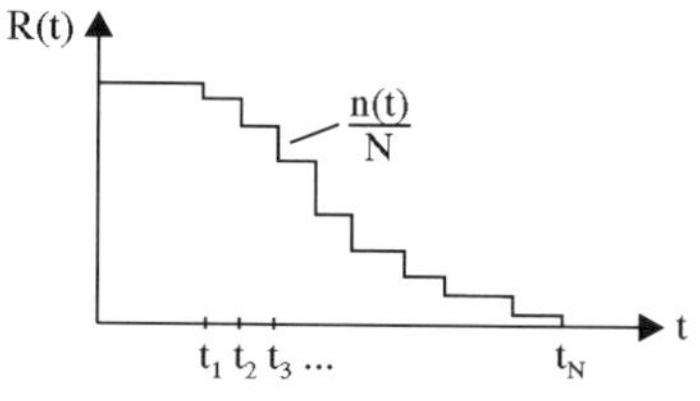

Bild 12.32

Wegen $n(t + \Delta t) < n(t)$ ist darin $\Delta n = n(t) - n(t + \Delta t)$ die Anzahl der während einer möglichst kurzen Zeit Δt ausfallenden Elemente.
Damit ist

$$\lambda(t) \approx \frac{\Delta n}{\Delta t} \cdot \frac{1}{n(t)} = \hat{\lambda}(t) \qquad \text{für große } N \tag{12.187}$$

eine *Schätzung der Ausfallrate*. $\hat{\lambda}(t)$ bezieht sich auf eine Beobachtungsdauer Δt im Anschluß an t und errechnet sich aus der Anzahl der je Zeiteinheit eingetretenen Ausfälle dividiert durch die Zahl der zum Zeitpunkt t noch nicht ausgefallenen Elemente.

Beispiel 12.57

Von 120 gleichartigen Rollen eines Gurtbandförderers sind in den ersten 1000 Betriebsstunden 14 Rollen ausgefallen. Während der nächsten 50 Stunden fallen 3 weitere Rollen aus. Die Ausfallrate ist zu schätzen.

Lösung:

Für $t = 1000$ h ist $n(t) = 120 - 14 = 106$, $\Delta n = 3$, $\Delta t = 50$ h. Das ergibt

$$\hat{\lambda}\Big|_{t=1000\ \text{h}} = \frac{3}{50\ \text{h}} \cdot \frac{1}{106} = 0,000566\ \text{h}^{-1}$$

Mit Hilfe derartiger Schätzungen lassen sich auch die Parameter einer Verteilungsfunktion bestimmen. Das folgende Beispiel zeigt, wie man aus zwei Punkten der Abgangskurve die Parameter α und β der Weibull-Verteilung bestimmen kann.

Beispiel 12.58

Anknüpfend an das vorige Beispiel ergibt eine entsprechend lange Beobachtung, daß nach 3000 Betriebsstunden insgesamt 81 Rollen erstmalig ausgefallen sind. (Es zählt nur der erste Ausfall jeder Rolle; der Weiterbetrieb nach einer Reparatur ist für die Problemlösung unwichtig). Für die Funktionsdauer T einer jeden Rolle wird die Weibull-Verteilung als zutreffend unterstellt. Ihre Parameter α und β sind zu schätzen.

Lösung:

Für die Weibull-Verteilung gilt $R(t) = \mathrm{e}^{-\left(\frac{t}{\beta}\right)^{\alpha}}$. Sind für zwei Zeitpunkte t_1 und t_2 die Werte $R(t_1)$ und $R(t_2)$ bekannt, so läßt sich das Gleichungssystem

$$\mathrm{e}^{-\left(\frac{t_1}{\beta}\right)^{\alpha}} = R(t_1) \qquad \text{und} \qquad \mathrm{e}^{-\left(\frac{t_2}{\beta}\right)^{\alpha}} = R(t_2)$$

nach α und β auflösen. Man erhält als Schätzwerte

$$\hat{\alpha} = \frac{\ln[-\ln R(t_1)] - \ln[-\ln R(t_2)]}{\ln t_1 - \ln t_2}$$

$$\hat{\beta} = t_2 \cdot [-\ln R(t_2)]^{-\frac{1}{\hat{\alpha}}}$$

Für die Beobachtungswerte $t_1 = 1000$ h, $t_2 = 3000$ h, $\hat{R}(t_1) = \frac{106}{120}$, $\hat{R}(t_2) = \frac{39}{120}$ folgt daraus

$$\hat{\alpha} = 2,006 \qquad \text{und} \qquad \hat{\beta} = 2830 \text{ h}.$$

Nach (12.131) und Tabelle 12.3 beträgt die zu erwartende Funktionsdauer einer Rolle $E(T) = 0,886 \cdot \hat{\beta} \approx 2507$ h

12.8.2 Zuverlässigkeit von Systemen

Aus der Vielzahl möglicher Systemkonfigurationen sind für Zuverlässigkeitsuntersuchungen Reihensysteme, Parallelsysteme und „k aus n"-Systeme besonders interessant. Ein „k aus n"-System ist dadurch charakterisiert, daß es funktionsfähig ist, solange von n vorhandenen Elementen noch k Elemente funktionsfähig sind. So bilden z. B. die Räder eines Personenkraftwagens ein „4 aus 5"-System, da das Fahrzeug fortbewegbar ist, solange von den 5 Rädern einschließlich Reserverad 4 Räder einsatzfähig sind. Reihensysteme und Parallelsysteme werden im folgenden näher betrachtet.

Funktionsdauer, Ausfallwahrscheinlichkeit und Zuverlässigkeit eines Systems sind abhängig von den entsprechenden Kenngrößen seiner Elemente und von der zuverlässigkeitslogischen Struktur des Systems. Es sollen einheitlich die folgenden Bezeichnungen gelten:

$F(t)$ Ausfallwahrscheinlichkeit, Verteilungsfunktion des Systems,
$R(t)$ Überlebenswahrscheinlichkeit, Zuverlässigkeitsfunktion des Systems,
$F_i(t)$ Ausfallwahrscheinlichkeit des i-ten Elements,
$R_i(t)$ Überlebenswahrscheinlichkeit des i-ten Elements,
jeweils bezogen auf den Betrachtungszeitpunkt t.

Reihensysteme

Ein Reihensystem, bestehend aus n gleichartigen oder unterschiedlichen Elementen ist durch die folgenden Merkmale gekennzeichnet:

- Das System fällt aus, wenn auch nur ein einziges Element ausfällt.
- Das System ist funktionsfähig, nur wenn alle Elemente funktionsfähig sind.

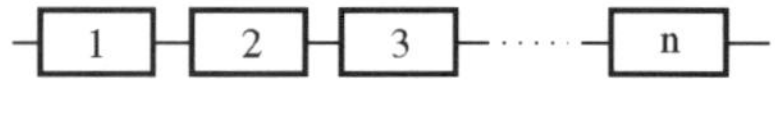

Bild 12.33

Dieser Sachverhalt wird durch das Bild 12.33 veranschaulicht. Demnach überlebt ein System einen beliebigen Zeitpunkt t, wenn jedes einzelne der n Elemente diesen

Zeitpunkt überlebt. Setzt man voraus, daß alle Elemente unabhängig voneinander sind, d. h. sich hinsichtlich des Ausfallverhaltens nicht gegenseitig beeinflussen, so folgt nach dem Multiplikationssatz für Wahrscheinlichkeiten (12.54):

$$R(t) = R_1(t) \cdot R_2(t) \cdot \ldots \cdot R_n(t) = \prod_{i=1}^{n} R_i(t) \tag{12.188}$$

und wegen (12.171):

$$F(t) = 1 - \prod_{i=1}^{n} [1 - F_i(t)] \tag{12.189}$$

Besteht das Reihensystem aus n gleichartigen Elementen mit $F_i(t) = F_0(t)$ für alle i, so gehen die soeben genannten Formeln in

$$R(t) = [R_o(t)]^n \tag{12.190}$$

$$F(t) = 1 - [1 - F_0(t)]^n \tag{12.191}$$

über. Überlebenswahrscheinlichkeit und Ausfallwahrscheinlichkeit eines Reihensystems werden demnach wesentlich von der Anzahl der Elemente bestimmt.

Beispiel 12.59

Ein Reihensystem bestehe aus 50 gleichartigen Elementen, die im wesentlichen durch Materialermüdung und Korrosion beansprucht werden (z. B. Masten einer Hochspannungsleitung). Die mittlere Funktionsdauer eines einzelnen Elements beträgt etwa 60 Jahre. Als Verteilungsfunktion wird die Weibull-Verteilung mit $\alpha_0 = 1,8$ unterstellt. Mit welcher Wahrscheinlichkeit überlebt das System
a) die ersten 10 Jahre
b) die ersten 20 Jahre ausfallfrei?

Lösung:

Aus (12.131) und Tabelle A3 folgt

$$\beta_0 = \frac{E(T)}{0,8893} = \frac{60 \text{ a}}{0,8893} \approx 67,5 \text{ a}$$

Die Überlebenswahrscheinlichkeit $R_0(t)$ des einzelnen Elements beträgt nach (12.171) und (12.130)
a) nach 10 Jahren $R_0(10 \text{ a}) = e^{-\left(\frac{10 \text{ a}}{67,5 \text{ a}}\right)^{1,8}} = 0,9683$
b) nach 20 Jahren $R_0(20 \text{ a}) = e^{-\left(\frac{20 \text{ a}}{67,5 \text{ a}}\right)^{1,8}} = 0,8941.$
Für die Überlebenswahrscheinlichkeit des Systems aus 50 Elementen ergibt sich daraus
a) nach 10 Jahren $R(10 \text{ a}) = 0,9683^{50} = 0,2003$
b) nach 20 Jahren $R(20 \text{ a}) = 0,8941^{50} = 0,0037$
Obwohl die Überlebenswahrscheinlichkeit des einzelnen Elements innerhalb des zweiten Jahrzehnts lediglich von 96,8 % auf 89,4 % sinkt, ist es nahezu aussichtslos, daß das System als Ganzes die ersten 20 Jahre ausfallfrei übersteht.

Eine wichtige Eigenschaft der Ausfallrate läßt sich aus (12.188) und (12.181) herleiten. Setzt man (12.181) in (12.188) ein und vergleicht die Exponenten, so erhält man

$$\int_0^t \lambda(\tau)\,\mathrm{d}\tau = \int_0^t [\lambda_1(\tau) + \lambda_2(\tau) + \ldots + \lambda_n(\tau)]\,\mathrm{d}\tau,$$

woraus folgt

$$\lambda(t) = \lambda_1(t) + \lambda_2(t) + \ldots + \lambda_n(t), \tag{12.192}$$

d. h., die Ausfallrate eines Reihensystems ist gleich der Summe der Ausfallraten der einzelnen Elemente. Diese Beziehung bestätigt mathematisch den bekannten Sachverhalt, daß ein System (insbesondere ein Reihensystem) um so anfälliger wird, je mehr Elemente es hat.

Parallelsysteme

Ein Parallelsystem besteht in der Regel aus n gleichartigen Elementen. In der Praxis existierende Parallelsysteme mit unterschiedlichen Elementen nutzen die Vorteile solcher Systeme, die in der Austauschbarkeit gleichartiger Elemente bestehen, nur ungenügend aus. Ein Parallelsystem, bestehend aus n Elementen, ist durch die folgenden Merkmale gekennzeichnet:

- Das System ist funktionsfähig, wenn mindestens ein Element funktionsfähig ist.
- Das System ist erst dann ausgefallen, wenn alle Elemente ausgefallen sind.

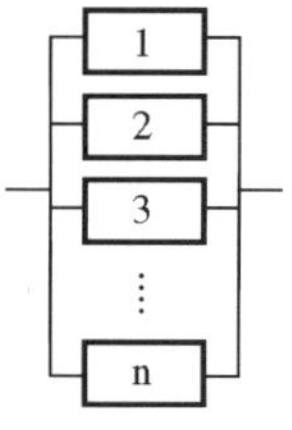

Bild 12.34

Bild 12.34 veranschaulicht diesen Sachverhalt. Zusätzlich soll angenommen werden, daß bei einem funktionsfähigen System alle Elemente gleichermaßen arbeiten und belastet werden, daß aber zur Erfüllung der Aufgabe des Systems ein funktionsfähiges Element ausreicht (heiße Reserve). Andere Fälle mit geringer belasteten oder unbelasteten Reserveelementen (warme bzw. kalte Reserve) sollen hier nicht betrachtet werden. Aus den Systemmerkmalen folgt nach dem Multiplikationssatz für Wahrscheinlichkeiten (12.54):

$$F(t) = F_1(t) \cdot F_2(t) \cdot \ldots \cdot F_n(t) = \prod_{i=1}^{n} F_i(t) \tag{12.193}$$

und wegen (12.171):

$$R(t) = 1 - \prod_{i=1}^{n} [1 - R_i(t)] \tag{12.194}$$

Für ein Parallelsytem aus n gleichartigen Elementen mit $F_i(t) = F_0(t)$ für alle i folgt daraus

$$F(t) = [F_0(t)]^n \tag{12.195}$$

$$R(t) = 1 - [1 - R_0(t)]^n \tag{12.196}$$

Parallelsysteme dienen der Zuverlässigkeitserhöhung bei wichtigen Aufgaben, da der Ausfall eines einzelnen Elements nicht sofort zum Systemausfall führt. Oft steht man bei dem Wunsch nach einer höheren Zuverlässigkeit vor der Wahl, die Zuverlässigkeit des einzelnen Elements durch technische Maßnahmen zu verbessern oder aber ein oder mehrere Reserveelemente vorzusehen. Letzteres ist in der Regel vorteilhafter.

Beispiel 12.60

Zur Erfüllung einer Versorgungsaufgabe arbeitet ein Element mit exponentialverteilter Funktionsdauer, deren Erwartungswert $E(T) = 2500$ h beträgt. Wie groß ist die Versorgungssicherheit (d. h. die Überlebenswahrscheinlichkeit) nach Ablauf dieser 2500 h? Wie erhöht sich die Versorgungssicherheit, wenn sechs derartige Elemente in einer Parallelschaltung gleichzeitig arbeiten?

Lösung:

Aus (12.125) erhält man $\lambda = \frac{1}{E(T)} = \frac{1}{2500 \text{ h}} = 0,0004 \text{ h}^{-1}$.

(12.171) liefert zusammen mit (12.124) als Überlebenswahrscheinlichkeit des Elements nach 2500 h

$R_0(2500 \text{ h}) = \mathrm{e}^{-\frac{2500 \text{ h}}{2500 \text{ h}}} = \mathrm{e}^{-1} = 0,3679.$

Für sechs parallel arbeitende Elemente folgt aus (12.196)

$R(2500 \text{ h}) = 1 - [1 - 0,3679]^6 = 0,9362.$

Das Beispiel zeigt, daß trotz eines verhältnismäßig unzuverlässigen Einzelelements durch Parallelschaltung mehrerer derartiger Elemente eine beachtliche Systemzuverlässigkeit über längere Zeit erreichbar ist.

Die Zuverlässigkeitstheorie ist ein wichtiges, aber nicht das einzige Anwendungsfeld der Wahrscheinlichkeitsrechnung. Als weitere Anwendungsgebiete seien die Bedienungstheorie, die Risikotheorie und die Versicherungsmathematik genannt. Viele in der Realität ablaufende Prozesse sind stochastisch und können mit den Methoden der Wahrscheinlichkeitsrechnung untersucht werden.

12.9 Aufgaben

12.1 Wieviele verschiedene Worte ergeben sich durch Umordnen der Buchstaben aus
a) DAME b) KLEE c) PURPUR d) RHODODENDRON

12.2 Ein Lieferant soll 8 verschiedene Kunden in beliebiger Reihenfolge beliefern. Wieviele Tourenpläne sind möglich?

12.3 Für ein Konzert, in dem 5 Musikstücke erklingen sollen, ist ein Programmzettel zu drucken. Wieviele verschiedene Reihenfolgen sind denkbar?

12.4 Wieviele dreistellige Zahlen lassen sich aus dem Ergebnis eines Wurfs mit drei Würfeln zusammensetzen?

12.5 Für eine Fußball-Liga mit 18 Mannschaften sollen die drei Mannschaften vorhergesagt werden, die nach dem Ende der Spielzeit einen der ersten drei Plätze einnehmen. Wieviele Möglichkeiten gibt es? Wie ändert sich die Zahl der Möglichkeiten, wenn Meister, Vizemeister und Drittplazierter vorherzusagen sind?

12.6 Elf Orte sollen direkt durch je einen Weg miteinander verbunden werden. Wieviele Wege sind nötig?

12.7 Für Kraftfahrzeug-Kennzeichen werden aus den Buchstaben des Alphabets (außer O und Q) alle nur möglichen Dreiergruppen gebildet. Jede dieser Buchstabenfolgen wird durch eine dreistellige Zahl ergänzt (außer 000). Wieviele Kraftfahrzeuge können auf diese Weise gekennzeichnet werden?

12.8 Aus einer größeren Zahl von Jungen und Mädchen sollen für Sportwettkämpfe Mannschaften zu je 5 Personen gebildet werden. Zugelassen sind gemischte Mannschaften, aber auch reine Jungen- bzw. reine Mädchenmannschaften. Auf wieviel verschiedene Arten können sich die Mannschaften aus Jungen und Mädchen zusammensetzen? Wie ändert sich die Anzahl der Möglichkeiten, wenn bei der Wahl in die Mannschaft gleichzeitig eine bestimmte Wettkampfposition festgelegt wird?

12.9 Wie lange müßte ein Fußballspiel dauern, wenn jeder Spieler innerhalb seiner Mannschaft in jeder Position einsetzbar ist und in jeder möglichen Aufstellung genau 2 Minuten gespielt werden?

12.10 In einer meteorologischen Station wurden in 33 aufeinanderfolgenden Jahren jeweils am 15. Oktober die folgenden Mittagstemperaturen (in Grad Celsius) gemessen:

12,2; 18,9; 9,3; 21,4; 13,6; 8,2; −1,2; 16,4; 4,3; 17,1; 16,5; 23,1; 11,8; 13,7; 9,8; 19,1; 18,0; 12,3; 12,8; 17,1; 13,0; 0,4; 10,3; 20,2; 13,6; 15,0; 11,7; 10,9; 19,3; 14,1; 12,5; 21,4; 18,5

Zu bestimmen sind

a) das arithmetische Mittel, der Median, die Spannweite und die Standardabweichung der Beobachtungsreihe

b) die sekundäre Verteilungstafel für Werte zwischen −5 und 25 mit einer Klassenbreite $d = 5$

c) die aus der sekundären Verteilungstafel resultierenden Kennwerte $\overline{x}^*$ und s^*

12.11 An 12 thermisch belasteten gleichartigen Heizelementen wird die Funktionsdauer beobachtet. Das erste Element fällt nach 257 Betriebsstunden aus. Die Funktionsdauern der übrigen Elemente betragen 326, 2851, 3205, 4512, 4788, 5213, 6925,

7260, 8472, 9556 und 9899 Betriebsstunden. Man bestimme das arithmetische Mittel $\overline{x}$, die empirische Standardabweichung s sowie den Variationskeffizienten v.

12.12 Jedem zu einem zufälligen Zeitpunkt eintretenden Ereignis (z. B. Geburt eines Kindes) kann ein Wochentag zugeordnet werden. Daneben können auch andere Tagesbezeichnungen wie z. B. Werktag, arbeitsfreier Tag, Feiertag zutreffen. Man betrachte zufällige Ereignisse der Art

T_1 : Tag x ist ein Montag

T_F : Tag y ist ein Feiertag

und überlege, welche dieser Ereignisse Elementarereignisse sind und welche ein vollständiges Ereignissystem bilden.

12.13 In einem Servicebetrieb arbeiten drei Bedienstationen unabhängig nebeneinander. Man betrachte die Zufallsgröße S = Anzahl der einsatzbereiten Stationen sowie die zufälligen Ereignisse $S_i = \{i\text{-te Station ist einsatzbereit}\}$ und beschreibe mit deren Hilfe die folgenden Situationen:

a) alle Stationen sind einsatzbereit,

b) mindestens eine Station ist einsatzbereit,

c) höchstens eine Station ist ausgefallen.

Wie lauten die komplementären Ereignisse zu a) bis c)?

12.14 Mit welcher Wahrscheinlichkeit wird bei einem Wurf mit zwei idealen Würfeln

a) mindestens eine Sechs,

b) nicht zwei Sechsen,

c) keine Sechs gewürfelt?

12.15 Mit welcher Wahrscheinlichkeit wird aus einem vollständigen Kartensatz eines Skatspiels (Beispiel 12.15) bei einem Zug

a) eine Kreuz-Karte,

b) eine rote Karte,

c) ein As oder ein Bube,

d) eine Zahl oder ein Bild

und bei zwei aufeinanderfolgenden Zügen

e) ein As und ein Bube,

f) ein As und noch ein As,

g) eine rote Karte und eine schwarze Karte gezogen?

12.16 Ein bestimmtes Zitat steht mit Gewißheit in einem von drei Büchern. Zur Auswahl stehen ein dickes Buch mit 520 Seiten, ein mittleres mit 360 Seiten und ein dünnes mit 120 Seiten. Mit welcher Wahrscheinlichkeit findet man das Zitat

a) im dicken Buch,

b) im mittleren Buch, wenn im dicken bereits vergeblich gesucht wurde?

12.17 Ein Kundendienst beschäftigt die Mitarbeiter A, B, C, D nach folgendem Dienstplan:

A montags, mittwochs, freitags

B dienstags, donnerstags, samstags

C montags, dienstags, mittwochs

D montags und freitags

Mit welcher Wahrscheinlichkeit trifft ein Kunde, der ohne Kenntnis des Kalenders an einem beliebigen Tag vorspricht,

a) genau zwei Mitarbeiter,

b) mindestens zwei Mitarbeiter,

c) keinen Mitarbeiter,

d) den Mitarbeiter B,

e) den Mitarbeiter B oder den Mitarbeiter C,

f) den Mitarbeiter A oder den Mitarbeiter B,

g) den Mitarbeiter A und den Mitarbeiter B an?

12.18 In einem Restaurant befinden sich 8 Tische zu je 4 Plätzen. Einer der Plätze ist durch einen Gast besetzt. Ein zweiter Gast entscheidet sich völlig willkürlich für einen Platz. Mit welcher Wahrscheinlichkeit sitzen beide Gäste am gleichen Tisch?

12.19 In einem Fuhrpark sind 120 Lastkraftwagen und 40 Autobusse stationiert. Die Wahrscheinlichkeit, daß eine technische Überprüfung zu einer Beanstandung führt, beträgt bei Lastkraftwagen $0,86$, bei Autobussen $0,94$. Mit welcher Wahrscheinlichkeit

a) wird ein beliebiges Fahrzeug beanstandet,

b) ist ein beanstandetes Fahrzeug ein Autobus?

12.20 Auf einer Eisenbahnstrecke verkehren täglich 60 Schnellzüge, 48 Nahverkehrszüge und 20 Güterzüge. Die Wahrscheinlichkeit für eine pünktliche Ankunft am Zielbahnhof beträgt bei Schnellzügen $0,95$, bei Nahverkehrszügen $0,85$ und bei Güterzügen $0,75$. Mit welcher Wahrscheinlichkeit

a) kommt ein beliebiger Zug pünktlich an,

b) ist ein pünktlich ankommender Zug ein Nahverkehrszug?

12.21 Bei einer Prüfung sind 10 Fragen zu beantworten. Für jede Frage sind drei Antworten A, B oder C zur Auswahl gestellt. Mit welcher Wahrscheinlichkeit besteht ein Prüfling, der die Antworten völlig willkürlich ankreuzt, die Prüfung, wenn dafür

a) 6 richtige Antworten

b) 9 richtige Antworten

verlangt werden? Wieviele richtige Antworten kann man im Mittel erwarten?

12.22 Erfahrungsgemäß sind bei der Produktion bestimmter Werkstücke $99,3\ \%$ qualitätsgerecht. Mit welcher Wahrscheinlichkeit enthält ein Lieferposten von 100 Werkstücken

a) kein Ausschußstück,

b) genau 2 Ausschußstücke,

c) höchstens 2 Ausschußstücke

bei Anwendung der Binomialverteilung bzw. der Poisson-Verteilung?

12.23 Beim Transport empfindlicher Güter gehen im Mittel $0,6\ \%$ zu Bruch. Mit welcher Wahrscheinlichkeit findet der Empfänger einer Sendung von 1000 Stücken

a) keine Bruchstücke

b) höchstens 2 Bruchstücke

c) mehr als 10 Bruchstücke vor?

d) Mit wieviel Bruchstücken muß er im Mittel rechnen?

12.24 Man zeige, daß die Funktion

$$f(x) = \begin{cases} \dfrac{x}{\pi} \cdot \sin x & \text{für } 0 \leq x \leq \pi \\ 0 & \text{sonst} \end{cases}$$

die Eigenschaft einer Dichtefunktion hat.

a) Welchen Erwartungswert hat eine Zufallsgröße X, die der zugehörigen Verteilung genügt?

b) Wie lautet die zugehörige Verteilungsfunktion F?

c) Mit welcher Wahrscheinlichkeit nimmt die Zufallsgröße X höchstens den Wert $\dfrac{\pi}{2}$ an?

12.25 Bei der Abfüllung flüssiger Farbe in zylindrische Gefäße mit einem Durchmesser von 10 cm ist eine Füllstandshöhe von 12,7 cm eingestellt. Die beobachtete Standardabweichung beträgt 0,3 cm. Mit welcher Wahrscheinlichkeit liegt der tatsächliche Inhalt zwischen 950 und 1050 cm^3, wenn die Füllstandshöhe als normalverteilte Zufallsgröße angenommen wird?

12.26 Beim Schnitt von Kanthölzern ergibt sich eine mittlere Länge von 4,82 m mit einer Standardabweichung von 0,24 m. Nachdem die Hölzer auf eine einheitliche Länge von 4 m geschnitten wurden, bleiben Reststücke übrig. Wieviel Prozent der Reststücke sind im Mittel länger als 1 m, wenn die Kantholzlänge als normalverteilt gelten kann?

12.27 Die Reparatur von Kraftfahrzeugen dauert im Mittel 3,8 Stunden. Mit welcher Wahrscheinlichkeit ist eine Reparatur nach spätestens 5 Stunden beendet, wenn die Reparaturdauer T exponentialverteilt ist?

12.28 In einem Raum arbeiten ununterbrochen drei Ventilatoren gleichen Typs, deren Funktionsdauer T einer Weibull-Verteilung mit den Parametern $\alpha = 2,2$ und $\beta = 5650$ h genügt. Man berechne

a) den Erwartungswert der Funktionsdauer eines derartigen Ventilators,

b) die Wahrscheinlichkeit dafür, daß ein solcher Ventilator mindestens 4380 h (= ein halbes Jahr) ausfallfrei arbeitet,

c) die Wahrscheinlichkeit dafür, daß der Raum nach 4380 h noch normgerecht klimatisiert ist, wenn dafür der Betrieb zweier Ventilatoren ausreicht.

12.29 Um die Ergiebigkeit einer Spendenaktion zu prognostizieren, wurden von 25 Testpersonen die folgenden Spenden (in DM) eingesammelt:

0,50; 5,00; 1,00; 5,00; 10,00; 20,00; 2,00; 6,00; 0,80; 0,51; 3,00; 4,00; 5,00; 1,00; 5,00; 10,00; 5,00; 3,00; 1,00; 2,50; 2,00; 5,00; 2,00; 1,00.

Man ermittle Schätzwerte für

a) den Parameter λ bei angenommener Exponentialverteilung der Spendenhöhe

b) die Parameter μ und σ bei angenommener Normalverteilung

c) die Parameter α und β bei angenommener Weibull-Verteilung (in grober Näherung).

12.30 Der Inhalt von Ampullen sei normalverteilt. Es wurden die folgenden Werte (in ml) gemessen:

$10,03;\ 10,00;\ 9,99;\ 10,01;\ 9,99;\ 9,98$

a) Man bestimme das Konfidenzintervall für μ bei einer statistischen Sicherheit von $0,95$.

b) Wie verändert sich das Konfidenzintervall, wenn die statistische Sicherheit auf $0,99$ erhöht wird?

12.31 Unter der Annahme, daß die in Aufgabe 12.10 angegebenen Mittagstemperaturen einer Normalverteilung genügen, soll mit einer Irrtumswahrscheinlichkeit $\alpha = 0,01$ die Hypothese H_1: $\mu = 13,50$ geprüft werden. Wie lautet die Entscheidung für H_2: $\mu = 12,00$ bzw. für H_3: $\mu = 11,00$? Wie wirkt sich die veränderte Irrtumswahrscheinlichkeit $\alpha = 0,1$ auf die Hypothesen H_1, H_2 und H_3 aus?

12.32 Kann man mit einer Irrtumswahrscheinlichkeit $\alpha = 0,1$ annehmen, daß die in Aufgabe 12.10 angegebenen Mittagstemperaturen einer $N(13,5; 5,6)$-Verteilung genügen?

12.33 Es ist zu prüfen, ob die in Aufgabe 12.29 genannte Spendenhöhe

a) einer Exponentialverteilung mit dem Parameter $\lambda = 0,24$

b) einer Normalverteilung mit den Parametern $\mu = 4,5$ und $\sigma = 4,0$

genügt. Als Irrtumswahrscheinlichkeit wird $\alpha = 0,1$ angenommen.

12.34 Man prüfe mit dem Kolmogorov-Test, ob die Annahme einer Normalverteilung mit $\mu = 10,0$ und $\sigma = 0,018$ für die Meßwerte in Aufgabe 12.30 gerechtfertigt ist, wenn eine Irrtumswahrscheinlichkeit $\alpha = 0,1$ gelten soll.

12.35 Die Funktionsdauer einer Baugruppe genüge der Dichtefunktion

$$f(t) = \begin{cases} 0 & \text{für } t < 60 \\ \dfrac{60}{t^2} & \text{für } t \geq 60 \end{cases} \qquad (t \text{ in Stunden})$$

a) Man bestätige, daß $f(t)$ die Eigenschaft einer Dichtefunktion hat.

b) Wie lautet die zugehörige Verteilungsfunktion?

c) Mit welcher Wahrscheinlichkeit fällt die Baugruppe

ca) innerhalb der ersten 60 h,

cb) im Intervall $60\text{ h} \leq t < 100\text{ h}$,

cc) frühestens nach 100 h aus?

d) Man berechne die Ausfallrate und bestimme deren Typ.

e) Man berechne den Erwartungswert der Funktionsdauer und begründe das Ergebnis.

12.36 Die Funktionsdauer eines Elements mit dem Erwartungswert $E(T) = 177$ h genüge einer Exponentialverteilung

a) Mit welcher Wahrscheinlichkeit überlebt das Element die ersten 120 h?

b) In einer Baugruppe arbeiten zwei solcher Elemente in Reihe. Mit welcher Wahrscheinlichkeit ist die Baugruppe nach 120 h noch funktionsfähig?

Wie ändern sich die Ergebnisse, wenn statt der Exponentialverteilung eine Weibull-Verteilung mit $\alpha = 2$ angenommen wird?

12.37 Die zwei unabhängigen Elemente E_1 und E_2 bilden ein zuverlässigkeitslogisches Parallelsystem. Die Funktionsdauer (in Zeiteinheiten) von E_1 genüge einer Exponentialverteilung mit $\lambda = \frac{1}{2}$, die Funktionsdauer von E_2 einer Weibull-Verteilung mit $\alpha = 3$, $\beta = 2$. Mit welcher Wahrscheinlichkeit ist zum Zeitpunkt $t = 3$

a) das Element E_1 ausgefallen

b) das Element E_2 ausgefallen

c) das System noch nicht ausgefallen?

12.38 Ein Fahrzeugantrieb A besteht aus den Elementen M (Motor), K (Kupplung) und G (Getriebe), deren Funktionsdauern (gemessen in zurückgelegter Wegstrecke) sämtlich weibullverteilt sind mit den Parametern

$\alpha_M = 1,6 \qquad \beta_M = 110000$ km

$\alpha_K = 2,8 \qquad \beta_K = 60000$ km

$\alpha_G = 2,0 \qquad \beta_G = 95000$ km

Wie groß ist die Intaktwahrscheinlichkeit des Antriebs nach

a) 50000 km

b) 80000 km

Man berechne aus a) und b) die Parameter α und β der Funktionsdauerverteilung des Systems A, wenn auch für das System eine Weibull-Verteilung zutrifft.

13 Fehler- und Ausgleichsrechnung

13.1 Fehlerrechnung

13.1.1 Meßfehler

Bei der Messung von Größen, z. B. Strecken, Temperaturen oder Stromstärken, wird der erhaltene Meßwert im allgemeinen nicht mit dem wahren Wert der Größe übereinstimmen. Es treten **Meßfehler** oder **Abweichungen** auf. Mit Hilfe der Fehlerrechnung soll die Genauigkeit der erhaltenen Meßwerte bestimmt und weiter untersucht werden, wie sich diese Meßfehler auf Größen auswirken, die aus gemessenen Größen zu berechnen sind (Fehlerfortpflanzung).

Man unterscheidet drei Arten von Meßfehlern:

Grobe Fehler ergeben sich meist durch Unaufmerksamkeit des Messenden (Beobachters) oder durch Verwendung eines schadhaften Instrumentes. Sie liegen weit über der Ablesegenauigkeit des Meßinstruments. Z. B. ist ein Meßfehler von 2 V bei der Messung mit einem Voltmeter mit der Ablesegenauigkeit von $0,05$ V ein grober Fehler. Grobe Fehler werden durch Messungs- und Rechenproben erkannt und sind prinzipiell *vermeidbar.*

Systematische Fehler sind nicht immer vermeidbar und haben ihre Ursache hauptsächlich in Mängeln des Meßinstruments bzw. in der Art des Meßvorganges. Z. B. sei ein 20-m-Meßband um $0,5$ cm zu kurz oder ein Thermometer gibt wegen eines Nullpunktfehlers alle Temperaturen um 1°C zu klein an. Systematische Fehler können teilweise erkannt, etwa durch Vergleich mit anderen Meßinstrumenten, und rechnerisch beseitigt werden.

Zufällige Fehler ergeben sich aus dem Zusammenwirken zahlreicher Fehlerursachen, die vom Messenden nicht erfaßt und beseitigt werden können. Sie sind daher *nicht vermeidbar.* Fehlerursachen sind z. B. Witterungseinflüsse, nicht erfaßbare Mängel des Meßinstruments, Unzulänglichkeit der menschlichen Sinnesorgane wie Augenfehler des Messenden usw. Die auftretenden kleinen Teilfehler und der aus ihrer Vereinigung entstehende Meßfehler ergeben sich mit ähnlicher Zufälligkeit wie die Zahlen 1 bis 6 beim Würfelspiel und bleiben unbekannt. Man verwendet daher genäherte Werte.

Im folgenden wird unter dem **Meßfehler** nur der **zufällige Fehler** verstanden.

Es sei X der im allgemeinen unbekannte **wahre Wert** der Meßgröße und x der erhaltene **Meßwert**. Als **wahren Meßfehler** oder **wahre Abweichung** definiert man:

$$\boxed{\varepsilon = x - X} \qquad (13.1)$$

Mit X bleibt auch ε im allgemeinen unbekannt. Um Aussagen über die Meßgenauigkeit machen zu können, wendet man daher entweder die im folgenden behandelte Ausgleichsrechnung an oder man begnügt sich mit einfachen, aber für viele Fälle ausreichenden Schätzungen der Meßfehler auf der Grundlage der Ablesegenauigkeit des Meßinstruments, der Erfahrung des Beobachters usw. Der Schätzwert von ε sei Δx und soll der Bedingung

$$|\varepsilon| \leq |\Delta x|$$

genügen. Deshalb wird Δx als **Maximalfehler** bezeichnet. Δx wird mit doppeltem Vorzeichen angegeben. Mit der Schreibweise $X = x + \Delta x$ wird ausgedrückt, daß der wahre Wert mit einer gewissen Wahrscheinlichkeit im Intervall

$$x - |\Delta x| < X < x + |\Delta x|$$

liegt. Es heißt

Δx der **absolute Maximalfehler**

$\dfrac{\Delta x}{x}$ der **relative Maximalfehler**

Beispiel 13.1

An einem Voltmeter wurde eine Spannung $u = 42,9$ V abgelesen und der Meßfehler $\Delta u = \pm 0,2$ V geschätzt. Dann ist $U = 42,9 \text{ V} \pm 0,2$ V, d. h., der wahre Wert ist im Intervall $42,7 \text{ V} < U < 43,1$ V zu erwarten. Der relative Maximalfehler ist

$$\frac{\Delta u}{u} = \frac{\pm 0,2 \text{ V}}{42,9 \text{ V}} = \pm 0,005 = \pm 0,5\ \%.$$

Häufig läßt sich eine Größe nicht unmittelbar messen, sondern sie muß aus anderen gemessenen Größen berechnet werden.
Die Größe Y sei von den k Größen $X_1, X_2, \ldots, X_k$ abhängig:

$$Y = f(X_1; X_2; \ldots, X_k). \qquad \text{(I)}$$

Die Messungen der X_i ergaben die Meßwerte x_i, mit denen aus (I) folgt

$$y = f(x_1; x_2; \ldots; x_k). \qquad \text{(II)}$$

Um aus den wahren Meßfehlern $\varepsilon_i = x_i - X_i$ den für y sich ergebenden wahren Fehler $\varepsilon_y = y - Y$ zu berechnen, bildet man das totale Differential von (II) und erhält mit $dx_i = \varepsilon_i$, $dy \approx \varepsilon_y$ das **Fehlerfortpflanzungsgesetz für wahre Fehler**:

$$\boxed{\varepsilon_y = \frac{\partial y}{\partial x_1}\varepsilon_1 + \frac{\partial y}{\partial x_2}\varepsilon_2 + \ldots + \frac{\partial y}{\partial x_k}\varepsilon_k} \qquad (13.2)$$

In (13.2) werden die ε_i durch die geschätzten Maximalfehler Δx_i ersetzt und man nimmt sicherheitshalber wegen des doppelten Vorzeichens der Δx_i den ungünstigsten Fall an, daß sich in (13.2) alle Fehleranteile summieren. Das führt zum **Fehlerfortpflanzungsgesetz für Maximalfehler**:

$$\Delta y_{\max} = \pm\left(\left|\frac{\partial y}{\partial x_1}\Delta x_1\right| + \left|\frac{\partial y}{\partial x_2}\Delta x_2\right| + \ldots + \left|\frac{\partial y}{\partial x_k}\Delta x_k\right|\right) \tag{13.3}$$

$\Delta y_{\max}$ heißt **absoluter Maximalfehler der berechneten Größe**. Für $k = 1$ folgt aus (13.3) mit $y = f(x)$ und dem Maximalfehler Δx:

$$\Delta y_{\max} = f'(x)\Delta x \tag{13.4}$$

Der **relative Maximalfehler der berechneten Größe** ist

$$\Delta y_r = \frac{\Delta y_{\max}}{y} \tag{13.5}$$

Für die Fehler werden höchstens zwei geltende Ziffern angegeben. Bei der Zahlenrechnung wird stets aufgerundet. Nach der Größe von Δy richtet sich die Stellenzahl, mit der y angegeben wird.

Beispiel 13.2

Zur Bestimmung der nicht meßbaren Strecke $\overline{AB} = c$ wurden mit einem Hilfspunkt C die Strecken $a = 156,18$ m, $b = 115,51$ m und der Winkel $\gamma = 128°04'$ gemessen mit den Meßfehlern $\Delta a = \pm 6$ cm, $\Delta b = \pm 4$ cm, $\Delta\gamma = \pm 1'$. Wie groß sind c und sein absoluter Maximalfehler (Bild 13.1)?

Lösung:

$$c = \sqrt{a^2 + b^2 - 2ab\cos\gamma} = f(a; b; \gamma). \tag{III}$$

$c = 244,91$ m.

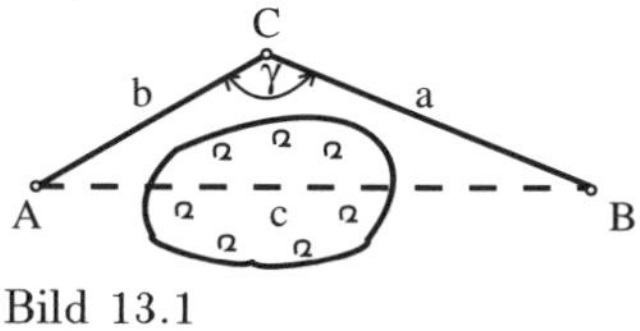

Bild 13.1

Mit (13.3) folgt

$$\Delta c_{\max} = \pm\left(\left|\frac{\partial c}{\partial a}\Delta a\right| + \left|\frac{\partial c}{\partial b}\Delta b\right| + \left|\frac{\partial c}{\partial \gamma}\Delta\gamma\right|\right)$$

Nach dem Bilden der partiellen Ableitungen wird die Wurzel nach (III) durch c ersetzt:

$$\Delta c_{\max} = \pm\left(\left|\frac{a - b\cos\gamma}{c}\Delta a\right| + \left|\frac{b - a\cos\gamma}{c}\Delta b\right| + \left|\frac{ab\sin\gamma}{c}\Delta\gamma\right|\right).$$

Die einzusetzenden Zahlen können auf drei Ziffern gerundet werden. $\Delta\gamma$ ist im Bogenmaß anzugeben. Man erhält

$$\Delta c_{\max} = \pm(0,056 + 0,035 + 0,017)\ \text{m} = \pm 0,108\ \text{m}$$

Für die Strecke c folgt

$$\underline{\underline{c = (244,91 \pm 0,11)\ \text{m}}}$$

Beispiel 13.3

Aus der Länge $l = 118,5$ cm und der Periodendauer $T = 2,180$ s eines mathematischen Pendels soll die Fallbeschleunigung g berechnet werden. Wie genau sind l und T zu bestimmen, damit der Betrag des absoluten Maximalfehlers von g nicht mehr als 1 cm s^{-2} beträgt?

Lösung:

Aus $g = \dfrac{4\pi^2 l}{T^2} = f(l;T)$ folgt nach (13.3)

$$|\Delta g_{\max}| = \left|\frac{4\pi^2}{T^2}\Delta l\right| + \left|\frac{-8\pi^2 l}{T^3}\Delta T\right| \leq 1 \text{ cm s}^{-2} \tag{IV}$$

Man macht die Annahme, die gesuchten Fehler Δl und ΔT so zu bestimmen, daß beide Summanden in (IV) je zur Hälfte zum Fehler $|\Delta g_{\max}|$ beitragen.

$$\left|\frac{4\pi^2}{T^2}\Delta l\right| = 0,5 \text{ cm s}^{-2} \Rightarrow \Delta l = \pm\, 0,06 \text{ cm}$$

$$\left|\frac{8\pi^2 l}{T^3}\Delta T\right| = 0,5 \text{ cm s}^{-2} \Rightarrow \Delta T = \pm\, 0,00055 \text{ s}$$

Die Pendellänge müßte annähernd auf einen halben Millimeter und die Periodendauer auf 6 Zehntausendstel Sekunden genau gemessen werden, um die geforderte Genauigkeit für g einzuhalten.

Aufgaben 13.1 bis 13.7

13.1.2 Verteilung der Meßfehler

Eine Größe X werde n mal unter gleichen Bedingungen (gleicher Beobachter, gleiches Instrument usw.) gemessen und man erhält die Meßwerte

$$l_1, l_2, \ldots, l_n \tag{I}$$

Anmerkung: Um Verwechslungen mit den Variablen x_i aus (13.2) und (13.3) zu vermeiden, werden die Meßwerte jetzt mit l_i bezeichnet.

Zu der **Meßreihe** (I) gehören nach (13.1) die wahren Meßfehler $\varepsilon_i = l_i - X$:

$$\varepsilon_1, \varepsilon_2, \ldots, \varepsilon_n$$

Betrachtet man die unendliche Menge aller theoretisch möglichen Meßwerte als Grundgesamtheit, dann stellt die Meßreihe (I) eine Stichprobe aus dieser Grundgesamtheit dar. Der wahre Wert X ist gleich dem Erwartungswert μ_X der Grundgesamtheit. Es werde ein großer Stichprobenumfang, etwa $n \geq 20$, vorausgesetzt. Teilt man die ε_i in Klassen, etwa mit konstanter Breite $\Delta\varepsilon$, dann läßt sich die Verteilung der ε_i in einem Histogramm darstellen. Z. B. sei eine Strecke, deren wahrer Wert aufgrund genauerer Messungen als bekannt vorausgesetzt wird, zur Übung $n = 112$ mal gemessen. Bild 13.2 zeigt im Histogramm die Verteilung der wahren Meßfehler. So tritt z. B. ein Fehler im Intervall $0,5 \text{ cm} < \varepsilon_i < 1,5$ cm 22 mal auf.

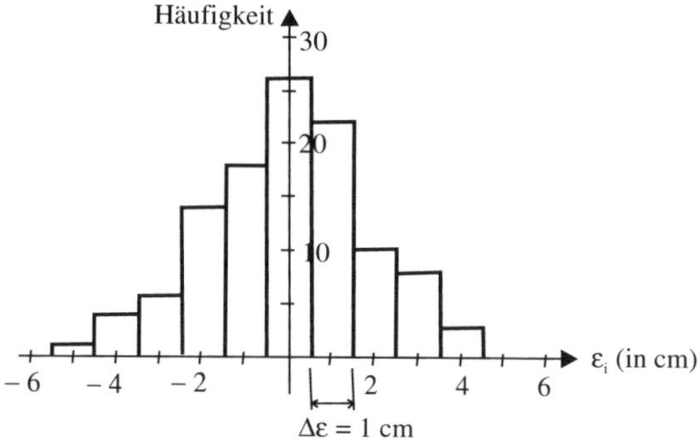

Bild 13.2

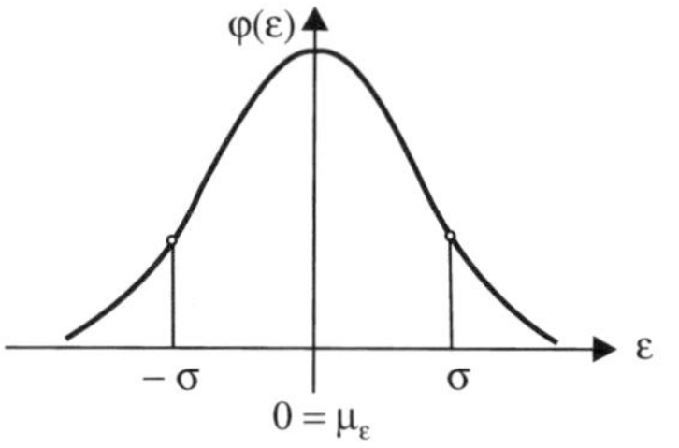

Bild 13.3

Man erkennt die Gesetzmäßigkeiten:

1. Positive und negative Fehler mit gleichem Betrag treten etwa gleich häufig auf.
2. Mit steigendem Betrag von ε_i nimmt die Fehlerhäufigkeit ab
3. Für Fehler in der Umgebung von Null hat die Häufigkeit ein Maximum.

Der Grenzübergang $n \to \infty$, $\Delta\varepsilon \to 0$ ergibt für die Verteilung der zufälligen Meßfehler die von C. F. GAUSS gefundene **Normalverteilung** (vgl. 12.4.3.2), auch **Gaußsches Fehlerverteilungsgesetz** genannt. Der Erwartungswert ist $\mu_\varepsilon = 0$ und die Wahrscheinlichkeitsdichte ist

$$\varphi(\varepsilon) = \frac{1}{\sigma\sqrt{2\pi}}\,\mathrm{e}^{-\frac{1}{2}\left(\frac{\varepsilon}{\sigma}\right)^2} \qquad \text{(Bild 13.3)}$$

Die in Abschnitt 12.4.1 eingeführte Standardabweichung σ ist ein Kennzeichen für die Streuung der (unendlich vielen) Meßfehler um den Erwartungswert $\mu_\varepsilon = 0$. Aus den Fehlerverteilungskurven für $\sigma = 0,5$, $\sigma = 1$ (standardisierte Normalverteilung) und $\sigma = 2$ in Bild 13.4 erkennt man:

Je kleiner σ ist, um so steiler verläuft die Fehlerverteilungskurve, d. h. um so weniger streuen die Meßfehler, um so genauer sind also die Messungen.

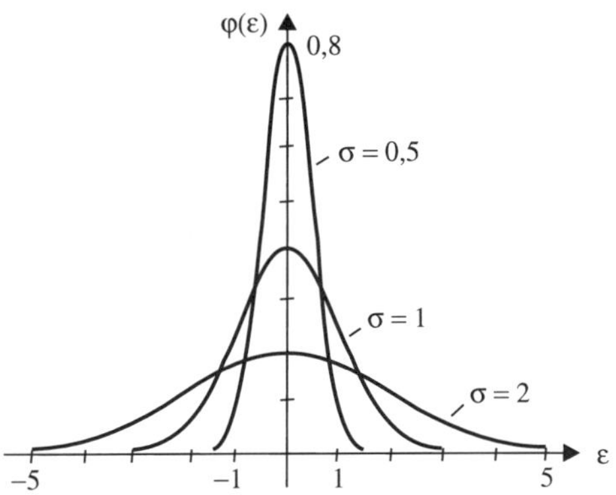

Bild 13.4

Während die Standardabweichung σ ein Parameter der Grundgesamtheit der unendlich vielen Meßwerte bzw. Meßfehler darstellt, berechnet man als Genauigkeitskennzeichen aus den endlich vielen ε_i $(i = 1, 2, \ldots, n)$ einer Meßreihe die **empirische Standardabweichung**

$$\boxed{s = \sqrt{\frac{1}{n}\sum_{i=1}^{n}\varepsilon_i^2}} \tag{13.6}$$

Von C. F. Gauss wurde s, mit doppelten Vorzeichen, als **mittlerer Fehler** m eingeführt: $|m| = s$.

13.2 Ausgleichsrechnung

13.2.1 Ausgleichsprinzip

Werden zur Bestimmung unbekannter Größen mehr Messungen durchgeführt, als zur eindeutigen Bestimmung der Größen notwendig sind, dann ergeben sich aufgrund der zufälligen Meßfehler unterschiedliche Werte für die gesuchten Größen, d. h., es treten Widersprüche auf. Die Ausgleichsrechnung hat die Aufgabe, aus diesen voneinander abweichenden Werten

1. einen dem wahren Wert der unbekannten Größe möglichst nahe kommenden Wert zu bestimmen, der **Mittelwert**, **bester Schätzwert** oder **wahrscheinlichster Wert** genannt wird,
2. die Genauigkeit des Mittelwertes zu bestimmen, d. h. mit gegebener Wahrscheinlichkeit seine Abweichung vom wahren Wert,
3. die Genauigkeit der einzelnen Meßwerte zu ermitteln.

Grundlage der Ausgleichsrechnung ist die im wesentlichen von C. F. Gauss entwickelte und aus der Maximum-Likelihood-Methode (vgl. 12.5.2.2) folgende **Methode** der **kleinsten Quadrate**. Sie beinhaltet das

allgemeine Ausgleichsprinzip:

Man erhält die wahrscheinlichsten Werte der gesuchten Meßgrößen, wenn man die Meßwerte mit Verbesserungen versieht, so daß

1. die auftretenden Widersprüche beseitigt werden
2. die Summe der Quadrate der Verbesserungen ein Minimum wird

13.2.2 Ausgleichung direkter Beobachtungen gleicher Genauigkeit

Die Größe X werde n mal mit gleicher Genauigkeit gemessen und man erhalte die Meßwerte $l_1, l_2, \ldots, l_n$. Man wähle n genügend groß, etwa $n \geq 8$. Es sei $\overline{x}$ der gesuchte wahrscheinlichste Wert von X. Die l_i werden zur Beseitigung der Widersprüche mit Verbesserungen v_i versehen, so daß für alle i gilt:

$$\overline{x} = l_i + v_i, \qquad i = 1, 2, \ldots, n. \tag{I}$$

$\overline{x}$ ist so zu wählen, daß gilt:

$$\sum_{i=1}^{n} v_i^2 \to \text{Minimum.} \tag{II}$$

(Da in diesem Abschnitt stets von $i = 1$ bis n summiert wird, werden im folgenden die Summationsgrenzen weggelassen.)
Mit (I) folgt

$$\sum v_i^2 = (\overline{x} - l_1)^2 + (\overline{x} - l_2)^2 + \ldots + (\overline{x} - l_n)^2 = f(\overline{x})$$

Das Minimum ergibt sich aus

$$\frac{\mathrm{d}}{\mathrm{d}\overline{x}} \sum v_i^2 = 2(\overline{x} - l_1) + 2(\overline{x} - l_2) + \ldots + 2(\overline{x} - l_n) = 0$$

mit

$$\boxed{\overline{x} = \frac{1}{n} \sum l_i} \tag{13.7}$$

Der nach der Methode der kleinsten Quadrate erhaltene wahrscheinlichste Wert ist erwartungsgemäß das **einfache arithmetische Mittel** aus den n Meßwerten.
Summiert man die aus (I) folgenden n Gleichungen

$$v_i = \overline{x} - l_i \qquad i = 1, 2, \ldots, n, \tag{III}$$

dann wird unter Beachtung von (13.7)

$$\sum v_i = n\overline{x} - \sum l_i = n \frac{1}{n} \sum l_i - \sum l_i = 0$$

$$\boxed{\sum v_i = 0} \tag{13.8}$$

(13.8) kann als Probe für die Berechnung von $\overline{x}$ verwendet werden. Die Werte $-v_i = l_i - \overline{x}$ heißen *wahrscheinliche Fehler.*
Ein Genauigkeitskennzeichen für die gleichgenauen Meßwerte l_i ist die in (13.6) gegebene empirische Standardabweichung, die aber jetzt aus den scheinbaren, statt aus den wahren Fehlern zu berechnen ist. Man erhält (vgl. 12.2.2) für die **empirische Standardabweichung (mittlere quadratische Abweichung, mittlerer Fehler) der Einzelmessung**:

$$\boxed{s = \sqrt{\frac{1}{n-1} \sum v_i^2} = \sqrt{\frac{1}{n-1} \sum (l_i - \overline{x})^2}} \tag{13.9}$$

Für wachsendes n nähern sich die aus (13.6) und (13.9) berechneten Werte s einander und streben zugleich nach σ. Zur Bestimmung von X wäre nur ein Meßwert notwendig ($n = 1$). Bei n Messungen ($n > 1$) liegen also $n - 1$ sogenannte **überschüssige Messungen** (Kontrollmessungen) vor. Der Nenner in (13.9) bedeutet, daß bei $n = 1$ keine Aussage über die Streuung der Meßfehler gemacht werden kann. Man nennt die Zahl $m = n - 1$ den **Freiheitsgrad** bei der Ausgleichung direkter Beobachtungen. Mit Hilfe von s können insbesondere Aussagen über die Güte des Meßinstrumentes und die Genauigkeit der gewählten Meßmethode gemacht werden. Um eine Aussage über die Abweichung des Mittelwertes $\overline{x}$ vom wahren Wert X zu erhalten, berechnet man die **empirische Standardabweichung des arithmetischen Mittels**

$$s_{\overline{x}} = \frac{s}{\sqrt{n}} = \sqrt{\frac{1}{n(n-1)} \sum v_i^2} = \sqrt{\frac{1}{n(n-1)} \sum (l_i - \overline{x})^2} \qquad (13.10)$$

Nach (13.10) läßt sich durch Vergrößerung von n die Standardabweichung $s_{\overline{x}}$ verkleinern und damit die Genauigkeit von $\overline{x}$ vergrößern. Wie Bild 13.5 zeigt, nimmt $s_{\overline{x}}$ am Anfang schnell, dann aber immer langsamer ab. Um z. B. den aus 10 Messungen berechneten Wert $s_{\overline{x}}$ auf die Hälfte zu verringern, sind weitere 30 Messungen notwendig. Eine günstige Zahl ist $n = 8$ bis $n = 10$.

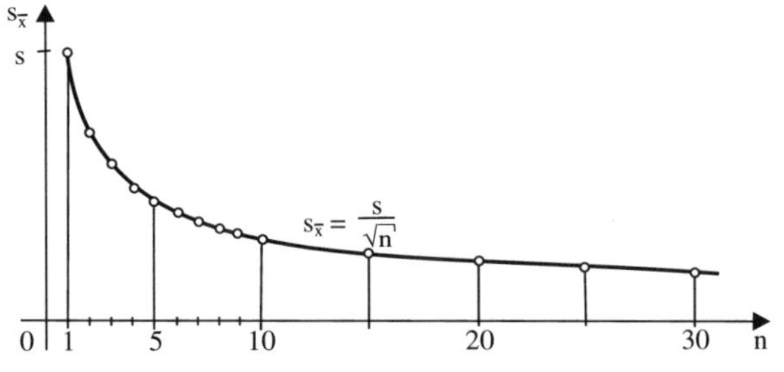

Bild 13.5

Die oft gebrauchte Schreibweise $X = \overline{x} \pm s_{\overline{x}}$ bedeutet, daß mit einer gewissen Wahrscheinlichkeit der wahre Wert im Intervall $\overline{x} - s_{\overline{x}} < X < \overline{x} + s_{\overline{x}}$ liegt. Eine genauere Aussage über diese Wahrscheinlichkeit erhält man mit dem in der mathematischen Statistik (vgl. 12.5.3) eingeführten Begriff des **Vertrauens-** oder **Konfidenzintervalls**, das im vorliegenden Fall lautet:

$$\overline{x} - ts_{\overline{x}} < X < \overline{x} + ts_{\overline{x}} \qquad (13.11)$$

bzw. $X = \overline{x} \pm ts_{\overline{x}}$. Mit einer vorgegebenen Wahrscheinlichkeit S (statistische Sicherheit) und mit dem Freiheitsgrad $m = n-1$ als Tafeleingang entnimmt man aus der Tabelle der t-Verteilung den Wert t (In Tabelle A4 ist $\alpha = 1 - S$ zu beachten). Dann liegt X mit der Wahrscheinlichkeit S im Vertrauensintervall (13.11) oder genauer: das Konfidenzintervall (13.11) überdeckt mit der Wahrscheinlichkeit S den wahren Wert X der Meßgröße.

Beispiel 13.4

Eine Strecke wurde 10 mal gemessen und man erhielt die in Tabelle 13.1 angegebenen Meßwerte l_i. Man berechne den arithmetischen Mittelwert $\overline{x}$, seine Standardabweichung $s_{\overline{x}}$ und gebe für die statistische Sicherheit $S = 0,95$ das Vertrauensintervall an.

Lösung:

Tabelle 13.1

$\frac{l_i}{\text{m}}$	$\frac{v_i}{\text{mm}}$	$\frac{v_i^2}{\text{mm}^2}$
224,73	−12	144
224,75	−32	1024
224,70	18	324
224,81	−92	8464
224,67	48	2304
224,70	18	324
224,78	−62	3844
224,69	28	784
224,62	98	9604
224,73	12	144
$\sum_{i=1}^{10} l_i = 10 \cdot 224,00$ m +7,18 m	$\sum_{i=1}^{10} v_i = 0,0$ (Probe)	$\sum_{i=1}^{10} v_i^2 = 26960$

$$\overline{x} = \frac{1}{10}\sum_{i=1}^{10} l_i = 224,718 \text{ m}$$

$$s_{\overline{x}} = \sqrt{\frac{1}{10 \cdot 9}\sum_{i=1}^{10} v_i^2} = \sqrt{\frac{26960}{90}} \text{ mm} = 17 \text{ mm}$$

Für $S = 0,95$, also $\alpha = 0,05$ und $m = 9$ folgt aus Tabelle A4 (s. Abschnitt 12) der Wert $t = 2,26$. Damit erhält man $t_{s_{\overline{x}}} = 38$ mm und das Konfidenzintervall

224,680 m $< X <$ 224,756 m.

Mit der Wahrscheinlichkeit $S = 0,95$ überdeckt dieses Intervall die wahre Größe X der Strecke.

Es sei wieder Y von den k Größen $X_1, X_2, \ldots, X_k$ abhängig.

$$Y = f(X_1; X_2; \ldots; X_k). \tag{IV}$$

Jede Größe X_i sei n_i mal gemessen und habe den Mittelwert $\overline{x}_i$ mit der Standardabweichung $\overline{s}_i$. Mit den $\overline{x}_i$ berechnet man nach (IV)

$$\overline{y} = f(\overline{x}_1; \overline{x}_2; \ldots; \overline{x}_k).$$

Die empirische Standardabweichung von $\overline{y}$ folgt aus dem **Fehlerfortpflanzungsgesetz für Standardabweichungen (mittlere Fehler)**:

$$s_{\overline{y}} = \sqrt{\left(\frac{\partial \overline{y}}{\partial \overline{x}_1} s_{\overline{x}_1}\right)^2 + \left(\frac{\partial \overline{y}}{\partial \overline{x}_2} s_{\overline{x}_2}\right)^2 + \ldots + \left(\frac{\partial \overline{y}}{\partial \overline{x}_k} s_{\overline{x}_k}\right)^2} \qquad (13.12)$$

Während im Fehlerfortpflanzungsgesetz (13.2) für wahre Fehler die einzelnen Fehleranteile summiert werden, wird hier aus der Summe ihrer Quadrate die Wurzel gezogen, wodurch man einen kleineren Fehler für y bzw. $\overline{y}$ erhält. Bei der Herleitung von (13.12) wird nämlich angenommen, daß sich ein Teil der Fehleranteile durch entgegengesetzte Vorzeichen gegenseitig aufhebt.

Beispiel 13.5

Zur Bestimmung der Entfernung e (Bild 13.6) wurden die Strecke b und die Winkel α und β je mehrfach gemessen und man berechnete die folgenden Mittelwerte und Standardabweichungen:

$\overline{b} = 318,32$ m, $\quad s_{\overline{b}} = 3,6$ cm, $\quad \overline{\alpha} = 63°24'30''$, $\quad s_{\overline{\alpha}} = 24''$,
$\overline{\beta} = 39°06'10''$, $\quad s_{\overline{\beta}} = 28''$

Man berechne aus $\overline{b}$, $\overline{\alpha}$, $\overline{\beta}$ den Wert $\overline{e}$ und die Standardabweichung $s_{\overline{e}}$.

Lösung:

Es ist $\overline{e} = f(\overline{b}; \overline{\alpha}; \overline{\beta}) = \dfrac{\overline{b} \sin \overline{\alpha}}{\sin \overline{\beta}}$. $\qquad$ (V)

$\overline{e} = 451,311$ m

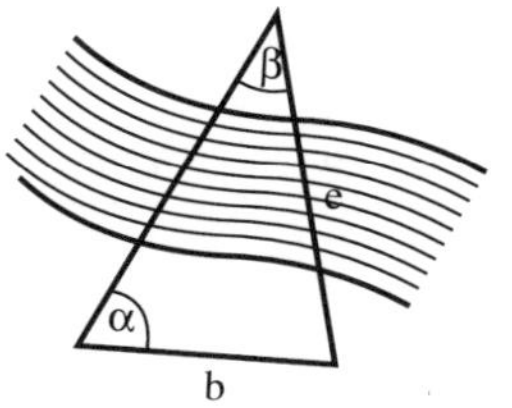

Bild 13.6

$$s_{\overline{e}} = \sqrt{\left(\frac{\partial \overline{e}}{\partial \overline{b}} s_{\overline{b}}\right)^2 + \left(\frac{\partial \overline{e}}{\partial \overline{\alpha}} s_{\overline{\alpha}}\right)^2 + \left(\frac{\partial \overline{e}}{\partial \overline{\beta}} s_{\overline{\beta}}\right)^2}$$

$$s_{\overline{e}} = \sqrt{\left(\frac{\sin \overline{\alpha}}{\sin \overline{\beta}} s_{\overline{b}}\right)^2 + \left(\frac{b \cos \overline{\alpha}}{\sin \overline{\beta}} s_{\overline{\alpha}}\right)^2 + \left(\frac{-b \sin \overline{\alpha} \cos \overline{\beta}}{\sin^2 \overline{\beta}} s_{\overline{\beta}}\right)^2} \quad \text{und mit (V)}$$

$$s_{\overline{e}} = \sqrt{\left(\frac{\overline{e}}{\overline{b}} s_{\overline{b}}\right)^2 + \left(\frac{\overline{e}}{\tan \overline{\alpha}} s_{\overline{\alpha}}\right)^2 + \left(\frac{\overline{e}}{\tan \overline{\beta}} s_{\overline{\beta}}\right)^2}$$

$s_{\overline{e}} = 0,095$ m

$\underline{\underline{e = 451,311 \text{ m} \pm 0,095 \text{ m}}}$

Aufgaben 13.8 bis 13.10

13.2.3 Ausgleichung direkter Beobachtungen verschiedener Genauigkeit

Es kann vorkommen, daß die Meßwerte l_i einer Meßgröße X verschiedene Genauigkeiten haben. Z. B. können die Messungen nach verschiedenen Methoden oder mit verschiedenen Instrumenten erfolgt sein, denen jeweils aufgrund der Erfahrung eine bestimmte Standardabweichung σ_i als Genauigkeitsmaß zuzuordnen ist. Oder die l_i sind selbst Mittelwerte aus Meßreihen mit unterschiedlicher Anzahl von Meßwerten und daraus resultierenden unterschiedlichen Standardabweichungen $\overline{s}_i \approx \sigma_i$.

Zur Bestimmung eines Mittelwertes wird jeder Wert l_i mit einem Faktor, dem **Gewicht** p_i multipliziert, der von der Genauigkeit des Meßwertes abhängt. Sind l_1, l_2 Meßwerte mit den Standardabweichungen σ_1, σ_2 und den Gewichten p_1, p_2, dann läßt sich leicht zeigen:

$$\frac{p_1}{p_2} = \frac{\sigma_2^2}{\sigma_1^2}$$

Die Gewichte verhalten sich umgekehrt proportional wie die Quadrate der Standardabweichungen.

Da die Gewichte nur Verhältniszahlen sind, kann für einen beliebigen Meßwert, z. B. l_1, das Gewicht $p_1 = 1$ gewählt werden. Die übrigen Gewichte folgen aus

$$p_2 = \frac{\sigma_1^2}{\sigma_2^2}, \quad p_3 = \frac{\sigma_1^2}{\sigma_3^2}, \quad \ldots, \quad p_n = \frac{\sigma_1^2}{\sigma_n^2}.$$

Der Meßwert mit dem Gewicht 1 heißt **Gewichtseinheit**. Den gesuchten Mittelwert aus verschieden genauen Meßwerten erhält man mit dem **allgemeinen arithmetischen Mittel**

$$\overline{x} = \frac{p_1 l_1 + p_2 l_2 + \ldots + p_n l_n}{p_1 + p_2 + \ldots + p_n} = \frac{\sum p_i l_i}{\sum p_i} \tag{13.13}$$

Entsprechend (13.8) gilt

$$\sum p_i v_i = 0 \tag{13.14}$$

Für die **Standardabweichung der Gewichtseinheit** (nach der Ausgleichung) folgt

$$s_e = \sqrt{\frac{1}{n-1} \sum p_i v_i^2} \tag{13.15}$$

und für die **Standardabweichung des allgemeinen arithmetischen Mittels**

$$s_{\overline{x}} = \frac{s_e}{\sqrt{\sum p_i}} = \sqrt{\frac{1}{\sum p_i(n-1)} \sum p_i v_i^2} \tag{13.16}$$

Die (hier nicht verwendete) Ausgleichsbedingung lautet jetzt $\sum p_i v_i^2 \to$ Minimum

Beispiel 13.6

Das Volumen eines Körpers wurde nach verschiedenen Verfahren bestimmt. Man erhielt die folgenden Meßwerte mit ihren Standardabweichungen:

$V_1 = (140,5 \pm 3,0)\ \text{cm}^3 \qquad V_3 = (138,0 \pm 2,0)\ \text{cm}^3$

$V_2 = (139,5 \pm 1,5)\ \text{cm}^3 \qquad V_4 = (138,5 \pm 1,0)\ \text{cm}^3$

Man bestimme den Mittelwert und seine Standardabweichung.

Lösung:

Wählt man für V_1 das Gewicht $p_1 = 1$, dann sind die übrigen Gewichte:

$$p_2 = \frac{\sigma_1^2}{\sigma_2^2} = \frac{9}{2,25} = 4, \qquad p_3 = \frac{\sigma_1^2}{\sigma_3^2} = \frac{9}{4} = 2,25, \qquad p_4 = \frac{\sigma_1^2}{\sigma_4^2} = \frac{9}{1} = 9.$$

Für die weiteren Rechnungen gibt es Programme in Taschenrechnern und Computern. Zur Übersicht wird trotzdem folgende Tabelle angegeben.

Tabelle 13.2

$\frac{V_i}{\text{mm}^3} = \frac{l_i}{\text{cm}^3}$	p_i	$\frac{p_i l_i}{\text{cm}^3}$	$\frac{v_i}{\text{cm}^3}$	$\frac{p_i v_i}{\text{cm}^3}$	$\frac{v_i^2}{\text{cm}^3}$	$\frac{p_i v_i^2}{\text{cm}^3}$
140, 5	1	140, 5	−1, 7	−1, 7	2, 89	2, 89
139, 5	4	558, 0	−0, 7	−2, 8	0, 49	1, 96
138, 0	2, 25	310, 5	0, 8	1, 8	0, 64	1, 44
138, 5	9	1246, 5	0, 3	2, 7	0, 09	0, 81
	16, 25	2255, 5		0, 0		7, 10

$$\overline{V} = \frac{2255,5\ \text{cm}^3}{16,25} = \underline{\underline{138,80\ \text{cm}^3}} \qquad \underline{\underline{s_{\overline{V}} = 0,38\ \text{cm}^3}} \qquad \text{oder}$$

$V = (138,80 \pm 0,38)\ \text{cm}^3$

Aufgabe 13.11

13.2.4 Ausgleichung vermittelnder Beobachtungen

Es sind mehrere Größen zu bestimmen, die nicht direkt meßbar sind, sondern aus anderen gemessenen Größen berechnet werden. Wurden mehr Messungen durchgeführt, als zur Berechnung der Unbekannten notwendig sind, dann liegt aufgrund der durch Meßfehler hervorgerufenen Widersprüche eine Aufgabe der Ausgleichsrechnung vor, die **Ausgleichung vermittelnder Beobachtungen** genannt wird.

Der einfachste und am häufigsten auftretende Fall ist folgender:

Zwischen zwei Größen x und y besteht ein linerar Zusammenhang

$$y = a + bx. \tag{I}$$

Man betrachte z. B. die Längenänderung eines Stabes in Abhängigkeit von der Temperatur. x sei eine als fehlerfrei anzunehmende wählbare Größe. Zu jedem x_i $(i = 1, 2, \ldots, n)$ erhält man durch Messung einen Wert y_i. Für $n = 2$ könnte man aus (I) a und b eindeutig berechnen. Für $n > 2$ gibt es durch die Meßfehler keine Werte a, b derart, daß alle Wertepaare $(x_i; y_i)$ Gleichung (I) erfüllen. Es müssen deshalb durch die Ausgleichung wahrscheinlichste Werte für a, b bestimmt werden. Geometrische Deutung: Die zu den Wertepaaren $(x_i; y_i)$ gehörenden Punkte liegen nicht auf der zu (I) gehörenden Geraden, sondern streuen um diese. Es ist die Gerade zu finden, die sich allen Punkten am besten anpaßt. Sie heißt **Ausgleichsgerade** oder **empirische Regressionsgerade** (Bild 13.7).

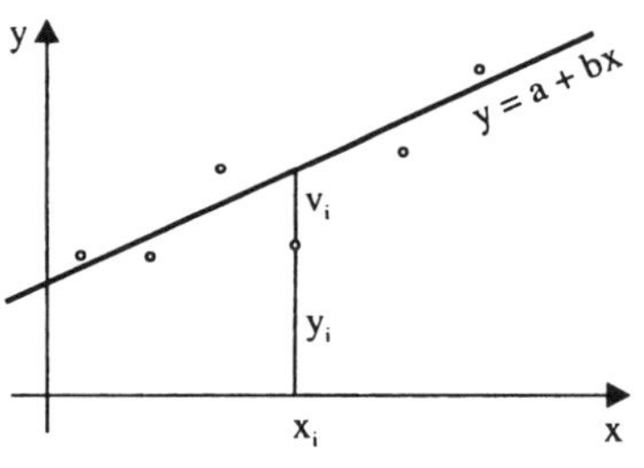

Bild 13.7

Zur Beseitigung der Widersprüche erhalten die Meßwerte y_i Verbesserungen:

$$\begin{aligned} y_i + v_i &= a + bx_i && \text{oder} \\ v_i &= a + bx_i - y_i && (i = 1, 2, \ldots, n) \end{aligned} \tag{II}$$

Die Gleichungen (II) heißen **Verbesserungsgleichungen** oder **Fehlergleichungen**. a und b sind so zu wählen, daß $\sum v_i^2$ ein Minimum wird.

$$\begin{aligned} v_i^2 &= a^2 + b^2 x_i^2 + y_i^2 + 2abx_i - 2ay_i - 2bx_i y_i \\ \sum v_i^2 &= na^2 + b^2 \sum x_i^2 + \sum y_i^2 + 2ab \sum x_i - 2a \sum y_i - 2b \sum x_i y_i \\ &= f(a; b). \end{aligned}$$

Die partiellen Ableitungen nach a und b werden gleich Null gesetzt:

$$\frac{\partial \sum v_i^2}{\partial a} = 2na + 2b \sum x_i - 2 \sum y_i = 0$$

$$\frac{\partial \sum v_i^2}{\partial b} = 2b \sum x_i^2 + 2a \sum x_i - 2 \sum x_i y_i = 0$$

oder

$$\begin{aligned} na \quad &+ b\sum x_i = \sum y_i \\ a\sum x_i &+ b\sum x_i^2 = \sum x_i y_i \end{aligned} \tag{III}$$

Die Gleichungen (III) heißen **Normalgleichungen**. Aus ihnen folgt für die wahrscheinlichsten Werte $\hat{a}$, $\hat{b}$ von a und b:

$$\boxed{\begin{aligned} \hat{a} &= \frac{\sum x_i^2 \sum y_i - \sum x_i y_i \sum x_i}{n\sum x_i^2 - \left(\sum x_i\right)^2} \\ \hat{b} &= \frac{n\sum x_i y_i - \sum x_i \sum y_i}{n\sum x_i^2 - \left(\sum x_i\right)^2} \end{aligned}} \tag{13.17}$$

Die Gleichung der empirischen Regressionsgeraden lautet damit:

$$y = \hat{a} + \hat{b}x.$$

Die Formeln (13.17) lassen sich vereinfachen, wenn die Koordinaten

$$\overline{x} = \frac{\sum x_i}{n}, \qquad \overline{y} = \frac{\sum y_i}{n}$$

des Schwerpunktes der Punktwolke $P_i(x_i; y_i)$ verwendet werden. Aus (13.17) folgt für $\hat{b}$ nach einigen Umformungen

$$\boxed{\hat{b} = \frac{\sum x_i y_i - n\overline{x}\,\overline{y}}{\sum x_i^2 - n\overline{x}^2}} \tag{13.18a}$$

$\hat{b}$ heißt **empirischer Regressionskoeffizient** und gibt den Anstieg der Geraden an. Aus der ersten Normalgleichung von (III) folgt für $\hat{a}$:

$$\boxed{\hat{a} = \overline{y} - \hat{b}\overline{x}} \tag{13.18b}$$

und damit für die Gleichung der empirischen Regressionsgeraden $y = \hat{b}(x - \overline{x}) + \overline{y}$. (13.18b) zeigt, daß die Regressionsgerade stets durch den Schwerpunkt der gegebenen Punktmenge geht. Nach der Ausgleichung können aus (II) die Verbesserungen v_i berechnet werden. Mit ihnen erhält man für die

Standardabweichung eines Meßwertes y_i

$$\boxed{s = \sqrt{\frac{\sum v_i^2}{n-2}}} \tag{13.19}$$

und für die **Standardabweichungen von $\hat{a}$ und $\hat{b}$**

$$s_{\hat{a}} = s\sqrt{\frac{\sum x_i^2}{n\sum x_i^2 - \left(\sum x_i\right)^2}}; \quad s_{\hat{b}} = s\sqrt{\frac{n}{n\sum x_i^2 - \left(\sum x_i\right)^2}} \quad (13.20)$$

Beispiel 13.7

Zwischen zwei technischen Größen x, y besteht ein linearer Zusammenhang: $y = ax + b$. Zu 10 gewählten Werten x_i wurden die Werte y_i entsprechend folgender Tabelle gemessen. Man berechne die Koeffizienten $\hat{a}$, $\hat{b}$ der empirischen Regressionsgeraden und nach (13.19), (13.20) die Standardabweichungen.

Lösung:

Man bildet x_i^2 und x_iy_i und summiert über alle i.

Tabelle 13.3

x_i	y_i	x_i^2	x_iy_i	v_i	v_i^2
4	3,8	16	15,2	0,9	0,81
6	7,1	36	42,6	−1,3	1,69
8	7,8	64	62,4	−0,8	0,64
10	6,2	100	62,0	1,9	3,61
12	11,0	144	132,0	−1,7	2,98
14	9,8	196	137,2	0,6	0,36
16	12,1	256	193,6	−0,5	0,25
18	10,8	324	194,4	1,9	3,61
20	13,6	400	272,0	0,2	0,04
22	16,2	484	356,4	−1,2	1,44
130	98,4	2020	1467,8	0,0	15,34

Nach (13.17) folgt

$$\hat{a} = \frac{2020 \cdot 98,4 - 1467,8 \cdot 130}{10 \cdot 2020 - 130^2} = 2,410$$

$$\hat{b} = \frac{10 \cdot 1467,8 - 130 \cdot 98,4}{10 \cdot 2020 - 130^2} = 0,571$$

Mit $\hat{a}$, $\hat{b}$ berechnet man nach (II) die v_i und bildet $\sum v_i^2$. Nach (13.19) und (13.20) erhält man die Genauigkeitskenngrößen

$$s = \sqrt{\frac{15,34}{10-2}} = 1,4$$

$$s_{\hat{a}} = 1,4\sqrt{\frac{2020}{3300}} = 1,1; \qquad s_{\hat{b}} = 1,4\sqrt{\frac{10}{3300}} = 0,077$$

Es ist daher sinnvoll, $\hat{a}$ nur auf eine Dezimale und $\hat{b}$ auf zwei Dezimalen anzugeben.

Die Ausgleichsgerade hat die Gleichung

$\underline{\underline{y = 2,4 + 0,57x}}$ (Bild 13.8).

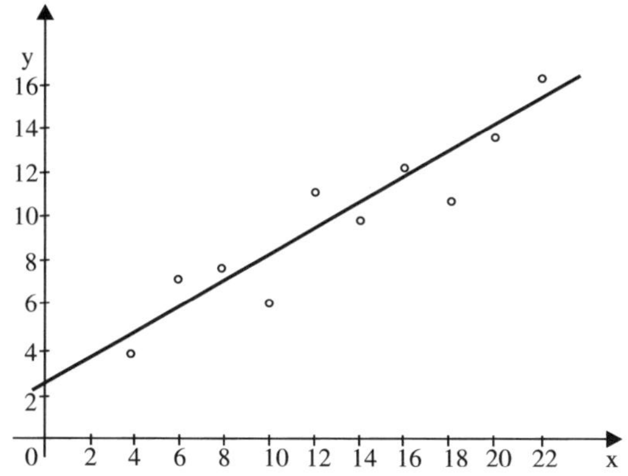

Bild 13.8

Der Zusammenhang zwischen x und y kann aufgrund des physikalischen oder technischen Sachverhalts allgemein durch eine Funktion $y = f(x)$ gegeben sein. Dann lautet die Ausgleichsbedingung

$$\sum v_i^2 = \sum (f(x_i) - y_i)^2 \to \text{Minimum}$$

Die durch Messungen gegebene Punktwolke wird statt durch eine Gerade durch eine andere Kurve approximiert. Zur Minimierung des Rechenaufwandes beschränkt man sich möglichst auf ganzrationale Funktionen 2. oder 3. Grades, d. h. geometrisch auf Parabeln 2. oder 3. Grades.

Z. B. seien x und y durch die Gleichung

$$y = a_0 + a_1 x + a_2 x^2$$

miteinander verknüpft und es wurden zu n als fehlerfrei anzunehmenden x_i die y_i gemessen. Man bildet die Verbesserungsgleichungen

$$v_i = a_0 + a_1 x_i + a_2 x_i^2 - y_i \qquad i = 1, 2, \ldots, n.$$

Die Forderung $\sum v_i^2 = $ Minimum führt zu dem Normalgleichungssystem

$$\begin{aligned} n a_0 \quad &+ a_1 \sum x_i + a_2 \sum x_i = \sum y_i \\ a_0 \sum x_i &+ a_1 \sum x_i^2 + a_2 \sum x_i^3 = \sum x_i y_i \\ a_0 \sum x_i^2 &+ a_1 \sum x_i^3 + a_2 \sum x_i^4 = \sum x_i^2 y_i , \end{aligned}$$

aus dem die wahrscheinlichsten Werte $\hat{a}_0$, $\hat{a}_1$, $\hat{a}_2$ berechnet werden können.

Bisher wurde vorausgesetzt, daß zwischen x, y ein funktionaler Zusammenhang besteht. Wird die Existenz eines solchen Zusammenhangs nur vermutet, dann kann mit den Mitteln der mathematischen Statistik in der Regressions- und Korrelationsanalyse eine genauere Untersuchung erfolgen (vgl. 12.7). Bestätigt diese Analyse einen linearen Zusammenhang, und wurden dabei die statistischen Maßzahlen s_x^2, s_y^2, s_{xy} bzw. $r_{xy} \equiv r$ berechnet (vgl. 12.7), dann kann $\hat{b}$ aus

$$\boxed{\hat{b} = \frac{s_{xy}}{s_x^2} = r_{xy}\frac{s_y}{s_x}} \tag{13.21}$$

bestimmt werden (hierin sind s_x und s_y die empirischen Standardabweichungen nach (12.19) der Meßwerte x_i bzw. y_i).

Aufgaben 13.12 bis 13.14

13.3 Aufgaben

13.1 Der Durchmesser d eines Drahtes wurde mit $(0,361 \pm 0,005)$ mm gemessen. Mit welchem relativen Fehler läßt sich die Querschnittsfläche berechnen?

13.2 Von einem Quader wurden die Kanten $a = (32,3 \pm 0,1)$ cm, $b = (12,0 \pm 0,1)$ cm, $c = (6,7 \pm 0,1)$ cm gemessen. Welcher absolute Maximalfehler folgt für das Quadervolumen?

13.3 Die Widerstände $R_1 = (350 \pm 2)\ \Omega$, $R_2 = (100 \pm 1)\ \Omega$ sind parallel geschaltet. Man berechne den Ersatzwiderstand R und seinen relativen Maximalfehler.

13.4 Zur Bestimmung des Elastizitätsmoduls eines Stahldrahtes wurden dessen Länge $l = (2473 \pm 3)$ mm und der Durchmesser $d = (0,292 \pm 0,001)$ mm gemessen. Durch eine am Draht angreifende Kraft $F = (0,1 \pm 0,0005)$ N ergab sich eine Längenänderung $\delta = (1,750 \pm 0,005)$ mm. Der Elastizitätsmodul ist

$$E = \frac{Fl}{\left(\frac{d}{2}\right)^2 \pi\delta}.$$

Man bestimme E sowie seinen absoluten und relativen Maximalfehler.

13.5 Für die Fallzeit eines Körpers wurde $t = (4,50 \pm 0,01)$ s gestoppt. Die Fallbeschleunigung ist mit $g = (9,810 \pm 0,005)$ m s^{-2} bekannt. Mit welchem Maximalfehler erhält man die Fallhöhe h?

13.6 Ein Hohlzylinder hat den äußeren Radius $r_1 \approx 10$ cm, den inneren Radius $r_2 \approx 8$ cm und die Höhe $h \approx 12$ cm. Mit welchen absoluten Fehlern müssen die drei Größen gemessen werden, damit der relative Maximalfehler des Volumens höchstens $\pm 0,5$ % beträgt?

13.7 Die Brechzahl einer Glassorte ergibt sich aus $n = \sin\alpha / \sin\beta$. Wie genau müssen Einfallswinkel $\alpha \approx 33°20'$ und Ausfallswinkel $\beta \approx 21°45'$ gemessen werden, damit $|\Delta n_{\max}/n| \le 0,1$ % wird?

13.8 Der Durchmesser einer Kugel wurde acht mal gemessen und ergab in Millimetern die Meßwerte: 34,10; 34,18; 34,14; 34,08; 34,12; 34,14; 34,04; 34,12. Man berechne den Mittelwert $\bar{d}$ des Durchmessers, die Standardabweichung einer Messung sowie des Mittelwertes, das Kugelvolumen und seine Standardabweichung.

13.9 Bei einem physikalischen Versuch wurde die Zeitdifferenz Δt zwischen zwei Ereignissen zehnmal bestimmt. Man erhielt die Meßreihe (in Sekunden): 14,4; 14,8; 14,2; 15,1; 14,5; 14,7; 15,0; 14,5; 14,3; 14,7. Man berechne die Standardabweichung einer Messung sowie des Mittelwertes. Welches Vertrauensintervall ergibt sich für die Wahrscheinlichkeit $S = 0,99$ s? Wieviel Messungen sind notwendig, um eine Standardabweichung $s_{\overline{\Delta t}} \leq 0,05$ s zu erhalten?

13.10 Um den Abstand e des Punktes C von der Geraden g zu bestimmen, wurden die Strecke $\overline{AB} = c$ und die Winkel α, β je mehrfach gemessen. Die Mittelwerte und ihre Standardabweichungen sind:

$\overline{c} = 235,20$ m, $s_{\overline{c}} = 4$ cm,

$\overline{\alpha} = 61°14'40''$, $s_{\overline{\alpha}} = 35''$,

$\overline{\beta} = 54°27'10''$, $s_{\overline{\beta}} = 30''$

Man berechne $\overline{e}$ und $s_{\overline{e}}$ (Bild 13.9).

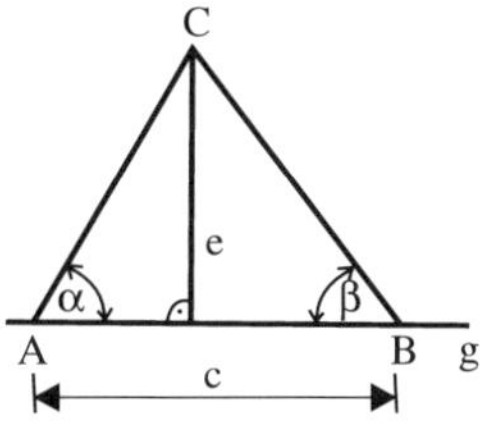

Bild 13.9

13.11 Es liegen die Ergebnisse von 5 Meßreihen zur Bestimmung der Erdbeschleunigung g vor:
$g_1 = (980,2 \pm 2,0)$ cm s^{-2}, $g_2 = (983,6 \pm 3,5)$ cm s^{-2}, $g_3 = (981,4 \pm 2,5)$ cm s^{-2}, $g_4 = (978,5 \pm 4,0)$ cm s^{-2}, $g_5 = (983,0 \pm 3,0)$ cm s^{-2}. Gesucht wird das allgemeine arithmetische Mittel und seine Standardabweichung.

13.12 Für die Abhängigkeit des Widerstandes eines metallischen Leiters von der Temperatur gilt in einem gewissen Intervall die Gleichung

$R_T = R_0 + R_0 \beta T$ mit

R_T: Widerstand bei der Temperatur T

R_0 : Widerstand bei der Temperatur 0°C

β : Temperaturkoeffizient

Zu acht als fehlerfrei anzunehmenden Temperaturen T wurden die Widerstände R_T gemessen: (20°C; 1,66 Ω), (30°C; 1,71 Ω), (40°C; 1,76 Ω), (50°C; 1,81 Ω), (60°C; 1,86 Ω), (70°C; 1,93 Ω), (80°C; 2,00 Ω), (90°C; 2,05 Ω). Man berechne die Konstanten R_0 und β ($R_T = aT + b$ mit $a = R_0\beta$, $b = R_0$) und die Standardabweichungen s, $s_{\hat{a}}$, $s_{\hat{b}} = s_{R_0}$ und s_β.

13.13 Bei verschiedenen Temperaturen x (in °C) wurde die Längenänderung y (in mm) eines Metallstabes gemessen. Man erhielt die Wertepaare $(x_i; y_i)$: (20; 0,040); (30; 0,051); (40; 0,073); (50; 0,079); (60; 0,102). Man stelle die Gleichung der Regressionsgeraden auf.

13.14 Man bestimme für die Punkte $P_1(0; 0,28)$, $P_2(5; -0,70)$, $P_3(10; -1,01)$, $P_4(15; -0,80)$, $P_5(20; -0,27)$, $P_6(25; 1,10)$ die Gleichung der Ausgleichsparabel 2. Grades: $y = a_0 + a_1 x + a_2 x^2$.

Lösungen

7.1 a) $\frac{1}{3}+\frac{1}{9}+\frac{1}{27}+\frac{1}{81}+\ldots \quad \{s_k\} = 0,\overline{3},\ 0,\overline{4},\ 0,\overline{481},\ 0,4938,\ \ldots$

b) $1+4+8+16+\ldots \quad \{s_k\} = 1,\ 5,\ 13,\ 29,\ \ldots$

c) $1-\frac{1}{4}+\frac{1}{9}-\frac{1}{16}+-\ldots \quad \{s_k\} = 1,\ 0,75,\ 0,86\overline{1},\ 0,7986\overline{1},\ \ldots$

d) $0,2+0,02+0,001\overline{3}+0,0000\overline{6}+\ldots \quad \{s_k\} = 0,2,\ 0,22,\ 0,221\overline{3},\ 0,2214,\ \ldots$

e) $2-1,\overline{3}+0,2\overline{6}-0,025397+-\ldots \quad \{s_k\} = 2,\ 0,\overline{6},\ 0,9\overline{3},\ 0,907934,\ \ldots$

f) $1+\frac{3}{2}+\frac{1}{4}+\frac{3}{8}+\ldots \quad \{s_k\} = 1,\ 2,5,\ 2,75,\ 3,125,\ \ldots$

7.2 a) $a,\ \frac{a}{\sqrt{2}},\ \frac{a}{2},\ \frac{a}{2\sqrt{2}},\ \ldots$ b) $s = a(2+\sqrt{2})$

c) $a^2,\ \frac{a^2}{2},\ \frac{a^2}{2^2},\ \frac{a^2}{2^3},\ \ldots$ d) $s = 2a^2$

7.3 a) $s_7 = 0,36806;\ |R_7| < 2,0\cdot 10^{-4};\ R_7 < 0;$
$0,36786 < s < 0,36806;\ s \approx 0,368$

b) $s_4 = 0,1822\overline{6};\ |R_4| < 6,4\cdot 10^{-5};\ R_4 > 0;$
$0,1822\overline{6} < s < 0,18230\overline{6};\ s \approx 0,1823$

7.4 a) $r = \lim\limits_{n\to\infty} \frac{2^{n+1}}{2^n} = 2 \qquad x \in (-2,2)$

b) $r = \lim\limits_{n\to\infty} \sqrt{1+\frac{1}{n}} = 1 \qquad x \in [-1,1)$

c) $r = \lim\limits_{n\to\infty} \left(1+\frac{2}{n}\right) = 1 \qquad x \in [-1,1]$

d) $r = \lim\limits_{n\to\infty} \left(1+\frac{1}{n}\right)^{n+1}(n+1) = \infty \qquad x \in (-\infty,\infty)$

7.5 a) $r = \frac{1}{\lim\limits_{n\to\infty} \sqrt[n]{1}} = 1 \qquad x \in (-1,1)$

b) $r = \frac{1}{\lim\limits_{n\to\infty} \sqrt[n]{\frac{1}{n^n}}} = \infty \qquad x \in \mathbb{R}$

c) $r = \lim\limits_{n\to\infty} \frac{n!}{(n+1)!} = 0 \qquad x = 0$

7.6 a) $f(x) = \mathrm{e}\left(1+\frac{x-a}{1!a}+\frac{(x-a)^2}{2!a^2}+\frac{(x-a)^3}{3!a^3}+\ldots\right)$

b) $f(x) = \frac{1}{\mathrm{e}}\left(1-\frac{(x-1)^2}{2}+\frac{(x-1)^3}{3}-\frac{(x-1)^4}{8}+-\ldots\right)$

c) $F(x) = e^2\left(\frac{1}{2} + \frac{x-2}{4} + \frac{(x-2)^2}{8} + \frac{(x-2)^3}{32} + \ldots\right)$

7.7 $e^5 \approx 1,6487;\ 2,2\cdot 10^{-5} < R_5(0,5) < 4,3\cdot 10^{-5}$

7.8 $f(x) = 1 + x - \frac{1}{2!}x^2 + \frac{1\cdot 3}{3!}x^3 - \frac{1\cdot 3\cdot 5}{4!}x^4 + - \ldots;\ |x| < \frac{1}{2}$

7.9 a) $f(x) \approx 1 - x$ b) $f(x) \approx 1 - \frac{x^2}{3}$ c) $f(x) \approx 1 + \frac{3}{2}x$

7.10 $f(x) = a^x = \frac{\ln a}{1!}x + \frac{(\ln a)^2}{2!}x^2 + \frac{(\ln a)^3}{3!}x^3 + \ldots;\ |x| < \infty$

7.11 $e^{ax} = 1 + ax + \frac{(ax)^2}{2!} + \frac{(ax)^3}{3!} + \ldots$

7.12 5 Glieder der Reihe für $\arctan\frac{1}{3}$, 3 Glieder der Reihe für $\arctan\frac{1}{7}$

7.13 $c = a\left(1 + \frac{b^2}{a^2}\right)^{\frac{1}{2}};\ c \approx a + \frac{b^2}{2a}$

7.14 a) $f(x) = 4 + 4x + 3x^2 + \frac{5}{3}x^3 + \ldots$

b) $f(x) = x^2 - \frac{1}{3}x^4 + \frac{2}{45}x^6 - \frac{1}{315}x^8 + - \ldots$

c) $f(x) = 1 - \frac{1}{3}x + \frac{2}{9}x^2 - \frac{14}{81}x^3 + - \ldots$

d) $f(x) = -\frac{1}{2}x + \frac{1}{4}x^2 - \frac{1}{6}x^3 + \frac{1}{8}x^4 - + \ldots\ \left(= -\frac{1}{2}\ln(1+x)\right)$

e) $f(t) = \ln 2 + \frac{at}{2} + \frac{a^2t^2}{2!2^2} - \frac{a^4t^4}{4!2^3} + \ldots$

7.15 a) $f(x) \approx 1 + \frac{x^2}{2},\ |x| < 0,251$ b) $f(x) \approx 1 - \frac{x^2}{2},\ |x| < 0,190$

c) $f(x) \approx 1 - \frac{x}{3},\ |x| < 0,047$ d) $f(x) \approx 1 + \frac{x}{3},\ |x| < 0,067$

e) $f(x) \approx 1 - \frac{x^2}{3},\ |x| < 0,220$ f) $f(x) \approx 1 - 3x,\ |x| < 0,009$

7.16 a) $0,058$ b) $0,29900$ c) $0,514$

7.17 $I = \frac{\pi}{2}\left(1 + \left(\frac{1}{2}\right)^2\cdot\left(\frac{1}{4}\right)^2 + \left(\frac{1\cdot 3}{2\cdot 4}\right)^2\cdot\left(\frac{1}{4}\right)^4 + \left(\frac{1\cdot 3\cdot 5}{2\cdot 4\cdot 6}\right)^2\cdot\left(\frac{1}{4}\right)^6 + \ldots\right) \approx 1,685$

7.18 $\int\limits_1^x \frac{\cos t}{t}\,dt = \ln x - \frac{x^2-1}{2\cdot 2!} + \frac{x^4-1}{4\cdot 4!} - + \ldots$

7.19 $f(x) \approx x - \frac{3}{2}x^2 + \frac{11}{6}x^3$

7.20 $\frac{x^2}{1-\cos x} \approx \frac{2}{1 - \frac{x^2}{12} + \frac{x^4}{360}} \approx 2\left(1 + \frac{x^2}{12}\right)$

7.21 $p = r - r\left(1 - \frac{s^2}{4r^2}\right)^{\frac{1}{2}} \approx \frac{s^2}{8r} - \frac{s^4}{32r^3} + - \ldots$

7.22 $D = r\left(\alpha - 2\sin\frac{\alpha}{2}\right) \approx \frac{b^3}{24r^2}$; $D = 2{,}25$ cm; $|R_3| < 2{,}5 \cdot 10^{-2}$ mm

7.23 $\alpha' = f(a + \Delta a) = \arctan\frac{a + \Delta a}{b}$; $\alpha' \approx \alpha + \frac{b}{a^2 + b^2}\Delta a$

7.24 $x = r(1 - \cos\alpha) + l\left(1 - \sqrt{1 - \lambda^2\sin^2\alpha}\right) \approx r\left(1 - \cos\alpha + \frac{1}{2}\lambda\sin^2\alpha\right)$

7.25 a) $f(x) = \sum\limits_{n=1}^{\infty}\frac{\sin(2n-1)x}{2n-1}$ b) $f(x) = \frac{\pi}{2} - \frac{4}{\pi}\sum\limits_{n=1}^{\infty}\frac{\cos(2n-1)x}{(2n-1)^2}$

c) $f(x) = -\frac{1}{2}\sin x + 2\sum\limits_{n=2}^{\infty}\frac{(-1)^n \cdot n}{n^2 - 1}\sin nx$

7.26 $f(x) = \frac{2A}{\pi}\sum\limits_{k=1}^{\infty}\frac{(-1)^{k+1}}{k}\sin kx$

7.27 $f(x) = 1{,}6366\sin x - 0{,}5\sin 2x + 0{,}2626\sin 3x - 0{,}25\sin 4x + 0{,}2255\sin 5x - + \ldots$

7.28 $$f(t) = \begin{cases} \hat{I}\sin\omega t & \text{für } 0 \le t \le \frac{T}{2} \\ -\hat{I}\sin\omega t & \text{für } \frac{T}{2} \le t \le T \end{cases}$$

$$f(t) = \frac{2\hat{I}}{\pi}\left(1 - 2\sum_{k=1}^{\infty}\frac{\cos(2k\omega t)}{(2k-1)(2k+1)}\right)$$

7.29 $f(t) = \frac{A \cdot a}{\pi}\left(1 + 2\sum\limits_{k=1}^{\infty}\frac{\sin ka}{ka}\cos(k\omega t)\right)$, $k \in \mathbb{N}^*$

$A_0 = 0{,}2A$, $A_1 = 0{,}374A$, $A_2 = 0{,}303A$, $A_3 = 0{,}202A$, $A_4 = 0{,}094A$, $A_5 = 0$, $A_6 = 0{,}062A$, Bild L 7.1

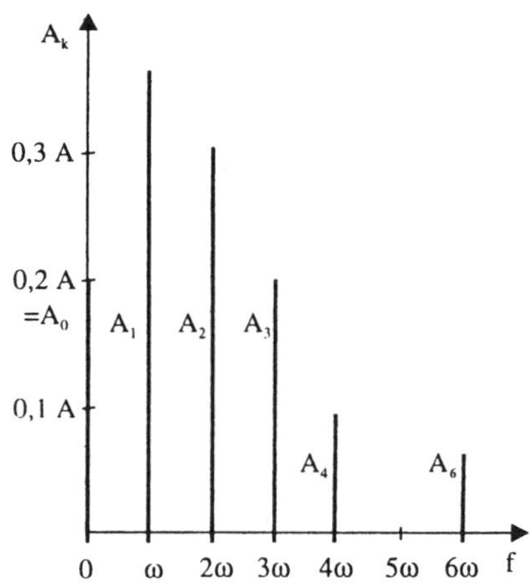

Bild L 7.1

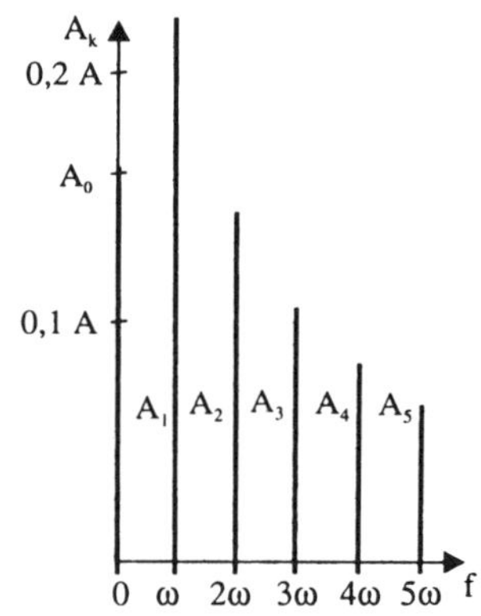

Bild L 7.2

7.30 $f(t) = \frac{A(1-\mathrm{e}^{-2\pi})}{\pi}\left(1+\frac{1}{2}\cos\omega t+\frac{1}{5}\cos 2\omega t+\frac{1}{10}\cos 3\omega t+\frac{1}{17}\cos 4\omega t+\ldots\right.$
$\left.+\frac{1}{2}\sin\omega t+\frac{2}{5}\sin 2\omega t+\frac{3}{10}\sin 3\omega t+\frac{4}{17}\sin 4\omega t+\ldots\right)$ Bild L 7.2

7.31 $c_k = \frac{A(1-\mathrm{e}^{-2\pi})}{2\pi(1+\mathrm{j}k)}$

7.32 $\varphi(x) = 4,88 + 28,84\cos x - 2,24\cos 2x + 0,82\cos 3x + 4,48\cos 4x + 1,10\cos 5x$
$+ 0,34\cos 6x - 0,41\sin x - 13,18\sin 2x - 4,03\sin 3x + 3,10\sin 4x$
$- 0,47\sin 5x$

7.33 $\varphi(x) = 9,22 + 22,19\sin(x + 2,825) + 4,44\sin(2x + 2,253)$
$+ 3,84\sin(3x + 1,033) + 1,24\sin(4x + 2,617)$

8.1 $y'^2 - 4xy' + 4y = 0$ **8.2** $y'''(1+y'^2) - 3y''^2y' = 0$

8.3 $xy' + y = 0$ **8.4** $y^2(1+y'^2) = r^2$

8.5 $5y'''^2 - 3y''y^{(4)} = 0$ **8.6** $xy^2 = C$

8.7 $y' = \frac{y}{2x};\ y^2 = 2Cx$ **8.8** vgl. 8.2.4, Beisp. 8.18: $y = \frac{1}{2}\left(x+\frac{1}{2}\right)$

8.9 $y = K\left(1-\mathrm{e}^{-\frac{t}{T}}\right);\ y|_{t\to\infty} = K;\ y|_{t=T} = 0,632K;\ t_{95\ \%} = T\ln 20 \approx 3,00T;$

$t_{99\ \%} = T\ln 100 \approx 4,61T$

8.10 $x^2 - y^2 = C$ **8.11** $y = Cx$

8.12 $y = \sqrt{2\,\mathrm{e}^x + C_1}$ **8.13** $y = C(x-a) + b$

8.14 $y(y^2 - 27) = 2x^3 + \frac{21}{2}x^2 - 12x + C$

8.15 $y = \left(1 + C\,\mathrm{e}^{\frac{x^2}{4}}\right)^2$ **8.16** $y = \frac{Cx}{1+x}$

8.17 $\frac{y}{a^2\sqrt{a^2+y^2}} = \frac{a^2}{2}\arcsin\frac{x}{a} - \frac{x}{2}\sqrt{a^2-x^2} + C$

8.18 $y = \mathrm{e}^{K\tan\frac{x}{2}},\ y_p = 1$ **8.19** $y = \sqrt{2(x\cos x - \sin x) + 127,3}$

8.20 $y = \sqrt[3]{3 + 3x - x^3}$

8.21 $y = \frac{\sqrt{2}}{2}\tan\left[\frac{\sqrt{2}}{2}\ln\frac{1+x}{1-x} + 0,295\right]$

8.22 $y = \frac{\sqrt{3}}{2}\tan\left[\frac{4}{\sqrt{3}}\ln(2+3x) - 12,25\right]$

8.23 $y = \sqrt{\ln\frac{x-20}{x-8} + 1,562}$

8.24 $y = \sqrt{\frac{2}{\sqrt{11}}\arctan\sqrt{11}\,x + 255,1}$

8.25 $y = x - 1 + K\,\mathrm{e}^{-x}$ **8.26** $y = K\,\mathrm{e}^{x} - x - 1$

8.27 $y = x\tan\left[\ln\sqrt{x^2+y^2} + C\right]$; in Polarkoordinaten: $r = K\,\mathrm{e}^{\varphi}$

8.28 $y = \dfrac{x}{K - \ln x}$ **8.29** $y = x\sqrt{\dfrac{Kx^{\frac{4}{3}} - 1}{2}}$

8.30 $3x - 9y - 5 + K + 4\ln|6x - 9y - 5| = 0$

8.31 $x_\mathrm{a} = Kc(t - T) + C\,\mathrm{e}^{-\frac{t}{T}}$ **8.32** $y = 2 + K\,\mathrm{e}^{\frac{x^2}{2}}$

8.33 $y = \dfrac{1}{5}\,\mathrm{e}^{3x} + C\,\mathrm{e}^{-2x}$ **8.34** $y = \mathrm{e}^{x^2}(K - x)$

8.35 $y = \dfrac{\cos x}{2} + \dfrac{C}{\cos x}$ **8.36** $y = \sin x + K\tan x$

8.37 $y = \mathrm{e}^{-\frac{3}{2}x^2}\left(16138 - \dfrac{1}{2}\,\mathrm{e}^{-4x}\right)$ **8.38** $y = \dfrac{1}{4}(1 + 2x + 79\,\mathrm{e}^{2x})$

8.39 $y = \dfrac{3}{4}x^2 - \dfrac{2}{3}x + 2 - \dfrac{2}{x^2}$ **8.40** $y = \dfrac{1}{2}(\mathrm{e}^{2-x} - \mathrm{e}^{x})$

8.41 a) $y = \dfrac{2x}{2C - x^2}$ b) $y = \dfrac{1}{\sqrt{\sin x + C\tan x}}$ c) $y = x^4(\ln\sqrt{x} + C)^2$

8.42 a) $y = \dfrac{4x^3 + C}{x^4 + Cx}$ b) $y = x - 2 - \dfrac{2C}{x^2 - C}$

8.43 a) $F(x,y) = xy + 2xy^2 + C = 0$ b) $\mu = \dfrac{1}{x^2}$, $y = x^2 - Cx$
c) $\mu = \dfrac{1}{y^2}$, $F(x,y) = \dfrac{x^2}{2} - xy + C = 0$

8.44 $y = 1 + \dfrac{x^2}{2!} + \dfrac{x^4}{4!} + \dfrac{x^6}{6!} + \ldots$

8.45 $y = \dfrac{1}{2!}x^2 + \dfrac{1}{3!}x^3 + \dfrac{2}{4!}x^4 + \dfrac{2}{5!}x^5 + \dfrac{3}{6!}x^6 + \dfrac{3}{7!}x^7 + \ldots$

8.46 $y(0,4) = 0,02134$; $y(0,2) = 0,00267$

8.47 $y(1) = -0,1943$; $y(0,5) = -0,49447$

8.48 $y = A\sin(x + \varphi)$ **8.49** $y = \dfrac{\mathrm{e}^{x}}{2} - C_1\,\mathrm{e}^{-x} + C_2$

8.50 $y = \dfrac{x}{500} + \dfrac{x^2}{100} + \dfrac{x^3}{30} - \dfrac{1}{5000}(\mathrm{e}^{10x} - 1)$

8.51 $y = -\dfrac{7}{3}x + x^2 - 0,105\,\mathrm{e}^{-3x} - 0,22$

8.52 a) $y = \dfrac{Fl^3}{16EI}\left(\dfrac{x}{l} - \dfrac{4x^3}{3l^3}\right)$ b) $y = \dfrac{Fl^3}{180EI}\left[7\dfrac{x}{l} - 10\left(\dfrac{x}{l}\right)^3 + 3\left(\dfrac{x}{l}\right)^5\right]$

8.53 $y = A\sin(x + \varphi) + x^2 - 2$ **8.54** $y = \dfrac{1}{5}\,\mathrm{e}^{3x} + C\,\mathrm{e}^{-2x}$

8.55 $y = \mathrm{e}^{x}\left(\dfrac{x}{2} + C_1\right) + C_2\,\mathrm{e}^{-x}$ **8.56** $y = x + 1,29\,\mathrm{e}^{x} - 4,08\,\mathrm{e}^{-x}$

8.57 $y = -1,60 + 0,60x + 1,34\,e^{\sqrt{5}x} + 0,264\,e^{-\sqrt{5}x}$

8.58 $y = 4\cos x - 2\pi \sin x - x^2 - 4$

8.59 $y = C_1\,e^{3x} + C_2\,e^{4x}$; $y = C\,e^{3x} + (2 - C)\,e^{4x}$

8.60 $y = e^{-x}(C_1 + C_2 x)$ **8.61** $y = A\,e^{-3x}\sin(2x + \varphi)$

8.62 $y = 3\,e^{-x} - e^{4x}$ **8.63** $y = C_1\,e^{4x} + C_2\,e^{x} + \frac{x}{4} + \frac{5}{16}$

8.64 $y = C_1\,e^{x} + (C_2 - 2x + x^2)\,e^{2x}$ **8.65** $y = C_1 + \left(C_2 + \frac{x}{9} + \frac{x^2}{3}\right) e^{3x}$

8.66 $y = C_1 + \left(C_2 + \frac{x}{3}\right) e^{3x} - \frac{x}{9}(3x + 5)$

8.67 $y = C_1\,e^{3x} + C_2\,e^{x} + \frac{7}{3}x^2 + \frac{56}{9}x + \frac{209}{27}$

8.68 $y = e^{-3x} A\sin(4x + \varphi) + \frac{1}{52}\,e^{3x}$

8.69 $y = e^{2x}(C_1 + C_2 x) + \frac{3}{25}\sin x + \frac{4}{25}\cos x = e^{2x}(C_1 + C_2 x) + \frac{1}{5}\sin\left(x + \arctan\frac{4}{3}\right)$

8.70 $y = K\,e^{-x}\sin\left(\sqrt{3}x + \varphi\right) - \frac{1}{4}\cos 2x$

8.71 $y = e^{\frac{x}{2}} A\sin(x + \varphi) + \cos 5x$ **8.72** $y = e^{5x}(C_1 + C_2 x) + e^{x}$

8.73 $y = e^{-\frac{x}{2}} A\sin\left(\sqrt{\frac{3}{4}}x + \varphi\right) + x^2 + 1$

8.74 $y = \frac{1}{13}\sin 2x + \frac{5}{13}\cos 2x + C_1\,e^{3x} + C_2\,e^{2x}$

8.75 $y = \frac{1}{2} - 0,381\,e^{1,37x} - 0,119\,e^{-4,37x}$

8.76 $x_a = K x_e \left\{1 - e^{-\frac{t}{\tau_1}}\left[\frac{\tau_2 + \tau_1}{2\tau_1}\,e^{\frac{t}{\tau_2}} - \frac{\tau_2 - \tau_1}{2\tau_1}\,e^{-\frac{t}{\tau_2}}\right]\right\}$;

$\tau_1 = \frac{2T_2^2}{T_1}$, $\tau_2 = \frac{2T_2^2}{\sqrt{T_1^2 - 4T_2^2}}$

8.77 $y = C_1\,e^{x} + K\sin(x + \varphi) - \frac{2}{15}\sin 2x + \frac{1}{15}\cos 2x$

8.78 $y = C_1 + C_2\,e^{-x} + C_3\,e^{-3x} + \frac{26}{27}x - \frac{4}{9}x^2 + \frac{1}{9}x^3$

8.79 $y = C_1\,e^{x} + C_2\,e^{2x} + C_3\,e^{3x} + C_4\,e^{4x}$

8.80 $y(0) = y(l) = 0$; $y'(0) = y'(l) = 0$

$l\lambda \sin l\lambda = 2(1 - \sin l\lambda)$, $\lambda = \sqrt{\frac{F}{\alpha}}$; $\tan\frac{l\lambda}{2} = \frac{l\lambda}{2}$; $\lambda_1 \approx \frac{2\pi}{l}$; $F_1 = \frac{4\pi^2 EI}{l^2}$

8.81 a) $y_1''' - 4y_1' = 0$; $y_1 = C_1 + C_2\,e^{2x} + C_3\,e^{-2x}$,
$y_2 = 2C_2\,e^{2x} - 2C_3\,e^{-2x}$, $y_3 = 4C_2\,e^{2x} + 4C_3\,e^{-2x}$

b) $u^{(4)} - 16u = 0$; $u = C_1\,\mathrm{e}^{2x} + C_2\,\mathrm{e}^{-2x} + C_3\cos 2x + C_4\sin 2x$,
$v = C_1\,\mathrm{e}^{2x} + C_2\,\mathrm{e}^{-2x} - C_3\cos 2x - C_4\sin 2x$,
$w = C_1\,\mathrm{e}^{2x} - C_2\,\mathrm{e}^{-2x} + C_3\sin 2x - C_4\cos 2x$

8.82 $y_1 = -\,\mathrm{e}^{-x}$; $y_2 = \mathrm{e}^{-x}$; $y_3 = 0$

8.83 $y = \mathrm{e}^{-2x}(C_1 - C_2 + C_2 x)$, $z = \mathrm{e}^{-2x}(-C_1 - C_2 x)$

8.84 a) $y_1 = -x^2 + C_1\,\mathrm{e}^{2x} + C_2\,\mathrm{e}^{-3x}$, $y_2 = 2x^2 + 2x - C_1\,\mathrm{e}^{2x} + 4C_2\,\mathrm{e}^{-3x}$

b) $y_1 = \mathrm{e}^{-x}(C_1 x^2 + C_2 x + C_3) + x^2 - 3x + 3$,
$y_2 = \mathrm{e}^{-x}(-2C_1 x - C_2) + x$, $y_3 = 2C_1\,\mathrm{e}^{-x} + x - 1$

9.1 a) $F(s) = \dfrac{-12}{s^4} + \dfrac{2}{s^2} + \dfrac{3}{s}$ b) $F(s) = \dfrac{2}{s+6} + \dfrac{3}{s-4}$

9.2 a) $F(s) = \dfrac{8}{s^4+16} - \dfrac{s}{s^2+4}$ b) $F(s) = \dfrac{2\omega^2}{s(s^2+4\omega^2)}$

c) $F(s) = \dfrac{s^2+2\omega^2}{s(s^2+4\omega^2)}$

9.3 a) $F(s) = \dfrac{6}{(s+2)^4}$ b) $F(s) = \dfrac{1}{s-1} + \dfrac{2}{(s-1)^2} - \dfrac{2}{(s-1)^3}$

c) $F(s) = \dfrac{s+1}{(s+1)^2+1}$ d) $F(s) = \dfrac{s+a}{(s+a)^2+\omega^2}$

9.4 a) $f(t) = \dfrac{1}{3}\sin(3t)$ b) $f(t) = t\,\mathrm{e}^{-3t}$

c) $f(t) = \dfrac{1}{2}\,\mathrm{e}^{-t}\sinh(2t)$ d) $f(t) = (1+2t)\,\mathrm{e}^{2t}$

9.5 a) $f(t) = -\dfrac{1}{16} + \dfrac{1}{4}t + \dfrac{1}{16}\,\mathrm{e}^{-4t}$

b) $f(t) = \dfrac{1}{2}(1 - \mathrm{e}^{-2t})$

c) $f(t) = \dfrac{1}{4}(\mathrm{e}^{t} - \mathrm{e}^{-t} + 2t\,\mathrm{e}^{-t})$

d) $f(t) = \dfrac{1}{2}(\mathrm{e}^{t} + \sin t - \cos t)$

e) $f(t) = \dfrac{1}{8}(1 - 2t + 2t^2 - \mathrm{e}^{-2t})$

9.6 a) $y = \dfrac{1}{2}\,\mathrm{e}^{-4t} + \dfrac{1}{4}t - \dfrac{1}{16}$

b) $y = \mathrm{e}^{t} + \sin t - \cos t$

c) $y = \dfrac{3}{2}\,\mathrm{e}^{t} - \dfrac{2}{3}\,\mathrm{e}^{2t} + \dfrac{1}{6}\,\mathrm{e}^{-t}$

d) $y = \dfrac{1}{4}\,\mathrm{e}^{t} - \dfrac{1}{4}\,\mathrm{e}^{-t} + \dfrac{1}{2}t\,\mathrm{e}^{-t}$

e) $y = t^2 - t + 1 - \mathrm{e}^{-2t}$

10.1 a) Bild L 10.1, Ebene

b) Bild L 10.2, Rotationsparaboloid

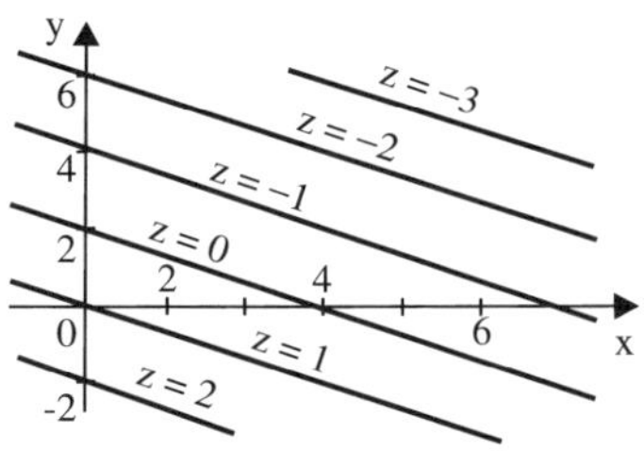

Bild L 10.1

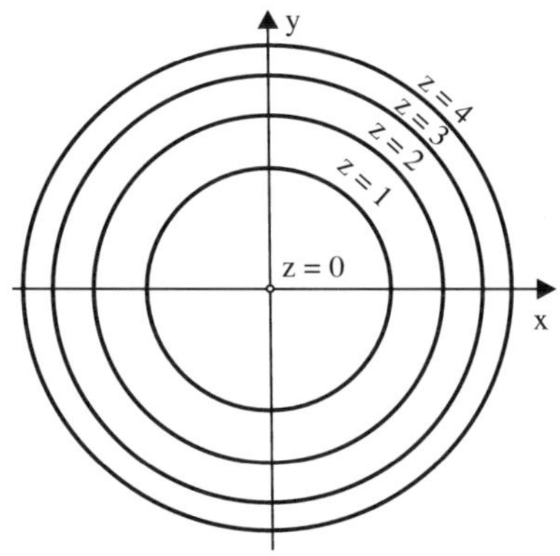

Bild L 10.2

10.2 a) $u_x = 5x^4 + 18x^2y - 4xyz$, $u_y = 6x^3 - 2x^2z + 3z^3$, $u_z = -2x^2y + 9yz^2$

b) $z_x = \dfrac{-y}{x^2+y^2}$, $z_y = \dfrac{x}{x^2+y^2}$

c) $\dfrac{\partial T}{\partial l} = \dfrac{\pi}{\sqrt{gl}}$, $\dfrac{\partial T}{\partial g} = -\dfrac{\pi\sqrt{gl}}{g^2}$

d) $\dfrac{\partial I_1}{\partial R_1} = -I\dfrac{R_2}{(R_1+R_2)^2}$, $\dfrac{\partial I_1}{\partial R_2} = I\dfrac{R_1}{(R_1+R_2)^2}$

e) $z_x = \mathrm{e}^{\frac{x}{y}}$, $z_y = \mathrm{e}^{\frac{x}{y}}\left(1 - \dfrac{x}{y}\right)$

f) $\dfrac{\partial T_1}{\partial V_1} = -\dfrac{(k-1)T_2}{V_1}\left(\dfrac{V_2}{V_1}\right)^{k-1}$, $\dfrac{\partial T_1}{\partial V_2} = \dfrac{(k-1)T_2}{V_1}\left(\dfrac{V_2}{V_1}\right)^{k-2}$

10.3 a) $z_x = 5x^4 + 6x^2y^2$, $z_y = 4x^3y + 10y^4$,

$z_{xx} = 20x^3 + 12xy^2$, $z_{xy} = z_{yx} = 12x^2y$, $z_{yy} = 4x^3 + 40y^3$

b) $z_x = \dfrac{2y}{(x+y)^2}$, $z_y = \dfrac{-2x}{(x+y)^2}$,

$z_{xx} = -\dfrac{4y}{(x+y)^3}$, $z_{xy} = z_{yx} = \dfrac{2(x-y)}{(x+y)^3}$, $z_{yy} = \dfrac{4x}{(x+y)^3}$

c) $z_x = 2\cos 2x$, $z_y = 2\cos 2y$,

$z_{xx} = -4\sin 2x$, $z_{xy} = z_{yx} = 0$, $z_{yy} = -4\sin 2y$

d) $z_x = \dfrac{1}{1+x^2}$, $z_y = \dfrac{1}{1+y^2}$,

$z_{xx} = -\dfrac{2x}{(1+x^2)^2}$, $z_{xy} = z_{yx} = 0$, $z_{yy} = -\dfrac{2y}{(1+y^2)^2}$

10.4 $u_{xyz} = \mathrm{e}^{xyz}(1 + 3xyz + x^2y^2z^2)$

10.5 $u_{xyz} = u_{zyx} = (x-y)^{z-2}\left[1 - 2z + (z - z^2)\ln(x-y)\right]$

10.6 $z_x = \dfrac{\mathrm{e}^y}{\sqrt{1-(x-y)^2}}$, $z_y = \mathrm{e}^y \arcsin(x-y) - \dfrac{\mathrm{e}^y}{\sqrt{1-(x-y)^2}}$

10.7 $\Delta u = 0,76$; $\mathrm{d}u = 0,8$

10.8 a) $\mathrm{d}z = \dfrac{x^2 - y^2}{x^2 y^2}(y\,\mathrm{d}x - x\,\mathrm{d}y)$

b) $\mathrm{d}z = \dfrac{y\,\mathrm{d}x + x\,\mathrm{d}y}{1 + x^2 y^2}$

c) $\mathrm{d}v = \dfrac{2v_1}{(m_1 + m_2)^2}(m_2\,\mathrm{d}m_1 - m_1\,\mathrm{d}m_2)$

d) $\mathrm{d}z = \dfrac{x + y}{y^3}\,\mathrm{e}^{\frac{x}{y}}(y\,\mathrm{d}x - x\,\mathrm{d}y)$

10.9 $\mathrm{d}V_{\max} = \dfrac{\pi r}{3}(2h|\,\mathrm{d}r| + r|\,\mathrm{d}h|) = 580\ \mathrm{cm}^3$

10.10 $\alpha = \arcsin \dfrac{a}{c}$

$$\mathrm{d}\alpha_{\max} = \left|\frac{\mathrm{d}a}{\sqrt{c^2 - a^2}}\right| + \left|\frac{-a\,\mathrm{d}c}{c\sqrt{c^2 - a^2}}\right| = 2,80^{-4} = 0,96' \approx 1'$$

10.11 $I = \dfrac{U}{R_1 + R_2 + R_3} = \dfrac{U}{R} = 0,5\ \mathrm{A}$

$$\frac{\mathrm{d}I_{\mathrm{Max}}}{I} = \left|\frac{\mathrm{d}U}{U}\right| + \frac{1}{R}(|\,\mathrm{d}R_1| + |\,\mathrm{d}R_2| + |\,\mathrm{d}R_3|) = 0,9\ \%$$

10.12 $\alpha = 41°38'$

10.13 a) $P_1(2;7)$, $P_2(2;-5)$ b) $P_3(8;1)$, $P_4(-4;1)$

10.14 a) Minimum $z_E = -3$ bei $(x_E; y_E) = (-1;-2)$

b) kein Extremwert

c) Bei $(0;0)$ kein Extremwert, bei $\left(\dfrac{2}{5};\dfrac{2}{5}\right)$ ein Maximum $z_E = 1/432$

d) Aus $z_x = 0$, $z_y = 0$ folgt $x = y$ und damit $\cos x = -\dfrac{1}{4} \pm \dfrac{3}{4}$

Maximum $z_E = \dfrac{3}{2}\sqrt{3}$ bei $x_E = y_E = \dfrac{\pi}{3}$.

10.15 $O = 2(ab + s(a + b) - (a + b)^2) = f(a;b)$; $a_E = b_E = c_E = \dfrac{s}{3}$, der Quader ist ein Würfel.

10.16 Benetzter Umfang: $U = a + 2\dfrac{h}{\sin\alpha}$. Aus $A = (a + h\cot\alpha)h$ folgt $a = \dfrac{A}{h} - h\cot\alpha$ und damit $U = \dfrac{A}{h} - h\cot\alpha + 2\dfrac{h}{\sin\alpha} = f(h;\alpha)$.

U ist minimal für $\alpha_E = \dfrac{\pi}{3}$, $h_E = \sqrt{\dfrac{A}{3}\sqrt{3}}$.

10.17 a) Minimum $z_E = \dfrac{1}{2}$ bei $x_E = y_E = \dfrac{1}{2}$

b) Maximum $z_E = \sqrt{2}$ bei $x_E = y_E = 1$

c) Minimum $u_E = 81$ bei $x_E = 18$, $y_E = 27$, $z_E = 36$

10.18 $e^2 = f(x;y) = x^2 + y^2$, $\varphi(x;y) = x^2 - y^2 - 1 = 0$

$P_1\left(\frac{1}{2}\sqrt{5};\frac{1}{2}\right)$, $P_2\left(-\frac{1}{2}\sqrt{5};\frac{1}{2}\right)$

10.19 $e^2 = f(x;y) = x^2 + y^2$, $\varphi(x;y) = 5x^2 - 8xy + 5y^2 - 9 = 0$

$P_1\left(\frac{3}{2}\sqrt{2};\frac{3}{2}\sqrt{2}\right) \Longrightarrow a = 3$, $P_2\left(\frac{1}{2}\sqrt{2};\frac{1}{2}\sqrt{2}\right) \Longrightarrow b = 1$

10.20 a) $\frac{1}{4}a^2b^2$ b) $\mathrm{e}^2 - 1$ c) $\frac{1}{2}(5\ln 5 - 2\ln 2 - 4\ln 4) \approx 0,558$ d) 2

10.21 $\int\limits_0^1 \int\limits_0^{1-x} (1-x-y)\,\mathrm{d}y\,\mathrm{d}x = \frac{1}{6}$

10.22 $\int\limits_0^2 \int\limits_{\sqrt{2x-x^2}}^{2\sqrt{x}} x^2 y\,\mathrm{d}y\,\mathrm{d}x = \frac{36}{5}$

10.23 $\int\limits_1^2 \int\limits_1^{y^2} \frac{x}{y^2}\,\mathrm{d}x\,\mathrm{d}y = \frac{11}{12}$

10.24 $\int\limits_{\sqrt{2}}^3 \int\limits_{\frac{2}{x}}^{x} \mathrm{d}y\,\mathrm{d}x = \frac{7}{2} + \ln\frac{2}{9} \approx 1,996$

10.25 $\int\limits_0^4 \int\limits_0^{3-\frac{3}{4}x} (x^2+y^2)\,\mathrm{d}y\,\mathrm{d}x = 25$

10.26 $\int\limits_0^{2\pi} \int\limits_0^{a} r^3\,\mathrm{d}r\,\mathrm{d}\varphi = \frac{1}{2}\pi a^4$

10.27 $4\int\limits_0^{2\pi} \int\limits_1^{2} \frac{1}{r}\,\mathrm{d}r\,\mathrm{d}\varphi = 8\pi\ln 2$

10.28 a) $4\,\mathrm{e}^2(\mathrm{e}^2-1)^2$ b) $\frac{3}{4}$

10.29 $\int\limits_0^1 \int\limits_0^{x} \int\limits_0^{\sqrt{x^2+y^2}} \sqrt{x^2+y^2}\,\mathrm{d}z\,\mathrm{d}y\,\mathrm{d}x = \frac{1}{3}$

10.30 $\int\limits_0^2 \int\limits_0^{2\pi} \int\limits_0^{6-r(\cos\varphi+\sin\varphi)} \mathrm{d}z\,\mathrm{d}\varphi\,\mathrm{d}r = 24\pi$

10.31 $\int\limits_0^1 \int\limits_0^{2-x} \int\limits_0^{2-x-y} \mathrm{d}z\,\mathrm{d}y\,\mathrm{d}x = \frac{2}{3}$

10.32 $\int\limits_0^{2\pi} \int\limits_0^{\frac{\pi}{3}} \int\limits_0^{1} r^2 \sin\vartheta\,\mathrm{d}r\,\mathrm{d}\vartheta\,\mathrm{d}\varphi = \frac{\pi}{3}$

10.33 $\int\limits_0^{2\pi} \int\limits_0^{3} \int\limits_{r^2}^{9} r\,\mathrm{d}z\,\mathrm{d}r\,\mathrm{d}\varphi = \frac{81}{2}\pi$

10.34 $m = \int\limits_0^2 \int\limits_0^{2\pi} \int\limits_0^{\frac{\pi}{2}} \left(1 - \frac{1}{4}r\cos\vartheta\right) r^2 \sin\vartheta\,\mathrm{d}\vartheta\,\mathrm{d}\varphi\,\mathrm{d}r = \frac{29}{6}\pi$

10.35 S liegt auf der z-Achse: $x_S = y_S = 0$,

$$z_S = \frac{3}{2\pi}\int\limits_0^1 \int\limits_0^{2\pi} \int\limits_0^{\frac{\pi}{2}} r\cos\vartheta \cdot r^2 \sin\vartheta \cdot \mathrm{d}\vartheta\,\mathrm{d}\varphi\,\mathrm{d}r = \frac{3}{8}$$

10.36 $x_S = y_S = 0,\ z_S = \dfrac{2}{\pi h^2}\displaystyle\int_0^h\int_0^{2\pi}\int_0^{\sqrt{z}} z r \,\mathrm{d}r\,\mathrm{d}\varphi\,\mathrm{d}z = \frac{2}{3}h$

10.37 $m = \dfrac{\pi(3a-2)h^3}{6}$

10.38 $\boldsymbol{r}\cdot\dot{\boldsymbol{r}} = 2\,\mathrm{e}^{2t}\cos^2 t,\ \boldsymbol{r}\times\dot{\boldsymbol{r}} = \mathrm{e}^{2t}(-\cos t\,\boldsymbol{i} - \sin t\,\boldsymbol{j} + \boldsymbol{k})$

10.39 $\dot{\boldsymbol{e}} = \dfrac{1}{\sqrt{2}}(-\sin t\,\boldsymbol{i} + \cos t\,\boldsymbol{j}),\ \boldsymbol{e}\cdot\dot{\boldsymbol{e}} = 0.$

10.40 Die Niveauflächen sind für $c > 0$ Ellipsoide; für $c = 0$ entartet die Fläche zum Punkt O. Für $c < 0$ existieren keine reellen Niveauflächen. Durch P_0 geht das Ellipsoid: $9x^2 + y^2 + 4z^2 = 34$.

10.41 Zentralfeld, Kugelflächen mit dem Radius $r = \sqrt{k/c}$.

10.42 Hyperbeln mit den Halbachsen $a = \sqrt{c}$, $b = \sqrt{c}/2$.

10.43 Die Niveauflächen $y^2 + z^2 = c$ sind für $c > 0$ Kreiszylinderflächen mit der x-Achse als Zylinderachse und dem Radius $\sqrt{c}$.

10.44 a) $\boldsymbol{r} = t(\boldsymbol{i} + c_1\boldsymbol{j} + c_2\boldsymbol{k})$. Geraden durch O

b) $\boldsymbol{r} = t\boldsymbol{i} + (t + c_1)\boldsymbol{j} + (t + c_2)\boldsymbol{k}$, Geraden durch $P_0(0, c_1, c_2)$ mit den Neigungswinkeln von je $45°$ gegen die Koordinatenebenen.

c) $\boldsymbol{v} = \begin{pmatrix} -\omega y \\ \omega x \\ 0 \end{pmatrix}$; $\quad \begin{aligned} \omega x \dot{z} &= 0 \\ -\omega y \dot{z} &= 0 \\ -\omega y \dot{y} &= \omega x \dot{x} \end{aligned}$

Aus den ersten beiden Dgln. folgt $z = c_1$ und aus der dritten Dgl. $x^2 + y^2 = c_2$. Die Feldlinien sind Kreise parallel zur x,y-Ebene, Mittelpunkt auf der z-Achse, Radius gleich $\sqrt{c_2}$.

10.45 a) $\operatorname{grad} U|_{P_0} = \boldsymbol{i} + 10\boldsymbol{j} - \boldsymbol{k}, \qquad \dfrac{\partial U}{\partial s} = \dfrac{1}{5}$

b) $\operatorname{grad} U|_{P_0} = -\boldsymbol{i}, \qquad \dfrac{\partial U}{\partial s} = -2$

c) $\operatorname{grad} U|_{P_0} = \dfrac{1}{2}\sqrt{2}\boldsymbol{i} + \dfrac{1}{2}\sqrt{2}\boldsymbol{j}, \qquad \dfrac{\partial U}{\partial s} = 2$

10.46 $\operatorname{grad} U = -\dfrac{\boldsymbol{r}}{|\boldsymbol{r}|^2}$

10.47 a) $\operatorname{grad} U = \begin{pmatrix} yz(3x^2 + y^2 - z^2) \\ xz(x^2 + 3y^2 - z^2) \\ xy(x^2 + y^2 - 3z^2) \end{pmatrix}$

b) $xy(x^2 + y^2 - 3z^2) = 0$

$x = 0$: y,z-Ebene, $y = 0$: x,z-Ebene.

$x^2 + y^2 - 3z^2 = 0$: Kreiskegel mit der z-Achse als Kegelachse.

10.48 div $\boldsymbol{v} = -\sin x + \cos y + 1$

div $\boldsymbol{v}|_{P_1} = -1$, Senke; div $\boldsymbol{v}|_{P_2} = 2$, Quelle.

10.49 a) div $\boldsymbol{v} = 3x^2 + 3y^2 + 3z^2 = 3r^2$ b) div $\boldsymbol{v} = 4z$.

10.50 div $\boldsymbol{v} = x - y$. Es ist div $\boldsymbol{v} = 0$ für alle Punkte der Ebene $y = x$.

10.51 a) rot $\boldsymbol{v} = 2\boldsymbol{k}$, Drehachse parallel zur z-Achse, Winkelgeschwindigkeit $\omega = 1$ rad/s.

b) rot $\boldsymbol{v} = \boldsymbol{o}$, das Vektorfeld ist wirbelfrei

c) rot $\boldsymbol{v}|_{P_0} = \boldsymbol{j} - \boldsymbol{k}$, Drehachse parallel zur y,z-Ebene, Winkelgeschwindigkeit $\omega = \frac{1}{2}\sqrt{2}$ rad/s.

10.52 rot $\boldsymbol{v} = 2(x\boldsymbol{i} - y\boldsymbol{j} - y\boldsymbol{k})$, rot $\boldsymbol{v} = \boldsymbol{o}$ für alle Punkte der z-Achse.

10.53 Es ist rot $\boldsymbol{v} = \boldsymbol{o}$, $U = \frac{1}{2}\ln|x^2 + y^2| + z + C$

10.54 b), c), f), g) definiert, a), d), e) nicht definiert

10.55 a) $\boldsymbol{r} = 2t\boldsymbol{i} + t\boldsymbol{j}$, $t \in [0,2]$, $I = 8$

b) $\boldsymbol{r}_1 = t\boldsymbol{i}$, $t \in [0,2]$, $\boldsymbol{r}_2 = (2+2t)\boldsymbol{i} + 2t\boldsymbol{j}$, $t \in [0,1]$, $I = 4$

10.56 a) $-\frac{4}{3}$ b) 2

10.57 a) rot $\boldsymbol{v} = \boldsymbol{o}$, $U = \sqrt{x^2 + y^2} + xy + C$ b), c) $I = 17$

10.58 a) $-\frac{1}{3} - \sqrt{3}$ b) 1

10.59 $U = 2x^2 + 4y + z^2 + C$, a), b) $I = 8$

11.1 Mit $x = r\cos\varphi$, $y = r\sin\varphi$ folgt $\begin{cases} r = \dfrac{\cot^2\varphi}{\sin\varphi} & \text{für } \varphi \in (0,\pi)\setminus\left\{\dfrac{\pi}{2}\right\}, \\ r = 0 & \text{für } \varphi = \dfrac{\pi}{2} \end{cases}$

11.2 Mit $r = \sqrt{x^2 + y^2}$, $\cos\varphi = \dfrac{x}{\sqrt{x^2 + y^2}}$ (vgl. (3.1)) folgt $\dfrac{(x-4)^2}{25} + \dfrac{y^2}{9} = 1$.
Ellipse mit den Halbachsen $a = 5$, $b = 3$. Der Pol liegt im linken Brennpunkt der Ellipse.

11.3 Siehe Bild L 11.1

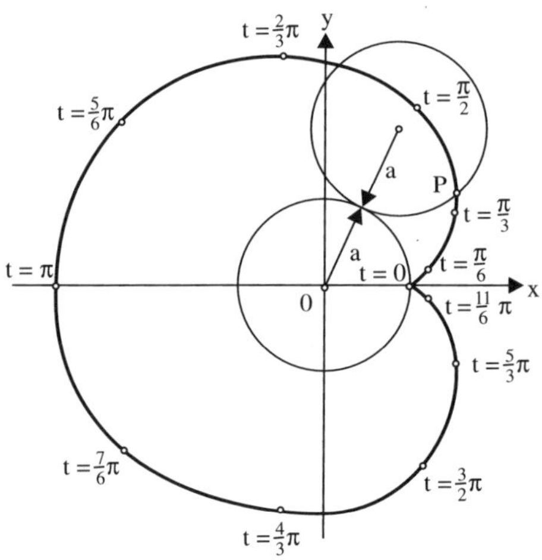

Bild L 11.1

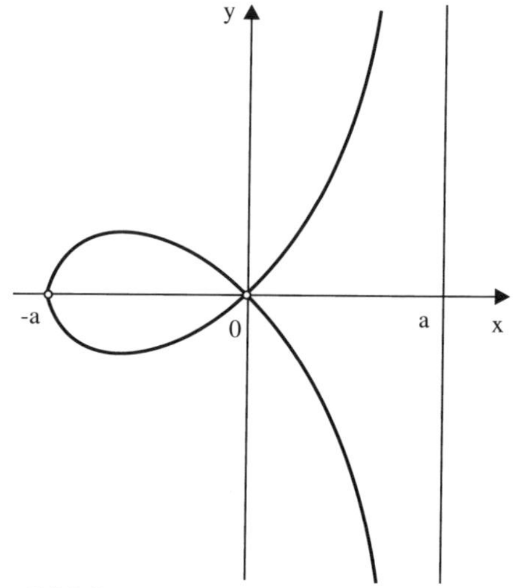

Bild L 11.2

11.4 $y^2(a-x) - x^2(a+x) = 0$ oder $y = \pm x\sqrt{\dfrac{a+x}{a-x}}$, $x \in [-a, a)$

$r = -\dfrac{a\cos 2\varphi}{\cos\varphi}$, Bild L 11.2

11.5 $m_{\mathrm{T}} = \dfrac{2}{3t}$, Tangente: $y = \dfrac{1}{3}x + \dfrac{4}{3}$, Normale: $y = -3x + 28$

11.6 $t = 2$

11.7 $m_{\mathrm{T}} = \dfrac{2\cos t - 2\cos 2t}{-2\sin t + 2\sin 2t}$, $m_{\mathrm{T}} = 0 \Longrightarrow 2\cos t - 2\cos 2t = 0$

$\cos^2 t - \dfrac{1}{2}\cos t - \dfrac{1}{2} = 0.$

$\cos t = 1 \Longrightarrow t = 0$. Keine Lösung, da m_{T} nicht definiert ist

$\cos t = -\dfrac{1}{2}$, $t_1 = \dfrac{2}{3}\pi$, $t_2 = \dfrac{4}{3}\pi$

11.8 O ist Doppelpunkt der Kurve mit den Parameterwerten $t = 1$ und $t = -1$ (vgl. Bild L 11.2).

$m_{\mathrm{T}} = \dfrac{t^4 + 4t^2 - 1}{4t}$, für $t = 1$: $m_{\mathrm{T}} = 1$, $\alpha = \dfrac{\pi}{4}$

für $t = -1$: $m_{\mathrm{T}} = -1$, $\alpha = \dfrac{3}{4}\pi$

11.9 $m_{\mathrm{T}} = \dfrac{3\pi + 4}{3\pi - 4}$

11.10 $s = 20,4$

11.11 $s = \dfrac{\pi^2 R}{2}$

11.12 $s = 16a$

11.13 $s = \dfrac{3}{2}a$

11.14 $\varrho(0) = \frac{1}{2c}$

11.15 $k = -\frac{1}{4a \sin \frac{t}{2}}$, $\varrho(\pi) = 4a$

11.16 $M(11; -7, 11)$

11.17 $H(0; 0)$, $T(2; -1)$ (Bild L 11.3).
$\varrho(0) = \varrho(2) = 2/3$

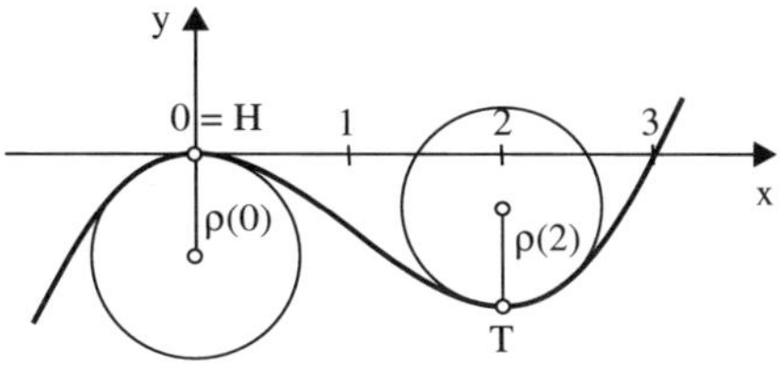

Bild L 11.3

11.18 $k\left(\frac{\pi}{6}\right) = \frac{3}{2a}$

11.19 a) $k = \frac{6x}{(1+9x^4)^{3/2}}$, k_{Min} für $x_{1,2} = \pm\sqrt{\frac{1}{45}}$
$S_1(0,386; 0,058)$, $S_2(-0,386; -0,058)$.

b) $k = \frac{-x}{(x^2+1)^{3/2}}$, $S(0,707; -0,347)$

c) $k = \frac{2x^3}{(x^4+1)^{3/2}}$, $S_1(1; 1)$, $S_2(-1; -1)$.

d) $k = \frac{-2}{(t^2+1)^{3/2}}$, $S(2; 3)$.

11.20 $\xi = \frac{e^2}{a}\cos^3 t$, $\eta = -\frac{e^2}{b}\sin^3 t$ oder

$(a\xi)^{\frac{2}{3}} + (b\eta)^{\frac{2}{3}} = \left(e^2\right)^{\frac{2}{3}}$

Die Evolute ist eine Astroide
(Bild L 11.4) (vgl. Aufgabe 11.13).

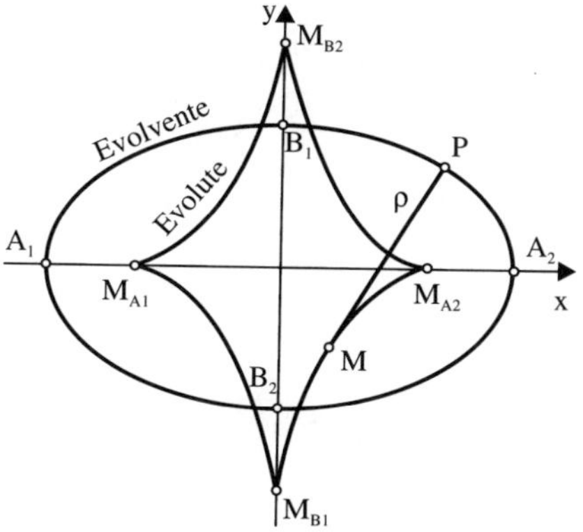

Bild L 11.4

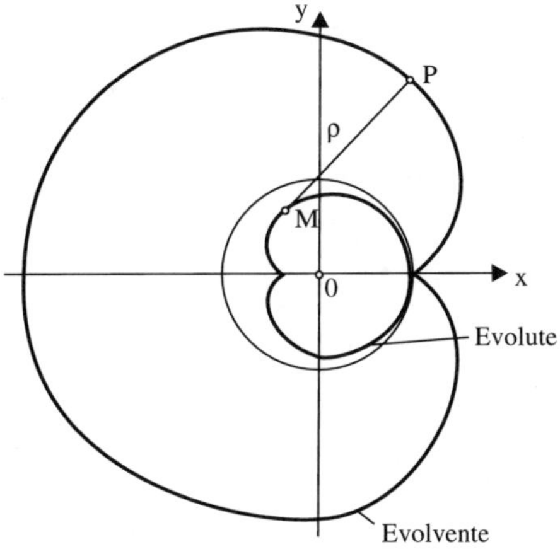

Bild L 11.5

11.21 $\xi = a(t + \sin t)$, $\eta = -a(1 - \cos t)$.

Mit der Transformation $\xi = x' + a\pi$, $\eta = y' - 2a$, $t = t' + \pi$ ergibt sich $x' = a(t' - \sin t')$, $y' = a(1 - \cos t')$, d. h., die Evolute der Zykloide ist eine dazu kongruente Zykloide.

11.22 $\xi = \frac{a}{3}(2\cos t + \cos 2t)$

$\eta = \frac{a}{3}(2\sin t + \sin 2t)$

Die Evolute ist wieder eine Kardioide (Bild L 11.5).

11.23 $A = 6\pi a^2$

11.24 $A = -12a^2 \int\limits_0^{\pi/2} \sin^4 t \cos^2 t \, dt$. Man setzt $\cos^2 t = 1 - \sin^2 t$ und wendet die Rekursionsformel für $\int \sin^n x \, dx$ an. $A = -\frac{3}{8}\pi a^2$

11.25 $A = \frac{19}{12}\pi^3$

11.26 $k'\;: y = x^2$, Parabel 2. Grades
$k''\,: z = y^{3/2}$, Neilsche Parabel
$k''': z = x^3$, Parabel 3. Grades (Bilder L 11.6, L 11.7)

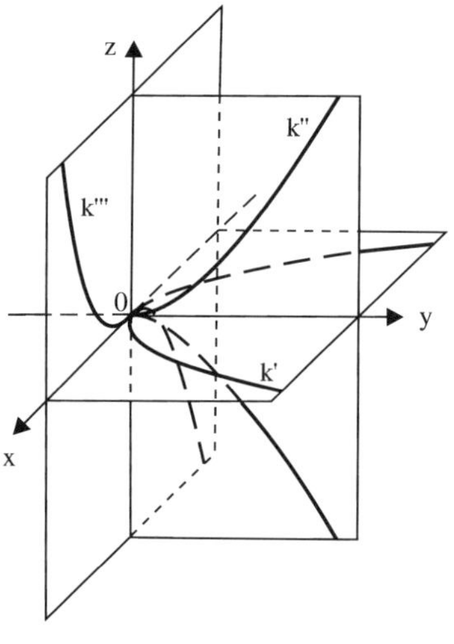

Bild L 11.6

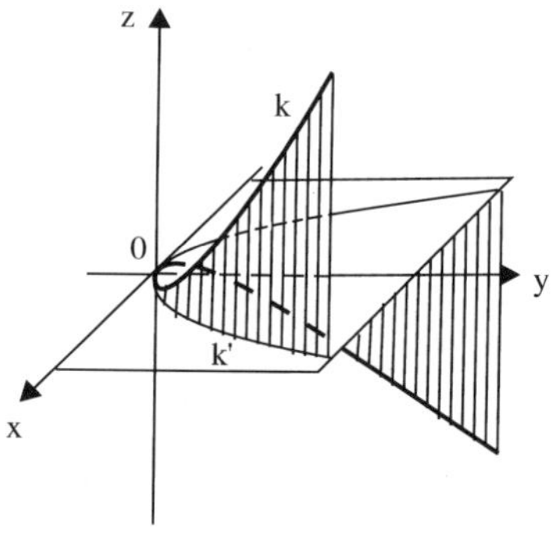

Bild L 11.7

11.27 $s = \int\limits_0^1 \sqrt{1 + 12t^2 + 36t^4} \, dt = \int\limits_0^1 (1 + 6t^2) \, dt = 3$

11.28 $s = \frac{1}{m}\sqrt{m^2(a^2 + b^2) + a^2} \left(e^{2\pi m} - 1\right)$

11.29 $t(0) = \frac{1}{\sqrt{2}}(i + k),\ t\left(\frac{\pi}{2}\right) = \frac{1}{\sqrt{2}}(j + k).$

11.30 $t^* = \dot{r} = e^{mt} \begin{pmatrix} a(m\cos t - \sin t) \\ a(m\sin t + \cos t) \\ mb \end{pmatrix}$

Der Richtungsvektor der Kegelerzeugenden ist

$v = \begin{pmatrix} a\cos t \\ a\sin t \\ b \end{pmatrix}$. Für $\delta = \measuredangle(t^*, v)$ folgt

$$\cos\delta = \frac{t^* \cdot v}{|t^*| \cdot |v|} = \frac{m(a^2 + b^2)}{\sqrt{(a^2 + b^2)[m^2(a^2 + b^2) + a^2]}} = \text{konst.}$$

11.31 $t(0) = i,\qquad n(0) = j,\qquad b(0) = k$

$t(1) = \frac{1}{7}\begin{pmatrix} 1 \\ 2\sqrt{3} \\ 6 \end{pmatrix},\quad n(1) = \frac{1}{7}\begin{pmatrix} -2\sqrt{3} \\ -5 \\ 2\sqrt{3} \end{pmatrix},\quad b(1) = \frac{1}{7}\begin{pmatrix} 6 \\ -2\sqrt{3} \\ 1 \end{pmatrix},$

11.32 $\sigma:\ 6t^2x + 2\sqrt{3}ty + z - 2t^3 = 0$
$\nu:\ x + 2\sqrt{3}ty + 6t^2z - (t + 6t^3 - 12t^5) = 0$
$\lambda:\ -2\sqrt{3}tx + (1 - 6t^2)y + 2\sqrt{3}tz + \sqrt{3}t^2 + 2\sqrt{3}t^4 = 0$

$t = 0$: $\sigma:\ z = 0$ (x, y-Ebene) $\quad t = 1$: $\sigma:\ 6x + 2\sqrt{3}y + z - 2 = 0$
$\nu:\ x = 0$ (y, z-Ebene) $\quad \nu:\ x + 2\sqrt{3}y + 6z + 5 = 0$
$\lambda:\ y = 0$ (x, z-Ebene) $\quad \lambda:\ -2\sqrt{3}x - 5y + 2\sqrt{3}z + 3\sqrt{3} = 0$

11.33 $\varkappa = \tau = \frac{2\sqrt{3}}{(1 + 6t^2)^2},\quad \varkappa(0) = \tau(0) = 2\sqrt{3},\quad \varkappa(1) = \tau(1) = \frac{2\sqrt{3}}{49}$

11.34 $m = r + \varrho n = \begin{pmatrix} a\cos t \\ b\sin t \\ ct \end{pmatrix} + \frac{a^2 + c^2}{a}\begin{pmatrix} -\cos t \\ -\sin t \\ 0 \end{pmatrix}$

$t = 0$: $M_1\left(-\frac{c^2}{a}; 0; 0\right),\quad M_2\left(0; \frac{b\pi}{2} - \frac{a^2 + c^2}{a}; \frac{c\pi}{2}\right)$

11.35 a) $s = 7{,}5 - \ln 4 = 8{,}886$

b) $t = \frac{1}{1 + t^2}\begin{pmatrix} t^2 \\ 1 \\ \sqrt{2}t \end{pmatrix},\quad n = \frac{1}{1 + t^2}\begin{pmatrix} \sqrt{2}t \\ -\sqrt{2}t \\ 1 - t^2 \end{pmatrix},\quad b = \frac{1}{1 + t^2}\begin{pmatrix} 1 \\ t^2 \\ -\sqrt{2}t \end{pmatrix}$

c) $\varkappa = \tau = \frac{\sqrt{2}t}{(1 + t^2)^2}$

11.36 Mantel des geraden Kreiskegels, $a^2(x^2 + y^2) - z^2 = 0$

11.37 a) u-Linie: $\boldsymbol{r} = a\cos u\boldsymbol{i} + a\sin u\boldsymbol{j} + c\boldsymbol{k}$, Kreis parallel zur x, y-Ebene mit Radius a im Abstand c von der x, y-Ebene

v-Linie: $\boldsymbol{r} = a\cos d\boldsymbol{i} + a\sin d\boldsymbol{j} + v\boldsymbol{k}$, Gerade parallel zur z-Achse im Abstand a von der z-Achse (Mantellinie des Zylinders).

$$\boldsymbol{r}_u = \begin{pmatrix} -a\sin u \\ a\cos u \\ 0 \end{pmatrix}, \qquad \boldsymbol{r}_v = \begin{pmatrix} 0 \\ 0 \\ 1 \end{pmatrix}, \qquad \boldsymbol{r}_u \cdot \boldsymbol{r}_v = 0$$

Das Netz ist orthogonal

b) $\boldsymbol{f} = \cos u\boldsymbol{i} + \sin u\boldsymbol{j}$

Gleichung der Tangentialebene: $x\cos u + y\sin u - a = 0$ (Bild L 11.8)

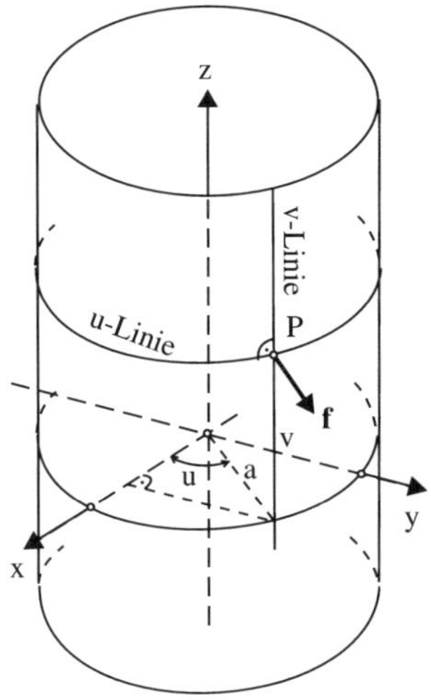

Bild L 11.8

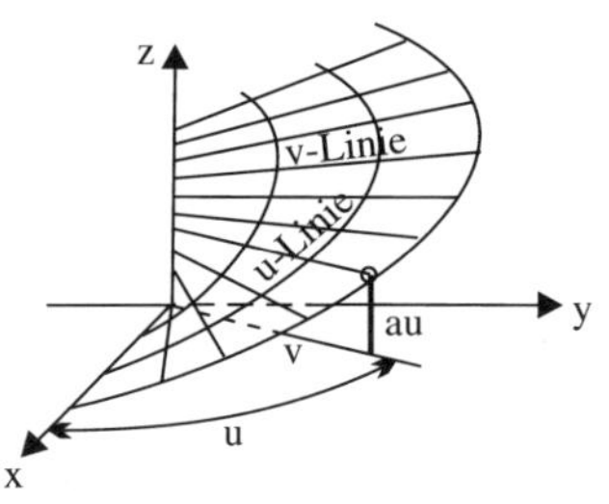

Bild L 11.9

11.38 a) $E = a^2$, $F = 0$, $G = 1$

b) Mit $u = x$, $v = y$ folgt $\boldsymbol{r} = x\boldsymbol{i} + y\boldsymbol{j} + f(x; y)\boldsymbol{k}$
$E = 1 + f_x^2$, $F = f_x f_y$, $G = 1 + f_y^2$.

11.39 $E = a^2v^2$, $F = 0$, $G = a^2 + b^2$

$$s = \int_1^2 \sqrt{a^2t^2 + (a^2 + b^2)}\,\mathrm{d}t = \int_1^2 \sqrt{16t^2 + 25}\,\mathrm{d}t = 10,758$$

11.40 $E = a^2v^2$, $F = 0$, $G = a^2 + b^2$

k: $u = v = t$, $\dot{u} = \dot{v} = 1$

Erzeugende $\overline{k}$: $\overline{u} = c$, $\overline{v} = t$, $\dot{\overline{u}} = 0$, $\dot{\overline{v}} = 1$

$$\cos\delta = \sqrt{\frac{a^2 + b^2}{a^2t^2 + a^2 + b^2}}, \qquad \text{für } t = 0 \text{ ist } \delta = 0.$$

11.41 Die u-Linien sind Schraubenlinien, die v-Linien sind die erzeugenden Geraden der Fläche (Bild L 11.9).
$E = v^2 + a^2 = v^2 + 4,\ F = 0,\ G = 1.$

$$O = \int\limits_{v=0}^{v=1} \int\limits_{u=0}^{u=\pi/2} \sqrt{v^2+4}\,\mathrm{d}u\,\mathrm{d}v$$

$$= \frac{\pi}{2} \int\limits_0^1 \sqrt{v^2+4}\,\mathrm{d}v$$

$$= \frac{\pi}{2} \cdot \frac{1}{2} \left[v\sqrt{v^2+4} + 4\ln\left(v + \sqrt{v^2+4}\right) \right]_0^1 = 3,268$$

12.1 a) $P_4 = 4! = 24$ b) $P_4^{(1,1,2)} = 12$ c) $P_6^{(2,2,2)} = 90$
d) $P_{12}^{(1,1,2,2,3,3,)} = 3326400$

12.2 $P_8 = 40320$

12.3 $P_5 = 120$

12.4 ${}^wV_6^3 = 6^3 = 216$

12.5 $C_{18}^3 = 816,\ V_{18}^3 = 4896$

12.6 $C_{11}^2 = 55$

12.7 ${}^wV_{24}^3 \cdot 999 = 24^3 \cdot 999 = 13810176$

12.8 ${}^wC_2^5 = \binom{6}{5} = 6;\ {}^wV_2^5 = 2^5 = 32$

12.9 $P_{11} \cdot 2$ Minuten $= 11! \cdot 2$ Minuten $\approx 151,9$ Jahre

12.10 a) $\overline{x} = 13,80;\ \tilde{x} = 13,6;\ R = 24,3;\ s = 5,60$

b)

i	$x_{iu} \ldots x_{io}$	$\hat{x}_i$	h_i
1	$-5 \ldots 0$	$-2,5$	1
2	$0 \ldots 5$	$2,5$	2
3	$5 \ldots 10$	$7,5$	3
4	$10 \ldots 15$	$12,5$	$13,5$
5	$15 \ldots 20$	$17,5$	$9,5$
6	$20 \ldots 25$	$22,5$	4

Anmerkung: Der auf der Klassengrenze liegende Wert 15 wurde je zur Hälfte der unteren und der oberen Klasse angerechnet.

c) $\overline{x}^* = 13,64;\ s^* = 5,85$

12.11 $\overline{x} = 5272h,\ s = 3264,8h,\ v = 0,619$

12.12 Elementarereignisse: T_1 Montag, T_2 Dienstag, $\ldots T_7$ Sonntag
Vollständiges System: $\{T_1, T_2, \ldots, T_7\}$

12.13 a) $S = 3$: $S_1 \cap S_2 \cap S_3$
b) $S \geq 1$: $S_1 \cup S_2 \cup S_3$
c) $S \geq 2$: $(S_1 \cap S_2) \cup (S_1 \cap S_3) \cup (S_2 \cap S_3) \cup (S_1 \cap S_2 \cap S_3)$
Komplementäre Ereignisse:
a) nicht alle Stationen sind einsatzbereit, d. h., mindestens eine Station ist ausgefallen

$S \leq 2$: $\overline{S}_1 \cup \overline{S}_2 \cup \overline{S}_3$

b) Keine Station ist einsatzbereit, d. h., alle Stationen sind ausgefallen

$S = 0$: $\overline{S}_1 \cap \overline{S}_2 \cap \overline{S}_3$

c) Mindestens zwei Stationen sind ausgefallen, d. h., höchstens eine Station ist einsatzbereit

$S < 2$: $(S_1 \cap \overline{S}_2 \cap \overline{S}_3) \cup (\overline{S}_1 \cap S_2 \cap \overline{S}_3) \cup (\overline{S}_1 \cap \overline{S}_2 \cap S_3) \cup (\overline{S}_1 \cap \overline{S}_2 \cap \overline{S}_3)$

12.14 a) $\frac{11}{36}$ b) $\frac{35}{36}$ c) $\frac{25}{36}$

12.15 a) $\frac{1}{4}$ b) $\frac{1}{2}$ c) $\frac{1}{4}$ d) 1 e) $\frac{1}{62}$ f) $\frac{3}{248}$ g) $\frac{8}{31}$

12.16 a) 0,52 b) 0,75

12.17 a) $\frac{3}{7}$ b) $\frac{4}{7}$ c) $\frac{1}{7}$ d) $\frac{3}{7}$ e) $\frac{5}{7}$ f) $\frac{6}{7}$ g) 0

12.18 Anscheinendes Paradoxon!
Bei Auswahl aus der Grundgesamtheit Sitzplätze:

$$p = \frac{3}{31},$$

bei Auswahl aus der Grundgesamtheit Tische:

$$p = \frac{1}{8}.$$

12.19 B: Beanstandung, L: Lastkraftwagen, A: Autobus
$P(B/L) = 0,86$, $P(B/A) = 0,94$
a) $P(B) = 0,88$ b) $P(A/B) = 0,267$

12.20 A: pünktliche Ankunft, S: Schnellzug, N: Nahverkehrszug, G: Güterzug
$P(A/S) = 0,95$, $P(A/N) = 0,85$, $P(A/G) = 0,75$
a) $P(A) = 0,88125$ b) $P(N/A) = 0,3617$

12.21 X: Anzahl der richtig beantworteten Fragen
Binomialverteilung $n = 10$, $p = \frac{1}{3}$, $E(X) = 3,33$
a) $P(X \geq 6) = 0,0766$ b) $P(X \geq 9) = 0,000356$

12.22 A: Erzeugnis ist Ausschuß
$p = p(A) = 0,007$, $n = 100$, $\lambda = 0,7$

Binomialverteilung: a) 0,4954 b) 0,1219 c) 0,9665
Poisson-Verteilung: a) 0,4966 b) 0,1217 c) 0,9659

12.23 Poisson-Verteilung $n = 1000$, $p = 0,006$, $\lambda = 6$
a) $0,0025$ b) $0,0620$ c) $0,1046$ d) 6

12.24 a) $E(X) = \frac{1}{\pi} \int\limits_0^{\pi} x^2 \sin x \, \mathrm{d}x = 1,868$

b) $F(x) = \frac{1}{\pi}(\sin x - x \cos x)$

c) $P\left(X \leq \frac{\pi}{2}\right) = P\left(X < \frac{\pi}{2}\right) = F\left(\frac{\pi}{2}\right) = 0,318$

12.25 V: Volumen, H: Füllstandshöhe
$950 \text{ cm}^3 < V < 1050 \text{ cm}^3$ ist gleichbedeutend mit $12,1 \text{ cm} < H < 13,4 \text{ cm}$.
$P(12,1 \text{ cm} < H < 13,4 \text{ cm}) = 0,9673$

12.26 L: Länge der Kanthölzer, R: Restlänge
$R > 1$ m bedeutet $L > 5$ m
$P(L > 5 \text{ m}) = 1 - P(L < 5 \text{ m}) = 1 - \Phi(0,75) = 0,2266$, d. h, im Mittel sind $22,66$ % der Reststücke länger als 1 m.

12.27 $\lambda = \frac{1}{E(T)} = \frac{1}{3,8h} = 0,263 \text{ h}^{-1}$

$P(T < 5 \text{ h}) = F(5 \text{ h}) = 0,732$

12.28 a) $E(T) = 0,8856\beta \approx 5004$ h
b) $P(T \geq 4380 \text{ h}) = 0,5649$
c) X: Anzahl der nach 4380 h noch arbeitenden Ventilatoren
(diskrete Zufallsgröße!)
Binomialverteilung $n = 3$, $p = 0,5649$
$P(X \geq 2) = 0,5968$

12.29 Stichprobenmomente: $\overline{x} = 4,212$, $s = 4,207$
a) $\hat{\lambda} \approx \frac{1}{\overline{x}} = 0,237$
b) $\hat{\mu} \approx \overline{x} = 4,212$, $\hat{\sigma} \approx s = 4,207$
c) $\hat{\beta} \approx \frac{\overline{x}}{0,9} = 4,68$, $\hat{\alpha} \approx \frac{\hat{\beta}}{s} = 1,11$ (außerhalb des akzeptablen Bereichs)

12.30 $\overline{x} = 10,00$, $s = 0,0179 = \hat{\sigma}$, $n = 6$
Mit $\sigma = \hat{\sigma}$ erhält man
a) $9,9857 < \mu < 10,0143$ b) $9,9812 < \mu < 10,0188$

12.31 $\alpha = 0,01$: $t_{32;0,01} = 2,74$ (durch Interpolation aus Tabelle A 4)
H_1: $t = 0,31 < 2,74$ H_1 nicht abgelehnt
H_2: $t = 1,85 < 2,74$ H_2 nicht abgelehnt
H_3: $t = 2,87 > 2,74$ H_3 abgelehnt
$\alpha = 0,1$: $t_{32;0,1} = 1,70$
H_1: $t = 0,31 < 1,70$ H_1 nicht abgelehnt
H_2: $t = 1,85 > 1,70$ H_2 abgelehnt
H_3: $t = 2,87 > 1,70$ H_3 abgelehnt

12.32 Verteilungstafel s. Aufgabe 12.10
$\chi_e^2 = 1,458 < 2,71 = \chi_{1;0,1}^2$, H wird nicht abgelehnt

12.33 Empfohlene Klassenbreite $d = 4$
a) H wird nicht abgelehnt b) H wird nicht abgelehnt

12.34 $D_n = 0,212 < 0,468 = \lambda_{6;0,1}$, H wird nicht abgelehnt

12.35 a) $\int\limits_{50}^{+\infty} f(t)\,dt = 1$ b) $F(t) = \begin{cases} 0 & \text{für } t \leq 60 \\ 1 - \dfrac{60}{t} & \text{für } t > 60 \end{cases}$

ca) 0 cb) 0,4 cc) 0,6

d) $\lambda(t) = \begin{cases} 0 & \text{für } t \leq 60 \\ \dfrac{1}{t} & \text{für } t > 60 \end{cases}$ DFR

e) $E(T) = +\infty$ wegen $\lambda(t)$ DFR

12.36 Exponentialverteilung: $\lambda = \dfrac{1}{E(T)} = 0,00565\ \text{h}^{-1}$

a) 0,5076 b) 0,2577

Weibull-Verteilung: $\beta = \dfrac{E(T)}{0,8862} \approx 200$ h

a) 0,6977 b) 0,4867

12.37 a) 0,7769 b) 0,8946 c) 0,3050

12.38 a) 0,3134 b) 0,0288
$\alpha_A = 2,378$ $\beta_A = 46970$ km

13.1 $A = \dfrac{d^2\pi}{4} = 0,0805\ \text{mm}^2$, $\dfrac{\Delta A}{A} = \dfrac{2\Delta d}{d} = \pm 2,8\ \%$

13.2 $\Delta V_{\text{max}} = \pm(bc|\Delta a| + ac|\Delta b| + ab|\Delta c|) = \pm 68\ \text{cm}^3$

13.3 $R = \dfrac{R_1 \cdot R_2}{R_1 + R_2} = 77,8\ \Omega$,

$$\frac{\Delta R_{\text{max}}}{R} = \pm\left(\left|\frac{R\Delta R_1}{R_1^2}\right| + \left|\frac{R\Delta R_2}{R_2^2}\right|\right) = \pm 0,9\ \%$$

13.4 $E = 2100\ \text{N mm}^{-2}$

$$\frac{\Delta E_{\text{max}}}{E} = \pm\left(\left|\frac{\Delta F}{F}\right| + \left|\frac{\Delta l}{l}\right| + \left|\frac{2\Delta d}{d}\right| + \left|\frac{\Delta\delta}{\delta}\right|\right) = \pm 0,016$$

$\Delta E_{\text{max}} = \pm 34\ \text{N mm}^{-2}$

13.5 $\Delta h_{\text{max}} = \pm\left(\left|\dfrac{1}{2}t^2\Delta g\right| + |gt\Delta t|\right) = \pm 0,5$ m

13.6 $\Delta V = \pm 6,8\ \text{cm}^3 = \pm\left(|2r_1\pi h\Delta r_1| + |2r_2\pi h\Delta r_2| + \left|\left(r_1^2 - r_2^2\right)\pi\Delta h\right|\right)$
$|\Delta r_1| \leq 0,003$ cm, $|\Delta r_2| \leq 0,004$ cm, $|\Delta h| \leq 0,02$ cm

13.7 $\left|\dfrac{\Delta n_{\text{max}}}{n}\right| = (|\cot\alpha\Delta\alpha| + |\cot\beta\Delta\beta|) \leq 0,001$, $|\Delta\alpha| \leq 1'$, $|\Delta\beta| \leq 0,6'$

13.8 $\overline{d} = 34,115$ mm, $s = 0,042$ mm, $s_{\overline{d}} = 0,015$ mm
$V = (20790 \pm 30)$ mm^3

13.9 $\overline{\Delta t} = 14,62$ s, $s_{\Delta t} = 0,294$ s, $s_{\overline{\Delta t}} = 0,093$ s, $14,32 \text{ s} < \Delta t < 14,92$

$$n \geq \frac{0,294^2}{0,05^2} \approx 35$$

13.10 $\overline{e} = \dfrac{c \sin \alpha \sin \beta}{\sin(\alpha + \beta)} = 186,182$ m

$$s_{\overline{e}} = \sqrt{\left(\frac{\overline{e}}{\overline{c}} s_{\overline{c}}\right)^2 + \left(\frac{\overline{c} \sin^2 \overline{\beta}}{\sin^2(\overline{\alpha} + \overline{\beta})} s_{\overline{\alpha}}\right)^2 + \left(\frac{\overline{c} \sin^2 \overline{\alpha}}{\sin^2(\overline{\alpha} + \overline{\beta})} s_{\overline{\beta}}\right)^2} = 0,056 \text{ m}$$

13.11 $\overline{g} = 981,2$ cm s^{-2}, $s_{\overline{g}} = 0,8$ cm s^{-2}

13.12 $\hat{a} = R_0 \beta = 0,0056\ \Omega/°\text{C}$, $\hat{b} = R_0 = 1,54\ \Omega$, $\beta = \hat{a}/R_0 = 0,0037 \dfrac{1}{°\text{C}}$

$s = 0,08\ \Omega$, $s_{\hat{a}} = 0,0013\ \Omega/°\text{C}$, $s_{\hat{b}} = 0,08\ \Omega$, $s_\beta = 0,0009 \dfrac{1}{°\text{C}}$

13.13 $y = 0,0082 + 0,00152x$

13.14 $y = 0,26 - 0,24x + 0,01x^2$

Anhang

Tabelle A1

Wahrscheinlichkeiten der Poisson-Verteilung

$$P(X = k) = \frac{\lambda^k}{k!}\,\mathrm{e}^{-\lambda} = 0, \ldots$$

k	λ											
	0,1	0,2	0,3	0,4	0,5	0,6	0,7	0,8	0,9	1,0	1,5	2,0
0	0048	8187	7408	6703	6065	5488	4966	4493	4066	3679	2231	1353
1	0905	1637	2222	2681	3033	3293	3476	3595	3659	3679	3347	2707
2	0045	0164	0333	0536	0758	0988	1217	1438	1647	1839	2510	2707
3	0002	0011	0033	0072	0126	0198	0284	0383	0494	0613	1255	1804
4		0001	0003	0007	0016	0030	0050	0077	0111	0153	0471	0902
5				0001	0002	0004	0007	0012	0020	0031	0141	0361
6							0001	0002	0003	0005	0035	0120
7										0001	0008	0034
8											0001	0009
9												0002

k	λ											
	2,5	3,0	3,5	4,0	4,5	5,0	6,0	7,0	8,0	9,0	10	12
0	0821	0498	0320	0183	0111	0067	0025	0009	0003	0001		
1	2052	1494	1057	0733	0500	0337	0149	0064	0027	0011	0005	0001
2	2565	2240	1850	1465	1125	0842	0446	0223	0107	0050	0023	0004
3	2138	2240	2158	1954	1687	1404	0892	0521	0286	0150	0076	0018
4	1336	1680	1888	1954	1898	1755	1339	0912	0573	0337	0189	0053
5	0668	1008	1322	1563	1708	1755	1606	1277	0916	0607	0378	0127
6	0278	0504	0771	1042	1281	1462	1606	1490	1221	0911	0631	0255
7	0099	0216	0385	0595	0824	1044	1377	1490	1396	1171	0901	0437
8	0031	0081	0169	0298	0463	0653	1033	1304	1396	1318	1126	0655
9	0009	0027	0066	0132	0232	0363	0688	1014	1241	1318	1251	0874
10	0002	0008	0023	0053	0104	0181	0413	0710	0993	1186	1251	1048
11		0002	0007	0019	0043	0082	0225	0452	0722	0970	1137	1144
12		0001	0002	0006	0016	0034	0113	0264	0481	0728	0948	1144
13			0001	0002	0006	0013	0052	0142	0296	0504	0729	1055
14				0001	0002	0005	0022	0071	0169	0324	0521	0905
15					0001	0002	0009	0033	0090	0194	0347	0724
16							0003	0014	0045	0109	0217	0543
17							0001	0006	0021	0058	0128	0383
18								0002	0009	0029	0071	0256
19								0001	0004	0014	0037	0161
20									0002	0006	0019	0097
21									0001	0003	0009	0055
22										0001	0004	0030
23											0002	0016
24											0001	0008
25												0004
26												0002
27												0001

Tabelle A2

Verteilungsfunktion $\Phi(u)$ der standardisierten Normalverteilung

u	0	1	2	3	4	5	6	7	8	9
0,0	0,5000	0,5040	0,5080	0,5120	0,5160	0,5199	0,5239	0,5279	0,5319	0,5359
0,1	0,5398	0,5438	0,5478	0,5517	0,5557	0,5596	0,5636	0,5675	0,5714	0,5753
0,2	0,5793	0,5832	0,5871	0,5910	0,5948	0,5987	0,6026	0,6064	0,6103	0,6141
0,3	0,6179	0,6217	0,6255	0,6293	0,6331	0,6368	0,6406	0,6443	0,6480	0,6517
0,4	0,6554	0,6591	0,6628	0,6664	0,6700	0,6736	0,6772	0,6808	0,6844	0,6879
0,5	0,6915	0,6950	0,6985	0,7019	0,7054	0,7088	0,7123	0,7157	0,7190	0,7224
0,6	0,7257	0,7291	0,7324	0,7357	0,7389	0,7422	0,7454	0,7486	0,7517	0,7549
0,7	0,7580	0,7611	0,7642	0,7673	0,7704	0,7734	0,7764	0,7794	0,7823	0,7852
0,8	0,7881	0,7910	0,7939	0,7967	0,7995	0,8023	0,8051	0,8078	0,8106	0,8133
0,9	0,8159	0,8186	0,8212	0,8238	0,8264	0,8289	0,8315	0,8340	0,8365	0,8389
1,0	0,8413	0,8438	0,8461	0,8485	0,8508	0,8531	0,8554	0,8577	0,8599	0,8621
1,1	0,8643	0,8665	0,8686	0,8708	0,8729	0,8749	0,8770	0,8790	0,8810	0,8830
1,2	0,8849	0,8869	0,8888	0,8907	0,9825	0,8944	0,8962	0,8980	0,8997	0,9015
1,3	0,9032	0,9049	0,9066	0,9082	0,9099	0,9115	0,9131	0,9147	0,9162	0,9177
1,4	0,9192	0,9207	0,9222	0,9236	0,9251	0,9265	0,9279	0,9292	0,9306	0,9319
1,5	0,9332	0,9345	0,9357	0,9370	0,9382	0,9394	0,9406	0,9418	0,9429	0,9441
1,6	0,9452	0,9463	0,9474	0,9484	0,9495	0,9505	0,9515	0,9525	0,9535	0,9545
1,7	0,9554	0,9564	0,9573	0,9582	0,9591	0,9599	0,9608	0,9616	0,9625	0,9633
1,8	0,9641	0,9649	0,9656	0,9664	0,9671	0,9678	0,9686	0,9693	0,9699	0,9706
1,9	0,9713	0,9719	0,9726	0,9732	0,9738	0,9744	0,9750	0,9756	0,9761	0,9767
2,0	0,9772	0,9778	0,9783	0,9788	0,9793	0,9798	0,9803	0,9808	0,9812	0,9817
2,1	0,9821	0,9826	0,9830	0,9834	0,9838	0,9842	0,9846	0,9850	0,9854	0,9857
2,2	0,9861	0,9864	0,9868	0,9871	0,9875	0,9878	0,9881	0,9884	0,9887	0,9890
2,3	0,9893	0,9896	0,9898	0,9901	0,9904	0,9906	0,9909	0,9911	0,9913	0,9916
2,4	0,9918	0,9920	0,9922	0,9925	0,9927	0,9929	0,9931	0,9932	0,9934	0,9936
2,5	0,9938	0,9940	0,9941	0,9943	0,9945	0,9946	0,9948	0,9949	0,9951	0,9952
2,6	0,9953	0,9955	0,9956	0,9957	0,9959	0,9960	0,9961	0,9962	0,9963	0,9964
2,7	0,9965	0,9966	0,9967	0,9968	0,9969	0,9970	0,9971	0,9972	0,9973	0,9974
2,8	0,9974	0,9975	0,9976	0,9977	0,9977	0,9978	0,9979	0,9979	0,9980	0,9981
2,9	0,9981	0,9982	0,9982	0,9983	0,9984	0,9984	0,9985	0,9985	0,9986	0,9986
3,0	0,9987	0,9987	0,9987	0,9988	0,9988	0,9989	0,9989	0,9989	0,9990	0,9990

$\Phi(-u) = 1 - \Phi(u)$

Tabelle A3

Erwartungswert, Standardabweichung und Variationskoeffizient der WEIBULL-Verteilung $F(x) = 1 - \exp\left(\frac{x}{\beta}\right)^{\alpha}$

α	$\frac{\mu_X}{\beta} = \frac{E(X)}{\beta}$	$\frac{\sigma_X}{\beta} = \frac{\sqrt{V(X)}}{\beta}$	ν
0,5	2,0000	4,4721	2,2361
0,6	1,5046	2,6451	1,7581
0,7	1,2658	1,8512	1,4624
0,8	1,1330	1,4282	1,2605
0,9	1,0522	1,1711	1,1130
1,0	1,0000	1,0000	1,0000
1,1	0,9649	0,8782	0,9102
1,2	0,9407	0,7872	0,8369
1,3	0,9236	0,7164	0,7757
1,4	0,9114	0,6596	0,7238
1,5	0,9027	0,6129	0,6790
1,6	0,8966	0,5737	0,6399
1,7	0,8922	0,5402	0,6055
1,8	0,8893	0,5112	0,5749
1,9	0,8874	0,4858	0,5475
2,0	0,8862	0,4633	0,5227
2,1	0,8857	0,4431	0,5003
2,2	0,8856	0,4249	0,4798
2,3	0,8859	0,4085	0,4611
2,4	0,8865	0,3935	0,4438
2,5	0,8873	0,3797	0,4279
2,6	0,8882	0,3670	0,4131
2,7	0,8893	0,3552	0,3994
2,8	0,8905	0,3443	0,3866
2,9	0,8917	0,3341	0,3747
3,0	0,8930	0,3246	0,3634
3,2	0,8957	0,3072	0,3430
3,4	0,8984	0,2918	0,3248
3,6	0,9011	0,2780	0,3085
3,8	0,9038	0,2656	0,2939
4,0	0,9064	0,2543	0,2805
5,0	0,9182	0,2103	0,2291
6,0	0,9277	0,1798	0,1938
7,0	0,9354	0,1572	0,1680
8,0	0,9417	0,1397	0,1484
9,0	0,9470	0,1258	0,1329
10,0	0,9514	0,1145	0,1203

Tabelle A4

Kritische Werte $t_{m;\alpha}$ für t-Test

$m = n - 1$ Anzahl der Freiheitsgrade

	Irrtumswahrscheinlichkeit α für zweiseitige Fragestellung					
m	0,10	0,05	0,02	0,01	0,002	0,001
1	6,31	12,7	31,82	63,7	318,3	637,0
2	2,92	4,30	6,97	9,92	22,33	31,6
3	2,35	3,18	4,54	5,84	10,22	12,9
4	2,13	2,78	3,75	4,60	7,17	8,61
5	2,01	2,57	3,37	4,03	5,89	6,86
6	1,94	2,45	3,14	3,71	5,21	5,96
7	1,89	2,36	3,00	3,50	4,79	5,40
8	1,86	2,31	2,90	3,36	4,50	5,04
9	1,83	2,26	2,82	3,25	4,30	4,78
10	1,81	2,23	2,76	3,17	4,14	4,59
11	1,80	2,20	2,72	3,11	4,03	4,44
12	1,78	2,18	2,68	3,05	3,93	4,32
13	1,77	2,16	2,65	3,01	3,85	4,22
14	1,76	2,14	2,62	2,98	3,79	4,14
15	1,75	2,13	2,60	2,95	3,73	4,07
16	1,75	2,12	2,58	2,92	3,69	4,01
17	1,74	2,11	2,57	2,90	3,65	3,96
18	1,73	2,10	2,55	2,88	3,61	3,92
19	1,73	2,09	2,54	2,86	3,58	3,88
20	1,73	2,09	2,53	2,85	3,55	3,85
21	1,72	2,08	2,52	2,83	3,53	3,82
22	1,72	2,07	2,51	2,82	3,51	3,79
23	1,71	2,07	2,50	2,81	3,49	3,77
24	1,71	2,06	2,49	2,80	3,47	3,74
25	1,71	2,06	2,49	2,79	3,45	3,72
26	1,71	2,06	2,48	2,78	3,44	3,71
27	1,71	2,05	2,47	2,77	3,42	3,69
28	1,70	2,05	2,46	2,76	3,40	3,66
29	1,70	2,05	2,46	2,76	3,40	3,66
30	1,70	2,04	2,46	2,75	3,39	3,65
40	1,68	2,02	2,42	2,70	3,31	3,55
60	1,67	2,00	2,39	2,66	3,23	3,46
120	1,66	1,98	2,36	2,62	3,17	3,37
∞	1,64	1,96	2,33	2,58	3,09	3,29
	0,05	0,025	0,01	0,005	0,001	0,0005
	Irrtumswahrscheinlichkeit α für einseitige Fragestellung					

Tabelle A5

Kritische Werte $\chi^2_{m;\alpha}$ für χ^2-Test
$m = k - 1 - r$ Anzahl der Freiheitsgrade

	Irrtumswahrscheinlichkeit m							
m	0,99	0,975	0,95	0,9	0,1	0,05	0,025	0,01
1	0,00016	0,00098	0,0039	0,0158	2,71	3,84	5,02	6,63
2	0,0201	0,0506	0,103	0,211	4,61	5,99	7,38	9,21
3	0,115	0,216	0,352	0,584	6,25	7,81	9,35	11,35
4	0,297	0,484	0,711	1,06	7,78	9,49	11,14	13,28
5	0,554	0,831	1,15	1,61	9,24	11,07	12,83	15,08
6	0,872	1,24	1,64	2,20	10,64	12,59	14,45	16,81
7	1,24	1,69	2,17	2,83	12,02	14,07	16,01	18,47
8	1,65	2,18	2,73	3,49	13,36	15,51	17,53	20,09
9	2,09	2,70	3,33	4,17	14,68	16,92	19,02	21,67
10	2,56	3,25	3,94	4,87	15,99	18,31	20,48	23,21
11	3,05	3,82	4,57	5,58	17,28	19,68	21,92	24,72
12	3,57	4,40	5,23	6,30	18,55	21,03	23,34	26,22
13	4,11	5,01	5,89	7,04	19,81	22,36	24,74	27,69
14	4,66	5,63	6,57	7,79	21,06	23,68	26,12	29,14
15	5,23	6,26	7,26	8,55	22,31	25,00	27,49	30,58
16	5,81	6,91	7,96	9,31	23,54	26,30	28,85	32,00
17	6,41	7,56	8,67	10,09	24,77	27,59	30,19	33,41
18	7,01	8,23	9,39	10,86	25,99	28,87	31,53	34,81
19	7,63	8,91	10,12	11,65	27,20	30,14	32,85	36,19
20	8,26	9,59	10,85	12,44	28,41	31,41	34,17	37,57
21	8,90	10,28	11,59	13,24	29,62	32.67	35,48	38,93
22	9,54	10,98	12,34	14,04	30,81	33,92	36,78	40,29
23	10,20	11,69	13,09	14,85	32,01	35,17	38,08	41,64
24	10,86	12,40	13,85	15,66	33,20	36,42	39,36	42,98
25	11,52	13,12	14,61	16,47	34,38	37,65	40,65	44,31
26	12,20	13,84	15,38	17,29	35,56	38,89	41,92	45,64
27	12,88	14,57	16,15	18,11	36,74	40,11	43,19	46,96
28	13,56	15,31	16,93	18,94	37,92	41,34	44,46	48,28
29	14,26	16,05	17,71	19,77	39,09	42,56	45,72	49,59
30	14,95	16,79	18,49	20,60	40,26	43,77	46,98	50,89
40	22,16	24,43	26,51	29,05	51,81	55,76	59,34	63,69
50	29,71	32,36	34,76	37,69	63,17	67,51	71,42	76,15
60	37,48	40,48	43,19	46,46	74,40	79,08	83.30	88,38
70	45,44	48,76	51,74	55,33	85,53	90,53	95,02	100,42
80	53,53	57,15	60,39	64,28	96,58	101,88	106,63	112,33
90	61,75	65,65	69,13	73,29	107,57	113,15	118,14	124,12
100	70,06	74,22	77,93	82,36	118,50	124,34	129,56	135,81

Tabelle A6

Kritische Werte $\lambda_{n;\alpha}$ für Kolmogorov-Test
n = Anzahl der Stichprobenwerte

n	Irrtumswahrscheinlichkeit α			
	0,10	0,05	0,02	0,01
1	0,950	0,975	0,990	0,995
2	0,776	0,842	0,900	0,929
3	0,636	0,708	0,785	0,829
4	0,565	0,624	0,689	0,734
5	0,509	0,563	0,627	0,669
6	0,468	0,519	0,577	0,617
7	0,436	0,483	0,538	0,576
8	0,410	0,454	0,507	0,542
9	0,387	0,430	0,480	0,513
10	0,369	0,409	0,457	0,486
11	0,352	0,391	0,437	0,468
12	0,338	0,375	0,419	0,449
13	0,325	0,361	0,404	0,432
14	0,314	0,349	0,390	0,418
15	0,304	0,338	0,377	0,404
16	0,295	0,327	0,366	0,392
17	0,286	0,318	0,355	0,381
18	0,279	0,309	0,346	0,371
19	0,271	0,301	0,337	0,361
20	0,265	0,294	0,329	0,352
21	0,259	0,287	0,321	0,344
22	0,253	0,281	0,314	0,337
23	0,247	0,275	0,307	0,330
24	0,242	0,269	0,301	0,323
25	0,238	0,264	0,295	0,317
26	0,233	0,259	0,290	0,311
27	0,229	0,254	0,284	0,305
28	0,225	0,250	0,279	0,300
29	0,221	0,246	0,275	0,295
30	0,218	0,242	0,270	0,290
40	0,189	0,210	0,235	0,252
50	0,170	0,188	0,211	0,226
60	0,155	0,172	0,193	0,207
70	0,144	0,160	0,179	0,192
80	0,135	0,150	0,167	0,179
90	0,127	0,141	0,158	0,169
100	0,121	0,134	0,150	0,161
> 100	$\frac{1,22}{\sqrt{n}}$	$\frac{1,36}{\sqrt{n}}$	$\frac{1,52}{\sqrt{n}}$	$\frac{1,63}{\sqrt{n}}$

Sachwortverzeichnis